张小红 代建华 王敬前 编著

模糊集、粗糙集及其应用

清华大学出版社
北 京

内容简介

本书主要讲述模糊集与粗糙集的基本理论和若干应用专题，基本理论包括：模糊集合的基本概念和运算，模糊集合的分解定理、表现定理及扩张原理，模糊数、模糊关系、模糊积分，模糊逻辑与模糊推理；粗糙集的基本概念，属性约简，模糊粗糙集，直觉模糊粗糙集，覆盖粗糙集，多粒度粗糙集. 应用专题包括模糊模式识别、模糊综合评价、模糊聚类分析、模糊控制、模糊数学在管理决策中的应用，以及粗糙集在相关领域中的应用实例.

本教材注重理论与应用密切结合，淡化抽象的理论推导，精选典型的应用实例，重点阐述模糊数学与粗糙集理论的思想方法及其应用价值. 本书适合于各专业大学生、研究生学习和参考，特别适宜于数学类专业（数学与应用数学、信息与计算科学）、计算机科学与技术专业、数据科学与大数据技术专业、自动化专业、智能科学与技术专业、经济管理类专业，以及与信息处理、决策科学相关的其他专业作为教材使用.

图书在版编目（CIP）数据

模糊集、粗糙集及其应用/张小红，代建华，王敬前编著. — 北京：清华大学出版社，2023.8
ISBN 978-7-302-64189-6

Ⅰ. ①模…　Ⅱ. ①张…　②代…　③王…　Ⅲ. ①模糊集理论　Ⅳ. ①O159

中国国家版本馆 CIP 数据核字(2023)第 135310 号

责任编辑：刘　颖
封面设计：常雪影
责任校对：王淑云
责任印制：曹婉颖

出版发行：清华大学出版社
网　　址：http://www.tup.com.cn，http://www.wqbook.com
地　　址：北京清华大学学研大厦 A 座　　**邮　　编**：100084
社 总 机：010-83470000　　**邮　　购**：010-62786544
投稿与读者服务：010-62776969，c-service@tup.tsinghua.edu.cn
质量反馈：010-62772015，zhiliang@tup.tsinghua.edu.cn
印 装 者：三河市人民印务有限公司
经　　销：全国新华书店
开　　本：185mm×260mm　　**印　　张**：21.25　　**字　　数**：512 千字
版　　次：2023 年 8 月第 1 版　　**印　　次**：2023 年 8 月第1 次印刷
定　　价：65.00 元

产品编号：099935-01

前 言

本书是2013年清华大学出版社出版的《模糊数学与Rough集理论》的修订版，原书入选浙江省“十一五”重点建设教材，先后被全国数十所高校多个专业选作本科生、研究生教材或教学参考书．十年来，相关科学领域的研究突飞猛进，教育教学改革纵深推进，本次修订是为适应时代发展需要对原教材的一次充实和更新，并正式将书名更改为《模糊集、粗糙集及其应用》．

撰写本书的指导思想，如同2013版，此处不再赘述（参见原版的前言）．这里，对本版所作的主要修改说明如下：(1)对教材涉及的软件，除保留MATLAB软件相关内容外，为克服软件可能被“卡脖子”的问题，增加了开源软件Scilab的介绍和相关示例；(2)增加了“神经网络与模糊控制”的内容（即3.6节）；(3)增加了覆盖粗糙集、多粒度粗糙集（4.5节、4.6节）等内容；(4)修改完善了关于差别矩阵及属性约简的内容，增加了“基于模糊粗糙集理论的属性选择方法及其在肿瘤分类中的应用”（即5.5节）；(5)补充和完善了多个实验（实验1、实验5、实验7等）；(6)对若干疏漏、印刷错误等进行了修改，改正、补充、更新和精简了参考文献．本次修订由陕西科技大学王敬前博士、湖南师范大学代建华教授分别负责前4章和第5章的修改工作，湖南师范大学张楚才、邹雄滔博士参与部分修改工作，陕西科技大学邵松涛、刘慧博士等在使用本教材过程中提出了一些修改意见，全书由张小红、王敬前最终统稿和修改定稿．本书得到了陕西科技大学研究生教育改革研究项目的资助（JC201801、JG2022Y10），特此致谢！感谢使用前版教材的相关高校师生提出的宝贵意见和建议！

书中疏漏之处在所难免，敬请专家和广大读者批评指正！本书程序代码等资料可免费提供给读者，扫描下面的二维码即可获得．

陕西科技大学　张小红

2023年1月15日于西安沁园小区

程序代码资源

2013年版前言

尽管已有多年从事模糊数学教学和科研的经验，但撰写这本著作仍颇费心力.

首先，本书不仅介绍模糊数学的基本内容，还将同属于“不确定性数学”范畴的粗糙(Rough)集理论纳入其中，这两部分内容并重是本书的特色之一(在同类著作中不多见). 为此，特别邀请了浙江理工大学裴道武教授、浙江大学代建华博士加盟，请他们负责粗糙集部分的编撰工作，并对全书进行把关. 事实证明，这对提高本书的质量是至关重要的.

其次，如何组织内容使读者能很快进入主题(而不至于被烦冗、枯燥的数学符号“吓倒”)? 如何能让读者真正有所启发、有所收获、掌握精神实质? 经认真讨论和抉择，最终我们确定了这样的编写原则：以阐明数学思想和方法为核心目标，不过分追求内容的系统性和完整性；力求理论联系实际，通过生动的实例及精心设计的实验，使不确定性数学理论看得见、摸得着、落得实!

再次，我们认识到：没有特色、没有创新就没有生命力，因此在特色和创新方面，我们狠下功夫. 除了前述两个方面(也是本书的两大特色)外，力求把学科的最新发展(包括各种学术观点的争论、编著者自己的科研成果等)呈现给读者，并提供了许多进一步思考的问题(包含在正文中)及大量的参考文献，以期引发读者的独立探索和研究.

我们认为，数学教学的最高境界：得“意”而不忘“形”，由“表”能及“理”，“深”入“浅”出，其中，“意”“理”“深”代表数学的抽象概括及形式化能力，“形”“表”“浅”代表数学的意义及应用价值. 这是本书追求的目标.

本书适合于各专业大学生、研究生学习和参考，特别适宜于数学类专业(数学与应用数学、信息与计算科学)、计算机科学与技术专业、自动化专业、智能科学与技术专业、经济管理类专业，以及与信息处理、决策科学相关的其他专业作为教材使用.

在本书的编写过程中，得到同行专家的支持和帮助，特别是加拿大Regina大学Y. Y. Yao教授、同济大学苗夺谦教授、福建省“闽江学者”祝峰教授等众多学者给予了具体指导；大连理工大学李洪兴教授、北京语言大学刘贵龙教授、西南交通大学李天瑞教授等先后寄来宝贵的文献资料；重庆邮电大学王国胤教授审阅了初稿，并提出了宝贵的修改意见；本书还得到国家自然科学基金项目(编号61175044，11171308，61070074，60703038)的部分资助，被列为“十一五”浙江省重点建设教材(序号ZJB2009073)，得到浙江省重点建设专业(宁波大学信息与计算科学专业)的经费支持;上海海事大学、浙江理工大学、浙江大学的领导和同行们给予了可贵的支持;莎益博工程系统开发(上海)有限公司(Cybernet Systems)提供了 Maple 软件方面的技术支持和帮助,对所有以上这些,作者谨在此一并表示衷心感谢!

我们虽然很勤奋、很努力,但一本好书需要千锤百炼、不断完善,敬请同行专家及广大读者提出批评意见,以便再版时补充和修改.

张小红

2012年8月于上海浦东新区临港家园

目录

第1章

模糊数学导论

1.1 不确定性与模糊性

1.1.1 不确定性普遍存在

根据大家的经验和知识，不难得出这样的结论：不确定性普遍存在！全球经济是不确定的，社会对本专业大学生的需求是不确定的，股市的涨跌具有不确定性，房价能否下降具有不确定性，接下来的这个时段城区的交通是否拥堵具有不确定性，明天的天气状况具有不确定性；大家对你是否是帅哥(靓女)的评判具有不确定性(帅哥、靓女的标准因人而异，不能给出一个确切的结论)，这本教材是否优秀也是不确定的(什么是优秀？没有一个精确的尺度)，等等[1].

正因为不确定性的普遍存在，它成为许多学科领域的研究对象，维基百科(Wikipedia)是这样介绍 uncertainty(不确定性)的：Uncertainty is a term used in subtly different ways in a number of fields, including physics, philosophy, statistics, economics, finance, insurance, psychology, sociology, engineering, and information science(不确定性是这样一个术语，它被多个领域以微妙的不同方式所使用，包括物理学、哲学、统计学、经济学、金融、保险、心理学、社会学、工程及信息科学).

在物理学中，有著名的"不确定性原理"，是由德国物理学家维尔纳·海森堡(Werner Heisenberg)于1927年提出的. 量子力学中的不确定性，具体指在一个量子力学系统中，一个粒子的位置和它的动量不可被同时确定.

在经济学中，有"不确定性经济学"，它是西方经济学大家族中派生出来的交叉学科和边缘学派. 1921年，弗兰克·奈特(Frank Knight)正式将不确定性概念引入经济学的理论殿堂中. 对不确定性的分析和认识，同时也是新兴学科"信息经济学"的基本内容，杰克·赫什雷弗(Jack Hirshleifer)说过：信息经济学是经济不确定性理论自然发展的结果.

"不确定性"同样是数学科学研究的重要对象，大家熟知的概率论就是一门研究不确定性的数学理论. 除此之外，20世纪下半叶以来，人们对不确定性现象、不确定性问题、不确定性信息等从不同角度进行了大量分析和研究，发展了多种不同的数学理论(可以统称为不确定性数学理论)，模糊数学、粗糙集(rough sets)理论就是其中的典型代表.

1.1.2 模糊性是不确定性的一个重要方面

由于事物类属划分的不分明而引起的判断上的不确定性，称为模糊性(fuzziness)，它是不确定性的一种重要表现形式.

模糊性是客观事物之间难以用分明的界限加以区分的性质,它产生于人们对客观事物的识别和分类之时,并反映在概念之中. 外延分明的概念,称为分明概念;外延不分明的概念,称为模糊概念. 在人类一般语言以及科学技术语言中,都大量地存在着模糊概念,例如,高与矮、胖与瘦、美与丑、清洁与污染、健康与不健康,等等. 健康人与不健康的人之间没有明确的划分,当判断某人是否属于"健康人"的时候,便可能没有确定的答案,这就是模糊性. 当一个概念不能用一个分明的集合来表达其外延的时候,便有某些对象在概念的正反两面之间处于亦此亦彼的形态,它们的类属划分便不分明了,呈现出模糊性,所以模糊性也就是概念外延的不分明性、事物对概念归属的亦此亦彼性.

传统数学以康托尔(Cantor)集合论为基础,集合是描述人脑思维对整体性客观事物的识别和分类的数学方法. 康托尔集合(也称经典集合)要求其分类必须遵从排中律,对于某个集合 A,论域(即所考虑的对象的全体)中的任一元素要么属于集合 A,要么不属于集合 A,两者必居其一,且仅居其一. 经典集合只能描述外延分明的"分明概念",只能表现"非此即彼",而不能描述和反映外延不分明的"模糊概念". 为了克服经典集合的不足,1965 年美国控制论专家扎德(L. A. Zadeh)发表了著名论文《Fuzzy Sets》(模糊集),这标志着模糊数学的诞生.

1.2 模糊集与模糊数学概述

1.2.1 模糊集是科学发展的必然产物

长期以来,人们一直把模糊看成贬义词,只对精密与严格充满敬意. 计算机是在精确科学的沃土中培育起来的一朵奇葩,计算机解决问题的高速度和高精度,是人脑望尘莫及的. 有了计算机,精确方法的可行性大大提高了. 但是也正是在使用计算机的实践中,人们认识到人脑具有远胜于计算机的许多能力,人们更深刻地理解了精确性的局限,促进了人们对其对立面或者说它的"另一半"——模糊性的研究.

人脑能接受和处理模糊信息,能依据少量的模糊信息对事物做出足够准确的识别、判断和推理,能灵活机动地解决复杂的模糊性问题. 凭借这种能力,司机可以驱车安全穿越闹市,医生可以依据病人的症状所提供的模糊信息进行准确诊断,画家不用精确地测量和计算就可以画出栩栩如生的风景和人物,儿童可以辨认潦草的字迹、听懂不完整的言语,甚至婴儿也可以迅速地从人群中识别出自己的妈妈. 而这一切都是以精确制胜的计算机所望尘莫及的,下面这张图片(见图 1-1)耐人寻味.

在围绕决策、控制及相关系列重要问题的研究中,从应用传统数学方法和现代电子计算机解决这类问题的成败得失中,使扎德逐步意识到传统数学方法的局限性. 他指出:"如果深入研究人类的认识过程,我们将发现人类能运用模糊概念是一个巨大的财富而不是包袱. 这一点,是理解人类智能和机器智能之间深奥区别的关键. "精确的概念可以用通常的集合来描述,模糊概念应该用相应的模糊集合来描述. 扎德抓住这一点,首先在模糊集的定量描述上取得突破,奠定了模糊性理论及其应用的基础.

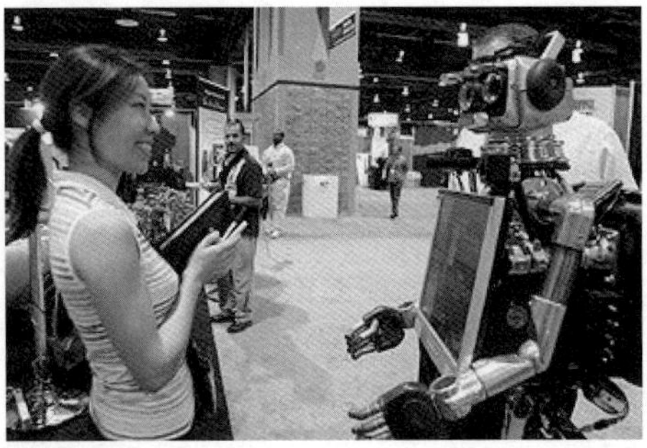

图 1-1 机器智能(和机器人聊天,总有个时候你会忍不住说“你真笨”)

1.2.2 隶属函数与模糊集

模糊概念的外延是不明确的,其边界是不清晰的,要表达模糊概念就不能用经典集合了. 比如,对于“年轻人”这个概念,假定用“年轻人的集合”来表达,若要判断 20 岁的张三或 80 岁的李四是否属于“年轻人的集合”,答案自然是明确的! 但要判断 36 岁左右的人是否属于“年轻人的集合”,就不那么好确定了;对于一个实际年龄不超过 36 岁而又没有几根头发的人,就更难确定是否属于“年轻人的集合”了.

在许多场合,是与不是,属于与非属于之间的区别不是突变的,而是有一个边缘地带、量变的过渡过程. 很自然地会提出疑问:为什么要把自己局限于只考虑“属于”“不属于”两种极端情况? 如果分别用 1、0 表示“属于”“不属于”,称为元素属于集合的隶属度. 上述问题就表示成:为什么非要规定隶属度只取 0、1 两个值呢? 就是说,一个对象是否属于某个集合,不能简单地用“是”或“否”来回答. 扎德正是创造性地允许隶属度可取 0、1 之间的其他实数值,从而用隶属函数来表示模糊概念.

例如,设 A 表示“年轻人的集合”,则年龄 0～25 岁的人自然认为是属于 A 的,即隶属度为 1;年龄 25 岁以上的人(假设用 x 表示其年龄),可以认为是以一定的“程度”属于 A 的,这个“程度”用 $A(x)$表示. 这样,$A(x)$可以用定义在年龄论域 $X=[0,150]$上的函数(称为隶属函数或成员函数,membership function,MF)来表示,例如:

$$A(x)=\begin{cases}1, & 0\leqslant x\leqslant 25,\\ \left[1+\left(\dfrac{x-25}{5}\right)^2\right]^{-1}, & 25<x\leqslant 150.\end{cases}$$

用 Scilab 软件可绘制此函数的图像(见图 1-2),从中可直观地看到,它与人们对“年轻人”的理解大致是相符的.

1.2.3 什么是模糊数学

模糊数学(fuzzy mathematics)是一个新兴的数学分支,它并非“模糊”的数学,而是研究模糊现象、利用模糊信息的不确定性的数学理论. 模糊数学的目标是仿效人脑的模糊思维,为解决各种实际问题(特别是有人干预的复杂系统的处理问题)提供有效的思路和方法.

模糊数学的核心是模糊集合,因而也被称为“模糊集理论”. 从纯数学角度看,集合概念的扩充使许多数学分支都增添了新的内容,从而形成了模糊拓扑学、不分明线性空间、模糊

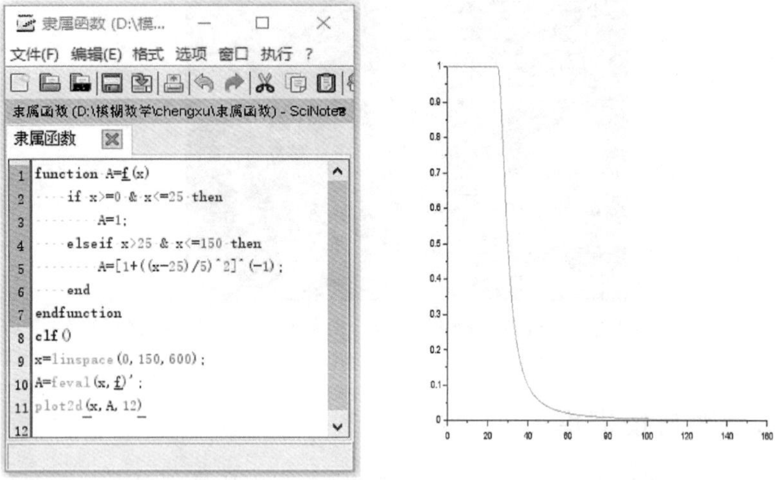

图 1-2 用隶属函数表示“年轻人的集合”A

代数学、模糊逻辑学、模糊分析学、模糊测度与模糊积分、模糊图论、模糊概率统计、模糊线性规划与模糊优化等众多研究方向.

维基百科是这样介绍模糊数学的：Fuzzy mathematics forms a branch of mathematics related to fuzzy set theory and fuzzy logic(模糊数学是一门与模糊集合论和模糊逻辑相关的数学分支).

模糊数学已广泛应用于自动控制、医疗诊断、系统分析、人工智能、信息处理、模式识别、地质勘探、气象预报和管理决策，甚至那些与数学毫不相关或关系不大的学科，如生物学、心理学和语言学等.

由于其研究内容越来越深入、应用越来越广泛，模糊数学远远超出了数学的范围，故又常被称为“模糊理论”. 又由于模糊数学的应用突出体现在控制系统中，因而也常被称为“模糊系统理论”. 另外，模糊数学的思想冲破了经典二值逻辑的范畴，因此模糊逻辑(fuzzy logic)常被作为模糊数学的代名词. 关于这些名称，扎德在文献[2]中指出：从狭义上说，模糊逻辑是一个逻辑系统，它是多值逻辑的一个推广且作为近似推理的基础；从广义上说，模糊逻辑是一个更广的理论，它与“模糊集理论”是模糊的同义语，即没有明确边界的类的理论.

模糊数学、模糊集理论、模糊理论、模糊系统理论、模糊逻辑，所有这些概念，已很难给出一个明确的界定. 当然，这也说明了“模糊概念”和“模糊现象”的确无处不在！

1.2.4 模糊数学与概率论的比较

随机性和模糊性都是对事物不确定性的描述，但二者是有区别的. 扎德在其开创性论文《Fuzzy Sets》中说：应该注意，虽然模糊集的隶属函数与概率函数有些相似，但它们之间存在着本质的区别. 模糊集的概念根本不是概率论的概念.

概率论研究和处理随机现象，所研究的事件本身有着明确的含义，只是由于条件不充分，使得在条件与事件之间不能出现决定性的因果关系，这种在事件的出现与否上表现出的不确定性称为随机性. 而模糊数学研究和处理模糊现象，所研究的事物其概念本身是模糊的，模糊性是由于概念外延的不清晰而造成的不确定性.

下面的例子直观地说明了随机性和模糊性的区别(见图 1-3)：假如你不幸在沙漠中迷了路，而且几天没喝过水，这时你见到两瓶液体，其中一瓶贴有标签 K："是纯净水的程度为 0.91"，另一瓶标有标签 M："是纯净水的概率为 0.91". 你选哪一瓶呢？相信会是前者. 因为前者的水虽然不太干净，但不会是有毒液体，这里的 0.91 表明的是纯净程度而非"是不是纯净水"；而后者则表明有 9%的可能不是纯净水，换句话说，或许是有毒液体.

图 1-3 模糊性与随机性
(带有标签 K 与 M 的两瓶液体)

当然，学术界对模糊性与随机性之间关系的研究、争论，从模糊集理论产生开始就没有间断过，近来又有两种新的研究倾向(参阅文献[3,4])：一是将模糊集与概率论紧密结合，以期建立综合发挥其各自优势的更有效的不确定性数学方法；二是从新的层面或新的角度将模糊集与概率论统一起来，以期用一套理论体系给出模糊和概率的两种语义解释.

1.3 模糊逻辑与模糊推理入门

1.3.1 秃头悖论

精确方法的逻辑基础是传统的二值逻辑，它要求对每个命题做出要么真、要么假的非此即彼的明确判断，这是适合于处理清晰概念和命题的逻辑模式. 当把经典的二值逻辑用于处理模糊概念和模糊命题(含有模糊概念的命题)时，将会在理论上导致逻辑悖论.

秃头显然是个模糊概念，日常生活中，某人是否秃头，不论成人还是儿童都能轻而易举地做出恰当的判断(见图 1-4)，因为人脑拥有接受和处理模糊信息的能力. 若用精确方法来处理秃头问题会发生什么情况呢？

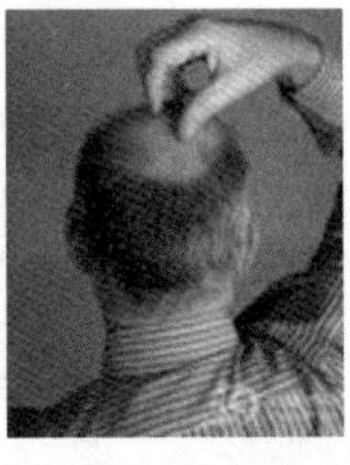
图 1-4 秃头悖论

首先我们都同意以下两条公设：

(1) 存在秃头的人和非秃头的人.

(2) 若有 n 根头发的人秃，则有 $n+1$ 根头发的人亦秃.

若用经典的逻辑推理方法，由上述公设便会导致秃头悖论：所有人都秃. 因为：(i) $n=0$ 的人显然是秃头；(ii) 假定 $n=k$ 的人是秃头，由公设(2)，$n=k+1$ 的人也是秃头. 于是由数学归纳法原理知，对于任意的自然数 $n\geqslant 0$，有 n 根头发的人都是秃头. 从而，所有人都秃.

秃头悖论出现的原因在于，数学归纳法是以通常集合论为基础的推理方法，而秃头是个模糊概念，这里把基于通常集合论的推理方法强行用于模糊概念，换句话说，是把一个经典的二值逻辑的推理，运用到二值逻辑所不能施行的判断上去，从而导致悖论的产生.

从头发的根数来区分秃与不秃，其绝对的界限是没有的. 但量的变化包含着质的变化，在头发根数的加 1 与减 1 的微小量变之中已经蕴涵着质的差别，而这种质的差别只简单地用"是"与"非"这两个字是绝对不能刻画出来的.

类似的悖论是很多的，例如：

朋友悖论　设命题 A＝“刚结识的朋友是新朋友”，命题 B＝“新朋友过一秒钟还是新朋友”，从常识看显然都是真命题．但若以 A 和 B 为前提，反复运用精确推理规则进行推理，将会得出命题 C＝“新朋友过100年还是新朋友”．这显然为假命题．

年龄悖论　由显然为真的两个命题 A＝“20岁的人是年轻人”和 B＝“比年轻人早生一天的人还是年轻人”出发，可以推出显然为假的命题 C＝“100岁老翁也是年轻人”．

身高悖论　以真命题 A＝“身高2m者为高个子”和 B＝“比高个子矮1mm者仍是高个子”为前提，可以推出显然为假的命题 C＝“侏儒也是高个子”．

饥饱悖论　从真命题 A＝“3日未食者是饥饿者”和 B＝“比饥饿者日多食一粒米者仍是饥饿者”出发，可以推出假命题 C＝“比饥饿者日多食3斤米者仍是饥饿者”．

……

1.3.2 模糊逻辑简介

秃头悖论是古希腊学者早已发现的逻辑矛盾．在那个时代，这种悖论不会对科学技术的发展产生什么影响，尽可以留给逻辑学家们去争论．但是在现代社会中，科学研究和生产活动的深度和广度都极大地发展了，大量的模糊性问题摆在人们面前要求做出处理，从理论上克服这些悖论，从技术上提出解决模糊性问题的方案，这都是不能再回避的了．于是，冲破传统逻辑的框架，建立适合于描述和处理模糊性问题的逻辑体系，就变得刻不容缓，模糊逻辑逐渐成为学术界的研究热点．

二值逻辑是把“真”与“假”，“是”与“非”绝对化，只允许有1和0两个值．“秃头悖论”的谜底告诉我们，对于含有模糊概念的命题，仅用1和0两个逻辑值是不够的，必须在1与0之间采用其他中间过渡的逻辑值来表示不同真的程度．比如逻辑值可以为0.7，表示一个命题三七开，七分真三分假，其真的程度是0.7．这样，模糊逻辑将二值逻辑中命题的真值域 $\{0,1\}$ 扩充为 $[0,1]$．

用数学的方法研究命题之间的关系、推理、证明等问题的学科叫做数理逻辑，也叫做符号逻辑．数理逻辑的特点在于用符号去表示命题，比如用 A，B 等表示命题，它们既可以是真命题也可以是假命题；再引入逻辑连接词 $\neg$，表示“并非”，分别用逻辑连接词 $\wedge$、$\vee$ 与 $\rightarrow$ 表示“并且”、“或者”与“蕴涵”，这样就可以借助上述连接词去表达各种复杂命题了．例如，用 A 表示命题“x 是自然数”，用 B 表示命题“$2x$ 是偶数”，则 $A\rightarrow B$ 表示命题“如果 x 是自然数，那么 $2x$ 是偶数”．

在经典逻辑中，可以根据命题 A、B 的真值简单地得到命题 $\neg A$、$A\wedge B$、$A\vee B$ 及 $A\rightarrow B$ 的真值，即表1-1（表中1表示“真”、0表示“假”）．

表 1-1　经典逻辑真值表

A	$\neg A$
0	1
1	0

$\wedge$	0	1
0	0	0
1	0	1

$\vee$	0	1
0	0	1
1	1	1

$\rightarrow$	0	1
0	1	1
1	0	1

一个自然的问题是：在模糊逻辑中，如果已知模糊命题 A，B 的真值（它们均是 $[0,1]$ 中的实数），那么命题 $\neg A$、$A\wedge B$、$A\vee B$ 及 $A\rightarrow B$ 的真值如何计算呢？有没有相应的计算公

式？由于真值域从$\{0,1\}$变为$[0,1]$，上述问题变得异常复杂，这是模糊逻辑的研究课题，我们将在第2章中详细介绍.

1.3.3 模糊推理概说

逻辑是探索、阐述和确立有效推理原则的学科. 经典逻辑的推理（规则）常用的是假言推理、三段论推理. 肯定前件的假言推理规则英文称为MP（modus ponens）规则，或称为分离规则：

大前提： 若x是A，则y是B.
小前提： x是A

结论 y是B.

作为传统的假言推理的发展和扩充，基于模糊逻辑的推理（模糊推理）的基本形式也有相应的肯定前件式推理（称为GMP）：

前提1： 若x是A，则y是B.
前提2： x是A'

结论 y是B'.

注意：在上述模糊假言推理模式中，由于涉及模糊概念，所以"前提2"中用A'表示与A比较接近的模糊前提，推理结果是与B接近的B'. 比如下面的推理过程：

前提1 如果小轿车在行驶中方向盘明显抖动，则多半是轮胎没气了.
前提2 当方向盘有抖动（但不明显），

结论： 则驾驶员往往会考虑"是否轮胎充气不足".

以上是模糊推理（又称为近似推理）的基本形式，它只是逻辑结构形式，如何对其进行推理计算（包括其中的模糊概念如何用模糊集表示、如何用模糊蕴涵算子表示"前提1"、如何由"前提1"及"前提2"计算出模糊结果，等等），这需要认真加以分析和研究，我们将在第2章中详细介绍.

事实上，模糊数学在智能控制、机器人等领域的应用，本质就是模糊推理的应用，即将经验知识表达成模糊规则（具有$A \to B$的形式）、用模糊集表达其中的模糊语言变量、选择恰当的模糊蕴涵算子及模糊假言推理方法，依据系统的输入计算出输出，以控制对象按期望的目标方向运动. 例如，考虑移动机器人的避障控制问题，移动机器人系统的结构如图1-5所示[5]. 移动机器人由两个独立的驱动轮、一个速度里程表、六个探测障碍物的超声波传感器（正前方、左方、右方各两个）和一个目标传感器组成. 控制系统的输入是超声波传感器的距离信息、机器人当前的运动速度和目标的方向信息，输出是移动机器人的左右轮加速度的信息.

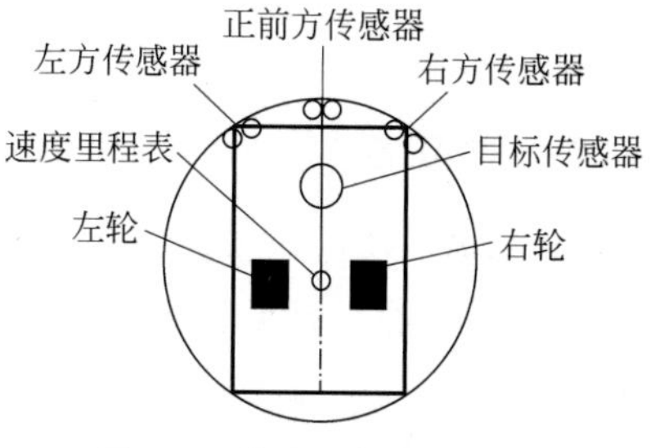

图1-5 移动机器人示意图

机器人的避障控制，是依据障碍物位置、目标位置的传感器信息和机器人当前运动速度来给出到达目标的策略. 当探测到障碍物接近机器人时，机器人将改变运动轨迹，以避免碰撞. 机器人转向的基本原则是：当探测到机器人左(右)和前方出现障碍物时，机器人应即时转向右(左)方向. 机器人转向的改变是靠左右轮速度的改变来控制的，并且速度的改变还能有效控制机器人运动的时效性. 根据不同的机器人轨迹图和目标方位，可以制定一系列的模糊规则，例如：

如果左方和前方距离远、右方障碍物远、目标位置在右前方、当前速度慢，那么左轮加速度正大、右轮加速度正小；

如果左方和前方距离远、右方障碍物远、目标位置在右前方、当前速度快，那么左轮加速度取零、右轮加速度负小；

如果左方和前方距离远、右方障碍物近、目标位置在右前方、当前速度慢，那么左轮加速度负小、右轮加速度取零；

如果左方和前方距离远、右方障碍物近、目标位置在右前方、当前速度快，那么左轮加速度负大、右轮加速度负小；

……

图 1-6 所示为基于模糊推理的移动机器人避障控制仿真结果.

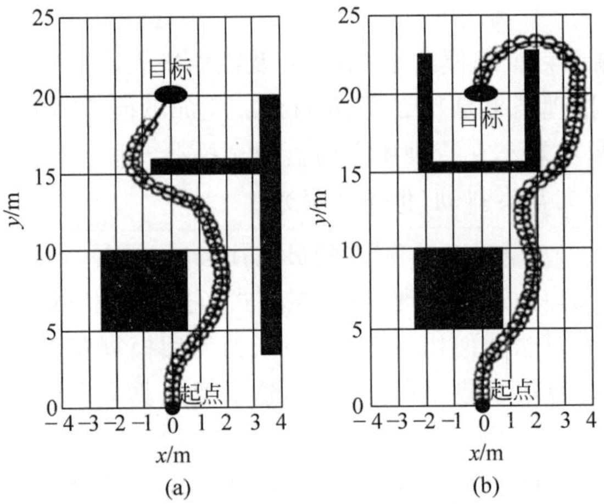

图 1-6 移动机器人避障仿真

1.3.4 倒立摆

一个游戏：给你一支铅笔，你能让它笔尖向下立在手指上吗？试试看，这是一件非常困难的事，比用手指顶起一支长竹竿难得多.

杂技中的顶竿表演：一个演员在肩膀(或头)上顶着一根碗口粗的长竹竿，另一个演员在竹竿上面表演各种惊险的杂技动作，此时下面的演员不停地来回移动身体，以保持竹竿的平衡.

倒立摆与上面的情境相似，倒立摆是控制领域中用来检验某种控制理论或方法的典型方案. 图 1-7 是倒立摆系统的一个简单模型，它由倒立着的“摆”“小车”和“驱动装置”组成，当“摆”

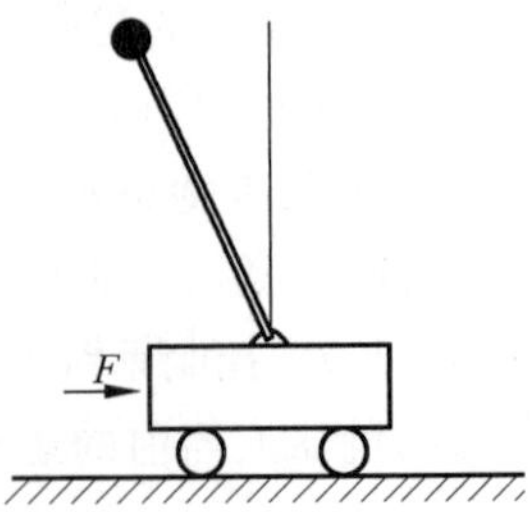

图 1-7 倒立摆示意图

直立时为系统的平衡状态. 显然,当"驱动装置"没有对小车施加任何力的作用时,这个系统是不稳定的,即"摆"将向两边倒下.

倒立摆最初研究开始于20世纪50年代,麻省理工学院(MIT)的控制论专家根据火箭发射助推器原理设计出一级倒立摆实验设备,而后人们又参照双足机器人控制问题研制二级倒立摆控制设备,从而提高了检验控制理论或方法的能力,也拓宽了控制理论或方法的检验范围.

图1-8 空间四级倒立摆

三级、四级倒立摆是由一、二级倒立摆演变而来,其实物系统控制的实现是公认的难题. 2002年8月,著名模糊理论专家李洪兴教授领导的复杂系统智能控制实验室,采用变论域自适应模糊控制在国际上首次成功实现了直线(二维)四级倒立摆的实物系统控制;2010年6月,李洪兴教授领导的科研团队又成功实现了空间四级倒立摆的实物系统控制,如图1-8所示.

通俗地讲,二级倒立摆是在一个平面上运动的倒立摆,而空间倒立摆则是实现了左、右、前、后以及任何方向运动的倒立摆. 空间四级倒立摆的实物系统控制,是具有极大挑战性的世界性难题,李洪兴教授的上述成果达到了世界领先水平,也充分说明了模糊数学理论具有重要的应用价值.

1.4 模糊数学发展历程回顾

1.4.1 萌芽及初创时期

对模糊性的讨论,可以追溯到很早. 20世纪的大哲学家罗素(B. Russel)在1923年一篇题为《含糊性》(Vagueness)的论文里专门论述过我们今天称之为"模糊性"的问题(严格地说,两者稍有区别),并且明确指出:"认为模糊知识必定是靠不住的,这种看法是大错特错的."尽管罗素声名显赫,但这篇发表在《南半球哲学杂志》的文章并未引起当时学术界对模糊性或含糊性的很大兴趣. 这并非是问题不重要,也不是因为文章写得不深刻,而是"时候未到",罗素精辟的观点是超前的.

计算机的问世,为科学技术带来一场革命性变化;同时,也促使人们对人脑与机器进行比较研究. 计算机的缺点是:不能像人脑思维那样灵活、敏捷地处理模糊信息,究其原因,它是基于二值逻辑的、与之相适应的是康托尔集合论. 扎德正是深刻地认识到这一点,于1965年创造性地提出模糊集合的概念,为模糊数学的发展奠定了基础.

自模糊数学诞生之日起,它就一直处于各派的激烈争论之中. 一些学者认为"模糊化"与基本的科学原则相违背. 最大的挑战来自于统计和概率论领域的数学家们,他们认为概率论已足以描述不确定性,而且任何模糊理论可以解决的问题,概率论也都可以解决得一样好或更好. 由于模糊数学理论在初期没有实际应用,所以它很难击败上述这种纯哲学观点的质疑. 当时几乎世界上所有的大型研究机构都未将模糊理论作为一个重要的研究领域.

1.4.2 确立地位时期——在工业控制与家电中的成功应用

20世纪70年代到90年代初,模糊理论逐步确立了其在科学技术领域的一席之地.1973年扎德发表了另一篇开创性文章《分析复杂系统和决策过程的新方法纲要》,该文建立了研究模糊控制的基础理论,在引入语言变量这一概念的基础上,提出了用模糊 IF-THEN 规则来量化人类知识.1975年,英国工程师 Mamdani 和 Assilian 创立了模糊控制器的基本框架,并将模糊控制器用于控制蒸汽机.1978年,丹麦人 Holmblad 和 Qstergaard 开发了模糊水泥窑控制器.这些最初的应用已经表明这一领域的潜力.

从理论角度讲,20世纪80年代初这一领域的进展缓慢.然而,与理论进展缓慢相比,模糊控制的应用非常振奋人心并引起了模糊领域的一场巨变.日本工程师们,以其对新技术的敏感,迅速地发现模糊控制器对许多问题来讲都是易于设计的,而且操作效果也非常好.因为模糊控制不需要过程的数学模型,它可以应用到很多因数学模型未知而无法使用传统控制论的系统中去.1980年,Sugeno(关野)开创了日本的首例模糊应用——控制一家富士电子水净化工厂;1983年,他又开始研究模糊机器人,这种机器人能够根据呼唤命令来自动控制汽车的停放.来自于日立公司的 Yasunobu 和 Miyamoto 开始给仙台地铁开发模糊系统,他们于1987年结束了该项目,并创造了世界上最先进的地铁系统.

1987年7月,第二届国际模糊系统协会年会在东京召开.会议是在仙台地铁开始运行后三天召开的,Hirota 还在会议上演示了一种模糊机器人手臂,它能实时地做二元空间内的乒乓动作,Yamakawa 也证明了模糊系统可以保持倒立摆的平衡.此后,支持模糊理论的浪潮迅速蔓延到工程、政府以及商业团体中.到了20世纪90年代初,市场上已经出现了大量的模糊消费产品.在日本出现了"模糊"热,家电产品中不带 fuzzy(模糊)的产品几乎无人购买.空调器、电冰箱、洗衣机、洗碗机等家用电器中已广泛采用了模糊控制技术.我国也于20世纪90年代初在杭州生产了第一台模糊洗衣机.

模糊数学于1976年传入我国后,得到迅速发展.1980年成立了模糊数学与模糊系统学会,1981年创办《模糊数学》(现更名为《模糊系统与数学》)杂志.中国被公认为模糊数学研究的四大中心(美国、欧洲、日本、中国)之一.以下是扎德教授接受采访时的一段对话(摘取自 An Interview with Lotfi A. Zadeh,Communication of the ACM,vol.27,no.4,304-311,April 1984):

问:扎德教授,自从你60年代建立了模糊逻辑的概念之后,对此的兴趣增加了很多吗?有无其他人追随了这一理论?

扎德:……人们正在日益接受这一理论,但对此还有很大的怀疑和反对.目前,研究模糊集理论人数最多的国家是中国.似乎在东方国家对于与二值逻辑不同的体系有更大的兴趣,大概这是因为他们的逻辑不像西方的笛卡儿(Descartes)逻辑.

1.4.3 进一步发展时期——更广泛的应用与更严峻的挑战

日本模糊系统的成功震惊了美国和欧洲主流学者们(常说:模糊理论生在美国,却长在日本).一些学者仍对模糊理论持批评态度,但更多的学者不仅已经转变观念,而且还给予了模糊理论发展壮大的机会.1992年2月,首届 IEEE 模糊系统国际会议在圣地亚哥召开,这次大会标志着模糊理论已被世界上最大的工程师协会——IEEE 所接受,而且 IEEE 还于

1993 年创办了 IEEE 模糊系统会刊 IEEE Transactions on Fuzzy Systems.

同时，模糊数学理论的应用越来越广泛，除了前述的家电行业、工业控制等领域外，在军事航天领域，模糊技术用于巡航导弹、指挥自动化系统、飞行器对接等方面；在地震科学方面，模糊技术的应用已涉及中长期地震预测、潜在震源识别等领域；模糊理论在核反应堆的控制方面取得了极大的成功；在软科学方面，已应用于心理分析、投资决策、经济宏观调控、市场预测等领域；在公益事业方面，有交通管理、供电供水的管理与监控、气象预测等应用成果.

此外，一些新概念、新分支相继提出，在传统方向和分支上也相继取得可喜进展，模糊数学理论体系更加丰富. 格值模糊集、区间值模糊集、直觉模糊集、二型模糊集等得到深入研究，模糊拓扑学、模糊测度与模糊积分、模糊自动机理论、模糊优化、模糊数据库理论、模糊图论、模糊认知图(fuzzy cognitive maps)、模糊神经网络、模糊支撑向量机及模糊集的公理化等诸多方向有了长足进步；模糊集理论与概率论、粗糙集理论等相结合，在智能信息处理的诸多方面发挥着越来越广泛而重要的作用(文献[6～8]).

尽管模糊数学理论的发展是迅猛的，但与应用相比，模糊逻辑的理论基础并非无懈可击，比如 1993 年 7 月，C. Elken 博士在美国第 11 届人工智能年会上做了题为《模糊逻辑的似是而非的成功》的报告，引起了一场轩然大波. IEEE Expert 杂志编委会组织模糊界和人工智能界的 15 位专家学者对 Elkan 的文章进行评论，并于 1994 年 8 月在该刊物上出了一个专栏，其中包括 C. Elkan 的答复文章“关于模糊逻辑似是而非的争论”，这说明这场争论并未取得一致的意见. 事实上，这场争论始终没有平息，例如 2001 年西班牙学者 E. Trillas 与 C. Alsina 在 *International Journal of Approximate Reasoning* 上撰文再次论及 C. Elken 提出的问题. 有趣的是，针对 E. Trillas 与 C. Alsina 的上述论文，C. Elken 本人在同一刊物发表了反驳文章，而 E. Trillas 与 C. Alsina 又在同期杂志上发表了对 C. Elken 的反驳的“注解”，他们各持己见，仍然没能得到一致的结论.

其实，模糊数学的不成熟是完全可以理解的. 因为经典数学已有了很长的历史，一代又一代的数学家们已经把现代数学的大厦建造得几乎达到了完美的地步. 与此相比较，诞生还不足半个世纪的模糊理论可以说尚处于牙牙学语的阶段，目前还没有完全成熟的章法可循. 模糊理论的目的在于进一步开发人脑的智能和模拟人脑的思维方式，而人脑是创造一切现代文明的源泉，所以模拟人脑既是极富于挑战性的任务，又必然是十分艰难的工作. 在这方面的点滴进步都是可贵的，并且终将把模糊理论推向成熟.

学习模糊数学就如同营养和丰富你大脑的功能. 同时，正因为模糊理论尚不成熟，大家在学习过程中可以不断地尝试去改进它和完善它. 习近平总书记在党的二十大报告中指出：加强基础研究，突出原创，鼓励自由探索. 我们有信心在开拓具有原创性的新模糊集理论上有所作为. 最后，让我们借用文献[6]序言中最后几句话作为本章的结束(这里对原话做了修改，文献[6]的作者是香港科技大学王立新先生，王先生 1992—1993 年在扎德那里做博士后)：

天苍苍，不确定性数学理论的梦想不知现在何方？
雾茫茫，模糊数学理论是不是正确的前进方向？
拨开迷雾，等待我们的一定是那灿烂的阳光！

实验1 体验模糊数学(借助 MATLAB 与 Scilab 软件)

本实验使用 MATLAB 软件提供的模糊逻辑工具箱(Fuzzy Logic Toolbox)及仿真工具 Simulink、或 Scilab 软件提供的模糊逻辑工具箱(Fuzzy Logic Toolbox,缩写为 sciFLT)及仿真工具 Xcos,通过图形、动画的展示,身临其境地体会模糊数学及其在智能控制中的应用. 可根据实际情况选用一种软件进行实验,原则上并不需要读者具有 MATLAB、Scilab 软件的使用经验.

1. 使用 MATLAB 体验模糊数学

按以下步骤进行操作练习(可根据实际环境进行调整,这里以 MATLAB 7.8.0,即 R2009a 版本为例进行说明):

(1) 安装 MATLAB,启动成功后显示如图 1-9 所示的 MATLAB 工作界面:

图 1-9 MATLAB 7.8.0(R2009a)工作界面

在 Help 菜单中选择 Product Help 选项,打开 Help 窗口;在其左窗格中选择 Fuzzy Logic Toolbox,其中有 What Is Fuzzy Logic 选项(见图 1-10),这实际是模糊逻辑入门指南,自学其中的内容.

(2) 在 Fuzzy Logic Toolbox 中,有一些非常典型的例子,对于理解模糊逻辑方法很有参考价值. 在图 1-10 中,单击左侧窗格中(即 Help 窗口 Fuzzy Logic Toolbox 选项下)的 Examples,帮助系统将详细分析一个小费问题(见图 1-11. 这是国外模糊逻辑教材中一个非常经典的例子,考虑的问题是:在饭店就餐后付给侍者多少小费合适,涉及服务质量、食物质量等因素),分别采用传统数学方法(包含使用线性或分段线性函数)和模糊数学方法(基于一些常识性模糊规则进行模糊推理,比如"当服务差或食物差的时候,小费少"、"当服务好的时候,小费中等")求解此问题,从两者的比较中展示模糊数学的优势(见图 1-12,(a)图使用精确数学方法——分段线性函数,(b)图使用模糊推理方法). 自学这个例子,从中体会模糊数学方法的优势.

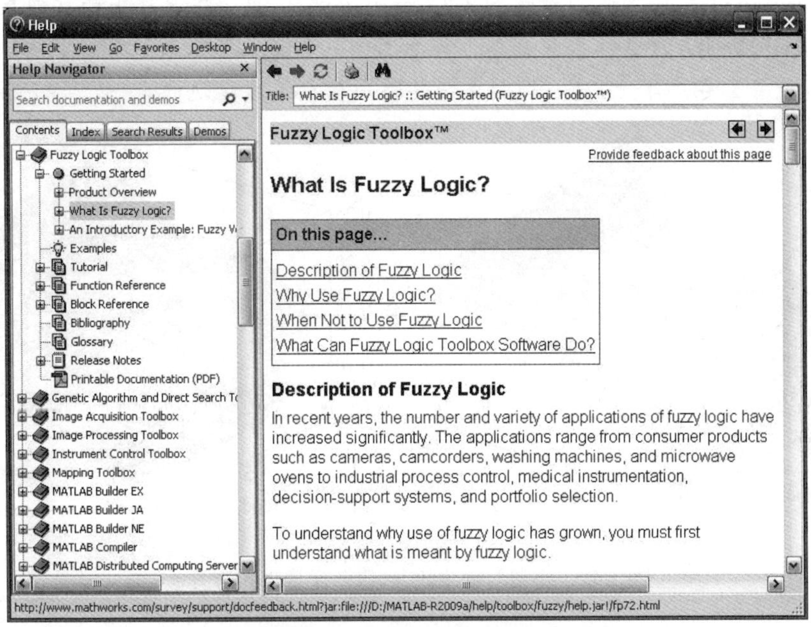

图 1-10　MATLAB 中关于模糊逻辑的介绍

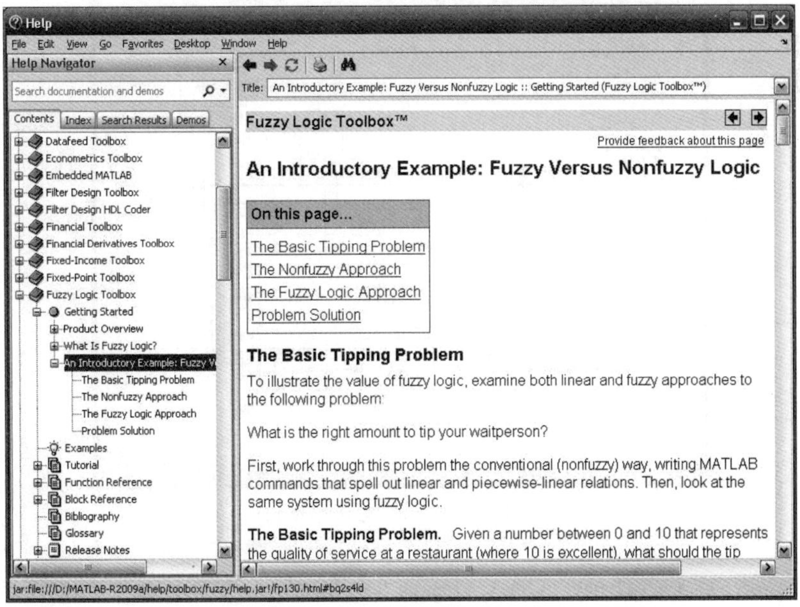

图 1-11　小费问题示例

(3) 结合 MATLAB 的模糊逻辑工具箱(Fuzzy Logic Toolbox)及仿真工具 Simulink,可制作基于模糊控制的仿真动画,以直观地感受模糊数学的作用. 下面就让我们体验一下吧!

① 在 MATLAB 命令窗口命令提示符后输入 slcp 然后按 Enter 键(这实际是打开

MATLAB 软件提供的仿真模型文件 slcp. mdl，它位于 MATLAB 安装目录下的子目录 toolbox\fuzzy\fuzdemos 中)，出现如图 1-13 所示的窗口；单击工具栏上的按钮▶，启动仿真动画，如图 1-14 所示．这是一个带杆的小车装置(一级倒立摆)，通过不断调整作用于小车上的力使杆能直立在小车上，这一控制系统是使用模糊推理实现的．

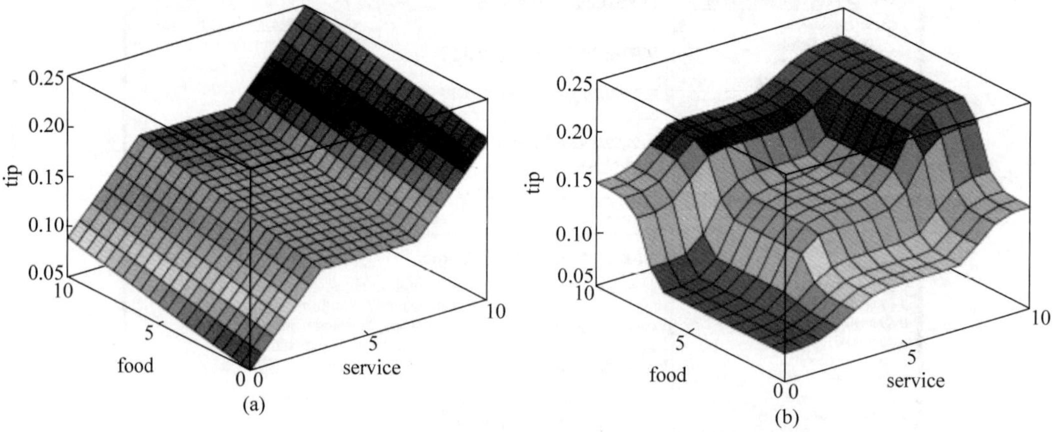

图 1-12 小费与食物质量、服务质量之间的关系

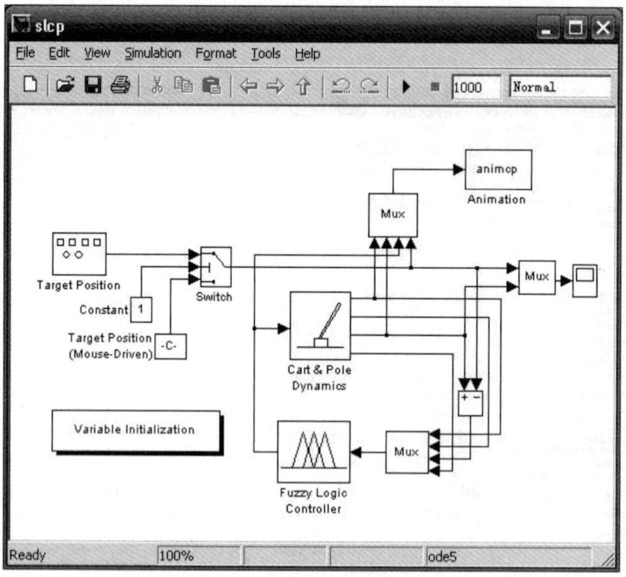

图 1-13 Simulink 程序窗口

除了 slcp 外，系统还提供了 slcp1、slcpp1、sltank(水箱水位控制的仿真动画)、slbb(一个类似于跷跷板的控制仿真动画)等模型文件，其仿真演示方法同上，请自选操作练习．

② 模糊控制的核心是依据经验知识的模糊 IF-THEN 规则库进行模糊推理，一边展示控制规则的作用、一边展示控制对象状态的动态变化，这对理解模糊控制的过程有很大的帮助．MATLAB 软件确实提供了这样的仿真程序 sltankrule，利用它可以展示水箱水位的模糊控制过程，可同时看到模糊控制规则、水箱水位的动态变化．具体操作方法是：

在 MATLAB 命令窗口命令提示符后输入 sltankrule 然后按 Enter 键，在随后出现的

Simulink 窗口单击工具栏上的按钮▶,启动仿真动画(同时出现两窗口,(a)图显示水位的变化情况,(b)图显示依据规则进行推理计算的过程),如图 1-15 所示. 反复观看此动画演示,体会模糊控制方法.

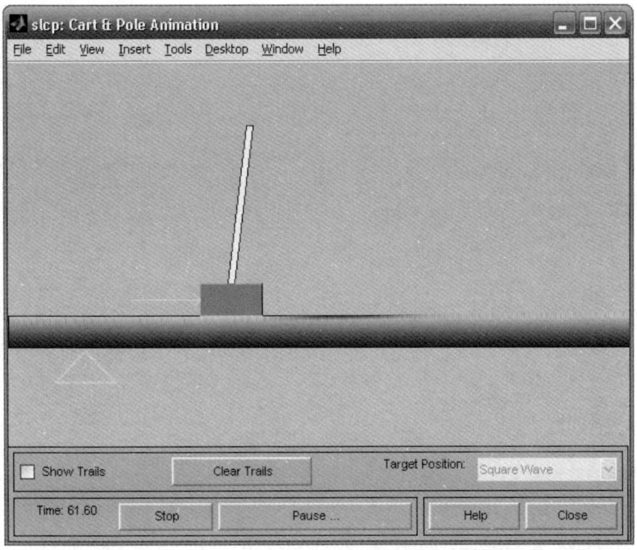

图 1-14　带杆的小车(一级倒立摆)控制仿真

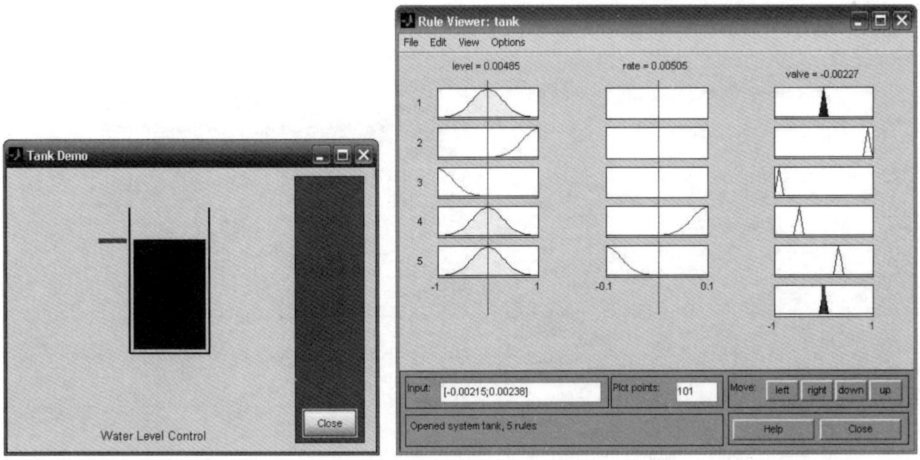

(a)　　(b)

图 1-15　水箱水位的模糊控制仿真

2. 使用 Scilab 体验模糊数学

Scilab 是一款免费的开源软件,其功能类似于 MATLAB,可以实现 MATLAB 上几乎所有的基本功能,如科学计算、信号处理、数学建模、系统控制和决策优化等. Scilab 软件提供的语言转换函数可以自动将用 MATLAB 语言编写的程序转换为 Scilab 语言. 此外,Scilab 软件有一个类似于 MATLAB 中 Simulink 的工具 Xcos,它也提供了模糊逻辑工具箱 sciFLT,可以借助它们来体验模糊数学及其应用(参见文献[9]).

(1) 安装 Scilab. 下载网址为 http://www.scilab.org/,本书安装的是 6.1.1 版本的 Scilab 软件. 安装后的主界面如图 1-16 所示. Scilab 的语言与 MATLAB 很接近,基本操作可访问 www.scilab.org/sites/default/files/Scilab_beginners_0.pdf.

图 1-16 Scilab 主界面

对于简短的程序可以直接在控制台中实现(见图 1-17(a)),对于较长的且需要保存的程序可利用菜单栏中"应用程序"下的"SciNotes"编辑器实现,保存后(文件扩展名为.sci)可重复使用(见图 1-17(b)).

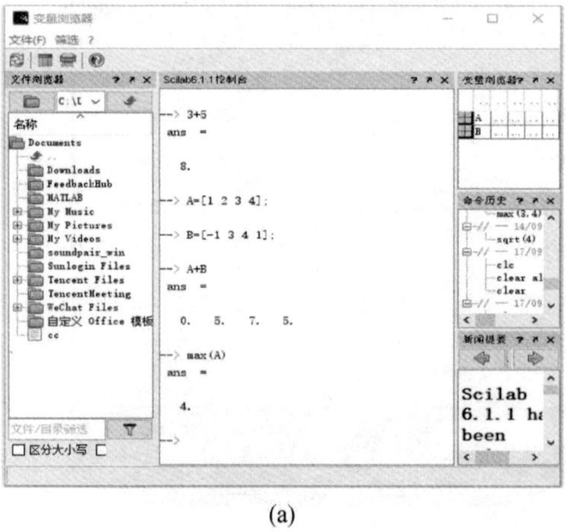

(a)

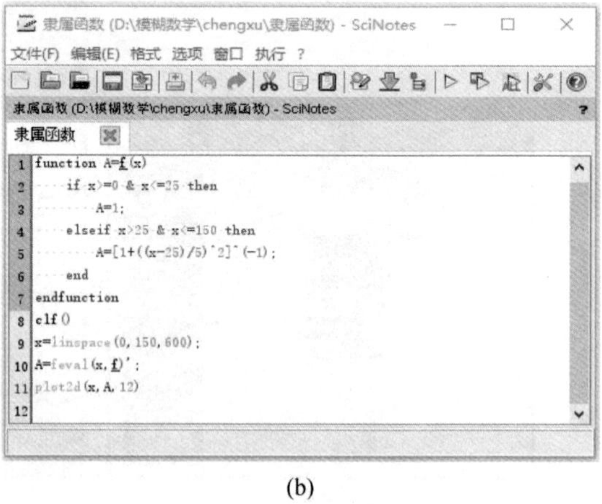

(b)

图 1-17 Scilab 程序设计

(a) 控制台; (b) SciNotes

(2) Scilab Fuzzy logic Toolbox(缩写为 sciFLT)的加载. sciFLT 于 2019 年创建,可通过以下两种方式加载 sciFLT: ①单击 Scilab 菜单栏中"应用程序——ATOMS——全部软件包——Fuzzy Logic Table——安装",安装界面如图 1-18 所示; ②在 Scilab 控制台中输入命令"atomsInstall('sciFLT')".

要开始使用 sciFLT,必须在 Scilab 控制台中输入"sciFLTEditor()"来加载模糊推理系统编辑器(fls Editor),如图 1-19 所示. 一旦 sciFLT fls Editor 出现,可以通过"File——New fls ——

Takagi-Sugeno (or Mamdani)"轻松创建 Takagi-Sugeno 或 Mamdani 模糊推理系统.

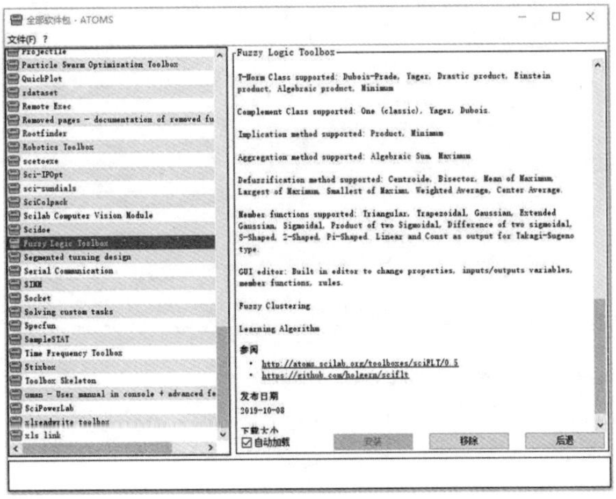

图 1-18 通过 ATOMS 加载 sciFLT 的界面

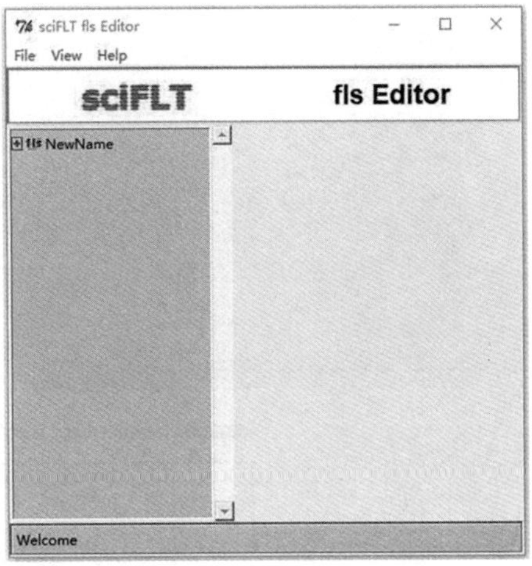

图 1-19 sciFLT fls Editor 的界面

(3) 以一个简单的供热系统(heating system)为例,介绍 Mamdani 模糊推理系统的使用方法.

① 设定系统的基本信息,如图 1-20 所示.

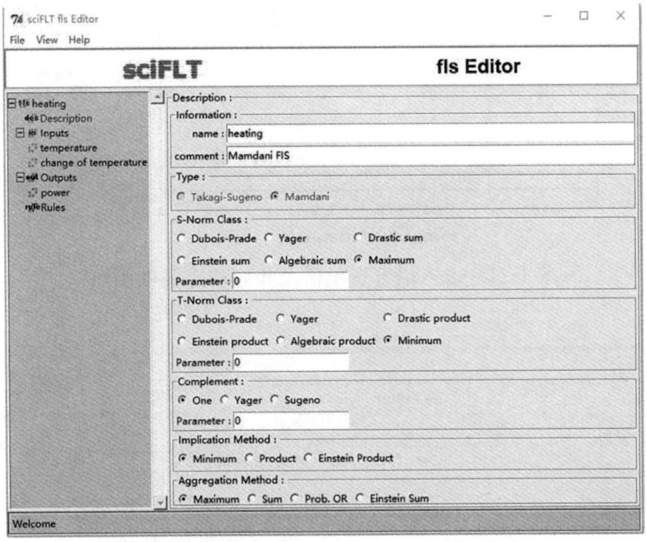

图 1-20 heating system 基本信息界面

② 设输入语言变量分别为"temperature"和"change of temperature",所对应的语言变量值与相应的隶属度函数如图 1-21 所示;输出语言变量为"power",所对应的语言变量值与相应的隶属度函数如图 1-22 所示.

③ 输入模糊推理规则,如图 1-23 所示. 综上,一个基于模糊逻辑的供热推理系统就建立完成了. 如果实际生活中,"temperature"为 21℃,且"change of temperature"为 −0.5℃/min,则利用所建立的模糊推理系统可得出供热设备的"power"值. 如图 1-24 所示,相应的"power"值为 32.789.

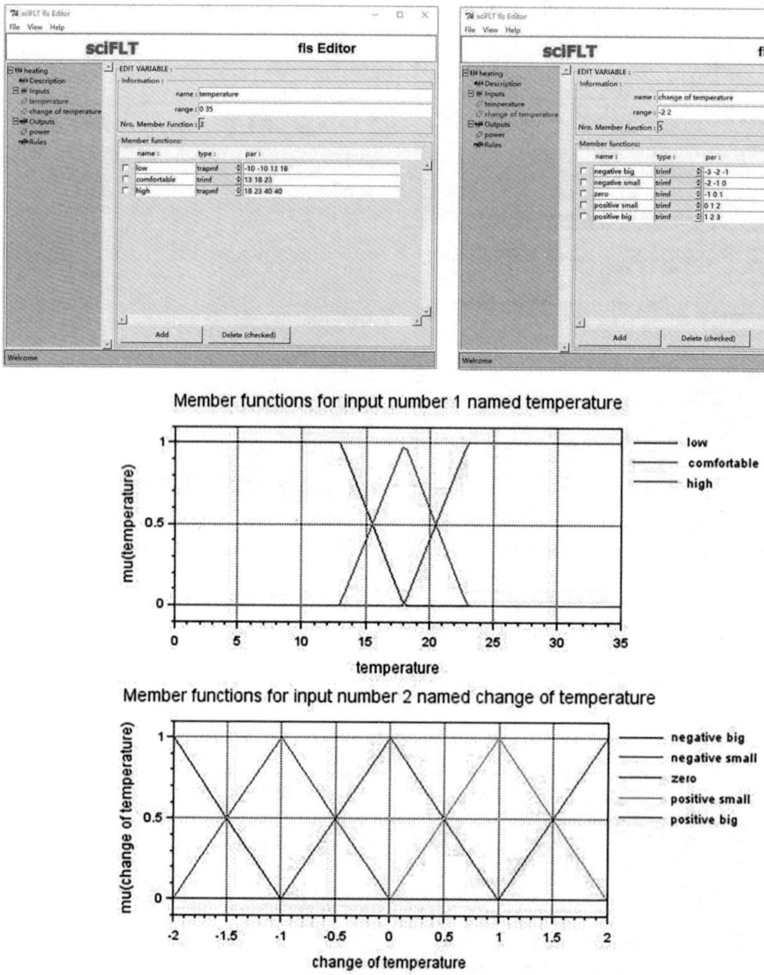

图 1-21 输入语言变量值及相应的隶属度函数

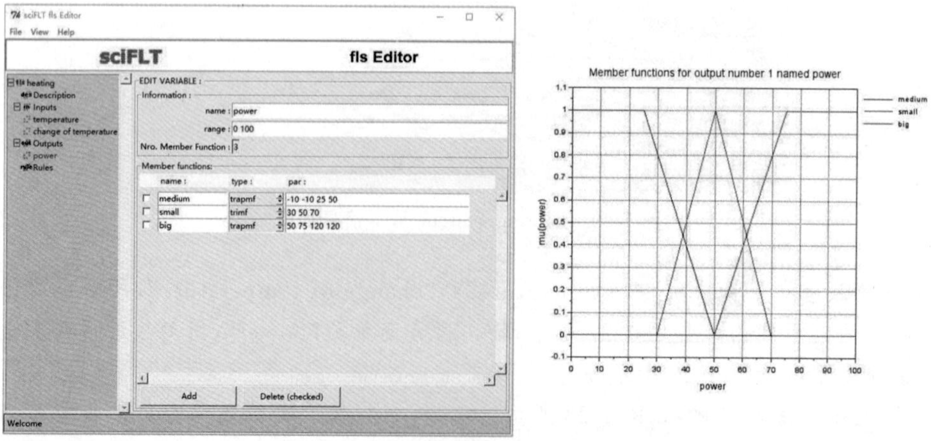

图 1-22 输出语言变量值及相应的隶属度函数

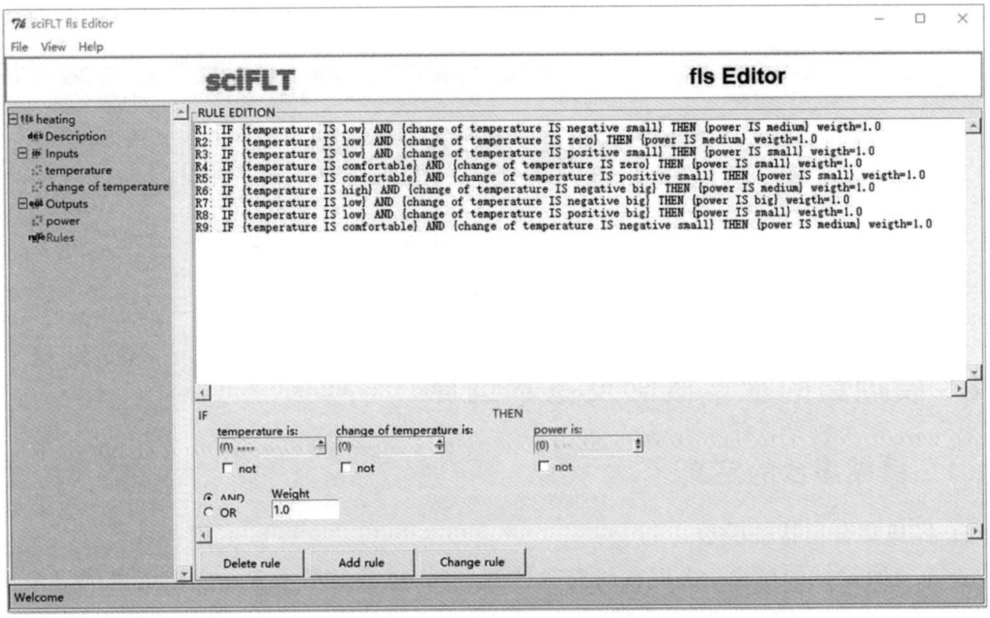

图 1-23　模糊规则输入界面

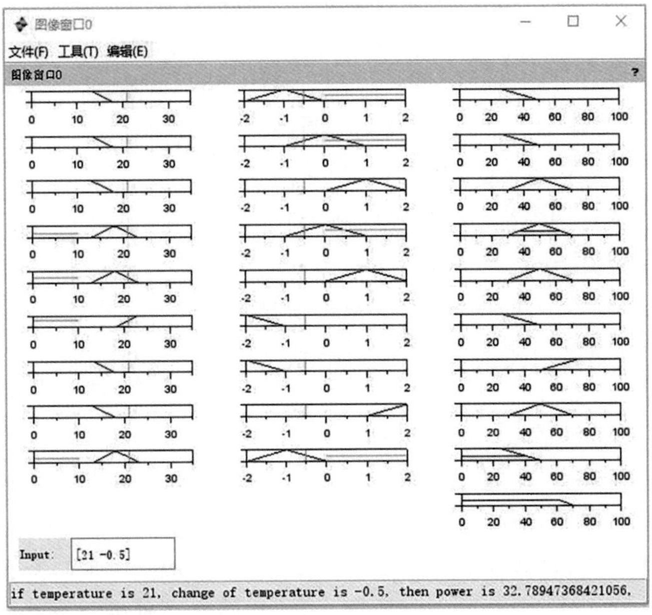

图 1-24　温度为 21℃,且温度的改变为－0.5℃/min 的模糊推理过程

第2章

模糊集理论基础

2.1 模糊集的基本概念及基本运算

2.1.1 模糊集合的定义

1. 经典集合与特征函数

首先说明论域的概念. 人们在研究具体问题时,总是对局限于一定范围内的对象进行讨论,所讨论的对象的全体称为论域.

在论域 X 中任意给定一个元素 x 及任意给定一个经典集合 A,则或者 $x\in A$,或者 $x\notin A$,二者必居且仅居其一. 这种关系可用如下二值函数表示:

$$\chi_A: X\to\{0,1\}; x\mapsto\chi_A(x)=\begin{cases}1, & x\in A,\\ 0, & x\notin A.\end{cases}$$

上述函数 χ_A 称为集合 A 的特征函数. 显然,集合 A 完全由它的特征函数 χ_A 所确定(见图 2-1),因此可以将集合 A 与特征函数 χ_A 等同起来.

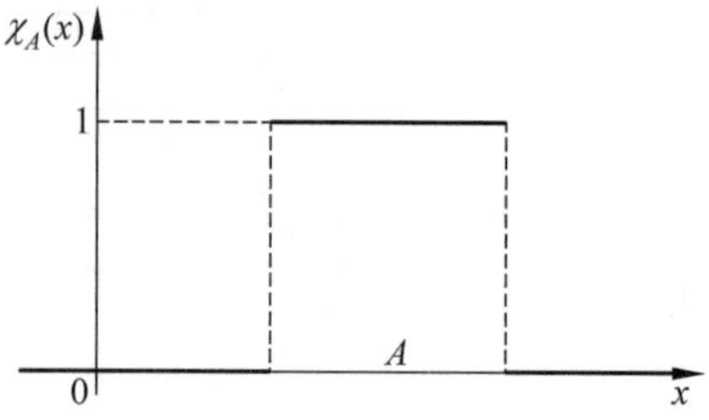

图 2-1 论域 X 中集合 A 的特征函数

2. 模糊集合的定义

定义 2.1.1 论域 X 上的模糊集合(或称模糊子集)A 是 X 到$[0,1]$的一个映射(称为隶属函数)

$$\mu_A: X\to[0,1].$$

对于 $x\in X$,$\mu_A(x)$称为 x 对于 A 的隶属度.

根据定义,模糊集合与经典集合不同,它并没有确定的元素,我们只能通过隶属函数来认识和掌握它. 因此,模糊集合的定义也常被写成下面的样子:

论域 X 上的模糊集合 A 是 X 到$[0,1]$的一个映射 $A: X\to[0,1]$; $\forall x\in X, A(x)\in[0,1]$.

以后我们将 $\mu_A(x)$与 $A(x)$,μ_A 与 A 等同起来,就如同将经典集合与其特征函数等同起来一样.

如前所述,经典集合可用特征函数完全刻画,因而经典集合可看成模糊集的特例(即隶属函数只取 0,1 两个值的模糊集). 设 X 为非空论域,X 上的全体模糊集记作 $F(X)$. 于是,$P(X)\subseteq F(X)$,这里 $P(X)$为 X 的幂集(即 X 的全体子集构成的集合). 特别地,空集$\varnothing$的隶属函数恒为 0,全集 X 的隶属函数恒为 1,即$\varnothing$、X 都是 X 上的模糊集.

隶属函数是刻画模糊集合最基本的概念,合理地构造隶属函数是模糊数学应用的关键. 前面第 1 章提到"年轻人"模糊集(见图 1-2),其隶属函数是由扎德给出的(稍作修改),也可用统计调查的方法确定隶属度. 比如,为在"年龄"论域[0,150]上建立"年轻人"模糊集合 A 的隶属函数,可进行抽样调查,被调查人经认真考虑"年轻人"的含义后,提出自己认为符合"年轻人"这一概念的最合适的年龄区间. 假定得到下述调查记录(见参考文献[10]):

表 2-1 关于"年轻人"年龄区间的调查

18～25	17～30	17～28	18～25	16～35	14～25	18～30	18～35	18～35
15～25	15～30	18～35	17～30	18～25	18～35	20～30	18～30	16～30
20～35	18～30	18～25	18～35	15～25	18～30	15～28	16～28	18～30
18～30	16～30	18～35	18～25	18～30	16～28	18～30	16～30	16～28
18～35	18～35	17～27	16～28	15～28	18～25	19～28	15～30	15～26
17～25	15～36	18～30	17～30	18～35	16～35	16～30	15～25	18～28
16～30	15～28	18～35	18～30	17～28	18～35	15～28	15～25	15～25
15～25	18～30	16～24	15～25	16～32	15～27	18～35	16～25	18～30
16～28	18～30	18～35	18～30	18～30	17～30	18～30	18～35	16～30
18～28	17～25	15～30	18～25	17～30	14～25	18～26	18～29	18～35
18～28	18～35	18～25	16～35	17～29	18～25	17～30	16～28	18～30
16～28	15～30	18～30	15～30	20～30	20～30	16～25	17～30	15～30
18～30	16～30	18～28	15～35	16～30	15～30	18～35	18～35	18～30
17～30	16～35	17～30	15～25	18～35	15～30	15～25	15～35	15～30
18～30	17～25	18～29	18～28					

现考虑"27 岁"对"年轻人"模糊集合 A 的隶属度. 由表 2-1 不难得出,在对 130 人的调查中,将"27 岁"划入"年轻人"范围者有 101 人,所以可根据频率确定隶属度为:$A(27)=101/130=0.78$. 这种用隶属频率来确定隶属函数的方法也称为模糊统计法.

有人对不同人群进行统计调查,发现"27 岁"对"年轻人"模糊集合 A 的隶属频率具有稳定性,这说明隶属函数并非完全主观、有一定的客观性. 当然,由于模糊集合是人脑对客观事物的主观反映,虽然有一定的统计规律性,但实际上很难给出一个模糊集合其隶属函数的唯一表达式,也没有一种统一的方法来构造隶属函数. 对于前述"年轻人"模糊集合的隶属函数,也有人建议使用如下的形式(或许这个定义更合理些):

$$A(x)=\begin{cases}1, & 0\leqslant x\leqslant 25,\\ \left[1+\left(\dfrac{x-25}{5}\right)^2\right]^{-1}, & 25<x<100,\\ 0, & x\geqslant 100.\end{cases}$$

正因为隶属函数的上述"不确定"特性,使模糊数学受到质疑. 你有没有更好的方法合理地定义或描述隶属函数呢?

3. 模糊集合的表示方法

如前所述,模糊集合本质上是论域 X 到[0,1]的映射,因此用隶属函数来表示模糊集合是最基本的方法. 除此以外,还有以下的表示方法.

(1) 序偶表示法: 将模糊集合表示为 $A=\{(x,A(x))\mid x\in X\}$. 例如,用集合 $X=\{x_1, x_2, x_3, x_4\}$表示某学生宿舍中的 4 位男同学,“帅哥”是一个模糊的概念. 经某种方法对这 4 位学生属于帅哥的程度(“帅度”)做的评价依次为: 0.55,0.78,0.91,0.56,则以此评价构成的模糊集合 A 记为: $A=\{(x_1,0.55),(x_2,0.78),(x_3,0.91),(x_4,0.56)\}$.

(2) 向量表示法: 当论域 $X=\{x_1,x_2,\cdots,x_n\}$时,X 上的模糊集 A 可表示为向量 $\boldsymbol{A}=(A(x_1),A(x_2),\cdots,A(x_n))$. 前述的模糊集“帅哥”$A$ 可记为: $\boldsymbol{A}=(0.55,0.78,0.91,0.56)$. 这种向量的每个分量都在 0 与 1 之间,即 $A(x_i)\in[0,1]$,称之为模糊向量.

(3) 扎德表示法: 当论域 X 为有限集$\{x_1,x_2,\cdots,x_n\}$时,X 上的一个模糊集合可表示为

$$A=A(x_1)/x_1+A(x_2)/x_2+\cdots+A(x_n)/x_n.$$

前述的模糊集“帅哥”A 可记为: $A=0.55/x_1+0.78/x_2+0.91/x_3+0.56/x_4$. 注意,这里仅仅是借用了运算符号+和/,并不表示分式求和,而只是描述 A 中有哪些元素以及各个元素的隶属度值.

还可使用形式符号 $\sum$ 表示论域为有限集合或可列集合的模糊集,如

$$\sum_{i=1}^{n}A(x_i)/x_i, \quad 或 \quad \sum_{i=1}^{\infty}\frac{A(x_i)}{x_i}.$$

此外,扎德还使用积分符号 $\int$ 表示模糊集,

$$A=\int_{x\in X}A(x)/x, \quad 或 \quad A=\int_{x\in X}\frac{A(x)}{x}.$$

这种表示法适合于任何种类的论域,特别是无限论域中的模糊集合的描述. 与 $\sum$ 符号类似,这里的 $\int$ 仅仅是一种符号表示,并不意味着积分运算. 如模糊集“年轻人”A 可表示为

$$A=\int_{x\in(0,25]}\frac{1}{x}+\int_{x\in(25,100)}\frac{\left[1+\left(\frac{x-25}{5}\right)^2\right]^{-1}}{x}+\int_{x\in[100,200]}\frac{0}{x}.$$

注意: 当论域明确的情况下,在序偶表示法和扎德表示法中,隶属度为 0 的项可以不写出来;而在向量表示法中,应该写出全部分量. 例如,论域 X 为 1 到 10 的所有正整数,模糊集“几个”A 可表示为

$$A=0/1+0/2+0.3/3+0.7/4+1/5+1/6+0.7/7+0.3/8+0/9+0/10,$$

或

$$A=0.3/3+0.7/4+1/5+1/6+0.7/7+0.3/8,$$

或

$$\boldsymbol{A}=(0,0,0.3,0.7,1,1,0.7,0.3,0,0).$$

图 2-2 给出两个模糊集合的图像.

4. 典型隶属函数

如前所述,构造恰当的隶属函数是模糊集理论应用的基础. 一种基本的构造隶属函数的方法是“参考函数法”,即参考一些典型的隶属函数,通过选择适当的参数,或通过拟合、整

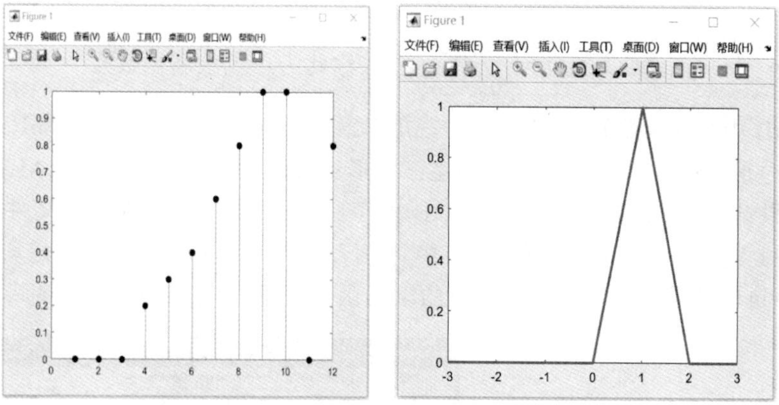

(a) (b)

图 2-2 两个模糊集合的图像

合、实验等手段得到需要的隶属函数. 法国学者 A. Kaufmann 曾收集整理了若干典型隶属函数,分为偏小型(降半矩形,降半 Γ 形,降半正态形,降半柯西(Cauchy)形,降半梯形,降岭形)、偏大型(升半矩形,升半 Γ 形,升半正态形,升半柯西形,升半梯形,升岭形)、中间型(矩形,尖 Γ 形,正态形,柯西形,梯形,岭形)等,详情请参见文献[10].

在 MATLAB 的模糊逻辑工具箱中提供了十余个内置的常用隶属函数(类型),下面介绍这些隶属函数及相应 MATLAB 命令函数的使用方法.

(1) 三角形隶属函数: 指定义在实数集上显现为三角形形状的隶属函数曲线,可用解析式表示为

$$f(x,a,b,c)=\begin{cases}0, & x<a,\\ \dfrac{x-a}{b-a}, & a\leqslant x\leqslant b,\\ \dfrac{c-x}{c-b}, & b<x\leqslant c,\\ 0, & x>c,\end{cases}$$

或

$$f(x,a,b,c)=\max\left\{0,\min\left\{\frac{x-a}{b-a},\frac{c-x}{c-b}\right\}\right\},$$

其中参数 a,c 确定"脚",参数 b 确定"峰".

作为特例,规定: 当 $a=b<c$ 时,

$$f(x,a,a,c)=\begin{cases}0, & x<a,\\ \dfrac{c-x}{c-a}, & a\leqslant x<c,\\ 0, & x\geqslant c;\end{cases}$$

当 $a<b=c$ 时,

$$f(x,a,b,b)=\begin{cases}0, & x\leqslant a,\\ \dfrac{x-a}{b-a}, & a<x\leqslant b,\\ 0, & x>b;\end{cases}$$

当 $a=b=c$ 时，

$$f(x,a,a,a)=\begin{cases}1, & x=a, \\ 0, & x\neq a\end{cases}\text{（称此为单点隶属函数）.}$$

MATLAB 中命令函数 trimf 用来创建三角形隶属函数，其引用格式为 trimf(x,[a,b,c]).

图 2-3(a)是在论域 $X=[0,10]$上创建三角形隶属函数 $f(x,3,6,8)$的 MATLAB 程序及其运行结果；图 2-3(b)展示的 MATLAB 程序(以.m 为扩展名的程序文件)，是在论域 $X=[-3,3]$上定义一组模糊集：负大、负中、负小、零、正小、正中、正大，它们均有三角形隶属函数，程序执行结果是绘制这些模糊集的隶属函数图像(绘制在同一个坐标平面中).

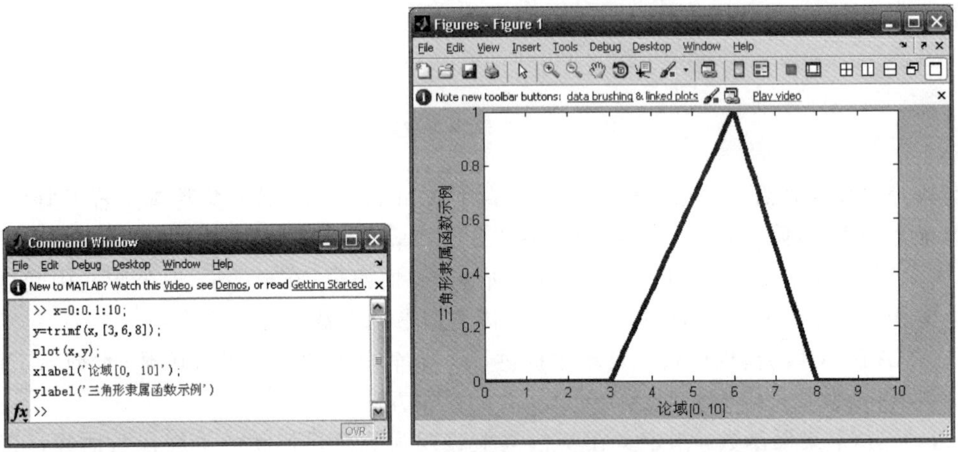

(a)

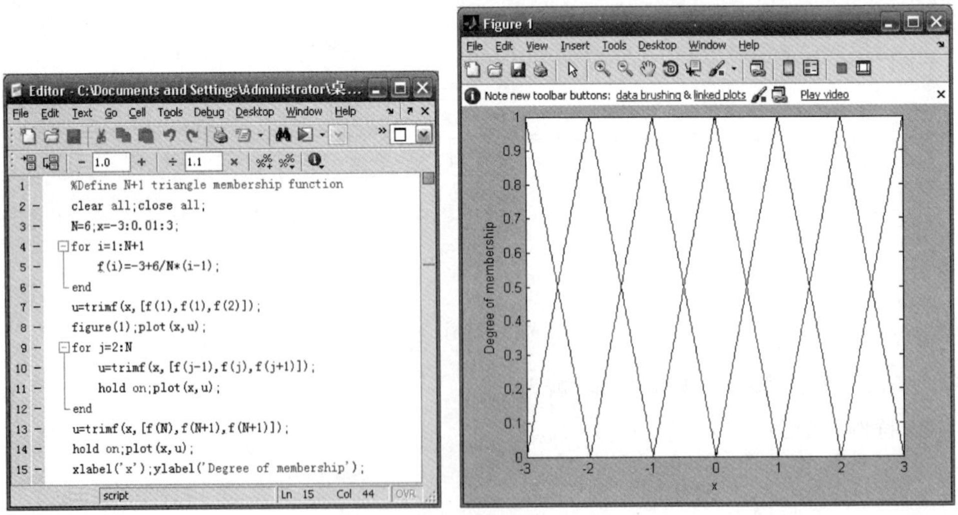

(b)

图 2-3　三角形隶属函数示例

(2) 梯形隶属函数：指定义在实数集上显现为梯形形状的隶属函数曲线，可用解析式表示为

$$f(x,a,b,c,d)=\begin{cases}0, & x<a,\\ \dfrac{x-a}{b-a}, & a\leqslant x<b,\\ 1, & b\leqslant x<c,\\ \dfrac{d-x}{d-c}, & c\leqslant x<d,\\ 0, & x\geqslant d,\end{cases}$$

或

$$f(x,a,b,c,d)=\max\left\{0,\min\left\{\frac{x-a}{b-a},1,\frac{d-x}{d-c}\right\}\right\},$$

其中参数 a,d 确定“脚”，参数 b,c 确定“肩”.

注意：上述参数满足 $a\leqslant b$ 且 $c\leqslant d$（作为特例，规定：当 $a=b$ 或 $c=d$ 时，上述解析式中分子分母均为 0 的选项不出现，且断点处的函数值为 1）. 当 $b\geqslant c$ 时，上述函数退化为三角形（此时，其顶点函数值未必等于 1）.

MATLAB 中提供命令函数 trapmf，用来创建梯形隶属函数，其引用格式为 trapmf(x,[a,b,c,d]). 图 2-4 是在论域 $X=[0,10]$ 上创建梯形隶属函数的 MATLAB 程序及其运行结果.

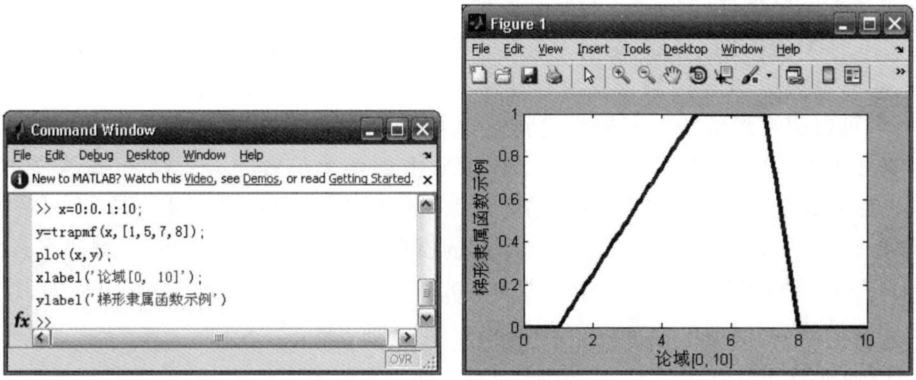

图 2-4 梯形隶属函数示例

(3) 高斯(Gauss)型隶属函数：指具有下述形式的隶属函数：

$$f(x,\sigma,c)=\exp\left(-\frac{(x-c)^2}{2\sigma^2}\right),$$

其中 σ 决定曲线的宽度，参数 c 决定曲线的中心. MATLAB 中提供命令 gaussmf(x,[σ,c])创建高斯型隶属函数，图 2-5 是不同参数的高斯型隶属函数图像的对比结果.

(4) 其他隶属函数：MATLAB 还提供其他一些常用的隶属函数类型，相应的 MATLAB 命令是 gauss2mf(建立双边高斯型隶属度函数)、gbellmf(建立钟形隶属度函数)、sigmf(建立 Sigmoid 型隶属度函数)、psigmf(建立由两个 Sigmoid 型函数乘积构成的隶属度函数)、dsigmf(建立由两个 Sigmoid 型函数之差的绝对值构成的隶属度函数)、zmf(建立 Z 型隶属度函数)、smf(建立 S 型隶属度函数)、pimf(建立 Π 型隶属度函数)，其使用方法及函数曲线的形状请阅读 MATLAB 的帮助系统.

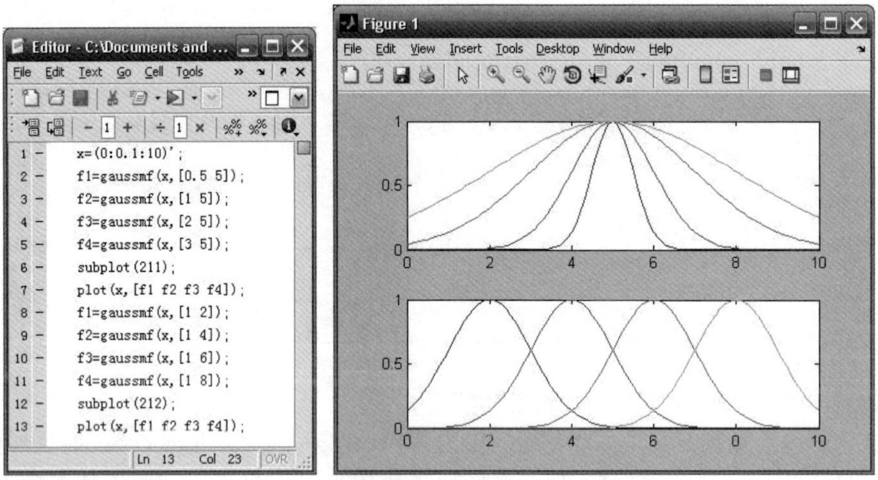

图 2-5 高斯型隶属函数示例

2.1.2 模糊集合的并、交、补运算

1. 模糊集的包含关系

首先考查经典集合包含关系的充要条件，即用特征函数来刻画包含关系. 设 X 为非空论域，A，B 为 X 上的两个经典集合. $A\subseteq B$ 当且仅当属于 A 的元素都属于 B，易证

$$A\subseteq B \text{ 当且仅当对任意 } x\in X \text{ 有 } \chi_A(x)\leqslant\chi_B(x).$$

据此，可以很自然地给出模糊集之间包含关系的定义(直观描述见图 2-6)：

定义 2.1.2 设 X 为非空论域，A，B 为 X 上的两个模糊集合. 称 A 包含于 B(记作 $A\subseteq B$)，如果对任意 $x\in X$ 有 $A(x)\leqslant B(x)$. 这时也称 A 为 B 的子集.

例如，设论域 $X=\{x_1,x_2,x_3,x_4\}$，X 上的模糊集"超男"$\boldsymbol{A}=(0.35,0.52,0.65,0.37)$，$X$ 上的模糊集"帅哥"$\boldsymbol{B}=(0.55,0.78,0.91,0.56)$，则根据定义 2.1.2 有 $A\subseteq B$(这与"超男"只是"帅哥"中的一部分的常识意义相符).

2. 模糊集的并运算

考查经典集合的并. 设 X 为非空论域，A，B 为 X 上的两个经典集合，则 $A\cup B=\{x\in X\mid x\in A \text{ 或 } x\in B\}$. 易证 $\chi_{A\cup B}(x)=\max\{\chi_A(x),\chi_B(x)\}=\chi_A(x)\vee\chi_B(x)$.

定义 2.1.3 设 X 为非空论域，A，B 为 X 上的两个模糊集合. A 与 B 的并(记作 $A\cup B$)是 X 上的一个模糊集，其隶属函数为(见图 2-7)

$$(A\cup B)(x)=\max\{A(x),B(x)\}=A(x)\vee B(x),\quad \forall x\in X.$$

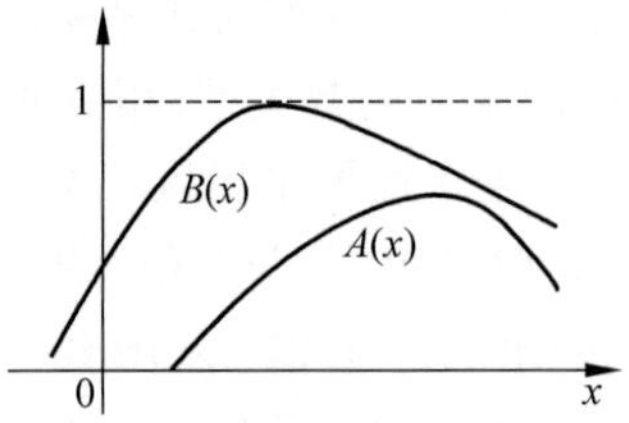

图 2-6 模糊集合之间的包含关系

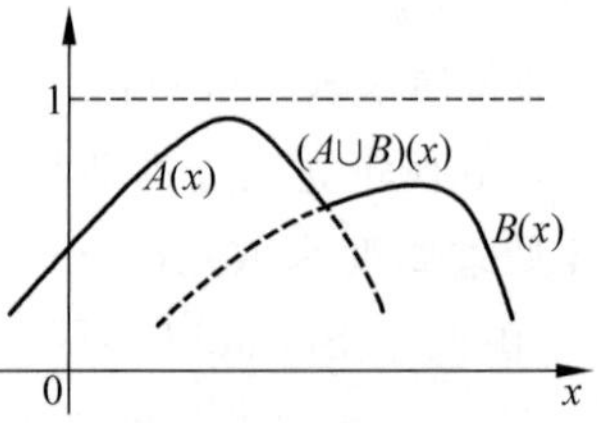

图 2-7 模糊集的并运算

3. 模糊集的交运算

定义 2.1.4 非空论域 X 上的两个模糊集合 A 与 B 的交(记作 $A\cap B$)是 X 上的一个模糊集,其隶属函数为(见图 2-8)

$$(A\cap B)(x)=\min\{A(x),B(x)\}=A(x)\wedge B(x),\quad \forall x\in X.$$

注意:两个模糊集的并、交运算可以推广到一般情形,即对任意指标集 I,若 $A_i(\forall i\in I)$是 X 上的模糊集,则模糊集的(任意)并、(任意)交分别定义为

$$\bigcup_{i\in I}A_i:X\to[0,1],\quad \left(\bigcup_{i\in I}A_i\right)(x)=\bigvee_{i\in I}A_i(x),\quad \forall x\in X;$$

$$\bigcap_{i\in I}A_i:X\to[0,1],\quad \left(\bigcap_{i\in I}A_i\right)(x)=\bigwedge_{i\in I}A_i(x),\quad \forall x\in X.$$

4. 模糊集的补运算

定义 2.1.5 非空论域 X 上的一个模糊集合 A 的补(记作 A'或 A^c)是 X 上的一个模糊集,其隶属函数为(见图 2-9)

$$A'(x)=1-A(x),\quad \forall x\in X.$$

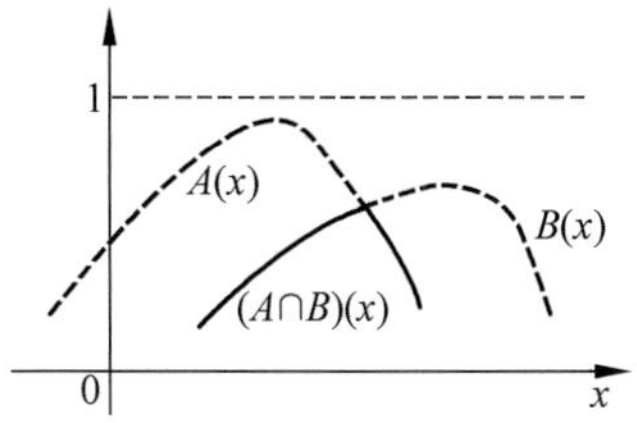

图 2-8 模糊集的交运算

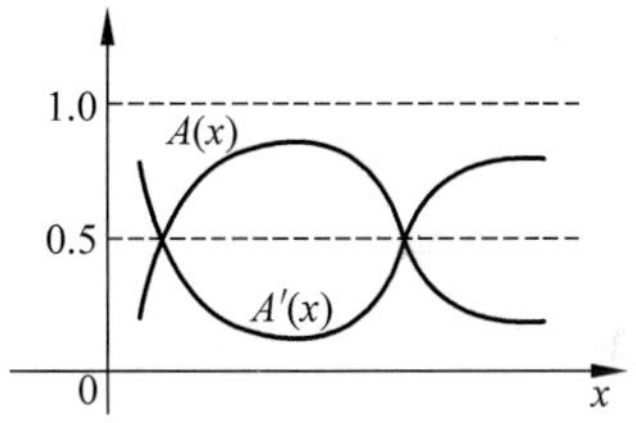

图 2-9 模糊集的补运算

例 2.1.1 设论域 $X=\{x_1,x_2,x_3,x_4\}$为一个 4 人集合,X 上的模糊集合 A 表示"高个子":

$$A=\{(x_1,0.6),(x_2,0.5),(x_3,1),(x_4,0.4)\}.$$

模糊集合 B 表示"胖子":

$$B=\{(x_1,0.5),(x_2,0.6),(x_3,0.3),(x_4,0.4)\}.$$

则模糊集合"高或胖"为

$$\begin{aligned}A\cup B&=\{(x_1,0.6\vee 0.5),(x_2,0.5\vee 0.6),(x_3,1\vee 0.3),(x_4,0.4\vee 0.4)\}\\&=\{(x_1,0.6),(x_2,0.6),(x_3,1),(x_4,0.4)\}.\end{aligned}$$

模糊集合"又高又胖"为

$$\begin{aligned}A\cap B&=\{(x_1,0.6\wedge 0.5),(x_2,0.5\wedge 0.6),(x_3,1\wedge 0.3),(x_4,0.4\wedge 0.4)\}\\&=\{(x_1,0.5),(x_2,0.5),(x_3,0.3),(x_4,0.4)\}.\end{aligned}$$

模糊集合"个子不高"为

$$A'=\{(x_1,0.4),(x_2,0.5),(x_3,0),(x_4,0.6)\}.$$

5. 模糊集合的运算性质

根据前述模糊集合并、交、补运算的定义,可以证明这些运算具有以下性质.

定理 2.1.1 设 X 为论域,A,B,C 为 X 上的模糊集合,则有以下运算律.

(1) 幂等律：$A\cup A=A, A\cap A=A$；

(2) 交换律：$A\cup B=B\cup A, A\cap B=B\cap A$；

(3) 结合律：$(A\cup B)\cup C=A\cup(B\cup C), (A\cap B)\cap C=A\cap(B\cap C)$；

(4) 吸收律：$A\cup(A\cap B)=A, A\cap(A\cup B)=A$；

(5) 分配律：$A\cap(B\cup C)=(A\cap B)\cup(A\cap C), A\cup(B\cap C)=(A\cup B)\cap(A\cup C)$；

(6) 对合律(复原律)：$(A')'=A$；

(7) 两极律(同一律)：$A\cap X=A, A\cup X=X, A\cap\varnothing=\varnothing, A\cup\varnothing=A$；

(8) 德摩根(De Morgan)对偶律：$(A\cup B)'=A'\cap B', (A\cap B)'=A'\cup B'$.

比如，可如下证明德摩根对偶律成立：对任意 $x\in X$，由于

$$\begin{aligned}((A\cup B)')(x)&=1-(A\cup B)(x)=1-(A(x)\vee B(x))=(1-A(x))\wedge(1-B(x))\\&=A'(x)\wedge B'(x)=(A'\cap B')(x).\end{aligned}$$

所以$(A\cup B)'=A'\cap B'$. 同理可证$(A\cap B)'=A'\cup B'$.

对于经典集合，互补律成立，即 $A\cup A'=X, A\cap A'=\varnothing$. 然而，在模糊集合中，互补律不再成立，比如设论域 $X=\{a,b\}$，其上的模糊集 $A=\{(a,0.6),(b,0.3)\}, A'=\{(a,0.4),(b,0.7)\}$. 从而，$A\cup A'=\{(a,0.6),(b,0.7)\}\neq X, A\cap A'=\{(a,0.4),(b,0.3)\}\neq\varnothing$.

2.1.3 *t*-模、*s*-模：模糊集的广义并、交运算

前面介绍了模糊集的定义和基本运算，本节实际上是对模糊集运算进行拓展，即将模糊集的并、交运算拓展到一般的 t-模、s-模.

1. 从 C. Elkan 的西瓜问题谈起

考虑一堆西瓜，定义西瓜为"里红且外绿"的水果，这里"红"与"绿"是模糊概念，从而这里的"西瓜"也是一个模糊概念(C. Elkan 的原文是从"逻辑与"及"证据强度"的角度进行论述的，此处做了适当变通，用模糊集合的语言进行叙述). 假设某水果里红的程度是 0.5，外绿的程度是 0.8，它隶属于西瓜的程度如何？

如果使用前述模糊集的交运算之定义，则这个水果属于"西瓜"的程度为 $0.5\wedge0.8=0.5$. 然而，就直观的感觉而言，里红和外绿对于成为一个西瓜来说应该是互相加强的两个证据，因此这个水果隶属于"西瓜"的程度大于 0.5 才合理. C. Elkan 正是以此例说明，模糊集理论存在缺陷[11].

王立新指出[6]：当取两个模糊集的交集时，可能希望较大的模糊集对结果产生影响，但如果模糊交集选用 min，则可能较大的模糊集无法产生影响.

关于上述"西瓜问题"，吴望名教授做了如下论述[12]：因为客观世界现象错综复杂，"与"算子的选取也应具体问题具体分析. C. Elkan 所举西瓜"证据强度"的例子说明 min 算子用此例不合适，但不能说采用别的算子就一定不合适. 目前"与"算子除采用 min 外，还可以用有界积、乘积、各种 t-模算子、一致 t-模算子、广义模算子等. min 算子作为"与"算子可用于许多论域，但当然不是所有论域，其他的"与"算子在一定条件下适用于一定的实际问题，数学的高度抽象性和客观世界的复杂多样性从来就是相辅相成的. 因此对模糊逻辑算子的否定是站不住脚的.

从以上讨论中我们认识到，前述模糊集的并、交运算虽然具有一定的合理性，但并非适合于所有情况. 因此，探讨模糊集的广义并、交运算是有意义的，t-模、s-模可以看作是一种

广义运算(不过,它们仍然有一定的局限性——仍然不能解决 C. Elkan 的疑问,模糊集的广义并、交运算实际上是一个远没有解决的问题).

2. t-模(三角模)的概念

t-模(triangular norm,又称为三角模或 t-范数)首先出现在 K. Menger 于 1942 年发表的论文《统计度量》(Statistical metrics)中,t-模是作为经典度量空间中三角不等式的自然推广而提出的. 20 世纪 60 年代,B. Schweizer 和 A. Sklar 重新严格定义了 t-模(即现在通用的定义)和统计度量空间(现称为概率度量空间),从而促进了这个领域的飞速发展. 由于 t-模较好地反映了"逻辑与"的性质,因此 t-模作为一般的"模糊与"算子一致受到模糊逻辑学界的青睐. 关于 t-模及其在模糊逻辑中的应用,参考文献[13]进行了全面总结. 事实上,除了概率度量空间和模糊逻辑外,t-模还应用于决策支持、函数方程、测度理论、博弈理论等许多领域.

定义 2.1.6 t-模是单位区间$[0,1]$上的二元函数 T,它满足交换律、结合律、单调性且带有单位元 1. 即函数 $T:[0,1]\times[0,1]\to[0,1]$满足以下条件($\forall x,y,z\in[0,1]$):

(1) $T(x,y)=T(y,x)$;

(2) $T(x,T(y,z))=T(T(x,y),z)$;

(3) 当 $y\leqslant z$ 时,有 $T(x,y)\leqslant T(x,z)$;

(4) $T(x,1)=x$.

容易证明:对于任意 t-模 T 有 $T(x,0)=0,\forall x\in[0,1]$. 常用$\otimes$表示 T,并将 $T(x,y)$ 记为 $x\otimes y$.

例如,以下各式定义的$\otimes$都是 t-模:

(1) $x\otimes y=\min\{x,y\}$. (取小算子或 Gödel t-模)

(2) $x\otimes y=xy$. (积算子或乘积 t-模)

(3) $x\otimes y=\max\{x+y-1,0\}$. (Lukasiewicz t-模)

(4) 当 x,y 至少有一个是 1 时 $x\otimes y$ 取最小者,否则,$x\otimes y=0$.(突变积,drastic product)

(5) R_0 t-模(又称幂零极小 t-模):

$$x\otimes y=\begin{cases}x\wedge y, & x+y>1,\\ 0, & x+y\leqslant 1.\end{cases}$$

以下只验证 $x\otimes y=\max\{x+y-1,0\}$是 t-模:显然,交换性、单调性成立且 1 为单位元. 下证结合律成立,即 $x\otimes(y\otimes z)=(x\otimes y)\otimes z$. 事实上,若 $x+y\leqslant 1, y+z\leqslant 1$,则 $x\otimes(y\otimes z)=x\otimes 0=0=0\otimes z=(x\otimes y)\otimes z$;若 $x+y>1,y+z>1$,则 $(x\otimes y)\otimes z=(x+y-1)\otimes z=\max\{x+y+z-2,0\}$;若 $x+y>1,y+z\leqslant 1$(对于 $x+y\leqslant 1,y+z>1$ 的情况,可类似地证明),则 $x\otimes(y\otimes z)=x\otimes 0=0$,$(x\otimes y)\otimes z=\max\{x+y+z-2,0\}=\max\{(x-1)+y+z-1,0\}=0$.

图 2-10 是用 Scilab 绘制的 Lukasiewicz t-模和 R_0 t-模的图像.

3. s-模(t-余模)的概念

定义 2.1.7 s-模(三角余模或 t-余模)是单位区间$[0,1]$上的二元函数 S,它满足交换律、结合律、单调性且带有单位元 0. 即函数 $S:[0,1]\times[0,1]\to[0,1]$满足以下条件($\forall x,y,z\in[0,1]$):

(1) $S(x,y)=S(y,x)$;

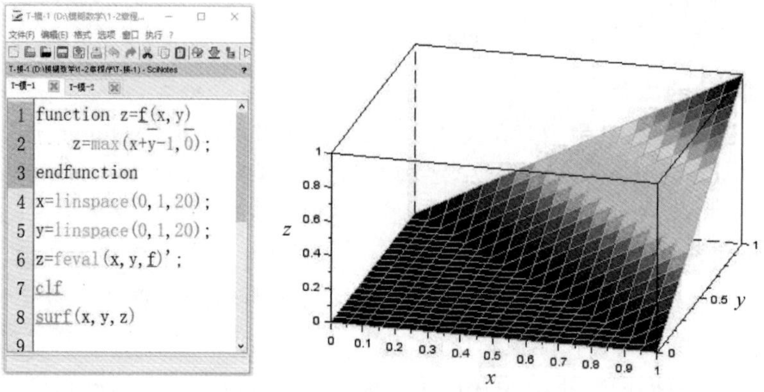

(a)

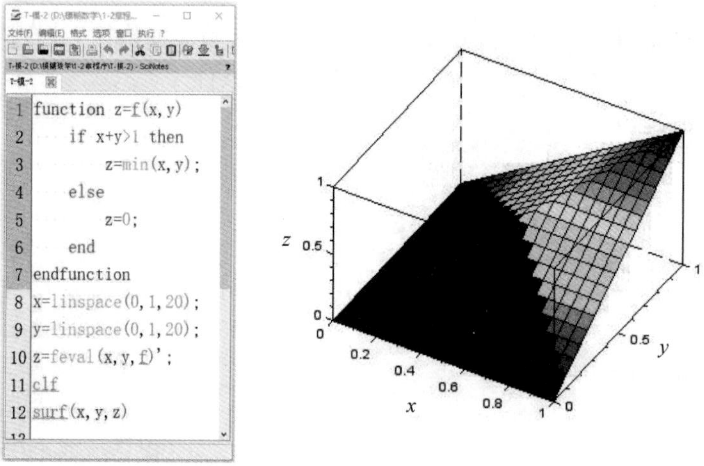

(b)

图 2-10 t-模(二元函数)的图像

(a) Lukasiewicz t-模;(b) $R_0 t$-模

(2) $S(x,S(y,z))=S(S(x,y),z)$;

(3) 当 $y\leqslant z$ 时,有 $S(x,y)\leqslant S(x,z)$;

(4) $S(x,0)=x$.

容易证明:对任意 s-模 S 有 $S(x,1)=1,\forall x\in[0,1]$. 常用$\oplus$表示 S,并将 $S(x,y)$记为 $x\oplus y$.

例如,以下各式定义的$\oplus$都是 s-模:

(1) $x\oplus y=\max\{x,y\}$.

(2) $x\oplus y=x+y-xy$. (概率和)

(3) $x\oplus y=\min\{x+y,1\}$. (有界和)

(4) 当 x,y 至少有一个是 0 时 $x\oplus y$ 取最大者,否则,$x\oplus y=1$. (突变和)

(5) R_0 s-模:

$$x\oplus y=\begin{cases}x\vee y, & x+y<1,\\ 1, & x+y\geqslant 1.\end{cases}$$

4. t-模与 s-模的对偶

定义 2.1.8 设映射 $h:[0,1]\to[0,1]$满足($\forall x,y\in[0,1]$)

$$x\leqslant y\Rightarrow h(y)\leqslant h(x);\quad h(h(x))=x,$$

则称 h 为$[0,1]$上的伪补. 此时,映射 $*:[0,1]\times[0,1]\to[0,1]$的 h 对偶是指如下映射:

$$*^h:[0,1]\times[0,1]\to[0,1],\quad x*^h y=h(h(x)*h(y)).$$

定理 2.1.2 $\otimes$是 t-模当且仅当$\otimes$的对偶$\otimes^h$ 是 s-模.

定义 2.1.9 设 $A,B\in F(X)$,T 与 S 是关于伪补 h 对偶的 t-模与 s-模,则称$(A\cup_S B)(x)=S(A(x),B(x))$为 A 与 B 的模并,称$(A\cap_T B)(x)=T(A(x),B(x))$为 A 与 B 的模交,称 $A^h(x)=(A(x))^h$ 为 A 的广义补运算.

模糊集的模运算是经典集合并、交运算的一般化.

易于证明如下的 Yager 算子是伪补. $C_1(x)=(1-x^w)^{1/w}$,$w\in(0,+\infty)$. 同样,如下的 Sugeno 算子也是伪补:$C_2(x)=(1-x)/(1+\lambda x)$,$\lambda\in(-1,+\infty)$.

容易验证,$F(X)$关于上述定义的模并、模交以及广义补运算(关于某个伪补映射)构成一个德摩根代数(见定义 2.1.20).

定理 2.1.3 设$\otimes$是 t-模,$\oplus$是 s-模,则 $T_d(x,y)\leqslant x\otimes y\leqslant x\wedge y\leqslant x\vee y\leqslant x\oplus y\leqslant S_d(x,y)$. 这里 T_d,S_d 分别是突变积和突变和.

2.1.4 描述模糊概念的其他方法

1. 高型模糊集

前述的模糊集,是论域 X 到$[0,1]$的映射,对任意 $x\in X$ 其隶属度 $A(x)$是一个确定的值. 这是普通模糊集的概念. 然而,大量的模糊现象仅用普通模糊集去描述是不够的. 实际问题中,很难用一个确切的数值来表达一个对象隶属于一个模糊概念的程度,常常仍用一个模糊的概念来估计这个隶属度. 例如,我们常用这样的模糊术语来评价一个人的年轻程度:相当年轻、比较年轻、中等年轻、有点年轻、不算年轻等. 注意,相当年轻、比较年轻、中等年轻、有点年轻、不算年轻等,它们实际上又是$[0,1]$上的模糊集! 例如,对于相当年轻、中等年轻、有点年轻可以如下表示(可以说"九成"年轻属于"相当年轻"的程度是 0.8,"四成"年轻属于"中等年轻"的程度是 0.6,等等):$X=\{x_1,x_2,x_3\}$,

$$\text{年轻}=\frac{\text{相当年轻}}{x_1}+\frac{\text{中等年轻}}{x_2}+\frac{\text{有点年轻}}{x_3},\quad \text{相当年轻}=\frac{0.8}{0.8}+\frac{0.8}{0.9}+\frac{1}{1},$$

$$\text{中等年轻}=\frac{0.6}{0.4}+\frac{1}{0.5}+\frac{0.6}{0.6},\quad \text{有点年轻}=\frac{0.45}{0.2}+\frac{0.75}{0.3}+\frac{1}{0.4}+\frac{0.8}{0.5}+\frac{0.4}{0.6}+\frac{0.3}{0.7}.$$

为了表达隶属函数可取$[0,1]$上的模糊集的情况,扎德于 1975 年在文献[14]中引入 2-型、高型模糊集的概念.

定义 2.1.10 一个模糊集合是 n-型的,$n=2,3,\cdots$,若它的隶属函数的值取于$(n-1)$-型模糊集合上,一型模糊集合的隶属函数的值取于区间$[0,1]$上.

引入 2-型、高型模糊集的另一个原因是表达语言真值,如真、十分真、很真、有点真等.

美国学者 J. M. Mendel 系统研究了 2-型模糊集(type-2 fuzzy sets)及其在模糊推理中的应用,出版了专著[15]. Mendel 将 2-型模糊集用三维图像或带阴影的二维图像表示(见图 2-11),这是很有创意的,详细情况请阅读文献[16].

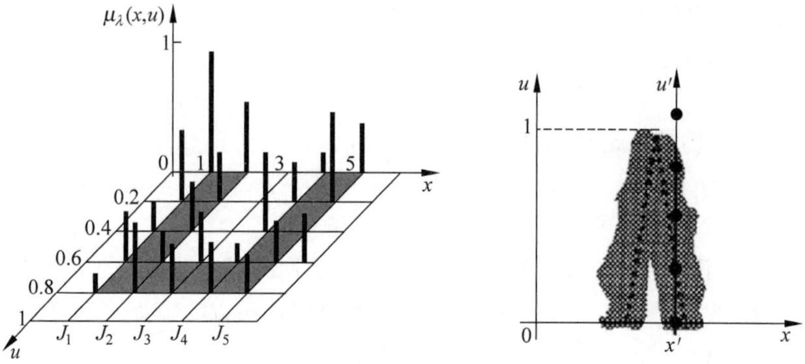

图 2-11 关于 2-型模糊集的表示

2. 区间值模糊集

当难以用一个确切的数值来表达一个对象隶属于一个模糊概念的程度时，用一个数值范围来描述相关程度可能相对容易一些，这就是区间值模糊集的基本思想.

定义 2.1.11 设 X 是一个论域，$I[0,1]=\{[a^-,a^+]\mid 0\leqslant a^-\leqslant a^+\leqslant 1\}$，映射 $\bar{A}: X\to I[0,1]$ 称为 X 上的区间值模糊集.

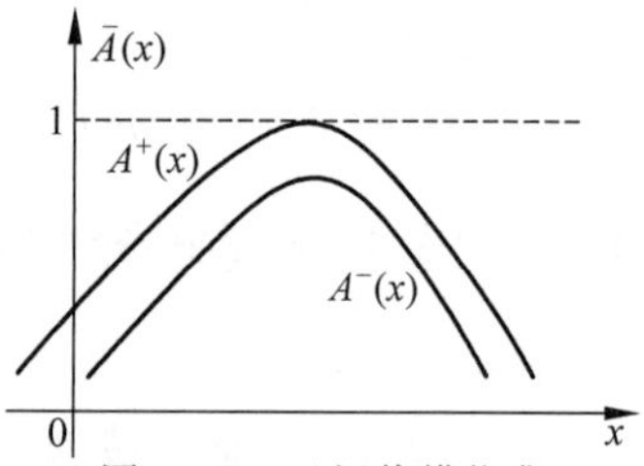

图 2-12 区间值模糊集

根据上述定义，对任意 $x\in X$，$\bar{A}(x)=[A^-(x),A^+(x)]$，其中 A^-，A^+ 均是 X 上的模糊集，即区间值模糊集实际包含两个相关联的隶属函数，如图 2-12 所示.

区间值模糊集的运算可依据 $I[0,1]$ 上的运算来定义. 首先，在 $I[0,1]$ 上定义如下的序关系及运算：

$$[a^-,a^+]\leqslant[b^-,b^+] \text{ 当且仅当 } a^-\leqslant b^- \text{ 且 } a^+\leqslant b^+;$$

$$[a^-,a^+]^c=[1-a^+,1-a^-];$$

$$[a^-,a^+]\wedge[b^-,b^+]=[a^-\wedge b^-,a^+\wedge b^+];$$

$$[a^-,a^+]\vee[b^-,b^+]=[a^-\vee b^-,a^+\vee b^+].$$

其次，定义区间值模糊集的并、交、补运算如下：设映射 $\bar{A}$，$\bar{B}$ 是 X 上的区间值模糊集，则

$$(\bar{A}\cap\bar{B})(x)=\bar{A}(x)\wedge\bar{B}(x),\quad (\bar{A}\cup\bar{B})(x)=\bar{A}(x)\vee\bar{B}(x),\quad (\bar{A})^c(x)=(\bar{A}(x))^c.$$

3. 直觉模糊集

直觉模糊集是 1986 年保加利亚学者 K. T. Atanassov 引入的[17].

定义 2.1.12 设 X 是一个非空经典集合，X 上形如 $A=\{\langle x,\mu_A(x),\nu_A(x)\rangle\mid x\in X\}$ 的三重组称为 X 上的一个直觉模糊集，其中函数 $\mu_A: X\to[0,1]$ 和函数 $\nu_A: X\to[0,1]$ 分别表示 X 的元素属于 A 的隶属度和非隶属度且满足 $0\leqslant\mu_A(x)+\nu_A(x)\leqslant 1$.

用 IF(X)表示 X 上直觉模糊集的全体. 设

$$A=\{\langle x,\mu_A(x),\nu_A(x)\rangle\mid x\in X\},\quad B=\{\langle x,\mu_B(x),\nu_B(x)\rangle\mid x\in X\}\in \mathrm{IF}(X),$$

则定义序及运算如下：

$$A\subseteq B \text{ 当且仅当 } \mu_A(x)\leqslant\mu_B(x) \text{ 且 } \nu_A(x)\geqslant\nu_B(x),\ \forall x\in X;$$

$$A\cap B=\{\langle x,\min\{\mu_A(x),\mu_B(x)\},\max\{\nu_A(x),\nu_B(x)\}\rangle\mid x\in X\};$$

$$A \cup B = \{\langle x, \max\{\mu_A(x), \mu_B(x)\}, \min\{\nu_A(x), \nu_B(x)\}\rangle \mid x \in X\};$$
$$A^c = \{\langle x, \nu_A(x), \mu_A(x)\rangle \mid x \in X\}.$$

4. Flou 集

Flou(来自法语,相当于英语 fuzzy)集来自于 Yves Gentilhomme 1968 年对自然语言(法语)词汇的某些语言学方面的考虑(词干、前缀、后缀). Gentilhomme 将论域分为三类:第一类是中心元素类,即这些元素一定满足某种属性;第二类是周边元素,即可疑元素;第三类是非元素,即一定不满足所给的属性.

定义 2.1.13 论域 X 上的一个 Flou 集是 X 的一个子集对(E,F),其中 $E \subseteq F$,E 叫做确定区域,F 叫做最大区域,$F-E$ 叫做 Flou 区域(见图 2-13).

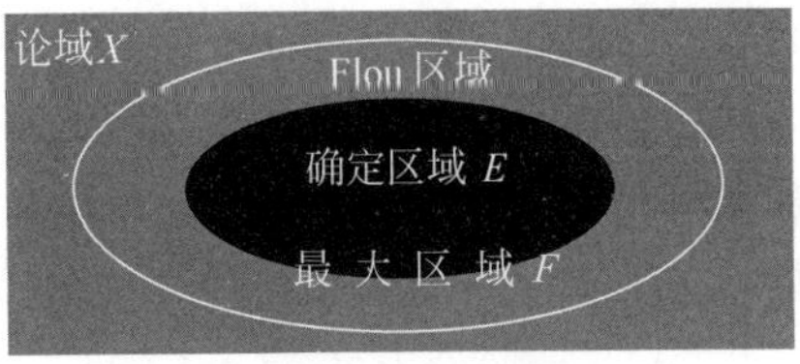

图 2-13 Flou 集

例如,令 $X=[0,300]$表示一个人的身高以厘米为单位的区域,高个子这一类人就可以用 Flou 集来表示,比如([180,300],[160,300]).

5. 软集理论概述

软集(soft set)概念由俄罗斯数学家 D. Molodtsov 于 1999 年提出,它是处理不确定性问题新的数学工具. 软集理论正在成为一个新的研究方向,各种新的概念(比如模糊软集、软粗糙集、软粗糙模糊集、软模糊粗糙集、区间软集与模糊区间软集等)、软集的数据约简等相继被提出,软集在决策支持、数据分析中的应用也得到了初步研究[18,19].

定义 2.1.14 令 U 是初始论域,E 是一个参数集. 序对(F,E)称为 U 上的一个软集,如果 F 是 E 到 U 的所有子集上的映射,即 $F: E \to P(U)$. 这里,$P(U)$是 U 的全体子集构成的集合(U 的幂集).

例 2.1.2 考虑某人选购住房. 设 U 是可选房子的集合,比如 $U=\{h_1,h_2,h_3,h_4,h_5,h_6\}$为 6 所房子的集合. E 是参数集,每个参数是一个词或句子,代表一个因素,比如 $E=\{e_1$(贵的, expensive),e_2(漂亮的,beautiful),e_3(木质的,wooden),e_4(便宜的,cheap),e_5(环境优美的,in the green surroundings)$\}$. 定义映射 $F: E \to P(U)$如下:

$$F(e_1)=\{h_2,h_4\}, \quad F(e_2)=\{h_1,h_3\}, \quad F(e_3)=\{h_3,h_4,h_5\},$$
$$F(e_4)=\{h_1,h_3,h_5\}, \quad F(e_5)=\{h_1\}.$$

则(F,E)是 U 上的一个软集,它描述了(对某人来说)备选房子的吸引力. 软集(F,E)可用表 2-2 表示.

表 2-2 软集的表示

U	e_1	e_2	e_3	e_4	e_5
h_1	0	1	0	1	1

续表

U	e_1	e_2	e_3	e_4	e_5
h_2	1	0	0	0	0
h_3	0	1	1	1	0
h_4	1	0	1	0	0
h_5	0	0	1	1	0
h_6	0	0	0	0	0

例 2.1.3 模糊集可看成特殊软集. 设 A 是论域 U 上的模糊集,即 $A: U\to[0,1]$. 取参数集 $E=[0,1]$,定义映射 $F: E\to P(U)$ 如下:

$$F(\lambda)=\{x\in U\mid A(x)\geqslant\lambda\},\quad \lambda\in[0,1].$$

则 (F,E) 是 U 上的一个软集.

设 U 是论域(或称参照集),$P(U)$ 是 U 的幂集. $P(U)$ 的一个有如下形式的子集

$$\mathcal{A}=[A_l,A_u]=\{A\in P(U)\mid A_l\subseteq A\subseteq A_u\}.$$

称为区间集(这里 $A_l\subseteq A_u$,关于区间集的原始定义请见文献[20]).

定义 2.1.15 设 U 是初始论域,E 是参数集. 称序对 (F,E) 为 U 上的区间软集,如果 F 是从 E 到 U 上所有区间集组成的集合的映射,即 $F: E\to I(P(U))$. 这里 $I(P(U))$ 表示 U 上所有区间集组成的集合.

例 2.1.4 设 $U=\{h_1,h_2,h_3,h_4,h_5,h_6\}$ 是房子的集合,$E=\{e_1$(贵的),e_2(漂亮的),e_3(木质的),e_4(便宜的),e_5(环境优美的)$\}$ 是参数集. 定义映射 $F: E\to I(P(U))$ 如下:

$F(e_1)=[\{h_2\},\{h_2,h_4\}]$,$F(e_2)=[\{h_1\},\{h_1,h_3\}]$,$F(e_3)=[\{h_3,h_4\},\{h_3,h_4\}]$,

$F(e_4)=[\{h_5\},\{h_1,h_3,h_5\}]$,$F(e_5)=[\{h_4\},\{h_1,h_4,h_6\}]$.

则 (F,E) 是 U 上的一个区间软集.

对于 $F(e_1)=[\{h_2\},\{h_2,h_4\}]$,可以看做 $\{h_2\}$ 中的房子肯定是贵的,$\{h_2,h_4\}$ 中的房子差不多是贵的. 对于 $F(e_3)=[\{h_3,h_4\},\{h_3,h_4\}]$,可以看做 $\{h_3,h_4\}$ 中的房子是木质的. 区间软集 (F,E) 可以表示为表 2-3 的形式.

表 2-3 区间软集的表示

U	e_1	e_2	e_3	e_4	e_5
h_1	[0,0]	[1,1]	[0,0]	[0,1]	[0,1]
h_2	[1,1]	[0,0]	[0,0]	[0,0]	[0,0]
h_3	[0,0]	[0,1]	[1,1]	[0,1]	[0,0]
h_4	[0,1]	[0,0]	[1,1]	[0,0]	[1,1]
h_5	[0,0]	[0,0]	[0,0]	[1,1]	[0,0]
h_6	[0,0]	[0,0]	[0,0]	[0,0]	[0,1]

关于软集理论的详细内容,请读者参阅相关最新文献.

2.1.5 格值模糊集(L-模糊集)

扎德提出模糊集概念不久,J. Goguen 就提出更广泛的 L-模糊集[21],其核心是把模糊集合的隶属度取值范围从$[0,1]$推广到一般格 L 上. 本节介绍这方面的内容,作为准备,先介绍一下格论方面的基本知识.

1. 偏序集与格

定义 2.1.16 对于集合 P 及 P 上定义的二元关系$\leqslant$,称$(P,\leqslant)$为偏序集,若 P 上的二元关系$\leqslant$满足以下三个条件:

(1) 自反性:$\forall a\in P, a\leqslant a$;

(2) 反对称性:$a\leqslant b$ 且 $b\leqslant a \Rightarrow a=b$;

(3) 传递性:$a\leqslant b$ 且 $b\leqslant c \Rightarrow a\leqslant c$.

对于偏序集$(P,\leqslant)$,如果$\forall a,b\in P$ 总有 $a\leqslant b$ 或 $b\leqslant a$ 成立,则称 P 为线性序集或全序集.

设$(P,\leqslant)$为偏序集,若存在 $a\in P$ 使得对任意$b\in P$ 都有 $a\leqslant b$,则称 a 为 P 的最小元. 若存在 $a\in P$ 使得对任意$b\in P$ 都有 $b\leqslant a$,则称 a 为 P 的最大元. 易知,如果偏序集有最小元或最大元,则最小元或最大元是唯一的. 为此,记 0 为最小元,1 为最大元.

设$(P,\leqslant)$为偏序集,$X\subseteq P$,若存在 $a\in P$ 使得对任意 $x\in X$ 都有 $x\leqslant a$,则称 a 为 X 的上界. 如果 X 的上界集合有最小元素,则称它为 X 的最小上界或上确界,记为 $\sup X$ 或 $\bigvee X$. 对偶地,可以定义下界、最大下界或下确界(记为 $\inf X$ 或 $\bigwedge X$).

定义 2.1.17 偏序集$(L,\leqslant)$称为格,如果$\forall a,b\in L$,上确界 $a\vee b$ 与下确界 $a\wedge b$ 都存在. 任意子集都有上、下确界的格称为完备格.

上、下确界运算满足分配律的格称为分配格,这里分配律指有限分配律(即对于有限个元素来说$\vee$、$\wedge$的双向分配律成立). 具有最大、最小元的分配格称为有界分配格. 通常格$(L,\leqslant)$可简记为 L.

定理 2.1.4 设$(L,\leqslant)$为格,则上、下确界运算满足:

(1) 幂等律:$a\vee a=a, a\wedge a=a$;

(2) 交换律:$a\vee b=b\vee a, a\wedge b=b\wedge a$;

(3) 结合律:$(a\vee b)\vee c=a\vee(b\vee c), (a\wedge b)\wedge c=a\wedge(b\wedge c)$;

(4) 吸收律:$a\vee(a\wedge b)=a, a\wedge(a\vee b)=a$.

定理 2.1.5 设代数系统$(L,\vee,\wedge)$中的二元运算$\vee$,$\wedge$满足幂等律、交换律、结合律、吸收律,则:

(1) $a\wedge b=a \Leftrightarrow a\vee b=b$;

(2) 在 L 中定义二元关系$\leqslant$如下:$a\leqslant b \Leftrightarrow a\wedge b=a$.

那么$(L,\leqslant)$是格,且$\vee$,$\wedge$正好是这个格$(L,\leqslant)$的上、下确界运算.

2. 布尔(Boole)代数与德摩根代数

定义 2.1.18 设 L 是有界分配格,0,1 分别是其最小元和最大元. 对任意 $a\in L$,若存在 $a'\in L$ 使得 $a\vee a'=1, a\wedge a'=0$,则称 L 为布尔代数.

定义 2.1.19 设$(P,\leqslant)$是偏序集,$h:P\to P$ 是映射. 如果当 $a\leqslant b$ 时恒有 $h(a)\leqslant h(b)$,则称 h 为保序映射. 如果当 $a\leqslant b$ 时恒有$h(b)\leqslant h(a)$,则称 h 为逆序映射. 如果逆序

映射 h 满足对合律 $h(h(a))=a$，则 h 称为逆序对合对应或逆合映射，也称 h 为伪补.

定义 2.1.20 设 L 是有界分配格，h：$\sharp L\to L$ 是 L 上的一元运算且满足

(1) $h(h(a))=a$；

(2) $h(a\vee b)=h(a)\wedge h(b)$，$h(a\wedge b)=h(a)\vee h(b)$.

则称 L 为德摩根代数.

易知德摩根代数中 h 是逆合映射. 设 X 为非空集合，则$(P(X),\cup,\cap,c)$为布尔代数，而 X 上的模糊集全体构成的格$(F(X),\cup,\cap,c)$为德摩根代数，其中 c 为集合的补运算. 任一布尔代数都是德摩根代数，反之不真.

这说明，从代数运算的角度看，模糊集合与经典集合的根本区别在于，前者构成德摩根代数，后者构成布尔代数.

3. *L*-模糊集及其运算

定义 2.1.21 设 X 为论域(经典集合)，L 是一个有逆合映射(伪补)h 的格. 则映射 $A:X\to L$ 称为集合 X 上的 L-模糊集.

记 $F_L(X)=\{A\mid A: X\to L$ 为 L-模糊集$\}$. 设 $A,B\in F_L(X)$，若 $\forall x\in X$ 有 $A(x)\leqslant B(x)$，则称 A 含于 B，记为 $A\subseteq B$. 易知$(F_L(X),\subseteq)$为偏序集.

可分别定义 L-模糊集的 并、交、补运算如下：

$$(A\cup B)(x)=A(x)\vee B(x),\quad (A\cap B)(x)=A(x)\wedge B(x),\quad A^c(x)=h(A(x)).$$

容易验证：如果 L 是分配格(完备格)，则 $F_L(X)$也是分配格(完备格). 如果 L 是德摩根代数，则 $F_L(X)$也是德摩根代数.

例 2.1.5 设 $L=\{[a,b]\mid a\leqslant b,a,b\in[0,1]\}$. $\forall[a,b],[c,d]\in L$，规定$[a,b]\leqslant[c,d]\Leftrightarrow a\leqslant c$ 且 $b\leqslant d$. 则$(L,\leqslant)$是完备格，且如下定义的映射：

$$h: L\to L,\quad h([a,b])=[1-b,1-a]$$

是 L 上的伪补. 于是，$A:X\to L$ 是 L-模糊集.

上例说明，区间值模糊集本质上是一种特殊的 L-模糊集.

2.2 分解定理与表现定理

2.2.1 模糊集的分解定理

1. λ 截集

定义 2.2.1 设 $A\in F(X)$，$\lambda\in[0,1]$，记 $A_\lambda=\{x\in X\mid A(x)\geqslant\lambda\}$，称 A_λ 为 A 的 λ 截集. 又记 $A_{\lambda+}=\{x\in X\mid A(x)>\lambda\}$，称 $A_{\lambda+}$ 为 A 的 λ 强截集. 称 $A_1=\{x\in X\mid A(x)=1\}$为 A 的核，记为 $\ker A$. 称 $A_{0+}=\{x\in X\mid A(x)>0\}$为 A 的支集，记为 $\mathrm{supp}A$(见图 2-14). 称 $\mathrm{supp}A-\ker A$ 为 A 的边界.

定理 2.2.1 设 $A,B\in F(X)$，$\lambda,\alpha\in[0,1]$，则截集有如下性质：

(1) $(A\cup B)_\lambda=A_\lambda\cup B_\lambda$，$(A\cap B)_\lambda=A_\lambda\cap B_\lambda$；

(2) $(A\cup B)_{\lambda+}=A_{\lambda+}\cup B_{\lambda+}$，$(A\cap B)_{\lambda+}=A_{\lambda+}\cap B_{\lambda+}$；

(3) $A_{\lambda+}\subseteq A_\lambda$；

(4) 若 $A\subseteq B$，则 $A_\lambda\subseteq B_\lambda$，$A_{\lambda+}\subseteq B_{\lambda+}$；

(5) 若 $\lambda>\alpha$，则 $A_\lambda\subseteq A_\alpha$，$A_{\lambda+}\subseteq A_{\alpha+}$；

(6) $A_\lambda=\bigcap\{A_\alpha|\alpha\in[0,\lambda)\}$，$A_{\lambda+}=\bigcup\{A_\alpha|\alpha\in(\lambda,1]\}$.

证明 仅证(6)中的 $A_\lambda=\bigcap\{A_\alpha|\alpha\in[0,\lambda)\}$. 设 $x\in A_\lambda$，则 $A(x)\geqslant\lambda$. 从而，对任意 $\alpha\in[0,\lambda)$ 有 $A(x)\geqslant\alpha$，所以 $x\in A_\alpha$，即 $x\in\bigcap\{A_\alpha|\alpha\in[0,\lambda)\}$.

反过来，设 $x\in\bigcap\{A_\alpha|\alpha\in[0,\lambda)\}$，则对任意 $\alpha\in[0,\lambda)$ 有 $A(x)\geqslant\alpha$，所以 $A(x)\geqslant\sup[0,\lambda)=\lambda$.

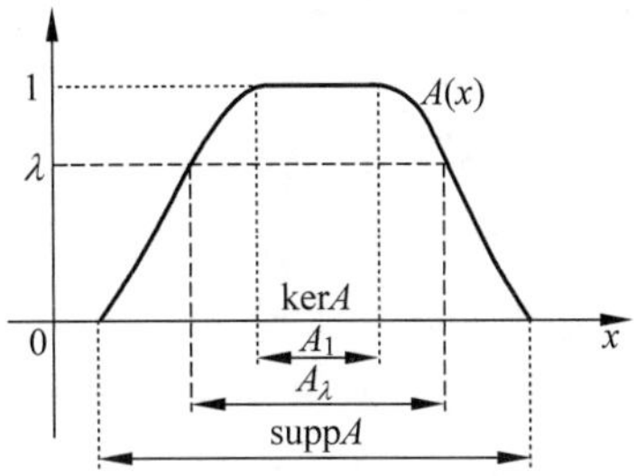

图 2-14 模糊集的截集、核与支集

2. 数积(截积)

定义 2.2.2 设 $A\in F(X)$，$\lambda\in[0,1]$，λ 与 A 的数积(截积)λA 定义为

$$(\lambda A)(x)=\lambda\wedge A(x),\quad \forall x\in X.$$

即 λA 仍为 X 上的模糊集(见图 2-15).

定理 2.2.2(分解定理Ⅰ) 对任意的 $A\in F(X)$ 有 $A=\bigcup_{\lambda\in[0,1]}\lambda A_\lambda$.

证明 如图 2-16 所示，只需证明对任意的 $x\in X$，$A(x)=(\bigcup_{\lambda\in[0,1]}\lambda A_\lambda)(x)$，即

$$A(x)=\bigvee_{\lambda\in[0,1]}(\lambda A_\lambda)(x)=\bigvee_{\lambda\in[0,1]}(\lambda\wedge A_\lambda(x)).$$

由于 $A(x)\in[0,1]$，而 $\bigvee_{\lambda\in[0,1]}(\lambda\wedge A_\lambda(x))=[\bigvee_{\lambda\in[0,A(x)]}(\lambda\wedge A_\lambda(x))]\vee[\bigvee_{\lambda\in(A(x),1]}(\lambda\wedge A_\lambda(x))]$. 注意到，当 $\lambda\leqslant A(x)$ 时 $A_\lambda(x)=1$，反之，$A_\lambda(x)=0$. 所以

$$\bigvee_{\lambda\in[0,1]}(\lambda\wedge A_\lambda(x))=\bigvee_{\lambda\in[0,A(x)]}(\lambda\wedge A_\lambda(x))=\bigvee_{\lambda\in[0,A(x)]}\lambda=A(x).$$

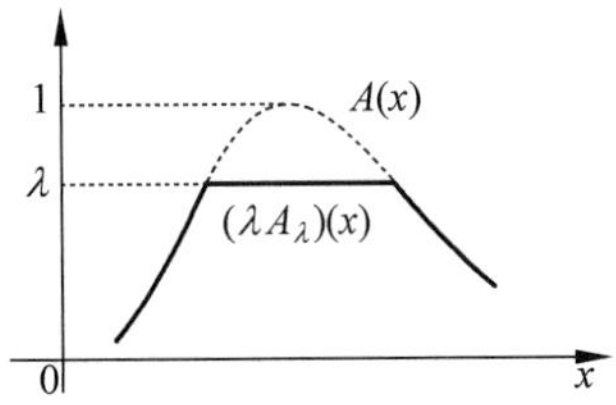

图 2-15 模糊集的数积

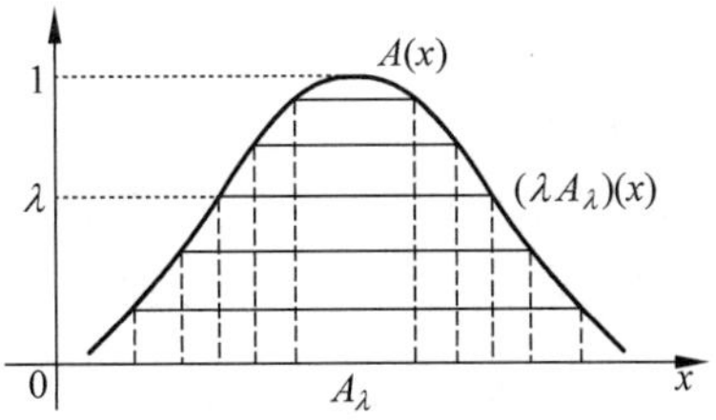

图 2-16 分解定理示意图

分解定理Ⅰ给出了模糊集合与经典集合之间的关系，它是联系经典集与模糊集的桥梁.

注意：一族经典集 A_λ 的特点：若 $\lambda_1\geqslant\lambda_2\geqslant\lambda_3\geqslant\cdots$，则 $A_{\lambda_1}\subseteq A_{\lambda_2}\subseteq A_{\lambda_3}\cdots$.

推论 2.2.1 设 $A\in F(X)$，则 $\forall x\in X$，$A(x)=\bigvee\{\lambda\in[0,1]|x\in A_\lambda\}$.

例 2.2.1 设 $X=\{x_1,x_2,x_3,x_4\}$，$\boldsymbol{A}=(0.9,0.6,0.8,0.4)$. 则当 $0\leqslant\lambda\leqslant0.4$ 时，$A_\lambda=(1,1,1,1)$，$\lambda\boldsymbol{A}_\lambda=(\lambda,\lambda,\lambda,\lambda)$；当 $0.4<\lambda\leqslant0.6$ 时，$\boldsymbol{A}_\lambda=(1,1,1,0)$，$\lambda\boldsymbol{A}_\lambda=(\lambda,\lambda,\lambda,0)$；当 $0.6<\lambda\leqslant0.8$ 时，$\boldsymbol{A}_\lambda=(1,0,1,0)$，$\lambda\boldsymbol{A}_\lambda=(\lambda,0,\lambda,0)$；当 $0.8<\lambda\leqslant0.9$ 时，$\boldsymbol{A}_\lambda=(1,0,0,0)$，$\lambda\boldsymbol{A}_\lambda=(\lambda,0,0,0)$；当 $0.9<\lambda\leqslant1$ 时，$\boldsymbol{A}_\lambda=(0,0,0,0)$，$\lambda\boldsymbol{A}_\lambda=(0,0,0,0)$. 故

$$\begin{aligned}\bigcup_{\lambda\in[0,1]}\lambda\boldsymbol{A}_\lambda&=(\bigcup_{\lambda\in[0,0.4]}(\lambda,\lambda,\lambda,\lambda))\cup(\bigcup_{\lambda\in(0.4,0.6]}(\lambda,\lambda,\lambda,0))\cup\\&\quad(\bigcup_{\lambda\in(0.6,0.8]}(\lambda,0,\lambda,0))\cup(\bigcup_{\lambda\in(0.8,0.9]}(\lambda,0,0,0))\\&=(0.4,0.4,0.4,0.4)\cup(0.6,0.6,0.6,0)\cup\\&\quad(0.8,0,0.8,0)\cup(0.9,0,0,0)\\&=(0.9,0.6,0.8,0.4)=\boldsymbol{A}.\end{aligned}$$

定理 2.2.3(**分解定理Ⅱ**) 对任意的 $A\in F(X)$ 有 $A=\bigcup_{\lambda\in[0,1]}\lambda A_{\lambda+}$.

3. 集合套

定义 2.2.3 如果集合值映射 $H:[0,1]\to P(X)$ 具有以下性质:$\lambda_1\leqslant\lambda_2\Rightarrow H(\lambda_1)\supseteq H(\lambda_2)$,则称 H 为 X 上的集合套.

截集与强截集均是集合套的例子.

定理 2.2.4(**广义分解定理**) 设 $A\in F(X)$,若有集值映射 $H:[0,1]\to P(X)$ 满足 $A_{\lambda+}\subseteq H(\lambda)\subseteq A_\lambda$,$\forall\lambda\in[0,1]$,则:

(1) $A=\bigcup_{\lambda\in[0,1]}\lambda H(\lambda)$;

(2) $\forall\lambda_1,\lambda_2\in[0,1]$,$\lambda_1<\lambda_2\Rightarrow H(\lambda_1)\supseteq H(\lambda_2)$;

(3) $\forall\lambda\in[0,1]$,$A_\lambda=\bigcap_{\alpha<\lambda}H(\alpha)$,$A_{\lambda+}=\bigcup_{\alpha>\lambda}H(\alpha)$.

证明 (1) $A_{\lambda+}\subseteq H(\lambda)\subseteq A_\lambda\Rightarrow\lambda A_{\lambda+}\subseteq\lambda H(\lambda)\subseteq\lambda A_\lambda\Rightarrow A=\bigcup_{\lambda\in[0,1]}\lambda A_{\lambda+}\subseteq\bigcup_{\lambda\in[0,1]}\lambda H(\lambda)\subseteq\bigcup_{\lambda\in[0,1]}\lambda A_\lambda=A\Rightarrow A=\bigcup_{\lambda\in[0,1]}\lambda H(\lambda)$.

(2) 设 $\lambda_1<\lambda_2$. 因 $\forall x\in X$,有 $x\in A_{\lambda2}\Rightarrow A(x)\geqslant\lambda_2>\lambda_1\Rightarrow x\in A_{\lambda1}$,即 $A_{\lambda1+}\supseteq A_{\lambda2}$. 所以 $H(\lambda_1)\supseteq A_{\lambda1+}\supseteq A_{\lambda2}\supseteq H(\lambda_2)$.

(3) 若 $\lambda\neq0$,则 $\forall\alpha<\lambda$,$H(\alpha)\supseteq A_{\alpha+}\supseteq A_\lambda\Rightarrow\bigcap_{\alpha<\lambda}H(\alpha)\supseteq A_\lambda$. 另一方面,$\bigcap_{\alpha<\lambda}H(\alpha)\subseteq\bigcap_{\alpha<\lambda}A_\alpha=A_\lambda$. 所以 $A_\lambda=\bigcap_{\alpha<\lambda}H(\alpha)$. 若 $\lambda=0$,有 $A_\lambda=X=\bigcap_{\alpha<\lambda}H(\alpha)$(注意,约定空集族的交为全集. 事实上,如果空集族的交不是全集,则必须找到 $x\in X$,x 不属于空集族的交. 这样,就必须找到空集族中的一个成员集,它不包含 x. 由于空集族是空的,故找不到任何成员集).

同理可证另一个等式成立.

分解定理Ⅰ及Ⅱ的意义:一个模糊集可以由其自身分解出的截集或强截集构成的集合套拼成(由已知的模糊集,可构造出与其密切相关的经典集族).

广义分解定理的意义:夹在一个模糊集的截集或强截集族之间的集合族一定是集合套,且这样的集合套同样可以拼成原来的模糊集.

2.2.2 模糊集的表现定理

1. 表现定理

问题:由任意一个集合套能否拼成一个模糊集?若能,其截集或强截集是否能由原来的集合套构造出来?(若是,则从理论上说明了:可用一族经典集合来完全刻画和表示一个模糊集).

下面的表现定理肯定地回答了上述问题.

定理 2.2.5 设 H 是 X 上的任何集合套,则 $A=\bigcup_{\lambda\in[0,1]}\lambda H(\lambda)$ 是 X 上的模糊集合,且对任意 $\lambda\in[0,1]$有:(1) $A_\lambda=\bigcap_{\alpha<\lambda}H(\alpha)$;(2) $A_{\lambda+}=\bigcup_{\alpha>\lambda}H(\alpha)$.

证明 因 $\forall\lambda\in[0,1]$,$H(\lambda)\in P(X)$,而 $\lambda H(\lambda)\in F(X)$,故 $\bigcup_{\lambda\in[0,1]}\lambda H(\lambda)\in F(X)$,记为 A.

根据广义分解定理,只需证明 $H:[0,1]\to P(X)$ 满足 $A_{\lambda+}\subseteq H(\lambda)\subseteq A_\lambda$,$\forall\lambda\in[0,1]$. 以下设 $\lambda\in[0,1]$,$x\in X$.

$$x\in A_{\lambda+}\Rightarrow A(x)>\lambda\Rightarrow\bigvee_{\alpha\in[0,1]}[\alpha\wedge(H(\alpha))(x)]>\lambda\Rightarrow \text{存在 }\alpha_0\in[0,1],$$
$$\alpha_0\wedge(H(\alpha_0))(x)>\lambda\Rightarrow\alpha_0>\lambda,(H(\alpha_0))(x)=1\Rightarrow x\in H(\alpha_0)\subseteq H(\lambda).$$

所以 $A_{\lambda+}\subseteq H(\lambda)$.

以下证明 $H(\lambda)\subseteq A_\lambda$，$\forall\lambda\in[0,1]$. 设 $\lambda\in[0,1]$，$x\in X$，则

$$x\in H(\lambda)\Rightarrow (H(\lambda))(x)=1\Rightarrow \bigvee_{\alpha\in[0,1]}[\alpha\wedge(H(\alpha))(x)]\geqslant\lambda\wedge(H(\lambda))(x)$$
$$=\lambda\Rightarrow A(x)\geqslant\lambda\Rightarrow x\in A_\lambda.$$

即得 $H(\lambda)\subseteq A_\lambda$. 定理得证.

表现定理提供了一种构造模糊集的有效方法：设 H 是一个 X 上的集合套，则可构造具有下述隶属函数的模糊集 $A: X\to[0,1]$，

$$A(x)=\bigvee\{\lambda\in[0,1]\mid x\in H(\lambda)\},\quad \forall x\in X.$$

例 2.2.2 设 $X=\{x_1,x_2,x_3,x_4,x_5\}$，给定 X 上的集合套 H 如下：$\lambda=0$，$\boldsymbol{H}(\lambda)=(1,1,1,1,1)$；$0<\lambda<0.2$，$\boldsymbol{H}(\lambda)=(0,1,1,1,1)$；$0.2\leqslant\lambda\leqslant0.5$，$\boldsymbol{H}(\lambda)=(0,1,0,1,1)$；$0.5<\lambda\leqslant0.8$，$\boldsymbol{H}(\lambda)=(0,1,0,1,0)$；$0.8<\lambda\leqslant1$，$\boldsymbol{H}(\lambda)=(0,0,0,1,0)$. 则由 $\boldsymbol{H}$ 决定的模糊集 A 具有如下的隶属函数：

$$A(x_1)=\bigvee\{\lambda\in[0,1]\mid x_1\in\boldsymbol{H}(\lambda)\}=0;\quad A(x_2)=\bigvee\{\lambda\in[0,1]\mid x_2\in\boldsymbol{H}(\lambda)\}=0.8;$$
$$A(x_3)=0.2,\quad A(x_4)=1,\quad A(x_5)=0.5.\quad \boldsymbol{A}=(0,0.8,0.2,1,0.5).$$

例 2.2.3 设 $X=[-1,1]$，其上的集合套 H 如下：$H(\lambda)=[\lambda^2-1,1-\lambda^2]$，$\lambda\in[0,1]$. 求由 H 确定的模糊集 A 的隶属函数.

解 $A(x)=\bigvee\{\lambda\in[0,1]\mid x\in H(\lambda)\}$.

当 $-1\leqslant x\leqslant0$ 时，$x\in H(\lambda)$ 当且仅当 $\lambda^2-1\leqslant x$，即 $\lambda\leqslant(1+x)^{1/2}$. 于是 $A(x)=\bigvee_{x\in H(\lambda)}=(1+x)^{1/2}$.

当 $0\leqslant x\leqslant1$ 时，$x\in H(\lambda)$ 当且仅当 $x\leqslant1-\lambda^2$，即 $\lambda\leqslant(1-x)^{1/2}$. 于是 $A(x)=\bigvee_{x\in H(\lambda)}=(1-x)^{1/2}$.

因此，模糊集 A 的隶属函数为(见图 2-17)，

$$A(x)=\begin{cases}\sqrt{1+x}, & -1\leqslant x<0,\\ \sqrt{1-x}, & 0\leqslant x\leqslant1.\end{cases}$$

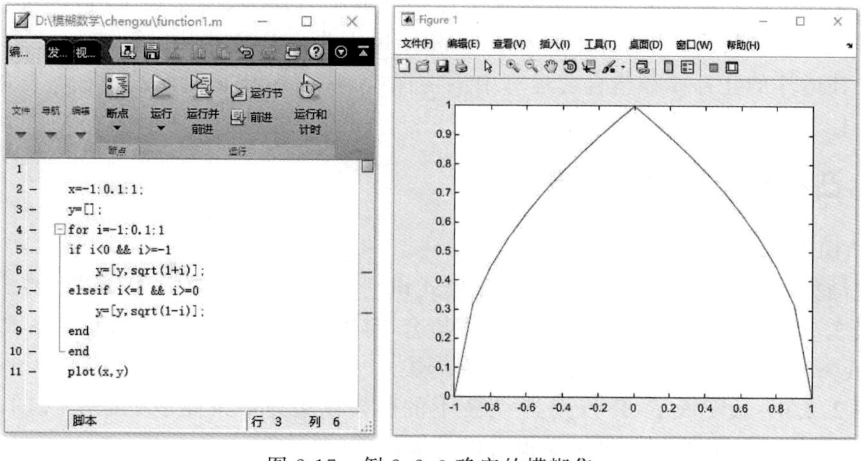

图 2-17 例 2.2.3 确定的模糊集

2. 关于表现定理的代数说明

表现定理阐明了一个重要事实：模糊集可由一族互相嵌套的经典集合构造出来．这就预示着模糊集合会保留经典集合的一些性质．事实上，模糊集合的运算确实保持了经典集合的大部分性质，只有互补律不成立．当我们在集合套上也定义其并、交、补运算时，可用代数学中的同态、同构来更清楚地说明相关关系．

用$\mathcal{X}(X)$表示 X 上的全体集合套，并设 $H, H_1, H_2 \in \mathcal{X}(X)$，定义集合套的并、交、补如下：

$$\forall \lambda \in [0,1], \quad (H_1 \cup H_2)(\lambda) = H_1(\lambda) \cup H_2(\lambda);$$

$$(H_1 \cap H_2)(\lambda) = H_1(\lambda) \cap H_2(\lambda); \quad H^c(\lambda) = (H(1-\lambda))'.$$

容易证明$(\mathcal{X}(X), \cup, \cap, c) \sim (F(X), \cup, \cap, c)$，这里的同态映射 f 定义为

$$f: \mathcal{X}(X) \to F(X), \quad \forall H \in \mathcal{X}(X), \quad f(H) = \bigcup_{\lambda\in[0,1]} \lambda\, H(\lambda) \in F(X).$$

如果对$\mathcal{X}(X)$进行等价分类，使对应同一模糊集的集合套同在一个类中，即：

设 $H_1, H_2 \in \mathcal{X}(X)$，若对任意 $\lambda \in [0,1]$，有 $\bigcup_{\alpha>\lambda} H_1(\alpha) = \bigcup_{\alpha>\lambda} H_2(\alpha)$，则称 H_1 与 H_2 等价．

容易证明：H_1 与 H_2 等价当且仅当满足对任意 $\lambda \in [0,1]$，有 $\bigcap_{\alpha<\lambda} H_1(\alpha) = \bigcap_{\alpha<\lambda} H_2(\alpha)$．

若 H_1 与 H_2 等价，则记为 $H_1 \sim H_2$．可以验证，上述定义的集合套之间的等价确实是$\mathcal{X}(X)$上的一个等价关系．

用$\mathcal{X}'(X)$表示集合$\{[H] \mid H \in \mathcal{X}(X)\}$，其中$[H] = \{G \mid G \in \mathcal{X}(X), G \sim H\}$，即 H 所在的等价类．可以证明以下结论成立：

令 $f: \mathcal{X}'(X) \to F(X)$，$\forall [H] \in \mathcal{X}'(X)$，$f([H]) = \bigcup_{\lambda\in[0,1]} \lambda\, H(\lambda) \in F(X)$．则 f 是从$(\mathcal{X}'(X), \cup, \cap, c)$ 到$(F(X), \cup, \cap, c)$上的双射，且

(1) $f([H])_{\lambda+} \subseteq H(\lambda) \subseteq f([H])_\lambda$；

(2) $f([H])_\lambda = \bigcap_{\alpha<\lambda} H(\alpha)$；

(3) $f([H])_{\lambda+} = \bigcup_{\alpha>\lambda} H(\alpha)$．

即$(\mathcal{X}'(X), \cup, \cap, c) \cong (F(X), \cup, \cap, c)$．

以上论述说明：集合套的并、交运算就是用经典集合的并、交来定义的，因此模糊集保持关于并、交运算的性质就是自然的事了．同时，也因为集合套的补运算涉及了 $H(1-\lambda)$，因而涉及补运算的互补律在集合套运算中不再保持，从而在与其同构的模糊集运算中也就不成立了！

2.2.3　凸模糊集及其表现定理

1. 凸模糊集

凸模糊集（直观描述见图 2-18）在研究模式识别、最优化等问题中具有很重要的意义．

定义 2.2.4　设 A 为实数域$\mathbb{R}$上的模糊集合，对于任何实数 $x \leqslant y \leqslant z$，若关系式 $A(y) \geqslant A(x) \wedge A(z)$恒成立，则称 A 为$\mathbb{R}$上的凸模糊集．

定理 2.2.6　设 $A \in F(\mathbb{R})$，则 A 为$\mathbb{R}$上的凸模糊集充要条件是 $\forall \lambda \in [0,1]$，$A_\lambda$ 是一个区间（这里的区间可以是有限区间也可以是无限区间）．

证明　必要性．设 A 为$\mathbb{R}$上的凸模糊集，$\forall \lambda \in [0,1]$，$x, z \in A_\lambda$ 且 $x < z$，则对任意的 $y \in [x, z]$ 有 $A(y) \geqslant A(x) \wedge A(z) \geqslant \lambda$，故 $y \in A_\lambda$，即若两点在 A_λ 中，则以这两点为端点的整个区间包含在 A_λ 中．因此，A_λ 只能是区间．

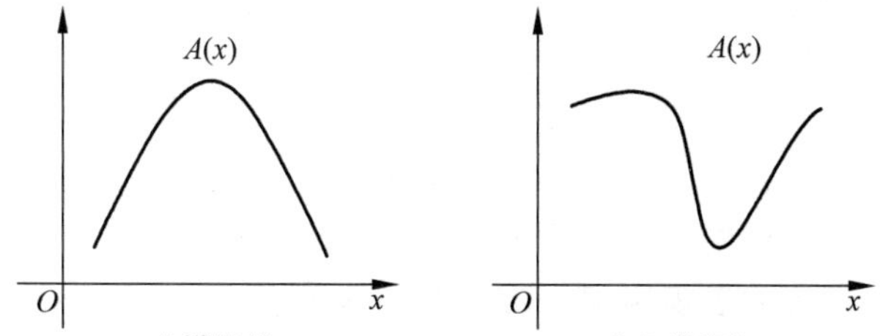

凸模糊集　　非凸模糊集

图 2-18　凸模糊集与非凸模糊集

充分性. 设 $\forall\lambda\in[0,1]$，A_λ 为区间. 对任意实数 $x<y<z$，取 $\lambda=\min\{A(x),A(z)\}$，则 $x,z\in A_\lambda$. 因 A_λ 为区间，所以 $y\in A_\lambda$，即 $A(y)\geqslant\lambda=A(x)\wedge A(z)$.

定理 2.2.7　设 $A,B\in F(R)$ 为 $\mathbb{R}$ 上的两个凸模糊集，则 $A\cap B$ 也是凸模糊集.

证明　由于 $\forall\lambda\in[0,1]$，$(A\cap B)_\lambda=A_\lambda\cap B_\lambda$. 而根据定理 2.2.6 知 A_λ,B_λ 均为区间，所以 $(A\cap B)_\lambda$ 也是区间. 再应用定理 2.2.6 得 $A\cap B$ 是凸模糊集.

注意：凸模糊集的并、补并非一定是凸模糊集(请读者自行构造反例).

2. 关于凸模糊集的其他定义

前面的定义 2.2.4(以下称为定义Ⅰ)是凸模糊集的一种定义，此外还有多种定义. 下面罗列几种常用定义，并将证明它们是等价的.

定义Ⅱ　设 A 为实数域 $\mathbb{R}$ 上的模糊集合，称 A 为 $\mathbb{R}$ 上的凸模糊集，如果对任意 $x,y\in\mathbb{R}$ 及任何 $\alpha\in[0,1]$ 有 $A(x)\wedge A(y)\leqslant A(\alpha x+(1-\alpha)y)$.

定义Ⅲ　设 A 为实数域 $\mathbb{R}$ 上的模糊集合，称 A 为 $\mathbb{R}$ 上的凸模糊集，如果对任意 $\lambda\in[0,1]$，A 的 λ 截集 A_λ 为 $\mathbb{R}$ 上的凸集，即对于任意 $x,y\in A_\lambda$ 及任何 $\alpha\in[0,1]$ 有 $\alpha x+(1-\alpha)y\in A_\lambda$.

证明　定义Ⅰ⇒定义Ⅱ.

设实数域 $\mathbb{R}$ 上的模糊集合 A 满足定义Ⅰ中的条件，则 $\forall x,y\in\mathbb{R}$ 及 $\alpha\in[0,1]$. 不失一般性，可设 $x\leqslant y$. 因 $x\leqslant\alpha x+(1-\alpha)y\leqslant y$，故

$$A(x)\wedge A(y)\leqslant A(\alpha x+(1-\alpha)y).$$

即 A 满足定义Ⅱ中的条件.

定义Ⅱ⇒定义Ⅰ. 设实数域 $\mathbb{R}$ 上的模糊集合 A 满足定义Ⅱ中的条件，若 $x,y,z\in\mathbb{R}$ 满足 $x\leqslant y\leqslant z$，则必存在 $\alpha\in[0,1]$ 使得 $y=\alpha x+(1-\alpha)z$. 于是由定义Ⅱ得

$$A(x)\wedge A(z)\leqslant A(\alpha x+(1-\alpha)z)=A(y).$$

即 A 满足定义Ⅰ中的条件.

定义Ⅱ⇒定义Ⅲ. 设实数域 $\mathbb{R}$ 上的模糊集合 A 满足定义Ⅱ中的条件. 假定 $\lambda\in[0,1]$，$x,y\in A_\lambda$，则 $A(x)\geqslant\lambda$，$A(y)\geqslant\lambda$，从而 $A(x)\wedge A(y)\geqslant\lambda$. 而由定义Ⅱ知，对任何 $\alpha\in[0,1]$ 有

$$A(x)\wedge A(y)\leqslant A(\alpha x+(1-\alpha)y).$$

于是 $A(\alpha x+(1-\alpha)y)\geqslant\lambda$，即 $\alpha x+(1-\alpha)y\in A_\lambda$. 这说明 A 满足定义Ⅲ中的条件.

定义Ⅲ⇒定义Ⅱ. 设实数域 $\mathbb{R}$ 上的模糊集合 A 满足定义Ⅲ中的条件，若 $x,y\in\mathbb{R}$，$\alpha\in[0,1]$. 令 $\lambda=A(x)\wedge A(y)$，则 $x,y\in A_\lambda$，由定义Ⅲ得 $\alpha x+(1-\alpha)y\in A_\lambda$，即 $A(\alpha x+(1-\alpha)y)\geqslant\lambda=A(x)\wedge A(y)$. 这说明 A 满足定义Ⅱ中的条件.

3. 凸模糊集的表现定理

定义 2.2.5 设映射 $I:[0,1]\to P(\mathbb{R})$，满足：

(1) $\forall\lambda\in[0,1]$，$I(\lambda)$是$\mathbb{R}$的子区间；

(2) $\forall\lambda_1,\lambda_2\in[0,1]$，$\lambda_1\leqslant\lambda_2\Rightarrow I(\lambda_1)\supseteq I(\lambda_2)$.

则称 I 为$\mathbb{R}$的区间套. 记 $I(\mathbb{R})$为$\mathbb{R}$的全体区间套之集.

定理 2.2.8(凸模糊集的表现定理) 设 $I\in I(\mathbb{R})$，$\alpha=\bigvee_{\lambda\in[0,1]}\{\lambda\mid I(\lambda)\neq\varnothing\}$，则：

(1) $A=\bigcup_{\lambda\in[0,1]}\lambda I(\lambda)$是$\mathbb{R}$上的凸模糊集；

(2) $\forall x\in\mathbb{R}$，$A(x)=\bigvee\{\lambda\mid\lambda\in[0,\alpha],x\in I(\lambda)\}$.

例 2.2.4 设区间套 $I\in I(\mathbb{R})$如下定义，求由 I 确定的凸模糊集 A.

$$I(\lambda)=\begin{cases}[5\lambda-6,4-10\lambda], & 0\leqslant\lambda\leqslant 2/3,\\ \varnothing, & 2/3<\lambda\leqslant 1.\end{cases}$$

解 显然，$\alpha=\bigvee_{\lambda\in[0,1]}\{\lambda\mid I(\lambda)\neq\varnothing\}=2/3$.

$\forall x\in\mathbb{R}$，$x<-6$ 或 $x>4$ 时，$A(x)=\bigvee\{\lambda\mid\lambda\in[0,\alpha],x\in I(\lambda)\}=0$.

当 $x\in[-6,4]$时有 $A(x)=\bigvee\{\lambda\mid\lambda\in[0,2/3],x\in[5\lambda-6,4-10\lambda)\}$.

考查区间套的特点发现，当$-6\leqslant x\leqslant-8/3$ 时，x 位于那些包含 x 的区间的左半部分，因此λ 的上确界对应的包含x 的区间(包含 x 的最小区间)，其左端点应为 x，即λ 的上确界应满足 $5\lambda-6=x$，$\lambda=(x+6)/5$.

同理，当$-8/3<x\leqslant 4$ 时，x 位于那些包含 x 的区间的右半部分，因此 λ 的上确界对应的包含 x 的区间(包含 x 的最小区间)，其右端点应为 x，即 λ 的上确界应满足 $4-10\lambda=x$，$\lambda=(4-x)/10$.

于是，可写出如下的隶属函数表达式

$$A(x)=\begin{cases}0, & x<-6,\\ \dfrac{x+6}{5}, & -6\leqslant x\leqslant-\dfrac{8}{3},\\ \dfrac{4-x}{10}, & -\dfrac{8}{3}<x\leqslant 4,\\ 0, & x>4.\end{cases}$$

对应的图像如图 2-19 所示.

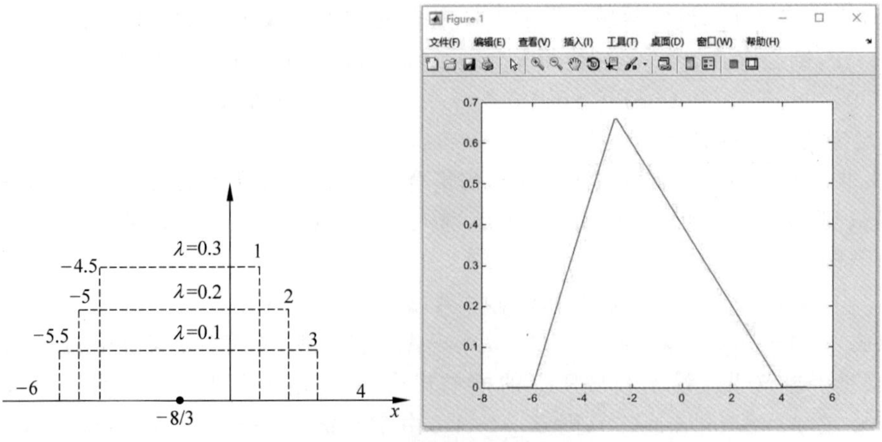

图 2-19 区间套确定的模糊集

2.3 模糊关系与扩张原理

2.3.1 模糊关系及其运算

1. 经典关系

定义 2.3.1 设 X,Y 是非空经典集，$X\times Y=\{(x,y): x\in X, y\in Y\}$ 为 X 与 Y 的笛卡儿积. 若 $R\subseteq X\times Y$，则称 R 是 $X\sim Y$ 的二元关系，简称关系. 若 R 是 $X\sim Y$ 的关系，$(x,y)\in R$，则称 x 与 y 是 R 相关的，或 x 与 y 具有 R 关系，记为 xRy. $X\sim X$ 的关系称为 X 上的关系.

一般地，n 个集合的笛卡儿积 $X_1\times X_2\times\cdots\times X_n$ 的子集称为 $X_1,X_2,\cdots,X_n$ 上的 n 元关系.

关系作为特殊的经典集，经典集的并、交、补运算及其性质，以及特征函数表示法，对于关系当然适用. 此外，关系还有"逆"与"合成"运算.

定义 2.3.2 设 R 是 $X\sim Y$ 的关系，令 $R^{-1}=\{(y,x)\mid(x,y)\in R\}$. 则 R^{-1} 是 Y 到 X 的关系，称为 R 的逆关系.

定义 2.3.3 设 R 是 $X\sim Y$ 的关系，S 是 Y 到 Z 的关系. 令 $R\circ S=\{(x,z)\in X\times Z\mid$存在 $y\in Y$ 使得$(x,y)\in X\times Y$ 且 $(y,z)\in Y\times Z\}$. 则 $R\circ S$ 是 X 到 Z 的关系，称为 R 与 S 的合成(复合)关系.

图 2-20 给出了合成运算的直观描述.

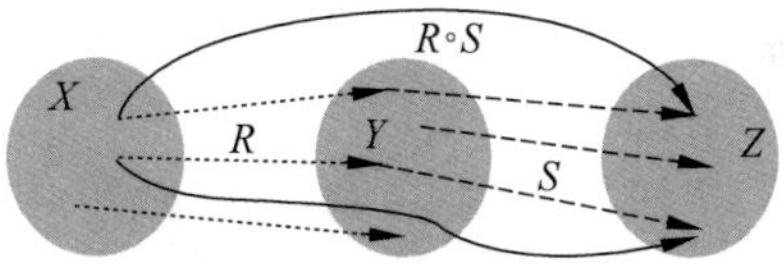

图 2-20 关系的合成运算

若直接用经典集合的名字作为其特征函数的名字，则当 R 是 $X\sim Y$ 的关系时，其逆关系 R^{-1} 的特征函数为：$R^{-1}(y,x)=R(x,y)$，$\forall(y,x)\in Y\times X$. 如果 R 是 $X\sim Y$ 的关系，S 是 $Y\sim Z$ 的关系，则 $(R\circ S)(x,z)=\bigvee_{y\in Y}[R(x,y)\wedge S(y,z)]$.

当 $X=\{x_1,x_2,\cdots,x_n\}$，$Y=\{y_1,y_2,\cdots,y_m\}$ 为有限集时，$X\sim Y$ 的关系 R 可直观地表示为布尔矩阵（以 0,1 为元素的矩阵）$(r_{ij})_{n\times m}$：

$$r_{ij}=R(x_i,y_j)=\begin{cases}1, & (x_i,y_j)\in R,\\ 0, & (x_i,y_j)\notin R.\end{cases}$$

例如，设医生对几个患者进行检查和询问，并制作了一张症状检查表 2-4（P_1,P_2,P_3,P_4,P_5 表示患者；S_1,S_2,S_3,S_4,S_5 表示症状）：

表 2-4 患者和症状间的经典关系及其矩阵表示

	S_1	S_2	S_3	S_4	S_5
P_1	是		是		
P_2	是	是	是		是
P_3	是			是	是
P_4	是		是		是
P_5	是	是	是		是

$$\begin{bmatrix}1&0&1&0&0\\1&1&1&0&1\\1&0&0&1&1\\1&0&1&0&1\\1&1&1&0&1\end{bmatrix}$$

如果 R 是患者和症状间的关系，S 是症状和疾病间的关系，则 $\boldsymbol{R}$ 与 $\boldsymbol{S}$ 的合成关系 $\boldsymbol{R}\circ\boldsymbol{S}$ 将是患者和疾病的关系.

医生经常碰到的困难是，很难确切地判断患者有还是没有某个症状. 这时可以用[0,1]中的某个数来表示相应症状的严重程度，从而产生了如表 2-5 所示的模糊关系及模糊关系矩阵：

表 2-5 患者和症状间的模糊关系及其矩阵表示

	S_1	S_2	S_3	S_4	S_5
P_1	0.7	0.6	0.7	0.6	0.6
P_2	0.8	0.7	0.7	0.3	0.7
P_3	0.7	0.4	0.4	0.7	0.7
P_4	0.7	0.6	0.7	0.6	0.7
P_5	0.7	0.7	0.7	0.6	0.7

$$\begin{bmatrix} 0.7 & 0.6 & 0.7 & 0.6 & 0.6 \\ 0.8 & 0.7 & 0.7 & 0.3 & 0.7 \\ 0.7 & 0.4 & 0.4 & 0.7 & 0.7 \\ 0.7 & 0.6 & 0.7 & 0.6 & 0.7 \\ 0.7 & 0.7 & 0.7 & 0.6 & 0.7 \end{bmatrix}$$

2. 模糊关系及其运算

定义 2.3.4 设 X,Y 是非空经典集，$X\sim Y$ 的一个模糊(二元)关系 R 是指 $X\times Y$ 上的一个模糊集 $R: X\times Y\to[0,1]$. 对任意 $(x,y)\in X\times Y$，隶属度 $R(x,y)$ 表示了 X 中的元素 x 与 Y 中元素 y 具有关系 R 的程度. $X\sim X$ 的模糊关系称为 X 上的模糊关系.

一般地，n 个集合的笛卡儿积 $X_1\times X_2\times\cdots\times X_n$ 上的一个 n 元模糊关系是指 $X_1\times X_2\times\cdots\times X_n$ 上的一个模糊集，隶属度 $R(x_1,x_2,\cdots,x_n)$ 反映了 $(x_1,x_2,\cdots,x_n)$ 具有这种关系的程度.

例如：(1) 取 X,Y 为实数集，则"近似相等"是 $X\times Y$ 上的模糊关系，记为 AE，可以定义 $\mathrm{AE}(x,y)=\mathrm{e}^{-(x-y)^2}$，如图 2-21 所示.

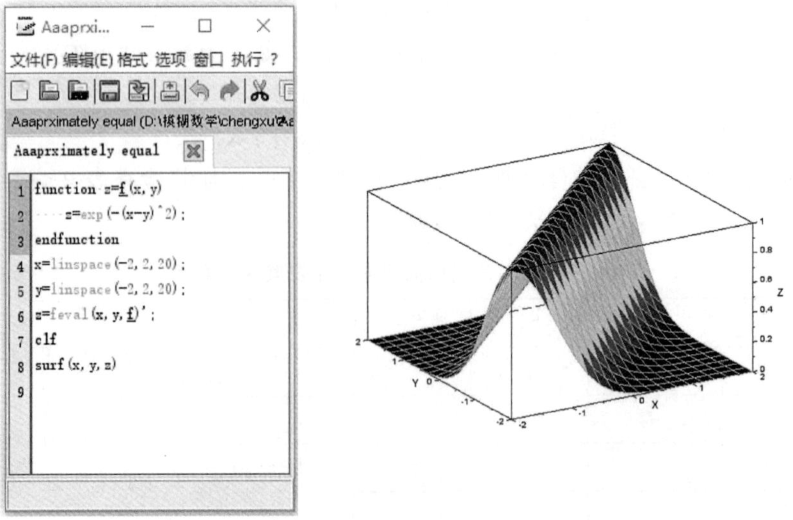

图 2-21 "近似相等"关系(Scilab 软件实现)

(2) 某夫妇有一子一女，子女与父母的“相像关系”是一个模糊关系，记为 R，则隶属度 R(子，父)$=0.4$，R(子，母)$=0.6$，R(女，父)$=0.7$，R(女，母)$=0.5$ 表示相像程度.

如果矩阵的元素都是区间$[0,1]$中的数，则称这样的矩阵为模糊矩阵. 当 X,Y 均为有限集时，$X\sim Y$ 的一个模糊关系可以用模糊矩阵来表示.

由于模糊关系是一类特殊的模糊集，因而有并、交、补等运算，也有“截关系”的概念. 设 $R,R_1,R_2,R_t\in F(X\times Y)$，这里 $t\in T$(指标集)，$\lambda\in[0,1]$. 则：

(1) $R_1\subseteq R_2$ 当且仅当 $\forall(x,y)\in X\times Y,R_1(x,y)\leqslant R_2(x,y)$；

(2) $R_1=R_2$ 当且仅当 $\forall(x,y)\in X\times Y,R_1(x,y)=R_2(x,y)$；

(3) $(R_1\cup R_2)(x,y)=R_1(x,y)\vee R_2(x,y)$；

(4) $(R_1\cap R_2)(x,y)=R_1(x,y)\wedge R_2(x,y)$；

(5) $(\bigcup_{t\in T}R_t)(x,y)=\bigvee_{t\in T}R_t(x,y)$；

(6) $(\bigcap_{t\in T}R_t)(x,y)=\bigwedge_{t\in T}R_t(x,y)$；

(7) $R^c(x,y)=1-R(x,y)$；

(8) $R_\lambda=\{(x,y)\in X\times Y\mid R(x,y)\geqslant\lambda\}$.

定义 2.3.5 设 $R\in F(X\times Y)$，定义 $R^{-1}\in F(Y\times X)$如下：

$$R^{-1}(y,x)=R(x,y),\quad \forall(y,x)\in Y\times X.$$

称 $Y\sim X$ 的模糊关系 R^{-1} 是 R 的逆关系.

当 R 与 R^{-1} 用模糊矩阵表示时，其对应的模糊矩阵互为转置.

定义 2.3.6 设 $R\in F(X\times Y)$，$S\in F(Y\times Z)$，$*$ 是一个 t-模，定义 $R\circ S\in F(X\times Z)$如下：

$$(R\circ S)(x,z)=\bigvee_{y\in Y}[R(x,y)*S(y,z)],\quad \forall(x,z)\in X\times Z.$$

称 $R\circ S$ 为基于 t-模 $*$ 的 R 与 S 的合成关系.

经常使用的两个合成运算是 max-min 合成(选择“取小”t-模)及 max-product 合成(选择乘积 t-模)，未做说明时模糊关系的合成指前者.

若 R 为集合 X 上的二元模糊关系，则归纳地定义 R 的幂运算如下：

R^0 定义为恒等关系，即当 $x=y$ 时，$R^0(x,y)=1$，当 $x\neq y$ 时，$R^0(x,y)=0$；

$R^1=R,R^2=R\circ R,R^3=R^2\circ R,\cdots,R^n=R^{n-1}\circ R,\cdots$

如果 X,Y,Z 均为有限集，$X=\{x_1,x_2,\cdots,x_m\}$，$Y=\{y_1,y_2,\cdots,y_n\}$，$Z=\{z_1,z_2,\cdots,z_l\}$. 设 $R\in F(X\times Y)$，$S\in F(Y\times Z)$，$*$ 是一个 t-模，则 $R,S,R\circ S$(记为 P)可用模糊矩阵表示为

$$(r_{ij})_{m\times n},(s_{ij})_{n\times l},(p_{ij})_{m\times l}.$$

容易验证如下类似于普通矩阵乘法的运算规则：

$$p_{ij}=\bigvee_{k=1}^{n}(r_{ik}*s_{kj}),\quad i=1,2,\cdots,m,j=1,2,\cdots,l.$$

例 2.3.1 (1) 已知模糊关系 R 与 S 由以下模糊矩阵确定，分别计算其 max-min 合成和 max-product 合成.

$$\boldsymbol{R}=\begin{bmatrix}0.3 & 0.7 & 0.2\\ 1 & 0 & 0.4\\ 0 & 0.5 & 1\\ 0.6 & 0.4 & 0.8\end{bmatrix},\quad \boldsymbol{S}=\begin{bmatrix}0.1 & 0.9\\ 0.9 & 0.1\\ 0.6 & 0.4\end{bmatrix}.$$

(2) 某家庭子女和父母外貌相像关系为 R，父母和祖父母、外祖父母相像关系为 S，它们分别用以下模糊矩阵确定，计算其 max-min 合成.

$$\begin{array}{c} \\ 子 \\ 女 \end{array}\begin{array}{c} \begin{array}{cc} 父 & 母 \end{array} \\ \begin{bmatrix} 0.8 & 0.2 \\ 0.1 & 0.7 \end{bmatrix} \end{array} \qquad \begin{array}{c} \\ 父 \\ 母 \end{array}\begin{array}{c} \begin{array}{cccc} 祖父 & 祖母 & 外祖父 & 外祖母 \end{array} \\ \begin{bmatrix} 0.5 & 0.7 & 0.1 & 0.1 \\ 0.1 & 0 & 0.2 & 0.8 \end{bmatrix} \end{array}$$

解 (1) 根据模糊关系合成运算的定义，R 与 S 的 max-min 合成关系 $R\circ S$ 可表示为如下矩阵形式：

$$\begin{bmatrix} (0.3\wedge 0.1)\vee(0.7\wedge 0.9)\vee(0.2\wedge 0.6) & (0.3\wedge 0.9)\vee(0.7\wedge 0.1)\vee(0.2\wedge 0.4) \\ (1\wedge 0.1)\vee(0\wedge 0.9)\vee(0.4\wedge 0.6) & (1\wedge 0.9)\vee(0\wedge 0.1)\vee(0.4\wedge 0.4) \\ (0\wedge 0.1)\vee(0.5\wedge 0.9)\vee(1\wedge 0.6) & (0\wedge 0.9)\vee(0.5\wedge 0.1)\vee(1\wedge 0.4) \\ (0.6\wedge 0.1)\vee(0.4\wedge 0.9)\vee(0.8\wedge 0.6) & (0.6\wedge 0.9)\vee(0.4\wedge 0.1)\vee(0.8\wedge 0.4) \end{bmatrix}$$

$$=\begin{bmatrix} 0.7 & 0.3 \\ 0.4 & 0.9 \\ 0.6 & 0.4 \\ 0.6 & 0.6 \end{bmatrix}.$$

R 与 S 的 max-product 合成关系 $R\circ S$ 可表示为如下矩阵形式：

$$\begin{bmatrix} (0.3\times 0.1)\vee(0.7\times 0.9)\vee(0.2\times 0.6) & (0.3\times 0.9)\vee(0.7\times 0.1)\vee(0.2\times 0.4) \\ (1\times 0.1)\vee(0\times 0.9)\vee(0.4\times 0.6) & (1\times 0.9)\vee(0\times 0.1)\vee(0.4\times 0.4) \\ (0\times 0.1)\vee(0.5\times 0.9)\vee(1\times 0.6) & (0\times 0.9)\vee(0.5\times 0.1)\vee(1\times 0.4) \\ (0.6\times 0.1)\vee(0.4\times 0.9)\vee(0.8\times 0.6) & (0.6\times 0.9)\vee(0.4\times 0.1)\vee(0.8\times 0.4) \end{bmatrix}$$

$$=\begin{bmatrix} 0.63 & 0.27 \\ 0.24 & 0.9 \\ 0.6 & 0.4 \\ 0.48 & 0.54 \end{bmatrix}.$$

(2) 子女和祖父母、外祖父母的相像关系可看成 $R\circ S$，采用 max-min 合成方法计算得

$$\begin{bmatrix} (0.8\wedge 0.5)\vee(0.2\wedge 0.1) & (0.8\wedge 0.7)\vee(0.2\wedge 0) & (0.8\wedge 0.1)\vee(0.2\wedge 0.2) & (0.8\wedge 0.1)\vee(0.2\wedge 0.8) \\ (0.1\wedge 0.5)\vee(0.7\wedge 0.1) & (0.1\wedge 0.7)\vee(0.7\wedge 0) & (0.1\wedge 0.1)\vee(0.7\wedge 0.2) & (0.1\wedge 0.1)\vee(0.7\wedge 0.8) \end{bmatrix}$$

$$=\begin{bmatrix} 0.5 & 0.7 & 0.2 & 0.2 \\ 0.1 & 0.1 & 0.2 & 0.7 \end{bmatrix}.$$

即

$$\begin{array}{c} \\ 子 \\ 女 \end{array}\begin{array}{c} \begin{array}{cccc} 祖父 & 祖母 & 外祖父 & 外祖母 \end{array} \\ \begin{bmatrix} 0.5 & 0.7 & 0.2 & 0.2 \\ 0.1 & 0.1 & 0.2 & 0.7 \end{bmatrix} \end{array}$$

定理 2.3.1 设 $R,R_1,R_2,R_t\in F(X\times Y)$，$t\in T$（指标集），则：

(1) $R_1\subseteq R_2\Rightarrow R_1^{-1}\subseteq R_2^{-1}$；

(2) $(R^{-1})^{-1}=R$；

(3) $(R_1\cap R_2)^{-1}=R_1^{-1}\cap R_2^{-1}$；

(4) $(R_1\cup R_2)^{-1}=R_1^{-1}\cup R_2^{-1}$；

(5) $(\bigcap_{t\in T}R_t)^{-1}=\bigcap_{t\in T}R_t^{-1}$；

(6) $(\bigcup_{t\in T}R_t)^{-1}=\bigcup_{t\in T}R_t^{-1}$.

定理 2.3.2 设 $R,R_1,R_2\in F(X\times Y)$, $S,S_1,S_2\in F(Y\times Z)$, $T\in F(Z\times W)$，则：

(1) $(R\circ S)^{-1}=S^{-1}\circ R^{-1}$；

(2) $R_1\subseteq R_2\Rightarrow R_1\circ S\subseteq R_2\circ S$；$S_1\subseteq S_2\Rightarrow R\circ S_1\subseteq R\circ S_2$；

(3) $(R\circ S)\circ T=R\circ(S\circ T)$；

(4) $R\circ(S_1\cup S_2)=(R\circ S_1)\cup(R\circ S_2)$；$(R_1\cup R_2)\circ S=(R_1\circ S)\cup(R_2\circ S)$；

(5) $R\circ(S_1\cap S_2)\subseteq(R\circ S_1)\cap(R\circ S_2)$；$(R_1\cap R_2)\circ S\subseteq(R_1\circ S)\cap(R_2\circ S)$.

证明 (1) $(R\circ S)^{-1}$ 是 Z 到 X 的模糊关系，$\forall(z,x)\in Z\times X$ 有

$$\begin{aligned}(R\circ S)^{-1}(z,x)&=(R\circ S)(x,z)=\bigvee_{y\in Y}[R(x,y)\wedge S(y,z)]\\&=\bigvee_{y\in Y}[R^{-1}(y,x)\wedge S^{-1}(z,y)]=\bigvee_{y\in Y}[S^{-1}(z,y)\wedge R^{-1}(y,x)]\\&=(S^{-1}\circ R^{-1})(z,x).\end{aligned}$$

(2) 容易证明，此处略.

(3) $(R\circ S)\circ T$ 及 $R\circ(S\circ T)$ 均是 X 到 W 的模糊关系，$\forall(x,w)\in X\times W$ 有

$$\begin{aligned}((R\circ S)\circ T)(x,w)&=\bigvee_{z\in Z}[(R\circ S)(x,z)\wedge T(z,w)]\\&=\bigvee_{z\in Z}\{\{\bigvee_{y\in Y}[R(x,y)\wedge S(y,z)]\}\wedge T(z,w)\}\\&=\bigvee_{z\in Z}\{\bigvee_{y\in Y}[R(x,y)\wedge S(y,z)\wedge T(z,w)]\}\\&=\bigvee_{y\in Y}\{\bigvee_{z\in Z}[R(x,y)\wedge S(y,z)\wedge T(z,w)]\}\\&=\bigvee_{y\in Y}\{R(x,y)\wedge\{\bigvee_{z\in Z}[S(y,z)\wedge T(z,w)]\}\}\\&=\bigvee_{y\in Y}[R(x,y)\wedge(S\circ T)(y,w)]\\&=(R\circ(S\circ T))(x,w).\end{aligned}$$

(4) 以下证明将应用下述结果：

$$a\wedge(b\vee c)=(a\wedge b)\vee(a\wedge c),\quad \forall a,b,c\in[0,1];$$

$$\bigvee_{t\in T}(a_t\vee b_t)=(\bigvee_{t\in T}a_t)\vee(\bigvee_{t\in T}b_t),\quad \forall a_t,b_t\in[0,1].$$

对任意 $(x,z)\in X\times Z$ 有

$$\begin{aligned}(R\circ(S_1\cup S_2))(x,z)&=\bigvee_{y\in Y}\{R(x,y)\wedge[S_1(y,z)\vee S_2(y,z)]\}\\&=\bigvee_{y\in Y}\{[R(x,y)\wedge S_1(y,z)]\vee[R(x,y)\wedge S_2(y,z)]\}\\&=\{\bigvee_{y\in Y}[R(x,y)\wedge S_1(y,z)]\}\vee\{\bigvee_{y\in Y}[R(x,y)\wedge S_2(y,z)]\}\\&=(R\circ S_1)(x,z)\vee(R\circ S_2)(x,z)\\&=((R\circ S_1)\cup(R\circ S_2))(x,z).\end{aligned}$$

(5) 以下证明将应用下述结果：

$$\bigvee_{t\in T}(a_t\wedge b_t)\leqslant(\bigvee_{t\in T}a_t)\wedge(\bigvee_{t\in T}b_t),\quad \forall a_t,b_t\in[0,1].$$

注意：上述不等式中等号一般不成立，比如 $(0.4\wedge0.8)\vee(0.6\wedge0.1)\neq(0.4\vee0.6)\wedge(0.8\vee0.1)$.

对任意 $(x,z)\in X\times Z$ 有

$$\begin{aligned}(R\circ(S_1\cap S_2))(x,z)&=\bigvee_{y\in Y}\{R(x,y)\wedge[S_1(y,z)\wedge S_2(y,z)]\}\\&=\bigvee_{y\in Y}\{[R(x,y)\wedge S_1(y,z)]\wedge[R(x,y)\wedge S_2(y,z)]\}\\&\leqslant\{\bigvee_{y\in Y}[R(x,y)\wedge S_1(y,z)]\}\wedge\{\bigvee_{y\in Y}[R(x,y)\wedge S_2(y,z)]\}\\&=(R\circ S_1)(x,z)\wedge(R\circ S_2)(x,z)\\&=((R\circ S_1)\cap(R\circ S_2))(x,z).\end{aligned}$$

定理 2.3.3 设 $R, R_1, R_2 \in F(X \times X)$，则：

(1) $R^{m+n} = R^m \circ R^n$；

(2) $(R^n)^{-1} = (R^{-1})^n$；

(3) $R_1 \subseteq R_2 \Rightarrow R_1^n \subseteq R_2^n$.

定理 2.3.4 (1) 若 $R, S \in F(X \times Y)$，则

$$R \subseteq S \Leftrightarrow \forall \lambda \in [0,1], \quad R_\lambda \subseteq S_\lambda;$$

$$(R \cup S)_\lambda = R_\lambda \cup S_\lambda;$$

$$(R \cap S)_\lambda = R_\lambda \cap S_\lambda, \quad \forall \lambda \in [0,1].$$

(2) 若 $R \in F(X \times Y)$，$S \in F(Y \times Z)$，则 $(R \circ S)_{\lambda+} = R_{\lambda+} \circ S_{\lambda+}$. 当 X, Y, Z 都是有限集时有 $(R \circ S)_\lambda = R_\lambda \circ S_\lambda$，$\forall \lambda \in [0,1]$.

2.3.2 模糊等价关系

1. 经典等价关系

若 R 是 X 上的经典关系，即 $R \subseteq X \times X$. 则

R 是自反的 $\Leftrightarrow \forall x \in X, (x, x) \in R$.

R 是对称的 $\Leftrightarrow$ 若 $(x, y) \in R$，则 $(y, x) \in R$.

R 是传递的 $\Leftrightarrow$ 若 $(x, y) \in R$，$(y, z) \in R$，则 $(x, z) \in R$.

R 是等价关系 $\Leftrightarrow$ R 是 X 上的一个自反、对称和传递的关系.

若 R 是 X 上的一个等价关系，$\forall x \in X$，称 $R[x] = \{y \in X : (x, y) \in R\}$ 为以 x 为代表的等价类(或称为 x 所在的等价类，简称等价类). 称 $X/R = \{R[x] : x \in X\}$ 为 X 的模 R 的商集.

经典集合 X 的一个划分是一个集族 $\mathcal{A}$，它满足如下三个条件：(1) $\forall A \in \mathcal{A}, A \neq \varnothing$. (2) $\forall A, B \in \mathcal{A}, A \neq B$，则 $A \cap B = \varnothing$. (3) $\bigcup \{A : A \in \mathcal{A}\} = X$.

若 R 是 X 上的一个等价关系，则 X/R 是 X 的一个划分，称这个划分是由 R 诱导的划分. 反之，由 X 的一个划分 $\mathcal{A}$ 可以导出一个等价关系 R：$xRy \Leftrightarrow R[x] = R[y]$.

2. 模糊等价关系

定义 2.3.7 设 R 是 X 上的模糊关系，即 $R \in F(X \times X)$. 如果 $R(x, x) = 1, \forall x \in X$，则称 R 是自反的，如果 $R(x, y) = R(y, x), \forall x, y \in X$，则称 R 是对称的.

若 R 是 X 上的自反、对称的模糊关系，则称 R 是 X 上的模糊相似关系.

定义 2.3.8 设 $R \in F(X \times X)$. 如果对任意 $\lambda \in [0,1]$ 及任意 $x, y, z \in X$ 成立：

$$R(x, y) \geqslant \lambda, \quad R(y, z) \geqslant \lambda \Rightarrow R(x, z) \geqslant \lambda.$$

称 R 是传递的.

若 R 是 X 上的自反、对称、传递的模糊关系，则称 R 是 X 上的模糊等价关系.

例如，(1) 设 $X = [0,1]$，令 $R(x, y) = 1 - |x - y|$ $(x, y \in [0,1])$，则 R 是 X 上的模糊相似关系. 但 R 不是 X 上的模糊等价关系，因为 $R(0.4, 0.5) \geqslant 0.9$，$R(0.5, 0.6) \geqslant 0.9$，而 $R(0.4, 0.6) = 0.8 < 0.9$.

(2) 设 $X = \{x_1, x_2, x_3\}$，令 $R(x_i, x_i) = 1 (i = 1, 2, 3)$，$R(x_1, x_2) = R(x_2, x_1) = 0.4$，$R(x_1, x_3) = R(x_3, x_1) = 0.8$，$R(x_2, x_3) = R(x_3, x_2) = 0.4$. 则 R 显然是自反的和对称的，

从而是 X 上的模糊相似关系.

又,设 $R(x_i,x_j)\geqslant\lambda$,$R(x_j,x_k)\geqslant\lambda$. 当 $\lambda\leqslant 0.4$ 时,则显然有 $R(x_i,x_k)\geqslant\lambda$;当 $0.4<\lambda\leqslant 0.8$ 时,则 $\{i,j,k\}\subseteq\{1,3\}$,$R(x_i,x_k)\geqslant\lambda$;当 $\lambda>0.8$ 时,则 $i=j=k$,$R(x_i,x_k)\geqslant\lambda$. 故 R 是 X 上的模糊等价关系.

定理 2.3.5 设 $R\in F(X\times X)$,则:

(1) R 是自反的$\Leftrightarrow I\subseteq R$,这里 I 是恒等关系,即当 $x=y$ 时 $I(x,y)=1$,当 $x\neq y$ 时 $I(x,y)=0$;

(2) R 是对称的$\Leftrightarrow R=R^{-1}$;

(3) R 是传递的$\Leftrightarrow R^2\subseteq R$.

证明 仅证(3)成立. 容易验证,R 是传递的当且仅当 $R(x,z)\geqslant R(x,y)\wedge R(y,z)$,$\forall x,y,z\in X$. 而 $R^2(x,z)=(R\circ R)(x,z)=\bigvee_{y\in X}[R(x,y)\wedge R(y,z)]$. 所以,当 $R^2\subseteq R$ 时有 $R^2(x,z)\leqslant R(x,z)$,从而 $R(x,z)\geqslant R(x,y)\wedge R(y,z)$,即 R 是传递的.

反之,当 R 是传递的,$R^2(x,z)\leqslant R(x,z)$,即 $R^2\subseteq R$.

定理 2.3.6 设 $R\in F(X\times X)$,则:

(1) R 是自反的(或对称的、传递的),则 R^n 也是自反的(或对称的、传递的);

(2) R_1,R_2 是对称的,则 $R_1\circ R_2$ 是对称的$\Leftrightarrow R_1\circ R_2=R_2\circ R_1$;

(3) R_1,R_2 是传递的,则 $R_1\cap R_2$ 是传递的.

定理 2.3.7 设 $R\in F(X\times X)$,则 R 是模糊等价关系当且仅当对任意 $\lambda\in[0,1]$,R_λ 是等价关系.

证明 设 R 是模糊等价关系,$\lambda\in[0,1]$.

R_λ 的自反性:$\forall x\in X$,因 R 是自反的,故 $R(x,x)=1$. 从而 $R(x,x)\geqslant\lambda$,即 $(x,x)\in R_\lambda$.

R_λ 的对称性:$\forall x,y\in X$,若 $(x,y)\in R_\lambda$,则 $R(x,y)\geqslant\lambda$. 因 R 是对称的,故 $R(x,y)=R(y,x)$. 从而 $R(y,x)\geqslant\lambda$,即 $(y,x)\in R_\lambda$.

R_λ 的传递性:$\forall x,y,z\in X$,若 $(x,y)\in R_\lambda$,$(y,z)\in R_\lambda$,则 $R(x,y)\geqslant\lambda$,$R(y,z)\geqslant\lambda$. 因 R 是传递的,故 $R(x,z)\geqslant\lambda$,即 $(x,z)\in R_\lambda$.

总之,R_λ 是等价关系.

反之,假设对任意 $\lambda\in[0,1]$,R_λ 是等价关系. 下证 R 是模糊等价关系.

R 的自反性:$\forall x\in X$,因 R_1(即取 $\lambda=1$)是等价关系,$(x,x)\in R_1$,即 $R(x,x)=1$.

R 的对称性:$\forall x,y\in X$,令 $\lambda=R(x,y)$,则 $(x,y)\in R_\lambda$. 由 R_λ 的对称性得 $(y,x)\in R_\lambda$,即 $R(y,x)\geqslant\lambda=R(x,y)$. 同理可证 $R(x,y)\geqslant R(y,x)$. 所以 $R(x,y)=R(y,x)$.

R 的传递性:$\forall x,y,z\in X$,$\lambda\in[0,1]$,若 $R(x,y)\geqslant\lambda$,$R(y,z)\geqslant\lambda$,则 $(x,y)\in R_\lambda$,$(y,z)\in R_\lambda$. 由 R_λ 的传递性得 $(x,z)\in R_\lambda$,即 $R(x,z)\geqslant\lambda$. 故 R 是模糊等价关系.

注意:当 R 是模糊等价关系时,成立:$\lambda_1>\lambda_2\Rightarrow R_{\lambda_1}[x]\subseteq R_{\lambda_2}[x]$,$\forall x\in X$. 事实上,若 R 是模糊等价关系,$\lambda_1>\lambda_2$,则 $R_{\lambda_1}\subseteq R_{\lambda_2}$. 对任意 $y\in R_{\lambda_1}[x]$,有 $(x,y)\in R_{\lambda_1}\subseteq R_{\lambda_2}$. 从而 $y\in R_{\lambda_2}[x]$,即 $R_{\lambda_1}[x]\subseteq R_{\lambda_2}[x]$,$\forall x\in X$.

如前所述,论域 X 上的经典等价关系可以诱导出 X 的一个划分,即给出 X 的一个分类结果. 而定理 2.3.7 说明,论域 X 上的一个模糊等价关系 R 对应一族经典等价关系 $\{R_\lambda:\lambda\in[0,1]\}$,因而可诱导出一族划分,而且 $\lambda_1>\lambda_2$ 时 $R_{\lambda_1}[x]\subseteq R_{\lambda_2}[x]$,$\forall x\in X$,即 R_{λ_1}

对应的等价分类的结果，比 R_{λ_2} 对应的等价分类的结果更细. 换句话说，随着 λ 的下降，R_λ 给出的分类越来越粗. 这说明模糊等价关系给出的不是一个确定的分类结果，而是一个分类的系列. 这样，在实际应用问题中可以选择"某个水平"上的分类结果，这正是模糊聚类分析的理论基础.

例 2.3.2 设 $X=\{x_1,x_2,x_3,x_4,x_5\}$，$R\subseteq F(X\times X)$，其对应的模糊矩阵如下. 验证 R 为模糊等价关系，并研究 R 诱导的 X 的等价分类族.

$$\boldsymbol{R}=\begin{bmatrix}1 & 0.4 & 0.8 & 0.5 & 0.5\\ 0.4 & 1 & 0.4 & 0.4 & 0.4\\ 0.8 & 0.4 & 1 & 0.5 & 0.5\\ 0.5 & 0.4 & 0.5 & 1 & 0.6\\ 0.5 & 0.4 & 0.5 & 0.6 & 1\end{bmatrix}.$$

解 由 R 的矩阵表示知，R 是自反和对称的. 计算 R^2 知 $R^2\subseteq R$，所以 R 是传递的，从而是模糊等价关系.

计算 R 的截关系如下：

$$\boldsymbol{R}_{0.6}=\begin{bmatrix}1&0&1&0&0\\0&1&0&0&0\\1&0&1&0&0\\0&0&0&1&1\\0&0&0&1&1\end{bmatrix},\quad \boldsymbol{R}_{0.8}=\begin{bmatrix}1&0&1&0&0\\0&1&0&0&0\\1&0&1&0&0\\0&0&0&1&0\\0&0&0&0&1\end{bmatrix},\quad \boldsymbol{R}_{0.5}=\begin{bmatrix}1&0&1&1&1\\0&1&0&0&0\\1&0&1&1&1\\1&0&1&1&1\\1&0&1&1&1\end{bmatrix},$$

$$\boldsymbol{R}_{0.4}=\begin{bmatrix}1&1&1&1&1\\1&1&1&1&1\\1&1&1&1&1\\1&1&1&1&1\\1&1&1&1&1\end{bmatrix},\quad \boldsymbol{R}_{1}=\begin{bmatrix}1&0&0&0&0\\0&1&0&0&0\\0&0&1&0&0\\0&0&0&1&0\\0&0&0&0&1\end{bmatrix}.$$

于是，选取不同的参数 λ，模糊等价关系 R 诱导的等价分类族如图 2-22 所示.

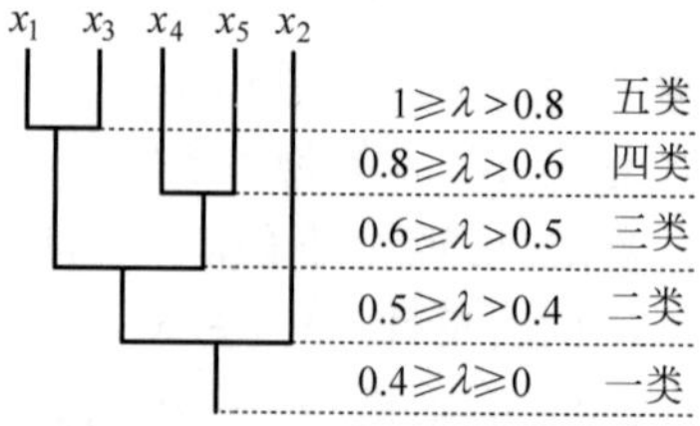

图 2-22 模糊等价关系诱导的等价分类族

2.3.3 扩张原理

1. 经典映射的扩张性质

设 X,Y 是经典集合，给定 X 到 Y 的映射 $f: X\to Y$（称其为点映射，即对每一个 $x\in X$ 均有 Y 中的元素 $f(x)$ 与之对应），f 可诱导出两个映射（称为集映射）：

$$f: P(X)\to P(Y), A\mapsto f(A)=\{y\in Y\mid \exists\ x\in A, y=f(x)\},$$

$$f^{-1}: P(Y)\to P(X), B\mapsto f^{-1}(B)=\{x\in X\mid f(x)\in B\}.$$

若用特征函数来表示 $f(A)$，则有：$\forall y\in Y$，$f(A)(y)=1\Leftrightarrow y\in f(A)\Leftrightarrow\exists\ x\in A$ 使 $y=f(x)\Leftrightarrow\exists\ x\in X$ 使 $A(x)=1$ 且 $y=f(x)\Leftrightarrow\bigvee\{A(x): x\in f^{-1}(y)\}=1$. 所以 $f(A)$ 的特征函数可表示为

$$f(A)(y)=\begin{cases}\bigvee_{f(x)=y}A(x), & f^{-1}(y)\neq\varnothing,\\ 0, & f^{-1}(y)=\varnothing.\end{cases}$$

同时,用特征函数来表示 $f^{-1}(B)$,有

$\forall x\in X, f^{-1}(B)(x)=1 \Leftrightarrow x\in f^{-1}(B) \Leftrightarrow f(x)\in B \Leftrightarrow B(f(x))=1$,即 $f^{-1}(B)(x)=B(f(x))$.

1975 年,扎德将前述的映射扩张性质拓展到模糊集,这就是扩张原理.

2. 扩张原理

设 f 是 $X\sim Y$ 的映射,则由 f 可诱导出两个模糊集之间的映射(见图 2-23):一个 $F(X)$ 到 $F(Y)$ 的映射(仍记为 f),一个 $F(Y)$ 到 $F(X)$ 的映射(记为 f^{-1}),其定义如下(常称为扩张映射或模糊映射):

$$f: F(X)\to F(Y);\quad \forall A\in F(X),\quad \forall y\in Y, f(A)(y)=\begin{cases}\bigvee_{f(x)=y}A(x), & f^{-1}(y)\neq\varnothing,\\ 0, & f^{-1}(y)=\varnothing.\end{cases}$$

$$f^{-1}: F(Y)\to F(X);\quad \forall B\in F(Y),\quad \forall x\in X, f^{-1}(B)(x)=B(f(x)).$$

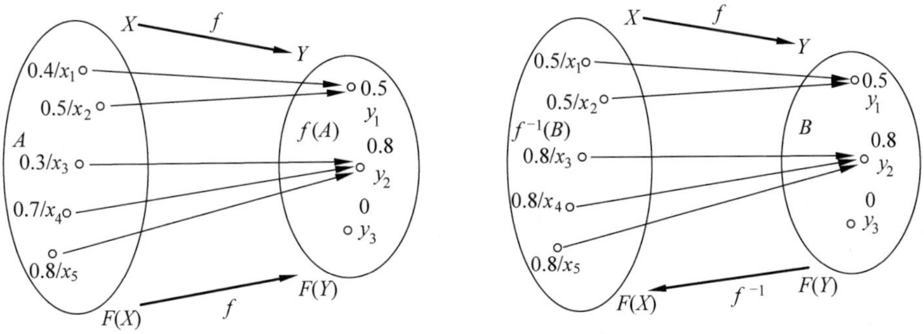

图 2-23 扩张映射示例

扩张原理的中心思想:作用于点的映射和运算也可以作用于模糊集合,并且隶属函数的分布在映射作用后大致保持不变. 例如,对 f 来说,Y 中元素 $y=f(x)$ 对模糊集合 $f(A)$ 的隶属度,等于 y 在 X 中的原像 x 对 $f(A)$ 的原像——模糊集合 A 的隶属度的上确界.

注意:上述 $f(A)(y)$ 的分段表示可以只用一个表达式,即 $f(A)(y)=\bigvee_{f(x)=y}A(x)$. 这是因为空集的上确定界为 0(由于没哪个 x 属于 $\varnothing$,故认为它满足条件 $x\in\varnothing\Rightarrow x\geqslant 0$,即 0 是 $\varnothing$ 的一个上界,而这显然是最小上界). 类似地,空集的下确界为 1.

例 2.3.3 设 $f(x)=e^x$,模糊集 A 的隶属函数为

$$\mu_A(x)=\begin{cases}x, & 0\leqslant x\leqslant 1,\\ -x+2, & 1<x\leqslant 2,\\ 0, & \text{其他}.\end{cases}$$

则由扩张原理,可得如下模糊集 B(相应函数如图 2-24 所示)

$$\mu_B(y)=\begin{cases}\ln(y), & 1\leqslant y\leqslant e,\\ -\ln(y)+2, & e<y\leqslant e^2,\\ 0, & \text{其他}.\end{cases}$$

设 f 是 $X\sim Y$ 的映射,$A\in F(X)$. 则由 A 可以得到经典集族 $\{A_\lambda:\lambda\in[0,1]\}$,它是一个集合套. 由经典集合的扩张原理,$f$ 可诱导出经典集 $P(X)$ 与 $P(Y)$ 之间的映射 f,这样 $\{f(A_\lambda):\lambda\in[0,1]\}$ 是论域 Y 上的集合套. 而由表现定理知,集合套 $\{f(A_\lambda):\lambda\in[0,1]\}$ 确定 Y 上的一个模糊集. 这就产生了一个问题:这个 Y 上的模糊集与模糊集扩张原理确定的

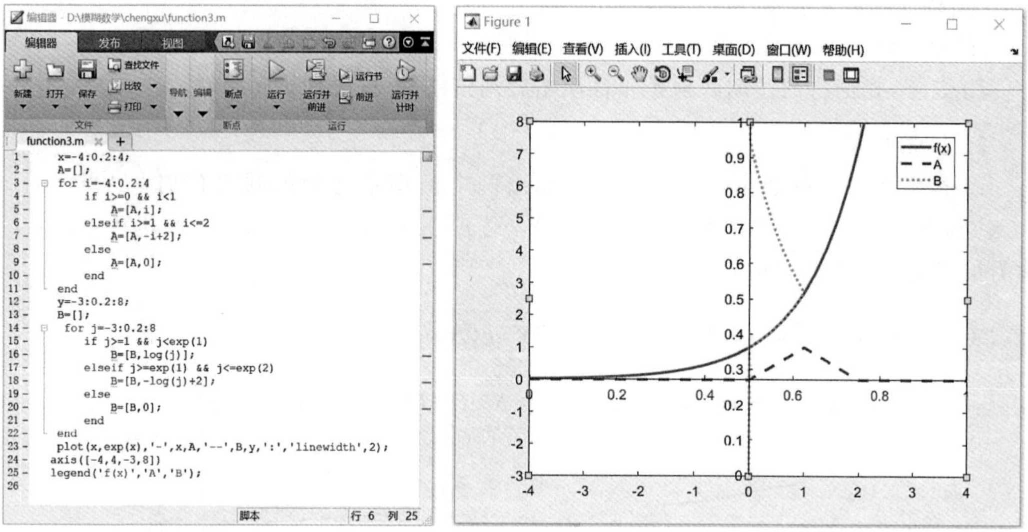

图 2-24 $f(x)=e^x$ 的扩张原理

模糊集 $f(A)$ 是否一致?

定理 2.3.8 设 f 是 $X \sim Y$ 的映射.

(1) 若 $A \in F(X)$,则 $f(A)=\bigcup_{\lambda \in [0,1]} \lambda f(A_\lambda)$;

(2) 若 $B \in F(Y)$,则 $f^{-1}(B)=\bigcup_{\lambda \in [0,1]} \lambda f^{-1}(B_\lambda)$.

证明 (1) $\forall y \in Y$,有

$$
\begin{aligned}
\left(\bigcup_{\lambda \in [0,1]} \lambda f(A_\lambda)\right)(y) &= \bigvee_{\lambda \in [0,1]} [\lambda \wedge f(A_\lambda)(y)] \\
&= \bigvee_{\lambda \in [0,1]} \{\lambda \wedge [\bigvee_{f(x)=y} A_\lambda(x)]\} \\
&= \bigvee_{\lambda \in [0,1]} \{\bigvee_{f(x)=y} [\lambda \wedge A_\lambda(x)]\} \\
&= \bigvee_{f(x)=y} \{\bigvee_{\lambda \in [0,1]} [\lambda \wedge A_\lambda(x)]\} \\
&= \bigvee_{f(x)=y} A(x) \quad (\text{应用分解定理}) \\
&= f(A)(y).
\end{aligned}
$$

(2) $\forall x \in X$,有

$$
\begin{aligned}
\left(\bigcup_{\lambda \in [0,1]} \lambda f^{-1}(B_\lambda)\right)(x) &= \bigvee_{\lambda \in [0,1]} [\lambda \wedge f^{-1}(B_\lambda)(x)] \\
&= \bigvee_{\lambda \in [0,1]} [\lambda \wedge B_\lambda(f(x))] \\
&= B(f(x)) \\
&= f^{-1}(B)(x).
\end{aligned}
$$

经扩张原理得到的模糊映射 f, f^{-1} 具有以下性质.

定理 2.3.9 设 f 是 X 到 Y 的映射,则:

(1) $f(\bigcup_{t \in T} A_t)=\bigcup_{t \in T} f(A_t)$,$f(\bigcap_{t \in T} A_t) \subseteq \bigcap_{t \in T} f(A_t)$,这里 $A_t \in F(X), t \in T$;

(2) $f^{-1}(\bigcup_{t \in T} B_t)=\bigcup_{t \in T} f^{-1}(B_t)$,$f^{-1}(\bigcap_{t \in T} B_t)=\bigcap_{t \in T} f^{-1}(B_t)$,这里 $B_t \in F(Y), t \in T$;

(3) $f^{-1}(f(A)) \supseteq A, A \in F(X)$. f 为单射时等号成立;

(4) $f(f^{-1}(B)) \subseteq B, B \in F(Y)$. f 为满射时等号成立;

(5) $f^{-1}(B^c)=(f^{-1}(B))^c, B \in F(Y)$.

证明 仅证(1),(4).

(1) $\forall y\in Y$,

$$f(\bigcup_{t\in T}A_t)(y)=\bigvee_{f(x)=y}[\bigvee_{t\in T}A_t(x)]=\bigvee_{t\in T}[\bigvee_{f(x)=y}A_t(x)]$$
$$=\bigvee_{t\in T}f(A_t)(y)=(\bigcup_{t\in T}f(A_t))(y),$$

故 $f(\bigcup_{t\in T}A_t)=\bigcup_{t\in T}f(A_t)$.

$\forall y\in Y$,

$$f(\bigcap_{t\in T}A_t)(y)=\bigvee_{f(x)=y}[\bigwedge_{t\in T}A_t(x)]\leqslant\bigwedge_{t\in T}[\bigvee_{f(x)=y}A_t(x)]$$
$$=\bigwedge_{t\in T}f(A_t)(y)=(\bigcap_{t\in T}f(A_t))(y),$$

故 $f(\bigcap_{t\in T}A_t)\subseteq\bigcap_{t\in T}f(A_t)$.

(4) $\forall y\in Y, f(f^{-1}(B))(y)=\bigvee_{f(x)=y}f^{-1}(B)(x)=\bigvee_{f(x)=y}B(f(x))$.

当 $\{x\in X\mid f(x)=y\}=\varnothing$ 时,$\bigvee_{f(x)=y}B(f(x))=0\leqslant B(y)$;当 $\{x\in X\mid f(x)=y\}\neq\varnothing$ 时,$\bigwedge_{t\in T}[\bigvee_{f(x)=y}A_t(x)]=B(y)$. 总之,$f(f^{-1}(B))\subseteq B$.

分解定理、表现定理和扩张原理是模糊数学的理论支柱. 分解定理与表现定理是模糊集合论与经典集合论联系的纽带,即任何模糊集合的问题都可以通过取截集和构造集合套的方法转化为经典集合问题;而通过扩张原理可以将基于经典集合论的数学方法扩展到模糊数学中去. 模糊集合是经典集合的推广;同时,模糊集合又以经典集合作为论域. 因此,模糊数学虽然是全新的研究领域,但它与传统数学密不可分,分解定理、表现定理和扩张原理正是模糊数学研究借鉴传统数学经验和方法的一般途径.

3. 序同态——扩张映射的推广

我国学者王国俊教授在研究格上模糊拓扑理论时引入序同态的概念,它可以视为上述模糊扩张映射一种推广. 序同态可以建立在很广泛的框架(比如具有逆合对应的完全分配格上,又称为 Fuzzy 格)之上,以下特殊化于模糊集之间.

定义 2.3.9 设 X,Y 是非空分明集(经典集合),f 是 $F(X)$ 到 $F(Y)$ 的映射. 如果 f 满足以下条件,则称 f 是 $F(X)$ 到 $F(Y)$ 的序同态:

(1) $f(\bigcup_{t\in T}A_t)=\bigcup_{t\in T}f(A_t), A_t\in F(X), t\in T$;

(2) $f^{-1}(B^c)=(f^{-1}(B))^c, B\in F(Y)$. 这里 $f^{-1}(B)=\bigcup\{A\in F(X): f(A)\subseteq B\}$.

定理 2.3.10 设 f 是 $F(X)$ 到 $F(Y)$ 的序同态,则:

(1) $f^{-1}(\bigcup_{t\in T}B_t)=\bigcup_{t\in T}f^{-1}(B_t), B_t\in F(Y), t\in T$;

(2) $f^{-1}(\bigcap_{t\in T}B_t)=\bigcap_{t\in T}f^{-1}(B_t), B_t\in F(Y), t\in T$;

(3) $f(A)\subseteq B$ 当且仅当 $A\subseteq f^{-1}(B), A\in F(X), B\in F(Y)$;

(4) $f^{-1}(f(A))\supseteq A, f^{-1}(f(B))\subseteq B, A\in F(X), B\in F(Y)$;

(5) $ff^{-1}f(A)=f(A), f^{-1}ff^{-1}(B)=f^{-1}(B), A\in F(X), B\in F(Y)$.

详细证明及更进一步的知识请参阅文献[22].

2.3.4 区间数、模糊数及其运算

1. 区间数及其运算

定义 2.3.10 实数集 $\mathbb{R}$ 的子集 $\{x\in\mathbb{R}\mid a_1\leqslant x\leqslant a_2, a_1, a_2\in\mathbb{R}\}$ 称为区间数,记为 $[a_1,a_2]$.

当 $a_1=a_2$ 时,区间数就简化为一个实数. 从这个意义上说,区间数是实数的推广.

实数集$\mathbb{R}$中的所有闭区间,即所有区间数记为 $I(\mathbb{R})$. 通常用大写字母表示区间数,比如 $A=[a_1,a_2]$. 对于只含一个实数的点区间数也用小写字母表示. 区间数的"相等"定义为

$$A=[a_1,a_2],\quad B=[b_1,b_2],\quad A=B \Leftrightarrow a_1=b_1 \text{ 且 } a_2=b_2.$$

问题:如何定义区间数的运算(以加法为例)呢?

首先考虑对加法运算的基本要求:(1) 区间数相加的结果应是区间数;(2) 参与运算的两个区间中的实数,按普通实数加法相加的结果,应包含在"和区间数"所代表的区间中,如图 2-25 所示.

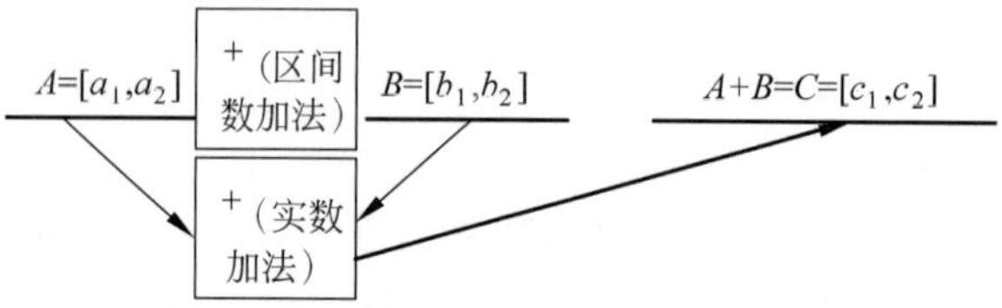

图 2-25 区间数的运算

定理 2.3.11 已知区间数 $A=[a_1,a_2]$,$B=[b_1,b_2]$. 取 $C=[a_1+b_1,a_2+b_2]$,则:

(1) $\forall x\in A, y\in B, x+y\in C$;

(2) $\forall z\in C$,必存在 $x\in A, y\in B$ 使得 $x+y=z$.

证明 容易验证(1)成立,下证 (2) 成立. 设 $z\in C=[a_1+b_1,a_2+b_2]$. 当 z 是区间 C 的两个端点时,结论显然成立. 以下设 $a_1+b_1<z<a_2+b_2$,令

$$f(x)=x+b_1+\frac{b_2-b_1}{a_2-a_1}(x-a_1),\quad x\in[a_1,a_2];$$

$$\varphi(x)=f(x)-z,\quad x\in[a_1,a_2].$$

则 $\varphi(x)$是 x 的连续函数,且 $\varphi(a_1)=f(a_1)-z=a_1+b_1-z<0$,$\varphi(a_2)=f(a_2)-z=a_2+b_2-z>0$. 由中值定理,存在 $x_0\in[a_1,a_2]$使 $\varphi(x_0)=0$,即 $f(x_0)=z$. 于是

$$x_0+b_1+\frac{b_2-b_1}{a_2-a_1}(x_0-a_1)=z.$$

令 $y_0=b_1+\frac{b_2-b_1}{a_2-a_1}(x_0-a_1)$,易证 $y_0\in[b_1,b_2]$,$z=x_0+y_0$.

定理 2.3.12 已知区间数 $A=[a_1,a_2]$,$B=[b_1,b_2]$. 取

$$C=[a_1b_1\wedge a_1b_2\wedge a_2b_1\wedge a_2b_2,\ a_1b_1\vee a_1b_2\vee a_2b_1\vee a_2b_2],$$

则:

(1) $\forall x\in A, y\in B, xy\in C$($xy$ 为普通乘法);

(2) $\forall z\in C$,必存在 $x\in A, y\in B$ 使得 $xy=z$.

类似地可得到关于区间数减法、除法运算的相应结论,基于此可定义区间数的基本运算如下.

定义 2.3.11 已知区间数 $A=[a_1,a_2]$,$B=[b_1,b_2]$. 定义其加、减、乘、除(除法要求除子区间数不含 0)如下:

(1) $A+B=[a_1+b_1,a_2+b_2]$;

(2) $A-B=[a_1-b_2, a_2-b_1]$;

(3) $A\times B=[a_1b_1\wedge a_1b_2\wedge a_2b_1\wedge a_2b_2, a_1b_1\vee a_1b_2\vee a_2b_1\vee a_2b_2]$;

(4) $A\div B=[(a_1\div b_1)\wedge(a_1\div b_2)\wedge(a_2\div b_1)\wedge(a_2\div b_2), (a_1\div b_1)\vee(a_1\div b_2)\vee(a_2\div b_1)\vee(a_2\div b_2)]$,其中 $0\notin[b_1,b_2]$.

注意:(1) 区间数的加法与减法并非互为逆运算,$[a_1,a_2]+[b_1,b_2]=[a_1+b_1, a_2+b_2]$,而$[a_1+b_1,a_2+b_2]-[b_1,b_2]=[a_1+b_1-b_2,a_2+b_2-b_1]\neq[a_1,a_2]$(除非 $b_1=b_2$). (2) 区间数的乘法与除法并非互为逆运算. (3) 区间数的加法与乘法满足交换律、结合律. (4) 区间数乘法对于加法的分配律不成立. 例如:

$$([-2,-1]+[-1,3])\times[-4,2]=[-3,2]\times[-4,2]=[-8,12];$$

$$[-2,-1]\times[-4,2]+[-1,3]\times[-4,2]=[-4,8]+[-12,6]=[-16,14].$$

2. 模糊数及其运算

定义 2.3.12 设 A 是实数集$\mathbb{R}$上的模糊集,即 $A\in F(\mathbb{R})$,如果 A 是正规的(即存在 $x\in\mathbb{R}$ 有 $A(x)=1$),且对任意 $\lambda\in(0,1]$,A_λ 是闭区间,则称 A 是一个模糊数. 若模糊数 A 的支集 supp$A$ 有界,则称 A 为有界模糊数.

显然,任意模糊数必是凸模糊集,区间数是模糊数的特例.

关于模糊数(见图 2-26),文献中有多种不同的定义,请读者注意它们之间的差别(可参阅最近的文献[23,24]),本书以上述定义为准.

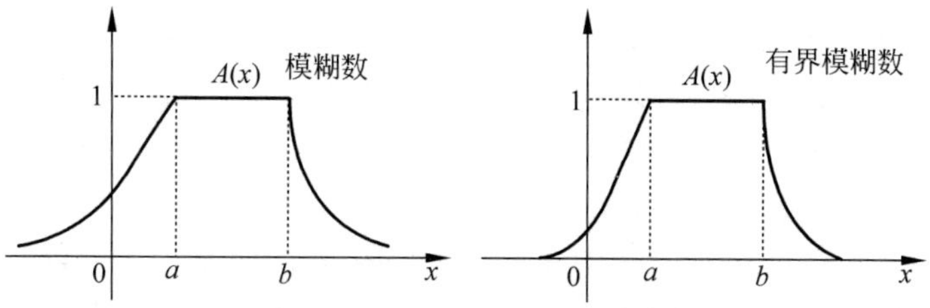

图 2-26 模糊数与有界模糊数

定理 2.3.13 设 $A\in F(\mathbb{R})$,则 A 为模糊数当且仅当存在实数 $a\leqslant b$ 使得:

(1) 在$[a,b]$上 $A(x)\equiv 1$;

(2) 在$(-\infty,a)$内 $A(x)$为右连续的增函数且 $0\leqslant A(x)<1$,$A(x)\to 0\ (x\to-\infty)$;

(3) 在$(b,+\infty)$内 $A(x)$为左连续的减函数且 $0\leqslant A(x)<1$,$A(x)\to 0\ (x\to+\infty)$.

实际应用中常见的模糊数有:三角模糊数、梯形模糊数.

已知实数 $l\leqslant m\leqslant u$,用$(l;m;u)$表示三角模糊数,其隶属函数为

$$\begin{cases}\dfrac{x-l}{m-l}, & x\in[l,m],\\[2mm] \dfrac{u-x}{u-m}, & x\in[m,u],\\[2mm] 0, & \text{其他}.\end{cases}$$

注意:(1) 当参数 l,m,u 中有两个或三个相等时,默认上述函数表达式中分母为 0 的项消失(即此时分段函数仅含两段). (2) 文献中对三角模糊数的定义存在细微差别,比如文献[25]中认为三角模糊数$(l;l;u)$在 $x=l$ 时隶属度为 0,这不符合上述定义 2.3.12,我

们这里认为三角模糊数$(l;\ l;\ m)$在$x=l$时隶属度为1.(3)在MATLAB中可使用命令trimf$(x,[l,m,u])$生成三角模糊数$(l;\ m;\ u)$.

已知实数$t_1\leqslant t_2\leqslant t_3\leqslant t_4$,用$(t_1;\ t_2;\ t_3;\ t_4)$表示梯形模糊数,其隶属函数为

$$\begin{cases}0, & x<t_1,\\ \dfrac{x-t_1}{t_2-t_1}, & x\in[t_1,t_2],\\ 1, & x\in[t_2,t_3],\\ \dfrac{t_4-x}{t_4-t_3}, & x\in[t_3,t_4],\\ 0, & x>t_4.\end{cases}$$

注意:(1)当参数$t_1=t_2$或$t_3=t_4$时,默认上述函数表达式中分母为0的项消失.(2)在MATLAB中可使用命令trapmf$(x,[t_1,t_2,t_3,t_4])$生成梯形模糊数$(t_1;\ t_2;\ t_3;\ t_4)$,但MATLAB中允许$t_2>t_3$而梯形模糊数中要求$t_2\leqslant t_3$.

一个自然的问题是:如何定义模糊数的运算?

模糊数是普通实数的推广,自然希望利用实数的加、减、乘、除来定义模糊数的相应运算.用$*$代表实数的加、减、乘、除运算之一,二元运算$*$本质上是一个映射:

$$*:\mathbb{R}\times\mathbb{R}\to\mathbb{R};\ (x,y)\mapsto x*y.$$

于是,根据扩张原理可导出扩张映射

$$*:F(\mathbb{R})\times F(\mathbb{R})\to F(\mathbb{R});\ (A,B)\mapsto A*B,(A*B)(z)=\bigvee_{x*y=z}(A(x)\wedge B(y)).$$

模糊数的运算就根据此进行定义,其本质就是扩张加法、扩张减法、扩张乘法、扩张除法.

定义2.3.13 设A,B为模糊数,则定义其加、减、乘、除运算如下:$\forall z\in\mathbb{R}$,

$$(A+B)(z)=\bigvee_{x+y=z}(A(x)\wedge B(y)),\quad (A-B)(z)=\bigvee_{x-y=z}(A(x)\wedge B(y)),$$

$$(A\cdot B)(z)=\bigvee_{x\cdot y=z}(A(x)\wedge B(y)),\quad (A\div B)(z)=\bigvee_{x\div y=z}(A(x)\wedge B(y)).$$

直接利用上述定义计算是非常困难的,就是计算简单的三角模糊数的和,也要用到条件极值的相关知识.这里,用转换为区间数的方法来计算三角模糊数的和.

如前所述,模糊数的运算实际上是扩张映射,即$(A*B)(z)=\bigvee_{x*y=z}(A(x)\wedge B(y))$.而根据模糊集分解定理可得$A*B=\bigvee_{\lambda\in(0,1]}\lambda(A_\lambda*B_\lambda)$,而当$A,B$为有界模糊数时,$A_\lambda$,$B_\lambda$均为区间数.这样,就可以用区间数的运算方法进行模糊数的运算.下面计算三角模糊数$A=(0;\ 1;\ 2)$、$B=(1;\ 2;\ 3)$的和,这里

$$A(x)=\begin{cases}x, & 0\leqslant x\leqslant 1,\\ 2-x, & 1<x\leqslant 2,\end{cases}\quad B(y)=\begin{cases}y-1, & 1\leqslant y\leqslant 2,\\ 3-y, & 2<y\leqslant 3.\end{cases}$$

设$\lambda\in(0,1]$,则$A_\lambda=[\lambda,2-\lambda]$,$B_\lambda=[1+\lambda,3-\lambda]$.所以,$A_{\lambda+}B_\lambda=[1+2\lambda,5-2\lambda]$.于是

$$A+B=\bigvee_{\lambda\in(0,1]}\lambda(A_{\lambda+}B_\lambda)=(1;\ 3;\ 5).$$

这说明两个三角模糊数之和仍为三角模糊数.

现计算模糊数$A=(0;\ 1;\ 2)$与$B=(2;\ 3;\ 4)$的积.设$\lambda\in(0,1]$,则$A_\lambda=[\lambda,2-\lambda]$,$B_\lambda=[2+\lambda,4-\lambda]$.所以,$A_\lambda\cdot B_\lambda=[\lambda^2+2\lambda,\lambda^2-6\lambda+8]$.于是

$$A\cdot B=\bigvee_{\lambda\in(0,1]}\lambda[\lambda^2+2\lambda,\lambda^2-6\lambda+8].$$

(1)当$\lambda=1$,$A_\lambda\cdot B_\lambda=[\lambda^2+2\lambda,\lambda^2-6\lambda+8]$收缩为一点3,故$(A\cdot B)(3)=1$.

(2)当$\lambda\to 0$,$\lambda^2+2\lambda\to 0$,$\lambda^2-6\lambda+8\to 8$.把$[0,8]$分成两部分$[0,3]$,$(3,8]$,分别以$y=$

$f(x)$，$y=g(x)$表示 $A\cdot B$ 在$[0,3]$和$(3,8]$上的隶属函数．在$[0,3]$部分，当 $x=\lambda^2+2\lambda$ 时 $y=\lambda$．即 $y^2+2y-x=0$，故 $y=(x+1)^{1/2}-1$（已舍弃负值），即 $f(x)=(x+1)^{1/2}-1$．由于 $A\cdot B=\bigvee_{\lambda\in(0,1]}\lambda[\lambda^2+2\lambda,\lambda^2-6\lambda+8]$．故在$(3,8]$部分，当 $x=\lambda^2-6\lambda+8$ 时 $y=\lambda$．即 $y^2-6y+8-x=0$，故 $y=3-(x+1)^{1/2}$（已舍弃大于 1 的值），即 $g(x)=3-(x+1)^{1/2}$．从而

$$(A\cdot B)(x)=\begin{cases}\sqrt{x+1}-1, & 0\leqslant x\leqslant 3,\\ 3-\sqrt{x+1}, & 3<x\leqslant 8.\end{cases}$$

这说明两个三角模糊数之积未必是三角模糊数（见图 2-27）．

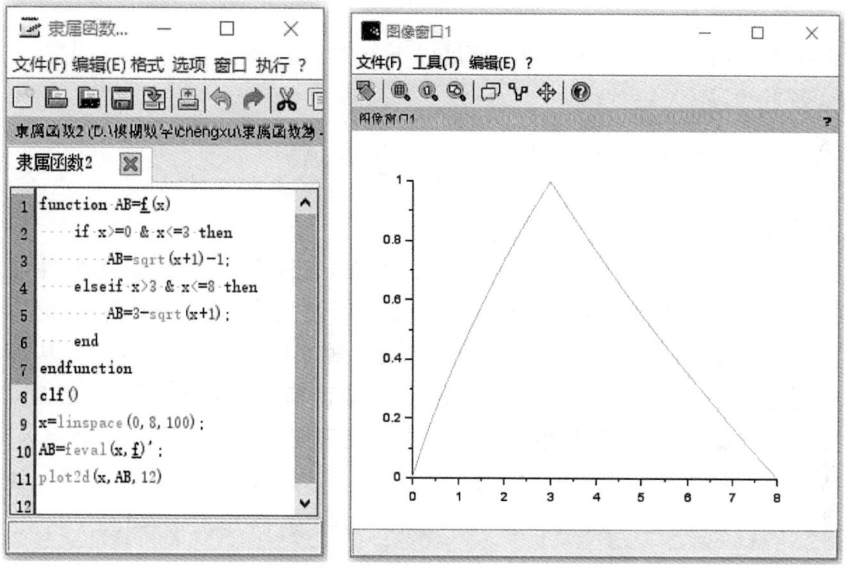

图 2-27 两个三角模糊数的积（Scilab 软件实现）

2.4 模糊测度与模糊积分

2.4.1 模糊测度的基本概念

1. 概率测度与模糊测度

所谓积分，无论是黎曼积分还是勒贝格积分都不外乎是被积函数和测度函数的一种内积，不同的只是以不同的测度为基础（所谓测度，就是长度、面积、体积等概念的一般化）．因此研究模糊积分要从研究模糊测度开始．

首先，回顾一下概率测度的概念．概率的统计定义虽然直观，但在数学上很不严密，比如会产生概率悖论等问题．公理化概率论是以测度论为基础的，当把随机试验的每一种可能结果归结为抽象空间中的点时，样本点所组成的集合就是随机事件，而事件发生的概率不过是度量这些集合大小的一种特定的测度，这就是概率测度．

所谓概率空间是指三元组$(X,\mathcal{A},P)$，其中 X 是基本（样本）空间，$\mathcal{A}$是 X 上的 σ-代数（或博雷尔（Borel）域），P 是概率测度，严格的定义如下．

定义 2.4.1 设$\mathcal{A}\subseteq P(X)$，若满足：

(1) $X\in\mathcal{A}$；

(2) $A\in\mathcal{A}\Rightarrow A^c\in\mathcal{A}$；

(3) $\forall n\geqslant 1, A_n\in\mathcal{A}\Rightarrow \bigcup_{n=1}^{\infty}A_n\in\mathcal{A}$.

则称$\mathcal{A}$为σ-代数(也称为博雷尔域)，称$(X,\mathcal{A})$为可测空间，A 称为可测集.

容易验证：$\varnothing\in\mathcal{A}$；$A_i\in\mathcal{A}\Rightarrow \bigcup_{i=1}^{n}A_i\in\mathcal{A}$；$A,B\in\mathcal{A}\Rightarrow A\cap B\in\mathcal{A}, A-B\in\mathcal{A}$；$A_n\in\mathcal{A}\Rightarrow \bigcap_{n=1}^{\infty}A_n\in\mathcal{A}$.

定义 2.4.2 若映射 $P:\mathcal{A}\to[0,1]$ 满足以下条件：

(1) $P(\varnothing)=0, P(X)=1$；

(2) $\forall m\neq n, A_m\cap A_n=\varnothing\Rightarrow P\left(\bigcup_{n=1}^{\infty}A_n\right)=\sum_{n=1}^{\infty}P(A_n)$.

则称 P 为概率测度.

根据上述定义，概率测度必须满足可加性. 然而，在许多应用领域，可加性常不能被满足，比如在决策科学中，对事物属性的重要性程度进行量化时，通常不具有可加性，下面是一个具体的例子：在购买家用小汽车时，需要考虑对各种小汽车进行评价，然后从综合评价优秀的产品中进行选择. 假设仅考虑三个主要因素，即价格(x_1)、舒适(x_2)、速度(x_3)，由于人们主观性的影响，某一类人群对相关因素的重要性程度(视为一种测度)确定为

$$\mu(\{x_1\})=0.65,\quad \mu(\{x_2\})=0.7,\quad \mu(\{x_3\})=0.5,\quad \mu(\{x_1,x_2\})=0.85,$$
$$\mu(\{x_1,x_3\})=0.8,\quad \mu(\{x_2,x_3\})=0.8,\quad \mu(\{x_1,x_2,x_3\})=1.$$

此时，$\mu(\{x_1\}\cup\{x_2\})=\mu(\{x_1,x_2\})\neq\mu(\{x_1\})+\mu(\{x_2\})$.

模糊测度最早由日本学者 M. Sugeno 于 1974 年引入[26]，在许多领域都有重要的应用(参见文献[27～29]). 模糊测度可以看成概率测度的推广，它将可加性放宽为单调性.

若集合序列$\{A_n\}$满足 $A_1\subseteq A_2\subseteq\cdots\subseteq A_n\subseteq\cdots$，则称$\{A_n\}$为单调增序列，用 $A_n\uparrow$ 表示，此时有$\lim\limits_{n\to\infty}A_n=\bigcup_{n=1}^{\infty}A_n$. 若集合序列$\{A_n\}$满足 $A_1\supseteq A_2\supseteq\cdots\supseteq A_n\supseteq\cdots$，则称$\{A_n\}$为单调减序列，用 $A_n\downarrow$ 表示，此时有$\lim\limits_{n\to\infty}A_n=\bigcap_{n=1}^{\infty}A_n$.

定义 2.4.3 若映射 $m:\mathcal{A}\to[0,1]$ 满足以下条件：

(1) $m(\varnothing)=0$, $m(X)=1$；

(2) $A\subseteq B\Rightarrow m(A)\leqslant m(B)$；

(3) $A_n\uparrow(\downarrow)\Rightarrow\lim\limits_{n\to\infty}m(A_n)=m(\lim\limits_{n\to\infty}A_n)$.

则称 m 为模糊测度，称$(X,\mathcal{A})$为模糊可测空间，而$(X,\mathcal{A},m)$称为模糊测度空间.

模糊测度有多种解释，M. Sugeno 对模糊测度做了这样的解释：设有某个元素 $x\in X$，我们猜想 x 可能属于$\mathcal{A}$的某个元素 A(即 $A\in\mathcal{A}$，且 $x\in A$). 这种猜想是不确定的，是模糊的，模糊测度 m 就是这种不确定性(模糊性)的一个度量. 因此，若 $A=\varnothing$，可以肯定 $x\notin A$，从而 $m(\varnothing)=0$；若 $A=X$，则必有 $x\in X$，从而 $m(X)=1$；若 $A\subseteq B$，$x\in A$ 的可能性自然比 $x\in B$ 的可能性小，$m(A)\leqslant m(B)$. 综上所述，$m(A)$表示了 $x\in A$ 的程度.

一个确定的点对于一个模糊集合的隶属程度，是经典集合论中点对集合属于关系的一种推广. 模糊测度是普通属于关系的另一种推广，即一个尚未确定的点（信息不充分条件下）对于经典集合的属于关系. 例如海底矿藏的测量，用 $m(A)$ 表示在区域 A 中储藏某矿的最大可能度，x 为测量点，$h(x)$表示根据测量点 x 得出的储藏某矿的估计值（取值范围为[0,1]），那么 $m(A)=\sup_{x\in A}h(x)$，且不难验证 m 符合模糊测度条件. 另外，需要提到一个概念叫可能性测度（possibility measure），它是对可能性的一种度量，最早由扎德于 1978 年提出，关于其严格定义、与模糊测度的关系等问题，请读者参阅其他相关文献.

概率测度是一类模糊测度. 显然，概率测度满足模糊测度定义中的(1)、(2)，以下证明概率测度满足条件(3).

设 $A_1\subseteq A_2\subseteq\cdots\subseteq A_n\subseteq\cdots$，且 $A=\bigcup\limits_{n=1}^{\infty}A_n$，则

$$\begin{aligned}P(A)&=P\left(\bigcup_{n=1}^{\infty}A_n\right)=P\left[A_1+(A_2-A_1)+\cdots+(A_n-A_{n-1})+\cdots\right]\\&=P(A_1)+P(A_2-A_1)+\cdots+P(A_n-A_{n-1})+\cdots\\&=\lim_{n\to\infty}\left[P(A_1)+P(A_2-A_1)+\cdots+P(A_n-A_{n-1})\right]\\&=\lim_{n\to\infty}P\left[A_1+(A_2-A_1)+\cdots+(A_n-A_{n-1})\right]\\&=\lim_{n\to\infty}P(A_n).\end{aligned}$$

定理 2.4.1 设 m 为可测空间$(X,\mathcal{A})$上的模糊测度. $\forall A,B\in\mathcal{A}$，有

(1) $m(A\cup B)\geqslant m(A)\vee m(B)$；

(2) $m(A\cap B)\leqslant m(A)\wedge m(B)$.

证明 由于 $A\cup B\supseteq A$，$A\cup B\supseteq B$，根据 m 的单调性可得 $m(A\cup B)\geqslant m(A)$，$m(A\cup B)\geqslant m(B)$. 于是 $m(A\cup B)\geqslant m(A)\vee m(B)$，即(1)成立.

由 $A\cap B\subseteq A$，$A\cap B\subseteq B$ 和 m 单调性可得 $m(A\cap B)\leqslant m(A)$，$m(A\cap B)\leqslant m(B)$. 从而 $m(A\cap B)\leqslant m(A)\wedge m(B)$，即(2)成立.

2. g_λ测度

定义 2.4.4 若 $\lambda\in(-1,+\infty)$，$g_\lambda:\mathcal{A}\to[0,1]$满足条件：

(1) $g_\lambda(X)=1$；

(2) $g_\lambda(A\cup B)=g_\lambda(A)+g_\lambda(B)+\lambda g_\lambda(A)g_\lambda(B)$，这里 $A\cap B=\varnothing$；

(3) $A_n\uparrow(\downarrow)\Rightarrow\lim\limits_{n\to\infty}g_\lambda(A_n)=g_\lambda(\lim\limits_{n\to\infty}A_n)$.

则称 g_λ 为 λ-模糊测度，或 Sugeno 测度.

当 $\lambda=0$ 时 Sugeno 测度就是概率测度.

定理 2.4.2 g_λ测度是模糊测度.

证明 由于 $X\cup\varnothing=X$，$g_\lambda(X)=1$，由定义 2.4.4 得 $g_\lambda(X\cup\varnothing)=g_\lambda(X)+g_\lambda(\varnothing)+\lambda g_\lambda(X)g_\lambda(\varnothing)$. 从而 $g_\lambda(\varnothing)(1+\lambda)=0$，因 $1+\lambda\neq0$，故 $g_\lambda(\varnothing)=0$.

设 $A\subseteq B$，则 $B=A\cup(B-A)$，于是

$$\begin{aligned}g_\lambda(B)&=g_\lambda(A)+g_\lambda(B-A)+\lambda g_\lambda(A)g_\lambda(B-A)\\&=g_\lambda(A)+(1+\lambda g_\lambda(A))g_\lambda(B-A)\geqslant g_\lambda(A).\end{aligned}$$

这说明单调性成立. 所以，g_λ测度是模糊测度.

定理 2.4.3 Sugeno 测度(g_λ 测度)具有以下性质:

(1) $g_\lambda(A^c)=\dfrac{1-g_\lambda(A)}{1+\lambda g_\lambda(A)}$;

(2) 若 $A\supseteq B$,则 $g_\lambda(A-B)=\dfrac{g_\lambda(A)-g_\lambda(B)}{1+\lambda g_\lambda(B)}$;

(3) $\forall i\neq j, A_i\cap A_j=\varnothing$,则 $g_\lambda\left(\bigcup\limits_{n=1}^{\infty}A_n\right)=\dfrac{1}{\lambda}\left[\prod\limits_{n=1}^{\infty}(1+\lambda g_\lambda(A_n))-1\right]$;

(4) $g_\lambda(A\cup B)=\dfrac{g_\lambda(A)+g_\lambda(B)-g_\lambda(A\cap B)+\lambda g_\lambda(A)g_\lambda(B)}{1+\lambda g_\lambda(A\cap B)}$.

2.4.2 Sugeno 积分

定义 2.4.5 设$(X,\mathcal{A})$为模糊可测空间,$h: X\to[0,1]$是 X 到单位区间的实函数. 对于$\lambda\in[0,1]$,令 $h_\lambda=\{x\in X: h(x)\geqslant\lambda\}$. 如果对所有 $\lambda\in[0,1]$均有 $h_\lambda\in\mathcal{A}$,则称 h 为$\mathcal{A}$-可测函数.

可以证明:如果 $h,h_1,h_2: X\to[0,1]$均是$\mathcal{A}$-可测函数,则 $1-h$,$\min\{h_1,h_2\}$,$\max\{h_1,h_2\}$也是,其中

$$(1-h)(x)=1-h(x),\quad \min\{h_1,h_2\}(x)=\min\{h_1(x),h_2(x)\},$$
$$\max\{h_1,h_2\}(x)=\max\{h_1(x),h_2(x)\},\quad \forall x\in X.$$

定义 2.4.6 设$(X,\mathcal{A},m)$为模糊测度空间,$A\in\mathcal{A}$,$h: X\to[0,1]$是$\mathcal{A}$-可测函数. 定义 h 在 A 上的 Sugeno 积分为

$$\int_A h\circ m=\sup_{\lambda\in[0,1]}\min\{\lambda,m(A\cap h_\lambda)\}.$$

当 $A=X$ 时,$\int_A h\circ m$ 简记为$\int h\circ m$.

当模糊测度空间$(X,\mathcal{A},m)$中$\mathcal{A}$正好是 X 的幂集 $P(X)$时,Sugeno 积分有简单的表达形式.

定理 2.4.4 如果模糊测度空间$(X,\mathcal{A},m)$的博雷尔域$\mathcal{A}$为 X 的幂集 $P(X)$,$A\subseteq X$,则可测函数 $h: X\to[0,1]$的 Sugeno 积分可表达为

$$\int_A h\circ m=\sup_{F\in P(X)}\min\{\inf_{x\in F}h(x),m(A\cap F)\}.$$

当 X 为有限集时,Sugeno 积分也可得到简化.

定理 2.4.5 设$(X,\mathcal{A},m)$为模糊测度空间,$A\in\mathcal{A}$,$X=\{x_1,x_2,\cdots,x_n\}$,函数 $h: X\to[0,1]$满足

$$h(x_i)\leqslant h(x_{i+1}),\quad 1\leqslant i\leqslant n-1.$$

则 h 的 Sugeno 积分可表达为

$$\int_A h\circ m=\max_{i\in\{1,2,\cdots,n\}}\min\{h(x_i),m(A\cap X_i)\},$$

这里 $X_i=\{x_j: i\leqslant j\leqslant n\}$,$1\leqslant i\leqslant n$. 当 $A=X$ 时,上述 Sugeno 积分可表达为

$$\int h\circ m=\max_{i\in\{1,2,\cdots,n\}}\min\{h(x_i),m(X_i)\}.$$

注意:应用上述定理 2.4.5 时,如果函数 h 不满足所述条件,可以重新对 X 中的元素

排序编号使条件满足.

Sugeno 积分有如下简单性质,它们都是 Sugeno 积分定义的直接结果:

(1) $0 \leqslant \int_A h \circ m \leqslant 1$;

(2) 若 $\forall x \in X$ 有 $h_1(x) \leqslant h_2(x)$,则 $\int_A h_1 \circ m \leqslant \int_A h_2 \circ m$;

(3) 若 $A \subseteq B$,则 $\int_A h \circ m \leqslant \int_B h \circ m$;

(4) 若 $m(A)=0$,则 $\int_A h \circ m = 0$;

(5) $\int_A \max\{h_1, h_2\} \circ m \geqslant \max\left\{\int_A h_1 \circ m, \int_A h_2 \circ m\right\}$;

(6) $\int_A \min\{h_1, h_2\} \circ m \leqslant \min\left\{\int_A h_1 \circ m, \int_A h_2 \circ m\right\}$.

例 2.4.1 考虑商品房选购决策问题. 通过初步筛选,现需要从两处房产中选择一套购买,假设对房产的评价主要考虑地理位置、楼层、朝向这三个因素,分别记为 x_1, x_2, x_3. 令因素集 $X=\{x_1, x_2, x_3\}$,各因素的重要性程度由专家和购房者确定为

$$m(\varnothing)=0, \quad m(\{x_1\})=0.7, \quad m(\{x_2\})=0.5, \quad m(\{x_3\})=0.4,$$
$$m(\{x_1, x_2\})=0.9, \quad m(\{x_2, x_3\})=0.6, \quad m(\{x_1, x_3\})=0.8, \quad m(X)=1.$$

购房者对两套房产三个属性的打分分别是

第 1 套 $h_1(\{x_1\})=0.9, \quad h_1(\{x_2\})=0.8, \quad h_1(\{x_3\})=0.5$;

第 2 套 $h_2(\{x_1\})=0.6, \quad h_2(\{x_2\})=0.9, \quad h_2(\{x_3\})=0.7$.

试问购房者应选择哪套房产?

解 将房产评价中因素的重要性程度 m 看作因素集 X 上的测度,容易看出 m 是模糊测度(不具有可加性). 将购房者对两套房产的打分 h_1, h_2 看作因素集 X 上的函数,显然 h_1, h_2 是模糊测度空间$(X, P(X), m)$上的可测函数. 这样,购房者对第 1 套房产的综合评分可用 h_1 在 X 上的 Sugeno 积分表示为(应用定理 2.4.5,对 x_1, x_2, x_3 重新排序为 x_3, x_2, x_1):

$$\begin{aligned}
&\int h_1 \circ m \\
&= \max\{\min\{h_1(x_3), m(X)\}, \min\{h_1(x_2), m(\{x_2, x_1\})\}, \min\{h_1(x_1), m(\{x_1\})\}\} \\
&= \max\{\min\{0.5, 1\}, \min\{0.8, 0.9\}, \min\{0.9, 0.7\}\} \\
&= 0.8.
\end{aligned}$$

购房者对第 2 套房产的综合评分可用 h_2 在 X 上的 Sugeno 积分表示为(应用定理 2.4.5,对 x_1, x_2, x_3 重新排序为 x_1, x_3, x_2):

$$\begin{aligned}
&\int h_2 \circ m \\
&= \max\{\min\{h_2(x_1), m(X)\}, \min\{h_2(x_3), m(\{x_3, x_2\})\}, \min\{h_2(x_2), m(\{x_2\})\}\} \\
&= \max\{\min\{0.6, 1\}, \min\{0.7, 0.6\}, \min\{0.9, 0.5\}\} \\
&= 0.6.
\end{aligned}$$

这说明购房者对第 1 套房产的综合评分更高,故应选购第 1 套房产.

在上面的例子中，重要性程度作为测度是不满足可加性的．当然，对于满足可加性的测度，Sugeno 积分当然也适用，请看下面的例子．

例 2.4.2 考虑对大学的评价，主要考虑 4 个因素：

x_1（表示师资水平），x_2（表示硬件条件），x_3（表示社会影响），x_4（表示校园环境）．
专家认为这 4 个因素的重要性程度分别为 0.5，0.2，0.2，0.1．假设评价人对某大学各种因素的满意度评分为

$$h(x_1)=0.3,\quad h(x_2)=0.5,\quad h(x_3)=0.7,\quad h(x_4)=0.9.$$

试用 Sugeno 积分表示评价人对该大学的综合评分．

解 取因素集 $X=\{x_1,x_2,x_3,x_4\}$，将大学评价中因素的重要性程度 m 视为 X 上的测度，即

$$m(\varnothing)=0,\quad m(\{x_1\})=0.5,\quad m(\{x_2\})=0.2,\quad m(\{x_3\})=0.2,\quad m(\{x_4\})=0.1;$$

对于 X 的其他子集，按可加性规定其测度，比如 $m(\{x_1,x_2\})=m(\{x_1\})+m(\{x_2\})=0.7$，$m(\{x_2,x_3\})=m(\{x_2\})+m(\{x_3\})=0.4$，等等．这样，$(X,P(X),m)$ 为模糊测度空间，评价人对该大学的综合评分可用 Sugeno 积分表示为

$$\begin{aligned}\int h\circ m &=\max\{\min\{h(x_1),m(X)\},\min\{h(x_2),m(\{x_2,x_3,x_4\})\},\\ &\qquad \min\{h(x_3),m(\{x_3,x_4\})\},\min\{h(x_4),m(\{x_4\})\}\}\\ &=\max\{\min\{0.3,1\},\min\{0.5,0.5\},\min\{0.7,0.3\},\min\{0.9,0.1\}\}\\ &=0.5.\end{aligned}$$

上述 Sugeno 积分值的实际意义可理解为：评价人对评价对象各因素的满意度和重视度之间的相容性程度．Sugeno 积分值越大，表明评价对象的特征同人们对它的要求越接近．

2.4.3 Choquet 积分

1954 年，法国学者 G. Choquet（萧凯）提出容度的概念，并基于此建立了相应的积分理论，这种积分后来被称为 Choquet 积分．Choquet 容度是一种集函数，其实质是一种非可加测度．因此，下面以模糊测度为基础介绍 Choquet 积分，需要说明的是：这里仅给出 Choquet 积分的基本定义和简单应用，对于 Choquet 积分的多种推广形式（比如被积函数可以取广义实数，并不要求非负，还可以是模糊值函数，等等）及广泛应用，请参阅相关文献（比如文献[28～30]）．

定义 2.4.7 设 $(X,\mathcal{A},m)$ 是模糊测度空间，$A\in\mathcal{A}$，$h:X\to[0,1]$ 是 $\mathcal{A}$-可测函数．定义 h 在 A 上的 Choquet 模糊积分为

$$(\mathrm{C})\int_A h\circ m=\int_0^1 m(A\cap h_t)\,\mathrm{d}t,$$

其中 $h_t=\{x: h(x)\geqslant t\}$，右端的积分为勒贝格（Lebesgue）积分．当 $A=X$ 时，上述积分简记为 $(\mathrm{C})\int h\circ m$ 且有

$$(\mathrm{C})\int h\circ m=\int_0^1 m(h_t)\,\mathrm{d}t=\int_0^1 m(\{x: h(x\geqslant t)\})\,\mathrm{d}t.$$

当论域 X 为有限集时，Choquet 积分有简化的计算方法，即下面的结论．

定理 2.4.6 设 $(X,\mathcal{A},m)$ 为模糊测度空间，$A\in\mathcal{A}$，$X=\{x_1,x_2,\cdots,x_n\}$，函数 $h:X\to$

$[0,1]$满足(如不满足,可以重新排列 $h(x_i)$使关系式成立)

$$h(x_i)\leqslant h(x_{i+1}),\quad 1\leqslant i\leqslant n-1.$$

则 h 的 Choquet 积分可以简化为

$$(\mathrm{C})\int h\circ m=\sum_{i=1}^{n}h(x_i)(m(X_i)-m(X_{i+1})),$$

其中,$X_i=\{x_i,x_{i+1},\cdots,x_n\}$,$1\leqslant i\leqslant n$,且 $X_{n+1}=\varnothing$.

Choquet 积分具有如下性质:

(1) 若 $a\in[0,1]$,则 $(\mathrm{C})\int a\circ m=a$(这里,被积函数指取值为 a 的常函数);

(2) 若 $\forall x\in X$ 有 $h_1(x)\leqslant h_2(x)$,则$\int h_1\circ m\leqslant\int h_2\circ m$;

(3) 若 $\forall A\subset\mathcal{A}$有 $m_1(A)\leqslant m_2(A)$,则$\int h\circ m_1\leqslant\int h\circ m_2$;

(4) 若 $a\in[0,1]$,则$(\mathrm{C})\int ah\circ m=a\cdot(\mathrm{C})\int h\circ m$;

(5) $(\mathrm{C})\int h\circ m=\int_0^1 m(\{x:h(x\geqslant t)\})\mathrm{d}t=\int_0^1 m(\{x:h(x>t)\})\mathrm{d}t$.

例 2.4.3 仍考虑例 2.4.1 中的商品房选购决策问题,这里用 Choquet 积分进行综合评分.

解 基于模糊测度空间$(X,P(X),m)$(见例 2.4.1),购房者对第 1 套房产的综合评分可用 h_1 在 X 上的 Choquet 积分表示为(应用定理 2.4.6,对 x_1,x_2,x_3 重新排序为 x_3,x_2,x_1):

$$\begin{aligned}(\mathrm{C})\int h_1\circ m&=h_1(x_3)[m(X)-m(\{x_2,x_1\})]+h_1(x_2)[m(\{x_2,x_1\})-m(\{x_1\})]+\\&\quad h_1(x_1)[m(\{x_1\})-m(\varnothing)]\\&=0.5\times(1-0.9)+0.8\times(0.9-0.7)+0.9\times(0.7-0)\\&=0.84.\end{aligned}$$

购房者对第 2 套房产的综合评分可用 h_2 在 X 上的 Choquet 积分表示为(应用定理 2.4.6,对 x_1,x_2,x_3 重新排序为 x_1,x_3,x_2):

$$\begin{aligned}(\mathrm{C})\int h_2\circ m&=h_2(x_1)[m(X)-m(\{x_3,x_2\})]+h_2(x_3)[m(\{x_3,x_2\})-m(\{x_2\})]+\\&\quad h_2(x_2)[m(\{x_2\})-m(\varnothing)]\\&=0.6\times(1-0.6)+0.7\times(0.6-0.5)+0.9\times(0.5-0)\\&=0.76.\end{aligned}$$

因第 1 套房产的综合评分更高,故应选购第 1 套房产(这与例 2.4.1 的决策结果一致).

2.5 模糊逻辑与模糊推理

2.5.1 语言变量与 IF-THEN 规则

1. 语言变量

变量是数学中的一个基本概念,过去我们讨论的变量,其取值是一个确切的数,如描述气温的变量可以取值为 25℃、19℃. 然而,日常生活中,变量常用具有不确定性的词语来描述,比如昨天的气温“高”、今天的气温“相当高”，这里的“高”、“相当高”均是词语. 当一个变量取数值时，已经有一个完善的数学体系对其描述；而当一个变量取语言值时，在经典数学理论中没有一个正式的体系对其进行描述. 为此，扎德于1974年提出了语言变量的重要概念.

如果一个变量取自然语言中的词语为值，则称其为语言变量. 这里，词语由定义在论域上的模糊集合来描述，而语言变量定义在一个词语集上(见图2-28). 例如，汽车速度是一个语言变量 X，可取“慢速”“中速”“快速”为值，而其每一个取值都可以用 $[0,V_m]$ 上的模糊集来表示(V_m 是最快速度).

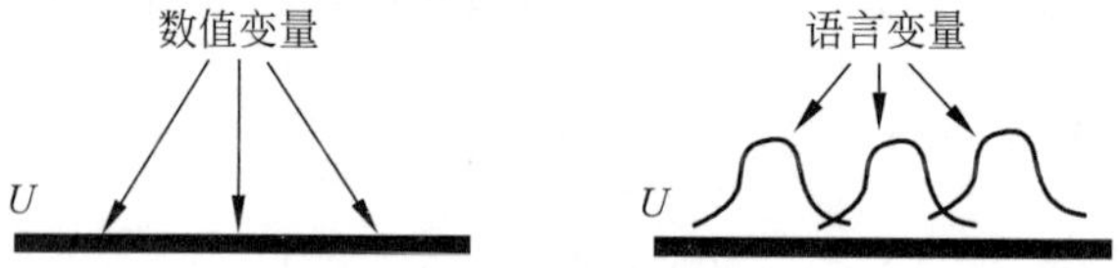

图2-28 语言变量示意图

上面给出了语言变量的简单而直观的通俗描述，正式地，扎德把语言变量定义为一个五元组(见图2-29)：一个语言变量是一个五元组 (X,T,U,G,M)，其中 X 是变量的名称；T 表示 X 的词集，即 X 的语言值的名称集；U 是论域，X 的实际取值区域；G 是生成规则，用于生成 X 的语言值的名称；M 是语义规则，对每个语言值 $t\in T$ 确定其对应的 U 上的模糊集 $M(t)$. 习惯上用语言变量的名称 X 代表语言变量，可以认为语言变量是取模糊集为值的变量.

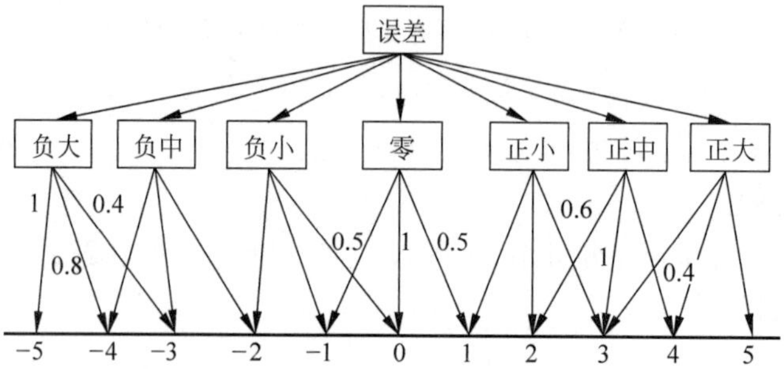

图2-29 语言变量“误差”的五元结构

2. 语言限定词

如前所述，语言变量的值是词语. 事实上，语言值常用一个单词以上的词语来表示，比如汽车的速度这一语言变量，其值可能是“非常慢”“不太快”，它们分别是在词语“慢速”“快速”之上增加限定词“非常”“不太”后形成的.

一般来说，作为语言变量值的词语可分三类：(1) 基本术语；(2) 逻辑连接词，即“非”“且”“或”(这可表达成模糊集的非、交、并运算)；(3) 限定词，如“非常”“稍微”“差不多”等.

尽管限定词“非常”并没有很完善的定义，但本质上它起的作用是一种“加强器”，故可如下定义：令 A 为论域 U 上的一个词语(模糊集)，则“非常 A”(记为 B)也是 U 上的模糊集，其隶属函数可定义为 $B(x)=[A(x)]^2, x\in U$. 比如，令 $U=\{1,2,3,4,5\}$，则模糊集合“小”可定义为：小 $=1/1+0.8/2+0.6/3+0.4/4+0.2/5$. 从而

$$非常小=1/1+0.64/2+0.36/3+0.16/4+0.04/5.$$

类似地,"稍微 A"(记为 C)、"差不多 A"(记为 D)可分别定义为

$$C(x)=[A(x)]^{1/2}, \quad D(x)=[A(x)]^{1/4}, \quad x\in U.$$

3. IF-THEN 规则

我们知道,任何一种推理都包含有前提(也称为前件)和结论(也称为后件)这两个部分,具有"如果……,那么……"的形式,或称为 IF-THEN 规则.

模糊系统是基于知识或基于规则的系统,模糊系统的核心是包括模糊 IF-THEN 规则的知识库. 模糊 IF-THEN 规则是"IF(如果) … THEN (那么)…"的陈述句,其中某些词用模糊集来刻画. 例如,司机驾车一般采用以下规则:

如果速度慢,则施加给油门较大的力;

如果速度适中,则施加给油门正常大小的力;

如果速度快,则施加给油门较小的力.

可以根据这些规则(可能需要更多的规则)来构造和设计一个自动控制汽车速度的控制器. 在汽车控制的 IF-THEN 规则里,包含"慢""较大""适中""正常""快""较小"等模糊概念,自然可以用模糊集来描述.

含有模糊成分的命题称为模糊命题,比如"汽车速度慢". 模糊命题的判断结果常常是非真非假、处于真假之间的模棱两可的状态. 对模糊命题 p,用 $v(p)$表示其真值,则 $v(p)\in[0,1]$. 有两种形式的模糊命题:原子模糊命题与复合模糊命题. 原子模糊命题是简单句"X is A",其中 X 为语言变量,A 为 X 的语言值,A 用论域上的模糊集来表示. 复合模糊命题是原子模糊命题利用连接词"and""or"及"not"连接而成的命题,这些连接词可分别用模糊交、模糊并、模糊补来表示.

模糊 IF-THEN 规则可以表示为如下形式的条件句子:IF〈模糊命题〉THEN〈模糊命题〉. 这与经典逻辑中用"蕴涵→"词联结两个普通命题类似(比如,如果实数 $x>2$,则 $x^2>4$). 模糊 IF-THEN 规则($p\to q$)与经典 IF-THEN 规则相比只是 p 与 q 为模糊命题.

一个模糊 IF-THEN 规则作为模糊命题,它的真值如何确定呢? 即如何确定模糊命题 $p\to q$ 的真值? 这显然是一个基本而重要的问题,但它不像经典逻辑那样能用一个简单的表格来表示,它有各种不同的解释,下面将对此做详细讨论.

2.5.2 模糊蕴涵算子

1. 引言

与经典逻辑学不同,模糊 IF-THEN 规则不能用 1 或 0 这两个值去判断真伪. 比如像"如果 x 是秃顶,那么比 x 多一根头发的人也是秃顶",很显然它不能算是假命题,即不能用 0 表示这个命题的真实程度. 另一方面,也不能用 1 表示这个命题的真实程度,否则将会产生秃头悖论. 这时应该在 0 与 1 之间选取一个实数 α 表示上述命题的真实程度. 上述 α 究竟取多大呢? 这自然要看 x 秃的程度如何而定. 如果 x 秃得厉害,比如 x 是连一根头发也没有的人,则上述命题的真实程度就几乎是 1 了. 相反,如果 x 只稍微有一点秃,那么上述命题的真实程度就大为降低,比如其真实程度仅有 0.4. 这说明模糊 IF-THEN 式的命题的真实程度依赖于前件和后件的真实程度.

一般地,模糊 IF-THEN 规则常可表达为"若 A,则 B",或用 $A\to B$ 来表示. 可将 A,B

分别理解为论域 X,Y 上的模糊集，这样 A,B 的真实程度分别表达为 $A(x),B(y)$．于是 $A\to B$ 的真实程度可表示成为 $A(x)\to B(y)$．究竟如何计算 $A(x)\to B(y)$ 呢？

将上述问题更形式化一些，就是寻找怎样的二元函数 $R:[0,1]\times[0,1]\to[0,1]$，以便恰当地表达模糊 IF-THEN 规则．常把这样的二元函数 R 记为→，称其为模糊蕴涵算子．

由于现实问题的复杂多样性，因而众多学者从不同角度提出了各种蕴涵算子，且基本上都在模糊控制等领域得到不同程度的应用．下面就其中较流行的模糊蕴涵算子做一介绍．

2. 常用模糊蕴涵算子

Mamdani 蕴涵算子：$x\to y=x\wedge y$，或 $x\to y=xy$．

扎德蕴涵算子：$x\to y=(1-x)\vee(x\wedge y)$．

Kleene−Dienes 蕴涵算子：$x\to y=(1-x)\vee y$．

Yager 蕴涵算子：$x\to y=y^x$．

Lukasiewicz 蕴涵算子：$x\to y=\min\{1,1-x+y\}$．

Gödel 蕴涵算子：当 $x\leqslant y$ 时，$x\to y=1$；当 $x>y$ 时，$x\to y=y$．

乘积蕴涵算子（又称为 Goguen 算子）：当 $x=0$ 时 $x\to y=1$；当 $x>0$ 时 $x\to y=\min\{1,y/x\}$．

Wang 蕴涵算子（又称为 R_0 蕴涵算子，修正的 Kleene 蕴涵算子）：

$$x\to y=\begin{cases}1, & x\leqslant y;\\ (1-x)\vee y, & x>y.\end{cases}$$

例 2.5.1 用模糊蕴涵算子表示"小费问题"中的基本规则．在国外饭店就餐后一般需要付给侍者小费，多少小费是"合适"的呢？通常，人们遵循以下基本规则：

（1）当服务很差的时候，小费比较少；

（2）当服务比较好的时候，小费中等；

（3）当服务非常好的时候，小费比较高．

可将上述规则表达成模糊蕴涵关系，下面以第 2 条规则为例进行说明．分别用模糊集表示"服务比较好"、"小费中等"（它们被认为是语言变量"服务质量"、"小费额度"的语言值），其中"服务好"采用高斯隶属度函数（称为模糊集 A，参数取为 1.5,5，论域为[0,10]），"小费中等"采用三角形隶属度函数（称为模糊集 B，参数取为 0.1,0.15,0.2，论域为[0,0.3]）．可用 MATLAB 绘制隶属函数图像，如图 2-30 所示．

如果选用 Mamdani 蕴涵算子（取小运算）表示蕴涵关系，则前述规则"当服务比较好的时候，小费中等"可用二元函数 $A(x)\to B(y)=A(x)\wedge B(y)$ 表示，如图 2-31(a)所示．

如果选用 Lukasiewicz 蕴涵算子表示蕴涵关系，则前述规则"当服务比较好的时候，小费中等"可用二元函数 $A(x)\to B(y)=\min\{1,1-A(x)+B(y)\}$ 表示，如图 2-31(b)所示．

3. 剩余蕴涵

上述蕴涵算子可分为两大类：一类被称为正常蕴涵（也称为布尔型蕴涵），其特点是将真值限制在二值情况下与经典蕴涵的真值表一致，比如 Lukasiewicz 蕴涵算子、Gödel 蕴涵算子、乘积蕴涵算子、Wang 蕴涵算子．另一类是非正常蕴涵（也称为非布尔型蕴涵），比如 Mamdani 蕴涵（$x\to y=x\wedge y$，或 $x\to y=xy$），因为 $0\to1=0\neq1$．

后一类蕴涵算子，从逻辑上看或从数学上看似乎有不足之处，但它们在一些模糊控制器

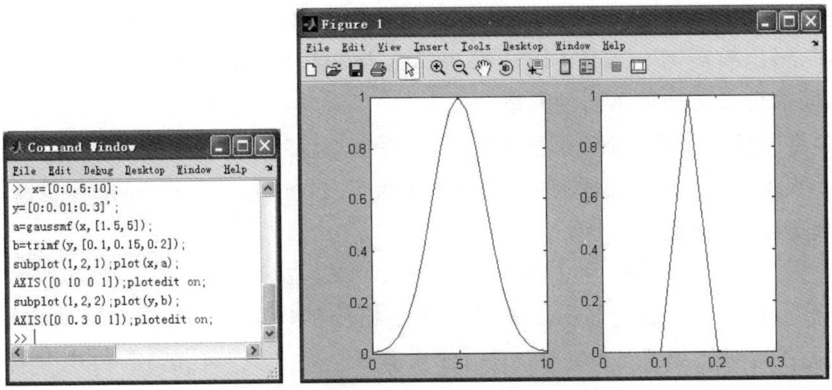

图 2-30　用模糊集表示规则中的模糊概念

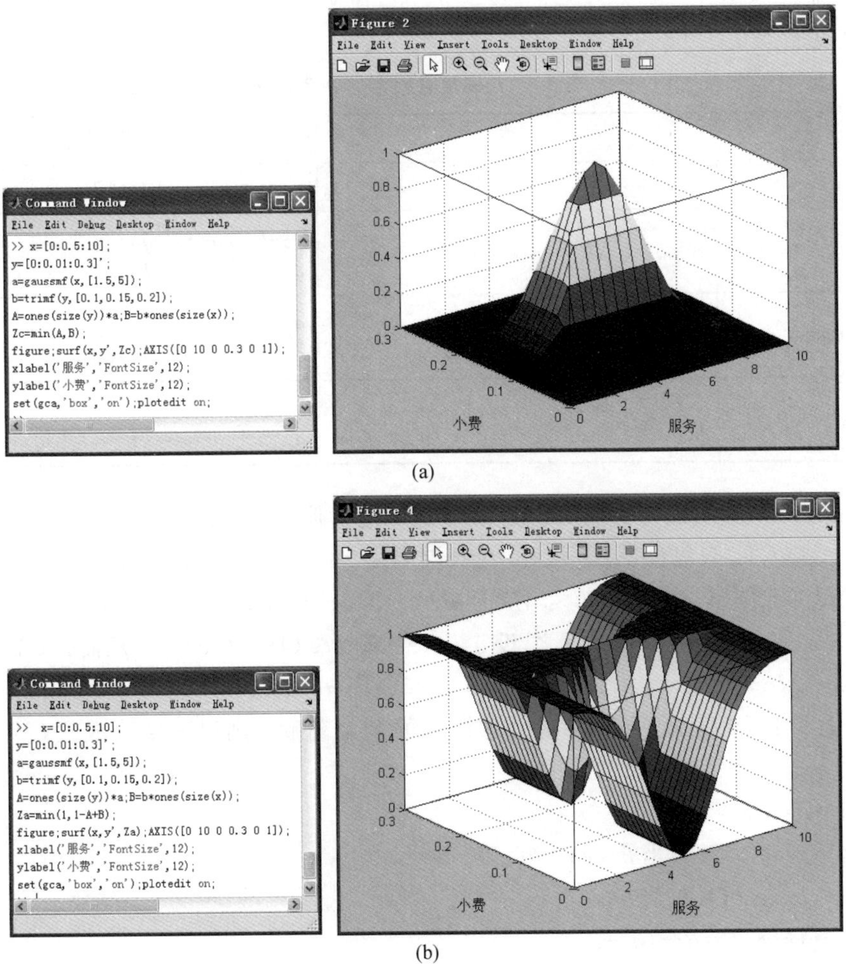

图 2-31　用蕴涵算子表示模糊 IF-THEN 规则

的设计中有重要作用．对这一点，王立新在其著作[6]中写道：Mamdani 蕴涵含义是在模糊系统与模糊控制中使用最广泛的含义．其成立的论据是，模糊 IF-THEN 规则为局部含义．尽管，也许有一些人不同意这一观点．例如，有人可能认为，当说“速度快则阻力很大”时，其内在含义是"速度慢则阻力小". 从这个意义上讲,模糊 IF-THEN 规则又是非局部的. 这种争论表明,当用模糊 IF-THEN 规则来表达人类知识时,不同的人会有不同的解释. 因此,要用不同的含义来处理不同的问题.

在布尔型蕴涵算子中,与t-模密切相关的"剩余蕴涵"受到学术界的重视.

定义 2.5.1 设$\otimes$为t-模,则如下定义的蕴涵算子$\to$: $[0,1]\times[0,1]\to[0,1]$称为由$\otimes$诱导的剩余蕴涵(R-蕴涵):

$$b\to c=\bigvee\{x\mid x\otimes b\leqslant c\},\quad \forall b,c\in[0,1].$$

简单地说,剩余蕴涵就是与一个t-模相伴("相伴"即指满足上述等式)的蕴涵. 容易验证,剩余蕴涵还可如下定义:设$\otimes$为t-模,如果算子$\to$:$[0,1]\times[0,1]\to[0,1]$满足以下条件,则称$\to$为由$\otimes$诱导的剩余蕴涵: $a\otimes b\leqslant c$ 当且仅当$a\leqslant b\to c$, $\forall\ a,b,c\in[0,1]$.

当$\to$是与一个t-模$\otimes$相伴的剩余蕴涵时,称$(\otimes,\to)$为伴随对. 容易验证,表 2-6 所列各组互为伴随:

表 2-6 t-模及其相伴的剩余蕴涵

	t-模	蕴涵算子
Lukasiewicz	$a\otimes b=(a+b-1)\vee 0$	$a\to b=(1-a+b)\wedge 1$
Gödel	$a\otimes b=a\wedge b$	$a\leqslant b$ 时 $a\to b=1$; $a>b$ 时 $a\to b=b$
乘积或 Goguen	$a\otimes b=ab$	$a=0$ 时 $a\to b=1$; $a>0$ 时 $a\to b=(b/a)\wedge 1$
R_0(Wang)	$a+b>1$ 时 $a\otimes b=a\wedge b$; $a+b\leqslant 1$ 时 $a\otimes b=0$	$a\leqslant b$ 时 $a\to b=1$; $a>b$ 时 $a\to b=(1-a)\vee b$

以 Lukasiewicz 蕴涵为例证明它与相应的t-模相伴,这时 $a\otimes b=(a+b-1)\vee 0$, $a\to b=(1-a+b)\wedge 1$. 只需证明 $a\otimes b\leqslant c$ 当且仅当$a\leqslant b\to c$, $\forall\ a,b,c\in[0,1]$.

设 $a\otimes b\leqslant c$,则$(a+b-1)\vee 0\leqslant c$,从而 $a+b-1\leqslant c$,即 $a\leqslant 1-b+c$. 又,显然有 $a\leqslant 1$,故 $a\leqslant(1-b+c)\wedge 1$. 即 $a\leqslant b\to c$. 反之,设 $a\leqslant b\to c$,则 $a\leqslant(1-b+c)\wedge 1$,从而 $a\leqslant 1-b+c$,即 $a+b-1\leqslant c$. 又,显然有 $0\leqslant c$,故$(a+b-1)\vee 0\leqslant c$,即 $a\otimes b\leqslant c$.

定理 2.5.1 设$\otimes$为t-模,$\to$是由$\otimes$诱导的剩余蕴涵. 则以下结论成立($\forall\ a,b,c\in[0,1]$):

(1) $1\to c=c$;

(2) $b\to c=1$ 当且仅当 $b\leqslant c$;

(3) $a\leqslant b\to c$ 当且仅当 $b\leqslant a\to c$;

(4) $a\to(b\to c)=b\to(a\to c)$.

2.5.3 模糊推理的 CRI 方法及三 I 算法

前面 1.3.3 节已对模糊推理作了初步介绍,这里详细讨论广义假言推理(generalized modus ponens,GMP),也称为模糊假言推理(fuzzy modus ponens,FMP)问题的求解方法,并简化为下述形式:

已知	$A\to B$	（大前提）
且给定	A^*	（小前提）
求	B^*	（结论）

1. 模糊推理的 CRI 方法

早在 1973 年，扎德就提出了求解上述 GMP 问题的合成推理规则(compositional rule of inference)，又称为 CRI 方法．其步骤如下：

(1) 分别选取论域 X 与 Y 上的模糊集 $A(x)$，$A^*(x)$ 与 $B(y)$，$B^*(y)$ 去表示命题 A，A^* 与 B，B^*．

(2) 选取一个蕴涵算子→，把大前提 $A\to B$ 转化为一个 $X\times Y$ 上的模糊关系：$A(x)\to B(y)$．当初扎德本人选取的蕴涵算子是：$a\to b=(1-a)\vee(a\wedge b)$．

(3) 将 $A^*(x)$ 与上述模糊关系进行复合即得 $B^*=A^*\circ(A\to B)$．通常∘选为“取大取小”复合运算，即 $B^*(y)=\vee_{x\in X}\{A^*(x)\wedge[A(x)\to B(y)]\}$，$\forall y\in Y$．

注意：当 X 与 Y 为有限集时，$X\times Y$ 上的模糊关系→可用模糊矩阵表示，而 A^* 可用向量表示(维数为 $|X|$)，从而 $A^*\circ(A\to B)$ 也为向量(维数为 $|Y|$)．另外，应用中可选其他复合运算(如取某个 t-模代替 ∧)．

例 2.5.2 设论域 X 与 Y 均为有限集 $\{1,2,3,4,5\}$，A，B，A^* 分别是 X，Y 上的模糊集：$A=1/1+0.7/2+0.4/3$(代表“小”)，$B=0.4/3+0.7/4+1/5$(代表“大”)，$A^*=1/1+0.7/2+0.4/3+0.2/4$ (相当于“较小”)．试根据规则“若 A 则 B”及 A^* 确定 $B^*\in F(Y)$．

解 选取扎德蕴涵算子，并应用 CRI 方法．用矩阵 $\boldsymbol{R}$ 表示模糊蕴涵关系 $A\to B$ 如下：

$$\boldsymbol{R}=(r_{ij})_{5\times5}=(A(x_i)\to B(y_j))_{5\times5}=\{[1-A(x_i)]\vee[A(x_i)\wedge B(y_j)]\}_{5\times5}.$$

$$\boldsymbol{R}=\begin{bmatrix}0 & 0 & 0.4 & 0.7 & 1\\ 0.3 & 0.3 & 0.4 & 0.7 & 0.7\\ 0.6 & 0.6 & 0.6 & 0.6 & 0.6\\ 1 & 1 & 1 & 1 & 1\\ 1 & 1 & 1 & 1 & 1\end{bmatrix}.$$

于是，B^* 作为 Y 上的模糊集可用如下向量表示：

$$A^*\circ(A\to B)=A^*\circ\boldsymbol{R}=(1,0.7,0.4,0.2,0)\circ\boldsymbol{R}=(0.4,0.4,0.4,0.7,1).$$

即 $B^*=0.4/1+0.4/2+0.4/3+0.7/4+1/5$．这相当于“较大”，与人们的日常思维相吻合．

例 2.5.3 人工调节淋浴水温，有如下的经验规则：如果水温低，则热水阀应开大．试问水温为“非常低”时，应怎样调节热水阀？(这里不考虑冷水阀，认为其固定)

解 取论域 X 与 Y 均为 $\{1,2,3,4,5\}$，分别表示水温和热水阀的 5 个等级．设 A 表示 X 上的模糊集“水温低”，$A=1/1+0.5/2+0.33/3+0.25/4+0.2/5$．设 B 表示 Y 上的模糊集“开大热水阀”，$B=0.2/1+0.4/2+0.6/3+0.8/4+1/5$．用 IF-THEN 规则表述题目中的经验就是：如果 x 是 A，则 y 是 B．以下分别取 A^* 为“非常低”来计算对应的 B^*．

对于“非常低”，取为 A^2，即

$$非常低=1/1+0.25/2+0.1089/3+0.0625/4+0.04/5.$$

对于蕴涵算子，取为 Mamdani 算子(即取小运算)．合成运算取为通常的“取大取小”．按 CRI 方法求解，得如下结果(见图 2-32)，表明对应的 B^* 为“开大热水阀”：

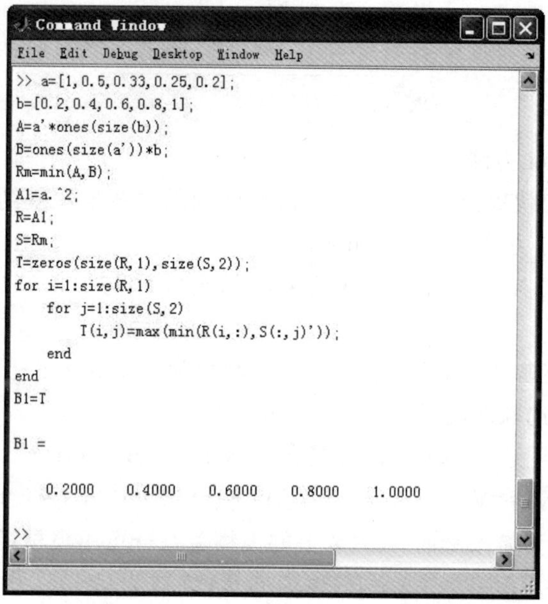

图 2-32 模糊推理 CRI 方法示例

例 2.5.4 设论域 X 与 Y 均为$[0,1]$，$A(x)=(x+1)/3$，$B(y)=1-y$，$A^*(x)=1-x$，$x\in X$，$y\in Y$. 若选扎德蕴涵算子，试应用 CRI 方法求 $B^*\in F(Y)$.

解 由 CRI 方法得 B^* 应取为 $A^*\circ(A\to B)$，即对任意 $y\in Y$，$B^*(y)$为

$$B^*(y)=\sup_{x\in[0,1]}[A^*(x)\wedge(A\to B)(x,y)]$$
$$=\sup_{x\in[0,1]}\left\{(1-x)\wedge\left[\left(1-\frac{x+1}{3}\right)\vee\left(\frac{x+1}{3}\wedge(1-y)\right)\right]\right\}.$$

对上述的求上确界运算，分 $x\geqslant 1/2$ 和 $x<1/2$ 两种情况进行讨论.

当 $x\geqslant\frac{1}{2}$时，$1-x\leqslant\frac{2-x}{3}\leqslant\frac{x+1}{3}$，故

$$\sup_{x\geqslant 1/2}\left\{(1-x)\wedge\left[\frac{2-x}{3}\vee\left(\frac{x+1}{3}\wedge(1-y)\right)\right]\right\}=\sup_{x\geqslant 1/2}\{1-x\}=\frac{1}{2}.$$

当 $x<\frac{1}{2}$时，$1-x>\frac{2-x}{3}>\frac{x+1}{3}$，故

$$\sup_{x<1/2}\left\{(1-x)\wedge\left[\frac{2-x}{3}\vee\left(\frac{x+1}{3}\wedge(1-y)\right)\right]\right\}=\sup_{x<1/2}\left\{\frac{2-x}{3}\right\}=\frac{2}{3}.$$

所以，$B^*(y)=2/3$.

例 2.5.5 设论域 X 与 Y 均为$[0,1]$，$A(x)=(x+1)/3$，$B(y)=1-y$，$A^*(x)=1-x$，$x\in X$，$y\in Y$. 若选 Mamdani 蕴涵算子，试应用 CRI 方法求 $B^*\in F(Y)$.

解 由 CRI 方法得 B^* 应取为 $A^*\circ(A\to B)$，即对任意 $y\in Y$，$B^*(y)$为

$$B^*(y)=\sup_{x\in[0,1]}[A^*(x)\wedge(A\to B)(x,y)]=\sup_{x\in[0,1]}\left\{(1-x)\wedge\left[\frac{x+1}{3}\wedge(1-y)\right]\right\}.$$

对上述的求上确界运算，分 $x\geqslant 1/2$ 和 $x<1/2$ 两种情况进行讨论.

当 $x\geqslant\frac{1}{2}$时，$1-x\leqslant\frac{x+1}{3}$，故

$$\sup_{x\geqslant 1/2}\left\{(1-x)\wedge\left[\frac{x+1}{3}\wedge(1-y)\right]\right\}=\sup_{x\geqslant 1/2}\{(1-x)\wedge(1-y)\}=\frac{1}{2}\wedge(1-y).$$

当 $x<\frac{1}{2}$时，$1-x>\frac{x+1}{3}$，故

$$\sup_{x<1/2}\left\{(1-x)\wedge\left[\frac{x+1}{3}\wedge(1-y)\right]\right\}=\sup_{x<1/2}\left\{\frac{x+1}{3}\wedge(1-y)\right\}=\frac{1}{2}\wedge(1-y).$$

所以

$$B^*(y)=\frac{1}{2}\wedge(1-y)=\begin{cases}1-y, & y\geqslant 1/2,\\ 1/2, & y<1/2.\end{cases}$$

例 2.5.6 设论域 X 与 Y 均为$[0,1]$，$A(x)=x$，$B(y)=0$，$A^*(x)=x$，$x\in X$，$y\in Y$. 若选扎德蕴涵算子，试应用 CRI 方法求 $B^*\in F(Y)$.

解 由 CRI 方法得 B^* 应取为 $A^*\circ(A\to B)$，即对任意 $y\in Y$，$B^*(y)$为

$$B^*(y)=\sup_{x\in[0,1]}[A^*(x)\wedge(A\to B)(x,y)]=\sup_{x\in[0,1]}\{x\wedge[(1-x)\vee(x\wedge 0)]\}=\frac{1}{2}\neq B(y).$$

例 2.5.7 设论域 X 与 Y 均为$[0,1]$，$A(x)=x/2$，$B(y)=y$，$A^*(x)=x/2$，$x\in X$，$y\in Y$. 若选 Mamdani 蕴涵算子，试应用 CRI 方法求 $B^*\in F(Y)$.

解 由 CRI 方法得 B^* 应取为 $A^*\circ(A\to B)$，即对任意 $y\in Y$，$B^*(y)$为

$$B^*(y)=\sup_{x\in[0,1]}[A^*(x)\wedge(A\to B)(x,y)]=\sup_{x\in[0,1]}\left\{\frac{x}{2}\wedge\left(\frac{x}{2}\wedge y\right)\right\}=\frac{1}{2}\wedge y\neq B(y).$$

2. 模糊推理的三 I 算法

王国俊教授指出：在 CRI 方法的第二步中，用蕴涵算子去表达大前提 $A\to B$ 是合理的，它正好反映了 A 蕴涵 B 的程度. CRI 方法的第三步通过将 A^* 与 $A\to B$ 做复合而给出 B^* 似无逻辑依据. 另一方面，FMP 应当是 MP 的推广，故当 A^* 正好是 $A\to B$ 中的 A 时，结论 B^* 应当等于 B(如果一种 FMP 算法具有这种性质，则称它具有还原性). 从例 2.5.6 及例 2.5.7 知 CRI 方法不具有还原性.

上述分析说明，CRI 方法是有缺陷的. 以下介绍由王国俊教授创立的三 I 算法(由于在推理过程中三次运用了蕴涵 Implication，故得名三 I).

(1) 蕴涵算子的一个基本条件

前述的大部分蕴涵算子均满足如下条件：$a\leqslant b$ 当且仅当 $a\to b=1$. 称为蕴涵算子的基本条件.

此条件可以用一个具体的例子加以说明："如果 x 是三好学生，那么 x 是合格学生". 另外，上述基本条件可以如下理解：把 a，b 分别理解为 IF-THEN 命题 P 的前件与后件得以实现的程度，这个程度越大表示越容易实现，则命题 P 的真度为 1 的充要条件是后件比前件容易实现.

(2) 三 I 原则

首先考虑如下问题：假设结论 Q 有两个前提条件 P_1 和 P_2，即 Q 是由 P_1 和 P_2 联合推出的. 则 $P_1\to(P_2\to Q)$ 真值应满足什么条件？

一个自然的答案是：P_1 应当全力支持 $P_2\to Q$，即 $P_1\to(P_2\to Q)$ 应有最大的真度 1.

现在来考虑 FMP 问题，其本质是由大前提 $A(x)\to B(y)$ 和小前提 $A^*(x)$联合推出

$B^*(y)$. 由上面的分析,$B^*(y)$应满足:

$$(A(x)\to B(y))\to(A^*(x)\to B^*(y))=1,\quad x\in X, y\in Y.$$

满足上述条件的 $B^*(y)$自然很多,比如取 $B^*(y)=1(\forall y\in Y)$,则由蕴涵算子的基本条件知上述等式成立. 从这些 $B^*(y)$中选哪一个作为 FMP 问题的解呢? 王国俊教授认为应选恰好能由大、小前提所推出的那个,即满足上述等式的最小模糊集.

三 I 原则:FMP 的结论 B^* 应是 Y 的满足上述条件的最小模糊集.

那么,三 I 原则中的最小模糊集是什么呢? 下面的三 I 算法给出了确切的结论.

定理 2.5.2 设→为蕴涵算子,⊗是与→伴随的 t-模,则在三 I 原则下 FMP 的结论 B^* 由下式给出:

(3I) $B^*(y)=\sup\{A^*(x)\otimes(A(x)\to B(y)):x\in X\}, y\in Y$.

证明 首先证明 B^* 满足以下条件:

(C) $(A(x)\to B(y))\to(A^*(x)\to B^*(y))=1, x\in X, y\in Y$.

事实上,由 B^* 的定义知 $A^*(x)\otimes(A(x)\to B(y))\leqslant B^*(y)$,根据(→,⊗)为伴随对得 $A(x)\to B(y)\leqslant A^*(x)\to B^*(y)$,于是,据蕴涵算子的基本条件知条件(C)成立.

下证(3I)给出的 B^* 是满足条件(C)的最小模糊集. 设 $C(y)$是 Y 上的任意模糊集且满足条件(C),即$(A(x)\to B(y))\to(A^*(x)\to C(y))=1, x\in X, y\in Y$. 则由剩余蕴涵算子的基本性质知

$$A(x)\to B(y)\leqslant A^*(x)\to C(y).$$

再由(→,⊗)的伴随性得 $A^*(x)\otimes(A(x)\to B(y))\leqslant C(y)$,从而 $C(y)$是集合$\{A^*(x)\otimes(A(x)\to B(y)):x\in X\}$的上界. 而由(3I)知 $B^*(y)$是这个集合的上确界,所以 $B^*(y)\leqslant C(y)$. 这说明 B^* 是满足条件(C)的最小模糊集. 于是,由(3I)确定的 B^* 是 FMP 问题的解.

(3) 三 I 算法的还原性

前面已举例说明了 CRI 方法不具有还原性,但在很弱的条件下三 I 算法具有还原性.

定理 2.5.3 设在 FMP 问题中 A^* 等于 A 且 A 是正规模糊集,则按三 I 算法求得的 B^* 正好等于 B.

证明 由三 I 算法知当 $A^*=A$ 时有 $B^*(y)=\sup\{A(x)\otimes(A(x)\to B(y)):x\in X\}$, $y\in Y$. 而由 $A(x)\to B(y)\leqslant A(x)\to B(y)$及(→,⊗)为伴随对得 $A(x)\otimes(A(x)\to B(y))\leqslant B(y)$,从而 $B^*(y)\leqslant B(y), y\in Y$.

另一方面,因为 $A(x)$为正规模糊集,所以存在 $x_0\in X$ 使得 $A(x_0)=1$. 于是由 $B^*(y)$的表达式得

$$B^*(y)\geqslant A(x_0)\otimes(A(x_0)\to B(y))=1\otimes(1\to B(y))=1\to B(y)=B(y),\quad y\in Y.$$

所以 $B^*(y)=B(y), y\in Y$.

例 2.5.8 设 $X=Y=[0,1]$, $A(x)=(x+2)/3$, $B(y)=1-y$, $A^*(x)=1-x$. 试按三 I 算法和 R_0 蕴涵算子求 B^*.

解 首先,对于与 R_0 蕴涵算子相对应的 t-模$\otimes_0$ 有

$$当\ a+b>1\ 时\ a\otimes_0 b=\min\{a,b\},当\ a+b\leqslant 1\ 时\ a\otimes_0 b=0.$$

故,对于 R_0 蕴涵算子,三 I 算法中的(3I)可表示为 $B^*(y)=\sup\{A^*(x)\wedge(A(x)\to B(y)):x\in X_1\}$,这里 $X_1=\{x\in X:1-A^*(x)<A(x)\to B(y)\}$. 对于本例而言,$B^*(y)=$

$\sup\{A^*(x)\wedge(A(x)\to B(y)):x\in X_1\}$,这里 $X_1=\{x\in[0,1]:x<[(x+2)/3\to(1-y)]\}$.

为计算 $B^*(y)$,下面分两种情况讨论：

① 设 $y>1/3$,则 $(x+2)/3>1-y$,从而 $(x+2)/3\to(1-y)=(1-x)/3\vee(1-y)$. 注意到 $0\in X_1$,故

$$\begin{aligned}B^*(y)&=\sup\{A^*(x)\wedge(A(x)\to B(y)):x\in X_1\}\\&=\sup\{(1-x)\wedge((1-x)/3\vee(1-y)):x\in X_1\}\\&=1/3\vee(1-y).\end{aligned}$$

即当 $y>1/3$ 时,$B^*(y)=1/3\vee(1-y)$.

② 设 $y\leqslant 1/3$,则 $(x+2)/3\leqslant 1-y$. 此时,仍有 $0\in X_1$ 且 $(0+2)/3\to(1-y)=1$. 于是

$$B^*(y)=\sup\{A^*(x)\wedge(A(x)\to B(y)):x\in X_1\}\geqslant(1-0)\wedge 1=1,$$

即此时 $B^*(y)=1$. 所以

$$B^*(y)=\begin{cases}1, & y\leqslant\dfrac{1}{3},\\ \dfrac{1}{3}\vee(1-y), & y>\dfrac{1}{3}.\end{cases}$$

(4) α-三 I 算法

三 I 算法还有一个优点,就是容易推广,即按一定的"支持度"求得最优解,这就是 α-三 I 算法[31].

三 I 算法的核心思想是 $A(x)\to B(y)$ 全力支持 $A^*(x)\to B^*(y)$,并取最大支持度为 1. 若要求以某种程度的支持度(比如 α 量级,$\alpha\in[0,1]$),则相应的有 α-三 I 解.

定义 2.5.2 设 $A^*,A\in F(X),B\in F(Y),\alpha\in[0,1]$. 则满足以下条件的 Y 上的最小模糊集 B^* 称为 FMP 问题的 α-三 I 解：

$$(A(x)\to B(y))\to(A^*(x)\to B^*(y))\geqslant\alpha,x\in X,y\in Y.$$

定理 2.5.4(α-三 I 算法) 设 $\to$ 为蕴涵算子,$\otimes$ 是与 $\to$ 伴随的 t-模,$\alpha\in[0,1]$. 则 FMP 问题的 α-三 I 解 B^* 可由下式给出：

$$B^*(y)=\sup\{A^*(x)\otimes(A(x)\to B(y))\otimes\alpha:x\in X\},y\in Y.$$

证明 首先证明 B^* 满足以下条件：

$$(\mathrm{C}\alpha)\quad (A(x)\to B(y))\to(A^*(x)\to B^*(y))\geqslant\alpha,\quad x\in X,y\in Y.$$

事实上,由 B^* 的定义知 $A^*(x)\otimes(A(x)\to B(y))\otimes\alpha\leqslant B^*(y)$,根据 $(\to,\otimes)$ 为伴随对得

$$(A(x)\to B(y))\otimes\alpha\leqslant A^*(x)\to B^*(y),\alpha\leqslant(A(x)\to B(y))\to(A^*(x)\to B^*(y)),$$

于是,条件 $(\mathrm{C}\alpha)$ 成立.

设 $C(y)$ 是 Y 上的任意模糊集且满足条件 $(\mathrm{C}\alpha)$,即

$$(A(x)\to B(y))\to(A^*(x)\to C(y))\geqslant\alpha,\quad x\in X,y\in Y.$$

则由 $(\to,\otimes)$ 的伴随性得

$$(A(x)\to B(y))\otimes\alpha\leqslant A^*(x)\to C(y),\quad A^*(x)\otimes(A(x)\to B(y))\otimes\alpha\leqslant C(y),$$

从而 $C(y)$ 是集合 $\{A^*(x)\otimes(A(x)\to B(y))\otimes\alpha:x\in X\}$ 的上界. 而 $B^*(y)$ 知是这个集合的上确界,所以 $B^*(y)\leqslant C(y)$. 这说明 B^* 是满足条件 $(\mathrm{C}\alpha)$ 的最小模糊集. 于是,B^* 是 FMP 问题的 α-三 I 解.

同理,可以证明 α-三 I 算法也具有还原性.

2.5.4 模糊系统、模糊规则库及推理

1. 模糊系统的基本概念

两个以上彼此联系而又相互作用的对象所构成的具有某种功能的整体称为系统．系统论是一个应用数学分支，它是研究系统的一般模式、结构和规律的一门科学．系统论研究各种系统的共同特征，用数学方法定量地描述其功能，寻求并确立适用于一切系统的原理、原则和数学模型等．对于大系统和有人参与的系统，必须考虑大量与人的主观因素联系在一起的模糊现象．由模糊现象引起的不确定性的系统称为模糊系统．

模糊系统是一种基于知识或基于规则的系统，它的核心是由 IF-THEN 规则组成的知识库．要构造一个模糊系统，就是要得到一组来自专家或基于该领域知识的模糊 IF-THEN 规则，然后将这些规则组合到单一系统中(这里的组合实际上就是模糊推理，故模糊系统又常称为模糊推理系统)．最常见的模糊系统有三种类型．

(1) 纯模糊系统：其输入输出变量均为模糊集合(即为采用自然语言描述的词语)，而其中的"模糊推理机"是根据模糊逻辑原理通过组合模糊 IF-THEN 规则来决定如何将输入论域上的模糊集映射到输出论域上的模糊集．

由于纯模糊系统的输入和输出均为模糊集合，而现实世界大多数工程系统的输入和输出通常是精确值，因此纯模糊系统不能直接应用于实际工程中．为解决这一问题，有关学者在纯模糊逻辑系统的基础上提出了具有模糊产生器和模糊消除器的模糊系统，而 Takagi (高木)和 Sugeno 等提出了模糊规则后项为精确值的模糊系统．

(2) TSK 模糊系统：又称 Takagi-Sugeno-Kang 型模糊系统，其模糊规则的后件是精确值，这使得规则的组合更容易．

通常的模糊规则：如果 x_1 是 A_1，x_2 是 A_2，…，x_n 是 A_n，则 y 是 B，其中，$A_i(i=1,2,\cdots,n)$是输入模糊语言值，B 是输出模糊语言值．

TSK 模糊系统中的模糊规则：如果 x_1 是 A_1，x_2 是 A_2，…，x_n 是 A_n，则 $y=c_0+\sum_{i=1}^{n}c_ix_i$．

其中，$A_i(i=1,2,\cdots,n)$是输入模糊语言值，$c_i(i=0,1,2,\cdots,n)$是确定值参数．

TSK 模糊系统的优点是由于输出量可以用输入值的线性组合表示，因而可用参数估计方法来确定系统的参数 $c_i(i=0,1,2,\cdots,n)$，图 2-33 表示有多条模糊规划的 TSK 模糊系统．

TSK 模糊系统的缺点是规则的输出部分不具有模糊语言值的形式，因此不能充分利用专家的知识，模糊逻辑的各种原则在这种模糊逻辑系统中应用的自由度也受到限制．

(3) 具有模糊器和解模糊器的模糊系统：在纯模糊系统的输入端加上一个模糊器(模糊产生器)，将真值变量转变成模糊集合；在输出端加上一个解模糊器(模糊消除器)，将模糊集合转变成真值变量(见图 2-34)．这样就克服了纯模糊系统和 TSK 模糊系统的缺陷，可以直接在实际工程中加以应用．

2. 模糊规则库及推理

前面讲述过基于一条模糊规则的推理方法，即 CRI 方法和三 I 算法．而在通常的模糊推理系统中，一般都有多条模糊 IF-THEN 规则，如何利用 CRI 方法或三 I 算法进行推

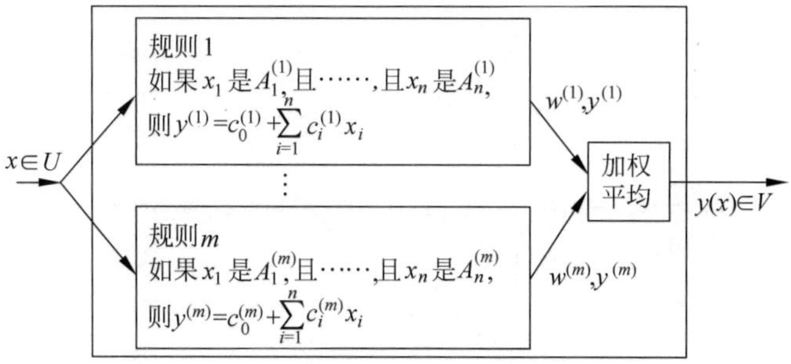

图 2-33 TSK 模糊系统中的模糊规则库

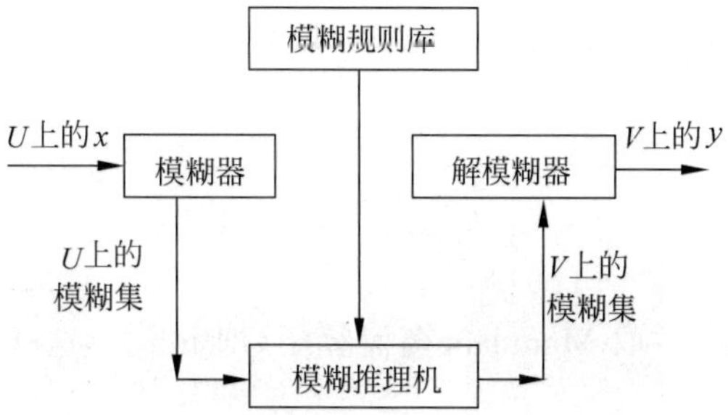

图 2-34 具有模糊器和解模糊器的模糊系统

理呢?

先看一个具体的例子.

例 2.5.9 设有一个双输入单输出的模糊系统,其输入量为 x 和 y,输出量为 z. 其输入输出之间的关系可以用如下两条模糊规则描述:

R_1: 如果 x 是 A_1 且 y 是 B_1,则 z 是 C_1.

R_2: 如果 x 是 A_2 或 y 是 B_2,则 z 是 C_2.

现已知输入"x 是 A^* 且 y 是 B^*",求输出量 z. 这里 x,y,z 均为模糊语言变量,且已知

$$A_1=1.0/a_1+0.7/a_2+0.3/a_3,\quad B_1=1.0/b_1+0.5/b_2+0.1/b_3,$$
$$C_1=1.0/c_1+0.5/c_2+0.2/c_3,$$
$$A_2=0.3/a_1+0.7/a_2+1.0/a_3,\quad B_2=0.1/b_1+0.5/b_2+1.0/b_3,$$
$$C_2=0.2/c_1+0.5/c_2+1.0/c_3,$$
$$A^*=0.3/a_1+1.0/a_2+0.7/a_3,\quad B^*=0.2/b_1+0.6/b_2+0.1/b_3.$$

解 (1) 求每条规则对应的蕴涵关系. 将"A_1 且 B_1"理解为积 $X\times Y$ 上(这里,$X=\{a_1,a_2,a_3\}$,$Y=\{b_1,b_2,b_3\}$)的模糊集,并取模糊交运算 min(也可取为一般 t-模),即 $\boldsymbol{A}_1=(1.0,0.7,0.3)$,$\boldsymbol{B}_1=(1.0,0.5,0.1)$,而

$$\boldsymbol{A}_1\text{ 且 }\boldsymbol{B}_1=\boldsymbol{A}_1^{\mathrm{T}}\wedge\boldsymbol{B}_1=\begin{bmatrix}1.0\\0.7\\0.3\end{bmatrix}\wedge\begin{bmatrix}1.0 & 0.5 & 0.1\end{bmatrix}=\begin{bmatrix}1.0 & 0.5 & 0.1\\0.7 & 0.5 & 0.1\\0.3 & 0.3 & 0.1\end{bmatrix}.$$

将"$\boldsymbol{A}_1$ 且 $\boldsymbol{B}_1$"表示成向量,并取 Mamdani 蕴涵算子(即 min). 这样,第一条模糊规则可表示为

$$\boldsymbol{R}_1=(\boldsymbol{A}_1\text{且}\boldsymbol{B}_1)\to\boldsymbol{C}_1=\begin{bmatrix}1.0\\0.5\\0.1\\0.7\\0.5\\0.1\\0.3\\0.3\\0.1\end{bmatrix}\wedge[1.0\quad 0.5\quad 0.2]=\begin{bmatrix}1.0&0.5&0.2\\0.5&0.5&0.2\\0.1&0.1&0.1\\0.7&0.5&0.2\\0.5&0.5&0.2\\0.1&0.1&0.1\\0.3&0.3&0.2\\0.3&0.3&0.2\\0.1&0.1&0.1\end{bmatrix}.$$

将“A_2 或 B_2”理解为 $X\times Y$ 上(这里,$X=\{a_1,a_2,a_3\}$,$Y=\{b_1,b_2,b_3\}$)的模糊集,并取模糊并运算 max(也可取为一般 t-余模),即 $\boldsymbol{A}_2=(0.3,0.7,1.0)$,$\boldsymbol{B}_2=(0.1,0.5,1.0)$,而

$$\boldsymbol{A}_2\text{或}\boldsymbol{B}_2=\boldsymbol{A}_2^{\mathrm{T}}\vee\boldsymbol{B}_2=\begin{bmatrix}0.3\\0.7\\1.0\end{bmatrix}\vee[0.1\quad 0.5\quad 1.0]=\begin{bmatrix}0.3&0.5&1.0\\0.7&0.7&1.0\\1.0&1.0&1.0\end{bmatrix}.$$

将“$\boldsymbol{A}_2$ 或 $\boldsymbol{B}_2$”表示成向量,并取 Mamdani 蕴涵算子(即 min). 这样,第二条模糊规则可表示为

$$\boldsymbol{R}_2=(\boldsymbol{A}_2\text{或}\boldsymbol{B}_2)\to\boldsymbol{C}_2=\begin{bmatrix}0.3\\0.5\\1.0\\0.7\\0.7\\1.0\\1.0\\1.0\\1.0\end{bmatrix}\wedge[0.2\quad 0.5\quad 1.0]=\begin{bmatrix}0.2&0.3&0.3\\0.2&0.5&0.5\\0.2&0.5&1.0\\0.2&0.5&0.7\\0.2&0.5&0.7\\0.2&0.5&1.0\\0.2&0.5&1.0\\0.2&0.5&1.0\\0.2&0.5&1.0\end{bmatrix}.$$

(2) 计算输入模糊集. 将输入“x 是 A^* 且 y 是 B^*”表示为 $X\times Y$ 上的模糊集:$\boldsymbol{A}^*=(0.3,1.0,0.7)$,$\boldsymbol{B}^*=(0.2,0.6,0.1)$,而

$$\boldsymbol{A}^*\text{且}\boldsymbol{B}^*=\boldsymbol{A}^{*\mathrm{T}}\wedge\boldsymbol{B}^*=\begin{bmatrix}0.3\\1.0\\0.7\end{bmatrix}\wedge[0.2\quad 0.6\quad 0.1]=\begin{bmatrix}0.2&0.3&0.1\\0.2&0.6&0.1\\0.2&0.6&0.1\end{bmatrix}.$$

(3) 分别求各条规则的推理结果(使用 CRI 方法). $\boldsymbol{C}^{*1}=(\boldsymbol{A}^*\text{且}\boldsymbol{B}^*)\circ\boldsymbol{R}_1$,$\boldsymbol{C}^{*2}=(\boldsymbol{A}^*\text{且}\boldsymbol{B}^*)\circ\boldsymbol{R}_2$.

$$\boldsymbol{C}^{*1}=[0.2\quad 0.3\quad 0.1\quad 0.2\quad 0.6\quad 0.1\quad 0.2\quad 0.6\quad 0.1]\circ\begin{bmatrix}1.0 & 0.5 & 0.2\\0.5 & 0.5 & 0.2\\0.1 & 0.1 & 0.1\\0.7 & 0.5 & 0.2\\0.5 & 0.5 & 0.2\\0.1 & 0.1 & 0.1\\0.3 & 0.3 & 0.2\\0.3 & 0.3 & 0.2\\0.1 & 0.1 & 0.1\end{bmatrix}$$

$$=[0.5\quad 0.5\quad 0.2].$$

$$\boldsymbol{C}^{*2}=[0.2\quad 0.3\quad 0.1\quad 0.2\quad 0.6\quad 0.1\quad 0.2\quad 0.6\quad 0.1]\circ\begin{bmatrix}0.2 & 0.3 & 0.3\\0.2 & 0.5 & 0.5\\0.2 & 0.5 & 1.0\\0.2 & 0.5 & 0.7\\0.2 & 0.5 & 0.7\\0.2 & 0.5 & 1.0\\0.2 & 0.5 & 1.0\\0.2 & 0.5 & 1.0\\0.2 & 0.5 & 1.0\end{bmatrix}$$

$$=[0.2\quad 0.5\quad 0.6].$$

(4) 求结果输出量. 对两条规则的推理结果进行模糊并运算 max(也可取一般 t-余模)即得最终结果：

$$\boldsymbol{C}^{*}=\boldsymbol{C}^{*1}\vee\boldsymbol{C}^{*2}=(0.5,0.5,0.6)\text{，即 }C^{*}=0.5/c_1+0.5/c_2+0.6/c_3.$$

现在讨论如下的一般性推理：

$$\begin{array}{lll}
\text{已知} & A_{11},A_{12},\cdots,A_{1m}\rightarrow B_1, & \\
 & A_{21},A_{22},\cdots,A_{2m}\rightarrow B_2, & \\
 & \vdots & \\
 & A_{n1},A_{n2},\cdots,A_{nm}\rightarrow B_n. & \text{(大前提)}\\
\text{且给定} & A_1^*,A_2^*,\cdots,A_m^* & \text{(小前提)}\\
\hline
\text{求} & \qquad\qquad\qquad B^* & \text{(结论)}
\end{array}$$

首先把每条规则的前件化为单个模糊集,同时把作为输入的 m 个模糊集也化为单个模糊集,即

若以 X_j 表示 A_{ij} 与 A_j^* 的论域($j=1,2,\cdots,m$),$i=1,2,\cdots,n$. 则所有前件单一化为 $X_1\times\cdots\times X_m$ 上的模糊集 A_i,其隶属函数为

$$A_i(x_1,\cdots,x_m)=\min\{A_{i1}(x_1),\ A_{i2}(x_2),\cdots,A_{im}(x_m)\},$$
$$i=1,2,\cdots,n.\ \text{(也可用}t\text{-模取代 min)}$$

并将输入单一化为 $X_1\times\cdots\times X_m$ 上的模糊集 A^*,其隶属函数为

$$A^*(x_1,\cdots,x_m)=\min\{A_1^*(x_1),\ A_2^*(x_2),\cdots,A_m^*(x_m)\}.$$

（也可用t-模取代 min）

这样，前述的多规则推理问题转化为如下形式：

$$
\begin{array}{lll}
\text{已知} & A_1 \to B_1, & \\
 & A_2 \to B_2, & \\
 & \vdots & \\
 & A_n \to B_n. & (\text{大前提}) \\
\text{且给定} & A^* & (\text{小前提}) \\
\hline
\text{求} & B^* & (\text{结论})
\end{array}
$$

对于上述推理问题，通常有以下两种求解方法：先推理后聚合(first infer then aggregate，FITA)；先聚合后推理(first aggregate then infer，FATI).

- 先推理后聚合(FITA)

先分别求解以下几个简单的推理问题($i=1,2,\cdots,n$)：

$$
\begin{array}{lll}
\text{已知} & A_i \to B_i & (\text{大前提}) \\
\text{且给定} & A^* & (\text{小前提}) \\
\hline
\text{求} & B_i^* & (\text{结论})
\end{array}
$$

得出 n 个中间结果 $B_1^*, B_2^*, \cdots, B_n^*$，然而将这 n 个中间结果以某种方法聚合(比如取 max 或某个 t-余模)而得出结论 B^*.

- 先聚合后推理(FATI)

先把 n 条规则按某种方法聚合为一条超规则 $A \to B$，然后求解以下问题：

$$
\begin{array}{lll}
\text{已知} & A \to B & (\text{大前提}) \\
\text{且给定} & A^* & (\text{小前提}) \\
\hline
\text{求} & B^* & (\text{结论})
\end{array}
$$

对规则的聚合，常用的方法有 Mamdani 聚合法和 Gödel 聚合法.

Mamdani 聚合法：把每条规则前件中的多个模糊集做乘积(或一般 t-模)，并选用 Mamdani 蕴涵算子，将每条规则表示成 $X_1 \times \cdots \times X_m \times Y$ 上的模糊关系，即

$$\prod_{j=1}^{m} A_{ij}(x_j) \cdot B_i(y), \quad x_j \in X_j, y \in Y.$$

将上述 n 条规则用 max(或一般的 t-余模)连接得到一条超规则，即

$$\max\left\{\prod_{j=1}^{m} A_{1j}(x_j) \cdot B_1(y), \cdots, \prod_{j=1}^{m} A_{nj}(x_j) \cdot B_n(y)\right\}.$$

将上式设想为推理的大前提 $A \to B$，小前提取为 $A^*(x_1, x_2, \cdots, x_m) = A_1^*(x_1) \cdot A_2^*(x_2) \cdot \cdots \cdot A_m^*(x_m)$. 则问题转化为基本 FMP 问题.

Gödel 聚合法：类似于上述方法，只是在将 n 条规则连接为一条超规则时用普通乘法(或 t-模).

3. 模糊化与解模糊方法

模糊化就是把精确输入量转化为模糊集的过程，其目的是便于进行模糊推理. 设 $U \subseteq \mathbb{R}^n$ 为输入论域，$x_0 \in U$ 为精确输入量. 模糊化就是由 x_0 确定一个 U 上的模糊集 A

使得 $A(x_0)=1$. 当然选择的 A 要有利于计算的便捷,常用单值模糊集、高斯模糊集和三角模糊集.

为了方便起见,通常将连续的论域通过划分等级的方法先离散化,然后再在此论域上定义语言值的模糊集合. 如果论域是离散的,"模糊化"的隶属函数可用表格来表示.

例如,若输入量为"误差",它是$[-6,+6]$区间的连续变化量,将$[-6,+6]$离散化为13个整数元素的离散集合$\{-6,-5,-4,-3,-2,-1,0,1,2,3,4,5,6\}$. 用模糊集合 A 表示"误差"的语言变量,它有7个元素——语言值: 负大、负中、负小、零、正小、正中、正大. A 的隶属函数表2-7所示.

表 2-7 语言变量"误差"的隶属函数

	−6	−5	−4	−3	−2	−1	0	1	2	3	4	5	6
负大	1	0.8	0.3	0.1	0	0	0	0	0	0	0	0	0
负中	0.2	0.8	1	0.8	0.2	0	0	0	0	0	0	0	0
负小	0	0	0.1	0.7	1	0.8	0.2	0	0	0	0	0	0
零	0	0	0	0	0.1	0.8	1	0.8	0.1	0	0	0	0
正小	0	0	0	0	0	0	0.2	0.7	1	0.7	0.2	0	0
正中	0	0	0	0	0	0	0	0	0.2	0.8	1	0.7	0.3
正大	0	0	0	0	0	0	0	0	0	0.1	0.3	0.8	1

对于获得的某一观测量,它应当对应于哪一个语言值? 即需要采用某种方式使得确切的输入量能有一个确定的隶属对象(语言值,模糊集). 可通过隶属函数曲线对论域进行划分,以确定输入量对应的语言值(见图2-35),其本质是"最大隶属度原则".

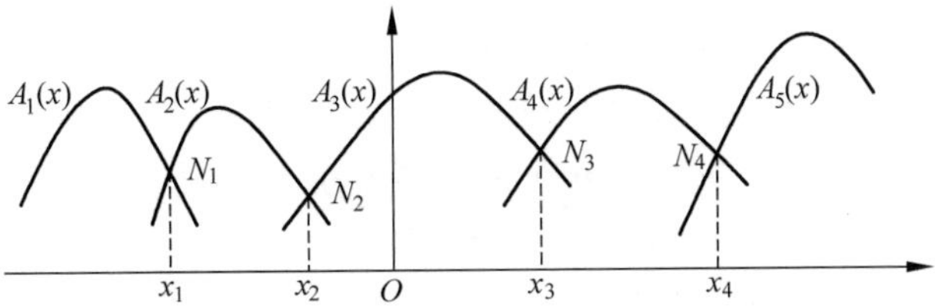

图 2-35 模糊化过程中的论域划分

经过模糊推理得到的输出是一个模糊集,必须从模糊输出隶属函数中找出一个最能代表这个模糊集合作用的精确量,这就是去(解)模糊. 解模糊就是由 $V\subseteq\mathbb{R}$ 上的模糊集 B^*(模糊推理的输出)确定一个精确值 $y^*\in V$ 作为模糊系统的输出.

常用的解模糊方法有: 质心法、最大隶属度法、系数加权平均法.

质心法: 取 $y^*\in V$ 为模糊集 B^* 隶属函数所涵盖区域的质心,由微积分学知识即得

$$y^*=\frac{\int_V yB^*(y)\mathrm{d}y}{\int_V B^*(y)\mathrm{d}y}.$$

对于离散论域,取满足以下条件的 $y_k\in V$(又称为中位数法)

$$\sum_{i=1}^{k}B^*(y_i)=\sum_{i=k}^{n}B^*(y_i).$$

最大隶属度法：取 $y^*=\max\{B^*(y),y\in V\}$. 若隶属度为最大值的元素为相连的若干个元素时，可取它们的中点. 如果隶属度为最大值的元素不相接，可“大中取小”“大中取大”“大中取平均”，或修改推理规则、调整语言值重新进行推理.

加权平均法：$y^*=\dfrac{\sum_{i=1}^{l}y_iB^*(y_i)}{\sum_{i=1}^{l}B^*(y_i)}$. 比如，设 $B^*=\{(-4,0.1),(-3,0.5),(-2,0),(-1,0.1),(0,0.6),(1,0.3),(2,0.2),(3,0.1),(4,0.1)\}$. 取元素的隶属度为权系数，则 $y^*=-0.6/2=-0.3$.

实验 2 小费问题与 MATLAB 中的模糊推理系统

本实验应用模糊推理原理求解小费问题，并应用 MATLAB 提供的工具可视化地建立模糊推理系统. 本实验的目的，一方面是直观描述模糊推理过程，另一方面是熟悉 MATLAB 模糊逻辑工具箱的操作使用方法.

1. 小费问题

假定用 0～10 的数字代表服务的质量(10 表示非常好，0 表示非常差)，小费具体多少随服务质量而变.

(1) 非模糊的方法

首先考虑最简单的情况，顾客总是多给总账单的 15%作为小费. 但是这样计算并没有考虑服务的质量，现在让小费从 5%(服务差)到 25%(服务好)变化，在方程中加一个新的量，即关系方程如下：tip=0.20/10 * service+0.05.

如果考虑到顾客所给的小费也应当能反映食物的质量，那么问题就在原来的基础上扩展为：给定两个从 0～10 的数字分别代表服务和食物的质量(10 表示非常好，0 表示非常差)，这时小费与它们之间的关系又应当如何反映呢？

可以用二元线性关系表示，比如 tip=0.20/20 * (service+food)+0.05. 这一关系中，没有考虑服务质量因素比食物质量因素对于小费的支付占有更大的比重. 现假如希望服务质量占小费的 80%、食物仅占 20%，即设定权重因子 servRatio=0.8，于是

tip=servRatio * (0.20/10 * service+0.05)+(1-serRatio) * (0.20/10 * food+0.05).

这样的结果与实际情况还是有些不符，通常顾客都是给 15%的小费，只是服务特别好或特别不好的时候才有改变. 这实际上可用分段线性函数表示，例如：

```
if service<3, tip=servRatio * (0.10/3 * service+0.05)+(1-serRatio) * (0.20/10 *
food+0.05);
elseif service<7, tip=servRatio * 0.15+(1-serRatio) * (0.20/10 * food+0.05);
elseif service<=10, tip=servRatio * (0.10/3 * (service-7)+0.15)+(1-serRatio) *
(0.20/10 * food+0.05);
end
```

用 MATLAB 给出的图像如图 2-36 所示：

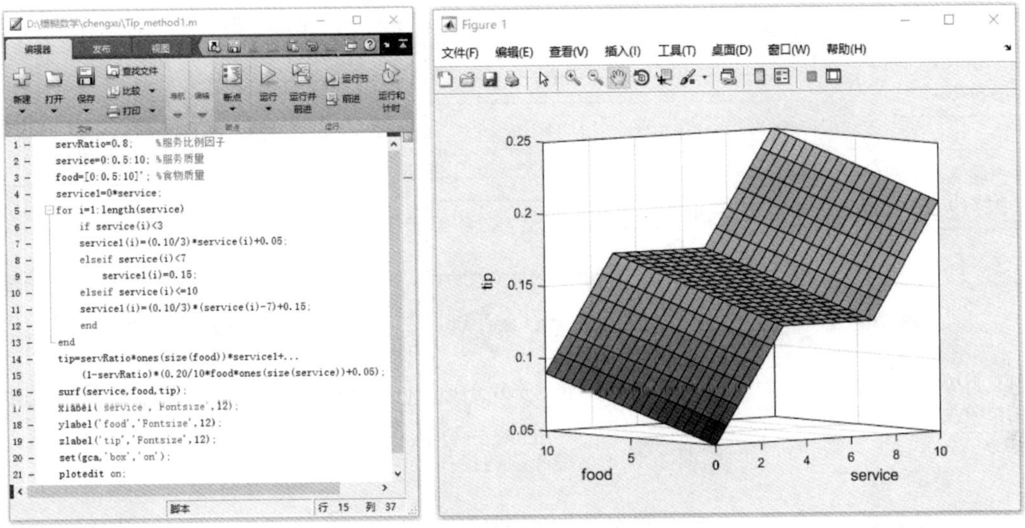

图 2-36　小费问题的精确数学方法

现在的结果比较好了，可是函数看起来有点复杂，而且程序越来越长，将来不便于修改和增加新的规则及排除检查错误. 对于不清楚设计过程的人来说，设计人员的思维是不容易被理解的.

(2) 模糊推理方法

对于小费问题，现在只考虑关键因素，把问题简化，得出下面 3 条规则：①当服务很差的时候，小费比较少. ②当服务比较好的时候，小费中等. ③当服务非常好的时候，小费比较高. 如果把食物对小费的影响考虑进来，可以增加下面两条规则. ④当食物很差时，小费比较少. ⑤当食物很好时，小费比较高.

上面 5 条规则不分先后顺序，在没有特殊要求的情况下，可以认为这些规则的重要性(权值)是相同的. 还可以把服务和食物的质量综合起来，总结如下 3 条规则：

① 当服务差或食物差的时候，小费少.

② 当服务好的时候，小费中等.

③ 当服务很好或食物好的时候，小费高.

于是，小费支付问题的模型可用如图 2-37 所示的框图表示.

依据上述 3 条模糊推理规则，只要再给出其中模糊变量(服务差、服务好等概念)的定义和表示，就建立了该问题的一个完整的模糊推理方案. 以下简要说明模糊推理的过程(关于在 MATLAB 中实现相应的推理系统的操作细节，将在本实验后半部分说明).

- 输入模糊化

对于实际问题输入的模糊化是建立模糊推理系统的第一步，也就是选择系统的输入变量，并根据其相应的隶属度函数来确定这些输入分别归属于恰当的模糊集合. 在 MATLAB 模糊逻辑工具箱中，模糊化过程的输入必须是一个确定的数值.

在小费问题中，采用评分的方法来把质量好坏这个模糊的概念转换成数值(0～10)，而输出是一个隶属特定模糊集合的程度(总是在 0～1 之间). 即在使用模糊规则之前，输

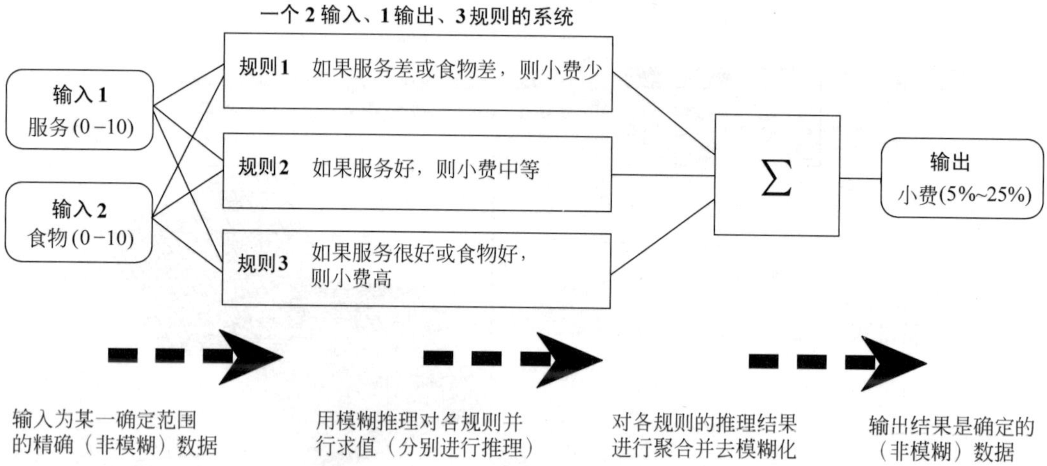

图 2-37 小费问题的模糊数学方法

入变量应当被模糊化处理从而得到对应的模糊集合.

例如,什么程度的食物才算好？图 2-38 所示的就是一个假设的饭店食物质量(按照0～10分的尺度打分)按照“食物好”模糊集合的模糊化过程. 在这个例子中,假定给食物评分为8分,给定的“食物好”这个模糊集合用图示的隶属度函数来表示,则经过模糊化过程后,8分的食物隶属于“食物好”模糊集合的程度为0.7.

• 应用模糊运算

如果给定的模糊规则的条件部分不是单一输入而是多输入,则需要运用模糊运算对这些多输入进行综合考虑和分析.

经过模糊运算,多个输入可以得到一个数值来表示对该多条件模糊规则的综合满意程度. 模糊运算的输入对象是两个或多个经过模糊化后的输入变量的隶属度值,输入是唯一确定的值. 这里的运算可以用“与算子 and”和“或算子 or”来实现.

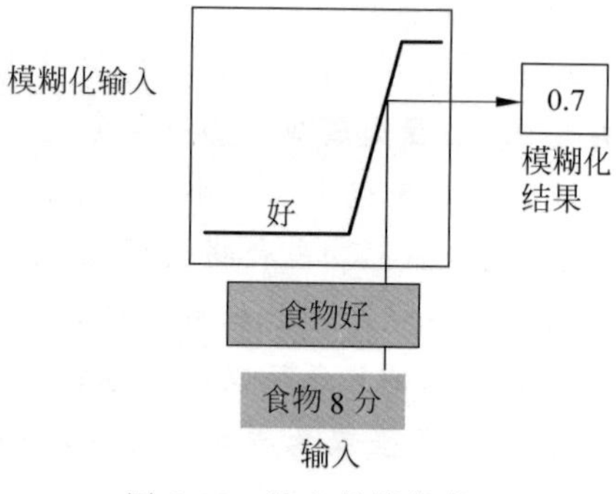

图 2-38 输入的模糊化

MATLAB工具箱内置两种 and 操作方法,即最小法(min)和乘积法(prod). 同样,or 操作的方法也有两种,即最大法(max)和概率法(probor). 概率法(也称为代数和法)的计算公式为 probor(a,b)=a+b−ab. 图 2-39 所示为一个 or 运算的例子,采用的是 max 方法.

上面的计算以推理规则3为例,输入的条件分别为实际服务隶属于“服务很好”的程度为0,而食物隶属于“食物好”的程度为0.7. or 操作用 max 方法选择两者中的最大值0.7. 如果选用 or 运算为 probor 方法,则上述例子的结果是：probor(0.7,0)=0.7+0−0.7*0=0.7.

• 应用模糊蕴涵方法

在进行模糊推理之前,需考虑不同模糊规则的权重问题(对于多规则系统,可能各条规则的重要程度是不同的). 每一条规则赋予一个0～1之间的权重值,这个权重与每条规则的输

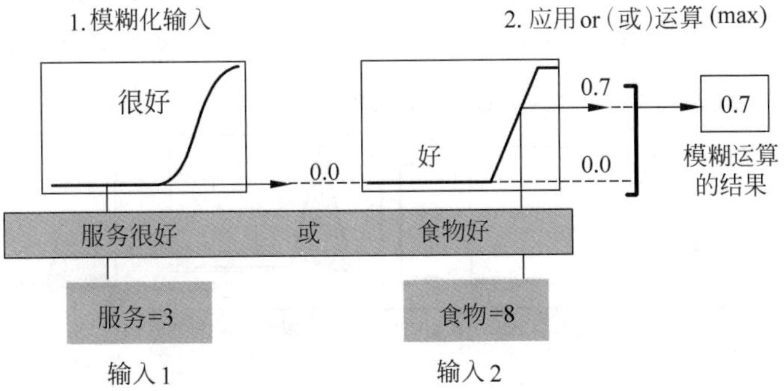

图 2-39 模糊运算示例

入发生作用．通常权重相同且为1(本例是这个情况)，所以它对推理的结果并不产生影响．

一旦给各条规则分配了恰当的权重就可以进行模糊蕴涵计算了．模糊蕴涵也就是各条模糊规则的表示，在MATLAB中蕴涵有两种方法：取小min法和乘积prod法．如图2-40所示是蕴涵运算的直观描述(选用取小法min)图示．

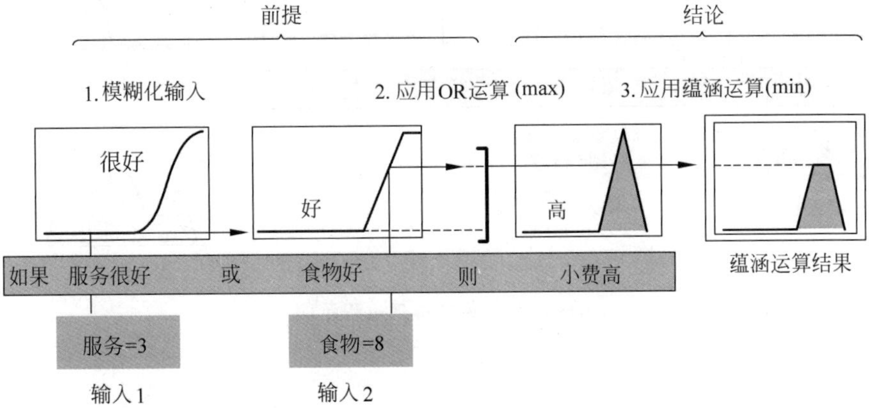

图 2-40 模糊蕴涵运算示例

• 聚合

由于在模糊推理系统里决策的生成取决于所有的模糊规则，因而上一步所计算出的模糊输出必须用某种方式组合起来方可得出结果．输出的聚合就是对于所有模糊规则的输出进行综合的过程．对于每一个输出变量，聚合只进行一次．最终，对于每个输出变量仅得到一个输出．聚合的方法应当与顺序无关，即各条规则的结果的聚合顺序并不影响结果．MATLAB提供三种聚合方法：最大值法max，概率法probor，求和法sum．如图2-41所示给出一个完整的例子．

• 去模糊化

去模糊化的输入是模糊集合(即模糊推理系统的总体输出模糊集合)，输出是一个数值．最后对实际有用的每一个变量的输出结果通常要求是一个确定的数值．由于经过模糊推理后所得到的是输出变量在一个范围上的隶属度函数，因此必须进行去模糊化以将输出变为确定的值．MATLAB提供的去模糊化方法有5种：centroid(面积中心法)，bisector(面积平方法)，mom(平均最大隶属度方法)，som(最大隶属度中取最小值方法)，lom(最大隶属度中取最大值方法). 图2-42及图2-43分别展示了去模糊化方法及模糊推理全过程.

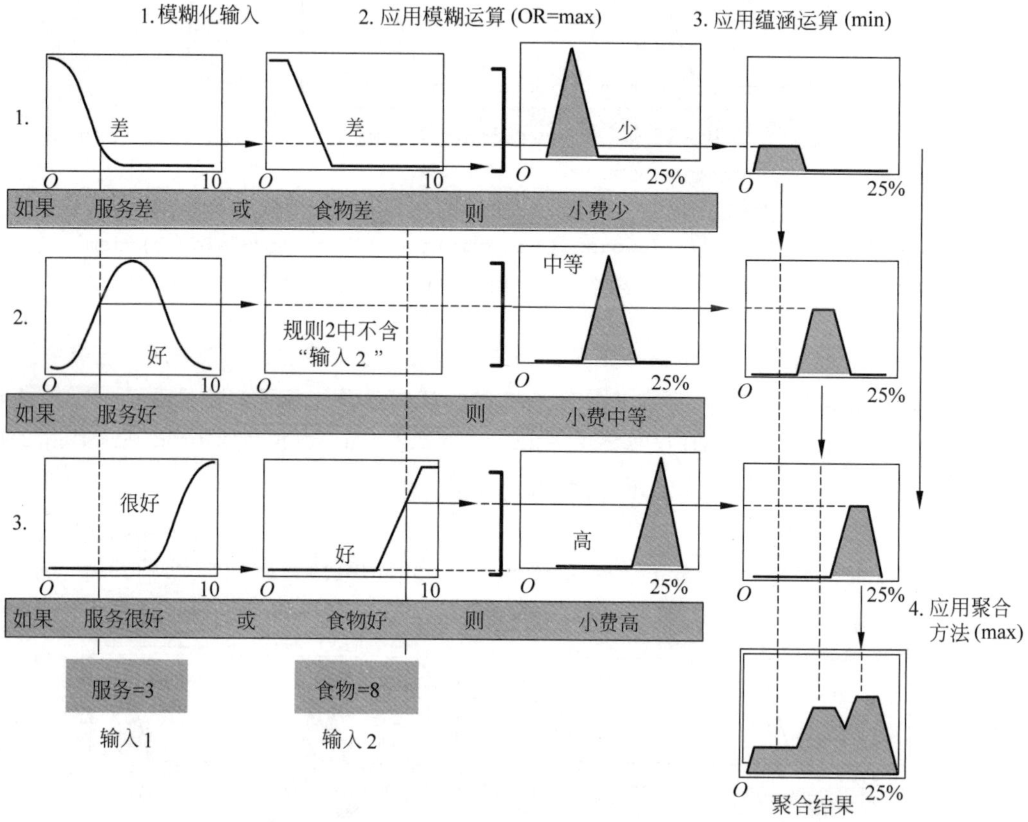

图2-41　模糊推理过程示例

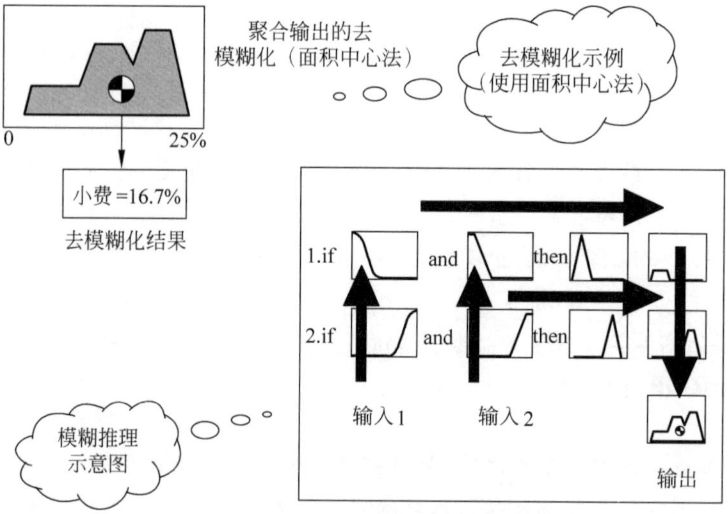

图2-42　去模糊化与模糊推理示意图

(3) 对比结论

从上面的讨论中可以看出,采用分段线性函数的方法可以解决问题,但是推理过程比较繁琐,而且程序代码不易修改.

而模糊逻辑建立在一些大家熟知的"常识"上,可以直接加入类似于人类自然语言的逻辑规则和增加模糊变量的定义,不需要打乱原来的系统,因此也不会被程序中越来越复杂的关系搞乱. 换句话说,模糊逻辑系统的后续修改工作要容易得多. 同时,采用模糊逻辑规则,算法的可移植性和适应性比较强.

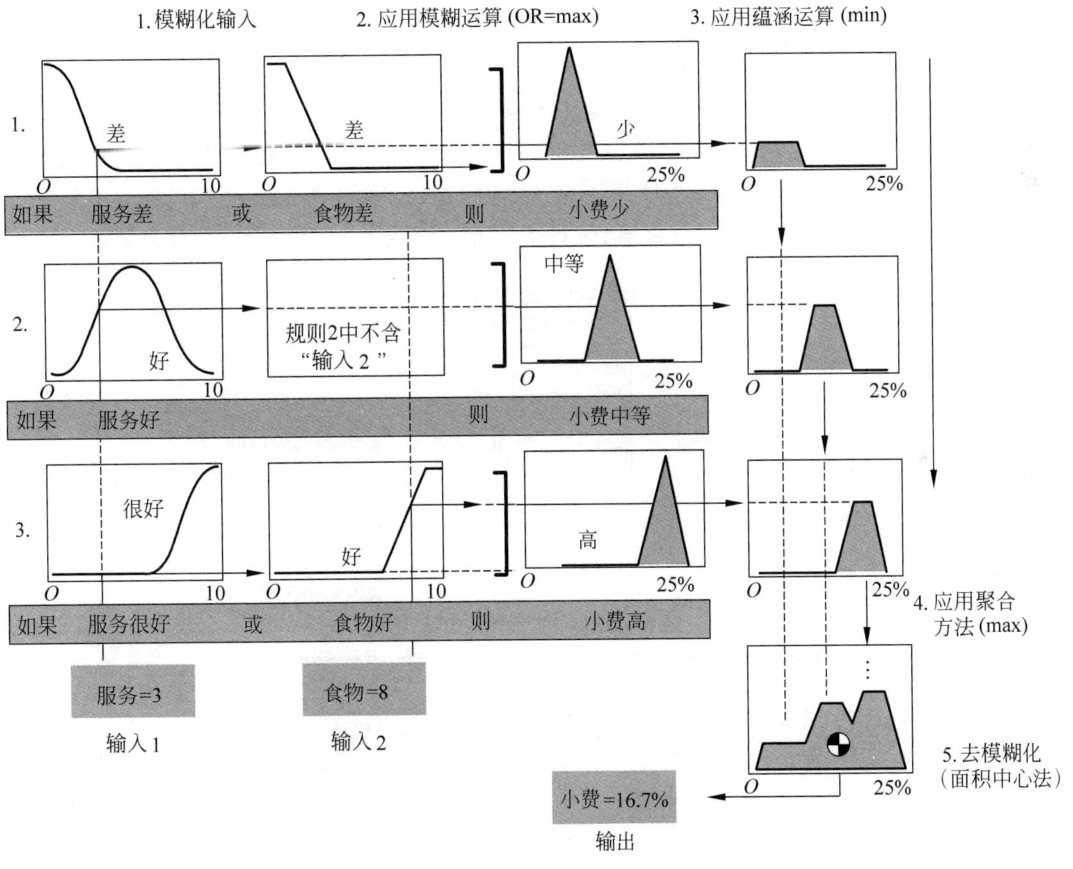

图 2-43　模糊推理的全过程图

综上所述,模糊逻辑采用的是人类最熟悉的语言——自然语言,以及人类最熟悉的思维方式——模糊的方式来表达意义明确的事情.

2. 用 MATLAB 建立模糊推理系统

(1) 概述

具有模糊产生器和模糊消除器的模糊逻辑系统应用最为广泛,在 MATLAB 模糊逻辑工具箱中主要针对这一类型的模糊逻辑系统提供了分析和设计手段.

一个典型的 Mamdani 型模糊逻辑系统主要由如下几个部分组成: ①输入与输出语言变量,包括语言值及其隶属度函数; ②模糊规则; ③输入量的模糊化方法和输出量的去模糊化方法；④模糊推理算法.

在MATLAB模糊逻辑工具箱中构造一个模糊推理系统的步骤如下：

① 建立模糊推理系统对应的数据文件，其后缀名为.fis，用于对该模糊系统进行存储、修改和管理；

② 确定输入、输出语言变量及其语言值；

③ 确定各语言值的隶属度函数，包括隶属度函数的类型与参数；

④ 确定模糊规则；

⑤ 确定各种模糊运算方法，即模糊推理方法、模糊化方法、去模糊化方法等.

MATLAB提供了可视化图形工具以建立模糊逻辑推理系统，同时也提供了命令行方式的模糊推理函数，但通常使用前者要方便、简单并且直观.

MATLAB模糊工具箱提供的图形化工具有五类：模糊推理系统编辑器(FIS Editor)、隶属函数编辑器(Membership Function Editor)、模糊规则编辑器(Rule Editor)、模糊规则观察器(Rule Viewer)、模糊推理输入输出曲面观察器(Surface Viewer). 这5个图形化工具(见图2-44)操作简单，相互动态联系，可以同时用来快速构建用户设计的模糊系统.

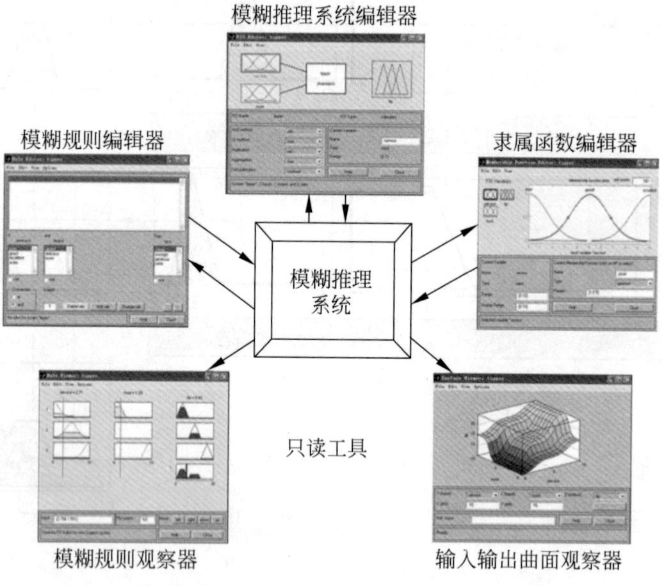

图2-44 模糊逻辑可视化工具关系图

模糊逻辑工具箱的上述五个图形工具之间能交互作用并交换信息. 对于一个单独的模糊推理系统，只要有一个以上的编辑器是打开的，则各图形窗口都会知道其他窗口的存在，并且如果必要，还能更新相关窗口的内容. 比如，如果隶属函数被隶属函数编辑器更名，则这个变化将在模糊规则编辑器的规则中反映出来.

对多个模糊推理系统，编辑器都可以同时打开. 模糊推理系统编辑器、隶属函数编辑器、模糊规则编辑器都能读并修改FIS的数据，但两个观察器不能修改FIS的数据.

与上述五个工具相对应的MATLAB命令：fuzzy命令用来处理系统顶层的构建问题，如输入输出变量的数目、变量名等. mfedit命令用来可视化定义各个变量的隶属函数，ruleedit命令用来编辑决定系统输出的模糊规则. ruleview和surfview命令用来查看规则和模糊推理系统输入输出关系曲面，它们都只读取模糊系统，用于计算、显示、模拟、分析和诊断.

模糊逻辑工具箱还提供了图形化的基于神经网络算法的模糊逻辑系统设计工具函数 anfisedit，它主要用于 Sugeno 型自适应神经网络模糊推理系统的建立、训练和测试.

(2) 模糊推理系统编辑器

在 MATLAB 命令窗口执行 fuzzy 命令即可激活模糊推理系统编辑器(FIS Editor)，如图 2-45 所示.

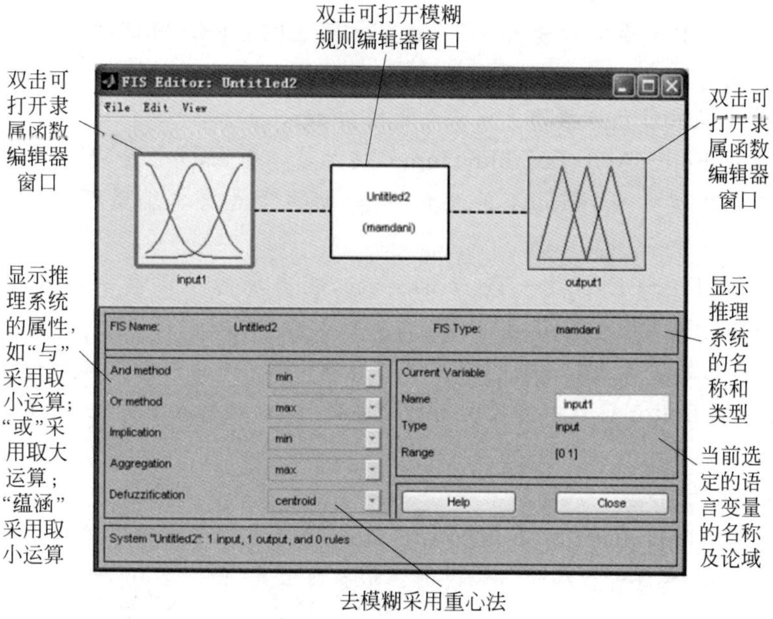

图 2-45　FIS 编辑器窗口

在窗口上半部分以图形框的形式列出了模糊推理系统的基本组成部分，即输入模糊变量、模糊规则和输出模糊变量. 用鼠标双击相关图形框，能激活隶属度函数和模糊规则编辑器等窗口. 在窗口下半部分的左侧列出了模糊推理系统的名称、类型和一些基本属性：包括“与”运算方法、“或”运算方法、蕴涵运算、模糊规则的聚合运算以及去模糊化方法等，用户只需要用鼠标即可设定相应的属性.

上述编辑器窗口的菜单选项与其他几个图形界面编辑器相似. 文件(File)菜单包括 New FIS→Mamdani(新建 Mamdani 型模糊推理系统)；New FIS→ Sugeno(新建 Sugeno 型模糊推理系统)；Import→From Workspace(从工作区加载一个模糊推理系统)；Import→From Disk(从磁盘打开一个模糊推理系统文件)；Export→To Workspace(保存到工作区)；Export→ To disk(将当前的模糊推理系统保存到磁盘文件中)；Print(打印模糊推理系统的信息).

编辑菜单功能包括 Add Variable→Input(添加输入语言变量)；Add Variable→Output(添加输出语言变量)；Remove Selected Variable(删除选定的语言变量)；Membership Functions(打开隶属函数编辑器)；Rules(打开模糊规则编辑器).

视图(view)菜单的功能包括 Rules(打开模糊规则观察器)；Surface(打开输入输出曲面

观察器).

MATLAB模糊工具箱中已经附带了很多示例模型,比如提供了小费问题的几种推理方案,分别存为FIS文件custtip.fis,tipper.fis,tipper1.fis,tippersg.fis. 在MATLAB中命令窗口提示符后输入命令 fuzzy tipper 然后按Enter键可进入模糊系统tipper.fis的编辑窗口.

下面以小费问题模糊推理系统的完整编辑过程为线索来讲解相关工具的使用(模仿tipper.fis,但重新取名为zxhtip.fis,以免与系统的范例重名. 文件tipper.fis可在MATLAB所在目录的MATLAB7\ toolbox\fuzzy\fuzdemos文件夹中找到).

① 在MATLAB命令窗口输入命令fuzzy,打开FIS Editor窗口;

② 鼠标单击标有input1的黄色方框,在右下边的白色编辑框内将input1改为service,按Enter键(左上角的黄色方框的标识自动更改为service);

③ 选择菜单Edit→Add Variable→Input,增加输入变量,类似②将input2改为food.

④ 鼠标单击右边标有output1的蓝色方框,将右下边文本编辑框中的output1改名为tip;

⑤ 选择菜单File→Export→To workspace,在出现的对话框中输入模糊系统名为zxhtip,单击OK按钮(若选择To Disk,则将其存入磁盘).

接下来进行相关隶属函数及模糊规则等内容的编辑. 先用以下方式来打开隶属函数编辑窗口:双击FIS Editor窗口中需要编辑的变量图标,或执行菜单命令Edit→Membership Functions.

(3) 隶属函数编辑器

隶属函数编辑(Membership Function Editor)窗口提供了对输入输出语言变量各语言值的隶属函数类型、参数进行编辑与修改的图形界面工具,如图2-46所示.

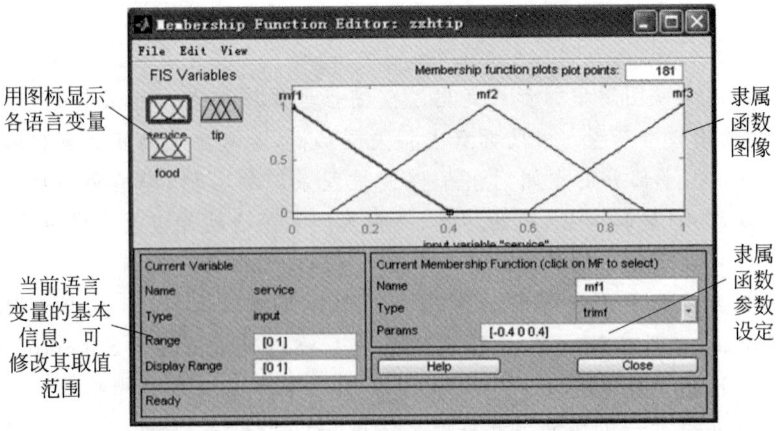

图2-46 隶属函数编辑器窗口

隶属函数编辑窗口Edit菜单的功能包括:Add MFs(添加系统提供的标准模糊隶属函数),Add Custom MF(添加用户自定义的模糊隶属函数,用户编写的.m函数,稍后讲解);Remove Selected MF(删除当前编辑的隶属度函数);Remove All MF(删除当前变量所有的隶属函数);FIS Properties(打开FIS Editor);Rules(打开模糊规则编辑器).

对于前述代表服务质量的变量 service，现加入三个类型为 gaussmf 的隶属函数 poor(差)，good(好)，excellent(极好)，其参数分别选为 [1.5,0]，[1.5,5]，[1.5,10]. 参见图 2-47(a)(注意，应首先设定变量 service 的取值范围[0 10]).

用类似的方法(见图 2-47(b))，对于变量 food，加入两个类型为 trapmf 的隶属函数 rancid(变味)，delicious(美味)，并选相应参数为 [0,0,1,3]，[7,9,10,10]；对于输出变量 tip，加入 3 个类型为 trimf 的隶属函数 cheap(便宜)，average(一般)，generous(大方)，并选相应参数为[0,5,10]，[10,15,20]，[20,25,30].

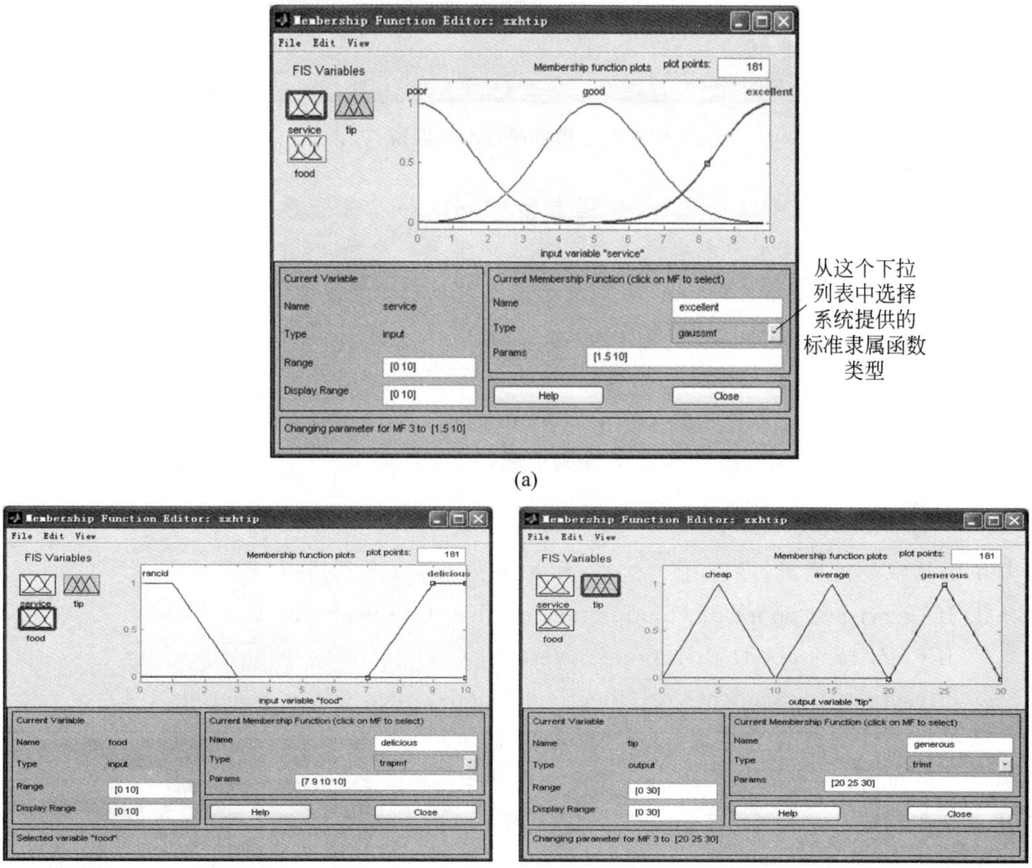

(a)

(b) (c)

图 2-47 设置隶属函数示例

(4) 模糊规则编辑器

模糊规则编辑器(Rule Editor)提供了添加、修改和删除模糊规则的图形界面，双击 FIS Eidtor 界面中间白色的模糊规则图标，或选择菜单 Edit→Rules 即可出现如图 2-48 所示的模糊规则编辑器窗口.

编辑规则十分方便，系统已经自动地将在 FIS Editor 中定义的变量显示在界面的下部. 在窗口上选择相应的输入变量(以及是否加否定词 not)，然后选择不同变量之间的连接关系(or 或者 and)以及输入权重(默认为 1)，然后单击按钮 Add rule，刚刚输入的规则已经在编辑器上面的显示区域中出现了.

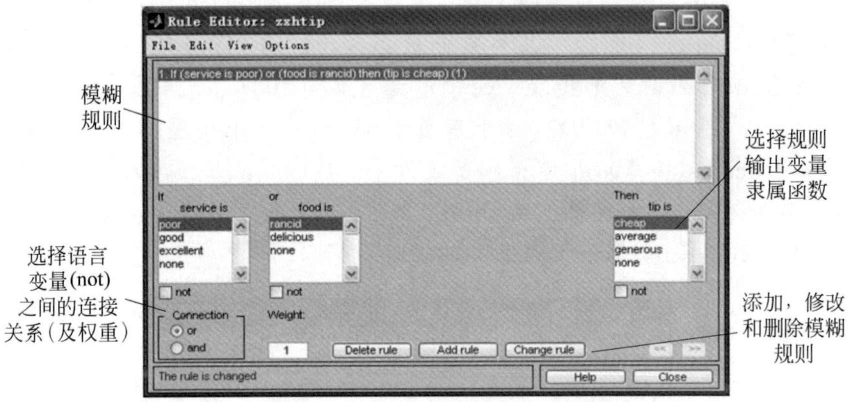

图 2-48　模糊规则编辑器窗口

模糊规则的形式可以有三种，即语言型(Verbose)，符号型(Symbolic)以及索引型(Indexed)．在Options菜单中有这三种菜单选项供用户选择，选中的选项前有符号√，默认方式为Verbose．变量下面的not表示否定该变量的含义，相当于“非”运算．值得注意的是，不好≠差，也就是not good不等于poor．权重的值应在0～1之间，若输入数值不在这个范围，系统自动将大于1的取为1，小于0的取为0.

例如，在service变量中选择poor，在food变量中选择rancid，在connection选项中选择or，单击按钮Add rule，则规则框中出现结果

```
If (service is poor) or (food is rancid) then (tip is cheap) (1)
```

括号中的数字是该规则的权重值．这里，加入如下全部3条规则(权重均为1)：

① If (service is poor) or (food is rancid) then (tip is cheap) (1)

② If (service is good) then (tip is average) (1)

③ If (service is excellent) or (food is delicious) then (tip is generous) (1)

从编辑窗口上部的白色区域内可观察到刚加入的模糊推理规则，可从菜单Options项目中选择响应的显示语言和显示方式．注意，虽然显示方式不同，甚至可能没有if、then这样的词(见图2-49)，但这些规则内部实际的含义仍然是相同的.

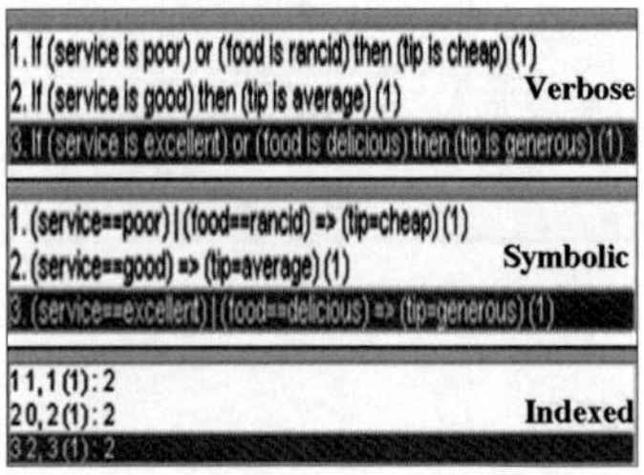

图 2-49　模糊规则的三种不同显示方式

(5) 模糊规则观察器

模糊规则观察器(Rule Viewer)以图形形式描述了模糊推理系统的推理过程，可以在窗口中改变系统输入数值来观察模糊逻辑推理系统的输出情况，其界面如图2-50所示.

(6) 输入输出曲面观察器

可以在Surface Viewer窗口用Options菜单中的选项来改变相应的参数以查看不同性质的图像如图2-51所示.

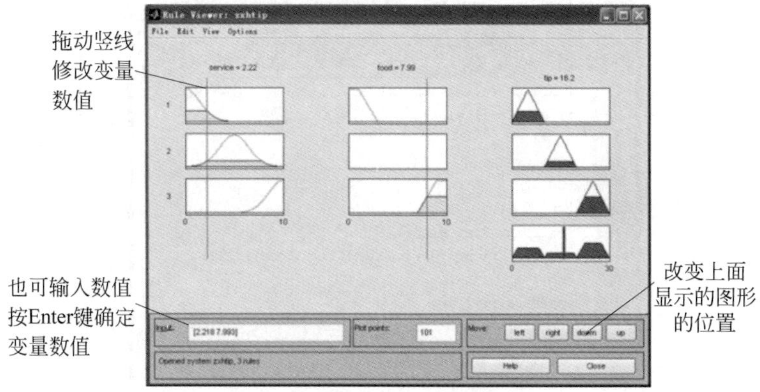
拖动竖线
修改变量
数值
也可输入数值
按Enter键确定
变量数值
改变上面
显示的图形
的位置

图 2-50 模糊规则观察器窗口

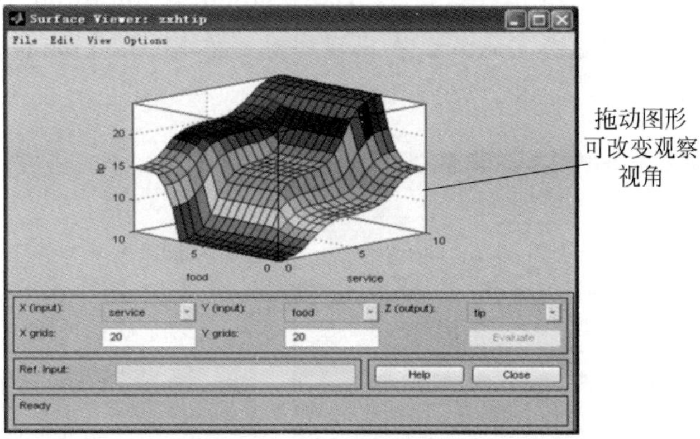
拖动图形
可改变观察
视角

图 2-51 输入输出曲面观察器窗口

(7) 关于自定义运算与隶属函数

MATLAB 模糊逻辑工具箱提供的 and 和 Implication 算法有 min,prod;提供的 or 算法有 max,probor;提供的 Aggregation 算法有 max,sum,probor;提供的 Defuzzification 算法有 centroid(面积中心法),bisetor(面积平分法),mom(平均最大隶属度方法),som(最大隶属度中取最小值方法),lom(最大隶属度中取最大值方法).

如果对于特定的一些设计,用户需要自定义一些特别的算法函数,可以通过选择 Custom 来采用自己编写的特定模糊算法.

用户可以自定义一些符合推理逻辑的 and、or、Implication、Aggregation 和 Defuzzification 运算方法,但是这些函数与 MATLAB 自身提供的 max、min 或者 prod 等算法函数应当具有相当的工作方式(参数形式和矩阵运算特点).

用户在编写自定义的推理方法时,必须使得函数能够对矩阵进行相应的运算(在参数传递上应当与 MATLAB 内置的诸如 min 函数相同). 用户最好使用 MATLAB 提供的系统函数和运算符来实现自定义算法,尽量避免单独的数字运算,始终以矩阵运算的考虑来编写这些函数.

以下以自定义函数 limitprod 实现 and 连接词的有界积运算为例,说明操作方法.

首先建立 M 文件 limitprod. m,如图 2-52 所示.

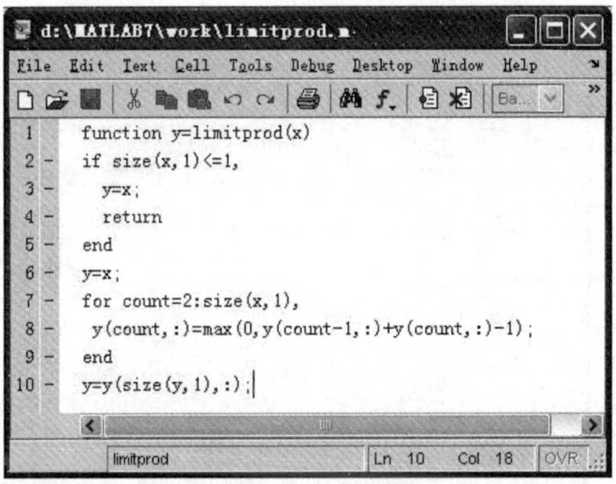

图 2-52　自定义模糊运算

然后，打开前述建立的 zxhtip.fis，修改 And method 为 limitprod.m，方法是：在 And method 右侧的下列列表中选择 Custom，在出现的对话框 Method name 右侧的文本框中输入 limitprod，单击 OK 按钮. 如图 2-53 所示.

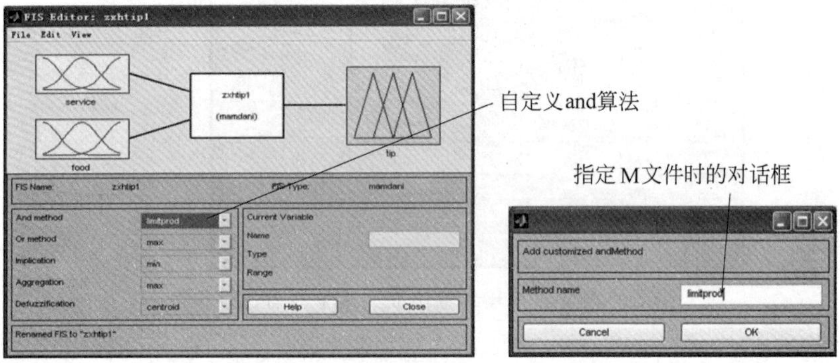

图 2-53　自定义模糊运算

自定义隶属函数的方法类似，图 2-54 是自定义隶属度函数 testmf1 的源代码，它的形状取决于 8 个 0～10 之间的参数，由向量 params 传入. 自定义隶属函数的使用示例，请参见图 2-55.

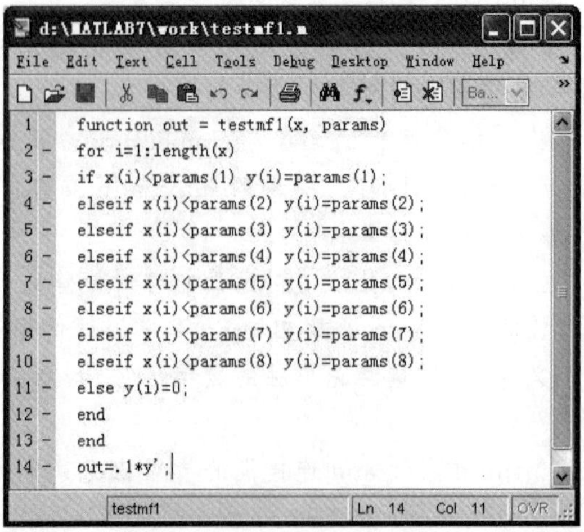

图 2-54　自定义隶属函数

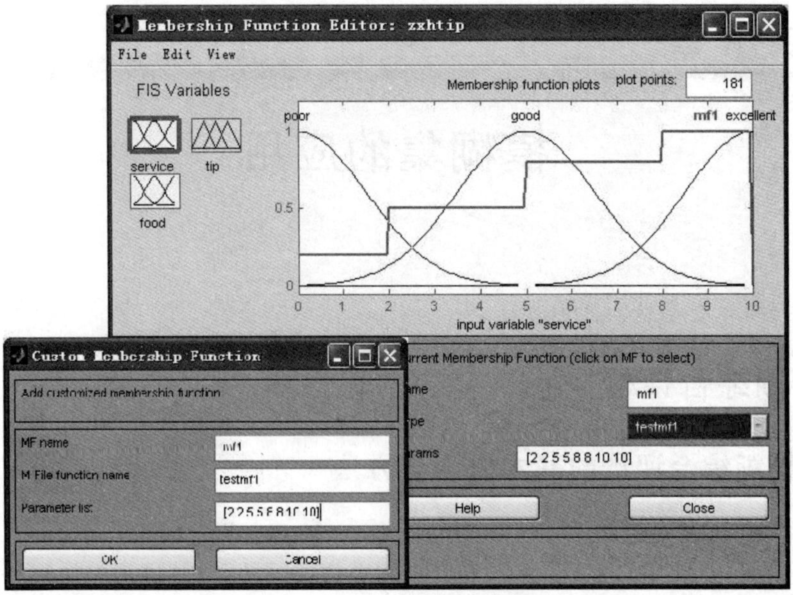

图 2-55　使用自定义隶属函数

注意：在 MATLAB 模糊系统中自定义的隶属度函数并不能随论域变化而自动按比例调整形状参数，而 MATLAB 系统提供的隶属度函数在调整了论域以后会自动按比例调整参数来适应论域的调整.

第3章

模糊集的应用

3.1 模糊综合评价

3.1.1 模糊综合评价的基本概念与方法

1. 综合评价的基本概念

综合评价是指综合考虑受多种因素影响的事物或系统，对其进行整体性评判. 当评价因素具有模糊性时，这样的评价被称为模糊综合评价(fuzzy comprehensive evaluation).

对一种事物、一个产品、一个系统乃至一个人的评价，常常要涉及多个因素(或称多个指标、标准). 例如，评价某种时装，需要对其款式、面料、舒适程度、价格等因素进行综合考虑. 又比如，在体育比赛中的全能冠军，就是对运动员竞技运动素质的一个综合评价.

最简单的一种综合评价方法，是采用对每一单独项目打分、再简单累加求总分的办法给出综合评分. 另一种综合评价方法，不是把每项指标同等看待，而是把每项指标的得分乘以适当权值得到总分，这种方法称为加权平均法. 例如，某计算技术研究所招考研究生，考试科目为英语、离散数学、数据结构、软件工程4门课程. 因为离散数学和数据结构是该专业研究的重要基础，所以导师格外看重这两门成绩，计算总成绩时可能对这四门课程成绩分别加权为0.2，0.3，0.3，0.2.

在实际评价中，许多评价因素本身是模糊概念，比如服装评价中的舒适程度、建筑工程评价中的布局、可靠性等因素. 人们对很多问题的评价难以用一个简单的数值加以表达，通常采用模糊语言给出“评语”. 例如，评价衣服的款式，可以用如下“评语”：很喜欢，喜欢，不太喜欢，不喜欢. 因此，利用模糊集合理论来对事物进行综合评价就显得特别重要. 比如，评价某件衣服的款式，可以请一批相关人士从下列评价集 V 中挑选一种：$V=\{$很喜欢，喜欢，不太喜欢，不喜欢$\}$. 如果评价的结果是20%的人很喜欢，40%的人喜欢，30%的人不太喜欢，10%的人不喜欢. 这样的评价结果可以通过模糊集合表示为：$B=0.2/$很喜欢$+0.4/$喜欢$+0.3/$不太喜欢$+0.1/$不喜欢. 也可用模糊向量表示为 $\boldsymbol{B}=(0.2,0.4,0.3,0.1)$. B 本身较全面地反映了人们对这种款式的看法. 当然，如果要对多个评价对象进行比较，就需要确定一个“评语”来表达评价结果，这时可以按最大隶属度原则，取0.4对应的“喜欢”作为评价值.

2. 模糊综合评价的基本步骤

考虑与被评价事物相关的各个因素，对其做出合理的综合评价，具体方法如下：设影响评价对象的因素有 m 个，它们组成的集合称为因素集 $X=\{x_1,x_2,\cdots,x_m\}$. 又设所有可能

出现的评语有 n 个，它们组成的集合称为评语集（评价集）$V=\{v_1,v_2,\cdots,v_n\}$.

步骤 1（单因素评价）：对因素集 X 中的单个因素 $x_i(i=1,2,\cdots,m)$ 进行评价，确定该事物对评语 $v_j(j=1,2,\cdots,n)$ 的隶属度 r_{ij}，从而得出第 i 个因素 x_i 的单因素评价集 $r_i=(r_{i1},r_{i2},\cdots,r_{in})$，它是 V 上的模糊集.

步骤 2（构造综合评价矩阵）：把 m 个单因素评价集作为行，得到一个总的评价矩阵

$$\boldsymbol{R}=(r_{ij})_{m\times n}=\begin{bmatrix} r_{11} & r_{12} & \cdots & r_{1n} \\ r_{21} & r_{22} & \cdots & r_{2n} \\ \vdots & \vdots & \ddots & \vdots \\ r_{m1} & r_{m2} & \cdots & r_{mn} \end{bmatrix}.$$

步骤 3（确定因素重要程度模糊集）：在因素论域 X 上给出一个模糊集 $\boldsymbol{A}=(a_1,a_2,\cdots,a_m)$，$a_i$ 为因素 $x_i(i=1,2,\cdots,m)$ 在总评价中的影响程度（即权重）.

步骤 4（求出模糊综合评价集）：根据上述因素重要程度模糊集 $\boldsymbol{A}$ 和综合评判矩阵 $\boldsymbol{R}$，选择适当的广义模糊合成运算 $*$ 得到模糊综合评价集

$$\boldsymbol{B}=\boldsymbol{A}*\boldsymbol{R}=(b_1,b_2,\cdots,b_n).$$

步骤 5（综合评判）：根据最大隶属度原则，选择模糊综合评价集 $\boldsymbol{B}=(b_1,b_2,\cdots,b_n)$ 中最大的 b_j 所对应的评语 v_j 作为综合评价的结果.

注意：对于第 4 步中的运算 $*$，有多种模型，比如（$\wedge$，$\vee$），（$\cdot$，$\vee$），（$\cdot$，$+$）等. 具体应用哪一种模型可根据评价对象的特点加以选用.

例 3.1.1 考虑时装店服装的评价问题. 一种服装是否被顾客喜欢，涉及诸多因素，如花色、样式、耐久度、价格和舒适度等. 顾客是否喜欢这种服装和每一种因素都有关系. 从多种因素评价一件服装的优劣，是一个多因素模糊综合评价问题.

取评价集为 $V=\{v_1$（很喜欢），v_2（喜欢），v_3（不太喜欢），v_4（不喜欢）$\}$.

若利用单因素模糊评价，对某种服装的上述 5 个因素分别进行评价，其结果的模糊集为

花色 $\boldsymbol{r}_1=(0.2,0.4,0.3,0.1)$； 样式 $\boldsymbol{r}_2=(0,0.2,0.5,0.3)$；

耐久度 $\boldsymbol{r}_3=(0.1,0.6,0.2,0.1)$； 价格 $\boldsymbol{r}_4=(0.2,0.5,0.3,0)$；

舒适度 $\boldsymbol{r}_5=(0.4,0.5,0.1,0)$.

由上述模糊集得到如下模糊综合评判矩阵：

$$\boldsymbol{R}=\begin{bmatrix} 0.2 & 0.4 & 0.3 & 0.1 \\ 0 & 0.2 & 0.5 & 0.3 \\ 0.1 & 0.6 & 0.2 & 0.1 \\ 0.2 & 0.5 & 0.3 & 0 \\ 0.4 & 0.5 & 0.1 & 0 \end{bmatrix}=\begin{bmatrix} \boldsymbol{r}_1 \\ \boldsymbol{r}_2 \\ \boldsymbol{r}_3 \\ \boldsymbol{r}_4 \\ \boldsymbol{r}_5 \end{bmatrix}.$$

同样一件衣服，不同的人眼光不同，对不同因素侧重程度也不同. 如女士一般侧重花色和式样，而男士则比较看重舒适和耐久度. 根据顾客对各种因素侧重程度不同加权，才能给出适当的综合评价. 设某类顾客对各因素侧重程度依次为：0.3（花色），0.35（式样），0.1（耐久度），0.1（价格），0.15（舒适度）. 这可以表示成一个模糊集为

$$\boldsymbol{A}=(0.3,0.35,0.1,0.1,0.15).$$

于是得模糊综合评价集 $\boldsymbol{B}=\boldsymbol{A}*\boldsymbol{R}$ 如下(取通常的模糊合成运算):

$$\boldsymbol{B}=\boldsymbol{A}\circ\boldsymbol{R}=(0.3,0.35,0.1,0.1,0.15)\circ\begin{bmatrix}0.2&0.4&0.3&0.1\\0&0.2&0.5&0.3\\0.1&0.6&0.2&0.1\\0.2&0.5&0.3&0\\0.4&0.5&0.1&0\end{bmatrix}=(0.2,0.3,0.35,0.3).$$

因 $\boldsymbol{B}(v_3)=0.35=\max\{0.2,0.3,0.35,0.3\}$,故对此服装的综合评价结果是"不太喜欢".

3. 模糊综合评价的不同计算模型

如前所述,在进行模糊综合评价时,关键步骤是求出模糊综合评价集,即根据因素重要程度模糊集 $\boldsymbol{A}$ 和综合评判矩阵 $\boldsymbol{R}$,选择适当的广义模糊合成运算 $*$,得到模糊综合评价集:

$$\boldsymbol{B}=\boldsymbol{A}*\boldsymbol{R}=(b_1,b_2,\cdots,b_n).$$

选择不同的运算 $*$,会得到不同的评价结果. 常用的 $*$ 运算模型有:$M(\wedge,\vee)$,$M(\bullet,\vee)$,$M(\bullet,+)$,$M(\wedge,\oplus)$,$M(\wedge,+)$,M(乘幂,$\wedge$).

以下将上述模型应用于同一个具体问题(教师教学质量评估),以比较评价结果.

例 3.1.2 设与教学质量相关的因素有:教材熟练程度、逻辑性程度、启发性程度、生动性程度、教育技术的应用程度 5 种,而评语分为优秀、良好、一般和不好 4 种. 试用 $M(\wedge,\vee)$模型对某教师教学质量进行评估.

解 设因素集 $X=\{x_1$(教材熟练程度),x_2(逻辑性程度),x_3(启发性程度),x_4(生动性程度),x_5(教育技术的应用程度)$\}$,评语集(评价集)$V=\{v_1$(优秀),v_2(良好),v_3(一般),v_4(不好)$\}$.

(1) 单因素评价. 设对每一因素经专家或学生打分,对某教师各个方面进行评价的结果为 $\boldsymbol{r}_1=(0.45,0.25,0.20,0.10)$,$\boldsymbol{r}_2=(0.50,0.40,0.10,0)$,$\boldsymbol{r}_3=(0.30,0.40,0.20,0.10)$,$\boldsymbol{r}_4=(0.40,0.40,0.10,0.10)$,$\boldsymbol{r}_5=(0.30,0.50,0.10,0.10)$.

(2) 构造综合评价矩阵

$$\boldsymbol{R}=\begin{bmatrix}0.45&0.25&0.20&0.10\\0.50&0.40&0.10&0\\0.30&0.40&0.20&0.10\\0.40&0.40&0.10&0.10\\0.30&0.50&0.10&0.10\end{bmatrix}.$$

(3) 设 5 个因素在教学质量评估中所占的比重分别为 30%,20%,20%,20%,10%,从而因素重要程度模糊集为 $\boldsymbol{A}=(0.3,0.2,0.2,0.2,0.1)$.

(4) 按 $M(\wedge,\vee)$模型求模糊综合评价集为

$$\boldsymbol{B}=\boldsymbol{A}*\boldsymbol{R}=(0.30,0.25,0.20,0.10).$$

(5) 因 $\boldsymbol{B}(v_1)=0.30=\max\{0.30,0.25,0.20,0.10\}$,故该教师的教学质量为"优秀".

应用 $M(\bullet,\vee)$模型:$b_j=\bigvee\limits_{i=1}^{m}(a_i\bullet r_{ij})$,$j=1,2,\cdots,n$. 求得模糊综合评价集为

$$\boldsymbol{B}=(0.135,0.08,0.06,0.03).$$

评价结论仍为"优秀".

应用 $M(\cdot,+)$ 模型：$b_j=\sum_{i=1}^{m}(a_i\cdot r_{ij})$，$j=1,2,\cdots,n$. 求得模糊综合评价集为

$$\boldsymbol{B}=(0.405,0.365,0.150,0.08).$$

评价结论也为"优秀".

应用 $M(\wedge,\oplus)$ 模型(称为取小上界和模型)：

$$b_j=\oplus\left(\sum_{i=1}^{m}(a_i\wedge r_{ij})\right)=\min\left\{1,\sum_{i=1}^{m}(a_i\wedge r_{ij})\right\},\quad j=1,2,\cdots,n.$$

求得模糊综合评价集为 $\boldsymbol{B}=(1,0.95,0.70,0.40)$. 评价结论也为"优秀".

应用 M(乘幂，$\wedge$)模型：$b_j=\bigwedge_{i=1}^{m}(r_{ij})^{a_i}$，$j=1,2,\cdots,n$. 求得模糊综合评价集为 $\boldsymbol{B}=(0.786,0.66,0.617,0)$. 评价结论也为"优秀".

注意，以上"全一致"的情况并不具有一般性.

4. 多级模糊综合评价

上面研究的评价问题相对比较简单，属于一级模糊综合评价. 实际上，还有许多比这更复杂的问题，不仅要考虑的因素多且多带模糊性，同时各种因素往往又具有不同的层次(即一个上层因素往往由若干下层因素所决定). 这种情况采用一级模糊综合评价，难以得出合理的评价结果，需要采用多级模糊综合评价. 例如，对高等学校整体水平、实力的综合评价，就涉及许多因素：师资力量、科研实力、学术水平、教学设施、科研成果、招生规模、毕业生质量、社会影响力等. 其中任何一个因素又由多个子层次的因素决定，就拿师资力量(主要指师资质量与数量)来讲，可包括多个子因素，比如包括高级职称人数、具有博士学位教师的比例、教师年龄的结构、在国内外知名的教授人数等.

对上述多因素多层次系统的综合评价方法是，首先按最低层次的各个因素进行综合评价，然后再按上一层次的各因素进行综合评价；依次向更上一层评价，一直评到最高层次以得出总的综合评价结果. 通过下述例子来说明这种求解方法.

例 3.1.3 某化工厂在使用某种剧毒液体氰化钠时不慎将其排入河中，河中的鱼蚌大批死亡，危害了下游人们的生命安全，由此受到起诉. 法院受理了这一案件，并用模糊综合评判的方法研究其中的犯罪事实. 考虑犯罪的因素集 $X=\{$污染程度(X_1)，污染范围(X_2)，危害程度$(X_3)\}$. 而其中的每一因素 $X_i(i=1,2,3)$ 又由更加基本的因素所决定.

对于 X_1，其因素集与评语集分别为：$X_1=\{$生物需氧量 x_{11}，化学需氧量 x_{12}，氨氮 x_{13}，溶解氧 $x_{14}\}$，$V_1=\{$严重 v_{11}，中等 v_{12}，轻度 v_{13}，清洁 $v_{14}\}$. 设 X_1 中各因素经专家评议所得的重要程度模糊子集为 $\boldsymbol{A}_1=(0.20,0.57,0.21,0.02)$，而综合评判矩阵为

$$\boldsymbol{R}_1=\begin{bmatrix}0.81&0.19&0&0\\0.79&0.20&0.01&0\\0.88&0.09&0.03&0\\0&0.01&0.49&0.5\end{bmatrix}.$$

采用模型 $M(\wedge,\vee)$ 进行一级综合评判得 $\boldsymbol{A}_1*\boldsymbol{R}_1=(0.57,0.20,0.03,0.02)$. 归一化得 $\boldsymbol{B}_1=(0.70,0.24,0.04,0.02)$.

对于 X_2，其因素集与评语集为：$X_2=\{$分子量 x_{21}，溶解度 x_{22}，颗粒吸着性 x_{23}，水流速 $x_{24}\}$，$V_2=\{$很远 v_{21}，远 v_{22}，较远 v_{23}，较近 $v_{24}\}$. 经专家评议得 X_2 重要程度模糊子集为

$\boldsymbol{A}_2=(0.6,0.1,0.1,0.2)$，而综合评判矩阵为

$$\boldsymbol{R}_2=\begin{bmatrix}0.1 & 0.7 & 0.2 & 0\\ 0.2 & 0.6 & 0.1 & 0.1\\ 0 & 0.2 & 0.2 & 0.6\\ 0 & 0.4 & 0.5 & 0.1\end{bmatrix}.$$

采用模型 $M(\wedge,\vee)$进行一级综合评判得 $\boldsymbol{B}_2=\boldsymbol{A}_2*\boldsymbol{R}_2=(0.1,0.6,0.2,0.1)$.

对于 X_3，主要是针对危害和损失情况，其因素集和评语集分别为：$X_3=\{$人身危害 x_{31}，社会经济损失 x_{32}，厂家经济损失 $x_{33}\}$，$V_3=\{$很严重 v_{31}，严重 v_{32}，较重 v_{33}，一般 $v_{34}\}$. 经专家评议得 X_3 的因素重要程度模糊子集为 $\boldsymbol{A}_3=(0.1,0.6,0.3)$，综合评价矩阵为

$$\boldsymbol{R}_3=\begin{bmatrix}0 & 0.1 & 0.2 & 0.7\\ 0.5 & 0.4 & 0.1 & 0\\ 0.4 & 0.5 & 0.1 & 0\end{bmatrix}.$$

采用模型 $M(\wedge,\vee)$进行一级综合评判得 $\boldsymbol{A}_3*\boldsymbol{R}_3=(0.5,0.4,0.1,0.1)$. 归一化得 $\boldsymbol{B}_3=(0.46,0.36,0.09,0.09)$.

由上述一级模糊综合评价集 $\boldsymbol{B}_1,\boldsymbol{B}_2,\boldsymbol{B}_3$ 得二级综合评判矩阵为

$$\boldsymbol{R}=\begin{bmatrix}\boldsymbol{B}_1\\ \boldsymbol{B}_2\\ \boldsymbol{B}_3\end{bmatrix}=\begin{bmatrix}0.70 & 0.24 & 0.04 & 0.02\\ 0.10 & 0.60 & 0.20 & 0.10\\ 0.46 & 0.36 & 0.09 & 0.09\end{bmatrix}.$$

设 $X=\{X_1,X_2,X_3\}$的因素重要程度模糊子集为 $\boldsymbol{A}=(0.5,0.3,0.2)$，则采用模型 $M(\wedge,\vee)$进行二级模糊综合评价得

$$\boldsymbol{B}=\boldsymbol{A}*\boldsymbol{R}=(0.5,0.3,0.2,0.1).$$

根据最大隶属度原则，综合评价结果为危害“很严重”，这说明犯罪事实是成立的，这为审理此案提供了重要依据.

注意：(1) 一些比较复杂的评价问题，其评判的因素很多，为每一因素赋予恰当的权值比较困难；即便是赋予了权值，一些因素权值很小，这些微小权值在参与模糊合成运算时很可能被“淹没”，致使评价结果失去可靠性. 这时，可以采用这样的方法：人为将因素分组，引入上层因素(即给每一组起一个“组名”，以此命名上层因素)，从而构成层次结构，然后从低层向高层依次应用模糊综合评价方法. 一些文献将其称为多层次综合评价(比如文献[32])，其本质就是多级模糊综合评价. (2) 在模糊综合评价中，确定因素重要程度模糊集(即各因素的权重)非常关键，常由专家打分得到，主观性太强. 一种科学的确定方法是层次分析法，它将定性与定量相结合，可以取得较好效果. 我们将在 3.1.3 节中介绍层次分析法以及它与模糊综合评价方法的集成技巧.

3.1.2 模糊综合评价的程序实现

为了提高效率，可以借助各种软件工具实现模糊综合评价的自动计算. 比如，文献[33]中提供了软件包 MCE，其中就有模糊综合评价程序 Fuzzy，图 3-1(a)、(b)是应用 MCE 计算例 3.1.1 的情况.

以下给出模糊综合评判的 C++ 程序及其运行示例，取自文献[34](稍做修改).

程序中有如下参数(运行时需要输入这些数据)：

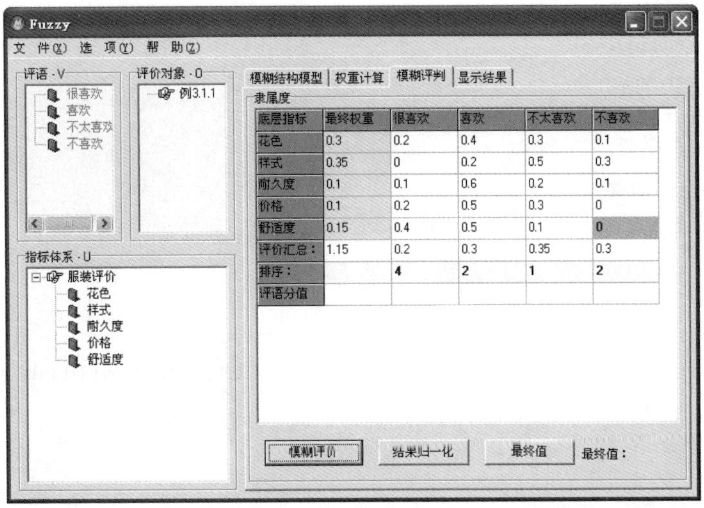

(a)

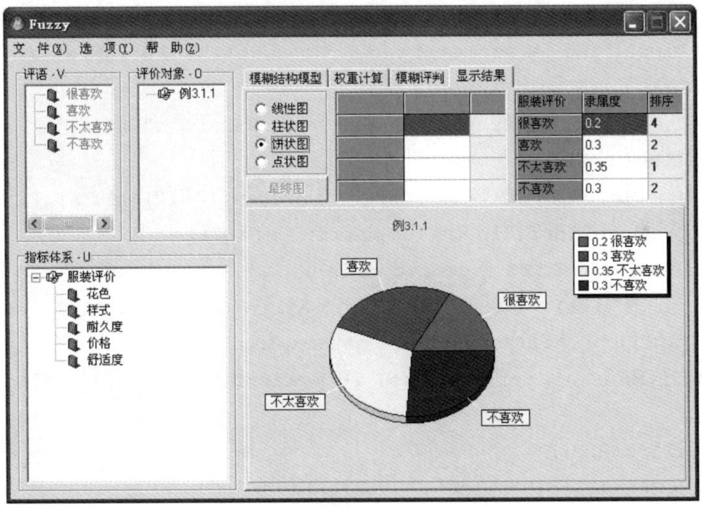

(b)

图 3-1　MCE 软件包使用示例

M——考虑的因素个数；

N——评语级别的个数；

R——评价矩阵，其元素 $R[i][j]$ 一行一行地输入，其中 $i=1,2,\cdots,M$，$j=1,2,\cdots,N$；

A——因素重要程度模糊子集，其元素为 $A[i]$，$i=1,2,\cdots,M$；

参数 p——采用评判模型 $M(\wedge,\vee)$ 时 $p=1$，采用评判模型 $M(\bullet,\vee)$ 时 $p=2$，采用评判模型 $M(\wedge,\oplus)$ 时 $p=3$，采用评判模型 $M(\bullet,\oplus)$ 时 $p=4$，采用评判模型 $M(\bullet,+)$ 时 $p=5$，采用评判模型 $M(\text{乘幂},\wedge)$ 时 $p=6$.

本程序运行时，首先需要用户从键盘依次输入 M,N,R,A 的值，之后程序将提示用户选择 p 的值，并根据用户的选择采用相应模型进行计算，程序的输出结果是：综合评判结果 $B[j]$，其中 $j=1,2,\cdots,N$.

```
/*模糊综合评判的 C++语言程序.*/
#include "stdio.h"
#include "conio.h"
#include "math.h"
int M, N;
/*分配内存空间函数*/
double ** mat_alloc(int nrows, int ncols)
{
    double ** mat; int i;
    mat=(double**)malloc(sizeof(double*)*nrows);
    for(i=0; i<nrows; i++) {mat[i]=(double*)malloc(sizeof(double)*ncols);}
    return(mat);
}
main()
{
    double **R, *A, **R1, *B; int i,j,i_max; double max, min; float b; int p;
    printf("input the parameter M and N:"); scanf("%d%d",&M,&N);
/*输入矩阵 R*/
    printf("\n"); printf("input the matrix R: M and N\n");
    R=mat_alloc(M, N);
    for(i=0; i<M; i++) for(j=0; j<N; j++) { scanf("%f",&b); R[i][j]=(double)b;}
    printf("\n"); printf("input the matrix A: M\n");
    A=(double*)malloc(M*sizeof(double));
    for(i=0; i<M; i++) { scanf("%f", &b); A[i]=(double)b; }
    printf("\n"); printf("output the matrix R:\n");
    for(i=0; i<M; i++) { for(j=0; j<N; j++) printf("%7.3f", R[i][j]); printf("\n"); }
    getch();
    R1=mat_alloc(M,N);
    B=(double*)malloc(N*sizeof(double));
/*输入选择评价模型的参数 p*/
    printf("input the parameter p:");
    scanf("%d",&p);
    printf("\n");
    switch(p)
        {
        case 1:
            for(i=0; i<M; i++) for(j=0; j<N; j++)
                { if (A[i]>=R[i][j]) R1[i][j]=R[i][j]; else R1[i][j]=A[i]; }
                                                /*计算 R1(i,j)=A(i)∧R(i,j)*/
            for(j=0; j<N; j++)
                { max=0; for(i=0;i<M; i++) if(R1[i][j]>max) max=R1[i][j]; B[j]=max; }
```

/*计算 $B(j)=\bigvee_{i=1}^{M} R1(i,j)=\bigvee_{i=1}^{M}(A(i)\wedge R(i,j))$ */

```
            break;
        case 2:
```

```
    for(i=0; i<M; i++) for(j=0; j<N; j++) {R1[i][j]=A[i] * R[i][j];}
                                        /* 计算 R1(i,j)=A(i) • R(i,j) */
    for(j=0; j<N; j++)
        {max=0; for(i=0; i<M; i++) if(R1[i][j]>max) max=R1[i][j]; B[j]=max; }
                 /* 计算 B(j)= ⋁_{i=1}^{M} R1(i,j)= ⋁_{i=1}^{M} (A(i) • R(i,j)) */
    break;
case 3:
    for(i=0; i<M; i++) for(j=0; j<N; j++)
        { if(A[i]>=R[i][j]) R1[i][j]=R[i][j]; else R1[i][j]=A[i]; }
                                        /* 计算 R1(i,j)=A(i) ∧ R(i,j) */
    for(j=0; j<N; j++)
        {
        max=0;
        for(i=0; i<M; i++) max+=R1[i][j];
        if(max>1)B[j]=1; else B[j]=max;
        }
         /* 计算 B(j) = min{1, Σ_{i=1}^{M} R1(i,j)} = min{1, Σ_{i=1}^{M} (A(i) ∧ R(i,j))} */
    break;
case 4:
    for(i=0; i<M; i++) for(j=0; j<N; j++) { R1[i][j]=A[i]* R[i][j]; }
                                        /* 计算 R1(i,j)=A(i) • R(i,j) */
    for(j=0; j<N; j++)
        {
        max=0;
        for(i=0; i<M; i++) max+=R1[i][j];
        if(max>1)B[j]=1; else B[j]=max;
        }
         /* 计算 B(j)=min{1, Σ_{i=1}^{M} R1(i,j)} =min{1, Σ_{i=1}^{M} (A(i) • R(i,j))} */
    break;
case 5:
    for(i=0; i<M; i++) for(j=0; j<N; j++) { R1[i][j]=A[i]* R[i][j]; }
                                        /* 计算 R1(i,j)=A(i) • R(i,j) */
    for(j=0; j<N; j++) { B[j]=0; for(i=0; i<M; i++) B[j]+=R1[i][j]; }
                 /* 计算 B(j) = Σ_{i=1}^{M} R1(i,j) = Σ_{i=1}^{M} (A(i) • R(i,j)) */
    break;
case 6:
    for(i=0; i<M; i++) for(j=0; j<N; j++) { R1[i][j]=pow(R[i][j], A[i]); }
                                        /* 计算 R1(i,j)= • R(i,j) ∧ A(i) */
    for(j=0; j<N; j++)
        {
        in=R1[0][j];
        for(i=0; i<M; i++) if(R1[i][j]<min) min=R1[i][j]; B[j]=min;
```

```
            }
    /*计算 B(j)=min{R1(i,j), i=1, 2, …, M}=min{R(i,j)∧A(i), i=1, 2, …, M}*/
        }
        /*end switch*/
    printf("output the matrix R1:\n");
    for(i=0; i<M; i++) { for(j=0;j<N;j++) printf("%7.3f", R1[i][j]); printf("\n"); }
                                                                        /*输出 R1*/
    getch();
    printf("output B:\n");
    max=0; i_max=0;
    for(j=0; j<N; j++)
        {
        printf("%7.3f",B[j]);
        if(B[j]>max) { max=B[j]; i_max=j+1; }
        }
                                                                        /*输出 B*/
    printf("\n");
    printf("B the best is %d\n", i_max);
                                                                   /*输出评语编号*/
    getch( );
    free(R); free( R1); free(A); free(B);
}
/* end main */
```

图 3-2 所示为上述 C++ 程序的运行实例,与例 3.1.2 在评判模型 $M(\wedge,\vee)$下的计算结果一致.

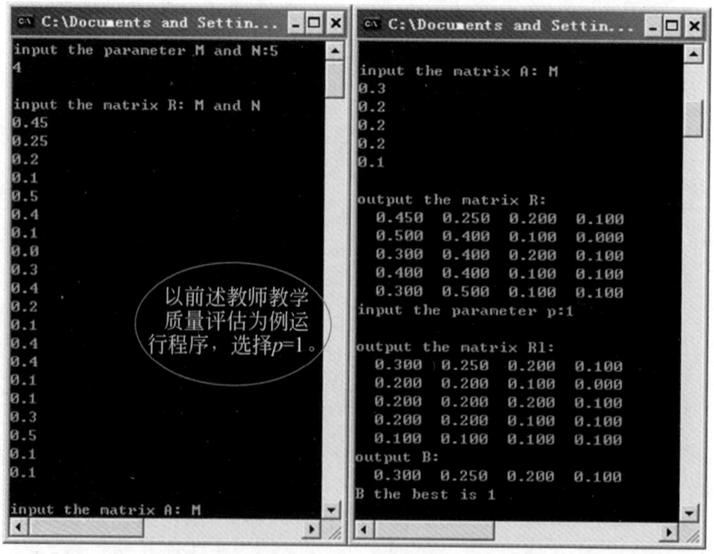

图 3-2 程序运行示例

3.1.3 层次分析法与模糊综合评价的集成

1. 层次分析法(AHP)概述

层次分析法(analytic hierarchy process,AHP)是美国匹兹堡大学教授 T. L. Saaty 于 20 世纪 70 年代提出的,它是一种定性与定量相结合的系统分析和决策的方法.

AHP 从先分解后综合的系统论思想出发,首先把复杂问题分解为若干层次和若干因素,并将这些因素按一定的关系分组,形成有序的递阶层次结构;然后,通过两两比较判断的方式,确定每一层次中各因素相对于上层某因素的重要性(相对权重),并以相应的定量标度值构成比较判断矩阵;最后,将前述得到的定量数据在递阶层次结构内进行合成,以得到最低层决策因素相对于总目标的重要性排序.

用 AHP 分析问题大体要经过以下 5 个步骤.

(1) 建立层次结构:对待解决的问题进行深入分析,明确问题的目标及影响因素,特别是各因素之间的定性关系及层次结构. 通常把问题分成多个层次,最高层称为目标层,只有一项,表示该问题要达到的总目标;中间层称为准则层,是指影响目标实现的准则、子准则,可根据问题的复杂程度分成多层;最低层称为方案层或措施层,是指实现目标可供选择的方案或采取的措施等.

(2) 构造判断矩阵:相对于上一层次的某因素,对每一层次中各因素进行两两比较判断,确定其相对重要性程度,并用合适的标度值表示,写成矩阵形式,这就是判断矩阵.

若用 b_{ij} 表示对于上层某因素 A_k 而言,下层因素 B_i 与 B_j 相对重要性的数值,一般用 1~9 及其倒数作为标度值,其含义如表 3-1 所示.

表 3-1 构造判断矩阵时常用的相对重要性标度值(b_{ij})

标度	含 义	说 明
1	元素 B_i 与 B_j 同等重要	• 标度值还可以取 2,4,6,8,表示相对重要性介于左侧相邻两情况之间. • 标度值还可以取上述数值的倒数,即若因素 B_i 与 B_j 相比得 b_{ij},则因素 B_j 与 B_i 相比得 $b_{ji}=1/b_{ij}$.
3	元素 B_i 比 B_j 稍微重要	
5	元素 B_i 比 B_j 明显重要	
7	元素 B_i 比 B_j 强烈重要	
9	元素 B_i 比 B_j 极端重要	

(3) 一致性检验:一个混乱的、经不起推敲的判断矩阵很可能引起决策的失误. 因此,对于上一步构造的判断矩阵,需要检验其一致性,以保证后续做出的排序和决策是可靠的.

判断矩阵 $\boldsymbol{B}=(b_{ij})_{n\times n}$ 的一致性是指其满足条件 $b_{ik}b_{kj}=b_{ij}(i,j,k=1,2,\cdots,n)$,它反映了两两比较判断之间是协调一致、不矛盾的. 如果出现甲比乙极端重要、乙比丙极端重要、而丙又比甲极端重要,这显然是违反常识的,此时一致性条件不成立. 另一方面,由于实际问题的复杂性和不确定性,特别是涉及的因素很多时,要求构造的判断矩阵完全满足上述一致性也是不现实的. Saaty 教授经研究认为,只要判断矩阵与一致性的要求不是偏离很多,即判断矩阵只要满足"满意一致性",就可以进行下一步操作. Saaty 教授确定"满意一致性"的计算方法是:

先计算判断矩阵的最大特征值 $\lambda_{\max}$ 及一致性指标 $CI=\frac{\lambda_{\max}-n}{n-1}$，再计算一致性比例 $CR=CI/RI$，其中 RI 是平均随机一致性指标，它与 n 有关，具体由表 3-2 给出. 当 $CR\leqslant 0.1$ 时，认为判断矩阵具有“满意一致性”，是可以接受的；否则(即 $CR>0.1$ 时)，需要对判断矩阵作适当修正.

表 3-2 平均随机一致性指标值

n	1	2	3	4	5	6	7	8	9
RI	0	0	0.58	0.90	1.12	1.24	1.32	1.41	1.45

(4) 层次单排序：根据判断矩阵，计算下层各因素相对于上层某因素的重要性排序(权重)，称为层次单排序. 设当前层对应的判断矩阵为 $\boldsymbol{B}=(b_{ij})_{n\times n}$，有多种方法进行单层次排序，例如：

特征值法——计算判断矩阵 $\boldsymbol{B}$ 的特征值和特征向量，将最大特征值对应的特征向量进行归一化后作为排序权重，即层次单排序的结果.

方根法——计算判断矩阵 $\boldsymbol{B}$ 的每一行元素的乘积，再对其开 n 次方，对结果归一化即得权重向量 $\boldsymbol{w}=(w_1,w_2,\cdots,w_n)$，其中

$$w_i=\frac{\sqrt[n]{b_{i1}b_{i2}\cdots b_{in}}}{\sum_{k=1}^{n}\sqrt[n]{b_{k1}b_{k2}\cdots b_{kn}}}.$$

此外，判断矩阵 $\boldsymbol{B}$ 的最大特征值还可以用下述方法进行近似计算：

$$\lambda_{\max}\approx\sum_{i=1}^{n}\frac{(\boldsymbol{B}\boldsymbol{w})_i}{nw_i}=\frac{1}{n}\sum_{i=1}^{n}\left(\frac{1}{w_i}\sum_{j=1}^{n}b_{ij}w_j\right).$$

(5) 层次总排序及决策：将层次单排序结果进行合成，以得到各层元素、特别是最低层元素对总目标的排序权重，这称为层次总排序. 其基本思路是，自上而下逐层计算下层元素对总目标的排序权重向量，最终递推得到最低层元素对总目标的权重向量，经此作为决策的依据. 具体地说，假定上层有 m 个元素 $A_1,A_2,\cdots,A_m$，已得到该层次的总排序权重为 $a_1,a_2,\cdots,a_m$；下层有 n 个元素 $B_1,B_2,\cdots,B_n$，且 $B_1,B_2,\cdots,B_n$ 对 $A_j(j=1,2,\cdots,m)$ 的单排序权重为 $c_{1j},c_{2j},\cdots,c_{nj}$(当下层元素 B_i 与上层元素 A_j 无关系时，取 $c_{ij}=0$)，则下层元素 $B_1,B_2,\cdots,B_n$ 对于总目标的总排序权重向量 $\boldsymbol{b}=(b_1,b_2,\cdots,b_n)$ 按以下方法计算：

$$b_i=\sum_{j=1}^{m}a_jc_{ij},\quad i=1,2,\cdots,n.$$

可以用表 3-3 表示总排序权重的递推计算方法，其核心是以单排序权重向量为列、兼顾上层的总排序权重进行横向求和.

表 3-3 层次总排序的递推计算方法

层次	A_1	A_2	…	A_m	B 层总排序权重
	a_1	a_2	…	a_m	
B_1	c_{11}	c_{12}	…	c_{1m}	$b_1=a_1c_{11}+a_2c_{12}+\cdots+a_1c_{1m}$

续表

层次	A_1	A_2	$\cdots$	A_m	B 层总排序权重
	a_1	a_2	$\cdots$	a_m	
B_2	c_{21}	c_{22}	$\cdots$	c_{2m}	$b_2=a_1c_{21}+a_2c_{22}+\cdots+a_1c_{2m}$
$\vdots$	$\vdots$	$\vdots$		$\vdots$	$\vdots$
B_n	c_{n1}	c_{n2}	$\cdots$	c_{nm}	$b_n=a_1c_{n1}+a_2c_{n2}+\cdots+a_1c_{nm}$

2. AHP 应用实例及其程序实现

下面以风险投资公司对投资项目进行选择的实际问题为例，借助相关软件，详细说明 AHP 的具体操作过程.

设某风险投资公司对投资项目进行决策，主要以风险企业产品的技术水平（A_1）、市场潜力（A_2）、企业的管理水平（A_3）、领导者素质（A_4）进行综合评估，拟从备选项目 B_1，B_2，B_3 中选择一个进行风险投资.

• 建立层次结构

根据问题，可建立如图 3-3 所示的层次结构（这里用层次分析软件 yaahp 绘制，该软件由张建华老师开发，可在 www.jeffzhang.cn 上下载）.

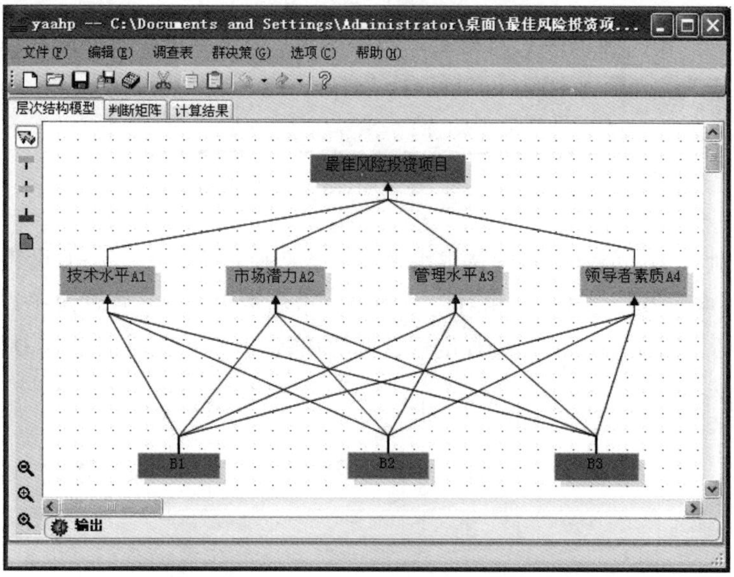

图 3-3 风险投资决策的层次结构

• 构造判断矩阵，并进行一致性检验

相对于最佳风险投资项目的总目标，对准则因素 A_1，A_2，A_3，A_4 的重要性进行两两比较，得到如下判断矩阵：

$$C=\begin{bmatrix}1 & \frac{1}{5} & 3 & \frac{1}{9}\\ 5 & 1 & 6 & \frac{1}{4}\\ \frac{1}{3} & \frac{1}{6} & 1 & \frac{1}{8}\\ 9 & 4 & 8 & 1\end{bmatrix}.$$

经计算(这里用 MATLAB 进行计算,如图 3-4 所示),判断矩阵 $\boldsymbol{C}$ 的最大特征值 $\lambda_{\max}=4.2664$、相应的一致性比例 $CR=0.0987$(注意,使用不同的软件计算,得到的数据可能有微小差距,其原因是不同软件采用的算法和精度有所不同). 由于 $CR<0.1$,所以此判断矩阵具有"满意一致性",无须对其元素进行调整.

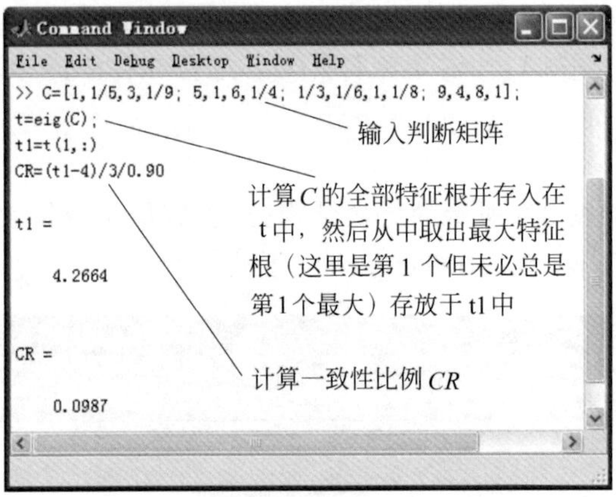

图 3-4 一致性检验(使用 MATLAB)

相对于准则 A_1(即企业产品的技术水平),对备选项目 B_1,B_2,B_3 的优势程度进行两两比较,得到判断矩阵 $\boldsymbol{D}_1$. 类似地,相对于准则 A_2(市场潜力)、A_3(管理水平)、A_4(领导者素质),对备选项目 B_1,B_2,B_3 的优势程度进行两两比较,分别得到判断矩阵 $\boldsymbol{D}_2,\boldsymbol{D}_3,\boldsymbol{D}_4$.

$$\boldsymbol{D}_1=\begin{bmatrix}1 & 2 & 5\\ \frac{1}{2} & 1 & 3\\ \frac{1}{5} & \frac{1}{3} & 1\end{bmatrix},\quad \boldsymbol{D}_2=\begin{bmatrix}1 & 3 & 1\\ \frac{1}{3} & 1 & \frac{1}{3}\\ 1 & 3 & 1\end{bmatrix},\quad \boldsymbol{D}_3=\begin{bmatrix}1 & 1 & 2\\ 1 & 1 & 2\\ \frac{1}{2} & \frac{1}{2} & 1\end{bmatrix},\quad \boldsymbol{D}_4=\begin{bmatrix}1 & \frac{1}{7} & \frac{1}{3}\\ 7 & 1 & 3\\ 3 & \frac{1}{3} & 1\end{bmatrix}.$$

经计算,上述判断矩阵的一致性比例 CR 均小于 0.1,具有"满意一致性".

• 层次单排序

求判断矩阵 $\boldsymbol{C}$ 的最大特征值对应的特征向量,对其规一化后即可得到准则层相对于目标的权重向量 $\boldsymbol{u}=(0.0777,0.2491,0.0447,0.6285)$. 此结果用 MATLAB 计算得到,如图 3-5 所示.

类似地,计算项目层各元素相对于准则层某因素的权重向量,得到如下结果:

项目层 B_1,B_2,B_3 相对于准则因素 A_1 的权重向量 $\boldsymbol{v}_1=(0.5816,0.3090,0.1094)$;

项目层 B_1,B_2,B_3 相对于准则因素 A_2 的权重向量 $\boldsymbol{v}_2=(0.4286,0.1428,0.4286)$;

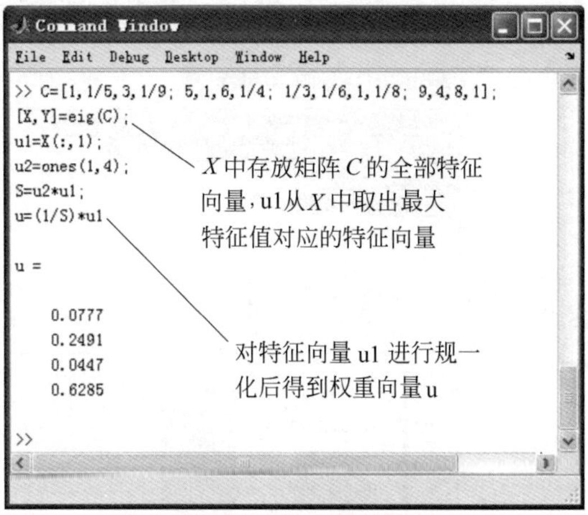

图 3-5 求层次单排序权重向量(使用 MATLAB)

项目层 B_1,B_2,B_3 相对于准则因素 A_3 的权重向量 $\boldsymbol{v}_3=(0.4,0.4,0.2)$；

项目层 B_1,B_2,B_3 相对于准则因素 A_4 的权重向量 $\boldsymbol{v}_4=(0.088,0.6694,0.2426)$.

- 层次总排序及决策

以权重向量 $\boldsymbol{v}_1,\boldsymbol{v}_2,\boldsymbol{v}_3,\boldsymbol{v}_4$ 为列得到矩阵 $\boldsymbol{V}$，将权重向量 $\boldsymbol{u}$ 转置得到 $\boldsymbol{u}^{\mathrm{T}}=\begin{bmatrix}0.0777\\0.2491\\0.0447\\0.6285\end{bmatrix}$，则项目层各元素相对于总目标的权重向量为

$$\boldsymbol{V}\boldsymbol{u}^{\mathrm{T}}=\begin{bmatrix}0.5816 & 0.4286 & 0.4 & 0.088\\0.3090 & 0.1428 & 0.4 & 0.6694\\0.1094 & 0.4286 & 0.2 & 0.2426\end{bmatrix}\begin{bmatrix}0.0777\\0.2491\\0.0447\\0.6285\end{bmatrix}=\begin{bmatrix}0.2251\\0.4982\\0.2767\end{bmatrix}.$$

上述结果表明，项目 B_2 的综合评价值最高，故 B_2 为最佳风险投资项目.

对于此实例，可以借助其他软件进行求解，比如前面提到的 yaahp、文献[33]中的 MCE·AHP 等. 图 3-6 所示为利用 MCE·AHP 得到的结果(权重数据有微小差距，其原因是不同软件采用的算法和精度不同，但决策结果是一致的).

3. 综合运用 AHP 与模糊综合评价方法

模糊综合评价没有提供求因素重要性程度模糊集(权重)的方法，而 AHP 不适宜解决最底层元素(方案)较多的问题(当方案数太多时，AHP 过于烦琐且一致性检验困难)，因此将模糊综合评价与 AHP 进行集成就成为一种有效方法. 下面以造纸企业木材供应商评价问题为例，详细说明此方法的具体操作流程.

设某造纸企业从以下几个方面对木材供应商进行评估：

木材质量(A_1)，木材价格(A_2)，企业合作性(A_3)，企业运作(A_4).

拟从 10 个供应商 $B_1\sim B_{10}$ 中选择最优者作为该造纸企业的木材供货者.

(1) 首先建立层次结构，如图 3-7 所示.

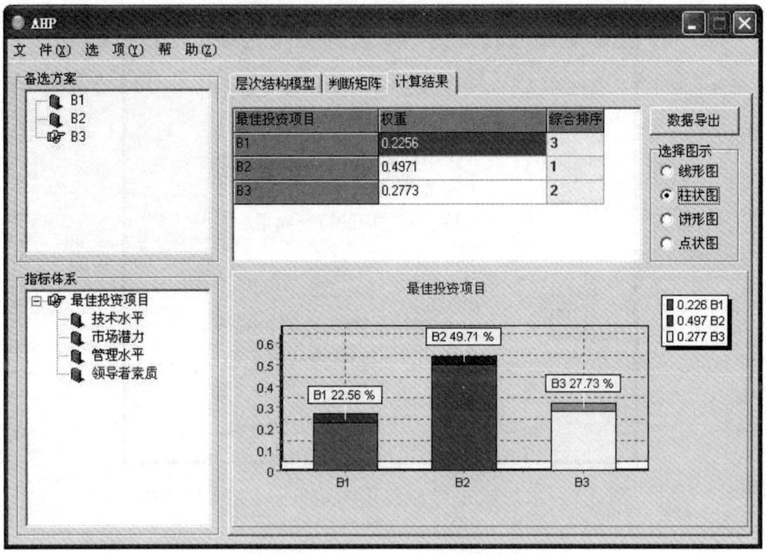

图 3-6 最佳风险投资项目的层次分析(使用 MCE・AHP)

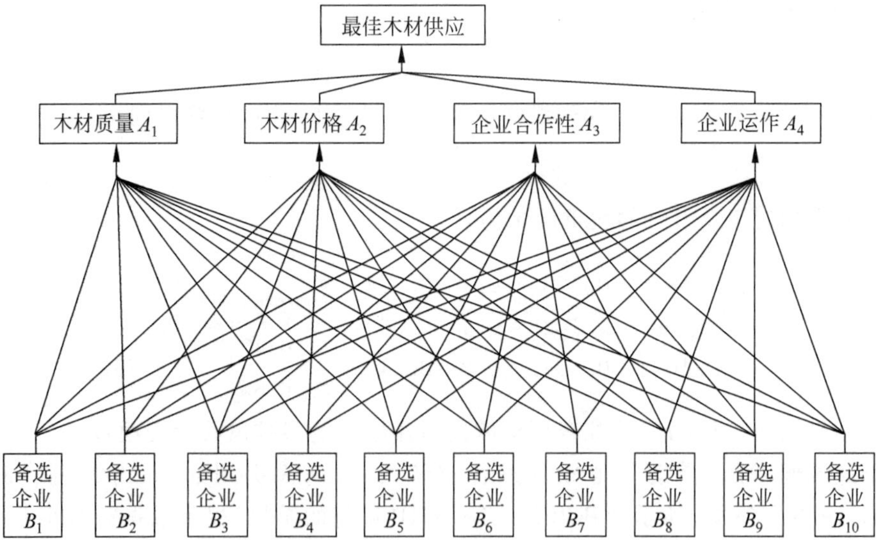

图 3-7 最佳木材供应商决策问题的层次结构

(2) 应用 AHP 求准则层的权重向量：对准则层 A_1,A_2,A_3,A_4，由业内专家对 4 个因素进行比较判断，得到判断矩阵

$$\boldsymbol{C}=\begin{bmatrix}1 & 2 & 3 & 3\\ \dfrac{1}{2} & 1 & 1 & 1\\ \dfrac{1}{3} & 1 & 1 & 2\\ \dfrac{1}{3} & 1 & \dfrac{1}{2} & 1\end{bmatrix}.$$

经检验，上述判断矩阵具有满意一致性．应用AHP求得 A_1,A_2,A_3,A_4 相对于总目标的权重向量 $\boldsymbol{u}=(0.4623,0.1884,0.2049,0.1444)$．

（3）应用模糊综合评价给出每一个供应商的综合评价向量：选择评语集 $V=\{v_1$(很满意)，v_2(较满意)，v_3(一般)，v_4(不满意)，v_5(很不满意)$\}$，对每一个供应商确定其关于4个因素 A_1,A_2,A_3,A_4 的评价，形成模糊关系矩阵 $\boldsymbol{R}_1,\cdots,\boldsymbol{R}_{10}$．比如，对供应商 B_1 进行评估后得到如下模糊关系矩阵(因篇幅限制，省去 $\boldsymbol{R}_2,\cdots,\boldsymbol{R}_{10}$ 的具体数据)

$$\boldsymbol{R}_1=\begin{bmatrix}0.47 & 0.33 & 0.1 & 0.1 & 0\\ 0 & 0.3 & 0.45 & 0.15 & 0.1\\ 0.3 & 0.5 & 0.1 & 0 & 0.1\\ 0.1 & 0.25 & 0.35 & 0.1 & 0.2\end{bmatrix}.$$

应用模糊综合评价，得到供应商 B_1 的综合评价向量

$$\boldsymbol{w}_1=\boldsymbol{u}\circ\boldsymbol{R}_1=(0.4623,0.1884,0.2049,0.1444)\circ\begin{bmatrix}0.47 & 0.33 & 0.1 & 0.1 & 0\\ 0 & 0.3 & 0.45 & 0.15 & 0.1\\ 0.3 & 0.5 & 0.1 & 0 & 0.1\\ 0.1 & 0.25 & 0.35 & 0.1 & 0.2\end{bmatrix}$$

$$=(0.4623,0.33,0.1884,0.15,0.1444).$$

同理可得到供应商 $B_2,\cdots,B_{10}$ 的综合评价向量，分别列在下面：

$$\boldsymbol{w}_2=(0.35,0.45,0.2,0.1444,0.1),$$
$$\boldsymbol{w}_3=(0.1884,0.2,0.3,0.2049,0.2),$$
$$\boldsymbol{w}_4=(0.4623,0.36,0.2049,0.15,0.1444),$$
$$\boldsymbol{w}_5=(0.3,0.4,0.2049,0.1444,0.1444),$$
$$\boldsymbol{w}_6=(0.1884,0.25,0.3,0.2049,0.2),$$
$$\boldsymbol{w}_7=(0.2049,0.22,0.25,0.35,0.1444),$$
$$\boldsymbol{w}_8=(0.1884,0.19,0.2,0.3,0.45),$$
$$\boldsymbol{w}_9=(0.25,0.35,0.25,0.15,0.1444),$$
$$\boldsymbol{w}_{10}=(0.1884,0.28,0.32,0.2,0.1444).$$

（4）对各供应商的综合评价向量进行排序，确定最佳供应商：对于得到的综合评价向量进行排序，有多种方法．实际上，其本质是评语集 V 上系列模糊集的排序问题，而模糊集的排序是一个困难问题，已基于不同角度、不同思路提出过众多的排序方法，还没有大家公认的统一方法(见文献[34～36])．针对本问题，可采用以下方法

方法一：利用最大隶属度原则，根据各供应商的综合评价向量，给出每一供应商的综合评语，得 $B_1,B_2,\cdots,B_{10}$ 的综合评语分别为“很满意”“较满意”“一般”“很满意”“较满意”“一般”“不满意”“很不满意”“较满意”“一般”．其中，B_1,B_4 均为“很满意”，应该成为重点考虑的对象．如果仅选一家作为木材供应商，则可进一步比较它们综合评价向量中的第1,2个分量的大小，即它们隶属于“很满意”“较满意”的程度，其第1个分量相同，而第2个分量分别为0.33和0.36，故 B_4 应选为最佳供货商．

方法二：给隶属于评语“很满意”“较满意”“一般”“不满意”“很不满意”的程度分别乘以赋分值(这里分别选3,2,1,0,−1作为其分值，也可使用其他赋分值方法)，再求总和，作为

每一供应商的总分，得 $B_1,B_2,\cdots,B_{10}$ 的总得分分别为 2.0909，2.05，1.0652，2.1674，1.7605，1.1652，1.1603，0.6952，1.5556，1.3008. 结果 B_4 得分最高，故选 B_4 为最佳供货商.

注意：模糊综合评价与层次分析法均有广泛应用，不同领域和背景的学者做了大量探索研究(参见文献[37,38])，读者可以在这些工作的基础上进行更深入的研究.

3.1.4 模糊综合评价的逆问题与模糊关系方程

1. 模糊综合评价的逆问题

模糊综合评价实际上是一个模糊变换(映射)问题，若把模糊关系 $\boldsymbol{R}$ 看做"模糊变换器"，$\boldsymbol{A}$ 作为输入，$\boldsymbol{B}$ 作为输出，则模糊综合评价问题就是已知 $\boldsymbol{A}$ 和 $\boldsymbol{R}$ 求 $\boldsymbol{B}$ 的问题. 相反地，如果已知综合决断 $\boldsymbol{B}$ 和综合评价矩阵 $\boldsymbol{R}$，求做出决断所依赖的因素权重 $\boldsymbol{A}$，这就是模糊综合评价的逆问题.

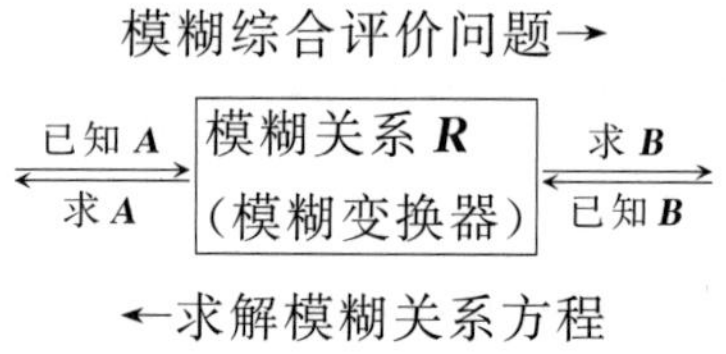

模糊综合评价的逆问题，其实质是求解模糊关系方程 $\boldsymbol{A}\circ\boldsymbol{R}=\boldsymbol{B}$. 把 $\boldsymbol{A}$ 记为未知的 $\boldsymbol{X}$，考虑以下模糊关系方程：$\boldsymbol{X}\circ\boldsymbol{R}=\boldsymbol{B}$，即

$$(x_1,x_2,\cdots,x_m)\circ\begin{bmatrix} r_{11} & r_{12} & \cdots & r_{1n} \\ r_{21} & r_{22} & \cdots & r_{2n} \\ \vdots & \vdots & \ddots & \vdots \\ r_{m1} & r_{m2} & \cdots & r_{mn} \end{bmatrix}=(b_1,b_2,\cdots,b_n).$$

要解上述模糊关系方程 $\boldsymbol{X}\circ\boldsymbol{R}=\boldsymbol{B}$ 比解线性方程复杂得多，因为该方程中的运算并不是简单的乘法和加法运算，而是取小与取大运算.

$$\begin{cases} (r_{11}\wedge x_1)\vee(r_{21}\wedge x_2)\vee\cdots\vee(r_{m1}\wedge x_m)=b_1, \\ (r_{12}\wedge x_1)\vee(r_{22}\wedge x_2)\vee\cdots\vee(r_{m2}\wedge x_m)=b_2, \\ \qquad\vdots \\ (r_{1n}\wedge x_1)\vee(r_{2n}\wedge x_2)\vee\cdots\vee(r_{mn}\wedge x_m)=b_n. \end{cases}$$

模糊关系方程是法国人 E. Sanchez 在 1976 年研究医疗诊断系统时提出的，并且最一般地证明了：对任意模糊关系方程，若有解则必有最大解. 因此，其解集合的"上端"情况比较清楚，较难的是其下端的情况. 一般地说，模糊关系方程若有解，则可能有多个极小解.

有关模糊关系方程的解法稍后说明，这里先介绍求解模糊综合评价逆问题的比较选择法：首先人为假定 s 个权分配方案 $\boldsymbol{A}_1,\boldsymbol{A}_2,\cdots,\boldsymbol{A}_s$，分别求出它们的评价结果 $\boldsymbol{B}_j=\boldsymbol{A}_j\circ\boldsymbol{R}$，$j=1,2,\cdots,s$. 然后按模糊集的择近原则，求出与 $\boldsymbol{B}$ 最贴近的模糊集 $\boldsymbol{B}_{j0}$，即

$$\sigma(\boldsymbol{B}_{j0},\boldsymbol{B})=\max\{\sigma(\boldsymbol{B}_j,\boldsymbol{B}),j=1,2,\cdots,s\}.$$

其中 $\sigma(\boldsymbol{B}_j,\boldsymbol{B})$ 是 $\boldsymbol{B}_j$ 与 $\boldsymbol{B}$ 的贴近度(见定义 3.2.3). $\boldsymbol{B}_{j0}$ 所对应的权分配方案即为较理想方案.

例 3.1.4 对电视机从图像、音质、稳定性三方面来综合评价，已知评价集 $V=\{$很好，

好，不太好，不好}．对某型号电视机经顾客评价后，评价好的人占 80%，评价不太好的人占 20%，没有人评价很好，也没有人评价不好．单因素评价矩阵 $\boldsymbol{R}$ 为

$$\boldsymbol{R}=\begin{bmatrix}0.2 & 0.7 & 0.1 & 0\\ 0 & 0.4 & 0.5 & 0.1\\ 0.2 & 0.3 & 0.4 & 0.1\end{bmatrix}.$$

试确定图像、音质、稳定性 3 因素在顾客心目中的重要性程度(权重)．

解 根据经验，提出下述 4 种可能的权分配方案 $\boldsymbol{A}_1=(0.2,0.5,0.3)$，$\boldsymbol{A}_2=(0.5,0.3,0.2)$，$\boldsymbol{A}_3=(0.2,0.3,0.5)$，$\boldsymbol{A}_4=(0.7,0.25,0.05)$．分别计算出相应的评价结果：

$$\boldsymbol{B}_1=\boldsymbol{A}_1\circ\boldsymbol{R}=(0.2,0.4,0.5,0.1),\quad \boldsymbol{B}_2=\boldsymbol{A}_2\circ\boldsymbol{R}=(0.2,0.5,0.3,0.1),$$

$$\boldsymbol{B}_3=\boldsymbol{A}_3\circ\boldsymbol{R}=(0.2,0.3,0.4,0.1),\quad \boldsymbol{B}_4=\boldsymbol{A}_4\circ\boldsymbol{R}=(0.2,0.7,0.25,0.1).$$

再计算它们与 $\boldsymbol{B}$ 的贴近度，这里选用格贴近度，即 $\sigma(\boldsymbol{X},\boldsymbol{Y})=(\boldsymbol{X}\cdot\boldsymbol{Y}+1-\boldsymbol{X}\otimes\boldsymbol{Y})/2$，其中

$$\boldsymbol{X}\cdot\boldsymbol{Y}=\bigvee_{i=1}^{n}(x_i\wedge y_i),\quad \boldsymbol{X}\otimes\boldsymbol{Y}=\bigwedge_{i=1}^{n}(x_i\vee y_i).$$

经计算得：$\sigma(\boldsymbol{B}_1,\boldsymbol{B})=(0.4+1-0.1)/2=0.65$，$\sigma(\boldsymbol{B}_2,\boldsymbol{B})=(0.5+1-0.1)/2=0.7$，$\sigma(\boldsymbol{B}_3,\boldsymbol{B})=(0.3+1-0.1)/2=0.6$，$\sigma(\boldsymbol{B}_4,\boldsymbol{B})=(0.7+1-0.1)/2=0.8$．不难看出 $\sigma(\boldsymbol{B}_4,\boldsymbol{B})=\max\{\sigma(\boldsymbol{B}_j,\boldsymbol{B}),j=1,2,3,4\}=0.8$．所以 $\boldsymbol{A}_4=(0.7,0.25,0.05)$是较符合实际的权分配方案．

2. 模糊关系方程

假设已知 U 到 V 的模糊关系 $\boldsymbol{R}$，U 到 W 的模糊关系 $\boldsymbol{S}$，求解 V 到 W 的未知模糊关系 $\boldsymbol{X}$ 满足 $\boldsymbol{R}\circ\boldsymbol{X}=\boldsymbol{S}$，此等式称为模糊关系方程，而满足此方程的模糊关系 $\boldsymbol{X}$ 称为模糊关系方程的解．

在有限论域中讨论时，模糊关系可以通过模糊矩阵表示，所以这时的模糊关系方程以矩阵的形式出现．以下讨论模糊关系方程 $\boldsymbol{A}\circ\boldsymbol{X}=\boldsymbol{B}$ 的解，其中 $\boldsymbol{B}$ 为向量，$\circ$为取小取大的标准模糊合成运算．

命题 3.1.1 令 $\boldsymbol{X}_i$ 为模糊关系方程 $\boldsymbol{A}\circ\boldsymbol{X}=\boldsymbol{B}$ 的解($i=1,2,\cdots,k$)，则 $\boldsymbol{X}_i$ 的并仍是该模糊关系方程的解．

证明 设 $\boldsymbol{A}\circ\boldsymbol{X}_i=\boldsymbol{B}$ ($i=1,2,\cdots,k$)，则

$$\begin{aligned}\boldsymbol{A}\circ(\boldsymbol{X}_1\cup\boldsymbol{X}_2\cup\cdots\cup\boldsymbol{X}_i)&=(\boldsymbol{A}\circ\boldsymbol{X}_1)\cup(\boldsymbol{A}\circ\boldsymbol{X}_2)\cup\cdots\cup(\boldsymbol{A}\circ\boldsymbol{X}_i)\\&=\boldsymbol{B}\cup\boldsymbol{B}\cup\cdots\cup\boldsymbol{B}\\&=\boldsymbol{B}.\end{aligned}$$

命题 3.1.2 令 $\boldsymbol{X}_1,\boldsymbol{X}_2$ 为模糊关系方程 $\boldsymbol{A}\circ\boldsymbol{X}=\boldsymbol{B}$ 的两个解，若存在集合 $\boldsymbol{X}_3$ 满足 $\boldsymbol{X}_1\subseteq\boldsymbol{X}_3\subseteq\boldsymbol{X}_2$，则 $\boldsymbol{X}_3$ 也是该模糊关系方程的解．

读者自行证明上述结论．

定义 3.1.1 对于模糊关系方程 $\boldsymbol{A}\circ\boldsymbol{X}=\boldsymbol{B}$，由其所有解构成的集合 $R=\{\boldsymbol{X}\mid\boldsymbol{A}\circ\boldsymbol{X}=\boldsymbol{B}\}$ 称为该模糊关系方程的解集．当 $R\neq\varnothing$ 时，该模糊关系方程有解；反之，称模糊关系方程无解．

定义 3.1.2 令 $\boldsymbol{X}_1$ 是模糊关系方程 $\boldsymbol{A}\circ\boldsymbol{X}=\boldsymbol{B}$ 的一个解，若对于该模糊关系方程的任何解 $\boldsymbol{X}$ 恒有 $\boldsymbol{X}\subseteq\boldsymbol{X}_1$，则称 $\boldsymbol{X}_1$ 为模糊关系方程的最大解．

根据命题 3.1.1 不难推得，模糊关系方程的最大解是解集 R 中所有元素之并集．但在

实际应用中,求解集 R 是很困难的. 下面介绍直接求模糊关系方程最大解的方法.

对于任意 $a,b\in[0,1]$,定义 α 运算为

$$a\alpha b=\begin{cases}1, & a\leqslant b,\\ b, & a>b.\end{cases}$$

对于模糊关系方程 $\boldsymbol{A}\circ\boldsymbol{X}=\boldsymbol{B}$ 的系数矩阵 $\boldsymbol{A}=(a_{ij})_{m\times n}$ 和常数向量 $\boldsymbol{B}=(b_i)_{m\times 1}$,定义如下的向量 $\boldsymbol{C}$,称其为模糊关系方程 $\boldsymbol{A}\circ\boldsymbol{X}=\boldsymbol{B}$ 的拟最大解(它可能是模糊关系方程 $\boldsymbol{A}\circ\boldsymbol{X}=\boldsymbol{B}$ 的最大解):

$$\boldsymbol{C}=(c_1,c_2,\cdots,c_n)^{\mathrm{T}},\quad c_j=\bigwedge_{i=1}^{m}(a_{ij}\alpha b_i),\quad j=1,2,\cdots,n.$$

命题 3.1.3 令 $\boldsymbol{C}$ 为模糊关系方程 $\boldsymbol{A}\circ\boldsymbol{X}=\boldsymbol{B}$ 的拟最大解,则该方程有解的充要条件是 $\boldsymbol{A}\circ\boldsymbol{C}=\boldsymbol{B}$.

命题 3.1.4 对于有解的模糊关系方程 $\boldsymbol{A}\circ\boldsymbol{X}=\boldsymbol{B}$,拟最大解就是其最大解.

以上两个结论的严格证明这里就省略了,下面介绍实际求拟最大解的表格法:先构造表 3-4.

表 3-4 求模糊关系方程拟最大解的表格

a_{11}	a_{12}	$\cdots$	a_{1n}	b_1	$a_{11}\alpha b_1$	$a_{12}\alpha b_1$	$\cdots$	$a_{1n}\alpha b_1$
a_{21}	a_{22}	$\cdots$	a_{2n}	b_2	$a_{21}\alpha b_2$	$a_{22}\alpha b_2$	$\cdots$	$a_{2n}\alpha b_2$
$\vdots$	$\vdots$		$\vdots$	$\vdots$	$\vdots$	$\vdots$		$\vdots$
a_{m1}	a_{m2}	$\cdots$	a_{mn}	b_m	$a_{m1}\alpha b_m$	$a_{m2}\alpha b_m$	$\cdots$	$a_{mn}\alpha b_m$

(1) 将系数矩阵 $\boldsymbol{A}$ 和常数向量 $\boldsymbol{B}$ 的元素按矩阵位置写入表格的左区和中区;

(2) 对 $\boldsymbol{A}$ 和 $\boldsymbol{B}$ 进行 α 运算,并将结果填入表格的右区中相应的位置;

(3) 取表格右区中第 j 列的最小值作为向量 $\boldsymbol{C}$ 的第 j 个分量($j=1,2,\cdots,n$).

例 3.1.5 求如下模糊关系方程的最大解:

$$\boldsymbol{A}\circ\boldsymbol{X}=\boldsymbol{B},\quad 其中\quad \boldsymbol{A}=\begin{bmatrix}0.3&0.2&0.7&0.8\\0.5&0.4&0.4&0.9\\0.7&0.3&0.2&0.7\\0.9&0.6&0.1&0.2\\0.8&0.5&0.6&0.4\end{bmatrix},\quad \boldsymbol{X}=\begin{bmatrix}x_1\\x_2\\x_3\\x_4\end{bmatrix},\quad \boldsymbol{B}=\begin{bmatrix}0.7\\0.4\\0.4\\0.3\\0.6\end{bmatrix}.$$

解 首先用表格法求拟最大解. 将 $\boldsymbol{A},\boldsymbol{B}$ 的值代入表 3-4,可以得下表.

0.3	0.2	0.7	0.8	0.7	1	1	1	0.7
0.5	0.4	0.4	0.9	0.4	0.4	1	1	0.4
0.7	0.3	0.2	0.7	0.4	0.4	1	1	0.4
0.9	0.6	0.1	0.2	0.3	0.3	0.3	1	1
0.8	0.5	0.6	0.4	0.6	0.6	1	1	1

取右区各列的最小值得拟最大解 $\boldsymbol{C}=(0.3,0.3,1,0.4)^{\mathrm{T}}$. 再计算 $\boldsymbol{A}\circ\boldsymbol{C}$,所得结果与 $\boldsymbol{B}$

一致，所以 $\boldsymbol{C}$ 就是模糊关系方程的最大解.

在上例中，求出拟最大解之后必须验算 $\boldsymbol{A}\circ\boldsymbol{C}$ 与 $\boldsymbol{B}$ 的一致性，否则不能认定就是模糊关系方程的最大解. 例如考虑模糊关系方程

$$\begin{bmatrix}0.1 & 0.4\\ 0.2 & 0.1\end{bmatrix}\circ\begin{bmatrix}x_1\\ x_2\end{bmatrix}=\begin{bmatrix}0.2\\ 0.3\end{bmatrix}.$$

用表格法求拟最大解为 $\boldsymbol{C}=(1,0.2)^{\mathrm{T}}$. 再计算 $\boldsymbol{A}\circ\boldsymbol{C}$ 得 $(0.2,0.2)^{\mathrm{T}}\neq\boldsymbol{B}$，根据命题 3.1.3 知此模糊关系方程无解.

3. 关于模糊关系方程的应用

在上述模糊关系方程中，模糊合成运算选为标准计算模型 $M(\wedge,\vee)$. 下面通过一个实例来说明，应用问题中会遇到使用合成运算 $M(+,\vee)$ 的模糊关系方程，不过其求解方法比较困难，有兴趣的读者可参阅其他文献(如文献[39,40]).

考虑如下的航班飞行时间的安排问题，有两个航班分别从机场 A，B 起飞到达一个较大的中转机场 C，旅客到达机场 C 后可自由转乘另外两个航班中的一个离开. 已知机场 C 有许多登机口，且从“入口”到“出口”需要一定时间才能到达；离开机场 C 的两个航班，其起飞时间已固定，不能改变. 需要分别确定从机场 A，B 起飞的时间，以保证所有需要中转的旅客都能及时赶上从机场 C 出发的两个航班，如图 3-8 所示.

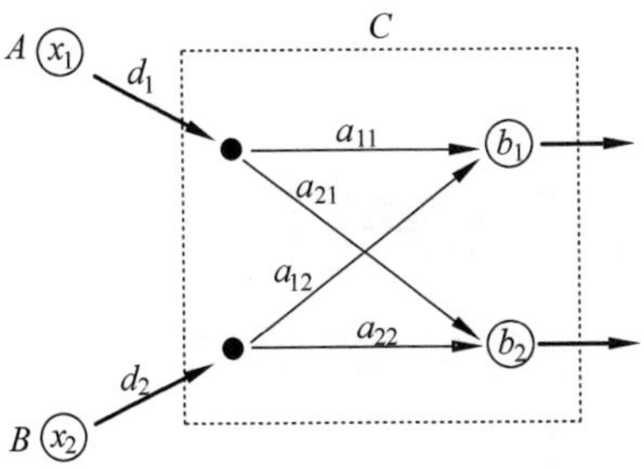

图 3-8 航班调度与模糊关系方程

假定从机场 A，B 起飞的航班旅客，从机场 C 的两个“入口”到达中转航班两个“出口”所需的时间为

$$\begin{bmatrix}a_{11} & a_{12}\\ a_{21} & a_{22}\end{bmatrix}.$$

设离开机场 C 的两个航班起飞时间分别为 b_1 和 b_2，从机场 A，B 到 C 的两个航班飞行时间分别为 d_1 和 d_2. 用 x_1 和 x_2 表示从机场 A，B 出发的两个航班的起飞时间，则

$$\begin{cases}b_1=\max\{x_1+d_1+a_{11},x_2+d_2+a_{12}\},\\ b_2=\max\{x_1+d_1+a_{21},x_2+d_2+a_{22}\}.\end{cases}$$

此即如下模糊关系方程，其中的模糊合成运算选用计算模型 $M(+,\vee)$：

$$\begin{bmatrix}a_{11} & a_{12}\\ a_{21} & a_{22}\end{bmatrix}\circ\begin{bmatrix}x_1+d_1\\ x_2+d_2\end{bmatrix}=\begin{bmatrix}b_1\\ b_2\end{bmatrix}.$$

3.2 模糊模式识别

3.2.1 模糊集之间的距离与贴近度

1. 引言

在模糊数学实际应用中，常常需要比较两个模糊集合之间的差异或相近程度.

以手写数字的计算机识别问题为例. 手写数字识别的方法有很多，一种简单而常用的方法是(见图 3-9)：在数字图形上定义一个 $m\times n$ 的格子模板，根据数字笔画是否经过小格

子以及占据小格子的面积比例作为识别的特征，每一个手写数字就对应一个 $m\times n$ 数据向量，它可以看成是特征属性集上的模糊集.

事先选择一批 0～9 的手写数字，将它们的特征数据集中在一个样本库中. 当给定一个待识别的数字时，计算机自动搜索数字图像，找出手写数字的上、下、左、右边界(这种方法可以使同一形状、不同大小的识别对象，得到的特征数据差别不大)，将数字区域分成 $m\times n$ 的小区域；计算每一个小区域中黑像素所占的比例，以得到待识别数字的特征数据，它同样是特征属性集上的模糊集，记为 X. 手写数字的识别就是比较模糊集 X 与样本库中各样本所对应的数据向量(模糊集)，哪一个与 X 更接近，就将待识别手写数字判断为样本所对应的数字. 这就是说，手写数字的识别本质上就是计算模糊集之间的相似程度.

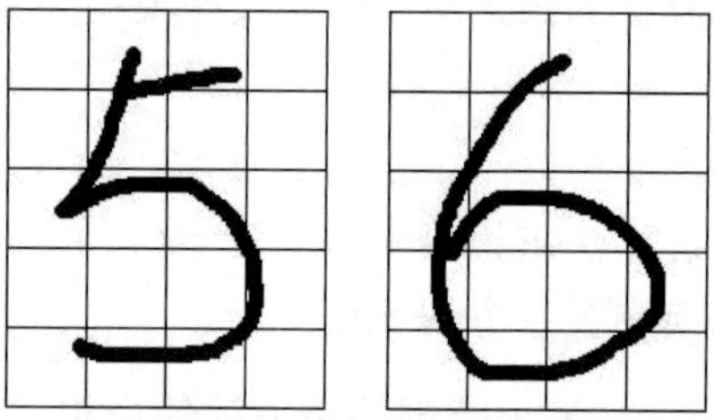

图 3-9 手写数字识别

图 3-10 所示为使用文献[41]提供的程序包进行手写数字识别的实例，其中使用的欧几里得距离可视为模糊集之间的一种距离.

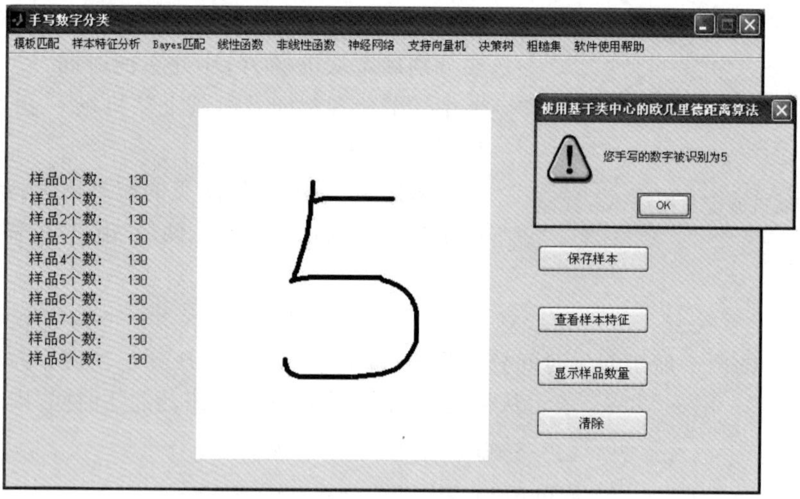

图 3-10 手写数字分类软件使用实例

再看一个具体问题：假设有 A，B 两位顾客选购家具，并且他们主要考虑的因素是

$$x_1：美观程度；\ x_2：耐用程度；\ x_3：价格高低.$$

在选购时，两位顾客将根据自己的观点，分别给这三因素的“评分”. 事实上，这种评分是模糊的，用模糊数学的术语讲，是要确定对这些因素“满意”的隶属程度. 然而，由于两位顾客个人的经验、审美观、经济状况等都可能不尽相同，所以他们对某件家具的评分结果很可能是不一致的，比如：

	美观程度 x_1	耐用程度 x_2	价格高低 x_3
顾客 A	0.8	0.4	0.7
顾客 B	0.6	0.6	0.5

从而根据顾客 A,B 的评分可得到两个模糊集合：

$$A=\{(x_1,0.8),(x_2,0.4),(x_3,0.7)\},\quad B=\{(x_1,0.6),(x_2,0.6),(x_3,0.5)\}.$$

如何描述顾客 A,B 的评分的接近程度呢？这就要涉及模糊集之间接近程度的度量问题.

2. 模糊距离

度量模糊集合的关系密切程度可以用两者之间的距离来描述，即距离越大，关系越稀疏；而距离越小，关系越密切.

若 $X=\{x_1,x_2,\cdots,x_n\}$，$A\in F(X)$，则 $\boldsymbol{A}=(A(x_1),A(x_2),\cdots,A(x_n))$. 这时 $(A(x_1),A(x_2),\cdots,A(x_n))$ 可解释为 n 维欧几里得(Euclid)空间中的点，因此可仿照欧几里得空间中距离来定义模糊集之间的距离.

当 $X=[a,b]$ 时，$A(x)$ 可解释为 $[a,b]$ 上的有界函数，从而可以借鉴函数空间中距离的概念.

定义 3.2.1 设 $X=\{x_1,x_2,\cdots,x_n\}$ 或 $X=[a,b]$，$A,B\in F(X)$，p 为正实数. 则称如下定义的 $d_M(A,B)$ 为 A,B 之间的闵科夫斯基(Minkowski) 距离：

$$d_M(\boldsymbol{A},\boldsymbol{B})=\left(\sum_{i=1}^{n}|A(x_i)-B(x_i)|^p\right)^{\frac{1}{p}},\quad d_M(A,B)=\left(\int_a^b|A(x)-B(x)|^p\mathrm{d}x\right)^{\frac{1}{p}}.$$

特别地，当 $p=1$ 时，$d_M(A,B)$ 称为模糊集 A,B 之间的汉明(Hamming)距离；当 $p=2$ 时，$d_M(A,B)$ 称为模糊集 A,B 之间的欧几里得距离. 有时为方便起见，需要限制模糊集间的距离为 $[0,1]$ 中的数，因此定义相对闵科夫斯基距离如下：

$$d'_M(\boldsymbol{A},\boldsymbol{B})=\left(\frac{1}{n}\sum_{i=1}^{n}|A(x_i)-B(x_i)|^p\right)^{\frac{1}{p}},$$

$$d'_M(A,B)=\left(\frac{1}{b-a}\int_a^b|A(x)-B(x)|^p\mathrm{d}x\right)^{\frac{1}{p}}.$$

定义 3.2.2 设 $w:X\to[0,1]$ 满足归一条件，即当 $X=\{x_1,x_2,\cdots,x_n\}$ 或 $X=[a,b]$ 时，$\sum_{i=1}^{n}w(x_i)=1$ 或 $\int_a^b w(x)\mathrm{d}x=1$. 则称如下定义的 $d_{Mw}(A,B)$ 为模糊集 A,B 之间的加权闵科夫斯基距离：

$$d_{Mw}(\boldsymbol{A},\boldsymbol{B})=\left(\sum_{i=1}^{n}w(x_i)|A(x_i)-B(x_i)|^p\right)^{\frac{1}{p}},$$

$$d_{Mw}(A,B)=\left(\int_a^b w(x)|A(x)-B(x)|^p\mathrm{d}x\right)^{\frac{1}{p}}.$$

以前面两顾客购家具为例，求模糊集合 A,B 的距离：$\boldsymbol{A}=\{(x_1,0.8),(x_2,0.4),(x_3,0.7)\}$，$\boldsymbol{B}=\{(x_1,0.6),(x_2,0.6),(x_3,0.5)\}$. 其汉明绝对距离和相对距离分别为

$$d_H(\boldsymbol{A},\boldsymbol{B})=|0.8-0.6|+|0.4-0.6|+|0.7-0.5|=0.6,$$

$$d'_H(\boldsymbol{A},\boldsymbol{B})=d_H(\boldsymbol{A},\boldsymbol{B})/3=0.2.$$

欧几里得绝对和相对距离分别为

$$d_E(\boldsymbol{A},\boldsymbol{B})=(|0.8-0.6|^2+|0.4-0.6|^2+|0.7-0.5|^2)^{1/2}=0.346,$$

$$d'_E(\boldsymbol{A},\boldsymbol{B})=d_E(\boldsymbol{A},\boldsymbol{B})/3^{1/2}=0.1998.$$

例 3.2.1 欲将在 A 地生长良好的某农作物移植到 B 地或 C 地，判断 B,C 两地哪里

最适宜. 适当的气温、湿度、土壤是农作物生长的必要条件. 因而 A,B,C 三地的情况可以表示为论域 $X=\{x_1(\text{气温}),x_2(\text{湿度}),x_3(\text{土壤})\}$上的模糊集. 经测定 $\boldsymbol{A}=\{(x_1,0.8),(x_2,0.4),(x_3,0.6)\}$,$\boldsymbol{B}=\{(x_1,0.9),(x_2,0.5),(x_3,0.3)\}$,$\boldsymbol{C}=\{(x_1,0.6),(x_2,0.6),(x_3,0.5)\}$. 设加权系数为 $\boldsymbol{w}=(0.5,0.23,0.27)$,计算 A 与 B,A 与 C 的加权汉明距离如下:

$$d_{\text{H}w}(\boldsymbol{A},\boldsymbol{B})=0.5\times|0.8-0.9|+0.23\times|0.4-0.5|+0.27\times|0.6-0.3|=0.154.$$

$$d_{\text{H}w}(\boldsymbol{A},\boldsymbol{C})=0.5\times|0.8-0.6|+0.23\times|0.4-0.6|+0.27\times|0.6-0.5|=0.173.$$

由于 $d_{\text{H}w}(\boldsymbol{A},\boldsymbol{B})<d_{\text{H}w}(\boldsymbol{A},\boldsymbol{C})$,说明 A,B 两地环境比较相近,该农作物更宜于移植到 B 地.

3. 贴近度

除了用距离来度量模糊集合之间关系的密切程度外,我国学者汪培庄等人引入贴近度概念,以表示两个模糊集的接近程度.

定义 3.2.3 若映射 $\sigma:F(X)\times F(X)\to[0,1]$满足以下条件: $\forall A,B,C\in F(X)$,

(1) $\sigma(A,A)=1$;

(2) $\sigma(A,B)=\sigma(B,A)$;

(3) $A\subseteq B\subseteq C\Rightarrow\sigma(A,C)\leqslant\sigma(A,B)\wedge\sigma(B,C)$.

则称 σ 为 $F(X)$上的贴近度函数,$\sigma(A,B)$为 A 与 B 的贴近度.

性质(3)描述了两个较"接近"的模糊集合的贴近度也较大. 满足上述定义的映射 σ 有很多种,所以模糊集合接近度的具体形式也不唯一,下面介绍几种常用的贴近度的具体定义.

汉明贴近度: 设 $X=\{x_1,x_2,\cdots,x_n\}$或 $X=[a,b]$,$A,B\in F(X)$,称如下定义的 $\sigma:F(X)\times F(X)\to[0,1]$为汉明贴近度

$$\sigma_{\text{H}}(\boldsymbol{A},\boldsymbol{B})=1-\frac{1}{n}\sum_{i=1}^{n}|A(x_i)-B(x_i)|,$$

$$\sigma_{\text{H}}(A,B)=1-\frac{1}{b-a}\int_a^b|A(x)-B(x)|\,\mathrm{d}x.$$

欧几里得贴近度: 设 $X=\{x_1,x_2,\cdots,x_n\}$或 $X=[a,b]$,$A,B\in F(X)$,称如下定义的 $\sigma:F(X)\times F(X)\to[0,1]$为欧几里得贴近度

$$\sigma_{\text{E}}(\boldsymbol{A},\boldsymbol{B})=1-\left(\frac{1}{n}\sum_{i=1}^{n}(A(x_i)-B(x_i))^2\right)^{\frac{1}{2}},$$

$$\sigma_{\text{E}}(A,B)=1-\left(\frac{1}{b-a}\int_a^b(A(x)-B(x))^2\mathrm{d}x\right)^{\frac{1}{2}}.$$

最大最小贴近度:

$$\sigma_{\text{MM}}(\boldsymbol{A},\boldsymbol{B})=\frac{\sum_{i=1}^{n}(A(x_i)\wedge B(x_i))}{\sum_{i=1}^{n}(A(x_i)\vee B(x_i))},\quad \sigma_{\text{MM}}(A,B)=\frac{\int_a^b(A(x)\wedge B(x))\mathrm{d}x}{\int_a^b(A(x)\vee B(x))\mathrm{d}x}.$$

格贴近度: 设 $A,B\in F(X)$,且 A,B 均为非空集,$\text{Supp}A\neq X$,$\text{Supp}B\neq X$,称如下定义的 $\sigma:F(X)\times F(X)\to[0,1]$为格贴近度

$$\sigma_L(A,B)=(A\cdot B)\wedge(1-A\otimes B)\quad \text{或}\quad \frac{(A\cdot B)+(1-A\otimes B)}{2},$$

其中 $A\cdot B=\vee_{x\in X}(A(x)\wedge B(x))$，$A\otimes B=\wedge_{x\in X}(A(x)\vee B(x))$.

例 3.2.2 设某产品的质量分为 5 个等级，其中每一级有 5 种评判因素 a_1，a_2，a_3，a_4，a_5. 则每个等级对应的模糊集为

$$A_1=\{(a_1,0.5),(a_2,0.5),(a_3,0.6),(a_4,0.4),(a_5,0.3)\},$$
$$A_2=\{(a_1,0.3),(a_2,0.3),(a_3,0.4),(a_4,0.2),(a_5,0.2)\},$$
$$A_3=\{(a_1,0.2),(a_2,0.2),(a_3,0.3),(a_4,0.1),(a_5,0.1)\},$$
$$A_4=\{(a_1,0.1),(a_2,0.1),(a_3,0.2),(a_4,0.1),(a_5,0)\},$$
$$A_5=\{(a_1,0.1),(a_2,0.1),(a_3,0.1),(a_4,0.1),(a_5,0)\}.$$

假设某产品的各评判因素的值为 $B=\{(a_1,0.4),(a_2,0.3),(a_3,0.2),(a_4,0.1),(a_5,0.2)\}$. 计算该产品属于哪个等级.

解 编写求各种贴进度的 MATLAB 程序，如图 3-11 所示.

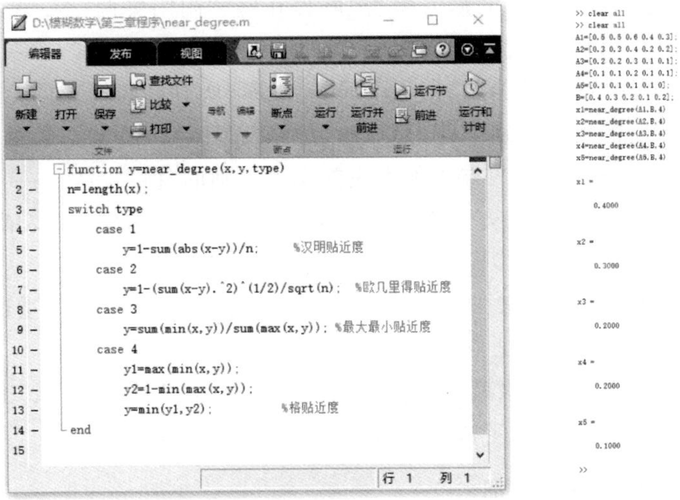

图 3-11 各种贴进度的 MATLAB 程序

可求得该样本与各等级的格贴近度分别为 0.4、0.3、0.2、0.1 和 0.1，所以可以认为该产品属于 A_1 等级.

前面给出的选购家具例子中的两模糊集合的格贴近度为：$\boldsymbol{A}\cdot\boldsymbol{B}=0.6\vee 0.4\vee 0.5=0.6$，$\boldsymbol{A}\otimes\boldsymbol{B}=0.8\wedge 0.6\wedge 0.7=0.6$. 故可得 $\boldsymbol{A}$ 与 $\boldsymbol{B}$ 的格贴近度为 $\sigma_L(\boldsymbol{A},\boldsymbol{B})=[0.6+(1-0.6)]/2=0.5$.

注意：实际上，格贴近度并不满足定义 3.2.3 中的条件(1)，但由于其计算方便，在实际应用中仍经常使用它(视为广义贴近度)来表示不同模糊集的接近程度.

3.2.2 模糊模式识别

1. 概述

人们为了掌握客观事物，按事物相似的程度组成类别. 所谓模式识别就是指：已知事物的各种类别(标准模式)，判断给定的对象或新得到的对象应归属哪一类，或是否为一个新

的类别.

在实际生活中我们时时刻刻都在进行模式识别. 环顾四周,我们能认出周围的物体是桌子、椅子,能认出对面的人是张三、李四;听到声音,能区分出是汽车驶过还是玻璃碎裂,是猫叫还是人语;闻到气味,能知道是炸鱿鱼还是臭豆腐. 我们所具备的这些模式识别能力看起来极为平常,就连猫狗也能识别它们的主人,更低等的动物也能区别食物和敌害. 然而,在计算机出现之后,当人们企图用计算机来实现人或动物所具备的模式识别能力时,其难度才逐步为人们所认识.

现在,模式识别作为一门新兴的计算机应用学科,具有丰富的研究内容和广阔的应用前景. 医生诊断病人的病情、破案时对指纹图像的鉴别、雷达对目标方位的识别、反恐斗争中对恐怖分子语音的识别、信息处理中的手写文字识别及语音输入系统、科学家对生物种群的判别、气象预报中对天气的识别和预测、农作物优良品种的鉴别以及各种故障的诊断、矿藏情况的判断等,都可归结为模式识别问题.

在日常生活和实际问题中,有些模式界线是明确的,而有些模式界线是不明确的,如识别一个人的"胖"与"瘦",中医在诊断病人是否"肝火旺盛""阴阳失调"等. 界限不明确的模式称为模糊模式,相应的识别问题称为模糊模式识别问题.

模糊模式识别问题大致可分为两种:一种是模式库(所有已知模式的全体)是模糊的,而待识别的对象是分明的模式识别问题;另一种是模式库和待识别的对象都是模糊的模式识别问题. 解决前一种识别问题的方法称为模糊模式识别的直接方法,主要依据最大隶属度原则和阈值原则;而解决后者的方法称为模糊模式识别的间接方法,主要依据择近原则.

模糊模式识别主要包括3个步骤:

(1) 提取特征. 首先需要从识别对象中提取与识别有关的特征,并度量这些特征,于是每个识别对象就对应一个由各特征取值组成的向量.

(2) 建立标准类型(模式)的隶属函数,即将标准类型看成特征集(论域)上的模糊集.

(3) 建立识别判决准则,以判定待识别对象属于哪一个标准类型.

2. 最大隶属度原则与阈值原则

最大隶属度原则 设 $A_1, A_2, \cdots, A_n \in F(X)$ 是 n 个标准类型(模式,均为论域 X 上的模糊集),$x_0 \in X$,若 $A_i(x_0)=\max\{A_1(x_0), A_2(x_0), \cdots, A_n(x_0)\}$,则认为 x_0 优先归属于 A_i 所代表的类型.

例 3.2.3 在医学中,利用计算机识别染色体或进行白血球分类研究时,常把问题归结为几何图形的识别. 今考虑三角形的识别. 将三角形分为等腰三角形 I、直角三角形 R、等边三角形 E、非典型三角形 T 4个标准类型. 现观察到某染色体的几何形状为三角形,测得其三内角为 85°、50°和 45°,试确定其类别.

解 取论域 $X=\{x: x=(A,B,C), A+B+C=180, A \geqslant B \geqslant C\}$,4类三角形(看作 X 上的模糊集)的隶属函数如下:

$$I(x)=1-\frac{1}{60}\min\{A-B, B-C\},$$

$$R(x)=1-\frac{1}{90}|A-90|,$$

$E(x)=1-\frac{1}{180}(A-C)$,

$T(x)=(I\cup R\cup E)^{c}(x)=\frac{1}{180}\min\{3(A-B),3(B-C),A-C,2|A-90|\}$.

计算 $x_0=(A,B,C)=(85,50,45)$ 对上述四个标准模式的隶属度得

$$I(x_0)=0.916, R(x_0)=0.94, E(x_0)=0.7, T(x)=0.056.$$

按最大隶属度原则,x_0 归属于直角三角形.

显然,在上述模式识别中,标准模型的隶属函数的选取至关重要. 实际上,等腰三角形 I、直角三角形 R、等边三角形 E、非典型三角形 T 还可使用其他隶属函数,比如可选用如下的函数形式(其中 ρ_I,ρ_R,ρ_E 为可选参数,使用参数或指数函数是为了加大类别之间的差距、便于识别,参见文献[42,43]):

$I(x)=1-\rho_I\frac{1}{60}\min\{A-B,B-C\}$, 或 $I(x)=\left(1-\frac{1}{60}\min\{A-B,B-C\}\right)^{\min\{A-B,B-C\}}$,

$R(x)=1-\rho_R\frac{1}{90}|A-90|$, 或 $R(x)=\left(1-\frac{1}{90}|A-90|\right)^{|A-90|}$,

$E(x)=1-\rho_E\frac{1}{180}(A-C)$, 或 $E(x)=\left[1-\frac{1}{180}(A-C)\right]^{A-C}$,

$T(x)=(I\cup R\cup E)^{c}(x)=\min\{1-I(x),1-R(x),1-E(x)\}$.

最大隶属度原则虽然简洁,但存在如下两个问题:其一,只按最大隶属度值决定归属,从而将其余隶属度值所提供的信息完全弃而不用(特别是当待识别对象关于多个模糊集中的隶属程度都相对较高时),这样做未必合理. 其二,如果最大隶属度值较小,且最大隶属度与其余隶属度差异不大时,使用最大隶属度原则不尽合理.

阈值原则 设 $A_1,A_2,\cdots,A_n\in F(X)$ 是 n 个标准类型(模式),$x_0\in X$,$d\in(0,1]$ 为一阈值(置信水平). 令 $\alpha=\max\{A_1(x_0),A_2(x_0),\cdots,A_n(x_0)\}$. 若 $\alpha<d$,则不能识别(拒识),应查找原因另作分析. 若 $\alpha\geqslant d$ 且有 $A_{i1}(x_0)\geqslant d, A_{i2}(x_0)\geqslant d,\cdots,A_{im}(x_0)\geqslant d$,则判决 x_0 归属于 $A_{i1}\cap A_{i2}\cap\cdots\cap A_{im}$. 也可将阈值原则与最大隶属度原则结合使用:当 $\alpha\geqslant d$ 时按最大隶属度原则识别.

在前述的三角形识别的例子中,取 $d=0.8$,因 $I(x_0)=0.916\geqslant 0.8$,$R(x_0)=0.94\geqslant 0.8$,按阈值原则,判决 x_0 归属 $I\cap R$,即 x_0 可识别为等腰直角三角形.

A. Kaufmann 建议将上面的 α 改为 $A(x_i)$ 的凸组合 $\sum_{i=1}^{n}a_iA(x_i)$,其中 $\sum_{i=1}^{n}a_i=1$. 即若 $\sum_{i=1}^{n}a_iA(x_i)<d$,则拒识;当 $\sum_{i=1}^{n}a_iA(x_i)\geqslant d$,按最大隶属度原则识别.

3. 择近原则

以上讨论的模式识别问题,其待识别对象是确定的元素. 在实际应用中经常碰到待识别对象是模糊集的情况,这时通常应用择近原则,其中心思想是借助于前述的贴近度概念.

择近原则 已知 n 个标准类型 $A_1,A_2,\cdots,A_n\in F(X)$,$B\in F(X)$ 为待识别的对象. σ 为 $F(X)$ 上的贴近度,若 $\sigma(A_i,B)=\max\{\sigma(A_1,B),\sigma(A_2,B),\cdots,\sigma(A_n,B)\}$. 则认为 B 与 A_i 最贴近,判定 B 属于 A_i 一类.

例 3.2.4 岩石按抗压强度可以分成5个标准类型：很差(A_1)、差(A_2)、较好(A_3)、好(A_4)、很好(A_5). 它们是 $X=[0,+\infty)$ 上的模糊集,其隶属函数如图 3-12 所示.

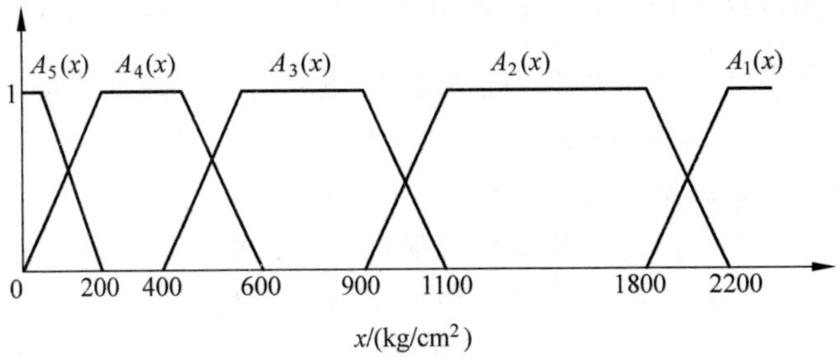

图 3-12 岩石抗压强度的标准模式

今有某种岩体 B,经实测得出其抗压强度为 X 上的模糊集,隶属函数如图 3-13 所示. 试问岩体 B 应属于哪一类?

解 计算 B 与 A_i 的格贴近度,$i=1,2,3,4,5$.

这里仅以 $\sigma(A_2,B)$ 为例说明. 容易写出 $A_2(x)$,$B(x)$的解析表达式如下：

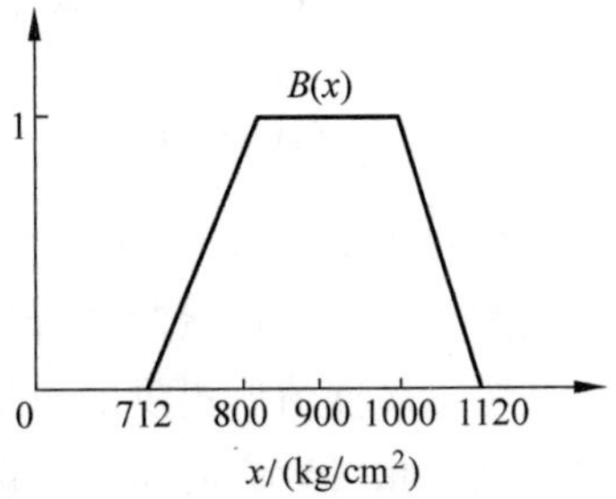

图 3-13 待确定类型的岩体抗压强度

$$A_2(x)=\begin{cases}\dfrac{1}{200}(x-900), & 900\leqslant x\leqslant 1100,\\ 1, & 1100< x\leqslant 1800,\\ -\dfrac{1}{400}(x-2200), & 1800< x\leqslant 2200,\\ 0, & \text{其他};\end{cases}$$

$$B(x)=\begin{cases}\dfrac{1}{88}(x-712), & 712\leqslant x\leqslant 800,\\ 1, & 800< x\leqslant 1000,\\ -\dfrac{1}{120}(x-1120), & 1000< x\leqslant 1120,\\ 0, & \text{其他}.\end{cases}$$

容易计算得到,$B(x)$的右边与 $A_2(x)$的左边在 $x=1037.5$ 处相交,即 $x=1037.5$ 满足等式

$$\frac{1}{200}(x-900)=-\frac{1}{120}(x-1120).$$

于是

$$A_2\cdot B=\vee_{x\in X}(A_2(x)\wedge B(x))=A_2(1037.5)=0.6875,$$

$$A\otimes B=\wedge_{x\in X}(A(x)\vee B(x))=0.$$

据格贴近度的定义得 $\sigma(A_2,B)=0.6875$.

同理可计算得到 $\sigma(A_1,B)=0$,$\sigma(A_3,B)=1$,$\sigma(A_4,B)=0$,$\sigma(A_5,B)=0$. 按择近原则,B 应属于 A_3 类,即属于“较好”的岩石.

3.2.3 基于直觉模糊集的模糊模式识别

在 2.1.4 节中,已简单介绍了直觉模糊集的概念,本节讲述直觉模糊集之间的距离及各种相似度，并通过医疗诊断与细菌检测等实例说明直觉模糊集在模糊模式识别中的应用.

本节中，IFS(X)表示论域 X 上直觉模糊集的全体. $\forall A\in \mathrm{IFS}(X)$，$A=\{\langle x,\mu_A(x),\nu_A(x)\rangle \mid x\in X\}$，记 $\pi_A(x)=1-\mu_A(x)-\nu_A(x)$，称为 A 的犹豫余量(hesitation margin).

1. 直觉模糊集之间的距离与医疗诊断

与模糊集之间的距离类似，可以定义直觉模糊集之间的距离. 设 $X=\{x_1,x_2,\cdots,x_n\}$，$A=\{\langle x,\mu_A(x),\nu_A(x)\rangle \mid x\in X\}$，$B=\{\langle x,\mu_B(x),\nu_B(x)\rangle \mid x\in X\}\in \mathrm{IFS}(X)$，称如下定义的 $d_{\mathrm{H}}(A,B)$、$d_{\mathrm{E}}(A,B)$是直觉模糊集 A 与 B 的正规汉明距离、正规欧几里得距离(见文献[44])：

$$d_{\mathrm{H}}(A,B)=\frac{1}{2n}\sum_{i=1}^{n}(\mid \mu_A(x_i)-\mu_B(x_i)\mid+\mid \nu_A(x_i)-\nu_B(x_i)\mid+\mid \pi_A(x_i)-\pi_B(x_i)\mid),$$

$$d_{\mathrm{E}}(A,B)=\frac{1}{2n}\sum_{i=1}^{n}[(\mu_A(x_i)-\mu_B(x_i))^2+(\nu_A(x_i)-\nu_B(x_i))^2+(\pi_A(x_i)-\pi_B(x_i))^2]^{\frac{1}{2}}.$$

类似于模糊集在模式识别中的应用，可以提取对象的相关特征 $x_1,x_2,\cdots,x_n$，特征属性集选为论域，即 $X=\{x_1,x_2,\cdots,x_n\}$；将标准模式用直觉模糊集表示为 $A_1,A_2,\cdots,A_m\in \mathrm{IFS}(X)$，待识别对象也用直觉模糊集表示为 $B\in \mathrm{IFS}(X)$；通过计算 B 与模式库中 $A_1,A_2,\cdots,A_m$ 之间的距离，便可判断待识别对象的类属，即若 B 与 A_k 的距离最小，则 B 识别为 A_k 所在的类.

例 3.2.5 考虑医疗诊断问题. 设病人集合 $P=\{P_1,P_2,P_3,P_4\}$，症状集合 $X=\{x_1$(发烧)，x_2(头痛)，x_3(胃痛)，x_4(咳嗽)，x_5(胸痛)$\}$，诊断结论的集合 $D=\{A_1$(病毒性感冒)，A_2(疟疾)，A_3(伤寒)，A_4(胃病)，A_5(胸部问题)$\}$. 经专家确定，症状与诊断结论之间有如表 3-5 所示的关系(每一数据中的第 1 分量表示隶属度、第 2 分量表示非属度).

4 个病人症状的检测数据如表 3-6 所示.

表 3-5 症状与诊断结论关系表

	发烧	头痛	胃痛	咳嗽	胸痛
$\boldsymbol{A}_1$(病毒性感冒)	(0.4,0)	(0.3,0.5)	(0.1,0.7)	(0.4,0.3)	(0.1,0.7)
$\boldsymbol{A}_2$(疟疾)	(0.7,0)	(0.2,0.6)	(0,0.9)	(0.7,0)	(0.1,0.8)
$\boldsymbol{A}_3$(伤寒)	(0.3,0.3)	(0.6,0.1)	(0.2,0.7)	(0.2,0.6)	(0.1,0.9)
$\boldsymbol{A}_4$(胃病)	(0.1,0.7)	(0.2,0.4)	(0.8,0)	(0.2,0.7)	(0.2,0.7)
$\boldsymbol{A}_5$(胸部问题)	(0.1,0.8)	(0,0.8)	(0.2,0.8)	(0.2,0.8)	(0.8,0.1)

表 3-6 病人症状数据表

	发烧	头痛	胃痛	咳嗽	胸痛
$\boldsymbol{P}_1$	(0.8,0.1)	(0.6,0.1)	(0.2,0.8)	(0.6,0.1)	(0.1,0.6)
$\boldsymbol{P}_2$	(0,0.8)	(0.4,0.4)	(0.6,0.1)	(0.1,0.7)	(0.1,0.8)
$\boldsymbol{P}_3$	(0.8,0.1)	(0.8,0.1)	(0,0.6)	(0.2,0.7)	(0,0.5)
$\boldsymbol{P}_4$	(0.6,0.1)	(0.5,0.4)	(0.3,0.4)	(0.7,0.2)	(0.3,0.4)

依据上述数据给出4个病人的诊断结论.

解 将表3-5、表3-6中的每一数据行看成症状集合 $X=\{x_1$(发烧)$,x_2$(头痛)$,x_3$(胃痛)$,x_4$(咳嗽)$,x_5$(胸痛)$\}$上的直觉模糊集,比如

$A_1=\{\langle x_1,0.4,0\rangle,\langle x_2,0.3,0.5\rangle,\langle x_3,0.1,0.7\rangle,\langle x_4,0.4,0.3\rangle,\langle x_5,0.1,0.7\rangle\}$,

$P_1=\{\langle x_1,0.8,0.1\rangle,\langle x_2,0.6,0.1\rangle,\langle x_3,0.2,0.8\rangle,\langle x_4,0.6,0.1\rangle,\langle x_5,0.1,0.6\rangle\}$.

计算每一 P_i 与 A_j 的正规汉明距离($i=1,2,3,4,j=1,2,3,4,5$),比如

$$\begin{aligned} d_{\mathrm{H}}(P_1,A_1)&=\frac{1}{10}[(0.4+0.1+0.5)+(0.3+0.4+0.1)+(0.1+0.1+0.2)+\\ &\quad(0.2+0.2+0)+(0+0.1+0.1)]\\ &=0.28. \end{aligned}$$

经计算得如下结果:

	$\boldsymbol{A}_1$	$\boldsymbol{A}_2$	$\boldsymbol{A}_3$	$\boldsymbol{A}_4$	$\boldsymbol{A}_5$
$\boldsymbol{P}_1$	0.28	0.24	0.28	0.54	0.56
$\boldsymbol{P}_2$	0.40	0.50	0.31	0.14	0.42
$\boldsymbol{P}_3$	0.38	0.44	0.32	0.50	0.55
$\boldsymbol{P}_4$	0.28	0.30	0.38	0.44	0.54

对每一 P_i,选取距离最小者作为诊断结果.据上表得到诊断结论:P_1 判断为疟疾,P_2 判断为胃病,P_3 判断为伤寒,P_4 判断为病毒性感冒.

注意:如果使用正规欧几里得距离,可以得到如下结果:

	$\boldsymbol{A}_1$	$\boldsymbol{A}_2$	$\boldsymbol{A}_3$	$\boldsymbol{A}_4$	$\boldsymbol{A}_5$
$\boldsymbol{P}_1$	0.29	0.25	0.32	0.53	0.58
$\boldsymbol{P}_2$	0.43	0.56	0.33	0.14	0.46
$\boldsymbol{P}_3$	0.36	0.41	0.32	0.52	0.57
$\boldsymbol{P}_4$	0.25	0.29	0.35	0.43	0.50

以此进行判断,结果与上述诊断结论一致.

2. 直觉模糊集之间的相似度与细菌检测

定义 3.2.4 设 X 是一个非空经典集合,$\mathrm{IFS}(X)\times\mathrm{IFS}(X)$上的映射 S 称为 X 上的一种直觉模糊相似度,如果 $\forall A,B,C\in\mathrm{IFS}(X)$,有:

(1) $0\leqslant S(A,B)\leqslant 1$;

(2) $S(A,B)=1$ 当且仅当 $A=B$;

(3) $S(A,B)=S(B,A)$;

(4) 若 $A\subseteq B\subseteq C$,则 $S(A,C)\leqslant S(A,B)$ 且 $S(A,C)\leqslant S(B,C)$.

上述定义最早出自文献[45],这里使用经 H. B. Mitchell 修改后的定义,见文献[46].

对于直觉模糊相似度,学者们已提出多种具体的函数表达式,这里罗列一部分:设 $X=\{x_1,x_2,\cdots,x_n\}$,$A=\{\langle x,\mu_A(x),\nu_A(x)\rangle\mid x\in X\}$,$B=\{\langle x,\mu_B(x),\nu_B(x)\rangle\mid x\in X\}\in$

IFS(X)，则如下定义的函数 $S_1\sim S_4$ 均是直觉模糊相似度（见文献[47～49]）：

$$S_1(A,B)=1-\sqrt[p]{\frac{1}{n}\sum_{i=1}^{n}\left|\frac{\mu_A(x_i)+1-\nu_A(x_i)}{2}-\frac{\mu_B(x_i)+1-\nu_B(x_i)}{2}\right|^p},\quad 1\leqslant p<+\infty;$$

$$S_2(A,B)=\frac{1}{2}\left\{\left[1-\sqrt[p]{\frac{1}{n}\sum_{i=1}^{n}|\mu_A(x_i)-\mu_B(x_i)|^p}\right]+\left[1-\sqrt[p]{\frac{1}{n}\sum_{i=1}^{n}|\nu_A(x_i)-\nu_B(x_i)|^p}\right]\right\},$$

$$1\leqslant p<+\infty;$$

$$S_3(A,B)=\frac{\sum_{i=1}^{n}[1-(|\mu_A(x_i)-\mu_B(x_i)|^p\vee|\nu_A(x_i)-\nu_B(x_i)|^p)]}{\sum_{i=1}^{n}[1+(|\mu_A(x_i)-\mu_B(x_i)|^p\vee|\nu_A(x_i)-\nu_B(x_i)|^p)^2]},\quad p>0;$$

$$S_4(A,B)=1-\frac{1}{n}\sum_{i=1}^{n}\max\{|\mu_A(x_i)-\mu_B(x_i)|,|\nu_A(x_i)-\nu_B(x_i)|\}.$$

下面以细菌的检测分类问题为例，简述直觉模糊集相似度在模糊模式识别中的应用.这里主要讨论从外形特征上对细菌进行检测分类，涉及志贺杆菌（shigella）、克雷白氏杆菌（klebsiella）、大肠杆菌（bacillus coli）、沙门氏菌（salmonella），如图 3-14 所示.

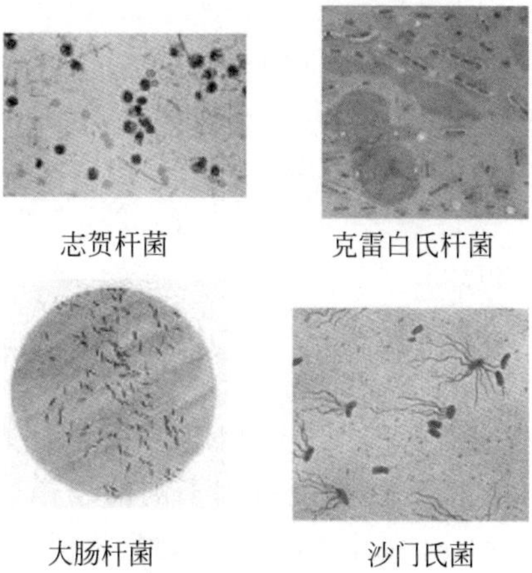

图 3-14 4 种肠道细菌

例 3.2.6 对于 4 种肠道细菌的外形特征，主要从 domical shape（圆头形态）、single microscopic shape（单微小形态）、double microscopic shape（双微小形态）、flagellum shape（大肚形态）几个方面描述，已知 4 种肠道细菌外形特征的标准模式数据如表 3-7 所示（见文献[47]）.

表 3-7 4 种肠道细菌外形特征的标准模式数据

	圆头形态	单微小形态	双微小形态	大肚形态
$\mathbf{A}_1$（大肠杆菌）	(0.85,0.05)	(0.87,0.01)	(0.02,0.97)	(0.92,0.06)
$\mathbf{A}_2$（志贺杆菌）	(0.83,0.08)	(0.92,0.05)	(0.05,0.92)	(0.08,0.91)
$\mathbf{A}_3$（沙门氏菌）	(0.79,0.12)	(0.78,0.11)	(0.11,0.85)	(0.87,0.01)
$\mathbf{A}_4$（克雷白氏杆菌）	(0.82,0.15)	(0.72,0.15)	(0.22,0.75)	(0.12,0.85)

现有6个实际样本 $B_1 \sim B_6$，其外形特征数据如表3-8所示(来自文献[47]).

表3-8 样本 $\boldsymbol{B}_1 \sim \boldsymbol{B}_6$ 的外形特征数据

	圆头形态	单微小形态	双微小形态	大肚形态
$\boldsymbol{B}_1$	(0.837,0.133)	(0.718,0.159)	(0.064,0.897)	(0.021,0.806)
$\boldsymbol{B}_2$	(0.911,0.029)	(0.831,0.031)	(0.028,0.894)	(0.952,0.036)
$\boldsymbol{B}_3$	(0.929,0.037)	(0.812,0.033)	(0.021,0.926)	(0.054,0.922)
$\boldsymbol{B}_4$	(0.815,0.091)	(0.949,0.048)	(0.020,0.880)	(0.833,0.042)
$\boldsymbol{B}_5$	(0.864,0.02)	(0.610,0.230)	(0.243,0.624)	(0.0004,0.964)
$\boldsymbol{B}_6$	(0.905,0.016)	(0.878,0.015)	(0.072,0.917)	(0.789,0.114)

依据上述数据诊断6个样本所属类型.

解 将表3-7、表3-8中的每一数据行看成外形特征集合 $X=\{x_1$(圆头形态),x_2(单微小形态),x_3(双微小形态),x_4(大肚形态)$\}$上的直觉模糊集，选用前述的直觉模糊相似度 S_4 作为比较依据，依次判断样本 $B_1 \sim B_6$ 与标准模式 $A_1 \sim A_6$ 的接近程度. 比如，

$$
\begin{aligned}
S_4(B_1,A_1) &= 1-(1/4)\times[\max\{0.85-0.837,0.133-0.05\}+ \\
&\quad \max\{0.87-0.718,0.159-0.01\}+ \\
&\quad \max\{0.064-0.02,0.97-0.897\}+ \\
&\quad \max\{0.92-0.021,0.806-0.06\}] \\
&= 1-(1/4)\times(0.083+0.152+0.073+0.899) \\
&= 0.69825.
\end{aligned}
$$

类似计算可得 $S_4(B_1,A_2)=0.927$，$S_4(B_1,A_3)=0.74875$，$S_4(B_1,A_4)=0.92975$. 由此判断，样本 B_1 属于 A_4(克雷白氏杆菌).

请读者自行计算其余样本与各标准模式的相似度，并以此判断其归属.

需要注意的是，选用不同的相似度，可能得到不同的结果(比如前述对样本 B_1 的识别结果，与文献[47]的结果不一致). 什么样的直觉模糊集相似度是合理的、科学的，这是一个在学术界尚未取得共识的问题(可以通过阅读文献[48,49]及相关最新文献了解此方向的研究进展)，你有什么创新方法?

3.3 模糊聚类分析

"聚类"就是按照一定的要求和规律对事物进行区分和分类的过程，在这一过程中没有任何关于分类的先验知识，仅靠事物间的相似性作为类属划分的准则."聚类分析"是指用数学的方法研究和处理给定对象的分类.

"人以群分，物以类聚"，聚类是一个古老的问题，它伴随着人类社会的产生和发展而不断深化，人类要认识世界就必须区别不同的事物并认识事物间的相似性.

传统的聚类分析是一种硬划分，它把每个待辨识的对象严格地划分到某类中，具有非此即彼的性质，因此这种类别划分的界限是分明的. 实际上，大多数对象并没有严格的类属特性，它们在性态和类属方面存在着中介性，具有亦此亦彼的性质，因此适合进行软划分.

模糊集理论的提出为软划分提供了有力的分析工具,用模糊数学的方法来处理聚类问题,被称之为“模糊聚类分析”. 由于模糊聚类得到了样本属于各个类别的不确定性程度,表达了样本类属的中介性,更能客观地反映现实世界,从而成为聚类分析研究的主流.

模糊聚类分析已经在诸多领域获得了广泛的应用(比如文献[50,51]),包括模式识别、图像处理、信道均衡、矢量量化编码、神经网络的训练、参数估计、医学诊断、天气预报、食品分类、水质分析等.

常用的模糊聚类分析方法大致可分为两大类: 其一是基于模糊关系(矩阵)的聚类分析方法,而作为其中核心步骤的模糊分类,主要方法有: 模糊传递闭包法、直接聚类法、最大树法和编网法; 其二是基于目标函数的聚类分析方法,称为模糊 c 均值(FCM)聚类算法.

我们先介绍第一类方法,作为其准备先讲解模糊关系传递闭包的基本概念.

3.3.1 模糊传递闭包及其计算方法

前面对模糊关系及其运算进行了较详细的介绍, 相关概念及结论此不再重复.

设 $R\in F(X\times X)$,则 R 是模糊等价关系当且仅当对任意 $\lambda\in[0,1]$,R_λ 是等价关系. 论域 X 上的经典等价关系可以导出 X 的一个分类;论域 X 上的一个模糊等价关系 R 对应一族经典等价关系 $\{R_\lambda:\lambda\in[0,1]\}$,这说明模糊等价关系给出 X 的一个分类的系列. 这样,在实际应用问题中可以选择“某个水平”上的分类结果,这就是模糊聚类分析的理论基础.

实际问题中建立的模糊关系常常不是等价关系而是相似关系,这就需要将模糊相似关系改造为模糊等价关系,传递闭包正是这样一种工具.

定义 3.3.1 设 $R\in F(X\times X)$. 若 $R_1\in F(X\times X)$是传递的且满足:

(1) $R\subseteq R_1$;

(2) 若 S 是 X 上的模糊传递关系且 $R\subseteq S$,必有 $R_1\subseteq S$.

则称 R_1 为 R 的传递闭包,记为 $t(R)$.

根据上述定义,模糊关系 R 的传递闭包是包含 R 的最小传递关系.

定理 3.3.1 设 $R\in F(X\times X)$,则 $t(R)=\bigcup\limits_{n=1}^{\infty}R^n$.

证明 容易验证 $\forall A,B_i\in F(X\times X)$,$A\circ\bigcup\limits_{i=1}^{\infty}B_i=\bigcup\limits_{i=1}^{\infty}(A\circ B_i)$,$\left(\bigcup\limits_{i=1}^{\infty}B_i\right)\circ A=\bigcup\limits_{i=1}^{\infty}(B_i\circ A)$. 据此可以证明 $\bigcup\limits_{n=1}^{\infty}R^n$ 是传递的:

$$\left(\bigcup_{n=1}^{\infty}R^n\right)\circ\left(\bigcup_{m=1}^{\infty}R^m\right)=\bigcup_{n=1}^{\infty}\left[R^n\circ\left(\bigcup_{m=1}^{\infty}R^m\right)\right]=\bigcup_{n=1}^{\infty}\left[\bigcup_{m=1}^{\infty}(R^n\circ R^m)\right]$$

$$=\bigcup_{k=2}^{\infty}\left(\bigcup_{n+m=k}R^{n+m}\right)=\bigcup_{k=2}^{\infty}R^k\subseteq\bigcup_{k=1}^{\infty}R^k.$$

这说明 $\bigcup\limits_{n=1}^{\infty}R^n$ 是传递的. 又 $R\subseteq\bigcup\limits_{n=1}^{\infty}R^n$,即 $\bigcup\limits_{n=1}^{\infty}R^n$ 是包含 R 的模糊传递关系.

若有 X 上的模糊传递关系 S 满足 $R\subseteq S$,下证 $\bigcup\limits_{n=1}^{\infty}R^n\subseteq S\left(\text{即证明}\bigcup\limits_{n=1}^{\infty}R^n\text{“最小”}\right)$. 由

$R\subseteq S$ 得 $R^2\subseteq S^2\subseteq S$，$R^3=R\circ R^2\subseteq R\circ S\subseteq S^2\subseteq S$，…. 一般地，$R^n\subseteq S$，$n\in\mathbf{N}^+$. 于是 $\bigcup_{n=1}^{\infty}R^n\subseteq S$.

综上所述，$\bigcup_{n=1}^{\infty}R^n$ 是包含 R 的最小传递关系，因而是 R 的传递闭包，即 $t(R)=\bigcup_{n=1}^{\infty}R^n$.

在论域有限的情况下，传递闭包的计算更简捷.

定理 3.3.2 设 $|X|=n$，$R\in F(X\times X)$，则 $t(R)=\bigcup_{k=1}^{n}R^k$.

定理 3.3.3 设 $|X|=n$，$R\in F(X\times X)$ 且 R 是自反的. 则存在正整数 $m\leqslant n$ 使 $t(R)=R^m$，且 $\forall l>m$ 有 $R^l=t(R)$.

证明 首先证明对于任意自反模糊关系 R 有 $R^k\subseteq R^{k+1}(k\geqslant 1)$. 事实上，$\forall x,y\in X$，

$$R^2(x,y)=\vee_{t\in X}[R(x,t)\wedge R(t,y)]\geqslant R(x,x)\wedge R(x,y)=R(x,y).$$

于是，$R\subseteq R^2$. 进一步由数学归纳法即得 $R^k\subseteq R^{k+1}(k\geqslant 1)$.

因 $|X|=n$，故 $t(R)=\bigcup_{k=1}^{n}R^k$. 又 R 是自反的，所以 $R\subseteq R^2\subseteq R^3\subseteq\cdots$，于是 $t(R)=R^n$. 由于 n 为有限数，所以存在最小正整数 $m\leqslant n$ 使 $t(R)=R^m$. 若 $l>m$，则 $t(R)=R^m\subseteq R^l\subseteq\bigcup_{k=1}^{\infty}R^k=t(R)$. 从而 $R^l=t(R)$.

计算有限论域上自反模糊关系 R 的传递闭包的方法：从 R 出发，反复自乘，依次计算出 R^2，R^4，…，当第一次出现 $R^k\circ R^k=R^k$ 时得 $t(R)=R^k$.

定理 3.3.4 设 $R\in F(X\times X)$，则 R 的传递闭包 $t(R)$ 具有以下性质：

(1) 若 $I\subseteq R$，则 $I\subseteq t(R)$；

(2) $(t(R))^{-1}=t(R^{-1})$；

(3) 若 $R=R^{-1}$，则 $(t(R))^{-1}=t(R)$.

上述结论表明：自反关系的传递闭包是自反的，对称关系的传递闭包是对称的. 于是，模糊相似关系的传递闭包是模糊等价关系.

例 3.3.1 设 $|X|=5$，R 是 X 上的模糊关系，R 可表示为如下的 5×5 模糊矩阵. 求 R 的传递闭包.

$$\boldsymbol{R}=\begin{bmatrix}1 & 0.1 & 0.8 & 0.5 & 0.3\\0.1 & 1 & 0.1 & 0.2 & 0.4\\0.8 & 0.1 & 1 & 0.3 & 0.1\\0.5 & 0.2 & 0.3 & 1 & 0.6\\0.3 & 0.4 & 0.1 & 0.6 & 1\end{bmatrix}.$$

解 容易看出 $\boldsymbol{R}$ 是自反的对称模糊关系（即模糊相似关系）. 依次计算 $\boldsymbol{R}^2$，$\boldsymbol{R}^4$，$\boldsymbol{R}^8$ 知：$\boldsymbol{R}^8=\boldsymbol{R}^4\circ\boldsymbol{R}^4=\boldsymbol{R}^4$，所以 $\boldsymbol{R}$ 的传递闭包 $t(\boldsymbol{R})=\boldsymbol{R}^4$.

$$\boldsymbol{R}^2=\begin{bmatrix}1 & 0.3 & 0.8 & 0.5 & 0.5\\0.3 & 1 & 0.2 & 0.4 & 0.4\\0.8 & 0.2 & 1 & 0.5 & 0.3\\0.5 & 0.4 & 0.5 & 1 & 0.6\\0.5 & 0.4 & 0.3 & 0.6 & 1\end{bmatrix},\quad \boldsymbol{R}^4=\begin{bmatrix}1 & 0.4 & 0.8 & 0.5 & 0.5\\0.4 & 1 & 0.4 & 0.4 & 0.4\\0.8 & 0.4 & 1 & 0.5 & 0.5\\0.5 & 0.4 & 0.5 & 1 & 0.6\\0.5 & 0.4 & 0.5 & 0.6 & 1\end{bmatrix},\quad \boldsymbol{R}^8=\boldsymbol{R}^4.$$

刘贵龙教授在文献[52]中提出求模糊传递闭包的 Warshall 算法，并给出严格数学证明，这里仅介绍算法，证明过程请读者参阅文献[52]. 设 $U=\{x_1,x_2,\cdots,x_n\}$是有限论域，$\boldsymbol{R}$ 为 U 上的模糊关系（这里对 $\boldsymbol{R}$ 及其对应的模糊关系矩阵不加区别），求传递闭包的 Warshall 算法是通过递归的办法构造 $n+1$ 个矩阵 $\boldsymbol{W}_0=\boldsymbol{R},\boldsymbol{W}_1,\boldsymbol{W}_2,\cdots,\boldsymbol{W}_n$；最后计算得到的 $\boldsymbol{W}_n$ 即为模糊关系 $\boldsymbol{R}$ 的传递闭包. 计算步骤如下：

(1) 令 $\boldsymbol{W}_0=\boldsymbol{R}$；

(2) 设 $\boldsymbol{W}_{s-1}$ 已求出，现求 $\boldsymbol{W}_s$，记 $\boldsymbol{W}_s=(a_{ij}^{(s)})$，如下方法计算 $a_{ij}^{(s)}$：

$$a_{ij}^{(s)}=a_{ij}^{(s-1)}\vee(a_{is}^{(s-1)}\wedge a_{sj}^{(s-1)}).$$

$\vee$、$\wedge$ 分别表示取大、取小；

(3) 重复(2)的过程，直到求出 $\boldsymbol{W}_n$，此即 $\boldsymbol{R}$ 的传递闭包.

下面用 Warshall 算法求例 3.3.1 中模糊关系 $\boldsymbol{R}$ 的传递闭包. 依次计算得

$$\boldsymbol{W}_0=\boldsymbol{R};\quad \boldsymbol{W}_1=\begin{bmatrix}1 & 0.1 & 0.8 & 0.5 & 0.3\\0.1 & 1 & 0.1 & 0.2 & 0.4\\0.8 & 0.1 & 1 & 0.5 & 0.3\\0.5 & 0.2 & 0.5 & 1 & 0.6\\0.3 & 0.4 & 0.3 & 0.6 & 1\end{bmatrix};$$

$$\boldsymbol{W}_2=\begin{bmatrix}1 & 0.1 & 0.8 & 0.5 & 0.3\\0.1 & 1 & 0.1 & 0.2 & 0.4\\0.8 & 0.1 & 1 & 0.5 & 0.3\\0.5 & 0.2 & 0.5 & 1 & 0.6\\0.3 & 0.4 & 0.3 & 0.6 & 1\end{bmatrix};\quad \boldsymbol{W}_3=\begin{bmatrix}1 & 0.1 & 0.8 & 0.5 & 0.3\\0.1 & 1 & 0.1 & 0.2 & 0.4\\0.8 & 0.1 & 1 & 0.5 & 0.3\\0.5 & 0.2 & 0.5 & 1 & 0.6\\0.3 & 0.4 & 0.3 & 0.6 & 1\end{bmatrix};$$

$$\boldsymbol{W}_4=\begin{bmatrix}1 & 0.2 & 0.8 & 0.5 & 0.5\\0.2 & 1 & 0.2 & 0.2 & 0.4\\0.8 & 0.2 & 1 & 0.5 & 0.5\\0.5 & 0.2 & 0.5 & 1 & 0.6\\0.5 & 0.4 & 0.5 & 0.6 & 1\end{bmatrix};\quad \boldsymbol{W}_5=\begin{bmatrix}1 & 0.4 & 0.8 & 0.5 & 0.5\\0.4 & 1 & 0.4 & 0.4 & 0.4\\0.8 & 0.4 & 1 & 0.5 & 0.5\\0.5 & 0.4 & 0.5 & 1 & 0.6\\0.5 & 0.4 & 0.5 & 0.6 & 1\end{bmatrix}.$$

$\boldsymbol{W}_5$ 就是 $\boldsymbol{R}$ 的传递闭包，这与例 3.3.1 的计算结果一致.

注意：上面的 Warshall 算法可以计算一般模糊关系的传递闭包，而用"反复自乘"法只能计算自反模糊关系的传递闭包. 此外，文献[53]中的矩形法实际上是 Warshall 算法的矩形表示形式，请读者自行阅读学习。

3.3.2 基于模糊关系的聚类分析

基于模糊关系的聚类分析的一般步骤：(1)数据规格化；(2)构造模糊相似矩阵；(3)模糊分类.

上述第 3 步又有不同的算法，以下先介绍利用模糊传递闭包进行模糊分类的方法.

1. 利用模糊传递闭包进行模糊分类

设被分类对象的集合为 $X=\{x_1,x_2,\cdots,x_n\}$，每一个对象 x_i 有 m 个特性指标（反映对象特征的主要指标），即 x_i 可由如下 m 维特性指标向量来表示：

$$\boldsymbol{x}_i=(x_{i1},x_{i2},\cdots,x_{im}),\quad i=1,2,\cdots,n,$$

其中 x_{ij} 表示第 i 个对象的第 j 个特性指标. 则 n 个对象的所有特性指标构成一个矩阵，记作 $\boldsymbol{X}^*=(x_{ij})_{n\times m}$，称 $\boldsymbol{X}^*$ 为 X 的特性指标矩阵.

步骤 1：数据规格化.

由于 m 个特性指标的量纲和数量级不一定相同，故在运算过程中可能突出某数量级特别大的特性指标对分类的作用，而降低甚至排除了某些数量级很小的特性指标的作用. 数据规格化使每一个指标值统一于某种共同的数值特性范围.

数据规格化的方法有：

(1) 标准化方法：对特性指标矩阵 $\boldsymbol{X}^*$ 的第 j 列，计算均值和方差，然后作变换

$$x'_{ij}=\frac{x_{ij}-\bar{x}_j}{\sigma_j},\quad i=1,2,\cdots,n;\quad j=1,2,\cdots,m.$$

其中 $\bar{x}_j=\dfrac{1}{n}\sum\limits_{i=1}^{n}x_{ij},\sigma_j^2=\dfrac{1}{n}\sum\limits_{i=1}^{n}(x_{ij}-\bar{x}_j)^2,j=1,2,\cdots,m.$

(2) 均值规格化方法：对特性指标矩阵 $\boldsymbol{X}^*$ 的第 j 列，计算标准差 σ_j，然后作变换 $x'_{ij}=x_{ij}/\sigma_j,i=1,2,\cdots,n,j=1,2,\cdots,m.$

(3) 中心规格化方法：对特性指标矩阵 $\boldsymbol{X}^*$ 的第 j 列，计算平均值 $\bar{x}_j$，然后作变换 $x'_{ij}=x_{ij}-\bar{x}_j,i=1,2,\cdots,n,j=1,2,\cdots,m.$

(4) 最大值规格化方法：对特性指标矩阵 $\boldsymbol{X}^*$ 的第 j 列，计算最大值 $M_j=\max\{x_{1j},x_{2j},\cdots,x_{nj}\},j=1,2,\cdots,m.$ 然后作变换 $x'_{ij}=x_{ij}/M_j,i=1,2,\cdots,n,j=1,2,\cdots,m.$

步骤 2：构造模糊相似矩阵.

聚类是按某种标准来鉴别 X 中元素间的接近程度，把彼此接近的对象归为一类. 为此，用[0,1]中的数 r_{ij} 表示 X 中的元素 $\boldsymbol{x}_i$ 与 $\boldsymbol{x}_j$ 的接近或相似程度. 经典聚类分析中的相似系数以及模糊集之间的贴近度，都可作为相似程度(相似系数).

设数据 $x_{ij}(i=1,2,\cdots,n,j=1,2,\cdots,m)$ 均已规格化，$\boldsymbol{x}_i=(x_{i1},x_{i2},\cdots,x_{im})$ 与 $\boldsymbol{x}_j=(x_{j1},x_{j2},\cdots,x_{jm})$ 之间的相似程度记为 $r_{ij}\in[0,1]$，于是得到对象之间的模糊相似矩阵 $\boldsymbol{R}=(r_{ij})_{n\times n}$.

对于相似程度(相似系数)的确定，有多种方法，常用的有以下几种.

(1) 数量积法

$$r_{ij}=\begin{cases}1, & i=j,\\ \dfrac{1}{M}\boldsymbol{x}_i\cdot\boldsymbol{x}_j, & i\neq j,\end{cases}\quad \boldsymbol{x}_i\cdot\boldsymbol{x}_j=\sum_{k=1}^{m}x_{ik}x_{jk}.$$

其中 $M>0$ 为适当选择的参数且满足 $M\geqslant\max\{\boldsymbol{x}_i\cdot\boldsymbol{x}_j\mid i\neq j\}$. 这里，$\boldsymbol{x}_i\cdot\boldsymbol{x}_j$ 为 $\boldsymbol{x}_i$ 与 $\boldsymbol{x}_j$ 的数量积.

(2) 夹角余弦法

$$r_{ij}=\frac{|\boldsymbol{x}_i\cdot\boldsymbol{x}_j|}{\|\boldsymbol{x}_i\|\cdot\|\boldsymbol{x}_j\|},\quad \|\boldsymbol{x}_i\|=\left(\sum_{k=1}^{m}x_{ik}^2\right)^{\frac{1}{2}},\quad i=1,2,\cdots,n.$$

(3) 相关系数法

$$r_{ij}=\frac{\sum_{k=1}^{m}|x_{ik}-\bar{x}_i||x_{jk}-\bar{x}_j|}{\sqrt{\sum_{k=1}^{m}(x_{ik}-\bar{x}_i)^2}\cdot\sqrt{\sum_{k=1}^{m}(x_{jk}-\bar{x}_j)^2}},\quad \bar{x}_i=\frac{1}{m}\sum_{k=1}^{m}x_{ik},\quad \bar{x}_j=\frac{1}{m}\sum_{k=1}^{m}x_{jk}.$$

(4) 贴近度法：当对象 $\boldsymbol{x}_i$ 的特性指标向量 $\boldsymbol{x}_i=(x_{i1},x_{i2},\cdots,x_{im})$为模糊向量,即 $x_{ik}\in[0,1]$ $(i=1,2,\cdots,n;k=1,2,\cdots,m)$时,$\boldsymbol{x}_i$ 与 $\boldsymbol{x}_j$ 的相似程度 r_{ij} 可视为模糊子集 $\boldsymbol{x}_i$ 与 $\boldsymbol{x}_j$ 的贴近度. 在应用中,常见的确定方法有：最大最小法、算术平均最小法、几何平均最小法.

$$r_{ij}=\frac{\sum_{k=1}^{m}(x_{ik}\wedge x_{jk})}{\sum_{k=1}^{m}\sqrt{x_{ik}\cdot x_{jk}}};\quad r_{ij}=\frac{\sum_{k=1}^{m}(x_{ik}\wedge x_{jk})}{\frac{1}{2}\sum_{k=1}^{m}(x_{ik}+x_{jk})};\quad r_{ij}=\frac{\sum_{k=1}^{m}(x_{ik}\wedge x_{jk})}{\sum_{k=1}^{m}(x_{ik}\vee x_{jk})}.$$

(5) 距离法：利用对象 $\boldsymbol{x}_i$ 与 $\boldsymbol{x}_j$ 的距离也可以确定它们的相似程度 r_{ij},这是因为 $d(\boldsymbol{x}_i,\boldsymbol{x}_j)$越大,$r_{ij}$ 就越小. 一般地,取 $r_{ij}=1-c\,(d(\boldsymbol{x}_i,\boldsymbol{x}_j))^{\alpha}$,其中 c 和 α 是两个适当选取的正数,使 $r_{ij}\in[0,1]$. 在实际应用中,常采用如下的距离来确定 r_{ij}.

$$d(\boldsymbol{x}_i,\boldsymbol{x}_j)=\max_{1\leqslant k\leqslant m}|x_{ik}-x_{jk}|\text{（切比雪夫）},$$

$$d(\boldsymbol{x}_i,\boldsymbol{x}_j)=\sum_{k=1}^{m}|x_{ik}-x_{jk}|\text{（汉明）},$$

$$d(\boldsymbol{x}_i,\boldsymbol{x}_j)=\left(\sum_{k=1}^{m}(x_{ik}-x_{jk})^2\right)^{\frac{1}{2}}\text{（欧几里得）},$$

$$d(\boldsymbol{x}_i,\boldsymbol{x}_j)=\left(\sum_{k=1}^{m}(x_{ik}-x_{jk})^p\right)^{\frac{1}{p}}(p\geqslant 1,\text{闵科夫斯基}).$$

(6) 绝对值倒数法

$$r_{ij}=\begin{cases}1, & i=j,\\ \dfrac{c}{\sum_{k=1}^{m}|x_{ik}-x_{jk}|}, & i\neq j,\end{cases}$$

其中 c 是适当选取的正数,使 $r_{ij}\in[0,1]$.

(7) 主观评定法：在一些实际问题中,被分类对象的特性指标是定性指标,即特性指标难以用定量数值来表达. 这时,可请专家和有实际经验的人员用评分的办法来主观评定被分类对象间的相似程度.

步骤 3：模糊分类.

由于由上述各种方法构造出的对象与对象之间的模糊关系矩阵 $\boldsymbol{R}=(r_{ij})_{n\times n}$,一般来说只是一个模糊相似矩阵,而不一定具有传递性. 因此,要从 $\boldsymbol{R}$ 出发构造一个新的模糊等价矩阵,然后以此模糊等价矩阵作为基础,进行动态聚类.

如上所述,模糊相似矩阵 $\boldsymbol{R}$ 的传递闭包 $t(\boldsymbol{R})$就是一个模糊等价矩阵. 而以 $t(\boldsymbol{R})$为基础进行分类的聚类方法则称为模糊传递闭包法.

具体步骤如下：

(1) 利用平方自合成方法或 Warshall 算法求出模糊相似矩阵 $\boldsymbol{R}$ 的传递闭包 $t(\boldsymbol{R})$；

(2) 适当选取置信水平值 $\lambda\in[0,1]$，求出 $t(\boldsymbol{R})$ 的 λ 截矩阵 $t(\boldsymbol{R})_\lambda$，它是 X 上的一个等价的布尔矩阵. 然后按 $t(\boldsymbol{R})_\lambda$ 进行分类，所得到的分类就是在 λ 水平上的等价分类.

对于 $\boldsymbol{x}_i,\boldsymbol{x}_j\in X$，若 $r'_{ij}(\lambda)=1$，则在 λ 水平上将对象 $\boldsymbol{x}_i$ 和对象 $\boldsymbol{x}_j$ 归为同一类.

$$设\ t(\boldsymbol{R})=(r'_{ij})_{n\times n},\quad t(\boldsymbol{R})_\lambda=(r'_{ij}(\lambda))_{n\times n}，则\ r'_{ij}(\lambda)=\begin{cases}1, & r'_{ij}\geqslant\lambda,\\ 0, & r'_{ij}<\lambda.\end{cases}$$

(3) 画动态聚类图：为了能直观地看到被分类对象之间的相关程度，通常将 $t(\boldsymbol{R})$ 中所有互不相同的元素按从大到小的顺序编排：$1=\lambda_1>\lambda_2>\cdots$ 得到按 $t(\boldsymbol{R})_\lambda$ 进行的一系列分类. 将这一系列分类画在同一个图上，即得动态聚类图.

例 3.3.2 考虑某个环保部门对该地区 5 个环境区域 $X=\{\boldsymbol{x}_1,\boldsymbol{x}_2,\boldsymbol{x}_3,\boldsymbol{x}_4,\boldsymbol{x}_5\}$ 按污染情况进行分类. 设每个区域包含空气、水分、土壤、作物 4 个要素. 环境区域的污染情况由污染物在 4 个要素中的含量超标程度来衡量. 设这 5 个环境区域的污染数据为 $\boldsymbol{x}_1=(80,10,6,2)$，$\boldsymbol{x}_2=(50,1,6,4)$，$\boldsymbol{x}_3=(90,6,4,6)$，$\boldsymbol{x}_4=(40,5,7,3)$，$\boldsymbol{x}_5=(10,1,2,4)$. 试用模糊传递闭包法对 X 进行分类.

解 由题设知特性指标矩阵为

$$\boldsymbol{X}^*=\begin{bmatrix}80 & 10 & 6 & 2\\ 50 & 1 & 6 & 4\\ 90 & 6 & 4 & 6\\ 40 & 5 & 7 & 3\\ 10 & 1 & 2 & 4\end{bmatrix}.$$

(1) 数据规格化. 采用最大值规格化，作变换 $x'_{ij}=x_{ij}/M_j$，$i=1,2,\cdots,5$，$j=1,2,\cdots,4$. 可将 $\boldsymbol{X}^*$ 规格化为

$$\boldsymbol{X}_0=\begin{bmatrix}0.89 & 1 & 0.86 & 0.33\\ 0.56 & 0.10 & 0.86 & 0.67\\ 1 & 0.60 & 0.57 & 1\\ 0.44 & 0.50 & 1 & 0.50\\ 0.11 & 0.10 & 0.29 & 0.67\end{bmatrix}.$$

(2) 构造模糊相似矩阵. 采用最大最小法来构造模糊相似矩阵 $\boldsymbol{R}=(r_{ij})_{5\times5}$，这里

$$r_{ij}=\frac{\sum\limits_{k=1}^{4}(x_{ik}\wedge x_{jk})}{\sum\limits_{k=1}^{4}(x_{ik}\vee x_{jk})},\quad \boldsymbol{R}=\begin{bmatrix}1 & 0.54 & 0.62 & 0.63 & 0.24\\ 0.54 & 1 & 0.55 & 0.7 & 0.53\\ 0.62 & 0.55 & 1 & 0.56 & 0.37\\ 0.63 & 0.7 & 0.56 & 1 & 0.38\\ 0.24 & 0.53 & 0.37 & 0.38 & 1\end{bmatrix}.$$

(3) 利用平方自合成方法求传递闭包 $t(\boldsymbol{R})$. 依次计算 $\boldsymbol{R}^2,\boldsymbol{R}^4,\boldsymbol{R}^8$，由于 $\boldsymbol{R}^8=\boldsymbol{R}^4$，所以 $t(\boldsymbol{R})=\boldsymbol{R}^4$.

$$\boldsymbol{R}^2=\begin{bmatrix}1 & 0.63 & 0.62 & 0.63 & 0.53\\ 0.63 & 1 & 0.56 & 0.70 & 0.53\\ 0.62 & 0.56 & 1 & 0.62 & 0.53\\ 0.63 & 0.70 & 0.62 & 1 & 0.53\\ 0.53 & 0.53 & 0.53 & 0.53 & 1\end{bmatrix},\quad \boldsymbol{R}^4=\begin{bmatrix}1 & 0.63 & 0.62 & 0.63 & 0.53\\ 0.63 & 1 & 0.62 & 0.70 & 0.53\\ 0.62 & 0.62 & 1 & 0.62 & 0.53\\ 0.63 & 0.70 & 0.62 & 1 & 0.53\\ 0.53 & 0.53 & 0.53 & 0.53 & 1\end{bmatrix}.$$

(4) 选取适当的置信水平值 $\lambda\in[0,1]$，按 λ 截矩阵 $t(\boldsymbol{R})_\lambda$ 进行动态聚类. 把 $t(\boldsymbol{R})$ 中的元素从大到小的顺序编排如下：$1>0.70>0.63>0.62>0.53$. 依次取 $\lambda=1,0.70,0.63,0.62,0.53$ 得：

$$t(\boldsymbol{R})_1=\begin{bmatrix}1&0&0&0&0\\0&1&0&0&0\\0&0&1&0&0\\0&0&0&1&0\\0&0&0&0&1\end{bmatrix}$$，这时 X 被分成 5 类：$\{\boldsymbol{x}_1\},\{\boldsymbol{x}_2\},\{\boldsymbol{x}_3\},\{\boldsymbol{x}_4\},\{\boldsymbol{x}_5\}$.

$$t(\boldsymbol{R})_{0.70}=\begin{bmatrix}1&0&0&0&0\\0&1&0&1&0\\0&0&1&0&0\\0&1&0&1&0\\0&0&0&0&1\end{bmatrix}$$，这时 X 被分成 4 类：$\{\boldsymbol{x}_1\},\{\boldsymbol{x}_2,\boldsymbol{x}_4\},\{\boldsymbol{x}_3\},\{\boldsymbol{x}_5\}$.

$$t(\boldsymbol{R})_{0.63}=\begin{bmatrix}1&1&0&1&0\\1&1&0&1&0\\0&0&1&0&0\\1&1&0&1&0\\0&0&0&0&1\end{bmatrix}$$，这时 X 被分成 3 类：$\{\boldsymbol{x}_1,\boldsymbol{x}_2,\boldsymbol{x}_4\},\{\boldsymbol{x}_3\},\{\boldsymbol{x}_5\}$.

$$t(\boldsymbol{R})_{0.62}=\begin{bmatrix}1&1&1&1&0\\1&1&1&1&0\\1&1&1&1&0\\1&1&1&1&0\\0&0&0&0&1\end{bmatrix}$$，这时 X 被分成 2 类：$\{\boldsymbol{x}_1,\boldsymbol{x}_2,\boldsymbol{x}_3,\boldsymbol{x}_4\},\{\boldsymbol{x}_5\}$.

$$t(\boldsymbol{R})_{0.53}=\begin{bmatrix}1&1&1&1&1\\1&1&1&1&1\\1&1&1&1&1\\1&1&1&1&1\\1&1&1&1&1\end{bmatrix}$$，这时 X 被分成 1 类：$\{\boldsymbol{x}_1,\boldsymbol{x}_2,\boldsymbol{x}_3,\boldsymbol{x}_4,\boldsymbol{x}_5\}$.

动态聚类结果如图 3-15 所示.

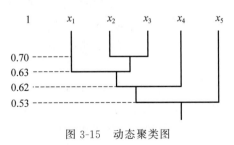

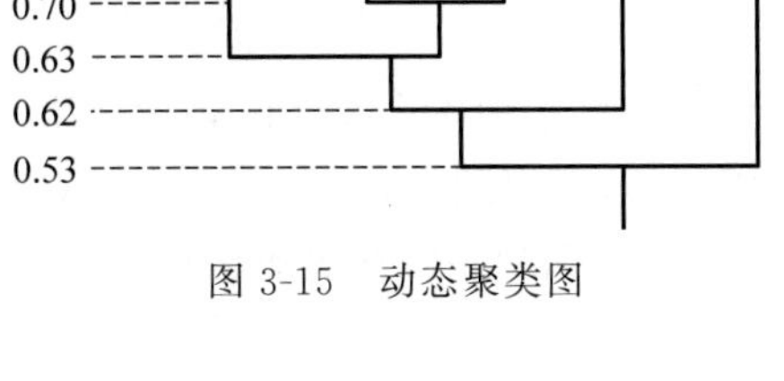

图 3-15 动态聚类图

2. 直接聚类法

前面讲述了基于模糊传递闭包的聚类分析方法，当被分类对象很多时，计算模糊相似矩

阵 $\boldsymbol{R}$ 的传递闭包 $t(\boldsymbol{R})$ 的工作量很大.

为了减少计算工作量,我国学者提出几种新方法,即直接聚类法、最大树法、编网法等,这些方法直接用模糊相似矩阵 $\boldsymbol{R}$ 进行聚类,非常实用.

直接聚类法的具体步骤如下:

(1) 将模糊相似矩阵 $\boldsymbol{R}$ 中的所有不同的元素 r_{ij} 从大到小的顺序编排,设为 $1=\lambda_1>\lambda_2>\cdots>\lambda_m$.

(2) 求相似类,通过"归并"得到等价类. 选取 $\lambda_k(k=1,2,\cdots,m)$,直接在模糊相似矩阵 $\boldsymbol{R}$ 上找出 λ_k 水平的相似类:若 $r_{ij}\geqslant\lambda_k$,则将 $\boldsymbol{x}_i$ 与 $\boldsymbol{x}_j$ 分为一类. 设 B_1,B_2 是 λ_k 水平上的2个类,若 $B_1\cap B_2\neq\varnothing$,则称它们为相似的. 将所有相似的类合并成一类,最后得到的分类就是 λ_k 水平上的等价分类. 可以证明直接聚类法与传递闭包法的分类结果是一致的.

例 3.3.3 利用直接聚类法对例 3.3.2 的环境区域 $X=\{\boldsymbol{x}_1,\boldsymbol{x}_2,\boldsymbol{x}_3,\boldsymbol{x}_4,\boldsymbol{x}_5\}$ 进行等价分类.

解 模糊相似矩阵为

$$\boldsymbol{R}=\begin{bmatrix}1 & 0.54 & 0.62 & 0.63 & 0.24\\ 0.54 & 1 & 0.55 & 0.70 & 0.53\\ 0.62 & 0.55 & 1 & 0.56 & 0.37\\ 0.63 & 0.70 & 0.56 & 1 & 0.38\\ 0.24 & 0.53 & 0.37 & 0.38 & 1\end{bmatrix}.$$

将 $\boldsymbol{R}$ 中的元素进行排序为:$1>0.70>0.63>0.62>0.56>0.55>0.54>0.53>0.38>0.37>0.24$.

取 $\lambda=1$,因相似程度为1的元素只有自己,故被分成5类:$\{\boldsymbol{x}_1\},\{\boldsymbol{x}_2\},\{\boldsymbol{x}_3\},\{\boldsymbol{x}_4\},\{\boldsymbol{x}_5\}$.

取 $\lambda=0.70$,因在 $\boldsymbol{R}$ 中 $r_{24}=r_{42}=0.70$,故得相似类为$\{\boldsymbol{x}_2,\boldsymbol{x}_4\},\{\boldsymbol{x}_1\},\{\boldsymbol{x}_2\},\{\boldsymbol{x}_3\},\{\boldsymbol{x}_4\},\{\boldsymbol{x}_5\}$. 将所有相似的类合并成一类,即得到等价类为 $\{\boldsymbol{x}_2,\boldsymbol{x}_4\},\{\boldsymbol{x}_1\},\{\boldsymbol{x}_3\},\{\boldsymbol{x}_5\}$.

取 $\lambda=0.63$,因在 $\boldsymbol{R}$ 中 $r_{14}=r_{41}=0.63$,故得相似类为$\{\boldsymbol{x}_1,\boldsymbol{x}_4\},\{\boldsymbol{x}_2,\boldsymbol{x}_4\},\{\boldsymbol{x}_3\},\{\boldsymbol{x}_4\},\{\boldsymbol{x}_5\}$. 将所有相似的类合并成一类,即得等价类为$\{\boldsymbol{x}_1,\boldsymbol{x}_2,\boldsymbol{x}_4\},\{\boldsymbol{x}_3\},\{\boldsymbol{x}_5\}$.

取 $\lambda=0.62$,因在 $\boldsymbol{R}$ 中 $r_{13}=r_{31}=0.62$,故得相似类为$\{\boldsymbol{x}_1,\boldsymbol{x}_3\},\{\boldsymbol{x}_1,\boldsymbol{x}_2,\boldsymbol{x}_4\},\{\boldsymbol{x}_3\},\{\boldsymbol{x}_5\}$. 将所有相似的类合并成一类,即得等价类为$\{\boldsymbol{x}_1,\boldsymbol{x}_2,\boldsymbol{x}_3,\boldsymbol{x}_4\},\{\boldsymbol{x}_5\}$.

取 $\lambda=0.56$,因在 $\boldsymbol{R}$ 中 $r_{34}=r_{43}=0.56$,故得相似类为$\{\boldsymbol{x}_3,\boldsymbol{x}_4\},\{\boldsymbol{x}_1,\boldsymbol{x}_2,\boldsymbol{x}_3,\boldsymbol{x}_4\},\{\boldsymbol{x}_5\}$. 将所有相似的类合并成一类,即得等价类为$\{\boldsymbol{x}_1,\boldsymbol{x}_2,\boldsymbol{x}_3,\boldsymbol{x}_4\},\{\boldsymbol{x}_5\}$. 由此可见,在0.56水平上的等价类与0.62水平上的等价类是相同的. 事实上,在 $0.56\leqslant\lambda\leqslant0.62$ 水平上的等价类均相同.

若取 $\lambda=0.53$,因在 $\boldsymbol{R}$ 中 $r_{25}=r_{52}=0.53$,故得相似类为$\{\boldsymbol{x}_2,\boldsymbol{x}_5\},\{\boldsymbol{x}_1,\boldsymbol{x}_2,\boldsymbol{x}_3,\boldsymbol{x}_4\},\{\boldsymbol{x}_5\}$. 将所有相似的类合并成一类,即得到等价类为$\{\boldsymbol{x}_1,\boldsymbol{x}_2,\boldsymbol{x}_3,\boldsymbol{x}_4,\boldsymbol{x}_5\}$.

由此可见,利用模糊传递闭包法和利用直接聚类法所得到的等价类是一致的.

3. 最大树聚类法

最大树法同样是从模糊相似矩阵出发进行聚类的,其核心是以所有被分类的对象为顶点构造一棵最大树,可看成是直接聚类法的图形表示. 其基本步骤如下:

(1) 将 r_{ij} 从大到小排序,先将与最大的 $r_{ij}(r_{ij}\neq 1)$ 相关联的对象 $\boldsymbol{x}_i,\boldsymbol{x}_j$ 连接起来,在线段上注明相关程度 r_{ij}. 再依次重复这一作法,加入其他节点(在连边时不要产生回路,也不要出现相交线),直到所有对象连通为止. 从而得到最大树(未必唯一).

(2) 适当选取 $\lambda\in[0,1]$,除去线段上值小于 λ 的连线,剩下互相连通的对象归为同一类. 这样就得到在 λ 水平上的等价分类.

例 3.3.4 利用最大树聚类法对例 3.3.2 环境区域 $X=\{\boldsymbol{x}_1,\boldsymbol{x}_2,\boldsymbol{x}_3,\boldsymbol{x}_4,\boldsymbol{x}_5\}$ 进行等价分类.

解 根据模糊相似矩阵 $\boldsymbol{R}$ 构建如图 3-16 所示的最大树.

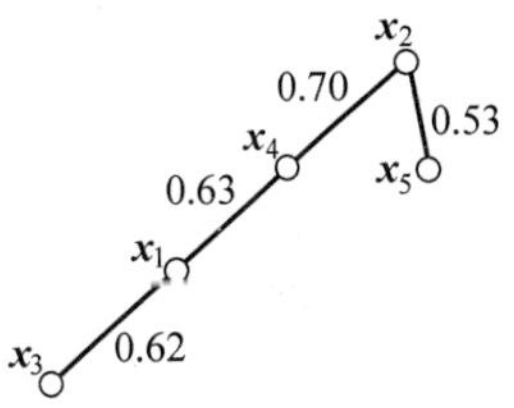

图 3-16 最大树

取 $\lambda=1$,除去线段上值小于 1 的连线,这时 X 分为 5 类: $\{\boldsymbol{x}_1\},\{\boldsymbol{x}_2\},\{\boldsymbol{x}_3\},\{\boldsymbol{x}_4\},\{\boldsymbol{x}_5\}$.

取 $\lambda=0.70$,除去线段上值小于 0.70 的连线,这时 X 被分为 4 类(见图 3-17(a)): $\{\boldsymbol{x}_1\},\{\boldsymbol{x}_2,\boldsymbol{x}_4\},\{\boldsymbol{x}_3\},\{\boldsymbol{x}_5\}$.

取 $\lambda=0.63$,除去线段上值小于 0.63 的连线,这时 X 被分为 3 类(见图 3-17(b)): $\{\boldsymbol{x}_1,\boldsymbol{x}_2,\boldsymbol{x}_4\},\{\boldsymbol{x}_3\},\{\boldsymbol{x}_5\}$.

取 $\lambda=0.62$,除去线段上值小于 0.62 的连线,这时 X 被分为 2 类(见图 3-17(c)): $\{\boldsymbol{x}_1,\boldsymbol{x}_2,\boldsymbol{x}_3,\boldsymbol{x}_4\},\{\boldsymbol{x}_5\}$.

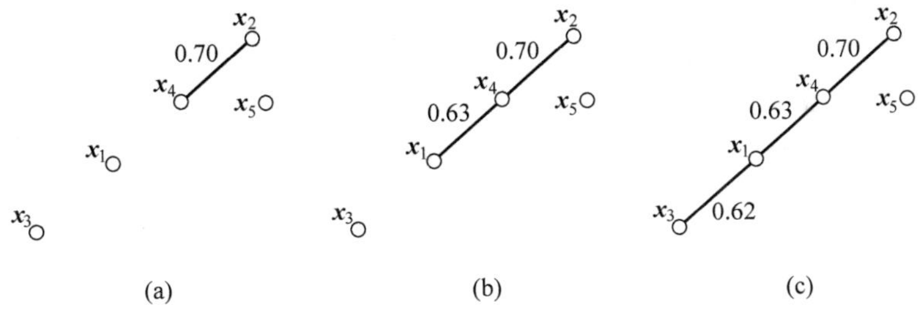

图 3-17 聚类过程示例

取 $\lambda=0.53$,除去线段上值小于 0.53 的连线,这时 X 被分为 1 类: $\{\boldsymbol{x}_1,\boldsymbol{x}_2,\boldsymbol{x}_3,\boldsymbol{x}_4,\boldsymbol{x}_5\}$. 由此可见,最大树法与传递闭包法的等价分类结果也是一致的.

4. 编网聚类法

编网法是在模糊相似矩阵 $\boldsymbol{R}$ 的截矩阵 $\boldsymbol{R}_\lambda$ 上直接进行聚类,其步骤如下:

(1) 适当选取 $\lambda\in[0,1]$,求出 λ 截矩阵 $\boldsymbol{R}_\lambda$,且去掉主对角线 $\boldsymbol{R}_\lambda$ 右上半部分的所有元素.

(2) 将主对角线上的"1"对应地用其对象 $\boldsymbol{x}_i$ 的标号 i 来代替.

(3) 将主对角线左下方的"0"去掉,而用"*"替代"1",称 * 所在的位置为节点.

(4) 用竖直线与横直线将节点与对角线上的序号连接,即编网. 通过如此打结而连接的对象归为同一类,从而实现了等价分类.

例 3.3.5 利用编网法对例 3.3.2 环境区域 $X=\{\boldsymbol{x}_1,\boldsymbol{x}_2,\boldsymbol{x}_3,\boldsymbol{x}_4,\boldsymbol{x}_5\}$ 进行等价分类.

解 取 $\lambda=1$,每个对象没有连接,故 X 被分为 5 类.

$$\boldsymbol{R}_1=\begin{bmatrix}1&&&&\\0&1&&&\\0&0&1&&\\0&0&0&1&\\0&0&0&0&1\end{bmatrix}\rightarrow\boldsymbol{R}_1=\begin{bmatrix}1&&&&\\&2&&&\\&&3&&\\&&&4&\\&&&&5\end{bmatrix}.$$

取 $\lambda=0.70$，编网如下．由于只有 $\boldsymbol{x}_2$ 和 $\boldsymbol{x}_4$ 相连接，故 X 被分为 4 类：$\{\boldsymbol{x}_1\},\{\boldsymbol{x}_2,\boldsymbol{x}_4\},\{\boldsymbol{x}_3\},\{\boldsymbol{x}_5\}$．

$$\boldsymbol{R}_{0.70}=\begin{bmatrix}1&&&&\\0&1&&&\\0&0&1&&\\0&1&0&1&\\0&0&0&0&1\end{bmatrix}\rightarrow\boldsymbol{R}_{0.70}=\begin{bmatrix}1&&&&\\&2&&&\\&&3&&\\&*&&4&\\&&&&5\end{bmatrix}.$$

取 $\lambda=0.63$，编网如下．由于 $\boldsymbol{x}_1,\boldsymbol{x}_2$ 和 $\boldsymbol{x}_4$ 相连接，故 X 被分为 3 类：$\{\boldsymbol{x}_1,\boldsymbol{x}_2,\boldsymbol{x}_4\},\{\boldsymbol{x}_3\},\{\boldsymbol{x}_5\}$．

$$\boldsymbol{R}_{0.63}=\begin{bmatrix}1&&&&\\0&1&&&\\0&0&1&&\\1&1&0&1&\\0&0&0&0&1\end{bmatrix}\rightarrow\boldsymbol{R}_{0.63}=\begin{bmatrix}1&&&&\\&2&&&\\&&3&&\\*&*&&4&\\&&&&5\end{bmatrix}.$$

取 $\lambda=0.62$，编网如下．这时 $\boldsymbol{x}_1,\boldsymbol{x}_2,\boldsymbol{x}_3,\boldsymbol{x}_4$ 相连接，故 X 被分为 2 类：$\{\boldsymbol{x}_1,\boldsymbol{x}_2,\boldsymbol{x}_3,\boldsymbol{x}_4\},\{\boldsymbol{x}_5\}$．

$$\boldsymbol{R}_{0.62}=\begin{bmatrix}1&&&&\\0&1&&&\\1&0&1&&\\1&1&0&1&\\0&0&0&0&1\end{bmatrix}\rightarrow\boldsymbol{R}_{0.62}=\begin{bmatrix}1&&&&\\&2&&&\\*&&3&&\\*&*&&4&\\&&&&5\end{bmatrix}.$$

取 $\lambda=0.53$，编网如下．这时 5 个对象都相连，故 X 被分为本类：$\{\boldsymbol{x}_1,\boldsymbol{x}_2,\boldsymbol{x}_3,\boldsymbol{x}_4,\boldsymbol{x}_5\}$．

$$\boldsymbol{R}_{0.53}=\begin{bmatrix}1&&&&\\1&1&&&\\1&1&1&&\\1&1&1&1&\\0&1&0&0&1\end{bmatrix}\rightarrow\boldsymbol{R}_{0.53}=\begin{bmatrix}1&&&&\\*&2&&&\\*&*&3&&\\*&*&*&4&\\&*&&&5\end{bmatrix}.$$

3.3.3 基于目标函数的聚类分析

前述的模糊聚类分析方法不能适用于大数据量的情况，难以满足实时性要求较高的场合．实际中受到普遍欢迎的是基于目标函数的模糊聚类方法，它把聚类归结成一个带约束的非线性规划问题，通过优化求解获得数据集的模糊划分和聚类．这种方法解决问题的范围广，还可以转化为优化问题而借助经典数学的非线性规划理论求解，并易于在计算机上实现．因此，随着计算机的应用和发展，该方法成为新的研究热点．

基于目标函数的聚类算法中模糊 c 均值(fuzzy c-means,FCM)算法的理论最为完善、应用最为广泛. 模糊 c 均值算法最早是从硬聚类目标函数的优化中导出的. 为了借助目标函数法求解聚类问题,人们利用均方逼近理论构造了带约束的非线性规划函数. 为极小化该目标函数而采取的迭代优化方案是著名的硬 c 均值(hard c-means,HCM)算法,下面的讨论将从普通分类与 HCM 算法开始.

1. 普通分类的矩阵表示

设被分类对象的集合为 $X=\{x_1,x_2,\cdots,x_n\}$,其中每一个对象 x_i 有 m 个特性指标,设其特性指标为 $u_i=\{u_{i1},u_{i2},\cdots,u_{im}\}$. 如果要把 X 分成 c 类,则它的每一个分类结果都对应一个 $c\times n$ 的布尔矩阵 $\boldsymbol{R}=(r_{ij})_{c\times n}$,其中:

$$r_{ij}=\begin{cases}1, & x_j \text{ 属于第 } i \text{ 类},\\ 0, & \text{否则}.\end{cases}$$

比如设 $X=\{x_1,x_2,x_3,x_4,x_5\}$ 为被分类对象的集合. 若分类结果为 $\{x_1,x_3\}$,$\{x_2,x_5\}$,$\{x_4\}$,则对应的分类矩阵为

$$\boldsymbol{R}=\begin{bmatrix}1 & 0 & 1 & 0 & 0\\ 0 & 1 & 0 & 0 & 1\\ 0 & 0 & 0 & 1 & 0\end{bmatrix}.$$

上述与普通分类相对应的矩阵 $\boldsymbol{R}=(r_{ij})_{c\times n}$ 满足以下条件:(1) $r_{ij}\in\{0,1\}$. (2) $\sum\limits_{i=1}^{c}r_{ij}=1$,即每一列有且仅有一个元素为 1,其余元素均为 0. 此性质保证了每一个对象能且只能属于其中一类. (3) $\sum\limits_{j=1}^{n}r_{ij}>0$,即每一行的元素之和大于 0,这保证了每一类不空,且一类中可以有多个对象.

任一种普通分类结果都对应着一个满足上述三条性质的布尔矩阵 $\boldsymbol{R}$. 反之,任一满足上述 3 条性质的矩阵 $\boldsymbol{R}$ 都对应着一个普通分类.

记 M_c 为满足上述 3 条性质的 $c\times n$ 矩阵 $\boldsymbol{R}$ 的全体,则 M_c 包含了 X 被分为 c 类的所有可能的分类结果,称 M_c 为对象集 X 被分成 c 类的(普通)分类空间.

$$M_c=\left\{\boldsymbol{R}=(r_{ij})_{c\times n}: r_{ij}\in\{0,1\};\sum_{i=1}^{c}r_{ij}=1;\sum_{j=1}^{n}r_{ij}>0\right\}.$$

2. 模糊分类的矩阵表示

模糊分类认为被分类对象集合 X 中的对象 x_i 以一定的隶属度隶属于某一类,即所有的对象都分别以不同的隶属度隶属于某一类. 因此,每一类就认为是对象集合 X 上的一个模糊子集. 于是每一种模糊分类就是一个 $c\times n$ 的模糊矩阵 $\boldsymbol{R}=(r_{ij})_{c\times n}$,它满足以下条件:

(1) $r_{ij}\in[0,1]$,即分类矩阵元素在 0 与 1 之间取值.

(2) $\sum\limits_{i=1}^{c}r_{ij}=1$,即每一列中分别属于各类的隶属度之和为 1,这一条件保证了对一个对象而言,它对各类的隶属度之和为 1;

(3) $\sum\limits_{j=1}^{n}r_{ij}>0$,这一条件保证了每一类都必须有对象,即总有一些对象不同程度地隶属于各类.

每一种模糊分类都对应着满足以上3个条件的模糊矩阵 $\boldsymbol{R}$；反之，任一符合上述条件的模糊矩阵 $\boldsymbol{R}$ 都对应着对象集合 X 被分为 c 类的模糊分类.

记 M_{fc} 为满足上述3条性质的 $c\times n$ 模糊矩阵 $\boldsymbol{R}$ 的全体，称为对象集 X 被分成 c 类的模糊分类空间.

$$M_{fc}=\left\{\boldsymbol{R}=(r_{ij})_{c\times n}:r_{ij}\in[0,1];\sum_{i=1}^{c}r_{ij}=1;\sum_{j=1}^{n}r_{ij}>0\right\}.$$

3. 基于目标函数的硬聚类方法

关于聚类，已经有不涉及模糊集的所谓"基于目标函数的硬聚类方法"，其原理如下：

设待分类对象的集合为 $X=\{x_1,x_2,\cdots,x_n\}$，并且经初步观察应当把 X 分成 c 类($1<c<n$)，设每一个对象 x_i 有 m 个特性指标 $\{u_{i1},u_{i2},\cdots,u_{im}\}$. 假设 $\{\boldsymbol{v}_1,\boldsymbol{v}_2,\cdots,\boldsymbol{v}_c\}$ 是预先估计的 c 个聚类中心，这里 $\boldsymbol{v}_i=(v_{i1},v_{i2},\cdots,v_{im})$ 不必属于 X(即不必是某个对象对应的特征向量 $\boldsymbol{u}_j$)，且有待于不断修改.

我们当然希望各个类都聚集得很紧密而不要太分散，这可以通过要求各类中的对象到相应的聚类中心的距离平方之和最小来实现. 用 d_{ij} 表示欧几里得距离 $d(\boldsymbol{v}_i,\boldsymbol{u}_j)$，用 $\boldsymbol{R}=(r_{ij})_{c\times n}$ 表示前述的(普通)分类矩阵，$\boldsymbol{V}$ 表示聚类中心构成的矩阵，则 $J(\boldsymbol{R},\boldsymbol{V})=\sum_{i=1}^{c}\sum_{j=1}^{n}r_{ij}d_{ij}^2$ 表示 X 中每个点 $\boldsymbol{u}_j$ 到它所在的聚类中心 $\boldsymbol{v}_i$ 的距离平方的总和.

显然，这个总和 $J(\boldsymbol{R},V)$ 越小就表明聚类效果越好，则这个总和 $J(\boldsymbol{R},V)$ 是与 $\boldsymbol{v}_1,\boldsymbol{v}_2,\cdots,\boldsymbol{v}_c$ 这 c 个聚类中心的设定有关，它是这 c 个变向量的函数. 于目标函数的聚类方法就是不断调整 $\boldsymbol{v}_1,\boldsymbol{v}_2,\cdots,\boldsymbol{v}_c$ 以使 $J(\boldsymbol{R},V)$ 取最小值的方法.

4. 基于目标函数的模糊 c 均值聚类法

设待分类对象的集合为 $X=\{x_1,x_2,\cdots,x_n\}$，每一个对象 x_i 有 m 个特性指标 $u_i=\{u_{i1},u_{i2},\cdots,u_{im}\}$. 相应的特性指标矩阵为 $\boldsymbol{U}=(u_{ij})_{n\times m}$.

现在要将对象集 X 分成 c 类，设 c 个聚类中心向量构成矩阵 $\boldsymbol{V}$：

$$\boldsymbol{V}=\begin{bmatrix}\boldsymbol{v}_1\\\boldsymbol{v}_2\\\vdots\\\boldsymbol{v}_c\end{bmatrix}=\begin{bmatrix}v_{11}&v_{12}&\cdots&v_{1m}\\v_{21}&v_{22}&\cdots&v_{2m}\\\vdots&\vdots&&\vdots\\v_{c1}&v_{c2}&\cdots&v_{cm}\end{bmatrix}.$$

为了获得一个最佳的模糊分类，可以按照下列聚类准则，从模糊分类空间 M_{fc} 中优选一个最好的模糊分类.

聚类准则 求出适当的模糊分类矩阵 $\boldsymbol{R}$ 及聚类中心矩阵 $\boldsymbol{V}$，使下述目标函数 $J(\boldsymbol{R},\boldsymbol{V})$ 达到极小值，其中 q 可取一定的值(一般取 $q=2$)，而 $\|\boldsymbol{u}_k-\boldsymbol{v}_i\|$ 表示对象 x_k 对应的特征向量 $\boldsymbol{u}_k$ 与第 i 类聚类中心向量 $\boldsymbol{v}_i$ 的距离(在应用中，最常用的距离有下列几种：切比雪夫距离、汉明距离、欧几里得距离、闵科夫斯基距离).

$$J(\boldsymbol{R},\boldsymbol{V})=\sum_{k=1}^{n}\sum_{i=1}^{c}(r_{ik})^q\|\boldsymbol{u}_k-\boldsymbol{v}_i\|^2.$$

一般来说，求解目标函数 $J(\boldsymbol{R},\boldsymbol{V})$ 是相当困难的，通常采用迭代运算求出其近似解. 1977年，J. C. Bezdek 证明了：当 $q\geqslant1,\boldsymbol{u}_k\neq\boldsymbol{v}_i$ 时，可以通过模糊 c 均值算法进行迭代，并

且运算过程是收敛的. 具体步骤如下：

步骤 1：选定分类数 c，$2\leqslant c\leqslant n$，取一初始模糊分类矩阵 $\boldsymbol{R}^{(0)}\in M_{fc}$，逐步迭代，$l=0,1,2,\cdots$. 对于 $\boldsymbol{R}^{(l)}$，计算聚类中心矩阵 $\boldsymbol{V}^{(l)}=(\boldsymbol{v}_1^{(l)},\boldsymbol{v}_2^{(l)},\cdots,\boldsymbol{v}_c^{(l)})^{\mathrm{T}}$，并修正模糊分类矩阵 $\boldsymbol{R}^{(l)}$，其中：

$$\boldsymbol{v}_i^{(l+1)}=\sum_{k=1}^{n}(r_{ik}^{(l)})^q\boldsymbol{u}_k\Big/\sum_{k=1}^{n}(r_{ik}^{(l)})^q,$$

$$r_{ik}^{(l+1)}=\left[\sum_{j=1}^{c}\left(\frac{\|\boldsymbol{u}_k-\boldsymbol{v}_i^{(l)}\|}{\|\boldsymbol{u}_k-\boldsymbol{v}_j^{(l)}\|}\right)^{\frac{2}{q-1}}\right]^{-1}\quad(k=1,2,\cdots,n;j=1,2,\cdots,c).$$

步骤 2：比较 $\boldsymbol{R}^{(l)}$ 与 $\boldsymbol{R}^{(l+1)}$，若对取定的精度 $\varepsilon>0$，有 $\max\{|r_{ik}^{(l+1)}-r_{ik}^{(l)}|\}\leqslant\varepsilon$，则 $\boldsymbol{R}^{(l+1)}$ 和 $\boldsymbol{V}^{(l+1)}$ 即为所求，停止迭代；否则，$l=l+1$，回到步骤 1，重复进行.

应用上述算法得到的模糊分类矩阵 $\boldsymbol{R}^{(l+1)}$ 和聚类中心矩阵 $\boldsymbol{V}^{(l)}$ 是相对于分类数 c，初始模糊分类矩阵 $\boldsymbol{R}^{(0)}$，ε 和参数 q 的局部最优解.

注意：由于本算法要求 $\boldsymbol{u}_k\neq\boldsymbol{v}_i$，以及迭代公式本身的原因，初始模糊分类矩阵 $\boldsymbol{R}^{(0)}$ 的选取除了必须满足模糊分类矩阵的 3 个条件之外，还必须加以如下限制：(1) 初始矩阵 $\boldsymbol{R}^{(0)}$ 不能是一个每一元素都相同的常数矩阵；(2) 初始矩阵 $\boldsymbol{R}^{(0)}$ 不能是一个某一行元素等值的矩阵；(3) 初始矩阵 $\boldsymbol{R}^{(0)}$ 中对只有一个对象的类，聚类前要除掉，待聚类后再放入.

步骤 3：在求出满足所要求的最佳模糊分类矩阵和最佳聚类中心矩阵之后，可按下列两个判别原则来进行分类：

(1) 利用最佳模糊分类矩阵聚类. 设求得的最佳模糊分类矩阵为 $\boldsymbol{R}^*=(r_{ik}^*)_{c\times n}$. 对于任意 x_k，在 $\boldsymbol{R}^*$ 的第 k 列中，如果 $r_{ik}^*=\max\{r_{jk}^*,1\leqslant j\leqslant c\}$，则将对象 x_k 归于第 i 类，即对象 x_k 对哪一类的隶属度最大，就将它归到哪一类.

(2) 利用最佳聚类中心矩阵聚类. 设求得的最佳聚类中心矩阵为 $\boldsymbol{V}^*=(\boldsymbol{v}_1^*,\boldsymbol{v}_2^*,\cdots,\boldsymbol{v}_c^*)^{\mathrm{T}}$. 对于任意 x_k，如果其对应的特征向量 $\boldsymbol{u}_k$ 满足 $\|\boldsymbol{u}_k-\boldsymbol{v}_i^*\|=\min\{\|\boldsymbol{u}_k-\boldsymbol{v}_j^*\|,1\leqslant j\leqslant c\}$，则将对象 x_k 归于第 i 类，即对象 x_k 对哪一类聚类中心向量最靠近，就将它归到哪一类.

例 3.3.6 利用模糊 c 均值聚类分析法，对宁夏磁窑堡井田的煤层地质条件进行模糊分类. 选择磁窑堡井田向斜西翼的 20 个煤层段作为分类对象的集合 $X=\{x_1,x_2,\cdots,x_{20}\}$. 并且采用如下煤层分类的特性指标：(1)煤层厚度 H(m). (2)煤层倾角 α(°). (3)煤层离差系数 r(%)，r 是一种离散性系数，它反映煤层(块段)内煤厚偏离平均厚度的大小. (4)煤层合标准率 ε(%)：$\varepsilon=M/n$(%)，M 为大于可采厚度的钻孔数，n 为煤层(块段)内钻孔个数. (5)含矸系数 G(%)，这里矸(gan)是指夹杂在煤里的石头. 于是，对于分类煤层集合 X 中任一对象 x_i 均对应一个分类特性指标 5 维向量，即

$$\boldsymbol{u}_i=(H,\alpha,r,\varepsilon,G)=(u_{i1},u_{i2},u_{i3},u_{i4},u_{i5}).$$

分类煤层集合 $X=\{x_1,x_2,\cdots,x_{20}\}$ 中各煤层块段的特性指标值见表 3-9.

表 3-9 各煤层块段的特性指标值

煤层块段序号	平均煤层 u_{i1}/m	煤层倾角 u_{i2}/(°)	高差系数 u_{i3}/%	煤层合标准率 u_{i4}/%	含矸系数 u_{i5}/%
1	0.80	17	0.22	0.67	0.09
2	9.42	18	0.06	1.00	0.14

续表

煤层块段序号	平均煤层 u_{i1}/m	煤层倾角 u_{i2}/(°)	高差系数 u_{i3}/%	煤层合标准率 u_{i4}/%	含矸系数 u_{i5}/%
3	5.91	11	0.36	1.00	0.21
4	1.12	17	0.52	0.67	0.12
5	2.96	17	0.57	1.00	0.02
6	2.42	11	0.54	1.00	0.01
7	0.99	13	0.23	0.63	0.06
8	1.00	13	0.49	0.60	0.02
9	1.26	13	0.55	0.69	0.15
10	1.05	16	0.30	0.71	0.11
11	1.06	12	0.43	0.67	0.02
12	1.45	15	0.25	0.92	0.08
13	1.21	12	0.24	0.97	0.04
14	2.28	15	0.16	1.00	0.01
15	2.25	12	0.18	1.00	0.05
16	2.58	15	0.19	1.00	0.08
17	3.02	13	0.16	1.00	0.05
18	3.55	15	0.31	1.00	0.27
19	3.79	13	0.31	0.98	0.11
20	1.05	13	0.29	0.80	0.02

利用极差规格化公式对特性指标值 u_{ij} 进行数据规格化：

$$u'_{ij}=\frac{u_{ij}-m_j}{M_j-m_j},\quad i=1,2,\cdots,20;j=1,2,3,4,5.$$

根据该井田的煤层地质条件，确定分类数 $c=3$，确定相应的初始模糊分类矩阵 $\boldsymbol{R}^{(0)}$，并取 $q=2$，精确度 $\varepsilon=0.001$，经过计算机多次迭代运算，得到如表 3-10 所示的各类聚类中心.

利用最佳聚类中心原则可得分类结果(如表 3-11 所示). 从表中可看出，Ⅰ类及Ⅱ类煤层块段开采条件好，煤层较厚，煤层合标准率较高. Ⅲ类则开采条件较差，煤层薄，煤层合标准率较低，离差系数较大. 结合井田的客观地质条件，对于Ⅰ、Ⅱ、Ⅲ类的煤层块段，可分别采用综采采煤工艺、高档普采采煤工艺、普采或炮采采煤工艺.

表 3-10 各类的聚类中心

指标 / 聚类中心类别	煤层厚度 v_{i1}/m	煤层倾角 v_{i2}/(°)	高差系数 v_{i3}/%	煤层合标准率 v_{i4}/%	含矸系数 v_{i5}/%
$\boldsymbol{v}_1$	0.39	0.39	0.52	0.99	0.50
$\boldsymbol{v}_2$	0.19	0.40	0.33	0.98	0.18
$\boldsymbol{v}_3$	0.05	0.45	0.65	0.66	0.24

表 3-11 分类结果

类别	煤层块段序号	类别	煤层块段序号
Ⅰ	2,3,18,19	Ⅲ	1,4,7,8,9,10,11,20
Ⅱ	5,6,12,13,14,15,16,17		

例 3.3.7 道路交通网络关键节点的评估与选择对于区域交通信号控制系统的实施具有重要意义. 现有北京市长安街沿线周围交叉口某日实际统计数据(见表 3-12,来自文献[54]),试以节点连接度、节点介数和交叉口高峰小时交通流量为评价指标,应用 FCM 模糊聚类方法给出交叉口的重要性分类,实现城市复杂交通网络关键节点的选择.

表 3-12 长安街周围交叉口信号控制区域网络节点重要性指标数据表

节点名	度	高峰流量/(辆/h)	节点介数	节点名	度	高峰流量/(辆/h)	节点介数
闹市口	4	2915	0.0197	绒线胡同东口	3	800	0.0325
新文化街	3	2765	0.0232	府右街南门	4	4530	0.1080
长椿街	4	5145	0.0209	灵境东口	3	1700	0.0348
太平街西口	3	2450	0.0395	灵境中口	3	2660	0.1672
辟才胡同	4	2875	0.0395	丰盛东口	3	1530	0.0209
丰盛西口	4	2930	0.0465	西安门	4	2695	0.1243
政协礼堂	2	2920	0.0267	马东口	3	1180	0.0035
白塔寺	4	2145	0.0267	国西门	2	1970	0.0174
大镜子	2	2390	0.0290	府右街北口	3	2470	0.0859
新文化街中口	2	1540	0.0221	国北门	2	2430	0.0662
君太百货西南	2	2390	0.0058	北长街	3	2400	0.0883
西四	4	2460	0.0372	景山西街	3	1515	0.0732
西四丁字口	3	1500	0.0209	景山东街	3	2465	0.0023
缸瓦市路口	4	2860	0.0685	南长街	3	2875	0.0813
灵境西口	4	3345	0.0546	西侧路	3	680	0.0976
西单	4	2676	0.0430	前门西	4	3590	0.0256
西绒线	4	1375	0.0453	人民大会堂	3	265	0.1719
宣武门	4	2990	0.0093	东侧路	4	390	0.0023
和平门	4	4465	0.0186	前门东	4	3080	0.0023
西交民巷	3	885	0.0116	君太百货东南角	3	1930	0.2300

解 FCM 聚类方法通过引入隶属度函数来表示每个数据属于不同类别的程度,对数据进行软划分. 首先估计聚类的中心,其次反复调整聚类中心,使数据集中的每个点距每个中心的距离之和达到最小或满足终止条件.

在城市信号控制分析中，通常将交叉口分为关键节点、重要节点、关联节点和孤立节点等类别，这里取类别数 c 为 3、4、5 分别进行聚类. 取目标函数中的参数 $q=2$，迭代终止阈值 $\varepsilon=0.001$. 应用 MATLAB 提供的模糊聚类分析工具 FCM（详细使用方法请见后面的实验3），分别得到如图 3-18 的聚类结果. 由图 3-18 可知，当取 3 类、4 类和 5 类对长安街沿线路口进行聚类时，节点长椿街路、府右街南口、和平门路口均呈现出极高的聚集性，其聚类中心为（节点度 4，流量 4650，介数 0.043），即十字路口、流量 4650 辆/h、超过 4% 的最短路径经过. 这与实际信号控制系统中重要节点的选择一致.

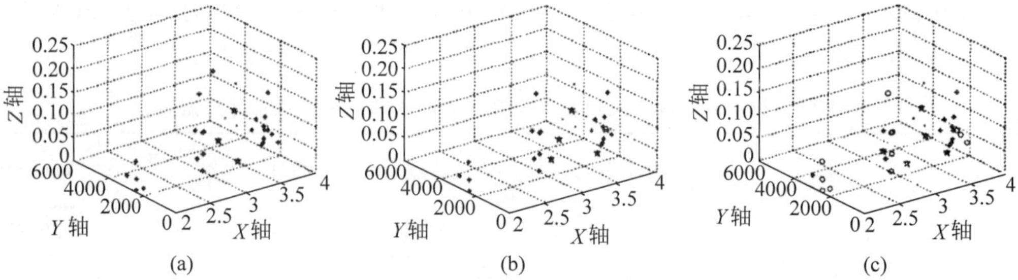

图 3-18 聚类结果（$c=3,4,5$）

（a）$c=3$；（b）$c=4$；（c）$c=5$

图 3-19 所示为利用模糊 c 均值算法对泰国曼谷运河水质进行聚类分析的情况（选自文献[51]），其结果分为 5 类，这为进一步采取水资源的保护与治理提供了重要依据.

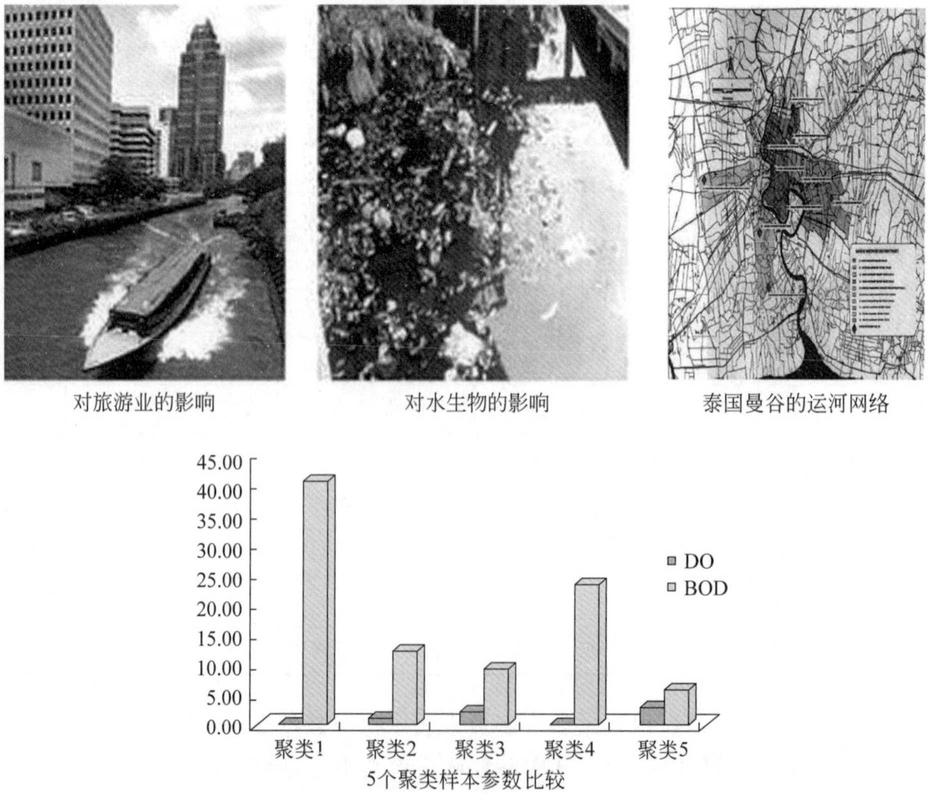

图 3-19 曼谷运河水质的模糊聚类分析

实验3　模糊传递闭包与模糊聚类分析的程序实现

本实验分三个部分，其一是基于模糊传递闭包的模糊聚类方法的MATLAB实现，其二是介绍MATLAB提供的FCM可视化工具，其三是利用FCM方法实现鸢尾花数据集的聚类分析.

1. 基于模糊传递闭包的模糊聚类方法的MATLAB程序实现

以下通过编写MATLAB程序实现基于模糊传递闭包的模糊聚类分析，我们将分别编写数据标准化、求模糊相似矩阵、计算模糊合成、求传递闭包等多个MATLAB函数来实现，并结合前面的例3.3.2实际检验程序的运行结果.

(1) 数据标准化(BZ.m)

以下MATLAB程序BZ.m实现数据标准化，使用最大值规格化方法，即对特性指标矩阵$\boldsymbol{X}^*$的第j列，计算最大值$M_j=\max\{x_{1j},x_{2j},\cdots,x_{nj}\}$，$j=1,2,\cdots,m$. 然后作变换$x'_{ij}=x_{ij}/M_j$，$i=1,2,\cdots,n$，$j=1,2,\cdots,m$.

```
%程序文件 BZ.m,将矩阵 X 中的数据标准化%
function[X]=BZ(X)
[n,m]=size(X); %获得矩阵的行数、列数
for(j=1:m)xj=0;
    mj=X(1,j);
    for(i=2:n)
        if(X(i,j)>mj)mj=X(i,j);end
    end
    for(i=1:n)X(i,j)=X(i,j)/mj;end
end
```

应用上述MATLAB函数，可对例3.3.2中的特性指标矩阵$\boldsymbol{X}^*$进行规格化，运行结果如图3-20所示.

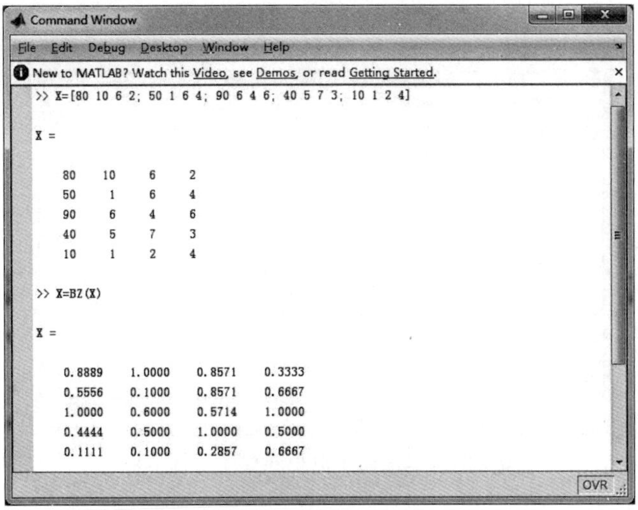

图3-20　数据标准化程序运行结果

(2) 求模糊相似矩阵(XS.m)

以下 MATLAB 程序 XS.m 使用最大最小贴近度法求模糊相似矩阵,即当对象 x_i 的特性指标向量 $\boldsymbol{x}_i=(x_{i1},x_{i2},\cdots,x_{im})$ 为模糊向量,即 $x_{ik}\in[0,1]$ $(i=1,2,\cdots,n;\ k=1,2,\cdots,m)$ 时,$\boldsymbol{x}_i$ 与 $\boldsymbol{x}_j$ 的相似程度 r_{ij} 视为模糊子集 $\boldsymbol{x}_i$ 与 $\boldsymbol{x}_j$ 的贴近度,这里

$$r_{ij}=\frac{\sum_{k=1}^{m}(x_{ik}\wedge x_{jk})}{\sum_{k=1}^{m}(x_{ik}\vee x_{jk})}.$$

```
%程序文件 XS.m,依据矩阵 X 中的数据求模糊相似矩阵 R%
function[R]=XS(X)
[n,m]=size(X); %获得矩阵的行数、列数
R=[];
for(i=1:n)for(j=1:n)
    fx=0;fd=0;
    for(k=1:m)
        if(X(i,k)<X(j,k))x=X(i,k);
        else x=X(j,k);end
        fx=fx+x;
    end
    for(k=1:m)
        if(X(i,k)<X(j,k))x=X(j,k);
        else x=X(i,k);end
        fd=fd+x;
    end
    R(i,j)=fx/fd;
end
end
```

应用上述 MATLAB 函数,可依据前述标准化的数据得到模糊相似矩阵 $\boldsymbol{R}$,运行结果如图 3-21 所示.

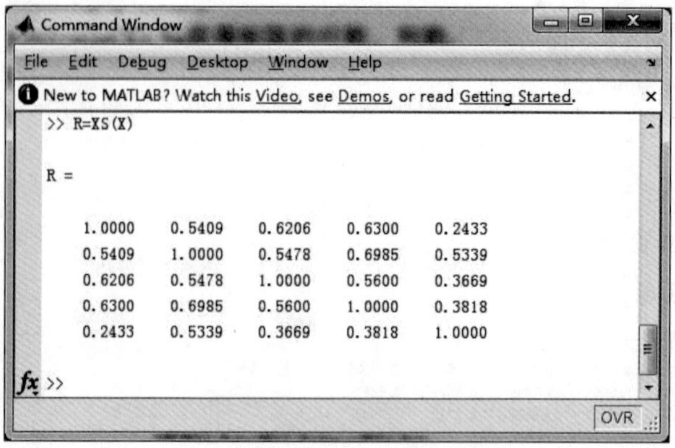

图 3-21 求模糊相似矩阵程序运行结果

(3) 计算模糊合成(HC. m)

在求解模糊传递闭包时,需要计算模糊合成,故先给出计算模糊合成的 MATLAB 程序.

```
%程序文件 HC.m,计算模糊矩阵 A、B 的模糊合成 C%
function[C]=HC(A,B)
[m,s]=size(A);[s1,n]=size(B);%获得矩阵的行数、列数
C=[];
if(s~=s1)return;end
for(i=1:m)
    for(j=1:n)C(i,j)=0;
            for(k=1:s) x=0;
              if(A(i,k)<B(k,j))x=A(i,k);
              else x=B(k,j);end
              if(C(i,j)<x)C(i,j)=x;end
            end
    end
end
```

(4) 求模糊传递闭包(CDBB. m)

```
%程序文件 CDBB.m,求模糊相似矩阵 R 的模糊传递闭包%
function[R]=CDBB(R)
[m,n]=size(R);
k1=0;
while(1)
    R1=HC(R,R);k1=k1+1;
    if(R1==R)break;else R=R1;end
end
end
```

应用上述 MATLAB 程序可求得前述模糊相似矩阵 $\boldsymbol{R}$ 的传递闭包,运行结果如图 3-22 所示(其结果与例 3.3.2 一致).

2. 模糊聚类的 MATLAB 可视化工具

在 MATLAB 模糊逻辑工具箱中提供了对两种聚类方法的支持:模糊 c 均值(fuzzy c means),即 FCM 聚类,减法聚类(subtractive clustering). 这里主要介绍前者.

MATLAB 模糊逻辑工具箱的命令行函数 fcm 用来进行模糊 c 均值聚类,它首先是对标志每个群的平均位置的聚类中心进行猜测,这个初始的猜测值一般是不正确的. 随后,fcm 给每一个数据点相对每个聚类中心分配一个隶属度,这个隶属度可以表示数据点到聚类中心的距离. 继而,通过构造一个能很好地反映给定的数据点到聚类中心距离的目标函数,以便对这些值进行评价. 然后,对每一个点在基于目标函数的最小化的前提下重复更新聚类中心和隶属度,从而可以不断地把聚类中心移向一组数据的中心位置.

函数 fcm 的输出是聚类中心的列表以及每个数据点对各个聚类中心的隶属度值. 该输出能够被进一步用来建立模糊推理系统(参见 MATLAB 系统关于 ANFIS 的帮助

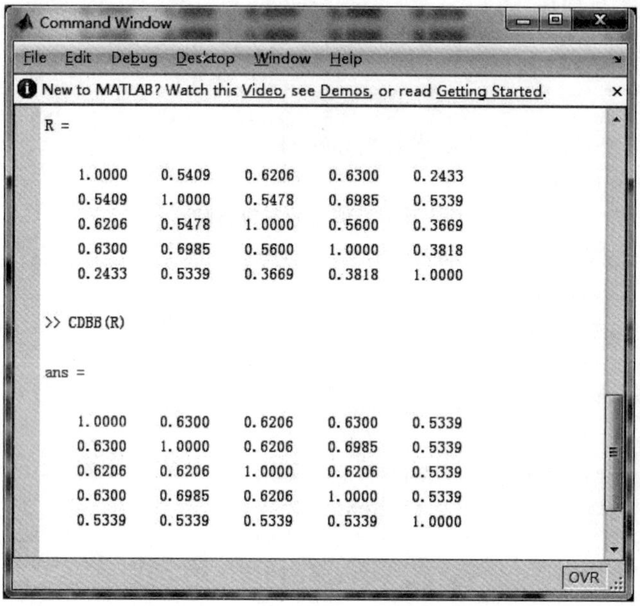

图 3-22 求模糊传递闭包程序运行结果

说明).

(1) 函数 fcm 的使用方法

fcm 的功能是对给定的一批数据进行模糊 c 均值聚类,其格式为

```
[center,U,obj_fcn]=fcm(data,cluster_n,options)
```

输入参数 data 为给定的数据集,data 为矩阵,每一行为一个数据点,每一列代表一个空间坐标;参数 cluster_n 为聚类中心的个数. 输出参数向量中,center 为迭代后得到的聚类中心,U 为所有数据点对聚类中心的隶属度矩阵,行数等于聚类中心的个数,列数等于数据点的个数; obj_ fcn 为目标函数值在迭代过程中的变化值.

输入参数向量中的 options 为若干控制参数,这些参数的定义如下:

options(1):隶属度矩阵 U 的指数 (默认值:2.0);

options(2):最大迭代次数 (默认值:100)

options(3):最小变化量,即迭代终止条件 (默认值:1e-5)

options(4):每次迭代是否输出信息标志 (默认值:1)

聚类过程在达到最大迭代次数或两次迭代的目标函数值减小的程度小于给定的最小增量准则时结束. 因初始的聚类中心是任意选定的,所以同一批没有明显聚类特征的数据多次计算时,可能会出现个别分界点各次结果不一致的现象.

图 3-23(a)中的示例,是将一组二维随机数据用模糊 c 均值聚类法分为 3 类.

图 3-23(b)中的示例,是将 MATLAB 中提供的演示数据文件 fcmdata. dat 中的数据进行聚类(2 类),并绘制目标函数(objective function)曲线.

图 3-23(c)中的示例,将 200 个三维随机数据利用模糊 c 均值聚类法分为 4 类.

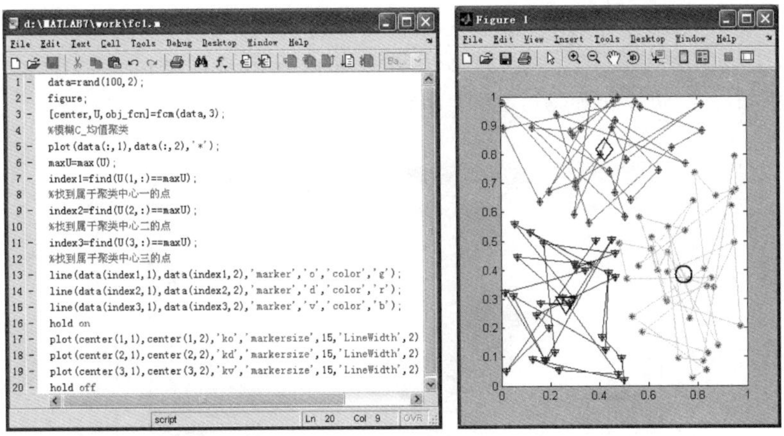

(a)

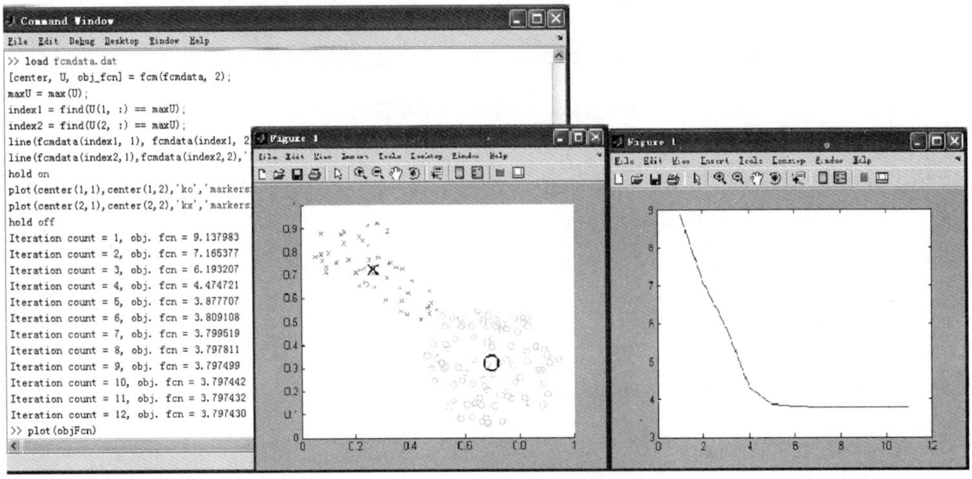

(b)

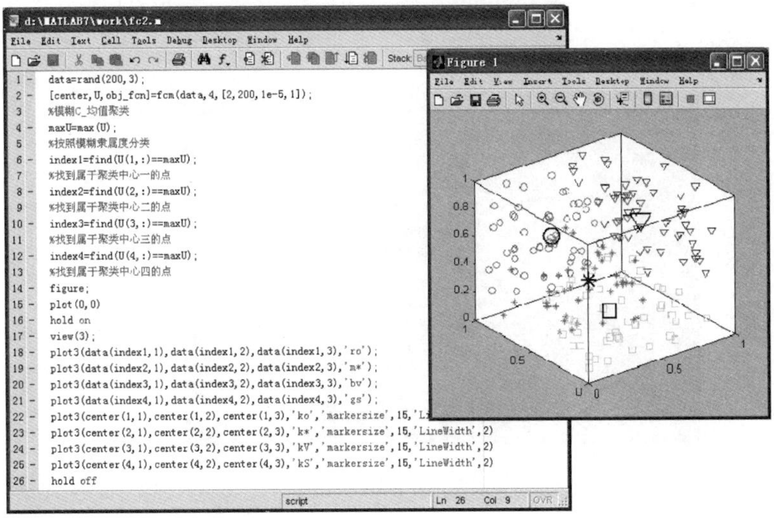

(c)

图 3-23　函数 fcm 示例

(2) 图形化模糊聚类工具

MATLAB还提供了模糊聚类的图形界面工具来实现函数fcm和subclust的功能,通过命令findcluster可以打开如图3-24所示的聚类窗口.

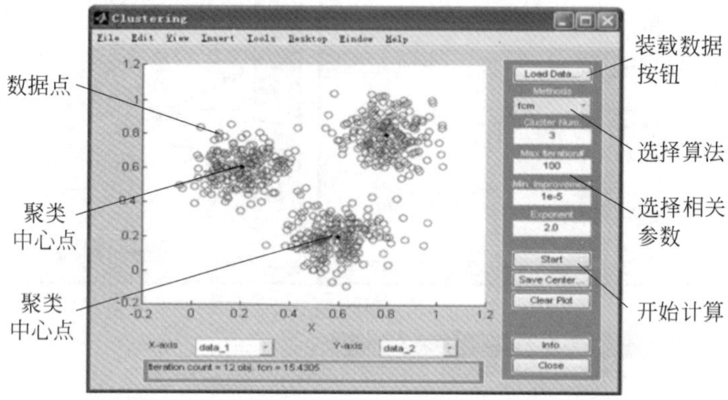

图3-24 聚类图形界面窗口

选择Load Data按钮开始装载数据,也可以直接用命令findcluster('clusterdemo. dat')来打开上述窗口,并装入数据文件clusterdemo. dat.

通过Methods下拉列表框可以选择使用fcm(模糊c均值)或subtractive(减法聚类)算法.界面上其他的功能选项随着算法选择的不同而发生相应的变化,选择fcm算法时参数Cluster Num,MaxIteration #,Min. Improvement,Exponent分别对应函数fcm的参数option(1),option(2),option(3),option(4).

选择start按钮开始计算,计算结束后结果即显示在绘图区.

(3) 使用fcmdemo

MATLAB提供了演示程序fcmdemo. m(可打开它以了解FCM算法的代码细节),在命令行执行fcmdemo即可动态展示聚类过程,参见图3-25.

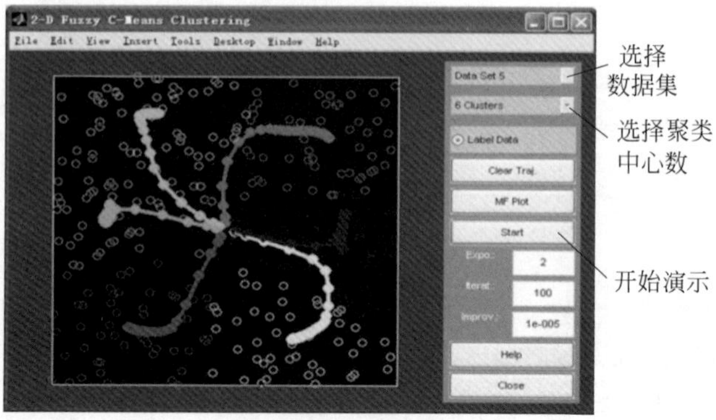

图3-25 使用fcmdemo动态展示聚类过程

3. 基于FCM方法的鸢尾花数据集的聚类分析

在拉丁语中,鸢尾花的学名为Iris,该词源自古希腊,意为"彩虹",鸢尾花是"彩虹之花”. 鸢尾花是个相当大的种类,并且其分布极广,在北温带地区,无论是欧洲、亚洲,乃至北美洲,都可以找到原生的野生鸢尾花. 而关于鸢尾花的文化中最具影响力的,莫过于其作为法国王室的象征,从法兰克王国时代一直到波旁王朝,连绵了整整一千多年.

鸢尾花数据集: Iris 数据集是常用的分类实验数据集,由 Fisher 收集整理(首次出现在著名的英国统计学家和生物学家 R. Fisher1936 年的论文中). 数据集包含 150 个数据实例,分为 3 类,每类 50 个数据,每个数据包含 4 个特征,即花萼长度、花萼宽度、花瓣长度和花瓣宽度. 可通过这 4 个特征预测鸢尾花卉属于山鸢尾(Setosa)、杂色鸢尾(Versicolour)、弗吉尼亚鸢尾(Virginica)三个种类中的哪一类. 不同种类的鸢尾花如图 3-26 所示.

图 3-26 不同种类的鸢尾花

以下将利用 MATLAB 实现对鸢尾花数据集的 FCM 聚类.

(1) Iris 数据集的导入(只需导入前 4 个特征列),如图 3-27 所示.

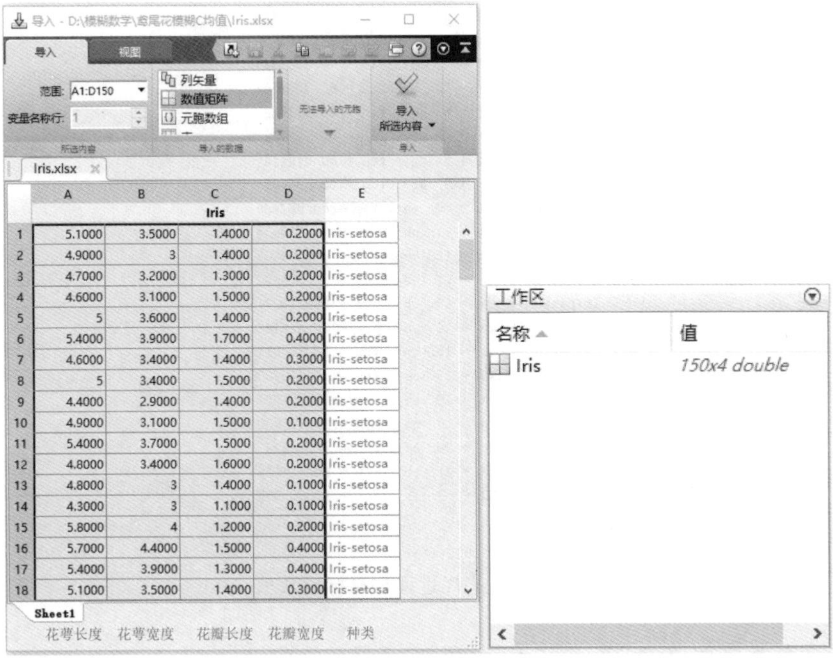

图 3-27 Iris 数据集的导入界面

(2) Iris 数据集的 FCM 聚类算法，如图 3-28 所示.

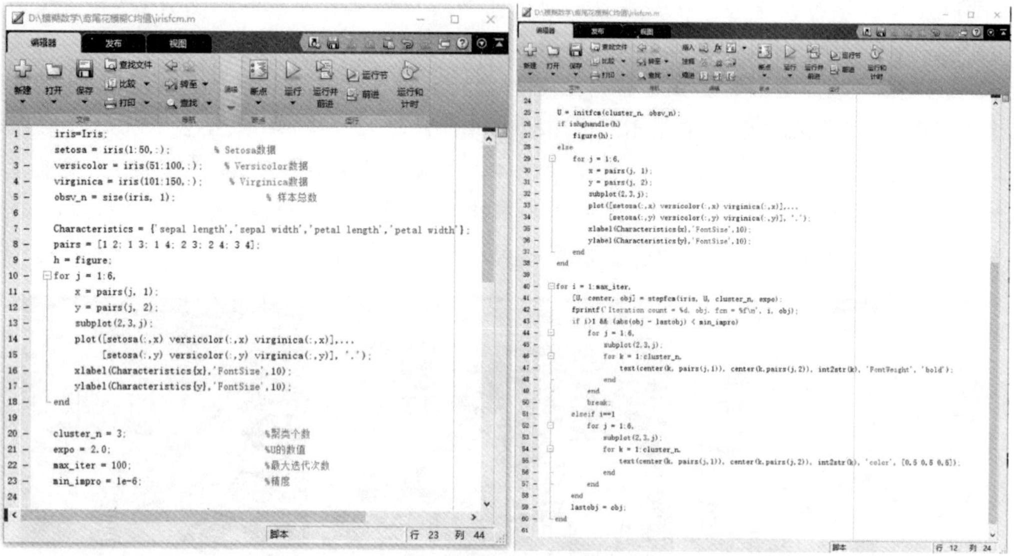

图 3-28　Iris 数据集的 FCM 聚类算法

(3) 迭代过程与目标函数值，如图 3-29 所示.

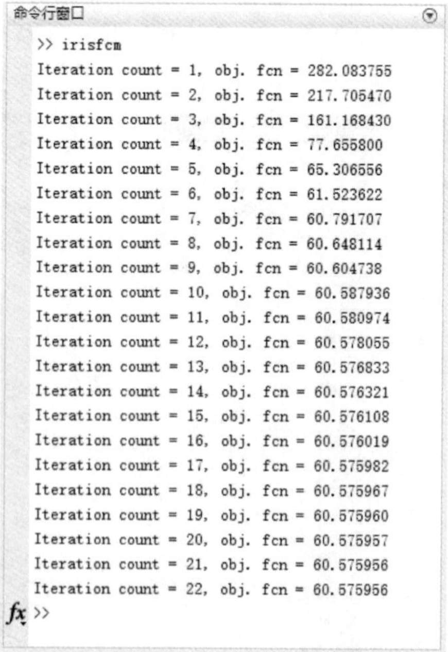

图 3-29　迭代过程与目标函数值

(4) Iris 数据集的 FCM 聚类结果，如图 3-30 所示.

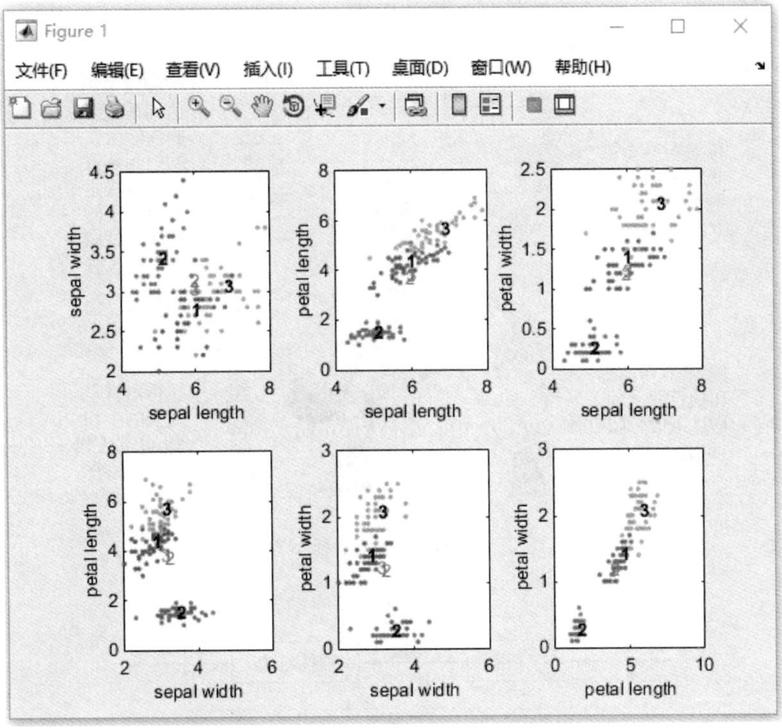

图 3-30 Iris 数据集的 FCM 聚类结果图

3.4 模糊控制及应用实例

3.4.1 控制系统与模糊控制概述

1. 关于控制的基本概念

控制(control)：掌握住对象不使其任意活动或超出范围，或使其按控制者的意愿活动. 按照主体的意愿使事物向期望的目标发展. 控制论："控制论是关于动物和机器中控制和通信的科学"(控制论的创始人维纳的经典定义).

机器的自动控制或动物在自然界的活动，都可以看成是其本身各组成部分间信息的传递过程；控制论着重研究上述过程的数学关系，而不涉及过程内在物理、化学、生物或其他方面的现象. 图 3-31 直观描述了控制系统的基本原理.

控制系统：使被控对象的一个或多个物理量能够在一定精度范围按照给定的规律变化的系统.

开环控制系统：只有正向作用，没有反馈控制作用的控制系统. 若控制系统的输出量对系统的控制作用没有影响，则称该系统为开环控制系统. 在开环控制系统中，既不需要对系统的输出量进行测量，也不需要将它反馈到输入端与输入量进行比较. 闭环控制系统：既有正向作用，又有反馈控制作用的控制系统. 凡是系统的输出信号对控制作用能有直接影响的系统都称为闭环控制系统 (即闭环系统是一个反馈系统)，如图 3-32 所示.

为了说明反馈控制系统的原理，我们举个例子，这就是"鹰抓兔子". 不要觉得老鹰抓兔

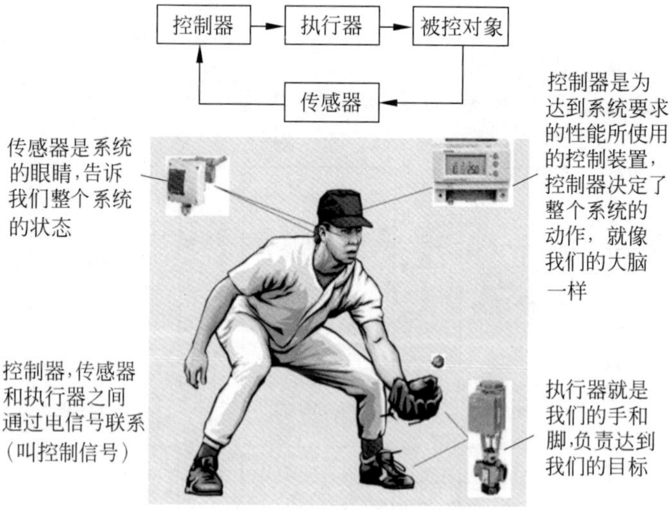

图 3-31 控制系统原理示意图

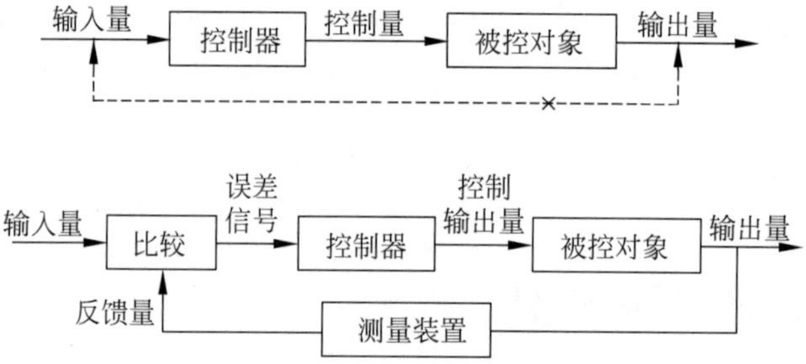

图 3-32 开环控制系统（上）与闭环控制系统（下）

子是很简单的事情. 有一个小软件（请自行上网查找，如图 3-33 所示），通过鼠标点击四个键头来控制老鹰捕捉乱窜的兔子，你能在 5 分钟内捉到 5 只兔子算你厉害了.

图 3-33 鹰抓兔子游戏

鹰击长空，不但能准确地扑到固定目标，甚至连飞速躲避的兔子、老鼠也不能逃脱. 显然，鹰没有也不可能事先计算自己和目标的运动方程. 鹰不是按照事先计算好的路线飞行的. 鹰发现兔子后，马上用眼睛估计一下它和兔子的大致距离和相对位置，然后选择一个大致的方向向兔子飞去. 在此过程中眼睛一直盯着兔子，不断向大脑报告自己的位置跟兔子之间的差距. 不管兔子怎么跑，大脑做出的决定都是为了缩小自己跟兔子位置的差距. 这种决定通过翅膀来执行，调整鹰的位置，使差距越来越小，直到这个差距为0时，鹰的爪子就够着兔子了.

鹰抓兔子的过程(见图3-34)，其关键之处在于大脑的决定始终使鹰的位置向减小目标差的方向改变，控制论中把这类控制过程称为负反馈调节. 负反馈调节机制必定要有两个环节：①系统一旦出现目标差，便自动出现某种减少目标差的反应. ②减少目标差的调节要一次一次地发挥作用，使得对目标的逼近能积累起来.

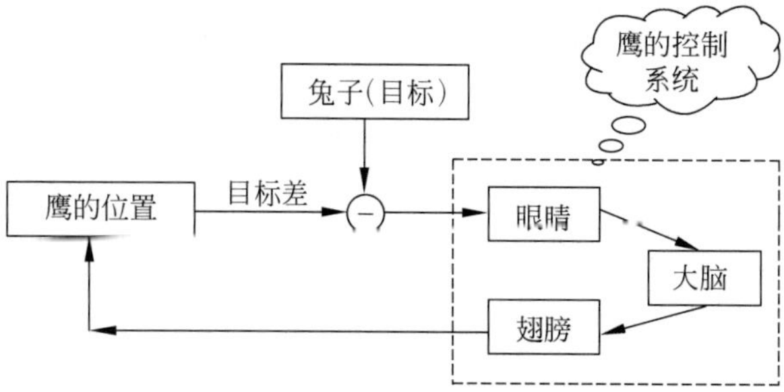

图3-34 鹰抓兔子的"控制原理"

反馈方法是一种常用方法. 导弹是一种新式武器，导弹打飞机，必须不断地根据其与目标的距离，调整自己的速度和方向.

闭环控制系统(见图3-35)从被控对象检测出状态变量值，并以此检测值与目标期望值(给定值)进行比较，以偏差值作为控制器的输入量，由控制器按某种数学模型进行运算后的结果，作为控制量.

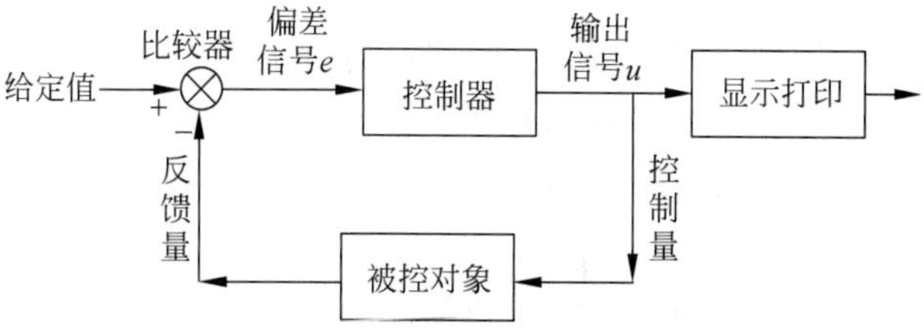

图3-35 闭环控制系统原理

如果用计算机作为比较器和控制器，则构成计算机闭环控制系统. 控制器输出与偏差信号之间的函数关系称为调节规律. 常见的调节规律是比例积分微分(proportional integral and differential，PID)调节.

PID控制：是一种应用最广泛的控制规律，它是根据偏差的比例(P)、积分(I)、微分(D)进行控制的(利用偏差、消除偏差). 实际运行的经验和理论的分析都表明，运用这种控制规律对许多工业过程进行控制时，都能得到满意的效果.

经典控制理论和现代控制理论已在空间技术、军事科学和工业过程控制等各个领域中获得较为成功的应用. 但是这些应用的前提是必须知道系统整个过程的精确数学模型，包括传递函数和状态方程. 然而许多复杂的工业控制过程，由于很难给出精确的数学模型，故难以应用现有理论解决它们的控制问题.

2. 模糊控制的基本概念

模糊控制以模糊规则和模糊推理为理论基础，其核心是具有智能性的模糊控制器. 模糊控制不必涉及状态方程和传递函数，就可以对复杂系统进行有效控制，这是它的优势所在. 1974 年英国 Mamdani 首先设计了模糊控制器，并用于锅炉和蒸汽机的控制，取得了成功. 之后，模糊控制被广泛应用于众多行业，并获得非常可观的经济效益.

应用模糊逻辑与模糊推理可以构建模糊控制系统，其核心部分为模糊控制器，图 3-36 所示为模糊(闭环)控制系统的结构(本书主要涉及其中虚框部分“模糊控制器”，不涉及反馈调节等方面的内容).

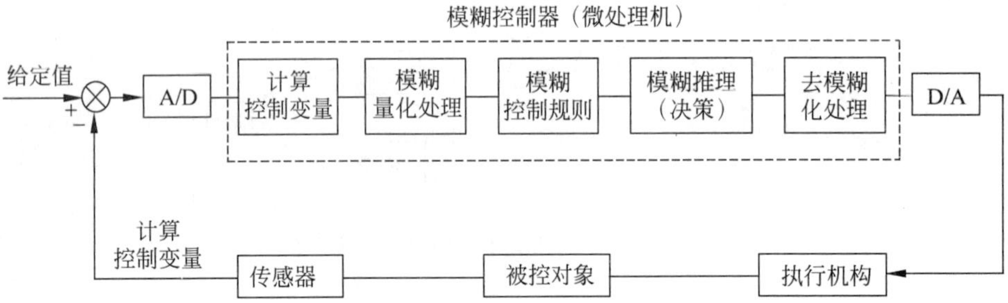

图 3-36 模糊(闭环)控制系统结构

模糊控制系统一般可分为 4 个组成部分：

(1) 模糊控制器. 实际上是一台微型计算机，根据控制系统的需要，既可选用系统机，也可选用单片机(把计算机系统集成到一个芯片上).

(2) 输入输出接口. 模糊控制器通过输入输出接口从被控对象获取数字信号，并将模糊控制器决策结果(数字信号)经过数模转换，送给执行机构去控制被控对象.

(3) 广义对象. 包括被控对象及执行机构.

(4) 传感器. 将被控对象或各种过程的被控制量转换为电信号(模拟或数字)的一类装置.

在时间要求非常高的控制问题中，软件实现不能满足控制要求时，常常采用硬件实现，即用 Fuzzy 专用芯片实现模糊控制器. 到目前为止已经开发出了许多 Fuzzy 专用芯片，如日本奥姆隆(Omron)公司的 FP1000 与 FP3000，其性能指标见表 3-13 所列.

表 3-13 FP1000 与 FP3000 Fuzzy 专用芯片性能指标

性能指标	FP1000	FP3000
模糊推理速度	3ms/96 规则	0.2MFLIPS
输入输出通道数	8/4	8/4
分辨率	8bit	12bit
最大规则数	96	128×3
条件部分隶属函数	三角形、梯形	三角形、梯形
结论部分隶属函数	Singleton	Singleton
模糊推理方法	Max-min	Max-min

续表

性能指标	FP1000	FP3000
去模糊化方法	面积中心法	面积中心法、最大平均值
芯片存储单元		208Byte(Single Mode)
可寻址外部存储器		4.3KByte(Expanded Mode)
开发工具	FS-TH1000	FS-TH1000/10AT
用途	质量保障	控制技术、分类

用形式化的语言描述模糊控制：设 S 是某个系统，分别用 I 和 O 表示该系统的输入与输出. 设 O^* 是预期的标准输出，实际的输出 O 可能与 O^* 有偏差，或称为误差，记为 e. 这个误差 e 可能是随时间而改变的，以 $e^{\cdot}$ 表示误差的变化率 $\mathrm{d}e/\mathrm{d}t$. 设 ΔI 是根据 e 与 $e^{\cdot}$ 值的大小对输入 I 做出的调整量，记为 $\Delta I=f(e,e^{\cdot})$，则可用 $I+\Delta I$ 作为校正后的新输入以求系统 S 的输出 O 更接近 O^*. 这就是对 S 的控制.

以上的函数 f 中有两个变量 $e,e^{\cdot}$，有时可能需要考虑由输出偏差而得来的更多变量 $e_1,e_2,\cdots,e_m$，这时要用 $f(e_1,e_2,\cdots,e_m)$ 去调整输入 I.

显然，在控制系统中，上述的函数 f 起着关键的作用. 对于许多系统，这个函数 f 是不易求出的甚至是未知的，这时就要用到模糊控制（就是对于有确切函数 f 的系统，也常使用模糊控制).

模糊控制的基本原理可以如下描述：

(1) 经控制人员长期的观察和记录，得出若干组输出偏差量与相应的输入调整量之间的对应关系如下：

$$
\begin{gathered}
e_{11},e_{12},\cdots,e_{1m}\to\delta_1,\\
\vdots\\
e_{k1},e_{k2},\cdots,e_{km}\to\delta_k.
\end{gathered}
$$

(2) 按某种方法把 e_{ij} 和 δ_i 作模糊化(fuzzyfy)处理，并将上述对应关系转化和增补(控制人员根据经验提供的词语形式的规则)为若干模糊推理规则：

$$
\begin{gathered}
A_{11},A_{12},\cdots,A_{1m}\to B_1,\\
\vdots\\
A_{n1},A_{n2},\cdots,A_{nm}\to B_n.
\end{gathered}
$$

由于增添了经验规则，故通常有 $n\geqslant k$.

(3) 设出现了一组新的偏差量 $e_1^*,e_2^*,\cdots,e_m^*$，把它们模糊化为模糊集 $A_1^*,A_2^*,\cdots,A_m^*$，求解下述模糊推理问题：

$$
\begin{array}{ll}
\text{已知} & A_{11},A_{12},\cdots,A_{1m}\to B_1,\\
 & \qquad\vdots\\
 & A_{n1},A_{n2},\cdots,A_{nm}\to B_n.\\
\text{且给定} & A_1^*,A_2^*,\cdots,A_m^*\\
\hline
\text{求} & \qquad\qquad\qquad B^*
\end{array}
$$

(4) 将上述推理得出的结论 B^* 去模糊化(defuzzify)后得到一个数值 δ^*，用它去调整输入 I.

容易看出,模糊控制的关键是规则库的建立以及模糊推理问题的求解,这些均在前面讲述过了.

3.4.2 模糊控制应用实例

模糊控制的应用十分广泛,这里仅介绍几个简单实例,更多的应用案例请读者参阅其他文献(比如文献[55,56]).

1. 一个简单模糊控制实例

例 3.4.1 设有一个储水器 K,具有可变水位 x,通过控制调节阀 y 能够向 K 中注水或从 K 向外排水. 设计一个控制器,通过调节阀 y 将水位稳定在零点附近(见图 3-37).

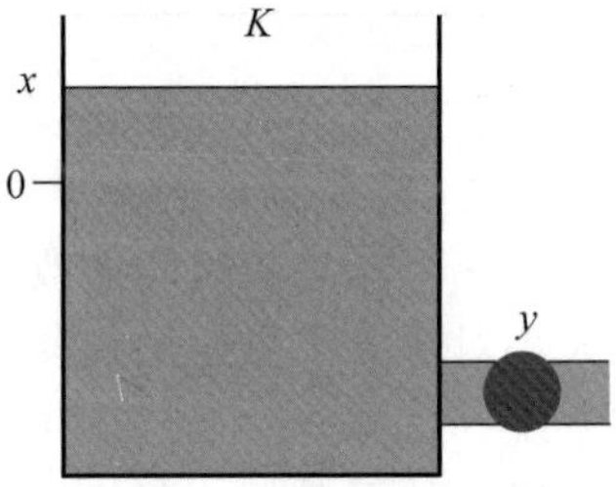

图 3-37 水位控制示意图

根据操作者的经验,对水位的控制可有以下的控制策略:

(1) 若 x 较 0 大得多(称为正大,记为 PB),则 y 大量排水(称为负大,记为 NB);

(2) 若 x 较 0 稍大(称为正小,记为 PS),则 y 小量排水(称为负小,记为 NS);

(3) 若 x 与 0 相等,则 y 保持不动(记为 $y=0$);

(4) 若 x 较 0 稍小(称为负小,记为 NS),则 y 小量注水(称为正小,记为 PS);

(5) 若 x 较 0 小得多(称为负大,记为 NB),则 y 大量注水(称为正大,记为 PB).

解 (1) 模糊化.

观测量:这里用水位相对于 0 点的偏差 $x\in X$ 表示,$X=\{-3,-2,-1,0,1,2,3\}$. 采用等级单位来描述水位偏差. 记水位模糊观测量为 5 个模糊集合:$\boldsymbol{PB}_x$(正大),$\boldsymbol{PS}_x$(正小),$\boldsymbol{O}_x$(零),$\boldsymbol{NS}_x$(负小),$\boldsymbol{NB}_x$(负大). 它们的隶属函数如表 3-14 所示.

表 3-14 观测量隶属函数表

	−3	−2	−1	0	1	2	3		
$\boldsymbol{PB}_x$	0	0	0	0	0	0.5	1		
$\boldsymbol{PS}_x$	0	0	0	0	1	0.5	0		
$\boldsymbol{O}_x$	0	0	0.5	1	0.5	0	0		
$\boldsymbol{NS}_x$	0	0.5	1	0	0	0	0		
$\boldsymbol{NB}_x$	1	0.5	0	0	0	0	0		

控制量:这里用调节阀角度增量 $y\in Y$ 表示,$Y=\{-4,-3,-2,-1,0,1,2,3,4\}$. 与观测量类似,也采用等级单位来描述控制量. 记调节阀模糊观测量为 5 个模糊集合:$\boldsymbol{PB}_y$(正大),$\boldsymbol{PS}_y$(正小),$\boldsymbol{O}_y$(零),$\boldsymbol{NS}_y$(负小),$\boldsymbol{NB}_y$(负大). 它们的隶属函数如表 3-15 所示.

表 3-15 控制量隶属函数表

	−4	−3	−2	−1	0	1	2	3	4
$\boldsymbol{PB}_y$	0	0	0	0	0	0	0	0.5	1

续表

	−4	−3	−2	−1	0	1	2	3	4
$\boldsymbol{PS}_y$	0	0	0	0	0	0.5	1	0.5	0
$\boldsymbol{O}_y$	0	0	0	0.5	1	0.5	0	0	0
$\boldsymbol{NS}_y$	0	0.5	1	0.5	0	0	0	0	0
$\boldsymbol{NB}_y$	1	0.5	0	0	0	0	0	0	0

(2) 建立模糊控制规则. 对水位的控制遵循下述规则(见表 3-16):

① 若 x 正大($\boldsymbol{PB}_x$),则 y 负大($\boldsymbol{NB}_y$);

② 若 x 正小($\boldsymbol{PS}_x$),则 y 负小($\boldsymbol{NS}_y$);

③ 若 x 正常($\boldsymbol{O}_x$),则 y 正常($\boldsymbol{O}_y$);

④ 若 x 负小($\boldsymbol{NS}_x$),则 y 正小($\boldsymbol{PS}_y$);

⑤ 若 x 负大($\boldsymbol{NB}_x$),则 y 正大($\boldsymbol{PB}_y$).

表 3-16 模糊控制规则表

若	$\boldsymbol{NB}_x$	$\boldsymbol{NS}_x$	$\boldsymbol{O}_x$	$\boldsymbol{PS}_x$	$\boldsymbol{PB}_x$
则	$\boldsymbol{PB}_y$	$\boldsymbol{PS}_y$	$\boldsymbol{O}_y$	$\boldsymbol{NS}_y$	$\boldsymbol{NB}_y$

对上述每条规则采用 Mamdani 蕴涵算子 ∧ 表达成模糊关系,然后将 5 条规则聚合(Mamdani 聚合法)为一条规则(即采用"先聚合后推理"的方法). 这样,超规则 R(从 X 到 Y 的模糊关系)可表示为

$$\begin{aligned}R &= (\boldsymbol{NB}_x \to \boldsymbol{PB}_y) \cup (\boldsymbol{NS}_x \to \boldsymbol{PS}_y) \cup (\boldsymbol{O}_x \to \boldsymbol{O}_y) \cup (\boldsymbol{PS}_x \to \boldsymbol{NS}_y) \cup (\boldsymbol{PB}_x \to \boldsymbol{NS}_y)\\ &= (\boldsymbol{NB}_x^{\mathrm{T}} \wedge \boldsymbol{PB}_y) \vee (\boldsymbol{NS}_x^{\mathrm{T}} \wedge \boldsymbol{PS}_y) \vee (\boldsymbol{O}_x^{\mathrm{T}} \wedge \boldsymbol{O}_y) \vee (\boldsymbol{PS}_x^{\mathrm{T}} \wedge \boldsymbol{NS}_y) \vee (\boldsymbol{PB}_x^{\mathrm{T}} \wedge \boldsymbol{NS}_y).\end{aligned}$$

分别计算 $\boldsymbol{NB}_x^{\mathrm{T}} \wedge \boldsymbol{PB}_y, \boldsymbol{NS}_x^{\mathrm{T}} \wedge \boldsymbol{PS}_y, \boldsymbol{O}_x^{\mathrm{T}} \wedge \boldsymbol{O}_y, \boldsymbol{PS}_x^{\mathrm{T}} \wedge \boldsymbol{NS}_y, \boldsymbol{PB}_x^{\mathrm{T}} \wedge \boldsymbol{NS}_y$,得到如下结果:

$$\begin{aligned}&\boldsymbol{NB}_x^{\mathrm{T}} \wedge \boldsymbol{PB}_y\\ &= \begin{bmatrix}1\\0.5\\0\\0\\0\\0\\0\end{bmatrix} \wedge (0\ \ 0\ \ 0\ \ 0\ \ 0\ \ 0\ \ 0\ \ 0.5\ \ 1) = \begin{bmatrix}0&0&0&0&0&0&0&0.5&1\\0&0&0&0&0&0&0&0.5&0.5\\0&0&0&0&0&0&0&0&0\\0&0&0&0&0&0&0&0&0\\0&0&0&0&0&0&0&0&0\\0&0&0&0&0&0&0&0&0\\0&0&0&0&0&0&0&0&0\end{bmatrix},\end{aligned}$$

$$\begin{aligned}&\boldsymbol{NS}_x^{\mathrm{T}} \wedge \boldsymbol{PS}_y\\ &= \begin{bmatrix}0\\0.5\\1\\0\\0\\0\\0\end{bmatrix} \wedge (0\ \ 0\ \ 0\ \ 0\ \ 0\ \ 0.5\ \ 1\ \ 0.5\ \ 0) = \begin{bmatrix}0&0&0&0&0&0&0&0&0\\0&0&0&0&0&0.5&0.5&0.5&0\\0&0&0&0&0&0.5&1&0.5&0\\0&0&0&0&0&0&0&0&0\\0&0&0&0&0&0&0&0&0\\0&0&0&0&0&0&0&0&0\\0&0&0&0&0&0&0&0&0\end{bmatrix},\end{aligned}$$

$$
\begin{aligned}
&\boldsymbol{O}_x^{\mathrm{T}} \wedge \boldsymbol{O}_y \\
&=\begin{bmatrix} 0 \\ 0 \\ 0.5 \\ 1 \\ 0.5 \\ 1 \\ 0 \\ 0 \end{bmatrix} = (0\quad 0\quad 0\quad 0.5\quad 1\quad 0.5\quad 0\quad 0\quad 0) = \begin{bmatrix} 0 & 0 & 0 & 0 & 0 & 0 & 0 & 0 & 0 \\ 0 & 0 & 0 & 0 & 0 & 0 & 0 & 0 & 0 \\ 0 & 0 & 0 & 0.5 & 0.5 & 0.5 & 0 & 0 & 0 \\ 0 & 0 & 0 & 0.5 & 1 & 0.5 & 0 & 0 & 0 \\ 0 & 0 & 0 & 0.5 & 0.5 & 0.5 & 0 & 0 & 0 \\ 0 & 0 & 0 & 0 & 0 & 0 & 0 & 0 & 0 \\ 0 & 0 & 0 & 0 & 0 & 0 & 0 & 0 & 0 \end{bmatrix},
\end{aligned}
$$

$$
\begin{aligned}
&\boldsymbol{PS}_x^{\mathrm{T}} \wedge \boldsymbol{NS}_y \\
&=\begin{bmatrix} 0 \\ 0 \\ 0 \\ 0 \\ 1 \\ 0.5 \\ 0 \end{bmatrix} \wedge (0\quad 0.5\quad 1\quad 0.5\quad 0\quad 0\quad 0\quad 0\quad 0) = \begin{bmatrix} 0 & 0 & 0 & 0 & 0 & 0 & 0 & 0 & 0 \\ 0 & 0 & 0 & 0 & 0 & 0 & 0 & 0 & 0 \\ 0 & 0 & 0 & 0 & 0 & 0 & 0 & 0 & 0 \\ 0 & 0 & 0 & 0 & 0 & 0 & 0 & 0 & 0 \\ 0 & 0.5 & 1 & 0.5 & 0 & 0 & 0 & 0 & 0 \\ 0 & 0.5 & 0.5 & 0.5 & 0 & 0 & 0 & 0 & 0 \\ 0 & 0 & 0 & 0 & 0 & 0 & 0 & 0 & 0 \end{bmatrix},
\end{aligned}
$$

$$
\begin{aligned}
&\boldsymbol{PB}_x^{\mathrm{T}} \wedge \boldsymbol{NS}_y \\
&=\begin{bmatrix} 0 \\ 0 \\ 0 \\ 0 \\ 0 \\ 0.5 \\ 1 \end{bmatrix} \wedge (1\quad 0.5\quad 0\quad 0\quad 0\quad 0\quad 0\quad 0\quad 0) = \begin{bmatrix} 0 & 0 & 0 & 0 & 0 & 0 & 0 & 0 & 0 \\ 0 & 0 & 0 & 0 & 0 & 0 & 0 & 0 & 0 \\ 0 & 0 & 0 & 0 & 0 & 0 & 0 & 0 & 0 \\ 0 & 0 & 0 & 0 & 0 & 0 & 0 & 0 & 0 \\ 0 & 0 & 0 & 0 & 0 & 0 & 0 & 0 & 0 \\ 0.5 & 0.5 & 0 & 0 & 0 & 0 & 0 & 0 & 0 \\ 1 & 0.5 & 0 & 0 & 0 & 0 & 0 & 0 & 0 \end{bmatrix}.
\end{aligned}
$$

所以

$$
\boldsymbol{R} = \begin{bmatrix} 0 & 0 & 0 & 0 & 0 & 0 & 0 & 0.5 & 1 \\ 0 & 0 & 0 & 0 & 0 & 0.5 & 0.5 & 0.5 & 0.5 \\ 0 & 0 & 0 & 0.5 & 0.5 & 0.5 & 1 & 0.5 & 0 \\ 0 & 0 & 0 & 0.5 & 1 & 0.5 & 0 & 0 & 0 \\ 0 & 0.5 & 1 & 0.5 & 0.5 & 0.5 & 0 & 0 & 0 \\ 0.5 & 0.5 & 0.5 & 0.5 & 0 & 0 & 0 & 0 & 0 \\ 1 & 0.5 & 0 & 0 & 0 & 0 & 0 & 0 & 0 \end{bmatrix}.
$$

(3) 模糊推理

根据前述的规则聚合的结果，对于任一观测量 $\boldsymbol{A}_0$（如果是某个精确值 x_0，则可根据模糊化方法将其转换为模糊集），均可得到模糊控制量 $\boldsymbol{B}_0=\boldsymbol{A}_0\circ\boldsymbol{R}$.

当得到一个观测量 $\boldsymbol{A}_0$ 为 $\boldsymbol{PS}_x=(0,0,0,0,1,0.5,0)$，则模糊控制量为

$$\boldsymbol{B}_0=\boldsymbol{A}_0\circ\boldsymbol{R}=(0.5,0.5,1,0.5,0.5,0.5,0,0,0).$$

即 $B_0=\{(-4,0.5),(-3,0.5),(-2,1),(-1,0.5),(0,0.5),(1,0.5),(2,0),(3,0),$

(4,0)}. 再采用最大隶属原则,求出具体的控制量级 $y_0=-2$,即确切的响应取−2 级.

关于水位控制,在 MATLAB 中提供了 FIS 结构文件 tank. fis 及 sltank 仿真模块. 在 MATLAB 命令行输入 fuzzy tank 可打开水位控制的模糊推理系统(见图 3-38),应用 FIS Editor 可对该推理系统进行查阅和修改.

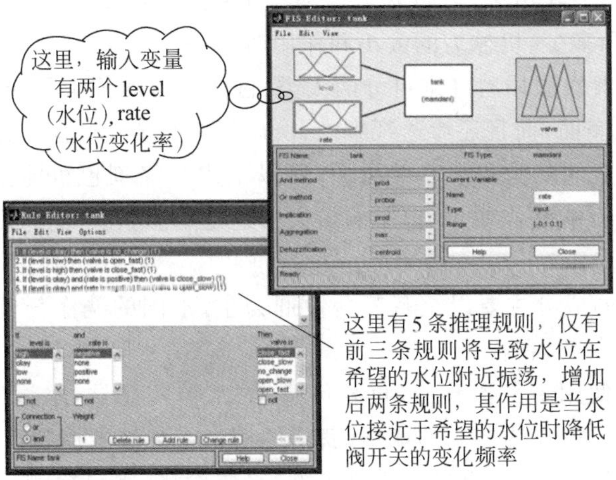
这里,输入变量有两个 level(水位), rate(水位变化率)
这里有 5 条推理规则,仅有前三条规则将导致水位在希望的水位附近振荡,增加后两条规则,其作用是当水位接近于希望的水位时降低阀开关的变化频率

图 3-38 水位控制 tank. fis 中的控制规则

在 MATLAB 命令行输入 sltank,可打开水位控制的仿真模块,选择 Simulation 菜单中的 Start 命令即可查看水位控制动画. 此外,MATLAB 还提供了 sltankrule 仿真模块,它在演示水位控制动画时,同时打开规则观察器以动态展示仿真期间规则是如何起作用的.

2. 模糊控制洗衣机

模糊控制就是将熟练操作者的经验、知识用模糊控制规则的形式记述并进行模糊推理,用计算机实现与操作者相同的巧妙的控制. 模糊控制成功应用的实例很多,在此介绍模糊控制理论在全自动洗衣机中的应用方法.

模糊控制洗衣机是应用模糊逻辑和模糊推理方法、模仿人的思维进行判断操作的一种新型全自动洗衣机。普通微电脑洗衣机采用的是量化的固定程序,一经设定,便不能更改;而模糊控制洗衣机则是应用模糊控制器代替人脑来“分析”“判断”,比普通微电脑洗衣机更灵活、更方便适用。日本的松下、三洋和日立公司等先后推出了“一个按钮”的模糊控制洗衣机,我国许多家电企业也推出了各种类型的智能控制洗衣机.

图 3-39(a)所示为海尔(Haier) XQB60-M918 全自动洗衣机,其产品介绍中说:该款型全自动洗衣机的一大特点是“智能模糊”,可满足多种衣物洗涤要求,根据衣物重量与材质对洗衣程序进行模糊控制,以确定水位的高低、时间的长短,选择最佳洗衣程序,精确洗衣,节水节电. 图 3-39(b)所示为三洋(SANYO) XQG60-F1029 全自动洗衣机,其产品介绍中说:这款洗衣机采用三洋最先开发的人工智能技术——模糊控制洗衣技术,能模仿人的感觉、思维、判断能力,通过多种

(a) 海尔洗衣机 (b) 三洋洗衣机

图 3-39 模糊控制洗衣机

传感器判断衣物重量、布质和衣物的洗涤状态，由智能电脑不断采集处理信息，决定水位的高低、洗衣粉的用量、洗涤时间和方式等，并自动执行完成整个洗衣过程.

下面示例说明模糊洗衣机的实现原理及控制方法(不同产品其控制设计不尽相同，这里仅从基本原理的角度加以介绍).

要把衣物洗干净，去除污垢，与如下一些因素有关：衣物的质料、水的硬度、水的多少和温度、洗涤剂的性能和多少、机械力的大小和作用时间等.

衣服的质料：一般衣服质料纤维可分两大类，自然纤维的棉织品和人造化学纤维织品. 棉制品的污垢不仅在表面，而且还渗透纤维内，所以棉织品要比化学纤维难洗.

水：水可带走一般的灰尘和水溶性污垢，所以不用洗涤剂也可能洗去部分污垢. 水的硬度在用肥皂时也会影响洗涤效果，但影响最大的还是水温，在一定范围内温度越高洗涤效果越好.

洗涤剂：洗涤剂的成分主要以烷基苯活性剂为主，不同的洗涤剂还会添加各种不同的辅助剂、酵素、荧光增白剂、香料等.

模糊控制洗衣机使用多种传感器(负载传感器、水位传感器、水温传感器、光电传感器等)不断检测相关状态，以作为控制的依据(获得的信息作为模糊控制器的输入). 这些检测包括负载检测(用来确定衣物的重量)、质料检测、水位检测、水温检测、水的透光率检测(脏的程度和污垢的性质)等.

利用传感器收集到的信息，进行分段评估计算，使其模糊化，再根据模糊规则进行推理，最后根据所激活的规则进行解模糊判决，以决定最适当和明确的水流、水位、洗涤时间、清洗方法以及脱水时间等.

比如，对于负载、质料、水温等输入变量分三级进行处理：负载有大、中等、小，质料有棉制品偏多、棉和化纤制品各半、化纤制品偏多，水温有偏高、中等、偏低. 对于水流强度、洗涤时间等输出变量分四级进行处理：水流强度有很强、强、中、弱，洗涤时间有很长、长、中、短.

根据输入变量和输出变量的分级组合，对于水流强度和洗涤时间可以用以下模糊规则表示(详细内容见表 3-17)：

如果负载小、质料化纤制品偏多且水温偏高，那么就将水流调弱、洗涤时间调短.

如果负载大、质料棉制品偏多且水温偏低，那么就将水流调强、洗涤时间调长.

……

表 3-17 模糊控制规则表

		棉制品偏多			棉和化纤制品各半			化纤制品偏多		
		偏低	中等	偏高	偏低	中等	偏高	偏低	中等	偏高
偏大	水流	特强	强	强	强	强	中	中	中	中
	时间	特长	长	长	长	长	中	长	中	中
中等	水流	中	中	中	中	中	中	中	弱	弱
	时间	长	中	短	长	中	中	中	中	短

续表

		棉制品偏多			棉和化纤制品各半			化纤制品偏多		
		偏低	中等	偏高	偏低	中等	偏高	偏低	中等	偏高
偏小	水流	弱	弱	弱	弱	弱	弱	弱	弱	特弱
	时间	中	中	短	中	短	短	中	短	特短

关于模糊洗衣机具体的模糊推理过程，后面将专门安排实验 4 进行实际模拟操作.

3. 地铁机车的模糊控制

日本的日立公司为仙台市研制的模糊控制地铁电力机车自动运输系统是世界上先进的地铁系统，它自 1983 年开始实验和测试，历时 4 年，于 1987 年 7 月正式投入运行. 它是模糊逻辑应用于控制领域的一座里程碑，也是模糊控制的一个十分闪光的范例. 该车非常平稳、舒适，且可以很高的精确性停靠于站台. 经过系统运行 1 万次以上的试验行驶、进站停车统计，停车误差在 30cm 以上的还不到 1%；还能比传统 PID 控制系统节省 10%的燃料，且对于停靠站台的控制值变化次数，模糊控制只有 PID 控制的 1/3. 下面简单介绍仙台市地铁机车模糊控制的一些情况.

• 地铁机车运行的评价指标

对地铁机车运行的控制，其目标是：运行平稳、停车位置准确、节约能源、行驶快速、行驶安全. 选用如下 6 个评价指标：

停车准确度(accuracy of stop gap)：用 A 表示. 用停车目标位置与预测位置的相对距离 N_p 来描述的.

乘坐舒适度(comfort of riding)：用 C 表示. 据研究表明，人对前后方向的震动并不敏感，但对上下震动却比较敏感；当速度控制阀频繁切换时就会产生较高频率的震动而引起乘客感到不舒服. 所以乘坐舒适度是用行驶中速度控制阈值变化的段数 N_c 的函数 $C(N_c)$ 和该控制阀在切换后所维持的时间 T_e 来描述的.

节约能源(energy saving)：用 E 表示. 在车站与车站之间设定某个特定的地点 X_k，如果从目前所在地点到 X_k 利用惯性来行驶，计算出可能要增加的时间，用这个可能要增加的时间与还剩余的时间做比较，来决定是否允许利用惯性行驶一段时间.

行驶时间(running time)：用 R 表示. 从进站标识到停车位置一般只有几十米，这段距离所花时间不会太长，而且大体相同，所以，行驶时间可用出发时间至到达进站标识点的时间作为行驶时间.

安全性(safety)：用 S 表示. 安全性被定义为当目前机车速度超过限定速度时，从该速度回到限定速度以下所需要的时间 T_s.

速度跟踪性(traceability of speed)：用 T 表示. 定义为预测速度与目标速度的一致性.

以上 6 个评价指标，其取值均为相应论域上的模糊集：VG(very good，非常好)，G(good，好)，M(medium，中等)，B(bad，差)，VB(very bad，非常差).

如果要表示停车准确度非常好，在规则中就可以用 $A=VG$ 表示，在隶属函数中就用 AVG 表示；同样，用 $S=B$ 和 SB 表示安全性差.

• 模糊控制规则的制定

根据熟练司机的经验法则和模糊表述方法，制定出如下24条预见性模糊控制规则.

(1) 站间定速行驶规则

富有经验的司机提供了如下操作经验的语言描述：

规律1 为了确保安全性和乘坐的舒适性，当速度高于所限速度时，把控制值调到当前控制值与紧急刹车控制值之间的中间值，如果需要紧急刹车，冲击就会减小.

规律2 为了节约能源，当可以确保行驶时间时，就利用惯性运行，这时既不加速也不刹车.

规律3 为了缩短行驶时间，当速度小于所限速度时，则可用最大加速.

规律4 为了乘坐舒适，如果用当前控制值就可保持车速跟踪目标速度，就可保持当前控制值.

规律5 为了保证速度跟踪性，如果在当前控制下不能达到目标值，就应该在$\pm n$控制值范围内选择适当的控制值来调节车速，以达到目标值. 同时，还要考虑到乘坐舒适性，避免加速过大.

根据这些控制规律，就可制定出如下模糊控制要求的控制规则(其中相关符号的含义是，N表示控制阈值；NC表示相对于当前控制阈值的变化量；P_n表示行驶控制刻度盘上的刻度，P_7表示最大控制值；B_n表示刹车刻度盘上的刻度；$B_{\max}$表示紧急刹车；$N(t)$是当前控制值)：

规则1 当$N=0$时，$S=G$且$C=G$且$E=G$，则$N=0$；

规则2 当$N=P_7$时，$S=G$且$C=G$且$T=B$，则$N=P_7$；

规则3 当$N=B_7$时，$S=B$，则$N=(N(t)+B_{\max})/2$；

规则4 当$NC=4$时，$S=G$且$C=G$且$T=VG$，则$NC=4$；

规则5 当$NC=3$时，$S=G$且$C=G$且$T=VG$，则$NC=3$；

规则6 当$NC=2$时，$S=G$且$C=G$且$T=VG$，则$NC=2$；

规则7 当$NC=1$时，$S=G$且$C=G$且$T=VG$，则$NC=1$；

规则8 当$NC=0$时，$S=G$且$T=G$，则$NC=0$；

规则9 当$NC=-1$时，$S=G$且$C=G$且$T=VG$，则$NC=-1$；

规则10 当$NC=-2$时，$S=G$且$C=G$且$T=VG$，则$NC=-2$；

规则11 当$NC=-3$时，$S=G$且$C=G$且$T=VG$，则$NC=-3$；

规则12 当$NC=-4$时，$S=G$且$C=G$且$T=VG$，则$NC=-4$.

(2) 车站停车控制规则

操作经验的语言描述为：当列车通过车站前放置的停车标识后，指示可以开始控制停车定位，但同时要考虑乘坐舒适性. 具体根据以下要求来选择控制值：

规律1 为了乘坐舒适性，在通过标识时，应该保持当前的控制值，以避免惯性冲击.

规律2 为了缩短行驶时间，同时考虑乘坐舒适性，在标识前不要刹车，过了标识开始缓慢刹车.

规律3 为了精确定位，在过了标识后，就应该在$\pm n$个控制值范围内选择适当的控制值来调节车速，以便准确地停车，同时要避免发生惯性冲击.

根据上述这些控制规律，可制定出如下满足模糊控制要求的控制规则：

规则 1 当 $NC=+3$ 时，$R=VG$ 且 $C=G$ 且 $A=VG$，则 $NC=3$；
规则 2 当 $NC=+2$ 时，$R=VG$ 且 $C=G$ 且 $A=VG$，那么 $NC=2$；
规则 3 当 $NC=+1$ 时，$R=VG$ 且 $C=G$ 且 $A=VG$，那么 $NC=1$；
规则 4 当 $NC=0$ 时，$R=VG$ 且 $A=G$，那么 $NC=0$；
规则 5 当 $NC=-1$ 时，$R=VG$ 且 $C=G$ 且 $A=VG$，那么 $NC=-1$；
规则 6 当 $NC=-2$ 时，$R=VG$ 且 $C=G$ 且 $A=VG$，那么 $NC=-2$；
规则 7 当 $NC=-3$ 时，$R=VG$ 且 $C=G$ 且 $A=VG$，那么 $NC=-3$；
规则 8 当 $N=P_7$ 时，$R=VB$ 且 $C=G$ 且 $S=G$，那么 $N=P_7$；
规则 9 当 $N=P_4$ 时，$R=B$ 且 $A=B$ 且 $S=G$，那么 $N=P_4$；
规则 10 当 $N=0$ 时，$R=M$ 且 $C=G$ 且 $S=G$，那么 $N=0$；
规则 11 当 $N=B_1$ 时，$R=G$ 且 $C=G$ 且 $S=G$，那么 $N=B_1$；
规则 12 当 $N=B_7$ 且 $S=VB$ 时，那么 $N=0$.

• 模糊控制的实现

机车的刹车特性是随着车上人数的多少(即负载)而变化的，但是，控制阀所对应的驱动能力和刹车的控制性能可以推算出来的. 模糊控制器不断地根据控制规则推出指令，进站定位停车还要受到其他因素的影响，所以必须灵活地加以处理. 这种预见推理过程可用图 3-40 来表示.

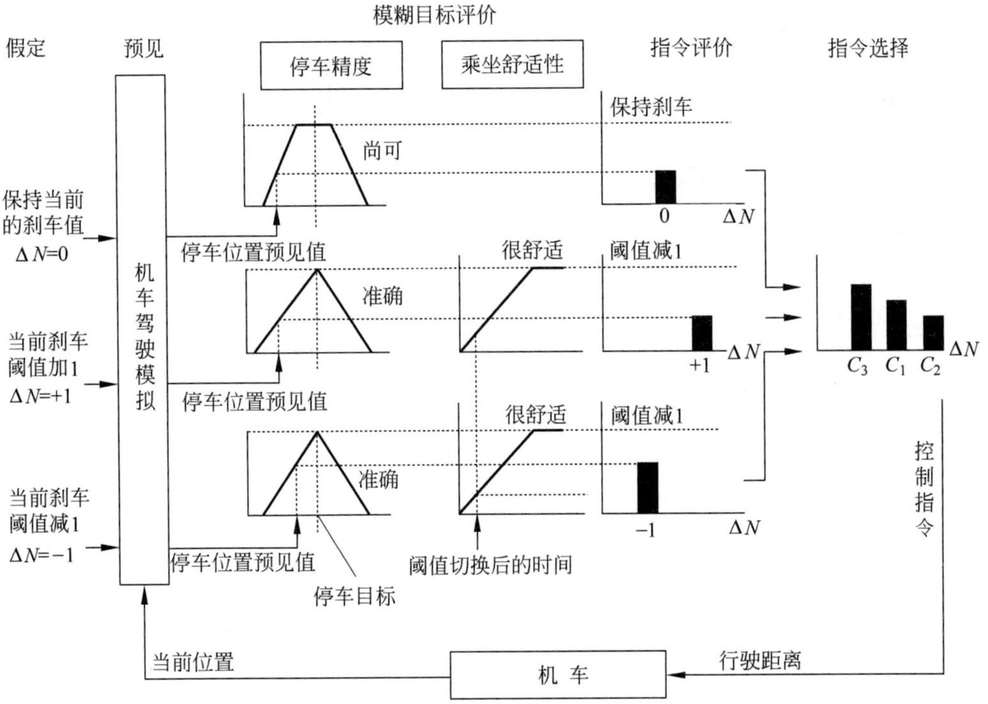

图 3-40 模糊停车控制的推理过程

实验4 模糊洗衣机控制器的设计

本实验是利用MATLAB模糊逻辑工具箱设计模糊洗衣机控制器，将同时使用可视化界面及命令行方式.

1. 两输入单输出模糊控制洗衣机推理系统设计

(1) 模糊控制器的结构

输入为衣物的污泥和油脂，输出为洗涤时间.

(2) 定义输入输出模糊集

将污泥分为三个模糊集：SD(污泥少)，MD(污泥中)，LD(污泥多)，取值范围为[0，100]. 将油脂分为三个模糊集：NG(油脂少)，MG(油脂中)，LG(油脂多)，取值范围为[0，100]. 将洗涤时间分为5个模糊集：VS(很短)，S(短)，M(中等)，L(长)，VL(很长)，取值范围为[0，60].

(3) 定义隶属函数

采用三角形隶属函数实现污泥的模糊化，选用如下隶属函数(实际上，这些隶属函数都是分段函数，为简单起见，这里仅写出不为零的部分)：

$$\begin{cases}\mu_{\mathrm{SD}}(x)=(50-x)/50, & 0\leqslant x\leqslant 50,\\ \mu_{\mathrm{MD}}(x)=\begin{cases}x/50, & 0\leqslant x\leqslant 50,\\ (100-x)/50, & 50<x\leqslant 100,\end{cases}\\ \mu_{\mathrm{LD}}(x)=(x-50)/50, & 50<x\leqslant 100.\end{cases}$$

用MATLAB内置函数表示为trimf(x,[0,0,50])，trimf(x,[0,50,100])，trimf(x,[50,100,100]).

采用三角形隶属函数实现油脂的模糊化，分为三个模糊集：NG，MG，LG. 选用如下隶属函数：

$$\begin{cases}\mu_{\mathrm{NG}}(y)=(50-y)/50, & 0\leqslant y\leqslant 50,\\ \mu_{\mathrm{MG}}(y)=\begin{cases}y/50, & 0\leqslant y\leqslant 50,\\ (100-y)/50, & 50<y\leqslant 100,\end{cases}\\ \mu_{\mathrm{LG}}(y)=(y-50)/50, & 50<y\leqslant 100.\end{cases}$$

用MATLAB内置隶属函数表示为trimf(y,[0,0,50])，trimf(y,[0,50,100])，trimf(y,[50,100,100]).

采用三角形隶属函数实现洗涤时间的模糊化，分5个模糊集VS、S、M、L和VL. 选用如下隶属函数：

$$\begin{cases}\mu_{\mathrm{VS}}(z)=(10-z)/10, & 0\leqslant z\leqslant 10,\\ \mu_{\mathrm{S}}(z)=\begin{cases}z/10, & 0\leqslant z\leqslant 10,\\ (25-z)/15, & 10<x\leqslant 25,\end{cases}\\ \mu_{\mathrm{M}}(z)=\begin{cases}(z-10)/15, & 10\leqslant z\leqslant 25,\\ (40-z)/15, & 25<z\leqslant 40,\end{cases}\\ \mu_{\mathrm{L}}(z)=\begin{cases}(z-25)/15, & 25\leqslant z\leqslant 40,\\ (60-z)/20, & 40<z\leqslant 60,\end{cases}\\ \mu_{\mathrm{VL}}(z)=(z-40)/20, & 40\leqslant z\leqslant 60.\end{cases}$$

用 MATLAB 内置隶属函数表示为 trimf(z,[0,0,10]),trimf(z,[0,10,25]),trimf(z,[10,25,40]),trimf(z,[25,40,60]),trimf(z,[40,60,60]).

(4) 建立模糊控制规则

根据人的操作经验设计模糊规则,其设计标准为:“污泥越多,油脂越多,洗涤时间越长;污泥适中,油脂适中,洗涤时间适中;污泥越少,油脂越少,洗涤时间越短.”

根据模糊规则的设计标准,建立模糊规则表:

如果衣物污泥少且油脂少则洗涤时间很短

洗涤时间 z		油脂 y		
		NG	MG	LG
污泥 x	SD	VS	M	L
	MD	S	M	L
	LD	M	L	VL

(5) 模糊推理

关于模糊推理方法,前面已有明确的介绍和说明. 以下从一个具体的输入(污泥 $x_0=60$,油脂 $y_0=70$)出发,详细说明一下具体的推理过程.

① 规则匹配. 当前传感器测得的信息为 $x_0=60$,$y_0=70$. 分别代入所属的隶属函数中求隶属度:

$$\mu_{\mathrm{MD}}(60)=\frac{4}{5},\quad \mu_{\mathrm{LD}}(60)=\frac{1}{5};\quad \mu_{\mathrm{MG}}(70)=\frac{3}{5},\quad \mu_{\mathrm{LG}}(70)=\frac{2}{5}.$$

通过上述 4 种隶属度,可得到 4 条相匹配的模糊规则,如下表所示:

洗涤时间 z		油脂 y		
		NG	MG(3/5)	LG(2/5)
污泥 x	SD	0	0	0
	MD(4/5)	0	$\mu_{\mathrm{M}}(z)$	$\mu_{\mathrm{L}}(z)$
	LD(1/5)	0	$\mu_{\mathrm{L}}(z)$	$\mu_{\mathrm{VL}}(z)$

② 规则触发. 由上表可知,被触发的规则有 4 条

Rule 1: IF x is MD and y is MG THEN z is M;

Rule 2: IF x is MD and y is LG THEN z is L;

Rule 3: IF x is LD and y is MG THEN z is L;

Rule 4: IF x is LD and y is LG THEN z is VL.

③ 规则前提推理. 在同一条规则内,前提之间通过“与”的关系得到规则结论,前提之间通过取小运算,得到每一条规则总前提的可信度:规则 1 前提的可信度为 min{4/5,3/5}=3/5. 规则 2 前提的可信度为 min{4/5,2/5}=2/5. 规则 3 前提的可信度为 min{1/5,3/5}=1/5. 规则 4 前提的可信度为 min{1/5,2/5}=1/5. 由此得到洗衣机规则前提可信度表:

洗涤时间 z		油脂 y		
		NG	MG(3/5)	LG(2/5)
污泥 x	SD	0	0	0
	MD(4/5)	0	3/5	2/5
	LD(1/5)	0	1/5	1/5

④ 每条规则的推理. 将上述两表进行“合成”运算(即蕴涵运算,这里选 min 算子),得到每条规则的输出(规则的可信度):

洗涤时间 z		油脂 y		
		NG	MG(3/5)	LG(2/5)
污泥 x	SD	0	0	0
	MD(4/5)	0	$\min\left\{\frac{3}{5},\mu_{\mathrm{M}}(z)\right\}$	$\min\left\{\frac{2}{5},\mu_{\mathrm{L}}(z)\right\}$
	LD(1/5)	0	$\min\left\{\frac{1}{5},\mu_{\mathrm{L}}(z)\right\}$	$\min\left\{\frac{1}{5},\mu_{\mathrm{VL}}(z)\right\}$

⑤ 模糊系统总的输出(聚合). 取各条规则推理结果的并,即

$$\begin{aligned}\mu_{\mathrm{agg}}(z)&=\max\left\{\min\left\{\frac{3}{5},\mu_{\mathrm{M}}(z)\right\},\min\left\{\frac{2}{5},\mu_{\mathrm{L}}(z)\right\},\min\left\{\frac{1}{5},\mu_{\mathrm{L}}(z)\right\},\min\left\{\frac{1}{5},\mu_{\mathrm{VL}}(z)\right\}\right\}\\&=\max\left\{\min\left\{\frac{3}{5},\mu_{\mathrm{M}}(z)\right\},\min\left\{\frac{2}{5},\mu_{\mathrm{L}}(z)\right\},\min\left\{\frac{1}{5},\mu_{\mathrm{VL}}(z)\right\}\right\}.\end{aligned}$$

由结果可见,有三条规则被触发(见图 3-41).

⑥ 去模糊化. 模糊系统总的输出实际上是三个规则推理结果的并集,需要进行反模糊化,才能得到精确的推理结果. 下面以最大平均法为例说明.

由图 3-42 可知,洗涤时间隶属度最大值为 3/5. 将其代入洗涤时间隶属函数中的 $\mu_{\mathrm{M}}(z)$,得 $z_1=19$, $z_2=31$. 采用最大平均法可得精确值:

$z^*=(19+31)/2=25$. 这说明:所需洗涤时间为 25 分钟.

2. 使用命令行方式建立 FIS

前面主要介绍了 MATLAB 图形化工具的使用,同样 MATLAB 也提供了一些函数命令来实现模糊逻辑系统,这些函数不仅能完全实现图形化方式所提供的功能,同时还可以实现图形化方式所难以实现的功能. 特别是在输入输出变量、隶属度函数、模糊规则数目比较多的时候,如果要在图形化界面中人工输入,效率就更低了. 这时如果通过命令行的编程方式,就可以让计算机完成许多重复性的输入工作,大大减少了工作量. 还有其他一些情况,如输入输出变量、隶属度函数、模糊规则等是由程序计算得到,这时如果采用命令行的编程会更加简单方便.

(1) 命令行函数使用入门

在 MATLAB 中一个模糊逻辑推理系统被当做是一种 FIS 结构,例如在命令行环境输入命令 a=readfis('tipper. fis')可得图 3-43 所示结果:

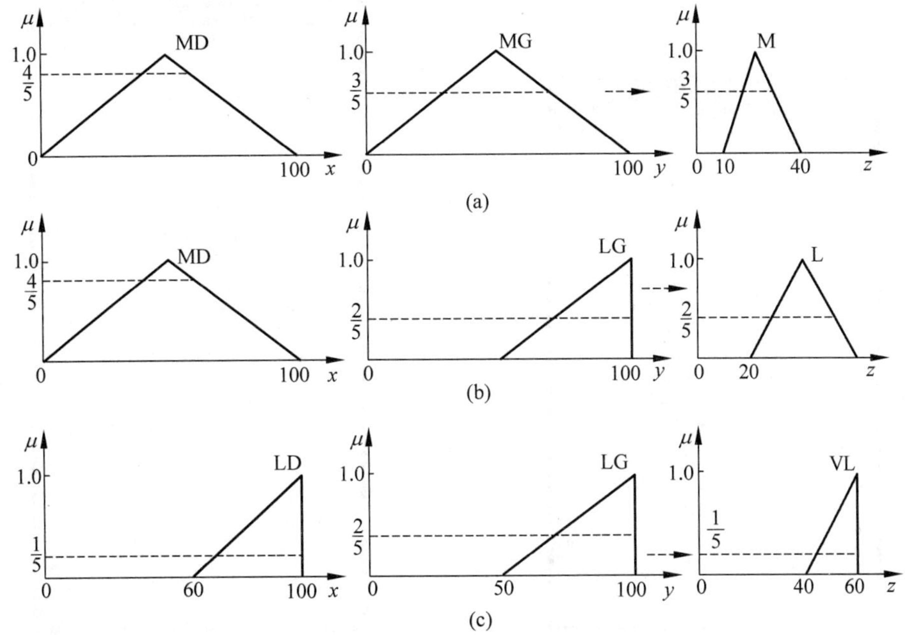

图 3-41 模糊推理过程

(a) 规则一;(b)规则二;(c)规则三

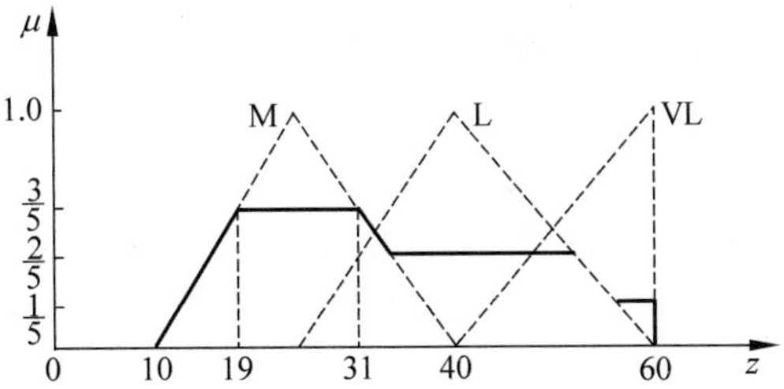

图 3-42 去模糊化

上面的命令加载小费问题模糊推理系统的数据文件到当前的工作空间中，并存为变量 a，a 是一种 FIS 结构的变量. 在上面的结果之列中，冒号左边的标号表示 MATLAB 的 FIS 结构中的与 tipper. fis 相关的结构成员，可以通过"结构名. 成员名"的方式来访问这些结构成员，比如输入命令 a. type，MATLAB 返回 mamdani.

函数 getfis(a)的返回结果是关于模糊推理系统的一般特性，比如说系统名称，输入、输出变量的名称等，如图 3-44 所示.

从图 3-44 中的结果可以看出，有些属性并不是结构变量 a 中所包含的，比如使用 a. Inlabels 系统会报错. 可输入 getfis(a,'Inlabels')，系统返回结果 service，food. 类似地，可使用以下命令：

```
getfis(a,'input',1)
getfis(a,'output',1)
getfis(a,'input',1,'mf',1)
```

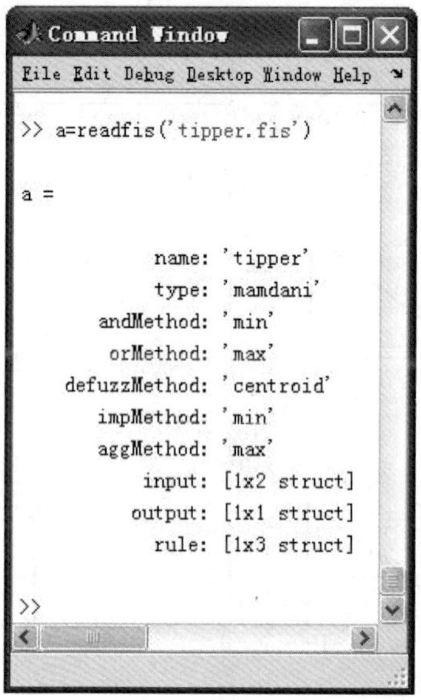

图 3-43 使用命令 readfis

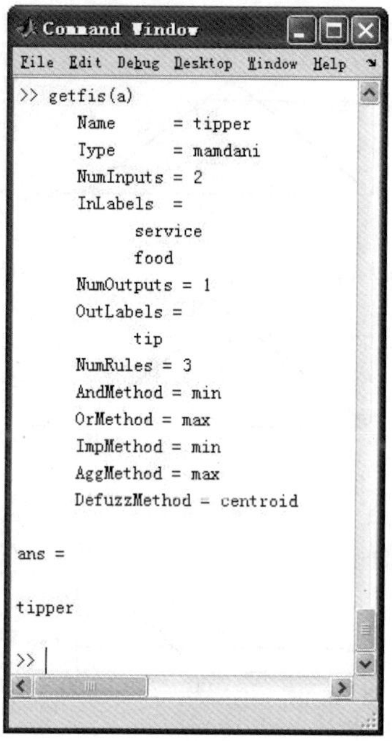

图 3-44 使用命令 getfis

(2) 命令行建立模糊推理系统

在用命令行或程序段的方式来建立推理系统时，会用到 newfis、addvar、addmf、addrule 等函数，而用 readfis、getfis、setfis、showfis 函数可实现对模糊推理系统进行修改、存储等操作.

在用命令行建立模糊逻辑系统的过程中，最令人迷惑的就是模糊规则在系统中的简述表达方式. 规则是通过函数 addrule 来加入的，每一个输入或输出的变量都有一个索引(index)值，同样每一个隶属函数也有一个 index 值，输入规则函数就是使用这些索引来创建相应模糊规则的.

MATLAB 中，模糊规则的一般形式如下：

```
if input1 is MF1 or input2 is MF3 then output1 is MF2(weight=0.5)
```

模糊规则按照下面的逻辑被转化成一种数据结构(矩阵)的形式来表示：如果系统由 m 个输入 n 个输出变量和 k 条模糊规则组成，则该规则结构是一个(m+n+2,k)的矩阵. 该矩阵的每个行向量代表一条模糊规则，其前 m 个数表示前 m 个输入变量对应的隶属度函数的索引值(例如，第一列表示第一个输入变量在各条规则的相应的隶属函数的索引，第二列表示第二个输入变量相应的隶属度函数的索引).

接着的 n 列表示 n 个输出变量对应的隶属函数的索引值. 第 m+n+1 列的数分别表示各条规则的权重(一般为 1)，第 m+n+2 列表示各条规则之间的相互连接方式(and=1，or=2). 这样，上面这条规则表示为一个行向量：1 3 2 0.5 2.

如果输入或输出变量加了否定修饰词 not，则只需在相应的隶属函数索引值前加入一个负号. 例如，规则 if input1 is not MF1 or input2 is MF3 then output1 is MF2(weight=0.5) 对应的行向量变为：-1 3 2 0.5 2 (依次解释如下：-1 表示 not MF1；3 表示 MF3；2

表示 MF2；0.5 表示 weight=0.5；2 表示 or）.

图 3-45 所示为使用 MATLAB 的结构语法创建小费推理系统 tipper.fis 的命令行程序示例，图 3-46 所示为程序执行结果.

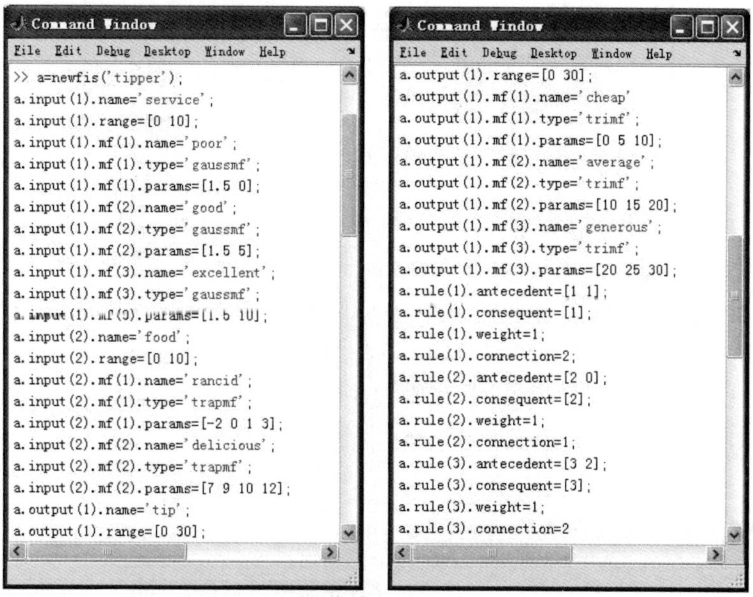

图 3-45　小费推理系统的命令行程序

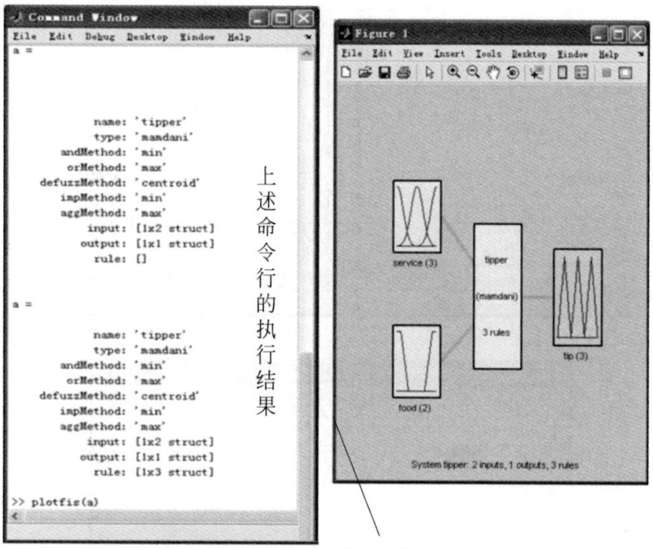

使用系统显示函数 plotfis 绘制推理过程结构图

图 3-46　函数 plotfis 的使用

使用模糊逻辑推理系统对于给定输入得到相应的输出结果才是实际使用中最终的目的，这个过程在 MATLAB 里可以通过函数 evalfis 来完成. 图 3-47 中的命令行用来计算小费推理系统对于输入变量为[1, 2]的输出结果.

如前所述，在 MATLAB 中模糊推理系统是以一种 FIS 的结构类型来表示和存储的.

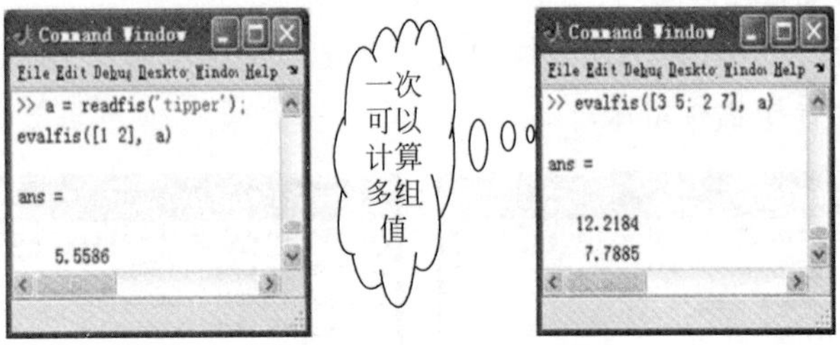
Command Window
File Edit Debug Desktop Window Help
>> a = readfis('tipper');
evalfis([1 2], a)
ans =
5.5586
一次可以计算多组值
Command Window
File Edit Debug Desktop Window Help
>> evalfis([3 5; 2 7], a)
ans =
12.2184
7.7885

图 3-47　函数 evalfis 的使用

无论是图形化工具或是像 getfis 和 setfis 这样的函数，都可以对这种结构进行直接的操作，同样也可以用"结构名.成员名"("structure.field")的语法方式来访问.

FIS 结构可以视为一种层次结构，可以用 showfis 函数来生成关于 FIS 结构变量的详细信息列表，例如输入命令：a=readfis('tipper')；showfis(a).

关于建立 FIS 结构的详细内容，请参见 MATLAB 的 Fuzzy Logic Toolbox 用户指南.

(3) 命令行方式建立模糊洗衣机控制器

FIS 程序(见图 3-48(a)～(c))及运行结果，如图 3-49 所示.

Editor - H:\模糊数学教学\OSTP011180智能控制程序\OS...
File Edit Text Cell Tools Debug Desktop Window Help
%Fuzzy Control for washer
clear all;
close all;
a=newfis('fuzz_wash');
a=addvar(a,'input','x',[0,100]);　%Fuzzy Stain
a=addmf(a,'input',1,'SD','trimf',[0,0,50]);
a=addmf(a,'input',1,'MD','trimf',[0,50,100]);
a=addmf(a,'input',1,'LD','trimf',[50,100,100]);
a=addvar(a,'input','y',[0,100]);　%Fuzzy Axunge
a=addmf(a,'input',2,'NG','trimf',[0,0,50]);
a=addmf(a,'input',2,'MG','trimf',[0,50,100]);
a=addmf(a,'input',2,'LG','trimf',[50,100,100]);
a=addvar(a,'output','z',[0,60]);　%Fuzzy Time
a=addmf(a,'output',1,'VS','trimf',[0,0,10]);
a=addmf(a,'output',1,'S','trimf',[0,10,25]);
a=addmf(a,'output',1,'M','trimf',[10,25,40]);
a=addmf(a,'output',1,'L','trimf',[25,40,60]);
a=addmf(a,'output',1,'VL','trimf',[40,60,60]);
script　Ln 1　Col 1　OVR
(a)
Editor - H:\模糊数学教学\OSTP011180智能控制程序\OSTP0111...
File Edit Text Cell Tools Debug Desktop Window Help
rulelist=[1 1 1 1 1;　%Edit rule base
1 2 3 1 1;
1 3 4 1 1;
2 1 2 1 1;
2 2 3 1 1;
2 3 4 1 1;
3 1 3 1 1;
3 2 4 1 1;
3 3 5 1 1];
a=addrule(a,rulelist);
showrule(a)　%Show fuzzy rule base
a1=setfis(a,'DefuzzMethod','mom');　%Defuzzy
writefis(a1,'wash');　%Save to fuzzy file "wash.fis"
a2=readfis('wash');
script　Ln 1　Col 1　OVR
(b)
Editor - H:\模糊数学教学\OSTP011180智能控制程序\OSTP0111...
File Edit Text Cell Tools Debug Desktop Window Help
a1=setfis(a,'DefuzzMethod','mom');　%Defuzzy
writefis(a1,'wash');　%Save to fuzzy file "wash.fis"
a2=readfis('wash');
figure(1);
plotfis(a2);
figure(2);
plotmf(a,'input',1);
figure(3);
plotmf(a,'input',2);
figure(4);
plotmf(a,'output',1);
ruleview('wash');　%Dynamic Simulation
x=60;
y=70;
z=evalfis([x,y],a2)　%Using fuzzy inference
script　Ln 1　Col 1　OVR
(c)

图 3-48　模糊洗衣机推理程序

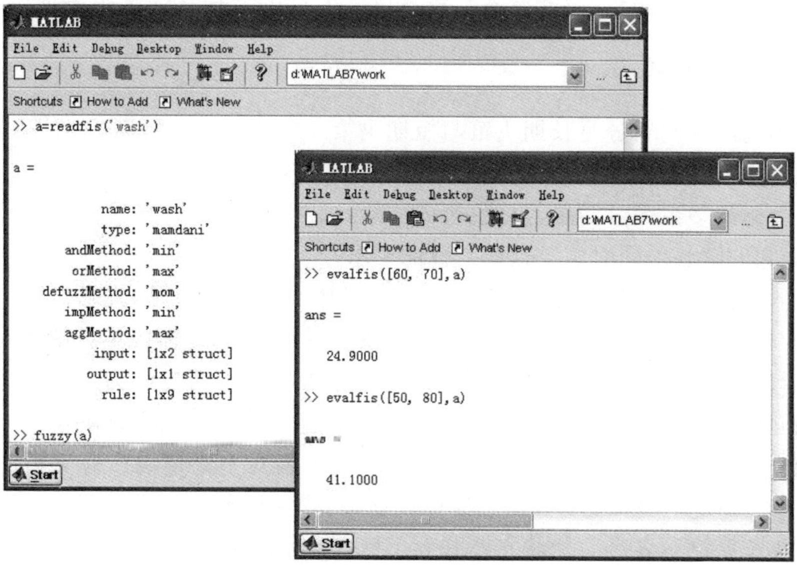

图 3-49 运行结果示例

3.5 模糊数学在决策中的应用

3.5.1 模糊集与多属性决策

1. 关于决策的基本概念

(1) 什么是决策

狭义：决策就是做出决定，从不同的行动方案中做出最佳选择，即“拍板”.

广义：决策视为一个管理过程，是人们为了实现特定的目标，运用科学的理论与方法，系统地分析主客观条件，提出各种预选方案，从中选出最佳方案，并对最佳方案进行实施、监控的过程. 包括从设定目标、理解问题、确定备选方案、评估备选方案、选择、实施的全过程.

名言：管理就是决策（赫伯特·西蒙，Harbert A. Simen，1916—2001，西方管理决策学派的创始人之一，管理方面唯一诺贝尔经济学奖获得者，1978 获奖）.

“决策”一词源远流长，但决策成为一个在学术界普遍认可的专门研究领域，则始于 20 世纪 50 年代，其标志是以冯·诺依曼-摩根斯坦(J. Von Neumann & Morgenstern)的效用理论为开端的统计决策理论. 决策理论的研究大致遵循从理性决策到行为决策、从个体决策到群体决策的发展过程.

决策的重要性是显然的，个人决策关系到个人的成败得失，组织决策关系到组织的生死存亡，国家决策关系到国家的兴衰荣辱.

(2) 决策的要素

要素 1：决策主体，可以是个体，也可以群体.

要素 2：决策目标，决策者的期望. 确定决策目标的原则有利益兼顾原则、目标量化原则、结果满意原则(实际决策不可能总是最优的，决策结果只能以满意为原则).

要素 3：行动方案，至少有两个可供选择的方案.

要素4：决策环境，又称“自然状态”，指不以个人意志为转移的客观条件，如天气状况、市场需求、政策影响等.

(3) 决策的类型

按决策影响的时间划分为长期决策与短期决策.

按决策的重要性划分为战略决策、战术决策和业务决策.

按决策目标的多少区分为单目标决策(决策目标只有一个)和多目标决策(两个或两个以上的目标，它的解必须同时满足这些目标的要求).

从决策的主体划分：个人决策和群体决策. 群体决策的优点是，集思广益，有利于决策的执行，更能承担风险. 可总结为“三个臭皮匠顶个诸葛亮”. 群体决策的缺点是，决策速度慢，责任不明，少数人对群体的操纵，个人屈服于群体的压力. 可总结为“三个和尚没水喝”.

按决策问题所处的条件划分：确定型决策、风险型决策与不确定型决策.

确定型决策是指在稳定条件下进行的决策. 决策者对未来情况已有完整的资料，没有不确定的因素. 确定型决策的方法有：线性规划法、盈亏平衡分析等.

风险型决策是已知各种自然状态及其发生概率的情况下进行的决策. 风险性决策也叫统计型决策、随机型决策. 常用决策方法有决策树法、损益表法等.

不确定型决策是指在不确定性环境下进行的决策. 理想的决策过程总是希望个体思维理性、群体决策默契，以形成一致的精确判断、得到最优决策方案. 然而，现实决策问题的复杂性和不确定性，比如决策环境信息的不精确与不完备、人类知识及其表达的模糊性、决策者主观偏好因素等，必然导致判断与决策的不精确性. 如何在不确定性环境下进行科学、有效的决策，成为近年决策科学研究的热点. 模糊数学作为处理不精确、不确定性问题的数学工具，自然也成为不确定型决策理论的有力工具.

(4) 多属性决策

考虑如下关于旅游目的地的实际决策问题：

因素 目的地	景色	费用	居住	饮食	旅途
杭州					
北戴河					
桂林					

其中，景色、费用、居住、饮食、旅途称为因素，也称为属性、指标等. 这种决策问题称为多属性决策问题或称之为有限个方案的多准则决策. 决策对象是连续的无限数量的备选方案的多准则决策称为多目标决策.

多属性决策是现代决策科学的一个重要组成部分，它的理论和方法在工程设计、经济、管理和军事等诸多领域中有着广泛的应用，如：投资决策、项目评估、维修服务、武器系统性能评定、工厂选址、投标招标、产业部门发展排序和经济效益综合评价等.

多属性决策的实质是利用已有的决策信息通过一定的方式对一组(有限个)备选方案进行排序或择优. 决策过程主要由两部分组成：(1) 获取决策信息(属性权重和属性值)；(2) 通过一定方式对决策信息进行集结并对方案排序和择优. 下面举例说明模糊集在多属性决策中的应用方法.

2. 属性值为语言值的一种多属性决策方法

定义 3.5.1 称如下算子为 GIOWA 算子(广义导出有序加权平均算子)

$$\mathrm{GIOWA}_w(\langle \xi_1,\pi_1,\alpha_1\rangle,\langle \xi_2,\pi_2,\alpha_2\rangle,\cdots,\langle \xi_n,\pi_n,\alpha_n\rangle)=\sum_{j=1}^{n} w_j b_j,$$

其中,$\boldsymbol{w}=(w_1,w_2,\cdots,w_n)$是加权向量,$w_j\in[0,1](j=1,2,\cdots,n)$, $\sum\limits_{j=1}^{n} w_j=1$. $\langle \xi_i,\pi_i,\alpha_i\rangle$是一个三元数据(可以分别理解为语言属性值、属性、对属性值的一种数值表示——比如三角模糊数),b_j 是 $\xi_i(i=1,2,\cdots,n)$中第 j 大(即按第一个分量的大小排序)的三元数据中的第三个分量.

基于 GIOWA 算子的多属性决策方法:

步骤 1 对于某一多属性决策问题, 设 X 和 U 分别为方案集和属性集. 决策者给出方案 $x_i\in X$ 在属性 $u_j\in U$ 下的语言评估 r_{ij}, 并得到评估矩阵 $\boldsymbol{R}=(r_{ij})_{n\times m}$ 且 $r_{ij}\in S=\{$极差, 很差, 差, 较差, 一般, 较好, 好, 很好, 极好$\}$(称为语言标度). 与该语言标度相对应的三角模糊数表达形式为

极差=[0, 0.1, 0.2], 很差=[0.1, 0.2, 0.3], 差=[0.2, 0.3, 0.4],较差=[0.3, 0.4, 0.5],一般=[0.4, 0.5, 0.6],较好=[0.5, 0.6, 0.7], 好=[0.6, 0.7, 0.8], 很好=[0.7, 0.8, 0.9], 极好=[0.8, 0.9, 1].

极好>很好>好>较好>一般>较差>差>很差>极差.

步骤 2 利用 GIOWA 算子对评估矩阵 $\boldsymbol{R}$ 中第 i 行的语言评估信息进行集结, 得到决策方案的综合属性评估值 $z_i(\boldsymbol{w})(i=1, 2, \cdots, n)$:

$$z_i(\boldsymbol{w})=\mathrm{GIOWA}_w(\langle r_{i1}, \pi_1, \alpha_{i1}\rangle, \langle r_{i2}, \pi_2, \alpha_{i2}\rangle, \cdots, \langle r_{im}, \pi_m, \alpha_{im}\rangle)=\sum_{j=1}^{m} w_j b_{ij}$$

其中 $r_{ij}\in S$, $u_j\in U$, α_{ij} 是 r_{ij} 对应的三角模糊数, $\boldsymbol{w}=(w_1,w_2,\cdots,w_m)$是加权向量, $w_j\in[0, 1](j=1, 2, \cdots, m)$, $\sum\limits_{j=1}^{m} w_j=1$. b_{ij} 是 $r_{il}(l=1, 2, \cdots, m)$中第 j 大的元素所对应的三元数据中的第三个分量.

步骤 3 利用 $z_i(\boldsymbol{w})(i=1, 2, \cdots, n)$对方案排序和择优.

例 3.5.1 考虑某个风险投资公司进行高科技项目投资问题, 有 4 个备选企业(方案) $x_i(i=1, 2, 3, 4)$可供选择. 从企业能力角度对企业进行评介, 首先制定了 7 项评估指标(属性):

u_1—销售能力; u_2—管理能力; u_3—生产能力; u_4—技术能力; u_5—资金能力; u_6—风险承担能力; u_7—企业战略一致性.

决策者对每个企业的各项指标进行评估,得到如下数据,试确定最佳企业.

	u_1	u_2	u_3	u_4	u_5	u_6	u_7
x_1	较好	很好	很好	一般	较好	好	好
x_2	很好	好	一般	好	很好	较好	较差
x_3	好	好	很好	较好	极好	很好	好
x_4	好	好	较差	较好	很好	较好	较好

解 取权重 $w=(0.2,0.1,0.15,0.2,0.1,0.15,0.1)$. 由于

$r_{11}=$较好，$r_{12}=$很好，$r_{13}=$很好，$r_{14}=$一般，$r_{15}=$较好，$r_{16}=$好，$r_{17}=$好.

$r_{1j}(j=1,2,\cdots,7)$对应的三角模糊数分别是：$\alpha_{11}=[0.5, 0.6, 0.7]$，$\alpha_{12}=[0.7, 0.8, 0.9]$，$\alpha_{13}=[0.7, 0.8, 0.9]$，$\alpha_{14}=[0.4, 0.5, 0.6]$，$\alpha_{15}=[0.5, 0.6, 0.7]$，$\alpha_{16}=[0.6, 0.7, 0.8]$，$\alpha_{17}=[0.6, 0.7, 0.8]$. 所以 $b_{11}=b_{12}=[0.7, 0.8, 0.9]$，$b_{13}=b_{14}=[0.6, 0.7, 0.8]$，$b_{15}=b_{16}=[0.5, 0.6, 0.7]$，$b_{17}=[0.4, 0.5, 0.6]$.

利用 GIOWA 算子及三角模糊数运算法则可得

$$
\begin{aligned}
z_1(\boldsymbol{w}) &= \mathrm{GIOWA}_{\boldsymbol{w}}(\langle r_{11}, u_1, \alpha_{11}\rangle, \langle r_{12}, u_2, \alpha_{12}\rangle, \cdots, \langle r_{17}, u_7, \alpha_{17}\rangle) = \sum_{j=1}^{7} w_j b_{1j} \\
&= 0.2\times[0.7, 0.8, 0.9]+0.1\times[0.7, 0.8, 0.9]+0.15\times[0.6, 0.7, 0.8]+ \\
&\quad 0.2\times[0.6, 0.7, 0.8]+0.1\times[0.5, 0.6, 0.7]+ \\
&\quad 0.15\times[0.5, 0.6, 0.7]+0.1\times[0.4, 0.5, 0.6] \\
&= [0.6, 0.7, 0.8]=\text{好}. \qquad ([0.585, 0.685, 0.785])
\end{aligned}
$$

同理可得，$z_2(\boldsymbol{w})=$好，$z_3(\boldsymbol{w})=$很好，$z_4(\boldsymbol{w})=$较好. 所以，最佳企业为 x_3.

3. 基于 GIOWA 算子的多属性群体决策方法

步骤 1：对于某一多属性群体决策问题，设 X，U 和 D 分别为方案集、属性集和决策者集. 决策者 $d_k\in D$ 给出方案 $x_i\in X$ 在属性 $u_j\in U$ 下的语言评估 $r_{ij}^{(k)}$，并得到评估矩阵 $\boldsymbol{R}^{(k)}=(r_{ij}^{(k)})_{n\times m}$ 且 $r_{ij}^{(k)}\in S$.

步骤 2：利用 GIOWA 算子对评估矩阵 $\boldsymbol{R}^{(k)}$ 第 i 行的语言评估信息进行集结，得到决策者 $d_k\in D$ 对决策方案 x_i 的综合属性评估值 $z_i^{(k)}(\boldsymbol{w})(i=1,2,\cdots,n, k=1,2,\cdots,t)$.

步骤 3：再利用 GIOWA 算子对 t 位决策者给出的决策方案 x_i 的综合属性评估值 $z_i^{(k)}(\boldsymbol{w})$进行集结. 从而得到决策方案 $x_i(i=1,2,\cdots,n)$的群体综合属性评估值 $z_i(w')$.

$$
\begin{aligned}
z_i(\boldsymbol{w}') &= \mathrm{GIOWA}_{\boldsymbol{w}'}(\langle z_i^{(1)}(\boldsymbol{w}), d_1, \alpha_i^{(1)}\rangle, \langle z_i^{(2)}(\boldsymbol{w}), d_2, \alpha_i^{(2)}\rangle, \cdots, \langle z_i^{(t)}(\boldsymbol{w}), d_t, \alpha_i^{(t)}\rangle) \\
&= \sum_{k=1}^{t} w'_k b_i^{(k)},
\end{aligned}
$$

其中 $z_i^{(k)}(w)\in S$，$d_k\in D$，$\alpha_i^{(k)}$ 是与 $z_i^{(k)}(w)$对应的三角模糊数，$\boldsymbol{w}'=(w_1', w_2', \cdots, w_t')$是加权向量，$w_k'\in[0, 1]\ (k=1,2,\cdots,t)$，$\sum_{k=1}^{t} w'_k=1$. $b_i^{(k)}$是 $z_i^{(l)}(w)(l=1,2,\cdots,t)$中第 k 大的元素所对应的三元数据中的第三个分量.

步骤 4：利用 $z_i(\boldsymbol{w}')(i=1,2,\cdots,n)$对所有决策方案进行排序和择优.

例 3.5.2 对于例 3.5.1，假设有 3 位决策者 $d_k(k=1,2,3)$，d_1 的评估如前述表格，d_2 和 d_3 的评估如下表所示：

d_2	u_1	u_2	u_3	u_4	u_5	u_6	u_7
x_1	较好	好	很好	一般	好	好	极好
x_2	一般	较好	一般	较好	好	好	较好
x_3	很好	较好	好	好	极好	极好	较好
x_4	一般	较好	一般	较好	一般	较好	较差

续表

d_3	u_1	u_2	u_3	u_4	u_5	u_6	u_7
x_1	一般	好	好	较好	很好	好	很好
x_2	好	较好	较好	好	一般	好	较差
x_3	好	较好	好	好	好	很好	好
x_4	一般	较好	较差	较好	一般	一般	较好

解 先用单人决策方法得到各自评估结果：

	d_1	d_2	d_3		d_1	d_2	d_3
x_1	好	好	好	x_3	很好	很好	好
x_2	好	较好	较好	x_4	较好	一般	一般

取 $\boldsymbol{w}'=(0.3,0.5,0.2)$，利用 GIOWA 算子把三个决策者的综合评估集结，得到群体综合属性评估值：

$$z_1(\boldsymbol{w}')=\text{好},\quad z_2(\boldsymbol{w}')=\text{较好},\quad z_3(\boldsymbol{w}')=\text{很好},\quad z_4(\boldsymbol{w}')=\text{一般}.$$

利用 $z_i(\boldsymbol{w}')(i=1,2,3,4)$ 对所有决策方案进行排序，$x_3 \succ x_1 \succ x_2 \succ x_4$，故最佳企业为 x_3.

3.5.2 区间直觉模糊集在决策中的应用

1. 区间直觉模糊集

设 X 是一个非空集合，称 $A=\{\langle x,\mu_A(x),\nu_A(x)\rangle \mid x\in X\}$ 为直觉模糊集，其中 $\mu_A(x)$ 和 $\nu_A(x)$ 分别为 X 中的元素 x 属于 A 的隶属度 $\mu_A: X\to[0,1]$ 和非隶属度 $\nu_A: X\to[0,1]$，且满足条件 $0\leqslant\mu_A(x)+\nu_A(x)\leqslant 1$. 此外，$1-\mu_A(x)-\nu_A(x)$ 表示 X 中的元素 x 属于 A 的犹豫度.

由于客观事物的复杂性和不确定性，$\mu_A(x)$ 和 $\nu_A(x)$ 的值往往难以用精确的实数值来表达，而用区间数的形式表示是比较合适的，因此 Atanassov 等对直觉模糊集进行了拓展，引入区间直觉模糊集.

称 $\underline{A}=\{\langle x,\mu_{\underline{A}}(x),\nu_{\underline{A}}(x)\rangle \mid x\in X\}$ 为区间直觉模糊集，其中 $\mu_{\underline{A}}(x)$ 和 $\nu_{\underline{A}}(x)\subset[0,1]$，且满足条件 $\sup\mu_{\underline{A}}(x)+\sup\nu_{\underline{A}}(x)\leqslant 1,\ \forall x\in X$.

2. 区间直觉模糊数的运算

区间直觉模糊集 $\underline{A}$ 的基本组成部分是由 X 中元素 x 属于 $\underline{A}$ 的隶属度区间和非隶属度区间所组成的有序区间对，称这样的有序区间对为区间直觉模糊数.

为方便起见，将区间直觉模糊数的一般形式简记为 $([a,b],[c,d])$，其中 $[a,b],[c,d]\subset[0,1]$，且 $b+d\leqslant 1$.

定义 3.5.2 设 $\alpha_1=([a_1,b_1],[c_1,d_1])$，$\alpha_2=([a_2,b_2],[c_2,d_2])$ 为任意两个区间直觉模糊数，则

$$\overline{\alpha}_1=([c_1,d_1],[a_1,b_1]);$$
$$\alpha_1\cap\alpha_2=([\min\{a_1,a_2\},\min\{b_1,b_2\}],[\max\{c_1,c_2\},\max\{d_1,d_2\}]);$$
$$\alpha_1\cup\alpha_2=([\max\{a_1,a_2\},\max\{b_1,b_2\}],[\min\{c_1,c_2\},\min\{d_1,d_2\}]);$$
$$\alpha_1+\alpha_2=([a_1+a_2-a_1a_2,b_1+b_2-b_1b_2],[c_1c_2,d_1d_2]);$$
$$\alpha_1\cdot\alpha_2=([a_1a_2,b_1b_2],[c_1+c_2-c_1c_2,d_1+d_2-d_1d_2]);$$
$$\lambda\alpha_1=([1-(1-a_1)^\lambda,1-(1-b_1)^\lambda],[c_1^\lambda,d_1^\lambda]),\lambda>0;$$
$$\alpha_1^\lambda=([a_1^\lambda,b_1^\lambda],[1-(1-c_1)^\lambda,1-(1-d_1)^\lambda]),\lambda>0.$$

容易验证,上述运算满足:

$$\alpha_1+\alpha_2=\alpha_2+\alpha_1;$$
$$\alpha_1\alpha_2=\alpha_2\alpha_1;$$
$$\lambda(\alpha_1+\alpha_2)=\lambda\alpha_1+\lambda\alpha_2,\quad \lambda\geqslant 0;$$
$$(\alpha_1\cdot\alpha_2)^\lambda=\alpha_1^\lambda\cdot\alpha_2^\lambda,\quad \lambda\geqslant 0;$$
$$\lambda_1\alpha_1+\lambda_2\alpha_1=(\lambda_1+\lambda_2)\alpha_1,\quad \lambda_1,\lambda_2\geqslant 0;$$
$$\alpha_1^{\lambda_1}\cdot\alpha_1^{\lambda_2}=\alpha_1^{\lambda_1+\lambda_2},\quad \lambda_1,\lambda_2\geqslant 0.$$

3. 区间直觉模糊信息的集成算子

基于上述运算法则,给出区间直觉模糊数加权算术平均算子和加权几何平均算子.

定义 3.5.3 设 $\alpha_j(j=1,2,\cdots,n)$为一组区间直觉模糊数,且设 $f:\Omega^n\to\Omega$. 若

$$f_w(\alpha_1,\alpha_2,\cdots,\alpha_n)=\sum_{j=1}^n w_j\alpha_j.$$

其中,Ω 为全体区间直觉模糊数的集合,$\boldsymbol{w}=(w_1,w_2,\cdots,w_n)^{\mathrm{T}}$ 为 $\alpha_j(j=1,2,\cdots,n)$的权重向量,$w_j\in[0,1]$,则称 f 为区间直觉模糊数的加权算术平均算子.

特别地,若 $\boldsymbol{w}=(1/n,1/n,\cdots,1/n)^{\mathrm{T}}$,则称 f 为区间直觉模糊数的算术平均算子.

定理 3.5.1 设 $\alpha_j=([a_j,b_j],[c_j,d_j])$ $(j=1,2,\cdots,n)$为一组区间直觉模糊数,则由上述定义集成得到的结果仍为区间直觉模糊数,且

$$f_w(\alpha_1,\alpha_2,\cdots,\alpha_n)=\left(\left[1-\prod_{j=1}^n(1-a_j)^{w_j},1-\prod_{j=1}^n(1-b_j)^{w_j}\right],\left[\prod_{j=1}^n c_j^{w_j},\prod_{j=1}^n d_j^{w_j}\right]\right).$$

定义 3.5.4 设 $\alpha_j(j=1,2,\cdots,n)$为一组区间直觉模糊数,且设 $g:\Omega^n\to\Omega$. 若

$$g_w(\alpha_1,\alpha_2,\cdots,\alpha_n)=\prod_{j=1}^n\alpha_j^{w_j},$$

其中,$\boldsymbol{w}=(w_1,w_2,\cdots,w_n)^{\mathrm{T}}$ 为权重向量,$w_j\in[0,1]$,则称 g 为区间直觉模糊数的加权几何平均算子.

特别地,若 $\boldsymbol{w}=(1/n,1/n,\cdots,1/n)^{\mathrm{T}}$,则称 g 为区间直觉模糊数的几何平均算子.

定理 3.5.2 设 $\alpha_j=([a_j,b_j],[c_j,d_j])$ $(j=1,2,\cdots,n)$为一组区间直觉模糊数,则由上述定义集成得到的结果仍为区间直觉模糊数,且

$$g_w(\alpha_1,\alpha_2,\cdots,\alpha_n)=\left(\left[\prod_{j=1}^n a_j^{w_j},\prod_{j=1}^n b_j^{w_j}\right],\left[1-\prod_{j=1}^n(1-c_j)^{w_j},1-\prod_{j=1}^n(1-d_j)^{w_j}\right]\right).$$

4. 区间直觉模糊数的比较

为了对区间直觉模糊数进行排序,下面给出区间直觉模糊数的得分函数和精确函数.

定义 3.5.5 设 $\alpha=([a,b],[c,d])$ 为一个区间直觉模糊数,则称 $\Delta(\alpha)=(a-c+b-d)/2$ 为 α 的得分函数.

显然,$\Delta(\alpha)\in[-1,1]$. 若 $\Delta(\alpha)$ 越大,则认为 α 越大. 当 $\Delta(\alpha)=1$ 时,α 取最大值$([1,1],[0,0])$;当 $\Delta(\alpha)=-1$ 时,则 α 取最小值$([0,0],[1,1])$. 然而,若取 $\alpha_1=([0.4,0.5],[0.4,0.5])$,$\alpha_2=([0.2,0.3],[0.2,0.3])$,则 $\Delta(\alpha_1)=\Delta(\alpha_2)=0$,即此时得分函数不能对 α_1 和 α_2 进行比较. 为解决这类特殊情况,下面给出一种精确函数.

定义 3.5.6 设 $\alpha=([a,b],[c,d])$ 为一个区间直觉模糊数,则称 $H(\alpha)=(a+b+c+d)/2$ 为 α 的精确函数.

显然,$H(\alpha)\in[0,1]$. 对于上述的 $\alpha_1=([0.4,0.5],[0.4,0.5])$,$\alpha_2=([0.2,0.3],[0.2,0.3])$,利用精确函数可得 $H(\alpha_1)=0.9$,$H(\alpha_2)=0.5$.

得分函数 Δ 和精确函数 H 类似于统计学中的均值与方差. 因此可以认为,在区间直觉模糊数的得分函数值相等的情况下,精确函数值越大,则相应的区间直觉模糊数越大. 基于这种分析,给出区间直觉模糊数的一种排序方法:

定义 3.5.7 设 α_1,α_2 为任意两个区间直觉模糊数.

(1) 若 $\Delta(\alpha_1)<\Delta(\alpha_2)$,则 $\alpha_1<\alpha_2$;

(2) 若 $\Delta(\alpha_1)=\Delta(\alpha_2)$,则:

① 若 $H(\alpha_1)=H(\alpha_2)$,则 $\alpha_1=\alpha_2$;

② 若 $H(\alpha_1)<H(\alpha_2)$,则 $\alpha_1<\alpha_2$.

5. 基于区间直觉模糊信息的决策方法

对于某一多属性决策问题,设 $A=\{A_1,A_2,\cdots,A_m\}$ 为方案集,$G=\{G_1,G_2,\cdots,G_n\}$为属性集. $\boldsymbol{w}=(w_1,w_2,\cdots,w_n)^{\mathrm{T}}$ 为权重向量,$w_i\in[0,1]$为属性权重向量,$\sum\limits_{i=1}^{n}w_i=1$. 假设有关方案 A_i 的特征信息用区间直觉模糊集表示为 $A_i=\{\langle G_j,\mu_{Ai}(G_j),\nu_{Ai}(G_j)\rangle \mid G_j\in G\}$.

对于 $A_i=\{\langle G_j,\mu_{Ai}(G_j),\nu_{Ai}(G_j)\rangle \mid G_j\in G\}$,$i=1,2,\cdots,m$. 其中,$\mu_{Ai}(G_j)$表示方案 A_i 对属性 G_j 的满足程度,$\nu_{Ai}(G_j)$表示方案 A_i 不满足属性 A_i 的程度. 这里 $\mu_{Ai}(G_j)$和 $\nu_{Ai}(G_j)$均在一定范围内取值,即用区间表示,且 $\mu_{Ai}(G_j)\subset[0,1]$,$\nu_{Ai}(G_j)\subset[0,1]$,$\sup\mu_{Ai}(G_j)+\sup\nu_{Ai}(G_j)\leqslant 1$.

为方便起见,记 $\mu_{Ai}(G_j)=[a_{ij},b_{ij}]$,$\nu_{Ai}(G_j)=[c_{ij},d_{ij}]$,则相应的区间直觉模糊数表示为 $\alpha_{ij}=([a_{ij},b_{ij}],[c_{ij},d_{ij}])$,从而得到决策矩阵 $\boldsymbol{D}=(\alpha_{ij})_{m\times n}$.

下面给出一种基于区间直觉模糊信息的决策途径,具体步骤如下:

步骤 1:利用加权算术平均算子 f 或加权几何平均算子 g 集成决策矩阵 $\boldsymbol{D}$ 中第 i 行的所有元素,从而得到相应于方案 A_i 的综合区间直觉模糊值 α_i,$i=1,2,\cdots,m$.

步骤 2:分别利用得分函数和精确函数计算 α_i 的得分函数值 $\Delta(\alpha_i)$和精确函数值 $H(\alpha_i)$,$i=1,2,\cdots,m$.

步骤 3:根据定义 3.5.7 对方案 $A_i(i=1,2,\cdots,m)$进行排序,从而得到最佳方案.

一般地,若突出单个专家的作用(如采用“一票否决制”),则运用加权几何平均算子比较适合;若强调专家群体的作用,则可选择加权算术平均算子.

例 3.5.3 某单位在对干部进行考核选拔时，首先制定了 6 项考核指标(属性)：思想品德(G_1)、工作态度(G_2)、工作作风(G_3)、文化水平和知识结构(G_4)、领导能力(G_5)、开拓能力(G_6). 指标的权重向量为 $\boldsymbol{w}=(0.2,0.1,0.25,0.1,0.15,0.2)^{\mathrm{T}}$. 然后由群众推荐、评议，对各候选人按上述 6 项指标进行评估，再进行统计处理，并从中确定了 5 位候选人. 假设每位候选人在各指标下的评估信息经过统计处理后，可表示为区间直觉模糊数，如下表所示：

	G_1	G_2	G_3	G_4	G_5	G_6
A_1	([0.2,0.3],[0.4,0.5])	([0.6,0.7],[0.2,0.3])	([0.4,0.5],[0.2,0.4])	([0.7,0.8],[0.1,0.2])	([0.1,0.3],[0.5,0.6])	([0.5,0.7],[0.2,0.3])
A_2	([0.6,0.7],[0.2,0.3])	([0.5,0.6],[0.1,0.3])	([0.6,0.7],[0.2,0.3])	([0.6,0.7],[0.1,0.2])	([0.3,0.4],[0.5,0.6])	([0.4,0.7],[0.1,0.2])
A_3	([0.4,0.5],[0.3,0.4])	([0.7,0.8],[0.1,0.2])	([0.5,0.6],[0.3,0.4])	([0.6,0.7],[0.1,0.3])	([0.4,0.5],[0.3,0.4])	([0.3,0.5],[0.1,0.3])
A_4	([0.6,0.7],[0.2,0.3])	([0.5,0.7],[0.1,0.3])	([0.7,0.8],[0.1,0.2])	([0.3,0.4],[0.1,0.2])	([0.5,0.6],[0.1,0.3])	([0.7,0.8],[0.1,0.2])
A_5	([0.5,0.6],[0.3,0.5])	([0.3,0.4],[0.3,0.5])	([0.6,0.7],[0.1,0.3])	([0.6,0.8],[0.1,0.2])	([0.6,0.7],[0.2,0.3])	([0.5,0.6],[0.2,0.4])

解 步骤 1：利用加权算术平均算子集成决策矩阵 $\boldsymbol{D}$ 中第 i 行的所有元素，从而得到相应于候选人 A_i 的综合区间直觉模糊值

$$\alpha_1=([0.4165,0.5597],[0.2459,0.3804]),$$
$$\alpha_2=([0.5176,0.6574],[0.1739,0.2947]),$$
$$\alpha_3=([0.4703,0.5900],[0.1933,0.3424]),$$
$$\alpha_4=([0.5407,0.6702],[0.1149,0.2400]),$$
$$\alpha_5=([0.5375,0.6536],[0.1772,0.3557]).$$

步骤 2：分别利用得分函数计算 α_i 的得分函数值

$$\Delta(\alpha_1)=0.1749,\quad \Delta(\alpha_2)=0.3532,\quad \Delta(\alpha_3)=0.2623,$$
$$\Delta(\alpha_4)=0.4280,\quad \Delta(\alpha_5)=0.3291.$$

步骤 3：根据 $\Delta(\alpha_i)$ 对候选人 A_i 进行排序，$A_4 \succ A_2 \succ A_5 \succ A_3 \succ A_1$. 故最佳方案为 A_4.

此例若利用加权几何平均算子集成决策矩阵 $\boldsymbol{D}$ 中第 i 行的所有元素. 则得到相应于候选人 A_i 的综合区间直觉模糊值为

$$\alpha_1=([0.3257,0.4848],[0.2878,0.4132]),$$
$$\alpha_2=([0.4896,0.6338],[0.2185,0.3301]),$$
$$\alpha_3=([0.4398,0.5673],[0.2260,0.3533]),$$
$$\alpha_4=([0.4972,0.6190],[0.1210,0.2467]),$$
$$\alpha_5=([0.5204,0.6307],[0.1991,0.3782]).$$
$$\Delta(\alpha_1)=0.0547,\quad \Delta(\alpha_2)=0.2874,\quad \Delta(\alpha_3)=0.2139,$$

$$\Delta(\alpha_4)=0.3742,\quad \Delta(\alpha_5)=0.2867.$$

根据$\Delta(\alpha_i)$对候选人A_i进行排序，$A_4 > A_2 > A_5 > A_3 > A_1$，故最佳方案也为$A_4$.

3.5.3 模糊互补判断矩阵及其在决策中的应用

1. 模糊互补判断矩阵的概念

决策的关键步骤是对可选方案或多个属性进行排序，但通常难以直接给出排序结果，而进行两两比较常常可以直接判断谁优谁劣、孰重孰轻，再以适当的标度表示相对优劣程度或重要性程度，这样就形成了表达偏好信息的矩阵(称之为判断矩阵)，以此为基础再选择恰当的算法可以得到排序结果(常用有序数组表示排序结果，称之为排序向量). 前面介绍的层次分析法(AHP)，其关键之一就是构建比较判断矩阵. 不过，AHP 通常选用 1～9 及其倒数作为标度值. 事实上，重要性程度或优劣程度本身是模糊概念，用[0,1]中的实数来表示标度应该比 1～9 这样的整数更具合理性，这就产生了本节要讨论的模糊互补判断矩阵.

设有n个方案或属性，构成集合$X=\{x_1,x_2,\cdots,x_n\}$. 决策者对方案进行两两比较得到判断矩阵$\boldsymbol{P}=(p_{ij})_{n\times n}$，其中$p_{ij}$表示$x_i$对于$x_j$的优劣程度或重要性程度. 取$p_{ij}\in[0,1]$，其意义如下：

$p_{ij}=0.5$，表示x_i与x_j优劣程度相当(或说同等重要)；

$0.5<p_{ij}\leqslant 1$，表示x_i优于x_j(或说x_i比x_j重要)；

$0\leqslant p_{ij}<0.5$，表示x_i劣于x_j(或说x_i不如x_j重要).

定义 3.5.8 矩阵$\boldsymbol{P}=(p_{ij})_{n\times n}(p_{ij}\in[0,1])$称为模糊互补判断矩阵，如果满足以下条件：

(1) $p_{ii}=0.5, i=1,2,\cdots,n$；

(2) $p_{ij}+p_{ji}=1, i,j=1,2,\cdots,n$.

令全体n阶模糊互补判断矩阵构成的集合为G，一组权值构成的n维正向量$\boldsymbol{\omega}=(\omega_1,\omega_2,\cdots,\omega_n)$称为排序向量，$\omega_i>0\ (i=1,2,\cdots,n)$，$\omega_1+\omega_2+\cdots+\omega_n=1$. 全体排序向量组成的集合记为$\Lambda$，即

$$\Lambda=\left\{\boldsymbol{\omega}=(\omega_1,\omega_2,\cdots,\omega_n):\quad \omega_j>0, j\in\{1,2,\cdots,n\}; \sum_{i=1}^{n}\omega_i=1\right\}.$$

一种排序方法可以看成由G到Λ的映射，记为$\boldsymbol{\omega}=\Gamma(\boldsymbol{P})$. $\boldsymbol{\omega}$称为模糊互补判断矩阵$\boldsymbol{P}$的排序向量.

2. 模糊互补判断矩阵排序的中转法

在决策分析中，决策者给出的判断矩阵是否具有一致性是一个至关重要的问题，它直接影响由判断矩阵得到的排序向量是否能真实反映对象的客观顺序. 如何定义“一致性”，学者们提出了多种不同的方法，这里介绍加性一致性，其他内容请参阅文献[25,57～59].

定义 3.5.9 设矩阵$\boldsymbol{P}=(p_{ij})_{n\times n}(p_{ij}\in[0,1])$是模糊互补判断矩阵，如果$\boldsymbol{P}$满足以下条件：

$$(p_{ik}-0.5)+(p_{kj}-0.5)=(p_{ij}-0.5),\quad i,j,k=1,2,\cdots,n.$$

即

$$p_{ij}=p_{ik}+p_{kj}-0.5,\quad i,j,k=1,2,\cdots,n.$$

则称$\boldsymbol{P}$是加性一致性模糊互补判断矩阵.

以下结论表明,任何模糊互补判断矩阵均可改造为加性一致性模糊互补判断矩阵.

定理 3.5.3 设矩阵 $\boldsymbol{P}=(p_{ij})_{n\times n}(p_{ij}\in[0,1])$ 是模糊互补判断矩阵,对 $\boldsymbol{P}$ 按行求和,记

$$p_i=\sum_{j=1}^{n}p_{ij},\quad i=1,2,\cdots,n.$$

作变换

$$\bar{p}_{ij}=\frac{p_i-p_j}{2(n-1)}+0.5.$$

则矩阵 $\bar{\boldsymbol{P}}=(\bar{p}_{ij})_{n\times n}$ 是加性一致性模糊互补判断矩阵. 由矩阵 $\bar{\boldsymbol{P}}=(\bar{p}_{ij})_{n\times n}$ 采用行和归一化方法得到的排序向量 $\boldsymbol{\omega}=(\omega_1,\omega_2,\cdots,\omega_n)$ 满足以下等式:

$$\text{(MTM)}\quad \omega_i=\frac{\sum_{j=1}^{n}p_{ij}+\frac{n}{2}-1}{n(n-1)},\quad i=1,2,\cdots,n.$$

以上述结论为依据,得到如下模糊互补判断矩阵排序的中转法:(1) 两两比较得到模糊互补判断矩阵 $\boldsymbol{P}=(p_{ij})_{n\times n}(p_{ij}\in[0,1])$;(2) 利用前述公式(MTM)求出排序向量 $(\omega_1,\omega_2,\cdots,\omega_n)$.

可以证明,由中转法得到的排序向量有许多优良性质,比如具有强条件下的保序性,即

若 $\forall k\in\{1,2,\cdots,n\},p_{ik}\geqslant p_{jk}$,则 $\omega_i\geqslant\omega_j$,且当前者所有等式成立时 $\omega_i=\omega_j$.

中转法直接由原模糊互补判断矩阵得到排序向量,非常方便. 但此法也有不足之处,比如有时得到的排序向量各分量之间差异较小、不易区分.

3. 模糊互补判断矩阵排序的特征向量法

文献[58]中提出一种模糊互补判断矩阵排序的特征向量法,其主要思想是先转换为互反判断矩阵(指满足以下条件的矩阵 $\boldsymbol{A}=(a_{ij})_{n\times n}$: $a_{ii}=1,a_{ij}\times a_{ji}=1,i,j=1,2,\cdots,n$),然后用迭代方法求解转换后矩阵最大特征值对应的特征向量,以此作为排序向量. 此方法的严格论证这里就不再赘述了,仅列出具体迭代算法如下.

步骤1: 对于给定的模糊互补判断矩阵 $\boldsymbol{P}=(p_{ij})_{n\times n}$,通过如下转换公式得到相应的转换矩阵 $\boldsymbol{H}=(h_{ij})_{n\times n}$:

$$h_{ij}=\frac{p_{ij}}{p_{ji}},\quad i,j=1,2,\cdots,n.$$

步骤2: 任取初始正向量 $\boldsymbol{\omega}(0)=[\omega_1(0),\omega_2(0),\cdots,\omega_n(0)]\in\Lambda$,给定迭代精度 ε,令 $k=0$.

步骤3: 计算

$$q_0=\max\{\omega_1(0),\omega_2(0),\cdots,\omega_n(0)\},\quad \bar{\boldsymbol{\omega}}(0)=\frac{\boldsymbol{\omega}(0)}{q_0}.$$

步骤4: 迭代计算

$$\boldsymbol{\omega}(k+1)^{\mathrm{T}}=\boldsymbol{H}\bar{\boldsymbol{\omega}}(k)^{\mathrm{T}},$$
$$q_{k+1}=\max\{\omega_1(k+1),\omega_2(k+1),\cdots,\omega_n(k+1)\},$$
$$\bar{\boldsymbol{\omega}}(k+1)=\frac{\boldsymbol{\omega}(k+1)}{q_{k+1}}.$$

步骤 5：若 $|q_{k+1}-q_k|<\varepsilon$，则进入下一步；否则，令 $k=k+1$，转步骤 4.

步骤 6：将 $\bar{\boldsymbol{\omega}}(k+1)$ 归一化即得排序向量，即

$$\boldsymbol{\omega}=\frac{\bar{\boldsymbol{\omega}}(k+1)}{\sum_{j=1}^{n}\bar{\omega}_j(k+1)}.$$

为了保证判断矩阵排序的可信度和准确性，有必要对判断矩阵进行一致性检验. 对于模糊互补判断矩阵，检验其一致性可使用如下公式

$$\begin{cases}CI=\dfrac{1}{n(n-1)}\displaystyle\sum_{1\leqslant i<j\leqslant n}\left(\dfrac{p_{ij}}{p_{ji}}\dfrac{\omega_j}{\omega_i}+\dfrac{p_{ji}}{p_{ij}}\dfrac{\omega_i}{\omega_j}-2\right),\\ CR=CI/RI.\end{cases}$$

其中 RI 为平均随机一致性指标（见表 3-2）. 若 $CR<0.1$，则称相应的模糊互补判断矩阵是一致性可接受的；否则，需要对模糊互补判断矩阵进行调整.

例 3.5.4 设对于某一多属性决策问题，有 4 个属性 $u_i(i=1,2,3,4)$. 为确定它们的权重，专家对这些属性进行两两比较后得到如下模糊互补判断矩阵：

$$\boldsymbol{P}=\begin{bmatrix}0.5 & 0.7 & 0.6 & 0.8\\ 0.3 & 0.5 & 0.4 & 0.6\\ 0.4 & 0.6 & 0.5 & 0.7\\ 0.2 & 0.4 & 0.3 & 0.5\end{bmatrix}.$$

试确定 $\boldsymbol{P}$ 的排序向量.

解 (1) 利用中转法可得排序向量 $\boldsymbol{\omega}=(0.3,0.2333,0.2667,0.2)$.

(2) 利用特征向量法可得排序向量 $\boldsymbol{\omega}=(0.4303,0.1799,0.2748,0.115)$. 计算一致性比例 $CR=0.00091<0.1$，说明模糊互补判断矩阵 $\boldsymbol{P}$ 是一致性可接受的.

从以上结果可以看出，中转法所得 4 个属性权重之间的差距较小，而特征向量法所得属性权重之间的差距较大、有较好的区分性. 不过，所得的属性重要性程度排序均为

$$u_1\succ u_2\succ u_3\succ u_4.$$

3.5.4 模糊层次分析法

由于人们思维的模糊性和不确定性，在构造比较判断矩阵时所给出的判断值常常不是确定的数值. 如果用模糊数或区间数等形式给出两两比较的结果，形成的判断矩阵称为模糊数互补(或互反)判断矩阵或区间数互补(或互反)判断矩阵. 基于此进行的层次分析，称为模糊层次分析法(fuzzy AHP). 1983 年荷兰学者 Van Loargoven 与波兰学者 W. Pedrycz 提出用三角模糊数表示比较判断的结果，并运用三角模糊数的运算和对数最小二乘法求出排序向量. 之后，基于梯形模糊数、区间数、直觉模糊数等各种形式的模糊层次分析法相继提出(请读者注意，一些文献中的术语比较混乱，比如有些文献也将上一节基于模糊互补判断矩阵的决策方法称为模糊 AHP)，同时将模糊层次分析法与其他决策方法相互集成的研究也不断涌现(如文献[60～62]). 本节仅以基于三角模糊数的模糊层次分析法为例(这里仅说明思路和方法，不涉及三角模糊数判断矩阵的一致性检验问题，可参阅文献[25,58,59]等)，简要说明其具体操作过程.

1. 建立层次结构

关于层次结构的建立，可参阅 3.1.3 节的说明. 这里考虑如下实际问题：

某大学现有一个教授岗位空缺，经初步筛选，有 A，B，C 三位教师进入最后竞聘. 评审委员会将从四个方面(分别用 C_1，C_2，C_3，C_4 表示)对他们进行综合评价，以确定最佳人选.

根据问题，可确定如图 3-50 所示的层次结构.

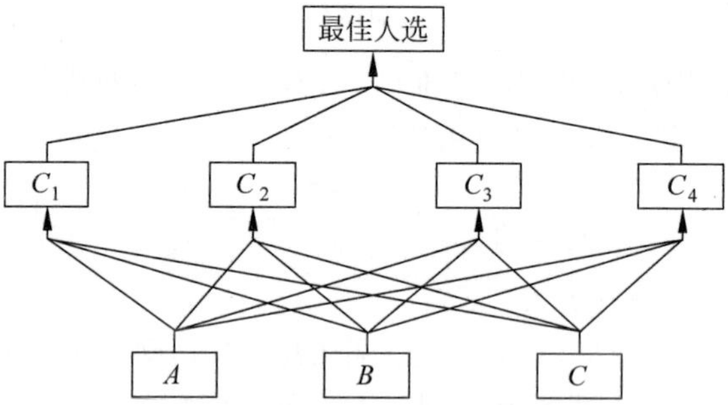

图 3-50 教授岗位最佳人选问题的层次结构

2. 构造模糊判断矩阵

确定各层次因素后，用三角模糊数表示相对于上一层某因素，同一层次各因素之间两两比较结果.

对于上述教授岗位的聘用问题，假定评审委员会对四个评价准则 C_1，C_2，C_3，C_4 重要性两两比较的结果如下：

$$\boldsymbol{P}=\begin{bmatrix}(0.5;0.5;0.5) & (0.2;0.3;0.4) & (0.6;0.8;0.9) & (0.5;0.6;0.7)\\(0.6;0.7;0.8) & (0.5;0.5;0.5) & (0.5;0.7;0.8) & (0.6;0.7;0.9)\\(0.1;0.2;0.4) & (0.2;0.3;0.5) & (0.5;0.5;0.5) & (0.5;0.7;0.9)\\(0.3;0.4;0.5) & (0.1;0.3;0.4) & (0.1;0.3;0.5) & (0.5;0.5;0.5)\end{bmatrix}.$$

分别针对评价准则 C_1，C_2，C_3，C_4，评审委员会对候选人 A，B，C 在相应准则方面的表现进行两两比较，得到如下判断矩阵：

$$\boldsymbol{P}_1=\begin{bmatrix}(0.5;0.5;0.5) & (0.6;0.7;0.9) & (0.3;0.4;0.6)\\(0.1;0.3;0.4) & (0.5;0.5;0.5) & (0.4;0.5;0.6)\\(0.4;0.6;0.7) & (0.4;0.5;0.6) & (0.5;0.5;0.5)\end{bmatrix},$$

$$\boldsymbol{P}_2=\begin{bmatrix}(0.5;0.5;0.5) & (0.3;0.4;0.5) & (0.5;0.6;0.7)\\(0.5;0.6;0.7) & (0.5;0.5;0.5) & (0.6;0.7;0.9)\\(0.3;0.4;0.5) & (0.1;0.3;0.4) & (0.5;0.5;0.5)\end{bmatrix},$$

$$\boldsymbol{P}_3=\begin{bmatrix}(0.5;0.5;0.5) & (0.4;0.5;0.6) & (0.7;0.8;0.9)\\(0.4;0.5;0.6) & (0.5;0.5;0.5) & (0.3;0.5;0.6)\\(0.1;0.2;0.3) & (0.4;0.5;0.7) & (0.5;0.5;0.5)\end{bmatrix},$$

$$\boldsymbol{P}_4=\begin{bmatrix}(0.5;0.5;0.5) & (0.6;0.7;0.8) & (0.4;0.6;0.7)\\(0.2;0.3;0.4) & (0.5;0.5;0.5) & (0.1;0.2;0.3)\\(0.3;0.4;0.6) & (0.7;0.8;0.9) & (0.5;0.5;0.5)\end{bmatrix}.$$

3. 单层次排序

首先，应用三角模糊数的相关运算，计算各因素在其所在层的模糊综合度(用三角模糊数表示). 设 M_{ij} 表示当前层因素 i 与因素 j 在判断矩阵中的取值，则第 i 个因素在当前层

的模糊综合度 S_i 如下计算：

$$S_i=\sum_{j=1}^{n}M_{ij}\otimes\left(\sum_{i=1}^{n}\sum_{j=1}^{n}M_{ij}\right)^{-1}.$$

这里的求和、乘积、倒数使用的是三角模糊数的⊕、⊗及倒数运算，其定义如下：对于三角模糊数 $M_1=(l_1;m_1;u_1)$，$M_2=(l_2;m_2;u_2)$，定义

$$M_1\oplus M_2=(l_1+l_2;\ m_1+m_2;\ u_1+u_2),$$
$$M_1\otimes M_2=(l_1l_2;\ m_1m_2;\ u_1u_2),$$
$$M_1^{-1}=(u_1^{-1};\ m_1^{-1};\ l_1^{-1}).$$

其次，根据得到的各因素在当前层的模糊综合度计算单层次权重，步骤如下：

步骤1（计算可能度）：设 $S_1=(l_1;m_1;u_1)$，$S_2=(l_2;m_2;u_2)$是两因素的模糊综合度，则 $S_1\geqslant S_2$ 的可能度 $V(S_1\geqslant S_2)$定义为

$$V(S_1\geqslant S_2)=\begin{cases}1, & m_1\geqslant m_2\\ \dfrac{l_2-u_1}{(m_1-u_1)-(m_2-l_2)}, & m_1<m_2,l_2<u_1\\ 0, & \text{其他}\end{cases}$$

步骤2（计算权重分量）：当前层第 i 个因素的权重分量取为 $w_i^{(0)}=\min\{V(S_i\geqslant S_k):k=1,2,\cdots,n\}$.

步骤3（计算单层次权重向量）：对 $w_i^{(0)}(i=1,2,\cdots,n)$进行归一化得到当前层权重向量 $w_i^{(1)}(i=1,2,\cdots,n)$，即

$$w_i^{(1)}=\frac{w_i^{(0)}}{\sum_{j=1}^{n}w_j^{(0)}},\quad i=1,2,\cdots,n.$$

对于前述教授岗位的聘用问题，对准则层进行单排序的计算过程如下：

$S_1=(0.1856,0.275,0.3968)$，　$S_2=(0.2268,0.325,0.4762)$，

$S_3=(0.134,0.2125,0.3651)$，　$S_4=(0.1031,0.1875,0.3016)$；

$V(S_1\geqslant S_1)=1$，　$V(S_1\geqslant S_2)=0.7727$，　$V(S_1\geqslant S_3)=1$，　$V(S_1\geqslant S_4)=1$；

$V(S_2\geqslant S_1)=1$，　$V(S_2\geqslant S_2)=1$，　$V(S_2\geqslant S_3)=1$，　$V(S_2\geqslant S_4)=1$；

$V(S_3\geqslant S_1)=0.7417$，　$V(S_3\geqslant S_2)=0.5522$，　$V(S_3\geqslant S_3)=1$，　$V(S_3\geqslant S_4)=1$；

$V(S_4\geqslant S_1)=0.57$，　$V(S_4\geqslant S_2)=0.0617$，　$V(S_4\geqslant S_3)=0.8702$，　$V(S_4\geqslant S_4)=1$.

由 $V(S_i\geqslant S_j)$可得可能度矩阵

$$\begin{bmatrix}1 & 0.7727 & 1 & 1\\ 1 & 1 & 1 & 1\\ 0.7417 & 0.5522 & 1 & 1\\ 0.57 & 0.0617 & 0.8702 & 1\end{bmatrix}.$$

求可能度矩阵每行的最小值得(0.7727,1,0.5522,0.0617)，对其归一化后即得本层权重向量为(0.3238,0.419,0.2314,0.0258).

类似地，可依据前述判断矩阵 $\boldsymbol{P}_1\sim\boldsymbol{P}_4$，计算相对于评价准则 C_1,C_2,C_3,C_4 候选人 A，B，C 的权重向量分别为

(0.3732,0.2536,0.3732);(0.3402,0.5026,0.1572);(0.4827,0.3267,0.1906);(0.4885,0.0649,0.4466).

4. 层次总排序

依据已得到的单层排序向量,可如下计算总排序向量:

层次	C_1	C_2	C_3	C_4	总排序权重
	0.3238	0.419	0.2314	0.0258	
A	0.3732	0.3402	0.4827	0.4885	$w_1=0.3238\times0.3732+0.419\times0.3402+0.2314\times0.4827+0.0258\times0.4885\approx0.3877$
B	0.2536	0.5026	0.3267	0.0649	$w_2=0.3238\times0.2536+0.419\times0.5026+0.2314\times0.3267+0.0258\times0.0649\approx 0.3699$
C	0.3732	0.1572	0.1906	0.4466	$w_3=0.3238\times0.3732+0.419\times0.1572+0.2314\times0.1906+0.0258\times0.4466\approx 0.2423$

由于 $w_1>w_2>w_3$,所以 A 教师是最佳人选.

关于模糊数学在管理决策中的应用,还有许多研究课题(实际上,本书 2.4 节的模糊积分、3.1 节的模糊综合评价等均在决策科学中有广泛应用),各领域的研究者发表了大量论文(比如文献[63,64]),有兴趣的读者可以进一步深入研读这些文献,将模糊数学更好地应用于你熟悉的领域.

3.6 神经网络与模糊控制

3.6.1 神经网络简介

神经网络(neural network)是一种提供输入和输出变量之间映射的计算方案. 输入变量也称为属性或特征. 神经网络已在回归、分类、聚类、图像处理、预测等很多问题中都有应用(参见文献[65~67]). 本节主要介绍神经元的数学模型、激活函数、神经网络的模型结构与基本的学习方法.

神经网络的基本组成部分是神经元(也称为单元). 一个神经网络包含不同数量神经元的几个层,即输入层、隐藏层和输出层,其中可以有一个或多个隐藏层. 图 3-52 给出神经元 i 的简单数学模型.

由图 3-51 可以看出,神经元 i 接到来自上一层的 n 个传入信号 $x_j\,(j=1,2,\cdots,n)$,这些信号通过带权重 w_{ij} 的连接进行传递,神经元 i 接收到的总输入值 $\sum\limits_{j=1}^{n}w_{ij}x_j$ 与它的阈值 θ_i 进行比较,然后通过激活函数 f 得到它的输出 y_i,即

$$y_i=f(\xi_i),\text{其中 }\xi_i=\sum_{j=1}^{n}w_{ij}x_j-\theta_i$$

常用的激活函数如下(见图 3-52):

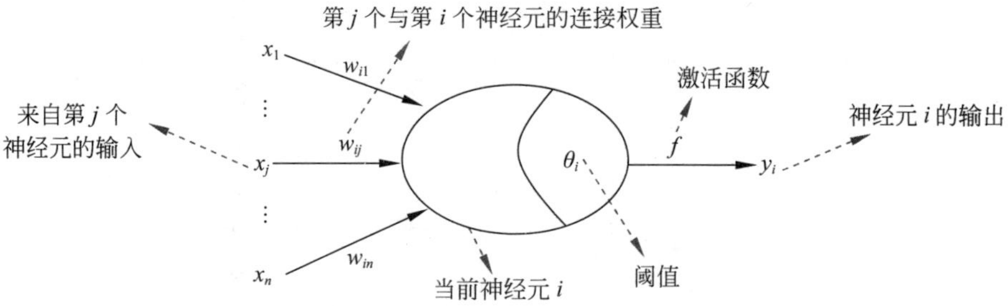

图 3-51 神经元 i 的结构模型

(1) 阈值函数：$f(\xi_i)=\begin{cases}1, & \xi_i \geqslant 0,\\ 0, & \xi_i<0;\end{cases}$

(2) Sigmoid 函数：$f(\xi_i)=\dfrac{1}{1+e^{-\xi_i}}$；

(3) Hyperbolic tangent 函数：$f(\xi_i)=\dfrac{2}{1+e^{-2\xi_i}}-1$；

(4) ReLU 函数：$f(\xi_i)=\max\{0,\xi_i\}$，其优点是处理时间较短.

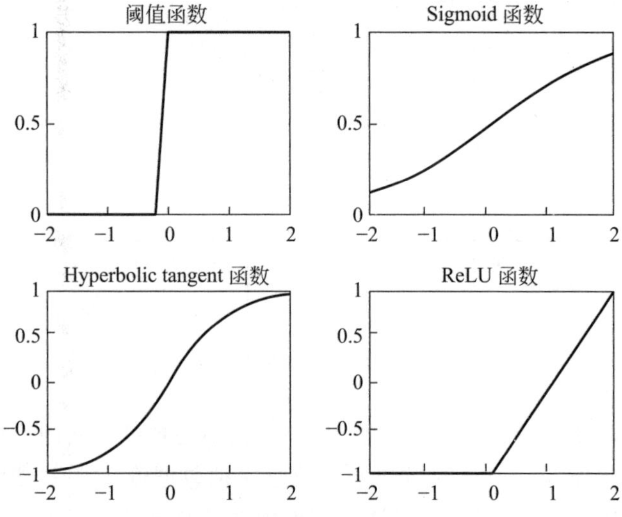

图 3-52 常用的激活函数

许多神经元互相连接在一起构成的网络结构，称为神经网络. 神经网络的信息流向类型主要指它的内部信息的传递方向，根据神经网络内部信息的传递方向可分为前馈型神经网络与反馈型神经网络两大类.

1. 前馈型神经网络，又称前向网络(feedforward NN)，即模型从输入层到输出层只有一个方向上的连接，同一层神经元之间没有任何连接. 如图 3-53 所示，每个神经元为一个节点，用小圆圈表示，神经元分层排列，分为输入层，隐含层(又称中间层)和输出层. 每一层的神经元只接受前一层神经元的输出，成为这一层的输入. 前馈型神经网络结构上的最大特点是含有较多的隐含层，输入信息经过各层的变换后，由输出层输出. 感知器(perceptron)和误差反向传播网络(即 BP 网络)都采用这类前馈型神经网络结构的形式.

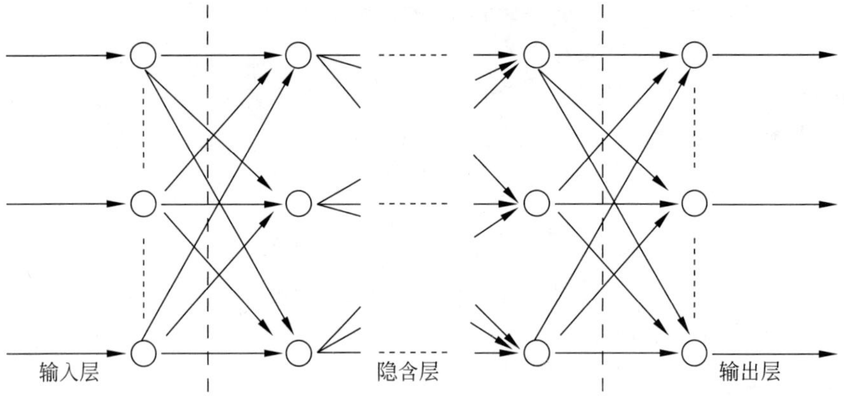

图 3-53 前馈型神经网络结构示意图

2. 反馈型神经网络,如图 3-54 所示,该网络结构中至少含有一个反馈回路,即每一个输入节点都有可能接受来自外部的输入和来自输出神经元的反馈. 这种网络是一种反馈动力学系统,它需要工作一段时间才能达到稳定. 反馈网络中最简单且应用最为广泛的模型是 Hopfield 神经网络,它具有联想记忆的功能,如果将 Lyapunov 函数定义为寻优函数,Hopfield 神经网络还可以解决寻优问题.

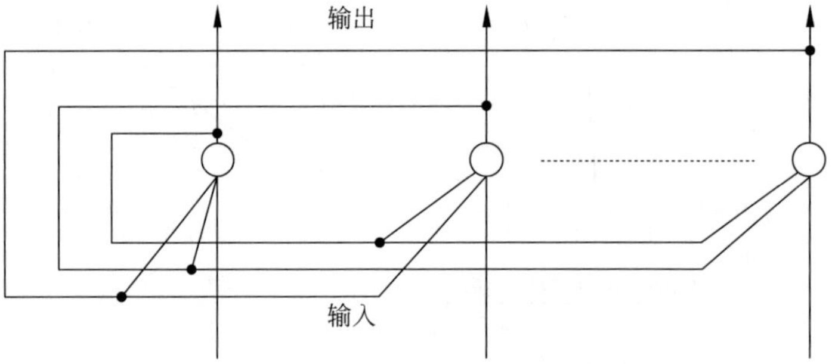

图 3-54 反馈型神经网络结构示意图

神经网络的学习就是对它的训练过程,目的是调整各神经元间的连接权值,以便对输入数据给出相应的输出结果. 神经网络的学习就是先把数据输入其中,按照一定的方式去调整神经元之间的连接权值,使网络能将样本数据内在的规律以连接权值矩阵的形式储存起来,从而使网络在接收到新的输入时,可以给出恰当的输出. 神经网络的学习方法有很多种,按有无监督来分类,可分为:监督学习、无监督学习和强化学习. 它们都是在学习训练中修改、调整神经元之间的权值,但根据的原则却有所不同.

监督学习,该学习方法要求在给出输入数据向量的同时,还需要给出相应的理想输出数据向量,输入和输出数据向量构成一个"学习训练对". 常用的学习训练方法是梯度下降法,其基本思想是根据希望的理想输出和网络的实际输出之间的误差平方最小为原则,来修改网络的权值向量. 通常监督学习算法按如下步骤进行:

(1) 从样本数据中取出一组样本$(\boldsymbol{A}_i, \boldsymbol{B}_i)(i=1,2,\cdots,n)$,其中 $\boldsymbol{A}_i$ 为网络的输入,$\boldsymbol{B}_i$ 为希望的理想输出;

(2) 根据样本的输入 $\boldsymbol{A}_i$,计算出网络的输出 $\boldsymbol{C}_i$;

（3）求出理想输出 $\boldsymbol{B}_i$ 与实际输出 $\boldsymbol{C}_i$ 的误差 $\boldsymbol{E}_i$；

（4）利用误差函数（也称为损失函数，用来衡量算法的运行情况，估量模型的理想输出值与实际输出值的不一致程度，是一个非负实值函数）值调整权值 $\boldsymbol{W}_i$；

（5）重复上述过程，直到所取样本集的误差不超过设定范围.

监督学习训练算法中，最重要、应用最多的是 Delta（δ）学习规则，形式如下：设 n 个样本数据的误差函数为

$$E=\sum_{i=1}^{n}E_i=\frac{1}{2}\sum_{i=1}^{n}(d_i-y_i)^2,$$

其中 E_i 为第 i 个样本的误差函数；d_i 代表希望的理想输出（监督信号）；y_i 代表网络的实际输出. 由于 $y_i=f(\xi_i)$，而 $\xi_i=\sum\limits_{j=1}^{n}w_{ij}x_j-\theta_i$，可见 E 与权值 w_{ij} 有关. 采用梯度下降法（即一种求函数极小值的迭代算法），通过不断调节连接权值 w_{ij}，使 E 的取值达到最小. 假设权值的修正量 $\Delta w_{ij}=-\eta\dfrac{\partial E}{\partial w_{ij}}$，$\eta$ 为步长，此处称为学习率. 则新的连接权值就变成了 $w_{ij}+\Delta w_{ij}$. 可以反复进行迭代，直到误差函数 E 小于设定数值，结束学习训练，固定网络中的连接权值 w_{ij}. 若有新数据输入时，网络便可给出适当的输出.

无监督学习，也称自组织学习，该模式中只需要系统的输入数据集合，学习训练过程中，网络按照预先设定的规则，把训练数据集合中蕴含的统计特性等规律抽取出来，并以神经元之间连接全值的形式存储于网络中. 通过学习训练，最终使网络能对相似的输入向量（数据集合）给出相似的输出向量. Hebb 学习、竞争与协同学习、随机连接学习等规则都属于无监督学习. 这里仅以 Hebb 学习规则为例，予以简单介绍.

若第 i 个神经元与第 j 个神经元同时处于兴奋状态，它们之间的连接强度，即连接权值 w_{ij} 应该增加 Δw_{ij}，即

$$w_{ij}(t+1)=w_{ij}(t)+\Delta w_{ij}(t),\Delta w_{ij}(t)=\eta y_i(t)y_j(t),$$

其中，η 为学习率；$y_i(t)$、$y_j(t)$ 分别为 t 时刻神经元 i 和 j 的输出.

强化学习，是从动物学习、参数扰动自适应控制等理论发展而来，也称再励学习或评价学习. 强化学习的学习目标是动态的调整参数，以达到强化信号最大的作用. 这是一个试探评价过程：学习系统选择一个动作作用于环境，环境接受该动作后状态发生变化，同时产生一个强化信号（奖或惩）反馈给学习系统，学习系统便根据强化信号和当前状态再选择下一个动作. 选择的原则是使受到正强化（奖）的概率增大.

强化学习不同于监督学习. 强化信号是由环境提供的对学习系统产生动作好坏的一种评价，而不是告诉学习系统如何去产生正确的动作. 由于外部环境提供了很少的信息，学习系统必须靠自身的经历进行学习，在“行动—评价”的环境中获得知识、改进行动方案，进而适应环境. 在强化学习系统中需要某种“随机单元”使得学习系统在可能动作空间中进行搜索，并发现正确的动作.

3.6.2 神经模糊控制

模糊控制的突出特点在于：（1）控制系统的设计不要求知道被控对象的精确数学模型，只需要提供现场操作人员的经验知识及操作数据.（2）控制系统的鲁棒性强（即

robust,也就是健壮和强壮的意思. 表示当一个控制系统中的参数发生摄动时系统能否保持正常工作的一种特性或属性),适应于解决常规控制难以解决的非线性、时变及滞后系统.(3) 以语言变量代替常规的数学变量,易于构造形成专家的“知识”. (4) 控制推理采用近似推理(approximate reasoning),推理过程模仿人的思维过程,能够处理复杂系统.

模糊推理系统的结构非常适于表示人的定性或模糊的经验和知识,它们通常用 if-then 的模糊规则来表示. 然而,如果缺乏这样的经验,则很难期望它能获得满意的控制效果. 同时,前述的模糊控制系统仅考虑确定的且带有一定主观性的隶属函数和推理规则,不能根据输入输出数据动态地确定或调整相关的隶属函数和推理规则,这就直接限制了它应用范围,影响了控制效果.

为了克服上述不足,即产生了自适应模糊系统,它是一种具有学习算法、能够通过自我学习自动产生或调整模糊规则的模糊逻辑系统. 传统的模糊逻辑系统只能利用专家规则,且需事先确定规则的各个细节. 自适应模糊系统的最大特点就是它的自适应性,它不仅能利用专家信息,还能够根据学习算法对实验数据进行学习,自动产生规则或对专家规则进行调整. 自适应模糊控制系统的关键是通过自学习算法,逐步获得受控对象及环境的非预知信息,积累控制经验,不断改善系统的品质.

人工神经网络有广泛的应用(参阅文献[65～67]). 由于人工神经网络系统具有自学习功能,将其应用于对模型特征的分析和建模上,就产生了自适应神经网络模糊控制系统.

模糊理论和神经网络技术各有特点. 人工神经网络模拟人脑结构的思维功能,具有较强的自学习和联想能力,人工干预少,精度较高,对专家知识的利用也较少. 但缺点是它不能处理和描述模糊信息,不能很好地利用已有的经验知识,特别是学习及问题的求解具有黑箱特性,其工作不具有可解释性,同时它对样本的要求较高.

模糊系统相对于神经网络而言,具有推理过程容易理解、专家知识利用较好、对样本的要求较低等优点,但它同时又存在人工干预多、推理速度慢、精度较低等缺点,很难实现自适应学习的功能,而且如何自动生成和调整隶属度函数和模糊规则,也是一个棘手的问题. 将二者有机地结合起来,可以起到互补的效果. 在集成大系统中,神经网络可用于处理低层感知数据,模糊逻辑可用于描述高层的逻辑框架. 模糊神经网络汇集了神经网络与模糊理论的优点,集学习、联想、识别、自适应及模糊信息处理于一体. 人工神经网络与模糊控制相结合构成的模糊神经网络,将定性的知识表达和定量的数值运算很好地结合了起来,具有很好的控制效果.

模糊系统中,经常使用两种类型的模糊模型,它们的输出量不同:一种模糊模型的输出量是模糊集合,称为常规模糊系统模型,典型的代表是 Mamdani 型模糊模型;另一种模糊模型的输出量是输入随机变量的线性函数,典型的代表是 Sugeno 型模糊模型. 本节介绍神经网络与 Mamdani 型模糊模型系统结合的原理和结构,下一节将从实验的角度介绍神经网络与 Sugeno 型模糊模型系统结合的情况.

Mamdani 型模糊模型系统的核心组成是模糊化模块、模糊推理模块和清晰化模块(即去模糊化模块),其功能都可以用人工神经网络完成. 例如,如果向某个神经元输入清晰量 x,它的激发函数设定为某个可微的函数,如高斯函数 $y=\mathrm{e}^{-(x-c)^2/(2\sigma^2)}$ 或普适隶属函数 $\mathrm{e}^{-|ax-b|^r}$,则输出量为 $y\in[0,1]$. 这个 y 就可以表示 x 属于某个模糊子集(隶属函数)的隶

属度．这样神经元就完成了模块 D/F 的功能，使清晰量转化成了模糊量．改变激发函数中的常数 c、σ 或 a、b 和 r，就可以变换隶属函数的类型和形状．用这样的神经元完全可以实现模糊化模块“D/F”的功能．又如，设某个神经元有多个输入、一个输出，可将它的激发函数定义成对输入量的“取大”“取小”或其他运算，就能完成模糊推理、综合或清晰化等不同的功能．

如果把功能不同的许多神经元连成网络，完全可以构成一个神经模糊系统，完成前面介绍过的模糊系统所具有的功能．图 3-55 表示一个双输入、单输出神经网络模糊系统的结构示意图，它采用多层前向神经网络，每层完成一个特定的任务，然后把信息传到下一层．

第一层完成接受偏差 e 和偏差变化率 ec 的任务．

第二层完成模糊化任务，把输入的数值量转换成模糊量，即属于某个模糊子集的隶属度．

第三层、第四层共同完成模糊推理过程．第三层完成规则的前件；第四层完成规则的后件，进行模糊推理并输出模糊量．

第五层完成清晰化过程，最后输出控制量．

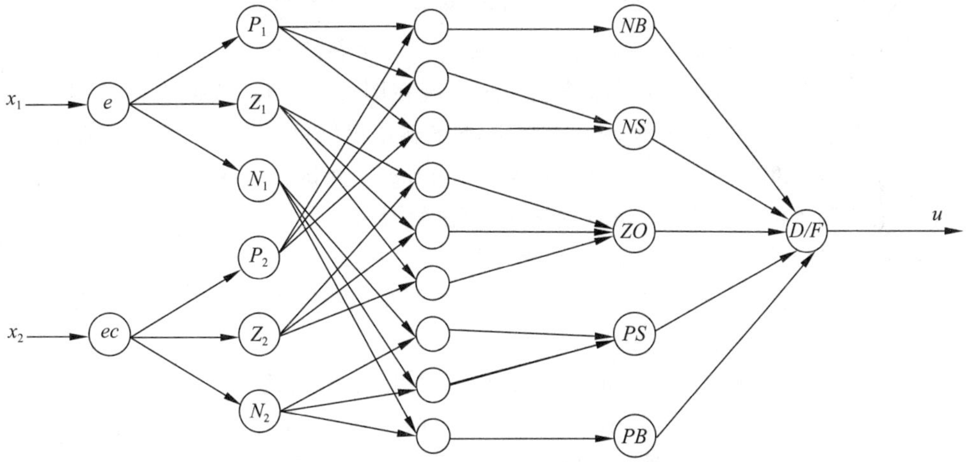

图 3-55 神经网络模糊系统结构示意图

这种完全用神经网络完成的模糊控制系统，需要进行特殊的设计和繁杂的调试，个性很强，这里不再详细介绍．

3.6.3 用自适应神经模糊系统建立 FIS

1. MATLAB 辅助 ANFIS 设计

MATLAB 的模糊工具箱提供了辅助自适应神经网络模糊推理工具，其实质是借用神经网络中比较成熟的参数学习算法——反向传播算法或最小二乘的反向传播算法，对一组给定的输入输出数据集进行学习来调整模糊推理系统中变量的隶属函数的形状参数．利用 MATLAB 的工具，不必钻研复杂的自适应理论，也不必对神经网络的学习算法有很多了解，就可设计出具有数据学习能力的模糊推理系统．

MATLAB 提供了命令函数 anfis 和图形化工具函数 anfisedit，后者被称为 ANFIS 编辑器．由于前者比较麻烦，以下仅介绍 ANFIS 编辑器的使用方法．

在命令行输入 anfisedit，即可打开 ANFIS 编辑器窗口，如图 3-56 所示.

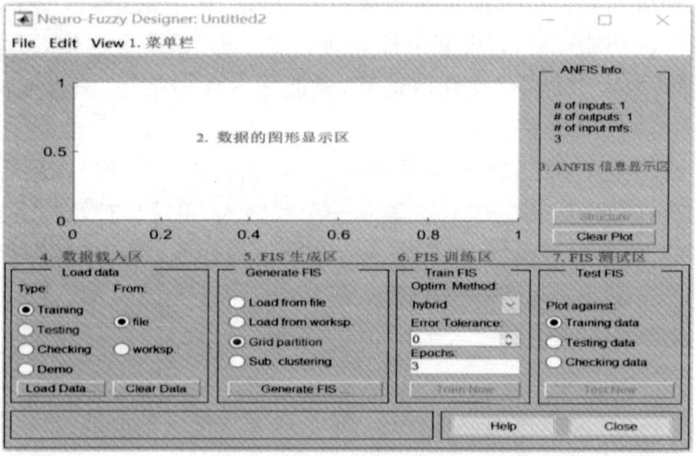

图 3-56 ANFIS 图形用户界面

在 ANFIS Editor 窗口可完成以下操作(按图 3-56 中的标号顺序说明)：

① 装入或保存一个模糊 Sugeno 型系统，或打开一个新的 Sugeno 型系统.

② 数据的图形显示，测试数据以蓝色……出现在图形上，训练数据以蓝色 ooo 出现在图形上，检测数据以蓝色＋＋＋出现在图形上，FIS 输出以红色×××出现在图形上.

③ 从磁盘或工作空间装入训练数据(Training)，测试数据(Testing)或检测数据(Checking)，或装入演示数据(Demo)，数据出现在绘图区.

④ 可使用 Edit 菜单中的 Undo 命令撤销操作.

⑤ 使用 View 菜单中的 Rules，Surface 命令使用相应编辑器打开或编辑 FIS.

⑥ 以图形方式显示数据.

⑦ 显示 ANFIS 的相关信息，如输入，输出，输入隶属函数，输出隶属函数数量状态.

⑧ 生成或装入一个 FIS 后，Structure 按钮允许打开一个输入/输出结构的图形表示.

⑨ 对 FIS 模型测试数据，图形出现在绘图区.

⑩ Clear Data 用于卸载“Type：”下所选的数据集并且清除绘图区.

⑪ 生成初始模糊推理系统(Generate FIS). 通过选择界面上相应的代表初始模糊推理系统的来源类型(可以是调用磁盘上的. fis 格式文件 load from disk，工作空间的模糊系统结构 load from work sp. ，还可以通过网格划分法 Grid partition 或是减法聚类法 Sub. Clusting 自动生成的模糊系统)，然后单击 Generate FIS，打开相应操作界面.

⑫ 训练神经网络推理系统 FIS (Train FIS). 可以选择训练算法混合法(hybrid)或反向传播算法(backpropagation)，还可选择误差的精度(Error tolerance)和训练次数(Epochs).

以下是 ANFIS 编辑器的一个使用实例.

(1) 装入数据

将 MATLAB 提供的训练数据集(fuzex1trnData. dat，fuzex2trnData. dat)和检测(用于核对的)数据集(fuzex1chkData. dat，fuzex2chkData. dat)装入 ANFIS 编辑器.

可直接从磁盘装入数据集，方法是：在 ANFIS 编辑窗口单击 Training，disk，然后单击

Load Data 按钮，在出现的对话框中选择磁盘数据文件 fuzex1trnData.dat，然后单击“打开”按钮，训练数据即出现在绘图区(见图 3-57).

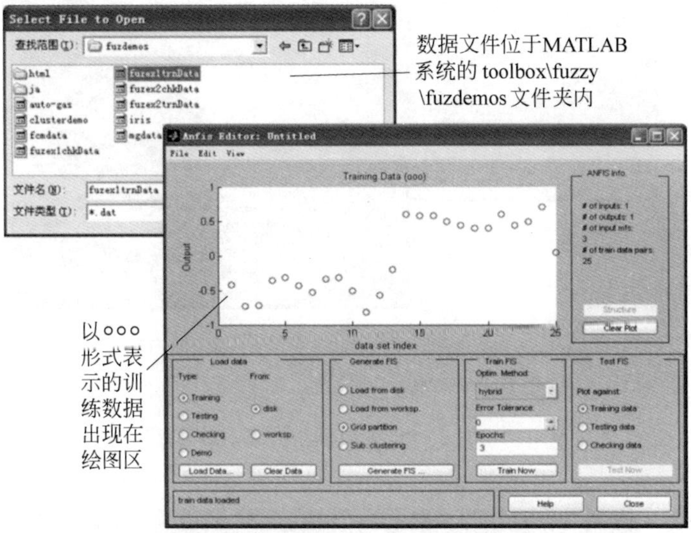

图 3-57　ANFIS Editor 窗口

也可从 MATLAB 工作空间装入数据. 为从 MATLAB 的子目录 fuzzydemos 将这些数据集装入 MATLAB 工作空间，可在命令行输入

```
load fuzex1trnData.dat
load fuzex2trnData.dat
load fuzex1chkData.dat
load fuzex2chkData.dat
```

然后在 ANFIS 编辑窗口单击 Training，worksp. 单击 Load Data 按钮，在出现的对话框中输入变量名 fuzex1trnData，然后单击 OK 按钮，训练数据即出现在绘图区.

同装入训练数据的步骤类似，选择 Checking，disk，单击 Load Data 按钮可装入检测数据 fuzex1chkData.dat，其中 ＋表示检测数据，o 表示训练数据.

(2) 生成初始模糊推理系统

对数据进行训练之前，需要先指定初始模糊推理系统. 可从磁盘中读取.fis 文件(选择 Load from disk)，或调入工作区中的 FIS 结构变量(选择 Load from worksp). 还可以通过网格法或减法聚类的方法自动生成初始模糊推理系统，这里选择缺省选项 Grid partition，单击 Generate FIS 按钮，出现图 3-58 所示的对话框，从中选择 FIS 结构参数.

在 Number of MFs 中输入 3(3 条模糊隶属函数，若是多输入系统可用向量的方式输入，如[4,3,3]). 在 MF Type 中选择 gbellmf，在 OUTPUT MF Type 里选择 Linear(线性)，然后单击 OK 按钮.

当载入或自动生成了初始的模糊逻辑系统后，Anfis Editor 窗口的 Structure 按钮变成可用状态. 单击此按钮可打开如图 3-59 所示的系统结构显示窗口. 单击图中的节点可以观察到这些节点的详细信息(图中黄色部分).

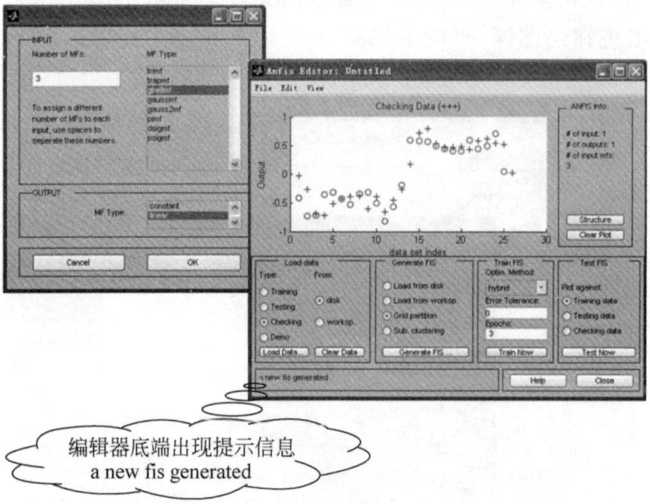

图 3-58 生成模糊推理系统

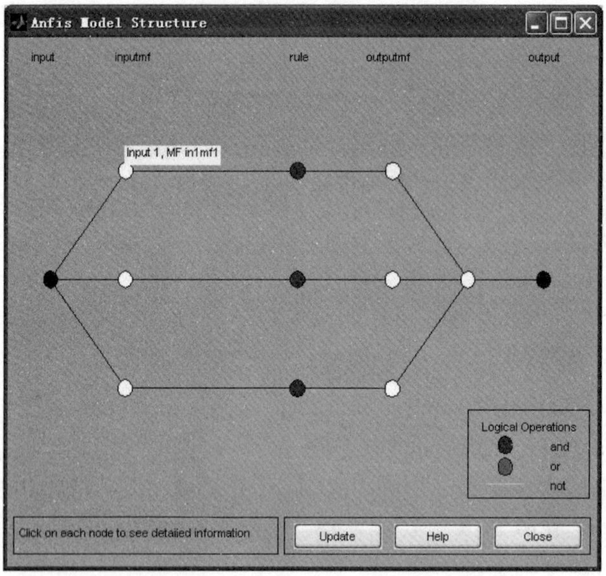

图 3-59 模糊神经网络结构图

可在 ANFIS 编辑器窗口通过菜单选项查看到变量的隶属函数及模糊规则，比如选择 View 菜单中的 Rules，可打开规则浏览窗口.

（3）自适应学习训练

进行神经网络模糊推理系统的训练前，在 MATLAB 的 Anfis Editor 界面中可以指定优化的方法以及有关的优化控制参数. 可以选择采用 hybrid 混合法或是 backpropa 反向传播算法训练. 误差阈值(Error Tolerance)是用来作为停止训练的判断准则. 当实际误差小于误差阈值的时候，就认为是已经达到训练目的并停止训练. 如果对于训练误差的变化还不清楚，这项最好设为 0. Epochs 项是用来设定最大训练次数的，当训练次数达到所设定的 Epochs 时，无论是否达到误差要求都会停止训练.

下面我们开始对前面的数据和初始系统进行训练：选择算法 hybrid，将 Epochs 设为 55（初始是 3），Error Tolerance 设为 0，单击 Train Now 按钮，可以看到显示区出现训练误差变化曲线（见图 3-60）.

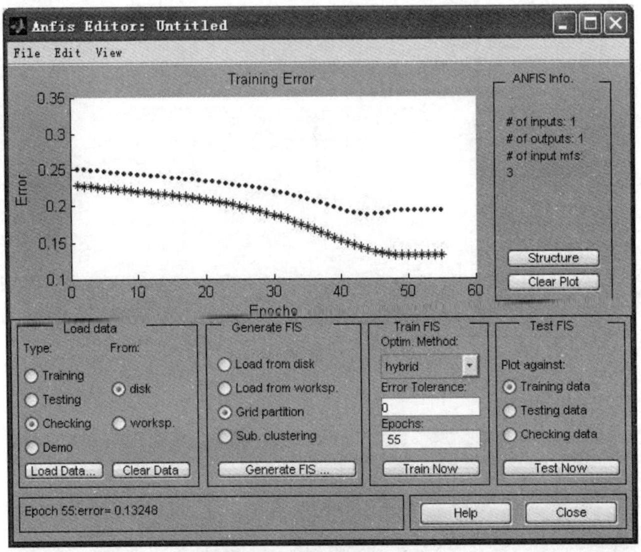

图 3-60 训练误差变化曲线

从图 3-60 中可以看出，检测数据误差减小到某一程度时开始增加，这表明到此系统的结构参数与训练数据已经不匹配，anfis 算法将选择与最小检验误差（就在跳跃点之前）相关联的隶属函数参数.

（4）测试结果

在完成对 ANFIS 的训练后，可进一步对其进行测试，测试数据可以被指定为训练数据或另外提供的训练数据. 测试完成后将在图形界面显示测试的结果，即 ANFIS 输出数据与测试数据的比较. 选择 Test FIS 区域的选项，单击 Test Now 按钮可得如图 3-61 所示的比较曲线.

图 3-61 所示为检测数据与系统结果数据的比较，从图中可以看出训练后的系统与检测数据基本吻合，所以系统模型是有效的.

2. 机器人手臂的逆运动控制

机器人手臂的逆运动控制要求根据末端执行器的坐标来计算关节角. 可采用自适应模糊神经网络系统对机械手的逆运动进行非线性建模.

MATLAB 模糊逻辑工具箱提供了一个机械手逆运动神经模糊控制的图形演示函数，名称为 invkine. 在命令行执行 invkine，可得到如图 3-62 所示的演示窗口，其中，椭圆代表了机械手末端的期望轨迹，叉点代表了神经网络模糊系统的训练数据，机械手的运动轨迹是根据神经网络模糊系统建立的逆运动模型计算得到的. 单击 Start Animation 按钮观看仿真动画演示.

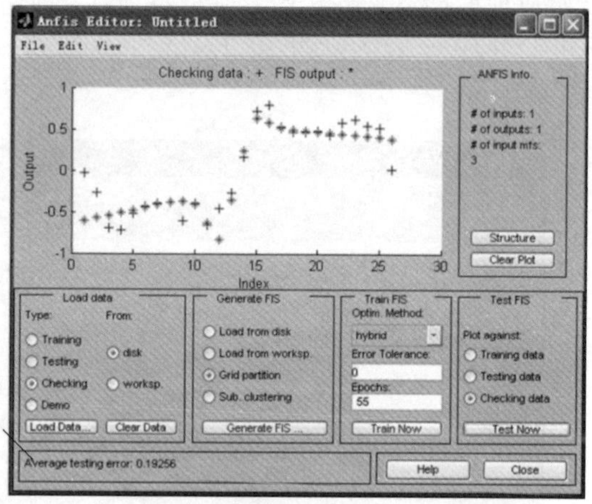

图 3-61 数据比较

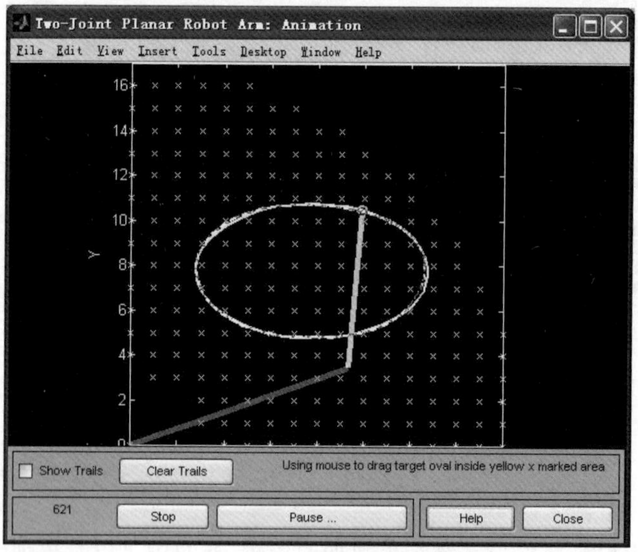

图 3-62 机器人手臂的逆运动控制

实验 5 基于神经网络的“匀速倒车入位”模糊推理系统

MATLAB 中的自适应神经模糊推理系统(adaptive neur-fuzzy inference system 或 adaptive network-based fuzzy inference system, ANFIS),是把神经网络理论与 T-S 模糊推理结合在一起的一个系统,它可以根据大量数据,通过自适应建模方法建立模糊推理系统(fuzzy inference system, FIS). 由于用神经网络建立 FIS 是对数据进行处理的结构,采用输出量为数值函数的 Sugeno 型模糊模型较为方便,因此,MATLAB 中只提供了利用神经网络计算、推理并建立 Sugeno 型 FIS 的方法. MATLAB 提供的 ANFIS 工具箱函数和图形化编辑工具,可以用神经网络技术通过对大量已知数据的学习、联想和推理计算,建立起

T-S型FIS，其中的模糊规则和隶属函数参数，是神经网络用"反向传播法（Back-Propagation）"或"混合法（Hybrid）"计算得出的，而不用人工总结归纳人的直觉操作经验或直观感知.

下面介绍利用MATLAB的ANFIS工具箱自动建立起"匀速倒车入位"T-S型FIS的方法，这比人工建立模糊规则表的方法简便、高效，更加客观科学.

在倒车入位的操作过程中，熟练司机根据汽车的位置坐标 $x\in[0,20]$(m)和汽车的方位角 $\varphi\in[-90°,270°]$，仅靠操作汽车方向盘的角度 $\theta\in[-40°,40°]$，便可匀速倒车入位. 因此，这个过程可用一个双输入（x 和 φ）单输出（θ）的模糊系统描述.

设汽车由初始状态 $(x_0,\varphi_0)=(1,0°)$，按"匀速后退"的规定，达到最终状态 $(x,\varphi)=(10,90°)$，根据设定条件和要求，按下述步骤用ANFIS工具箱根据表3-18记录的数据，可以建立一个"匀速倒车入位"的T-S型FIS.

表3-18 某司机匀速倒车数据

次第	输入量		输出量	次第	输入量		输出量
	x	φ	θ		x	φ	θ
0	1.00	0.00	−19.00	9	8.72	65.99	−9.55
1	1.95	9.37	−14.95	10	9.01	70.85	−8.50
2	2.88	18.23	−16.90	11	9.28	74.98	−7.45
3	3.79	26.57	−15.85	12	9.46	80.70	−6.40
4	4.65	34.44	−14.80	13	9.59	81.90	−5.34
5	5.45	41.78	−13.75	14	9.72	84.57	−4.30
6	6.18	48.60	−12.70	15	9.81	86.72	−3.25
7	7.48	54.91	−11.65	16	9.88	88.34	−2.20
8	7.99	60.71	−10.60	17	9.91	89.44	0.00

1. 将实测数据导入MATLAB工作空间

将实测数据通过Excel导入MATLAB工作空间，变量类型为"数值矩阵"，变量命名为"DC"，其中第1和2列为输入变量的取值，第3列为输出变量的取值，如图3-63所示.

2. 调出ANFIS编辑器

（1）在MATLAB主窗口，输入"Fuzzy"，回车，弹出FIS编辑器（Mamdani）界面，如图3-64所示.

（2）顺序单击菜单File—New FIS...—Sugeno，弹出FIS编辑器（Sugeno）界面，如图3-65所示.

（3）在FIS编辑器（Sugeno）界面上，顺序单击菜单Edit—Add Variable...—Input，增加一个输入变量，弹出双输入、单输出的FIS编辑器（Sugeno）界面，如图3-66所示.

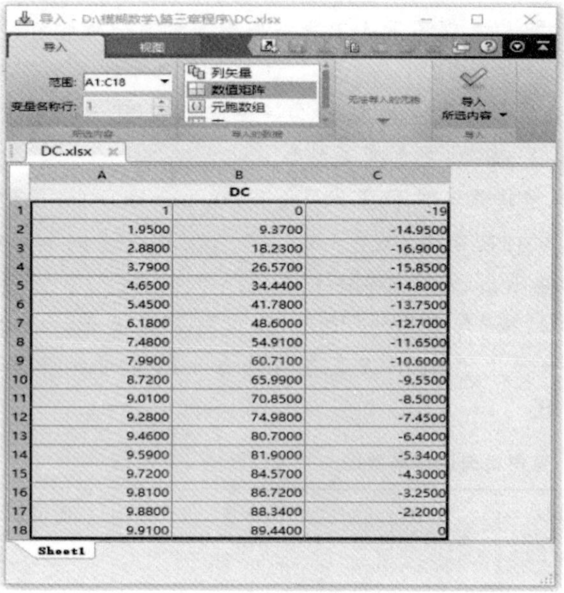

图 3-63 实测数据导入 MATLAB 的界面

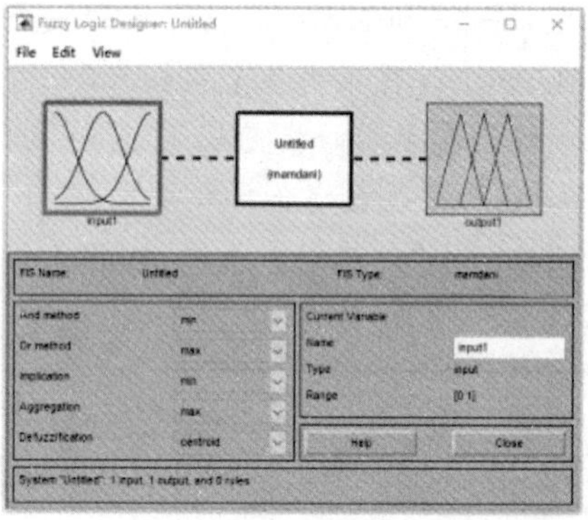

图 3-64 FIS 编辑器(Mamdani)界面

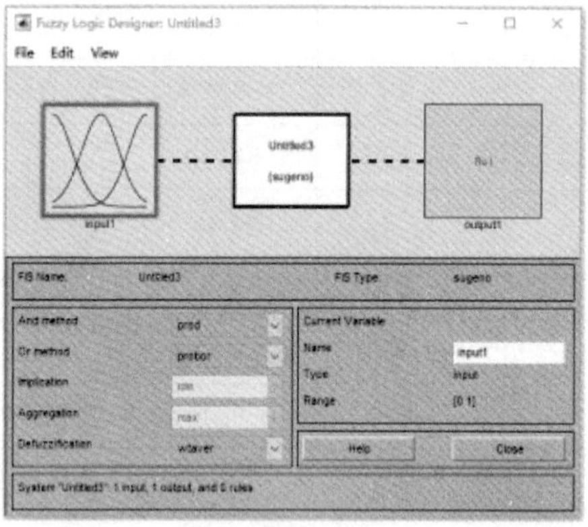

图 3-65 FIS 编辑器(Sugeno)界面

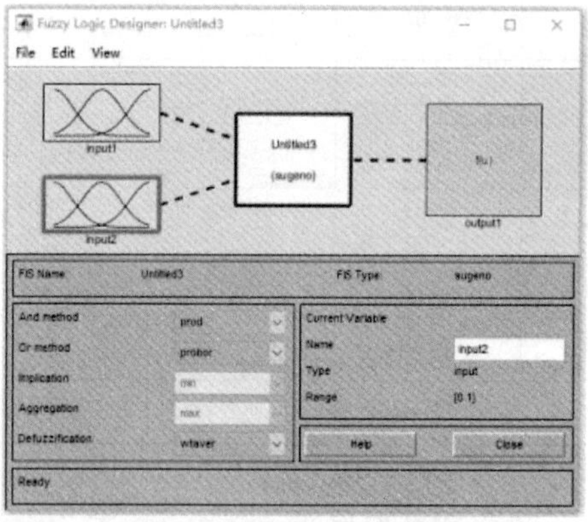

图 3-66 双输入、单输出的 FIS 编辑器(Sugeno)界面

(4) 在 FIS 编辑器(Sugeno)界面上,顺序单击菜单 File—Export—To Workspace...,在弹出的对话框中,在"Workspace variable"右侧的编辑框内(见图 3-67),用新名称"daoche"覆盖掉原来的名称"Untitle2",再单击下面的功能按钮"OK",系统就命名为"daoche". 同时,FIS 编辑器界面上中间图形框上的名称"Untitle2"也变成了倒车"daoche",如图 3-68 所示.

(5) 在 FIS 编辑器(daoche)界面上,顺序单击菜单 Edit—Anfis...,弹出 ANFIS 编辑器(daoche)初始界面,如图 3-69 所示. 该界面右侧"ANFIS Info"下面,已经根据 FIS 编辑器(Sugeno)界面列出了相关信息:# of inputs: 2(两个输入),# of outputs: 1 (一个输出),# of inputs mfs: 3 3(两个输入各有三个模糊子集).

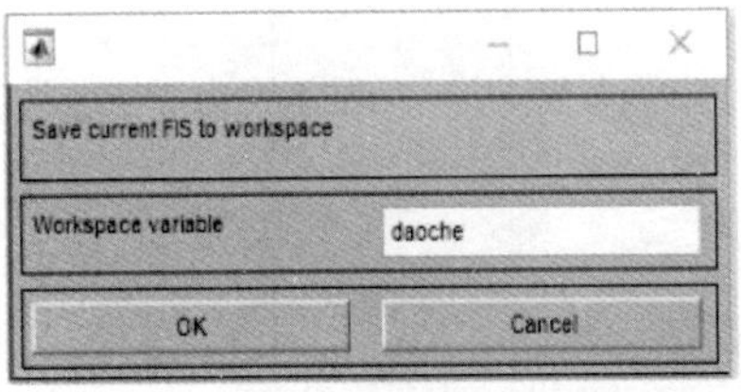

图 3-67　Workspace 对话框界面

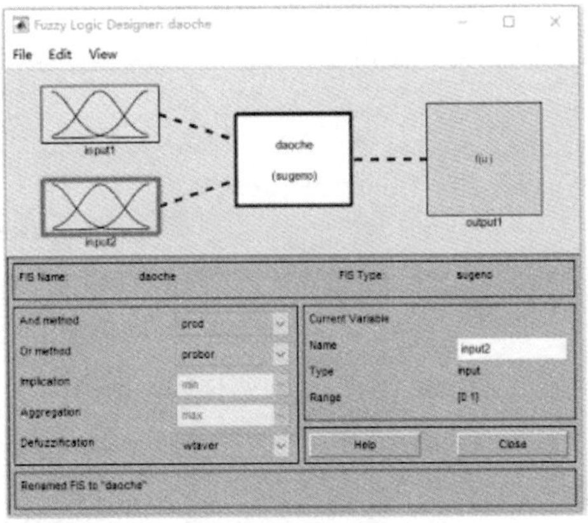

图 3-68　命名后的 FIS 编辑器界面

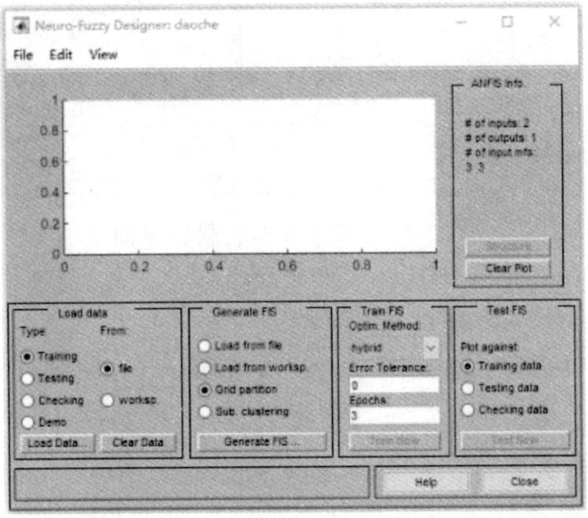

图 3-69　ANFIS 编辑器(daoche)初始界面

3. 将实测数据装入 ANFIS

代表实测数据的矩阵 DC 已被加载到 MATLAB 工作空间，可按以下操作将数据 DC 装入 ANFIS.

(1) 把实测数据作为训练集装入 ANFIS

按以下述步骤将数据 DC 作为训练数据装入 ANFIS：

① 在图 3-69 所示 ANFIS 编辑器界面的左下方，分别单击“Load data”编辑区内“Training”和“worksp.”复选框，表示将由工作空间装入训练数据.

② 单击“Load data”编辑区最下面的功能按钮“Load data...”，弹出数据装载对话框，如图 3-70 所示. 在弹出的对话框中输入“DC”，表示将工作空间的实测数据 DC 装入 ANFIS.

图 3-70　训练数据装载界面

此时图 3-69 中所示的 ANFIS 编辑器界面图形区内，将显示出装入数据的输出量，如图3-71所示．该图形区的横坐标表示数组序号，即矩阵DC第3列元素的行序号；纵坐标表示输出量数值，即矩阵DC第3列的数据．

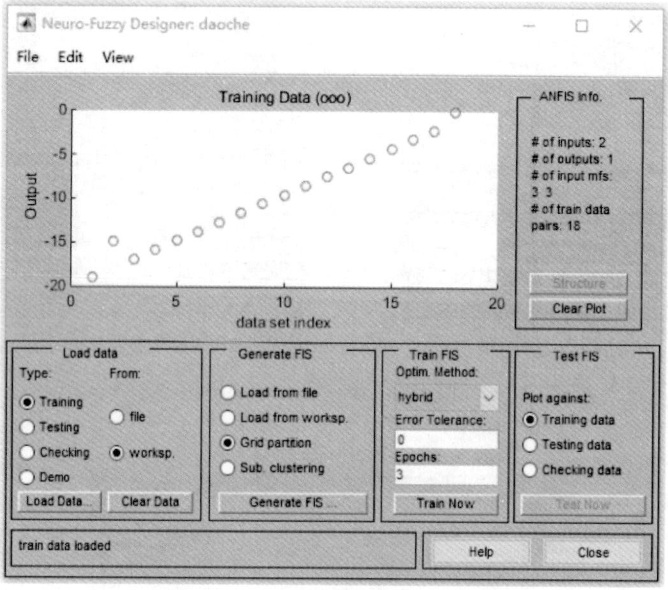

图3-71 训练数据装载后界面

(2) 将部分实测作为测试集装入ANFIS

按下述步骤将DC中的部分数据作为测试数据装入ANFIS：

① 在ANFIS编辑器界面的左下方，分别单击"Load data"编辑区内"Testing"和"worksp."复选框，表示将由工作空间装入测试数据．

② 单击"Load data"编辑区最下面的功能按钮"Load Data..."，弹出数据装载对话框．在弹出的对话框中输入"DC(2:2:18, :)"，表示将工作空间数据DC中行序号为偶数的数据作为测试数据装入ANFIS，装入后的界面如图3-72中的"*"所示．

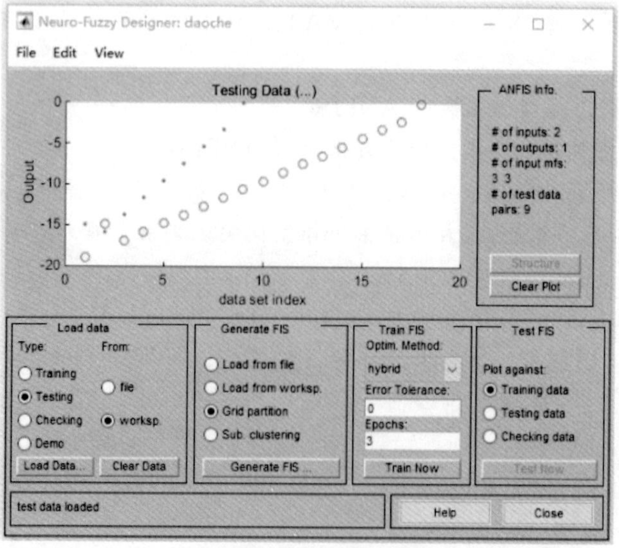

图3-72 装入数据的倒车系统ANFIS编辑器界面

4. 生成初始 FIS

根据已经装入的测试数据，可以自动生成初始 FIS.

在生成初始 FIS 之前，可以先调出双输入单输出的 FIS 编辑器界面，如图 3-68 所示. 根据设计需求对模糊逻辑算法，例如对吸取“Or Method”、合取“And Method”及清晰化“Defuzzification”方法进行编选. 这里不再重新编选，采用默认选项：“Or Method”选为“prod”，“And Method”选为“probor”，以及“Defuzzification”选为“wtaver”.

(1) 生成初始 FIS

在图 3-72 所示的 ANFIS 编辑器界面下部的“data set index”下，单击“Generate FIS”编辑区里“Sub. Clustering(相减聚类法)”左侧的复选框；再单击功能按钮“Generate FIS...”，则弹出用相减聚类法生成初始 FIS 的参数设置对话框，如图 3-73 所示. 在此暂不修改其中的参数，采用默认参数值. 单击图 3-73 所示界面上的“确定”按钮，就生成了初始的 FIS.

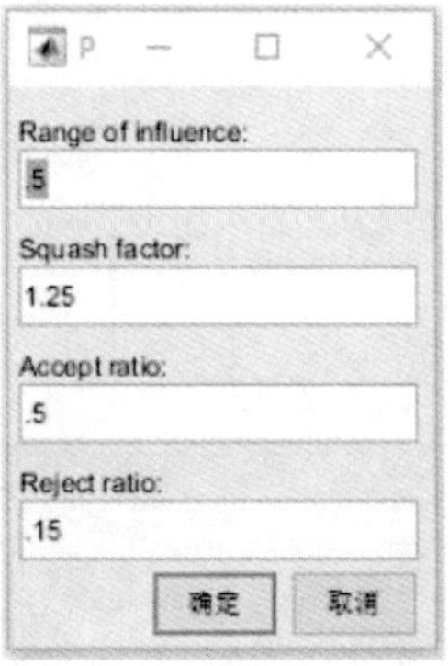

图 3-73　生成初始 FIS 的参数

生成 FIS 后，图 3-72 所示的 ANFIS 界面图形区域右侧“ANFIS Info.”区域内的按钮“Structure”的字迹不再模糊，表明初始 FIS 已经生成.

(2) 观察初始 FIS 的结构

在图 3-72 所示的 ANFIS 界面图形区域右侧“ANFIS Info.”之下，单击按钮“Structure”就弹出倒车系统的 Sugeno 型 ANFIS 模型结构，如图 3-74 所示.

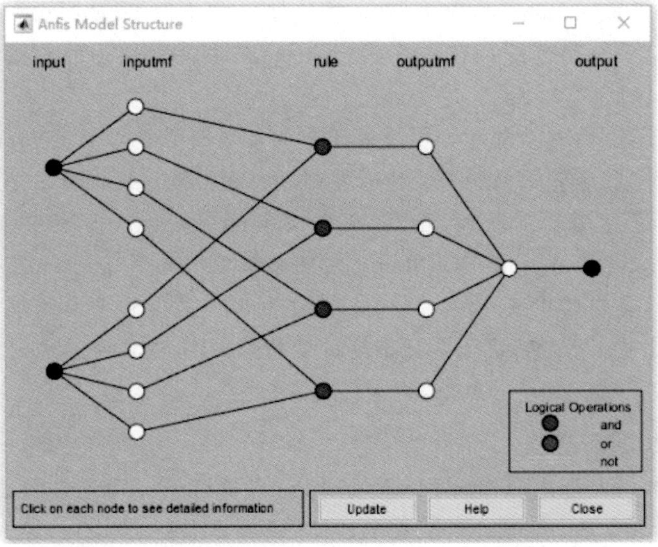

图 3-74　倒车系统的 Sugeno 型 ANFIS 模型结构图

由图 3-74 可知，该系统有两个输入量、一个输出量，覆盖每个输入量的都是四个模糊子集，每条规则有一个输出，共有四个最终被“Defuzzification(清晰化)”，实为综合成一个输出. 单击图 3-74 中任意一个节点就会显示出该节点的信息说明. 后续的训练只能改变这个初始 FIS 的参数，不会改变它的结构.

(3) 编辑初始 FIS 中变量的名称

为了以后叙述方便，将输入、输出变量及其模糊子集的名称做如下变更.

① 顺序单击 ANFIS 编辑器上菜单 Edit—FIS Properties...，在弹出的 FIS 编辑器(daoche)界面上将输入量名称分别改为 x，y，输出量名称改为 z，如图 3-75 所示.

② 在 FIS 编辑器(daoche)界面上，双击输入量 x 的小图框，就弹出激活函数(membership function, MF)编辑器界面. 为了书写方便，把图中模糊子集的名称分别改成 $r1$，$r2$，$r3$ 和 $r4$，如图 3-76 所示.

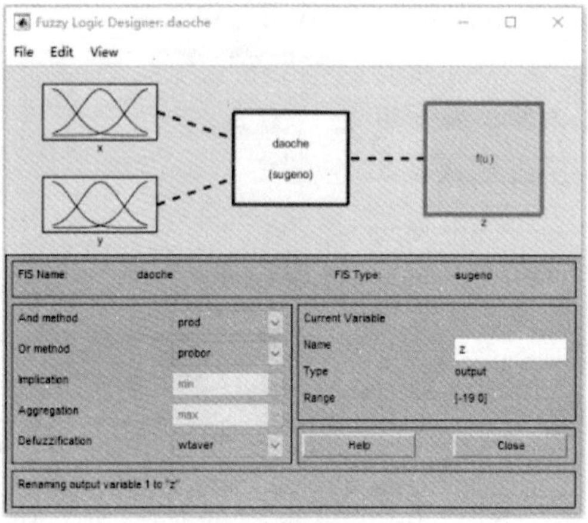

图 3-75　输入、输出变量名称变更界面

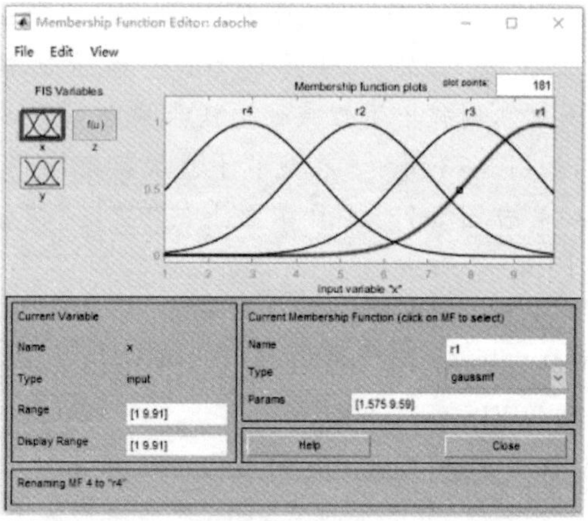

图 3-76　输入量 x 中 MF 命名界面

③ 在 FIS 编辑器(daoche)界面上，双击输入量 y 的小图框，就弹出 MF 编辑器界面，把图中模糊子集的名称分别改成 $er1$，$er2$，$er3$ 和 $er4$；双击输出量 z 的小图框，把图中函数的名称分别改成 $z1$，$z2$，$z3$ 和 $z4$.

由 MF 分布图可知，这些输入量中模糊子集的隶属函数类型都是“gaussmf(高斯)”型，这是 ANFIS 编辑器根据输入数据自动选择生成的. 如果按照设计需求想改变它们的类型，可在训练前重新进行编辑. 例如，图 3-76 中隶属函数 $r1$ 已被选中，界面下部右侧的“Current Membership Function”里，“Type”右侧编辑框中显示“gaussmf”，若单击它将下拉出 11 种函数名称，单击其中某一种，则 $r1$ 就被改为这种类型的隶属函数，训练将以该隶属函数为基础进行调整. 一般情况下最好不要改动初始 FIS，否则会增加训练工作量，效果不一定好.

5. 对初始 FIS 进行训练

可以用实测数据对生成的初始 FIS 进行训练，以便修正和调整它的隶属函数和输出函数的参数，使其更加完善、准确. 为此，在 ANFIS 编辑器界面上“data set index”下面“Train FIS”编辑区域，选择训练前的有关选项：

① 在“Optim. Method”下的编辑框中选择“Hybrid”(另有“backpropa”方法可供选择)；

② 在“Error Tolerence”下的编辑框中填入“0”(也可填入误差阈值，达到该值则停止训练)；

③ 在"Epochs"下的编辑框中填入"50"(最大训练次数).

然后单击下边的功能按钮"Train Now",则开始训练初始 FIS,这时图形区上出现误差与训练次数的变动曲线,最终的图线显示在图 3-77 中. 图形区中的横坐标为训练次数,纵坐标为误差. 训练结束后在界面最下方显示"Epoch 50:error=0.52117",表明经过 50 次训练后误差为 0.52117.

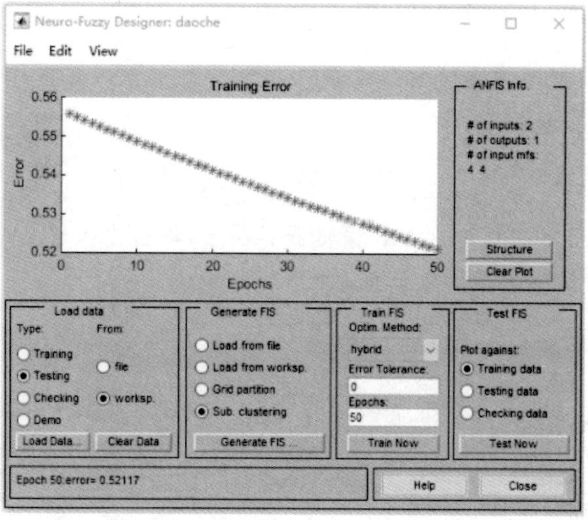

图 3-77　ANFIS 编辑器显示的训练过程界面

6. 训练后的 FIS

(1) 输入量的隶属函数

训练结束后,在 ANFIS 编辑器界面上,顺序单击菜单 Edit—Membership functions...,弹出如图 3-78 所示的 MF 编辑器界面.

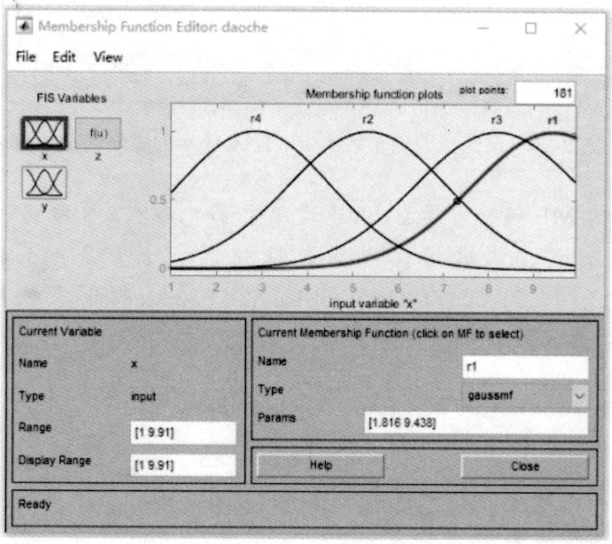

图 3-78　训练后的倒车系统 FIS 输入量 x 的隶属函数界面

比较图3-76和图3-78，可见训练前后隶属函数的类型并没有改变，只是参数发生了变化，如隶属函数 $r1$，图3-76中右侧参数显示为[1.575 9.59]，而训练后图3-78中却为[1.816 9.438].

在图3-78所示的MF编辑器界面上，逐次单击 $r2$，$r3$ 和 $r4$，使其图像变红，记录下相应的"Params". 右侧编辑框中的数据分别为 $r1$ 是[1.816 9.438]、$r2$ 是[1.756 9.5323]、$r3$ 是[1.831 8.183]、$r4$ 是[1.68 2.831].

据此，可以根据高斯型隶属函数公式 $F(x,\sigma,c)=e^{-\frac{(x-c)^2}{2\sigma^2}}$，写出覆盖 $x\in[1,9.91]$ 的模糊子集高斯型隶属函数表达式：

$$r1(x)=e^{-\frac{(x-9.438)^2}{2(1.826)^2}},r2(x)=e^{-\frac{(x-9.5323)^2}{2(1.756)^2}},r3(x)=e^{-\frac{(x-8.183)^2}{2(1.831)^2}},r4(x)=e^{-\frac{(x-2.831)^2}{2(1.68)^2}}.$$

同样，在图3-78所示的训练后MF编辑器界面上，单击输入量 y 的小图标，右侧图形区就显示出输入量 y 的模糊隶属函数分布，如图3-79所示.

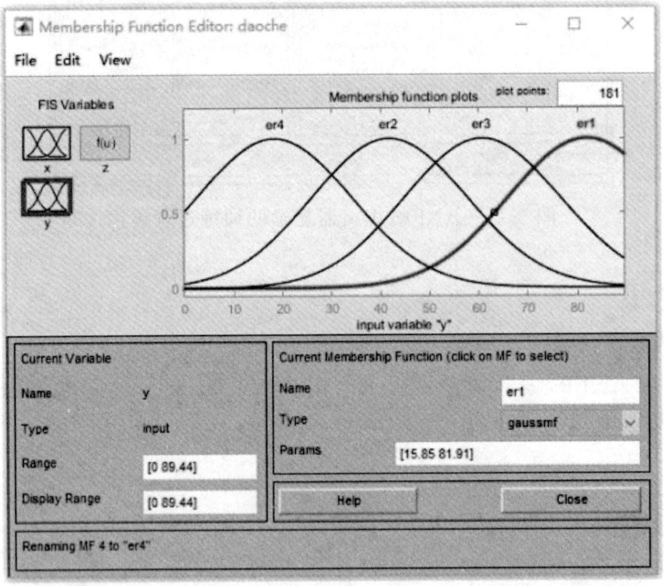

图3-79 训练后的倒车系统FIS输入量 y 的隶属函数界面

在图3-79所示的MF编辑器界面上，逐次单击 $er1$，$er2$，$er3$ 和 $er4$，使其图像变红，记录下相应的"Params". 右侧编辑框中的数据分别为 $er1$ 是[15.85 81.91]、$er2$ 是[15.83 41.77]、$er3$ 是[15.79 60.71]、$er4$ 是[15.82 18.23]. 据此，写出覆盖 $y\in[0,89.44]$ 的模糊子集高斯型隶属函数表达式：

$$r1(y)=e^{-\frac{(y-81.91)^2}{2(15.85)^2}},r2(y)=e^{-\frac{(y-41.77)^2}{2(15.83)^2}},r3(y)=e^{-\frac{(y-60.71)^2}{2(15.79)^2}},r4(y)=e^{-\frac{(y-18.23)^2}{2(15.82)^2}}.$$

(2) 输出量的隶属函数

在图3-79所示的训练后MF编辑器界面上，单击输量 z 的小图标，右侧图形区就显示输出量 z 的模糊隶属函数分布，如图3-80所示. 在图形区内单击任何一个函数名称，使它变红，则界面右下方"Current Membership Function"下的"Type"右侧编辑框内显示出函数类型，"Params"参数右侧编辑框内显示出它相应的参数. 如图3-80中，输出函数 $z1$ 为

"linear(线性)"函数，对应参数"Params"为"14.33 0.726 −215.1"，这说明输出函数 $z1=14.33x+0.726y-215.1$. 按此方法得到其他输出函数分别为

$$z2=9.985x-1.031y-21.56,$$

$$z3=-2.94x+1.817y-84.13,$$

$$z4=-85.64x+8.965y+66.93.$$

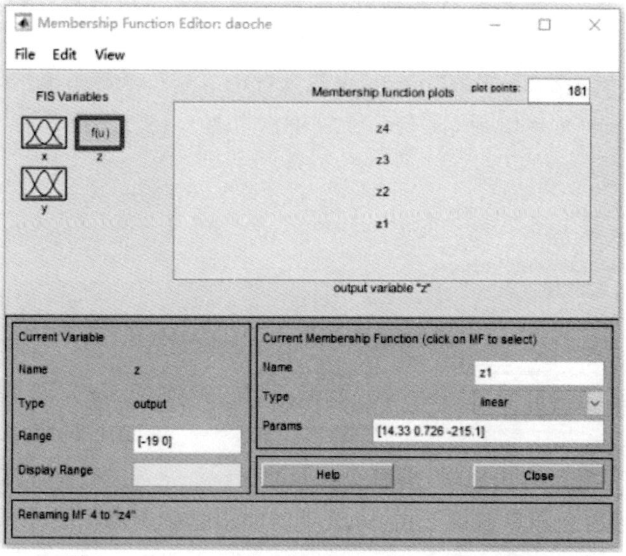

图 3-80 训练后的倒车系统 FIS 输出量的函数界面

(3) 模糊规则

在 ANFIS 或 MF 编辑器界面上，顺序单击菜单 Edit—Rules...，弹出 Rule 编辑器，如图 3-81 所示，从中可以得到倒车入位系统的四条模糊规则：

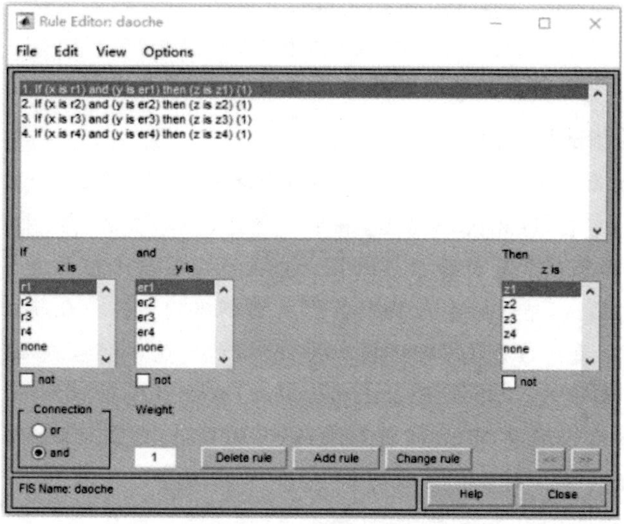

图 3-81 倒车系统的模糊规则界面

规则 1：If x is $r1$ and y is $er1$ then $z1 = 14.33x + 0.726y - 215.1$

规则 2：If x is $r2$ and y is $er2$ then $z2 = 9.985x - 1.031y - 21.56$

规则 3：If x is $r3$ and y is $er3$ then $z3 = -2.94x + 1.817y - 84.13$

规则 4：If x is $r4$ and y is $er4$ then $z4 = -85.64x + 8.965y + 66.93$

上述四条模糊规则中的模糊子集 $r1,r2,r3,r4$，以及 $er1,er2,er3$ 和 $er4$ 的隶属函数就是上述得出的隶属函数. 根据这四条规则，当实时输入变量不同时，则给出不同的输出量. 例如，在 ANFIS 或 MF 编辑器界面上，单击菜单 View—Rules...，弹出 Rule 观测窗，如图 3-82 所示. 当在图 3-82 下方的“input”中填入“[6; 48]”，则得到输出量 $z=-13.3$，这表示当输入值为 $x=6$ 和 $y=48$ 时，倒车系统的输出值为 -13.3. 这与表 3-18 中的第 6 次记录基本相符.

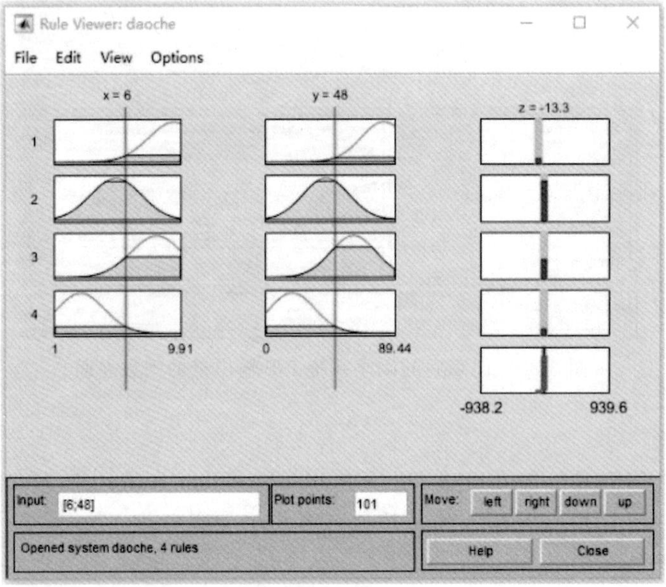

图 3-82 倒车系统的模糊规则观测界面

7. 倒车系统的测试与优化

在 ANFIS 编辑器界面上，单击右下部 Test FIS 区域内的“Testing data”，利用测试数据对 FIS 进行测试，单击 Test Now 按钮，得到如图 3-83(a)所示的结果，其中系统的预测输出值和实际输出值用不同的颜色表示，得到平均误差为 0.56296. 同样，也可单击“Training data”实现对 FIS 的测试，结果如图 3-83(b)所示，得到平均误差为 0.52054.

从上述结果可以看出，FIS 的平均测试误差都超过了 0.5，但理想 FIS 的平均误差是 0，也就是说误差越小越好. 可以通过改变上述过程中的参数，提高 FIS 系统的性能，对其进行优化. 例如，可以将图 3-73 中“Range of influence”的数值由 0.5 改为 0.4，减小聚类中心的影响范围，从而增加模糊规则数. 得到倒车 ANFIS 模型新的结构图，如图 3-84 所示；在该结构下的模型训练过程如图 3-85 所示；其余细节(例如更新后的输入量对应的隶属函数、输出量的函数表达式等)此处不再展示.

对于修改后的 FIS 系统，分别使用测试集和训练集对系统进行测试，结果见图 3-86(a)

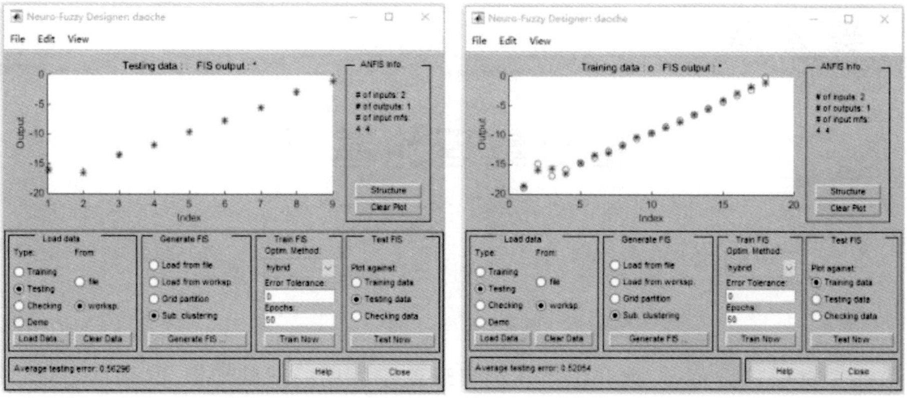

(a)　　　　　　　　　　　　(b)

图 3-83　FIS 测试界面

和图 3-86(b). 可以看出,使用“Testing data”得到的平均误差为 0.20234;使用“Training data”得到的平均误差为“0.19677”. 与调试前建立的倒车系统 FIS 相比,平均测试误差降低了很多,故可以采用调试后的 FIS 作为“匀速倒车入位”的 Sugeno 型 FIS.

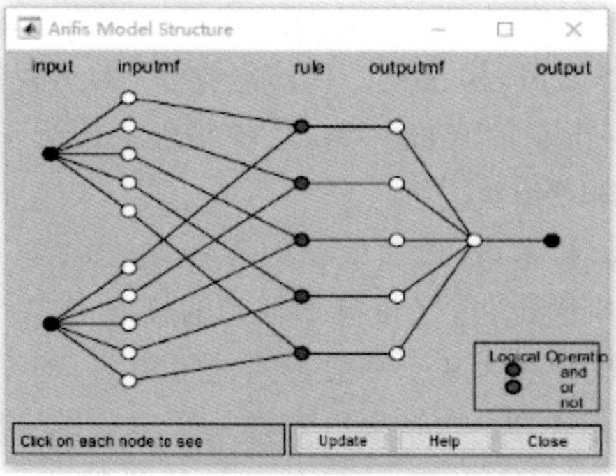

图 3-84　调试后倒车系统的 ANFIS 模型结构图

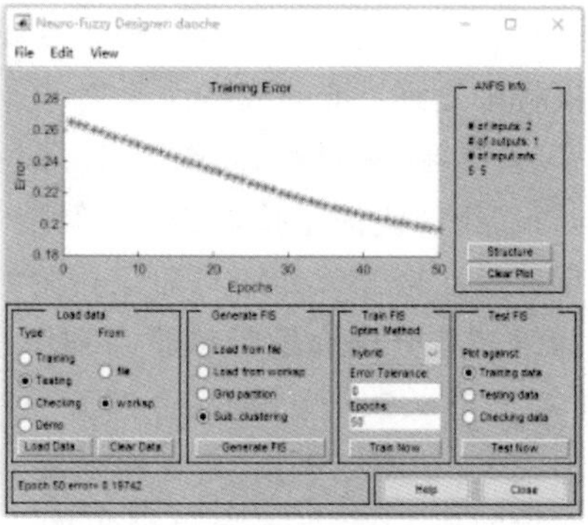

图 3-85　调试后 ANFIS 编辑器显示的训练过程界面

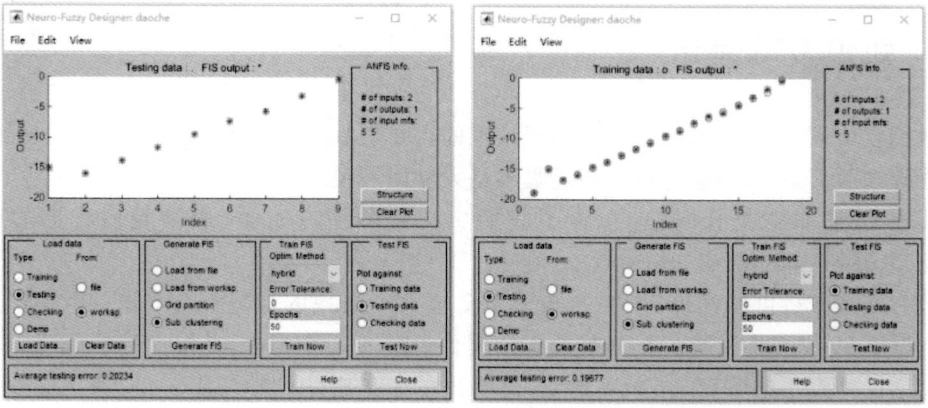

(a)　　　　　　　　　　　　(b)

图 3-86　调试后 FIS 测试界面

第 4 章

粗糙集理论基础

在前面 3 章中，我们系统地介绍了模糊集理论与应用的基础知识，本章重点介绍粗糙集理论的初步知识.

粗糙集理论诞生于 20 世纪 80 年代初，由波兰科学院院士、华沙理工大学教授 Pawlak 所创立[68,69]. 经过 30 年的快速发展，已经形成相对完备的理论体系，而且取得了十分丰富的应用研究成果. 特别地，与其他方法相比，粗糙集理论更适合于处理信息系统中包含的不确定性. 目前，粗糙集理论已经在信息系统分析、人工智能、决策支持系统、知识工程与数据挖掘、模式识别与分类、医疗诊断、故障检测等领域得到广泛的应用. 粗糙集理论近年来发展较快，成果丰硕，我国学者也取得了重要的系统研究成果[70~75]，受到国外同行关注. 党的二十大报告中提到：推动战略性新兴产业融合集群发展，构建新一代信息技术、人工智能、生物技术、新能源、新材料、高端装备、绿色环保等一批新的增长引擎. 粗糙集理论的进一步发展，有望在新一代信息技术和人工智能领域发挥积极作用.

本章首先在第 1 节介绍与知识相关的若干概念和术语，以及知识的表示方法. 然后在第 2 节和第 3 节分别介绍粗糙集与知识约简的基本理论，这是粗糙集理论的核心内容. 接下来，在第 4、5、6、7、8 节，分别介绍五种广义粗糙集模型：基于一般关系的粗糙集，基于覆盖的粗糙集，多粒度粗糙集，模糊粗糙集，直觉模糊粗糙集. 本章最后安排一个实验，通过解决两个实际问题让读者体验粗糙集的应用价值，同时也介绍了两个流行的粗糙集软件 Rosseta 及 RSES 的基本使用方法.

4.1 知识及其表示

我们在前面提到，粗糙集理论是知识处理的重要工具. 那么，什么是知识(knowledge)？这个看起来很简单的问题，仔细想想还真不是太好回答呢.

假设 U 是非空集合，其中包含了我们感兴趣的所有对象，通常我们称 U 为论域(universe of discourse，或 universe).

经过仔细分析可以知道，人类的知识大多与某个论域的划分(partition，就是分类)有关. 在数学上，我们将论域 U 的一族非空子集称为 U 的一个划分，是指这些子集两两不交，而且它们的并集是论域 U. 更精确地说，论域 U 的子集族 $\{A_i, i=1,2,\cdots,n\}$ 是 U 的一个划分，如果它们同时满足以下条件：

(1) $A_i \neq \varnothing, i=1,2,\cdots,n$；

(2) $A_i \cap A_j = \varnothing, i \neq j, i,j=1,2,\cdots,n$；

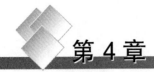

(3) $\bigcup_{i=1}^{n} A_i = U$.

通常将U的子集称为概念(concept),U的一族子集称为关于U的知识,而将U的一族划分称为关于U的一个知识库(knowledge base).

与论域U的划分密切相关的另一个数学对象是U上的等价关系(equivalence relation).

在数学上,将论域U的乘积

$$U \times U = \{(a,b) \mid a,b \in U\}$$

的任何子集R称为U上的二元关系,简称为关系(relation).为了方便起见,通常将$(a,b) \in R$简写为aRb.

进一步,如果U上的关系R满足以下3个条件,则称R为U上的等价关系.

(1)(自反性)对于任何$a \in U$,有aRa;

(2)(对称性)如果aRb,那么bRa;

(3)(传递性)如果aRb,且bRc,那么aRc.

与论域U中元素a等价的所有元素构成的集合

$$[a]_R = \{b \in U \mid aRb\}$$

称为a关于等价关系R的等价类.

论域的划分与等价关系具有十分密切的联系.具体来说,如果给定论域U上的一个等价关系R,那么关于这个等价关系的所有不同的等价类之集

$$U/R = \{[x]_R \mid x \in U\}$$

构成U的划分;反过来,如果给定论域U的一个划分,那么定义U上这样的关系R,xRy当且仅当x和y被分在U的同一子集中.可以证明,这样定义的关系R是U上的等价关系.

因此,我们称$K=(U,\mathbf{R})$为知识库,其中$\mathbf{R}$是U上的一族等价关系.

如果$\mathbf{P} \subseteq \mathbf{R}$,而且$\mathbf{P} \neq \varnothing$,则$\mathbf{P}$中所有等价关系的交$\bigcap \mathbf{P}$也是$U$上的等价关系,这个关系叫做由$\mathbf{P}$诱导的不可分辨关系(indiscernibility relation),记作IND($\mathbf{P}$).

对于$\mathbf{P} \subseteq \mathbf{R}$,用DIS($\mathbf{P}$)表示关系$U^2$-IND($\mathbf{P}$),叫做$\mathbf{P}$-可分辨关系(discernibility relation).

于是,IND($\mathbf{P}$)的所有等价类表示与等价关系族$\mathbf{P}$相关的知识,称为知识库K中关于U的$\mathbf{P}$-基本知识(basic knowledge),而IND($\mathbf{P}$)的等价类称为$\mathbf{P}$-基本概念(basic concept).

如果$\mathbf{P}$仅由一个等价关系R组成,那么$\mathbf{P}$-基本知识与$\mathbf{P}$-基本概念分别叫做R-初等知识(elementary knowledge)和R-初等概念(elementary concept).

对于知识库$K=(U,\mathbf{R})$,记IND(K)$=\{\text{IND}(\mathbf{P}) \mid \varnothing \neq \mathbf{P} \subseteq \mathbf{R}\}$.

例 4.1.1[69] 给定由8块玩具积木组成的论域

$$U = \{x_1, x_2, \cdots, x_8\},$$

假设这些积木块具有3种不同的颜色(红,蓝,黄),3种不同的形状(正方形,圆形,三角形)和2种大小(小的,大的).于是论域可以按照颜色、形状和大小分别做以下划分:

按颜色划分:{红色:x_1, x_3, x_7},{蓝色:x_2, x_4},{黄色:x_5, x_6, x_8};

按形状划分:{正方形:x_2, x_6},{圆形:x_1, x_5},{三角形:x_3, x_4, x_7, x_8};

按大小划分:{大的:x_2, x_7, x_8},{小的:x_1, x_3, x_4, x_5, x_6}.

实际上，按照以上划分，我们给出了论域上 3 个等价关系 R_1，R_2 和 R_3，它们分别具有以下的等价类集合：

$$U/R_1=\{\{x_1,x_3,x_7\},\{x_2,x_4\},\{x_5,x_6,x_8\}\},$$
$$U/R_2=\{\{x_1,x_5\},\{x_2,x_6\},\{x_3,x_4,x_7,x_8\}\},$$
$$U/R_3=\{\{x_2,x_7,x_8\},\{x_1,x_3,x_4,x_5,x_6\}\}.$$

于是，我们建立了一个关于积木块的知识库 $K=(U,\{R_1,R_2,R_3\})$.

基本概念是初等概念的交集. 例如，集合

$$\{x_1,x_3,x_7\}\cap\{x_3,x_4,x_7,x_8\}=\{x_3,x_7\},$$
$$\{x_2,x_4\}\cap\{x_2,x_6\}=\{x_2\},$$
$$\{x_5,x_6,x_8\}\cap\{x_3,x_4,x_7,x_8\}=\{x_8\}$$

分别是$\{R_1,R_2\}$-基本概念：红色三角形积木，蓝色正方形积木，黄色三角形积木. 又如，集合

$$\{x_1,x_3,x_7\}\cap\{x_3,x_4,x_7,x_8\}\cap\{x_2,x_7,x_8\}=\{x_7\},$$
$$\{x_2,x_4\}\cap\{x_2,x_6\}\cap\{x_2,x_7,x_8\}=\{x_2\},$$
$$\{x_5,x_6,x_8\}\cap\{x_3,x_4,x_7,x_8\}\cap\{x_2,x_7,x_8\}=\{x_8\}$$

分别是初等$\{R_1,R_2,R_3\}$-基本概念：红色大三角形积木，蓝色大正方形积木，黄色大三角形积木. 而集合

$$\{x_1,x_3,x_7\}\cup\{x_2,x_4\}=\{x_1,x_2,x_3,x_4,x_7\},$$
$$\{x_2,x_4\}\cup\{x_5,x_6,x_8\}=\{x_2,x_4,x_5,x_6,x_8\},$$
$$\{x_1,x_3,x_7\}\cup\{x_5,x_6,x_8\}=\{x_1,x_3,x_5,x_6,x_7,x_8\}$$

分别是$\{R_1\}$-概念：红色或蓝色积木，蓝色或黄色积木，红色或黄色积木.

在许多场合，我们用表格表示收集到的信息和知识，这种表格以论域的对象作为行，以对象的属性作为列，其实，每个属性所在的列恰好对应于论域上的一个等价关系. 通常将这种表示知识的表格称为信息系统.

让我们再看一个与学校生活有关的例子.

例 4.1.2 表 4-1 给出了用于登记学习成绩的信息系统，从表中可以看出，按照理科综合成绩可以将 6 名学生分成优，良，中和差 4 类，而按照外语成绩可以将他们分成 5 类，等等. 读者可以考虑列出每门课程所对应的等价关系.

在一些信息系统中，为了便于应用，需要将属性分为两类，一类叫条件属性，另一类叫决策属性，这种信息系统经常出现在决策分析中，我们将这种信息系统称为决策表.

例 4.1.3 表 4-2 给出了用于医疗诊断的决策表. 从表 4-2 可以看出，按照条件属性“头痛”可以将 6 位病人分成 2 类；而根据病人所在的行，可以得到医生诊治病人是否患“流感”的“经验诊断规则”. 例如，病人 E3“头痛”，“肌肉不痛”，且“体温高”，则诊断为“流感”. 读者可以根据其他行给出相应的诊断规则.

表 4-1 学习成绩登记表

学生	语文	数学	外语	理科综合
S1	83	100	75	优
S2	76	97	96	优

续表

学生	语文	数学	外语	理科综合
S3	83	96	93	优
S4	69	46	93	差
S5	53	86	48	中
S6	87	96	67	良

表 4-2 医疗诊断决策表

病人	条件属性			决策属性	病人	条件属性			决策属性
	头痛	肌肉痛	体温	流感		头痛	肌肉痛	体温	流感
E1	是	是	止常	否	E4	否	是	正常	否
E2	是	否	高	是	E5	否	是	高	否
E3	是	否	高	是	E6	是	否	正常	否

在实际应用中,某个领域的多位资深专家的经验通常可以总结成若干条这样的规则形成规则库,结合现代计算机技术就可以构建当代科技界研究热点之一的专家系统. 通过专家系统的规则库存储知识,这些专家的宝贵经验就不会失传,而且将会为人类社会发挥更大的作用. 目前,已经研制成功的专家系统有:抗生素治疗系统 MYCIN,化学结构分析系统 DENDRAL,地质勘探数据解释系统 PROSPECTOR,等等. 另外,由专家经验组成的规则库还被广泛而且成功地应用于智能控制领域,既减轻了操作人员的劳动强度,又可大幅度提高产品质量和劳动生产率.

4.2 粗糙集的概念与运算

对于给定的等价关系族 **P**,我们得到了相应的不可分辨关系 IND(**P**),由此可以确定相应的基本知识. 进一步,一般的知识可以通过使用基本知识做并集得到. 然而,并不是所有的知识都能通过这种途径得到. 正是基于这样的认识,Pawlak 教授于 1982 年提出了粗糙集的概念,并且由此建立了粗糙集理论[68,69].

定义 4.2.1 设 R 是论域 U 上的等价关系,称 (U,R) 为近似空间. 又设 $X\subseteq U$,如果 X 能表示成若干个 R-基本知识的并集,则称 X 是 R 可定义的,也称 X 是 R 精确集;否则称 X 是 R 不可定义的,也称 X 是 R 粗糙集(rough set).

对于知识库 $K=(U,\mathbf{R})$,如果存在 $R\in \mathrm{IND}(K)$,使得 X 为 R 精确集时,则称 X 为 K 中的精确集;否则称 X 为 K 中的粗糙集.

精确集可以表示为基本知识的并集,从而可以精确地描述. 对于粗糙集,可以使用两个精确集分别从上下两个方向给出近似描述. 这就是所谓的上近似集和下近似集.

定义 4.2.2 设 (U,R) 为近似空间,$X\subseteq U$. 集合

$$\underline{R}X=\bigcup\{Y\in U/R \mid Y\subseteq X\},$$

$$\overline{R}X=\bigcup\{Y\in U/R \mid Y\cap X\neq\varnothing\}$$

分别称为 X 的 R 下近似集和 R 上近似集.

不难看出,X 的下近似集 $\underline{R}X$ 是包含于 X 的最大 R 可定义集,而 X 的上近似集 $\overline{R}X$ 是包含 X 的最小 R 可定义集.

由此可知,X 是 R 可定义的当且仅当 $\underline{R}X=\overline{R}X$,$X$ 是 R 粗糙集当且仅当 $\underline{R}X\neq\overline{R}X$.

图 4-1 给出了集合 X 的 R 下近似集、R 上近似集的直观表示. 图中大的矩形表示论域 U,小方格表示等价关系 R 的等价类,即 R-初等概念,椭圆图形表示粗糙集 X. 从图中可以看出,$\underline{R}X$ 由 4 个小方格组成,而 $\overline{R}X$ 由 17 个小方格组成.

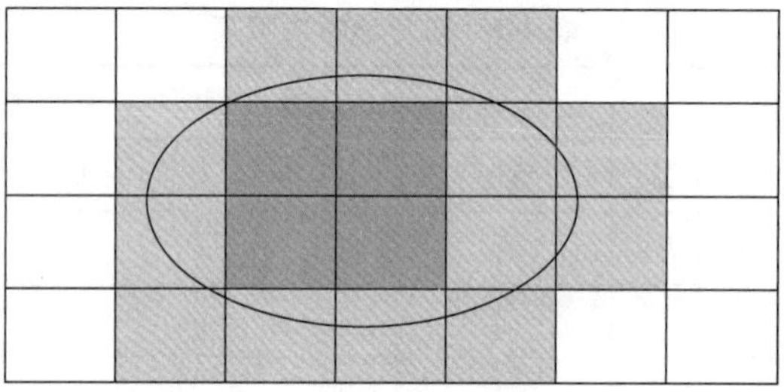

图 4-1 粗糙集示意图

与集合 X 有关的几个集合为:

X 的 R 正域: $\mathrm{POS}_R(X)=\underline{R}X$;

X 的 R 负域: $\mathrm{NEG}_R(X)=U-\overline{R}X$;

X 的 R 边界域: $\mathrm{Bn}_R(X)=\overline{R}X-\underline{R}X$.

根据图 4-1 可以看出,X 的 R 正域 $\mathrm{POS}_R(X)=\underline{R}X$ 中的元素必定属于 X,X 的 R 负域 $\mathrm{NEG}_R(X)$中的元素肯定不属于 X,X 的 R 上近似集 $\overline{R}X$ 中的元素可能属于 X,X 的 R 边界域 $\mathrm{Bn}_R(X)$中的元素(在现有知识的前提下)既不能肯定属于 X,也不能肯定不属于 X.

当不致混淆时,前缀或下标"R"可以省略.

例 4.2.1 在例 4.1.1 中,论域 $U=\{x_1,x_2,\cdots,x_8\}$按颜色给出的划分为

$$\{\text{红色}: x_1,x_3,x_7\},\quad \{\text{蓝色}: x_2,x_4\},\quad \{\text{黄色}: x_5,x_6,x_8\}.$$

设这个划分所对应的等价关系为 $R=R_1$,则有

$$U/R=\{\{x_1,x_3,x_7\},\{x_2,x_4\},\{x_5,x_6,x_8\}\}.$$

现在假设有 U 的一个子集 $X=\{x_2,x_4,x_6,x_8\}$,那么

$$\underline{R}X=\bigcup\{Y\in U/R \mid Y\subseteq X\}=\{x_2,x_4\},$$

$$\overline{R}X=\bigcup\{Y\in U/R \mid Y\cap X\neq\varnothing\}=\{x_2,x_4,x_5,x_6,x_8\}.$$

在这个例子中,读者也可以利用"形状"及"大小"所表达的等价关系 R_2 和 R_3 计算集合 X 的上近似和下近似.

以下定理给出了两个近似集的基本性质,其中 X^c 表示 X 关于 U 的补集 $U-X$.

定理 4.2.1 设(U,R)为近似空间,$X\subseteq U$,$Y\subseteq U$. 那么:

(1)(夹逼性) $\underline{R}X\subseteq X\subseteq\overline{R}X$.

(2)(两极性) $\underline{R}\varnothing=\overline{R}\varnothing=\varnothing$,$\underline{R}U=\overline{R}U=U$.

(3)(单调性) 如果 $X\subseteq Y$,那么 $\underline{R}X\subseteq\underline{R}Y$,且 $\overline{R}X\subseteq\overline{R}Y$.

(4)（下保交，上保并）$\underline{R}(X\cap Y)=\underline{R}X\cap\underline{R}Y$，$\overline{R}(X\cup Y)=\overline{R}X\cup\overline{R}Y$.

(5) $\underline{R}(X\cup Y)\supseteq\underline{R}X\cup\underline{R}Y$，$\overline{R}(X\cap Y)\subseteq\overline{R}X\cap\overline{R}Y$.

(6)（对偶性）$\underline{R}(X^c)=(\overline{R}X)^c$，$\overline{R}(X^c)=(\underline{R}X)^c$.

(7)（幂等性）$\underline{R}(\underline{R}X)=\overline{R}(\underline{R}X)=\underline{R}X$，$\overline{R}(\overline{R}X)=\underline{R}(\overline{R}X)=\overline{R}X$.

证明 由于证明方法是类似的，这里仅对与下近似有关的结论给出证明，而对与上近似有关的证明留给读者作为练习.

(1) 如果 $x\in\underline{R}X$，那么$[x]\subseteq X$. 但是由 $x\in[x]$可得 $x\in X$. 因此 $\underline{R}X\subseteq X$.

(2) 由已证的(1)可知，$\underline{R}\varnothing\subseteq\varnothing$. 因此，$\underline{R}\varnothing=\varnothing$.

(3) 如果 $x\in\underline{R}X$，那么$[x]\subseteq X\subseteq Y$. 从而 $x\in\underline{R}Y$. 因此，$\underline{R}X\subseteq\underline{R}Y$.

(4) 根据下近似的定义可得

$$x\in\underline{R}(X\cap Y)\text{ 当且仅当}[x]\subseteq X\cap Y\quad\text{当且仅当}([x]\subseteq X,\text{且}[x]\subseteq Y)$$
$$\text{当且仅当}(x\in\underline{R}X,\text{且 }x\in\underline{R}Y)\quad\text{当且仅当 }x\in\underline{R}X\cap\underline{R}Y.$$

因此，$\underline{R}(X\cap Y)=\underline{R}X\cap\underline{R}Y$.

(5) 如果 $x\in\underline{R}X\cup\underline{R}Y$，那么 $x\in\underline{R}X$，或者 $x\in\underline{R}Y$，即$[x]\subseteq X$，或者$[x]\subseteq Y$. 于是，$[x]\subseteq X\cup Y$. 因此，$x\in\underline{R}(X\cup Y)$. 这表明 $\underline{R}(X\cup Y)\supseteq\underline{R}X\cup\underline{R}Y$.

(6) 由以下等价性推理可知结论成立：

$$x\in\underline{R}(X^c)\text{ 当且仅当 }[x]\subseteq X^c\quad\text{当且仅当 }[x]\cap X=\varnothing$$
$$\text{当且仅当 }x\notin\overline{R}X\quad\text{当且仅当 }x\in(\overline{R}X)^c$$

(7) 由(1)可得不等式 $\underline{R}(\underline{R}X)\subseteq\underline{R}X$. 反过来，如果 $x\in\underline{R}X$，那么$[x]\subseteq X$. 因此由(4)可知，$\underline{R}[x]\subseteq\underline{R}X$. 但是，$\underline{R}[x]=[x]$. 于是，$[x]\subseteq\underline{R}X$. 从而有 $x\in\underline{R}(\underline{R}X)$. 这表明 $\underline{R}(\underline{R}X)\supseteq\underline{R}X$. 综合以上两个方面可得 $\underline{R}(\underline{R}X)=\underline{R}X$.

同理，由(1)得到 $\underline{R}X\subseteq\overline{R}(\underline{R}X)$. 反过来，如果 $x\in\overline{R}(\underline{R}X)$，那么$[x]\cap\underline{R}X\neq\varnothing$，即存在 $y\in[x]$，使得 $y\in\underline{R}X$. 因此，$[y]\subseteq\underline{R}X$. 于是由$[x]=[y]$可得，$[x]\subseteq\underline{R}X$. 从而有 $x\in\underline{R}X$. 这表明 $\overline{R}(\underline{R}X)\subseteq\underline{R}X$. 综合以上两个方面可得，$\overline{R}(\underline{R}X)=\underline{R}X$. □

注意：(1) 不难看出，在以上的性质(1)中，集合的两个包含关系都不能换成相等关系，即一般说来，对于论域 U 中的集合 X，可能有以下的严格不等式成立：

$$\underline{R}X\subset X,\qquad\text{或者}\qquad X\subset\overline{R}X.$$

读者可以思考这样的问题：当集合 X 具有什么性质时，等式才会成立?

(2) 在以上的性质(5)中，集合的包含关系不能换成相等关系. 换句话说，存在近似空间(U,R)及集合 $X\subseteq U$ 和 $Y\subseteq U$，使得(5)中的真包含关系成立. 我们可以通过以下的例子予以说明.

例 4.2.2 设论域为 $U=\{x_1,x_2,\cdots,x_8\}$，R 是 U 上按照以下方式定义的等价关系：

$$U/R=\{\{x_1,x_4,x_8\},\{x_2,x_5,x_7\},\{x_3\},\{x_6\}\}.$$

如果取

$$X=\{x_1,x_4,x_7\},\quad Y=\{x_2,x_8\},$$

则有

$$\underline{R}X=\varnothing,\quad\underline{R}Y=\varnothing,\quad\underline{R}(X\cup Y)=\{x_1,x_4,x_8\}.$$

于是得到严格的包含关系式

$$\underline{R}(X \cup Y) \supset \underline{R}X \cup \underline{R}Y$$

类似地，如果取

$$X=\{x_1,x_3,x_5\},\quad Y=\{x_2,x_3,x_4,x_6\},$$

则也可得到严格的包含关系式：

$$\overline{R}(X \cap Y) \subset \overline{R}X \cap \overline{R}Y.$$

通过以上讨论，我们已经知道精确集与粗糙集之间的区别. 但是，不同的粗糙集之间也具有一定程度的差异，而不精确性就是其中重要的差异. 为了度量集合的不精确性，可以通过集合的数字特征或拓扑特征两种方法来刻画.

对于集合(概念)不精确性的分析可以知道，集合的边界域越大，则该集合就越不精确. 使用数字特征度量集合的不精确性，就是通过计算集合的近似精度或粗糙度来表示边界域的大小.

定义 4.2.3 设(U,R)为近似空间，$\varnothing \neq X \subseteq U$.

(1) 集合 X 的近似精度定义为

$$\alpha_R(X)=\frac{|\underline{R}X|}{|\overline{R}X|},$$

其中$|X|$表示集合 X 的基数. 规定：$\alpha_R(\varnothing)=1$.

(2) 集合 X 的粗糙度定义为

$$\rho_R(X)=1-\alpha_R(X).$$

使用拓扑特征度量集合的不精确性，一般是通过分类来反映边界域的结构，从内外两侧刻画集合的性质.

定义 4.2.4 设(U,R)为近似空间，$\varnothing \neq X \subseteq U$.

(1) 如果 $\underline{R}X \neq \varnothing$ 且 $\overline{R}X \neq U$，则称 X 为粗糙可定义；

(2) 如果 $\underline{R}X = \varnothing$ 且 $\overline{R}X \neq U$，则称 X 为粗糙内不可定义；

(3) 如果 $\underline{R}X \neq \varnothing$ 且 $\overline{R}X = U$，则称 X 为粗糙外不可定义；

(4) 如果 $\underline{R}X = \varnothing$ 且 $\overline{R}X = U$，则称 X 为粗糙全不可定义.

以上定义给出的4种粗糙集是粗糙集理论与应用中经常会遇到的粗糙集. 这4种粗糙集具有以下相当直观的解释：

第一种极端情形： X 是粗糙可定义的，是指在 U 中具有肯定属于 X 的元素，也有肯定不属于 X 的元素. 换句话说，我们可以确定论域 U 中有的元素属于 X，也可以确定有的元素不属于 X.

第二种极端情形： X 是粗糙全不可定义的，是指在 U 中没有肯定属于 X 的元素，也没有肯定不属于 X 的元素. 换句话说，根据现有的知识，对于论域 U 中任何元素，我们都不能确定它是否属于 X.

另两种粗糙集(内不可定义粗糙集与外不可定义粗糙集)则介于粗糙可定义与全不可定义粗糙集两种极端情况之间. 其中，如果 X 是内不可定义的，那么我们可以确定某些元素属于 X^c，但是，我们不能确定肯定属于 X 的元素；而如果 X 是外不可定义的，则可以确定某些元素属于 X，但是，我们不能确定肯定属于 X^c 的元素.

以上两种刻画粗糙集的方法都有各自的优点，同时也有相应的不足. 在理论分析与实际应用中，通常综合使用数字特征和拓扑特征两种方法来刻画粗糙集，以达到比较理想的分析结果.

例 4.2.3 给定近似空间(U,R)，其中$U=\{x_0,x_1,\cdots,x_{10}\}$，$R$有以下的等价类：

$$E_1=\{x_0,x_1\},E_2=\{x_2,x_6,x_9\},E_3=\{x_3,x_5\},E_4=\{x_4,x_8\},E_5=\{x_7,x_{10}\}.$$

根据拓扑特征和数字特征刻画以下集合：

$$X_1=\{x_0,x_1,x_4,x_8\},\quad X_2=\{x_1,x_7,x_8,x_{10}\},\quad X_3=\{x_0,x_1,x_2,x_3,x_4,x_7\},$$

$$X_4=\{x_1,x_2,x_4,x_7\},\quad X_5=\{x_0,x_2,x_3,x_4,x_7\}.$$

解 首先计算这些集合的上近似和下近似：

$\underline{R}X_1=E_1\cup E_4=\{x_0,x_1,x_4,x_8\}=\overline{R}X_1$；

$\underline{R}X_2=E_5=\{x_7,x_{10}\},\overline{R}X_2=E_1\cup E_4\cup E_5=\{x_0,x_1,x_4,x_7,x_8,x_{10}\}$；

$RX_3=E_1=\{x_0,x_1\},\overline{R}X_3=U$；

$\underline{R}X_4=\varnothing,\overline{R}X_4=E_1\cup E_2\cup E_4\cup E_7=\{x_0,x_1,x_2,x_4,x_6,x_7,x_8,x_9,x_{10}\}$；

$\underline{R}X_5=\varnothing,\overline{R}X_5=U.$

根据这些计算结果可知，X_1是可定义的，X_2是粗糙可定义的，X_3是外不可定义的，X_4是内不可定义的，而X_5是全不可定义的.

其次，我们通过计算这些集合的边界域和精确度给出它们的数字特征：

$$\mathrm{Bn}(X_1)=\varnothing,\quad \alpha(X_1)=\frac{1}{1}=1;$$

$$\mathrm{Bn}(X_2)=E_1\cup E_2=\{x_0,x_1,x_4,x_8\},\quad \alpha(X_2)=\frac{2}{6}=\frac{1}{3};$$

$$\mathrm{Bn}(X_3)=E_2\cup E_3\cup E_4\cup E_5=\{x_2,x_3,x_4,x_5,x_6,x_7,x_8,x_9,x_{10}\},$$

$$\alpha(X_3)=\frac{2}{11};$$

$$\mathrm{Bn}(X_4)=\overline{R}X_4=\{x_0,x_1,x_2,x_4,x_6,x_7,x_8,x_9,x_{10}\},\quad \alpha(X_4)=0;$$

$$\mathrm{Bn}(X_5)=\overline{R}X_5=U,\quad \alpha(X_5)=0.$$

以粗糙集理论中的下、上近似算子为基础，可将集合论中“属于”、“相等”等概念进行推广，这就产生了粗糙属于、粗糙相等的概念.

定义 4.2.5 设(U,R)是近似空间，$x\in U,X\subseteq U$.

(1) 如果$x\in\underline{R}X$，则称x下属于X，记作$x\underline{\in}X$；

(2) 如果$x\in\overline{R}X$，则称x上属于X，记作$x\overline{\in}X$.

事实上，x下属于X的含义是x肯定属于X，而x上属于X的含义则是x可能属于X. 因此，可以得到

$$x\underline{\in}X\Rightarrow x\in X\Rightarrow x\overline{\in}X.$$

定义 4.2.6 设(U,R)是近似空间，$X\subseteq U,Y\subseteq U$.

(1) 如果$\underline{R}X=\underline{R}Y$，则称$X$和$Y$是下相等的，记作$X=_R Y$；

(2) 如果$\overline{R}X=\overline{R}Y$，则称$X$和$Y$是上相等的，记作$X=^R Y$；

(3) 如果$\underline{R}X=\underline{R}Y$，且$\overline{R}X=\overline{R}Y$，则称$X$和$Y$是粗糙相等的，记作$X\approx Y$.

值得指出的是，如果X和Y是相等的，那么X和Y是粗糙相等的，从而X和Y既是下

粗糙相等的,也是上粗糙相等的. 但是,从 X 和 Y 是粗糙相等的,一般不能得到 X 和 Y 相等的结论.

与"粗糙相等"密切相关的另一个概念是粗糙集的〈下近似,上近似〉表示. 设 (U,R) 是近似空间,$X\subseteq U$,一些文献中称 X 的下、上近似组成的序对 $\langle \underline{R}X,\overline{R}X\rangle$ 为粗糙集[76~78]. 容易看出,如果 X 和 Y 是粗糙相等的,那么它们对应的〈下近似,上近似〉表示是相同的,即此时 $\langle \underline{R}X,\overline{R}X\rangle=\langle \underline{R}Y,\overline{R}Y\rangle$. 用 $RS(U)$ 表示 (U,R) 上的全体粗糙集,即

$$RS(U)=\{\langle \underline{R}X,\overline{R}X\rangle \mid X\subseteq U\}.$$

定义 $RS(U)$ 上的并、交运算如下:

$$\langle \underline{R}X,\overline{R}X\rangle \cup \langle \underline{R}Y,\overline{R}Y\rangle=\langle \underline{R}X\cup \underline{R}Y,\overline{R}X\cup \overline{R}Y\rangle;$$

$$\langle \underline{R}X,\overline{R}X\rangle \cap \langle \underline{R}Y,\overline{R}Y\rangle=\langle \underline{R}X\cap \underline{R}Y,\overline{R}X\cap \overline{R}Y\rangle.$$

一个自然的问题是:上面定义的并、交运算是否封闭?即下面的结论是否成立?

$$\langle \underline{R}X\cup \underline{R}Y,\overline{R}X\cup \overline{R}Y\rangle\in RS(U),$$

$$\langle \underline{R}X\cap \underline{R}Y,\overline{R}X\cap \overline{R}Y\rangle\in RS(U).$$

换句话说,是否存在 $Z,W\subseteq U$ 使得

$$\langle \underline{R}X\cup \underline{R}Y,\overline{R}X\cup \overline{R}Y\rangle=\langle \underline{R}Z,\overline{R}Z\rangle,$$

$$\langle \underline{R}X\cap \underline{R}Y,\overline{R}X\cap \overline{R}Y\rangle=\langle \underline{R}W,\overline{R}W\rangle.$$

许多文献都忽视了这个问题,我们在更广泛的框架下给出该问题一个完满的回答[78]. 即上面定义的并、交运算是封闭的,且可以具体给出 Z,W 的表达式(这里只写出 Z 的表达,读者可以自行写出 W 的表达式):

$$Z=(\bigcup\{T\subseteq U\mid T\subseteq X,T\cap A(X,Y)=\varnothing\})\cup Y.$$

其中

$$A(X,Y)=\bigcup\{S\in U/R\mid S\subseteq X\cup Y,S\nsubseteq X,S\nsubseteq Y\}.$$

例如,设 $U=\{a,b,c,d\}$,U 上的等价关系 $R=\{(a,a),(b,b),(c,c),(d,d),(c,d),(d,c)\}$. 令 $X=\{a,c\}$,$Y=\{d\}$,则

$$U/R=\{\{a\},\{b\},\{c,d\}\}.$$

$$\underline{R}X=\{a\},\quad \overline{R}X=\{a,c,d\};\quad \underline{R}Y=\varnothing,\quad \overline{R}Y=\{c,d\}.$$

从而

$$A(X,Y)=\bigcup\{S\in U/R\mid S\subseteq X\cup Y,S\nsubseteq X,S\nsubseteq Y\}=\{c,d\},$$

$$Z=(\bigcup\{T\subseteq U\mid T\subseteq X,T\cap A(X,Y)=\varnothing\})\cup Y=\{a\}\cup\{d\}=\{a,d\}.$$

容易检验,确实有 $\langle \underline{R}X\cup \underline{R}Y,\overline{R}X\cup \overline{R}Y\rangle=\langle \underline{R}Z,\overline{R}Z\rangle$.

需要特别说明的是,上述并、交运算的封闭性并非是显然的,要证明它不是件容易的事(有兴趣的读者可阅读文献[78]);同时,这一结论针对的是标准粗糙集,对于各种广义粗糙集模型(比如后面介绍的基于一般关系的广义粗糙集、模糊粗糙集、直觉模糊粗糙集等)来说,上述并、交运算通常不封闭(可参阅文献[79]).

注意:本节简单介绍了粗糙集的基本运算及其性质. 实际上,关于粗糙集的代数运算及相关代数结构,已有非常丰富的研究成果,读者可参阅相关文献(比如文献[76~79])了解详细情况.

4.3 知识约简

在知识库 $K=(U,\mathbf{R})$中，常常会出现这样的情况，删除某些知识(等价关系)，并不削弱知识库的分类能力. 例如，在医生给病人看病时，并不要求病人先做全身检查，然后再下结论. 如果某个医生那样做的话，必然耽误病人很多时间，而且会大大增加病人的医疗费用. 这表明，在知识库中，有些知识是多余的. 而在知识处理的过程中，这些多余的知识必然产生不必要的计算量. 因此，我们自然希望在进行知识处理之前删除这些多余的知识，进而减少计算量，这正是我们研究知识约简的动机与背景.

定义 4.3.1 设 $K=(U,\mathbf{R})$为知识库，$\mathbf{Q}\subseteq\mathbf{P}\subseteq\mathbf{R}, R\in\mathbf{P}$.

(1) 如果 $\mathrm{IND}(\mathbf{P})=\mathrm{IND}(\mathbf{P}\backslash\{R\})$，则称 R 在 $\mathbf{P}$ 中是不必要的，或者冗余的；否则，称 R 在 $\mathbf{P}$ 中是必要的. $\mathbf{P}$ 中所有必要的等价关系组成的集合称为 $\mathbf{P}$ 的核(core)，记作 $\mathrm{CORE}(\mathbf{P})$.

(2) 进一步，如果 $\mathbf{P}$ 中的每个等价关系在 $\mathbf{P}$ 中都是必要的，则称 $\mathbf{P}$ 是独立的；否则称 $\mathbf{P}$ 是不独立的.

(3) 如果 $\mathbf{Q}$ 是独立的，并且 $\mathrm{IND}(\mathbf{Q})=\mathrm{IND}(\mathbf{P})$，则称 $\mathbf{Q}$ 为 $\mathbf{P}$ 的一个约简(reduct). $\mathbf{P}$ 的所有约简组成的集合记作 $\mathrm{RED}(\mathbf{P})$.

一般来说，在等价关系集合 $\mathbf{P}$ 中，每个在 $\mathbf{P}$ 中必要的等价关系必定属于 $\mathbf{P}$ 的每个约简，这个事实反映在以下的定理中.

定理 4.3.1 设 $K=(U,\mathbf{R})$为知识库，$\mathbf{P}\subseteq\mathbf{R}$. 那么

$$\mathrm{CORE}(\mathbf{P})=\bigcap\mathrm{RED}(\mathbf{P}).$$

证明 首先证明：左边⊆右边，即如果某个等价关系不属于某个约简，那么它必定不在核中. 假设 $\mathbf{Q}$ 是 $\mathbf{P}$ 的一个约简，且 $R\in\mathbf{P}\backslash\mathbf{Q}$，那么

$$\mathrm{IND}(\mathbf{P})=\mathrm{IND}(\mathbf{Q}),\quad \mathbf{Q}\subseteq\mathbf{P}\backslash\{R\}.$$

注意：如果 $\mathbf{P},\mathbf{Q},\mathbf{S}$ 是 $\mathbf{R}$ 的三个等价关系子集，$\mathrm{IND}(\mathbf{P})=\mathrm{IND}(\mathbf{Q})$，且 $\mathbf{Q}\subseteq\mathbf{S}\subseteq\mathbf{P}$，那么 $\mathrm{IND}(\mathbf{Q})=\mathrm{IND}(\mathbf{S})$. 假设 $\mathbf{S}=\mathbf{P}\backslash\{R\}$，则可知 R 是冗余的，即

$$R\notin\mathrm{CORE}(\mathbf{P}),\text{且 }\mathrm{CORE}(\mathbf{P})\subseteq\bigcap\{\mathbf{Q}\mid\mathbf{Q}\in\mathrm{RED}(\mathbf{P})\}.$$

接下来证明相反的包含式：右边⊆左边.

假设 $R\notin\mathrm{CORE}(\mathbf{P})$，即 R 在 $\mathbf{P}$ 中是冗余的，这表明 $\mathrm{IND}(\mathbf{P})=\mathrm{IND}(\mathbf{P}\backslash\{R\})$. 因此，存在独立的子集 $\mathbf{S}\subseteq\mathbf{P}\backslash\{R\}$，使得 $\mathrm{IND}(\mathbf{S})=\mathrm{IND}(\mathbf{P})$. 显然，$\mathbf{S}$ 是 $\mathbf{P}$ 的一个约简，且 $R\notin\mathbf{S}$. 这表明

$$\mathrm{CORE}(\mathbf{P})\supseteq\bigcap\{\mathbf{Q}\mid\mathbf{Q}\in\mathrm{RED}(\mathbf{P})\}.$$

从这个定理可以看出，一方面，对于等价关系集合 $\mathbf{P}$ 来说，$\mathbf{P}$ 的核恰好是 $\mathbf{P}$ 的所有约简的公共部分，即在 $\mathbf{P}$ 中必要的等价关系必定包含在 $\mathbf{P}$ 的每个约简中；另一方面，$\mathbf{P}$ 的某个约简中的等价关系在 $\mathbf{P}$ 中不必是必要的. 因此，约简中可能包含某些多余的等价关系. 这个事实似乎有些令人失望，需要我们引起注意.

例 4.3.1 设 $K=(U,\mathbf{R})$为知识库，其中

$$U=\{x_1,x_2,\cdots,x_8\},\quad \mathbf{R}=\{P,Q,S\},$$

而 $\mathbf{R}$ 中的三个等价关系分别具有以下的等价类：

$$U/P=\{\{x_1,x_4,x_5\},\{x_2,x_8\},\{x_3\},\{x_6,x_7\}\};$$

$$U/Q=\{\{x_1,x_3,x_5\},\{x_6\},\{x_2,x_4,x_7,x_8\}\};$$

$$U/S=\{\{x_1,x_5\},\{x_2,x_7,x_8\},\{x_3,x_4\},\{x_6\}\}.$$

试讨论 **R** 中三个等价关系在 **R** 中是否是必要的，并且求出 **R** 的核和所有约简.

解 首先计算由 **R** 诱导的不可分辨关系产生的等价类：

$$U/\mathrm{IND}(\mathbf{R})=\{\{x_1,x_5\},\{x_2,x_8\},\{x_3\},\{x_4\},\{x_6\},\{x_7\}\}.$$

接下来分别计算在 **R** 中删除一个等价关系后形成的等价关系集合生成的等价类：

$$U/\mathrm{IND}(\mathbf{R}\backslash\{P\})=\{\{x_1,x_5\},\{x_2,x_7,x_8\},\{x_3\},\{x_4\},\{x_6\}\}\neq U/\mathrm{IND}(\mathbf{R});$$

$$U/\mathrm{IND}(\mathbf{R}\backslash\{Q\})=\{\{x_1,x_5\},\{x_2,x_8\},\{x_3\},\{x_4\},\{x_6\},\{x_7\}\}=U/\mathrm{IND}(\mathbf{R});$$

$$U/\mathrm{IND}(\mathbf{R}\backslash\{S\})=\{\{x_1,x_5\},\{x_2,x_8\},\{x_3\},\{x_4\},\{x_6\},\{x_7\}\}=U/\mathrm{IND}(\mathbf{R}).$$

根据以上计算结果，我们知道，关系 P 在 **R** 中是必要的，而关系 Q 和 S 在 **R** 中是不必要的. 于是，**R** 的核为单点集 $\mathrm{CORE}(\mathbf{R})=\{P\}$.

最后计算 **R** 的所有约简. 为此，我们需要分别检查两个等价关系集合 $\{P,Q\}$ 和 $\{P,S\}$ 是否是独立的，即分别将它们形成的等价类与单个等价关系生成的等价类做比较.

以下考虑集合 $\{P,Q\}$，利用以上计算结果可得

$$\begin{aligned}U/\mathrm{IND}(\{P,Q\})&=U/\mathrm{IND}(\mathbf{R}\backslash\{S\})\\&=\{\{x_1,x_5\},\{x_2,x_8\},\{x_3\},\{x_4\},\{x_6\},\{x_7\}\};\end{aligned}$$

显然，$U/\mathrm{IND}(\{P,Q\})=U/\mathrm{IND}(\mathbf{R})$. 又

$$U/\mathrm{IND}(\{P,Q\})\neq U/IND(\{P\}),\quad U/\mathrm{IND}(\{P,Q\})\neq U/\mathrm{IND}(\{Q\}).$$

因此，$\{P,Q\}$ 是 **R** 的一个约简.

类似地，$\{P,S\}$ 也是 **R** 的一个约简. 从而，**R** 的所有约简为

$$\mathrm{RED}(\mathbf{R})=\{\{P,Q\},\{P,S\}\}.$$

在应用中，针对与决策表相关的问题，有时需要考虑知识库中一部分知识(条件属性)相对于另一部分知识(决策属性)的重要性，这就是以下介绍的相对约简(relative reduct)和相对核(relative core)的内容. 这些知识是对前面知识约简内容的推广.

定义 4.3.2 设 P 和 Q 是论域 U 上的等价关系，**P** 和 **Q** 是 U 上的等价关系族，$R\in\mathbf{P}$，$\mathbf{S}\subseteq\mathbf{P}$.

(1) Q 的 P-正域定义为集合

$$\mathrm{POS}_P(Q)=\bigcup_{X\in U/Q}\underline{P}X.$$

(2) 设 $P=\mathrm{IND}(\mathbf{P})$，$Q=\mathrm{IND}(\mathbf{Q})$，$P^*=\mathrm{IND}(\mathbf{P}\backslash\{R\})$. 如果

$$\mathrm{POS}_P(Q)=\mathrm{POS}_{P^*}(Q),$$

则称 R 为 **P** 中 **Q**-不必要的；否则称 R 为 **P** 中 **Q**-必要的.

(3) 如果 **P** 中每个元素都是 **Q** 必要的，则称 **P** 为 **Q**-独立的，或 **P** 相对于 **Q** 独立.

(4) 设 $S=\mathrm{IND}(\mathbf{S})$，如果 **S** 是 **P** 的独立子集，且

$$\mathrm{POS}_S(Q)=\mathrm{POS}_P(Q),$$

则称 **S** 为 **P** 的 **Q**-约简，简称为相对约简.

(5) 等价关系族 **P** 中所有 **Q**-必要的等价关系组成的集合称为 **P** 的 **Q**-核，简称为相对核，记为 $\mathrm{CORE}_{\mathbf{Q}}(\mathbf{P})$.

在以上定义(1)中,Q 的 P-正域由论域 U 中这样的元素构成：根据划分 U/P 的信息,这些元素可以被准确地分类到 Q 的等价类中去.

类似于定理 4.3.1,我们可以证明以下结论成立.

定理 4.3.2 设 $K=(U,\mathbf{R})$为知识库,$\mathbf{P}\subseteq\mathbf{R}$. 那么

$$\mathrm{CORE}_{\mathrm{Q}}(\mathbf{P})=\bigcap \mathrm{RED}_{\mathrm{Q}}(\mathbf{P}).$$

这里 $\mathrm{RED}_{\mathrm{Q}}(\mathbf{P})$表示 $\mathbf{P}$ 的所有 $\mathbf{Q}$-约简构成的集合.

例 4.3.2 设 $K=(U,\mathbf{R})$为知识库,其中

$$U=\{x_1,x_2,\cdots,x_8\},\quad \mathbf{R}=\{P,Q,S\},$$

而 $\mathbf{R}$ 中的三个等价关系分别具有以下的等价类：

$$U/P=\{\{x_1,x_3,x_4,x_5,x_6,x_7\},\{x_2,x_8\}\};$$

$$U/Q=\{\{x_1,x_3,x_4,x_5\},\{x_2,x_6,x_7,x_8\}\};$$

$$U/S=\{\{x_1,x_5,x_6\},\{x_2,x_7,x_8\},\{x_3,x_4\}\}.$$

又,假设 U 上的等价关系 T 生成的等价类为

$$U/T=\{\{x_1,x_5,x_6\},\{x_2,x_7\},\{x_3,x_4\},\{x_8\}\}.$$

试讨论 $\mathbf{R}$ 中三个等价关系在 $\mathbf{R}$ 中关于 T 是否是必要的,并且求出 $\mathbf{R}$ 的 T-核和所有 T-约简.

解 首先求出 $\mathrm{IND}(\mathbf{R})$的等价类,以及 T 的 $\mathbf{R}$-正域

$$U/\mathrm{IND}(\mathbf{R})=\{\{x_1,x_5\},\{x_2,x_8\},\{x_3,x_4\},\{x_6\},\{x_7\}\},$$

$$\mathrm{POS}_{\mathbf{R}}(T)=\{x_1,x_3,x_4,x_5,x_6,x_7\}.$$

接下来讨论 $\mathbf{R}$ 中等价关系关于 T 的必要性.

$$U/\mathrm{IND}(\mathbf{R}\backslash\{P\})=\{\{x_1,x_5\},\{x_2,x_7,x_8\},\{x_3,x_4\},\{x_6\}\};$$

$$U/\mathrm{IND}(\mathbf{R}\backslash\{Q\})=\{\{x_1,x_5,x_6\},\{x_2,x_8\},\{x_3,x_4\},\{x_7\}\};$$

$$U/\mathrm{IND}(\mathbf{R}\backslash\{S\})=\{\{x_1,x_3,x_4,x_5\},\{x_2,x_8\},\{x_6,x_7\}\}.$$

$$\mathrm{POS}_{\mathbf{R}\backslash\{P\}}(T)=\{x_1,x_3,x_4,x_5,x_6\}\neq \mathrm{POS}_{\mathbf{R}}(T);$$

$$\mathrm{POS}_{\mathbf{R}\backslash\{Q\}}(T)=\{x_1,x_3,x_4,x_5,x_6,x_7\}=\mathrm{POS}_{\mathbf{R}}(T);$$

$$\mathrm{POS}_{\mathbf{R}\backslash\{S\}}(T)=\varnothing\neq \mathrm{POS}_{\mathbf{R}}(T).$$

因此,在 $\mathbf{R}$ 中,P 和 S 是 T-必要的,而 Q 是 T-不必要的. 于是,$\{P,S\}$是 $\mathbf{R}$ 的唯一 T-约简. 从而我们得到

$$\mathrm{CORE}_T(\mathbf{R})=\{P,S\},\quad \mathrm{RED}_T(\mathbf{R})=\{\{P,S\}\}.$$

通过以下例子介绍决策表中属性约简的基本方法.

例 4.3.3 在某医院的临床记录表中,记录着 8 位病人关于 3 项检查结果与 2 种疾病诊断结论的详细数据. 为简便计,我们将这 8 位病人组成的集合作为论域 $U=\{1,2,\cdots,8\}$,而 5 个项目对应的名称组成属性集合,记作 $A=\{a,b,c,d,e\}$,其中 $C=\{a,b,c\}$是条件属性集(对应于 3 项检查结果),$D=\{d,e\}$是决策属性集(对应于 2 种疾病的诊断结论),相关的临床记录数据组成表 4-3.

表 4-3 医院临床记录表

U	a	b	c	d	e	U	a	b	c	d	e
1	1	0	2	2	0	5	1	0	2	0	1
2	0	1	1	1	2	6	2	2	0	1	1
3	2	0	0	1	1	7	2	1	1	1	2
4	1	1	0	2	2	8	0	1	1	0	1

试讨论条件属性集 C 的约简问题，以及关于决策属性集 D 的相对约简问题.

解 将每个属性看作论域 U 上的一个等价关系，它们生成的划分分别为

$$U/\mathrm{IND}(a)=\{\{1,4,5\},\{2,8\},\{3,6,7\}\};$$
$$U/\mathrm{IND}(b)=\{\{1,3,5\},\{2,4,7,8\},\{6\}\};$$
$$U/\mathrm{IND}(c)=\{\{1,5\},\{2,7,8\},\{3,4,6\}\};$$
$$U/\mathrm{IND}(\{a,b,c\})=\{\{1,5\},\{2,8\},\{3\},\{4\},\{6\},\{7\}\};$$
$$U/\mathrm{IND}(C\backslash\{a\})=\{\{1,5\},\{2,7,8\},\{3\},\{4\},\{6\}\};$$
$$U/\mathrm{IND}(C\backslash\{b\})=\{\{1,5\},\{2,8\},\{3,6\},\{4\},\{7\}\};$$
$$U/\mathrm{IND}(C\backslash\{c\})=\{\{1,5\},\{2,8\},\{3\},\{4\},\{6\},\{7\}\}.$$

因此，条件属性集 C 不是独立的，其中属性 a 和 b 是必要的，而属性 c 是不必要的. 从而，C 的核 $\mathrm{CORE}(C)=\{a,b\}$是 C 的唯一的约简.

接下来考虑条件属性集 C 关于决策属性集 D 的相对约简问题.

$$U/\mathrm{IND}(D)=\{\{1\},\{2,7\},\{3,6\},\{4\},\{5,8\}\};$$
$$\mathrm{POS}_C(D)=\bigcup_{X\in U/D}\underline{C}X=\{3,4,6,7\};$$
$$\mathrm{POS}_{C\backslash\{a\}}(D)=\bigcup_{X\in U/D}\underline{C\backslash\{a\}}X=\{3,4,6\}\neq\mathrm{POS}_C(D);$$
$$\mathrm{POS}_{C\backslash\{b\}}(D)=\bigcup_{X\in U/D}\underline{C\backslash\{b\}}X=\{3,4,6,7\}=\mathrm{POS}_C(D);$$
$$\mathrm{POS}_{C\backslash\{c\}}(D)=\bigcup_{X\in U/D}\underline{C\backslash\{c\}}X=\{3,4,6,7\}=\mathrm{POS}_C(D).$$

因此，条件属性集 C 不是 D -独立的，其中属性 a 是 D -必要的，属性 b 和 c 不是必要的，从而 C 的 D -核为$\{a\}$. 又，条件属性集 C 有两个 D -约简：$\{a,b\}$和$\{a,c\}$.

上面介绍的直接根据定义计算约简与核的方法，只适用于比较简单的粗糙决策模型，下面介绍基于差别矩阵的决策表属性约简方法[80]，其余的知识约简方法见 5.2.2 节. 基于差别矩阵的决策表属性约简方法最初是由波兰华沙理工大学的 Skowron 教授(他是粗糙集理论创始人 Pawlak 的学生)提出的，由于计算简单，便于操作，现在已经被广泛地使用于知识约简和知识发现中.

定义 4.3.3 设$\mathbb{A}=(U,A)$是一个信息系统，其中 $U=\{x_1,x_2,\cdots,x_n\}$是论域，$A=\{a_1,a_2,\cdots,a_m\}$是属性集合. $\mathbb{A}$ 的差别矩阵 $M(\mathbb{A})$是一个 $n\times n$ 的矩阵(C_{ij})：

$$C_{ij}=\{a\in A:a(x_i)\neq a(x_j)\},i,j=1,2,\cdots,n.$$

注意：差别矩阵又译为可辨识矩阵、分辨矩阵、区分矩阵等，它们的原始意义相同(它们的元素 c_{ij} 都是能够区分对象 x_i 和 x_j 的所有属性组成的集合，其目的是计算知识表达系

统中的约简、核以及其他概念). 但在不同文献中又有微小区别(这里差别矩阵的定义与本书中定义 4.3.7、定义 4.3.8 和实验 6 中的差别矩阵的定义略有区别),读者可根据上下文分辨其确切涵义.

由于差别矩阵是对称矩阵,且 $C_{ii}=\varnothing$,因此,在计算差别矩阵时,我们只需要考虑其下三角就可以了.

定义 4.3.4 $\mathbb{A}$ 的区分函数 $f_{\mathbf{A}}$ 是一个分别对应属性 $a_1,a_2,\cdots,a_m$ 的具有 m 个布尔变量 $\bar{a}_1,\bar{a}_2,\cdots,\bar{a}_m$ 的函数:

$$f_{\mathbf{A}}(\bar{a}_1,\bar{a}_2,\cdots,\bar{a}_m)=\wedge\{\vee(C_{ij}):1\leqslant j<i\leqslant n,C_{ij}\neq\varnothing\},$$

其中 $\vee(C_{ij})$ 是满足 $a\in C_{ij}$ 的所有变量 $\bar{a}$ 的析取. 后面如果不会造成混淆我们用 a_i 代替 $\bar{a}_i$.

从差别矩阵的定义可以得到如下定理.

定理 4.3.3 令 $\mathbb{A}=(U,A)$,$B\subseteq C$. 如果对于一些 i,j,我们有 $B\cap C_{ij}\neq\varnothing$,那么 $x_i\text{DIS}(B)x_j$. 特别地,如果对于一些 i,j,有 $\varnothing\neq B\subseteq C_{ij}$,那么 $x_i\text{DIS}(B)x_j$. 进一步有 $M(\mathbb{A}\mid B)=(C_{ij}\cap B)$.

例 4.3.4 表 4-4 给出了一个信息系统.

表 4-4 信息系统

U	a	b	c	d	e
1	0	1	1	1	1
2	1	1	0	1	0
3	1	0	0	1	1
4	1	0	0	1	0
5	1	0	0	0	0
6	1	1	0	1	1

依据定义 4.3.3 和表 4-4,计算得到表 4-5 所示的差别矩阵(下三角表示). 依据定义 4.3.4 得到相应的区分函数为 $f_{\mathbf{A}}(a,b,c,d,e)=b\wedge e\wedge d\wedge(a\vee c)\wedge(b\vee e)\wedge(b\vee d)\wedge(d\vee e)\wedge(a\vee c\vee e)\wedge(a\vee b\vee c)\wedge(b\vee d\vee e)\wedge(a\vee b\vee c\vee e)\wedge(a\vee b\vee c\vee d\vee e)$.

表 4-5 差别矩阵(下三角表示)

	1	2	3	4	5	6
1	$\varnothing$					
2	ace	$\varnothing$				
3	abc	be	$\varnothing$			
4	$abce$	b	e	$\varnothing$		
5	$abcde$	bd	de	d	$\varnothing$	
6	ac	e	b	be	bde	$\varnothing$

令$\mathbb{A}=(U,A)$是一个信息系统，如果一个属性$b\in B\subseteq C$满足$\mathrm{IND}(B)=\mathrm{IND}(B-\{a\})$，则称$b$在$B$中是非必要的，反之，称$b$在$B$中是必要的.

A中所有必要属性组成的集合称为$\mathbb{A}$的核，记为$\mathrm{CORE}(\mathbb{A})$.

我们可以验证，$\mathrm{CORE}(\mathbb{A})$可以由$M(\mathbb{A})$通过如下方式表示

定理 4.3.4 $\mathrm{CORE}(\mathbb{A})=\{a\in A:C_{ij}=a\},i,j=1,2,\cdots,n$.

证明 令$B=\{a\in A:C_{ij}=a\},i,j=1,2,\cdots,n$. 我们将证明$\mathrm{CORE}(\mathbb{A})=B$.

($\subseteq$) 令$a\in\mathrm{CORE}(\mathbb{A})$，那么$\mathrm{IND}(A)\subseteq\mathrm{IND}(A-\{a\})$，所以存在$x_i$和$x_j$在$A-\{a\}$上不可分辨，但在$a$上可分辨. 因此$C_{ij}=\{a\}$.

($\supseteq$) 如果$a\in B$，那么对于一些i和j，我们有$C_{ij}=\{a\}$. 因此，a在A中是不可缺少的.

综上，$\mathrm{CORE}(\mathbb{A})=\{a\in A:C_{ij}=a\},i,j=1,2,\cdots,n$. 证毕.

定理 4.3.5 集合$B\subseteq A$在A中是独立的当且仅当$B=\mathrm{CORE}(\mathbb{A}\mid B)$，其中$\mathrm{CORE}(\mathbb{A}\mid B)=\mathrm{CORE}(\mathbb{A})\cap B$.

证明 观察B在A中是独立的，对于每个$a\in B$都存在$i,j(1\leqslant j<i\leqslant n)$使得$C_{ij}\cap B=\{a\}$. 现在应用定理 4.3.3 和定理 4.3.4 就足够了.

如果B在A中独立，且$\mathrm{IND}(B)=\mathrm{IND}(A)$，则集合$B\subseteq A$称为$A$中的约简. A中的所有约简集用$\mathrm{RED}(A)$表示.

根据定义，$B\in\mathrm{RED}(A)$. 如果B是A的最小子集(与集合理论包含相关)，这样$\mathrm{IND}(B)\subseteq\mathrm{IND}(A)$(或等价于$\mathrm{DIS}(A)\subseteq\mathrm{DIS}(B)$). 证毕.

定理 4.3.4 确定了约简和差别矩阵、区分函数之间的一些关系.

用v_B表示集合$B\subseteq A=\{a_1,a_2,\cdots,a_m\}$的特征函数，即函数$v_B:\{0,1\}^m\rightarrow\{0,1\}$，这样$a\in B$当且仅当$v_B(a)=1$.

定理 4.3.6 设$\mathbb{A}=(U,A)$是一个信息系统，其中$U=\{x_1,x_2,\cdots,x_n\}$是论域，$A=\{a_1,a_2,\cdots,a_m\}$是属性集合，设$\varnothing\neq B\subseteq A$. 以下条件是等价的：

(1) B包含一个$\mathrm{RED}(A)$的约简，即$\mathrm{IND}(A)=\mathrm{IND}(B)$；

(2) $f_{\mathbf{A}}(v_B(a_1),v_B(a_2),\cdots,v_B(a_m))=1$；

(3) 对于所有i和j，$c_{ij}\neq\varnothing$且$1\leqslant j<i\leqslant n$，$c_{ij}\cap B\neq\varnothing$.

证明 (2)和(3)的等价来自区分函数$f_{\mathbf{A}}$和差别矩阵$M(\mathbb{A})$的构造.

(3)→(1) 根据假设，我们有$c_{ij}\cap B\neq\varnothing$表示任意$i,j$，其中$1\leqslant j<i\leqslant n$. 这意味着在$B$中我们有足够的属性来区分所有这些来自$U$的对象，就$A$中的所有属性而言，这些属性是可区分的，即$B$包含一个$\mathrm{RED}(A)$的约简.

(1)→(3) 如果B包含$\mathrm{RED}(A)$的一个约简X，那么对于A的某些属性可区分的任何两个对象对于$B\supseteq X$的某些属性也可区分. 因此，如果$c_{ij}\neq\varnothing$，那么对任意的i和j，都有$c_{ij}\cap B\neq\varnothing$. 证毕.

现在我们证明以下定理.

定理 4.3.7 设$\mathbb{A}=(U,A)$是一个信息系统，并且设$\varnothing\neq B\subseteq A$. 那么集合$B$对于定理 4.3.6 中的一个条件是最小的，当且仅当它对于剩余的条件是最小的.

证明 由下面引理 4.3.1 和引理 4.3.2 的证明可以得到.

引理 4.3.1 设$\mathbb{A}=(U,A)$是一个信息系统，且$\varnothing\neq B\subseteq A$. 那么集合$B$对于定理

4.3.6 中的一个条件是最小的，当且仅当它对于定理 4.3.5 中的条件(3)是最小的.

证明 设 MIN($M(\mathbb{A})$)表示满足条件(3)的所有最小(关于集合包含)子集 B 的族. 它足以证明下列等式成立：RED($\mathbb{A}$)=MIN($M(\mathbb{A})$).

($\Leftarrow$) 令 $B\in$ MIN($M(\mathbb{A})$)，我们将证明 B 在$\mathbb{A}$ 中是独立的且 IND(B)=IND(A). 假设 B 是依赖的. 因此存在一组独立的属性 $Y\subset B$，使 IND(Y)=IND(B). 由于 B 的极小性假设，对于差别矩阵 $M(\mathbb{A})$的某个非空元素 c_{ij}，我们有 $Y\cap c_{ij}=\varnothing$，因此 x_iIND(Y)x_j 和 x_iDIS(B)x_j 是矛盾的. 剩下的证明足以表明 IND(B)$\subseteq$IND(A). 假设 x_iDIS(A)x_j. 因此 $c_{ij}\neq\varnothing$. 然后通过 B 的极小性得到 $c_{ij}\cap B\neq\varnothing$，所以 x_iDIS(B)x_j.

($\Rightarrow$)假设 $B\in$ RED($\mathbb{A}$)，我们将证明 $B\in$ MIN($M(\mathbb{A})$).

首先假设 $M(\mathbb{A})$的某个非空元素 c_{ij} 有 $c_{ij}\cap B=\varnothing$，因为 $c_{ij}\neq\varnothing$，并且 x_i 和 x_j 可以被 c_{ij} 识别出来，我们会有 x_iDIS(c_{ij})x_j 和 x_iDIS(A)x_j(因为 IND(A)$\subseteq$IND(c_{ij}))，根据 $M(\mathbb{A})$的定义我们还会有 x_iIND($A-c_{ij}$)x_j. 由于 B 是一个约简，IND(B)=IND(A). 根据我们的假设 $B\subseteq A-c_{ij}\subseteq A$，所以 IND($A-c_{ij}$)=IND($A$)，因此 x_iIND(A)x_j 是一个矛盾.

假设 B 不是最小值. 那么对于一些 $B'\subseteq B$ 和 $M(\mathbb{A})$的所有非空元素 c_{ij}，我们会得到 $c_{ij}\cap B'\neq\varnothing$. 由于 B 是一个约简，因此存在 x_k 对 B 是可分辨的，x_l 对 B 是不可分辨的. 即 x_kDIS(B)x_l 和 x_kIND(Y)x_l. 否则，如果 UxDIS(B)y 中的所有对象 x，y 隐含 xDIS(B')y，我们将有 IND(B')$\subseteq$IND(B)，这与 B 是一个约简的假设相矛盾. 然而，如果 x_kIND(B')x_l，则通过定义 $M(\mathbb{A})B'\cap c_{kl}=\varnothing$矛盾，所以 B 是最小的.

引理 4.3.2 设$\mathbb{A}=(U,A)$是一个信息系统，并且设$\varnothing\neq B\subseteq A$. 那么集合 B 相对于定理 4.3.6 的条件(1)是最小的，当且仅当它相对于定理(2)是最小的.

证明 重申一下，我们同意对属性使用相同的符号 $a_1,a_2,\cdots,a_m$ 和对应的布尔变量. 如果 f 是 m 个变量 $a_1,a_2,\cdots,a_m$ 和 $v:\{a_1,a_2,\cdots,a_m\}\to\{0,1\}$的布尔函数，那么通过 $f\circ v$ 我们表示值 $f(v(a_1),v(a_2),\cdots,v(a_m))$. 设$\mathbb{A}=(U,A)$. 通过 MIN($f$)，我们表示集合：

$\{B\subseteq A:f(v(a_1),v(a_2),\cdots,v(a_m))=1$ 且 $f(v_{B'}(a_1),v_{B'}(a_2),\cdots,v_{B'}(a_m))=0$，对任意 $B'\subseteq B\}$，足以证明以下等式：

$$\text{RED}(\mathbb{A})=\text{MIN}(f(\mathbb{A})).$$

设 g 是 $f(\mathbb{A})$通过尽可能多次应用乘法和吸收律得到的简化析取形式. 然后存在 l 和 $X_i\subseteq\{a_1,a_2,\cdots,a_m\}$表示 $i=1,2,\cdots,l$，使得

$$g=X_1\vee\cdots\vee X_{l-1}\vee X_l.$$

足以证明 RED($\mathbb{A}$)=$\{X_1,X_2,\cdots,X_l\}$.

首先，我们证明了对于 $k=1,2,\cdots,l$，$X_k\in$ RED($\mathbb{A}$).

让我们观察一下，如果 $c_{ij}\neq\varnothing$，然后 $X_k\cap c_{ij}\neq\varnothing$表示任意 i,j. 事实上，假设 $X_k\cap c_{i_0j_0}=\varnothing$和 $c_{i_0j_0}\neq\varnothing$表示一些 i_0,j_0. 从可辨函数 $f(\mathbb{A})$的定义来看，我们有 $f(\mathbb{A})=(\vee c_{i_0j_0})\wedge h$ 代表一些 h. 因此，对于估值 $v(a)=1$，如果 $a\in X_k$，我们得到 $f\circ v=0$ 和 $g\circ v=1$，这是一个矛盾.

X_k 也是所有家族中的最小集(关于集合理论包含). 满足条件的 A 的子集 X：如果 $c_{ij}\neq\varnothing$，则对于任意 i,j，$X\cap c_{ij}\neq\varnothing$，事实上，在相反的情况下，可以找到 $Y\subset X$，这样 $c_{ij}\neq\varnothing$就意味着对于任意 i,j，$Y\cap c_{ij}\neq\varnothing$. 因此，对于 $v(a)=1$ 的估值，如果 $a\in Y$，我们会得到

$f\circ v=1$ 和 $g\circ v=0$.

我们证明了 $X_k\in \mathrm{MIN}(M(\mathbb{A}))$,因此由引理 4.3.1 得 $X_k\in \mathrm{RED}(\mathbb{A})$.

现在,假设 $X\in \mathrm{RED}(\mathbb{A})$. 首先我们将为一些 i 展示 $X_i\subseteq X$. 假设 $X_i-X\neq\varnothing$表示任何 i. 因此,对于每个 i,都可以找到 $a_i\in X_i-X$. 设 Y 为所有 $a_i's$ 的集合,则 $Y\cap X\neq\varnothing$. 因此,对于估值 $v(a)=0$,如果 $a\in Y$,我们会有 $g\circ v=0$ 和 $f\circ v=1$(因为根据引理 4.3.1,对于任意 i,j,如果 $c_{ij}\neq\varnothing$,且对于 $a\in X$,$v(a)=1$,则 $X\cap c_{ij}\neq\varnothing$),这个矛盾证明了对于某些 i_0,$X_{i_0}\subseteq X$.

现在足以证明 $X_{i_0}=X$. 假设 $a'\in X_{i_0}-X$ 代表一些 a'. 然后,如果 $a\in X_{i_0}$,则取估值 $v(a)=1$,我们将得到 $g\circ v=1$ 和 $f\circ v=0$(由引理 4.3.1 证明的 X 的极小性得出). 矛盾证明了 $X=X_{i_0}$.

推论 4.3.1 设$\mathbb{A}=(U,A)$是一个信息系统,如果 f'是对可辨函数 $f(\mathbb{A})$的初始连接形式应用有限次吸收或乘法定律的结果,则 $\mathrm{MIN}(f(\mathbb{A}))=\mathrm{MIN}(f)$. 如果 M'是用空集$\varnothing$替换 $M(\mathbb{A})$中的某些元素 c_{ij},使得$\varnothing\neq c_{kl}\subseteq c_{ij}$ 对于某些 $k,l(k,l)\neq(i,j)$,$1\leqslant j<i\leqslant n$,$1\leqslant l<k\leqslant n$,则 $\mathrm{MIN}(M(\mathbb{A}))=\mathrm{MIN}(M')$.

证明 这个推论来自于差别矩阵和区分函数的定义,以及引理 4.3.1 和引理 4.3.2 的证明. 证毕.

令$\mathbb{A}=(U,A)$是一个信息系统,$a^*\notin A$ 是一个从 U 到有限集 V^* 的函数. 信息系统 $\mathbb{A}^*=(U,A\cup\{a^*\})$称为$\mathbb{A}$ 在 a^* 上的扩展(或 A 的 a^*-扩展). 这是所谓决策表的特例. 决策表是信息系统,其属性集分为两个不相交的集 C 和 D,分别称为条件和决策属性. 可以用单个属性 a^* 表示属性集 $D=\{d_1,d_2,\cdots,d_k\}$,如用向量的值编码作为 a^* 的值. 通过这种方式可以得到一个称为决策表$(U,C\cup D)$的信息系统$(U,C\cup\{a^*\})$,其中 C 和 D 为非空不相交的属性集. 接下来使用对应的$(U,C\cup\{a^*\})$来定义与$(U,C\cup D)$ 相关的相对约简与核等概念.

例 4.3.5 这里提出的决策表代表了一个熟料回转窑的控制算法[81]. 该计算机控制算法是通过对窑炉控制人员决策的观察得出的,它能够模拟炉工作为窑炉控制人员的性能. 加煤机的表现可以被描述为一个决策表,a,b,c,d 是条件属性,e 和 f 是决策表. 条件属性值的每个组合都对应于一个特定的窑炉状态,在窑的每个状态下,必须采取适当的措施,以获得所需的水泥质量. 这些对象对应于不同的情况,其中加煤机正在做决策.

表 4-6 描述了通过观察窑炉而获得的经验丰富的窑炉操作者的知识.

令$\mathbb{A}=(U,A)$,其中 $U=\{1,2,\cdots,13\}$,$A=\{a,b,c,d\}$,A 中的条件属性定义在表 4-6.

表 4-6 决策表$\mathbb{A}$

U	a	b	c	d	e	f
1	3	3	2	2	2	4
2	3	2	2	2	2	4
3	3	2	2	1	2	4
4	2	2	2	1	1	4
5	2	2	2	2	1	4

续表

U	a	b	c	d	e	f
6	3	2	2	3	2	3
7	3	3	2	3	2	3
8	4	3	2	3	2	3
9	4	3	3	3	2	2
10	4	4	3	3	2	2
11	4	4	3	2	2	2
12	4	3	3	2	2	2
13	4	2	3	2	2	2

信息系统$\mathbb{A}=(U,A)$(带有决策属性 e,f)的扩展$\mathbb{A}^*$通过将两个决策属性 e、f 编码为一个属性 a^*,可能的值为 1,2,3,4(编码对应的值对). 扩展$\mathbb{A}^*$的形式如表 4-7 所示.

表 4-7　决策表$\mathbb{A}^*$

U	a	b	c	d	a^*
1	3	3	2	2	1
2	3	2	2	2	1
3	3	2	2	1	1
4	2	2	2	1	2
5	2	2	2	2	2
6	3	2	2	3	3
7	3	3	2	3	3
8	4	3	2	3	3
9	4	3	3	3	4
10	4	4	3	3	4
11	4	4	3	2	4
12	4	3	3	2	4
13	4	2	3	2	4

$\mathbb{A}^*$的差别矩阵如表 4-8 所示.

如果$\mathbb{A}^*$是一个信息系统$\mathbb{A}=(U,A)$的 a^* 扩展且 $B\subseteq C$,那么集合

$$\bigcup\{\underline{B}X:X\text{-关系 IND}(a^*)\text{ 的等价类}\}$$

被称为 a^*(在$\mathbb{A}^*$中)的 B-正域,记为 $\mathrm{POS}_B(a^*)$.

我们发现当 $\mathrm{IND}(B)\subseteq\mathrm{IND}(a^*)$时,对所有 $X\in\mathrm{IND}(a^*)$有 $\underline{B}X=X$,所以 a^*(在$\mathbb{A}^*$中)的 B-正域等于 U.

a^*(在$\mathbb{A}^*$中)的B—正域是在IND(B)分类下表达的知识的基础上,能够正确地划分到IND(a^*)的论域U中所有对象的集合.

表 4-8 $\mathbb{A}^*$的差别矩阵

	1	2	3	4	5	6	7	8	9	10	11	12
1												
2	b											
3	b d	d										
4	a b a^* d	a a^* d	a a^*									
5	a a^* b	a a^*	a a^* d	d								
6	b a^* d	d a^*	d a^*	a a^* d	a a^* d							
7	d a^*	b a^* d	B a^* d	a b a^* d	a b a^* d	b						
8	a a^* d	a b a^* d	a b a^* d	a b a^* d	a b a^* d	a b	a					
9	a c a^* d	a d b c a^*	a d b c a^*	a d b c a^*	a b a^* c d	a b a^* c	a a^* c	c a^*				
10	a d b c a^*	a d b c a^*	a d b c a^*	a d b c a^*	a d b c a^*	a b a^* c	a b a^* c	b a^* c	b			
11	a b a^* c	a b a^* c	a d b c a^*	a d b c a^*	a b a^* c	a d b c a^*	a d b c a^*	b c a^* d	b d	b		
12	a a^* c	a b a^* c	a d b c a^*	a d b c a^*	a b a^* c	a d b c a^*	a c a^* d	c a^* d	d	b d	b	
13	a b a^* c	a a^* c	a c a^* d	a c a^* d	a a^* c	a c a^* d	a d b c a^*	b c a^* d	b d	b d	b	b

例 4.3.6 我们将从例4.3.5和$B=\{b,c\}$中计算$\mathbb{A}^*$的$\mathrm{POS}_B(a^*)$. 我们得到了以下不可分辨关系IND(a^*)的类:{1,2,3},{4,5},{6,7,8},{9,10,11,12,13}. 下一步,我们计算不可分辨关系IND(B)中的类:{1,7,8},{2,3,4,5,6},{9,12},{10,11}{13}. 最后,我们得到:

$\mathrm{POS}_B(a^*)=\underline{B}\{1,2,3\}\cup\underline{B}\{4,5\}\cup\underline{B}\{6,7,8\}\cup\underline{B}\{9,10,11,12,13\}=\{9,10,11,$

12,13}.

我们可以检查发现$\mathrm{POS}_B(a^*)=\mathrm{POS}_{\{c\}}(a^*)$.

现在我们取 $B'=\{a,c,d\}$,则不可分辨关系 IND(B')的等价类如下:

{1,2},{3},{4},{5},{6,7},{8},{9,10},{11,12,13}. 因此$\mathrm{POS}_B(a^*)=U$.

定义 4.3.5 令$\mathbb{A}^*=(U,A\cup\{a^*\})$是$\mathbb{A}=(U,A)$的扩展,且$\varnothing\neq B\subseteq A$. 如果$\mathrm{POS}_B(a^*)=\mathrm{POS}_{B-\{b\}}(a^*)$,我们称属性 $b\in B$ 在 B 中是不必要的;否则,称 $b\in B$ 在 B 中是必要的. 如果 B 中的每个属性在 B 中都是必要的,那么我们说 B 在$\mathbb{A}^*$中是相对独立的(relative independence,RI)(或者 B 对于$\mathbb{A}^*$中的 a^* 是独立的).

上述定义的独立性概念是 Marczewski[82]提出的独立性的一个特殊情况,也可另见一篇概述论文[83].

对 RI 问题求解可以描述为:输入为信息系统的扩展和差别矩阵,如果 B 在$\mathbb{A}^*$中是相对独立的则输出为 1,否则输出为 0. 那么对 RI 问题求解需要 $O(n^2)$阶的步骤数,下面进行证明.

定理 4.3.8 $\mathrm{RI}\in\mathrm{DTIME}(n^2)$.

证明 首先,我们定义系统$\mathbb{A}^*$的扩展$\mathbb{A}'=(U,A^*\cup\{\mathrm{POS}\})$,其中 $\mathrm{POS}:U\rightarrow\{0,1\}$,并且 $\mathrm{POS}(x)=1$ 当且仅当 $x\in\mathrm{POS}_B(a^*)$. $M(\mathbb{A}')$可以在 $O(n^2)$步中构造. 很容易观察到 $M(\mathbb{A}')=(c'_{ij})$具有以下属性:

B 在$\mathbb{A}^*$相对独立当且仅当对于每一个 $b\in B$ 都存在 $i,j(1\leqslant j<i\leqslant n)$,使得 $c'_{ij}\cap B=\{b\}$且[$\mathrm{pos}\in c'_{ij}$ 或($a^*\in c'_{ij}$ 且 $x_i,x_j\in\mathrm{POS}_B(a^*)$)]. (*)

为了证明这个等价性,让我们首先假设 B 在$\mathbb{A}^*$中是相对独立的. 那么对任意的 $b\in B$,我们有

$$\mathrm{POS}_B(a^*)\supset\mathrm{POS}_{B-\{b\}}(a^*).$$

这个式子意味着存在 $x_i\in\mathrm{POS}_B(a^*)-\mathrm{POS}_{B-\{b\}}(a^*)$. 因此$[x_i]_B\subseteq\mathrm{POS}_B(a^*)$且$[x_i]_{B-\{b\}}\subseteq U-\mathrm{POS}_{B-\{b\}}(a^*)$. 从第一个条件开始,对 IND($a^*$)中存在等价类 $\boldsymbol{x}$ 使得$[x_i]_B\subseteq\boldsymbol{x}$,且第二个等价类$[x_i]_{B-\{b\}}$与 IND($a^*$)中至少两个等价类 $\boldsymbol{y}$ 和 $\boldsymbol{z}$ 的相交非空. 可以假设 $x_i\in\boldsymbol{y}$,所以存在 $x_j\neq x_i$,使得 $x_i\in\boldsymbol{y}\cap[x_i]_{B-\{b\}}$ 和 $x_j\in\boldsymbol{z}\cap[x_i]_{B-\{b\}}$通过 b 的含义是可区分的,而不能通过 $B-\{b\}$中属性的含义区分. 因此 $c'_{ij}\cap B=\{b\}$. 如果 $\mathrm{POS}\in c_{ij}$,那么这个证明完成. 假设 $\mathrm{POS}\notin c_{ij}$,那么 x_i 和 x_j 属于$\mathrm{POS}_B(a^*)$或者属于 $U-\mathrm{POS}_B(a^*)$. 因此 $x_i\in\mathrm{POS}_B(a^*)$,也有 $x_j\in\mathrm{POS}_B(a^*)$.

我们现在假设条件(*)为真,并假设存在 $b_0\in B$,有 $\mathrm{POS}_B(a^*)=\mathrm{POS}_{B-\{b\}}(a^*)$. 假设 x_i 和 x_j 可以被 b_0 识别,不能被 $B-\{b_0\}$识别,那么它们中的其中一个属于 $\mathrm{POS}_B(a^*)$或者它们都属于 $\mathrm{POS}_B(a^*)$,但属于 IND(a^*)中的不同类 $\boldsymbol{y}$ 和 $\boldsymbol{z}$. 在这两种情况下,我们得到了与假设的矛盾 $\mathrm{POS}_B(a^*)=\mathrm{POS}_{B-\{b\}}(a^*)$. 实际上,如果 $x_i\in\mathrm{POS}_B(a^*)$且 $x_j\notin\mathrm{POS}_B(a^*)$,那么 $x_i\in\mathrm{POS}_{B-\{b_0\}}(a^*)$且 $x_j\notin\mathrm{POS}_{B-\{b_0\}}(a^*)$. 但这矛盾,因为 $x_i\mathrm{IND}(B-\{b_0\})x_j$ 表明 x_i 和 x_j 都属于或都不属于 $\mathrm{POS}_B(a^*)$. 如果 $x_i,x_j\in\mathrm{POS}_B(a^*)=\mathrm{POS}_{B-\{b_0\}}(a^*)$,$x_i\in\boldsymbol{y}$,$x_j\in\boldsymbol{z}$,其中 $\boldsymbol{x}$ 和 $\boldsymbol{y}$ 是 IND(a^*)的不同类,那么又会出现矛盾,因为通过定义 $\mathrm{POS}_{B-\{b_0\}}(a^*)$不能包含等价类$[x_i]_B$,它与两个不同的等价类有非空的交点.

为了检查上面表述的条件(*),它足以通过矩阵 $M(\mathbb{A}')$执行一条路径,这可以在

$O(n^2)$阶的若干步骤中实现.

例 4.3.7 令$\mathbb{A}^*$如例 4.3.5 所示. 我们检查 $B=\{b,e\}$在$\mathbb{A}^*$中是否相对独立. 从前面的例子中,有

$$\mathrm{POS}(a)=1\mathrm{iffa} \in \{9,10,11,12,13\}.$$

因此,$\mathbb{A}'$的一个新矩阵的形式如表 4-9 所示.

在表 4-9 中,决策 POS 用 p 表示. 我们观察到 $c'_{12,1}\cap\{b,c\}=\{c\}$且 POS$\in c'_{12,1}$,但是 i,j 没有满足

$$c'_{12,1} \cap \{b,c\}=\{b\} \text{ 且}[\mathrm{POS} \in c'_{ij} \text{ 或} a^* \in c'_{ij} \text{ 和} x_i,x_j \in \mathrm{POS}_B(a^*)].$$

作为一个结论,我们得到集合 B 相对依赖于$\mathbb{A}$. 从 B 中消去b 不会改变正区域(也参见前面的例子),即

$$\mathrm{POS}_{\{b,c\}}(a^*)=\mathrm{POS}_{\{c\}}(a^*).$$

对于上例中的集合 $B'=\{a,c,d\}$,我们有$\mathrm{POS}_{B'}(a^*)=U$,因此集合$\mathrm{POS}_{B'}(a^*)$的特征函数pos′总是等于 1. 因此,对应矩阵 $M(\mathbb{A}')$中没有元素包含 pos,考虑 $M(\mathbb{A}^*)$而不是 $M(\mathbb{A}')$就足够了.

我们有:

$c_{4,3}\cap\{a,c,d\}=\{a\}$,$4,3\in \mathrm{POS}_{B'}(a^*)=U$ 和 $a^*\in c_{4,3}$,

$c_{9,8}\cap\{a,c,d\}=\{c\}$,$9,8\in \mathrm{POS}_{B'}(a^*)=U$ 和 $a^*\in c_{9,8}$,

$c_{7,1}\cap\{a,c,d\}=\{d\}$,$7,1\in \mathrm{POS}_{B'}(a^*)=U$ 和 $a^*\in c_{7,1}$.

因此集合 B'在$\mathbb{A}^*$中是相对独立的.

如果 B 在$\mathbb{A}^*$中相对独立,且 $\mathrm{POS}_A(a^*)=\mathrm{POS}_B(a^*)$,则称子集 $B\in A$ 为$\mathbb{A}^*$中的相对约简. 我们用 RED($\mathbb{A}^*$)表示$\mathbb{A}^*$中的所有相对约简集.

例 4.3.8 对于例 4.3.5 中的$\mathbb{A}^*$和 $B'=\{a,c,d\}$,由例 4.3.6 可知 B'在$\mathbb{A}^*$中是相对独立的. 我们还有 $\mathrm{POS}_{B'}(a^*)=U$,因此 $B\in \mathrm{RED}(\mathbb{A}^*)$.

设$\mathbb{A}^*=(U,A\cup\{a^*\})$. A 中所有相对不可或缺的属性集合称为$\mathbb{A}$ 的相对核,记为 CORE($\mathbb{A}^*$).

定理 4.3.9[69] CORE($\mathbb{A}^*$)$=\bigcap$RED($\mathbb{A}^*$).

在后者非空的情况下,可以使用核心的概念作为计算所有约简的基础,因为核心包含在每个约简中,它的计算是直接的.

表 4-9 $\mathbb{A}'$的差别矩阵

	1	2	3	4	5	6	7	8	9	10	11	12
1												
2	b											
3	b d	d										
4	a $b\ a^*$ d	$a\ a^*$ d	$a\ a^*$									

续表

	1	2	3	4	5	6	7	8	9	10	11	12
5	$a\ a^*$ b	$a\ a^*$	$a\ a^*$ d	d								
6	$b\ a^*$ d	$d\ a^*$	$d\ a^*$	$a\ a^*$ d	$a\ a^*$ d							
7	$d\ a^*$	$b\ a^*$ d	$b\ a^*$ d	a $b\ a^*$ d	a $b\ a^*$ d	b						
8	$a\ a^*$ d	a $b\ a^*$ d	a $b\ a^*$ d	a $b\ a^*$ d	a $b\ a^*$ d	a b	a					
9	$a\ p$ $c\ a^*$ d	$a\ d$ $b\ p$ $c\ a^*$	$a\ d$ $b\ p$ $c\ a^*$	$a\ d$ $b\ p$ $c\ a^*$	$a\ d$ $b\ \ p$ $c\ a^*$	$a\ p$ b $c\ a^*$	$a\ p$ $c\ a^*$	c $p\ a^*$				
10	$a\ d$ $b\ p$ $c\ a^*$	$a\ d$ $b\ p$ $c\ a^*$	$a\ d$ $b\ p$ $c\ a^*$	$a\ d$ $b\ p$ $c\ a^*$	$a\ d$ $b\ p$ $c\ a^*$	$a\ p$ b $c\ a^*$	$a\ p$ b $c\ a^*$	$b\ p$ $c\ a^*$	b			
11	$a\ p$ b $c\ a^*$	$a\ p$ b $c\ a^*$	$a\ d$ $b\ p$ $c\ a^*$	$a\ d$ $b\ p$ $c\ a^*$	$a\ p$ b $c\ a^*$	$a\ d$ $b\ p$ $c\ a^*$	$a\ d$ $b\ p$ $c\ a^*$	$b\ p$ c $d\ a^*$	b d	d		
12	$a\ p$ $c\ a^*$	$a\ p$ b $c\ a^*$	$a\ d$ $b\ p$ $c\ a^*$	$a\ d$ $b\ p$ $c\ a^*$	$a\ p$ b $c\ a^*$	$a\ d$ $b\ p$ $c\ a^*$	$a\ p$ c $d\ a^*$	$c\ p$ $d\ a^*$	d	b d	b	
13	$a\ p$ b $c\ a^*$	$a\ p$ $c\ a^*$	$a\ p$ c $d\ a^*$	$a\ p$ c $d\ a^*$	$a\ p$ $c\ a^*$	$a\ p$ c $d\ a^*$	$a\ d$ $b\ p$ $c\ a^*$	$b\ p$ c $d\ a^*$	b d	b d	b	b

例 4.3.9 让我们再次考虑例 4.3.5 中的$\mathbb{A}^*$. 我们有$\mathrm{POS}_A(a^*)=U$ (参见例 4.3.7). 因此我们的条件等价于 $b\in \mathrm{CORE}(\mathbb{A}^*)$,有如下形式:存在 $i,j\,(1\leqslant j<i\leqslant n)$,满足

$$c_{ij}-\{a^*\}=\{b\} \text{ 且 } a^*(x_i)\neq a^*(x_j),$$

其中 $M(\mathbb{A}^*)=(c_{ij})$.

如果 c_{ij} 没有只包含 b 和 a^*,那么属性 b 在 A 中是相对不必要的. 属性 a,c,d 在 A 中是相对必要的,如果满足:

$$c_{4,3}=\{a,a^*\},c_{9,8}=\{c,a^*\},c_{7,1}=\{d,a^*\}.$$

因此,$\mathrm{CORE}(\mathbb{A}^*)=\{a,c,d\}$.

为有效地求核,Hu 等[84]给出如下结论:当且仅当某个 m_{ij} 为单个属性时,该属性属于核 Core(C). 叶东毅等[85]对 Hu 的这个结论提出质疑并举例说明了该结论的问题,提出的改进的差别矩阵定义如下.

定义 4.3.6 令 card{}表示集合{}的基数,即集合{}中包含元素的个数. 对 $x_i\in U$,记 $d(x_i)=\mathrm{card}\{f(y,D):y\in[x_i]_C\}$,即 $d(x_i)$表示 U 中所有与 x_i 在关系 IND(C)下是等价的元素相应的决策属性值构成的集合的基数.

定义 4.3.7 对给定的决策系统 $S=(U,C\cup D,V,f)$,定义差别矩阵 $\boldsymbol{M}_S=\{m'_{ij}\}$为

$$m'_{ij}=\begin{cases}m_{ij}, & \text{当 } \min\{d(x_i),d(x_j)\}=1,\\ \varnothing, & \text{其他}.\end{cases}$$

其中$\{m_{ij}\}$的定义同 $C_D(i,j)$. 叶东毅的结论如下:当且仅当某个 m'_{ij} 为单个属性时该属性属于核 Core(C). 杨明[86]认为叶东毅提供的算法的效率仍需改进,他在引入求解某个属性为不可缺少属性的等价定理后提出了改进的差别矩阵定义以及求解核的方法.

定义 4.3.8 对给定的决策系统 $DS=(U,C\cup D,V,f)$,定义差别矩阵 $\boldsymbol{M}_S=\{C_{ij}\}$为

$$C_{ij}=\begin{cases}\{a\in C\mid a(x_i)\neq a(x_j)\wedge d(x_i)\neq d(x_j)\}, & x_i,x_j\in \mathrm{POS}_C(D),\\ \{a\in C\mid a(x_i)\neq a(x_j)\}, & x_i\in \mathrm{POS}_C(D),x_j\notin \mathrm{POS}_C(D),\\ \varnothing, & \text{其他}.\end{cases}$$

即分三种情况:(1) x_i 和 x_j 都属于正域;(2) x_i 和 x_j 中有且只有一个属于正域;(3)除上面两种情况的其他情况.

从上面区分的计算可以看出,差别矩阵中的每个元素都被用来构造区分函数,这将导致沉重的计算负载. Chen 等[87]根据观察,认为在找到约简之前,可以选择原始决策系统的样本对来确定差别矩阵中的最小元素,在不计算差别矩阵的情况下计算样本对选择再进行属性约简,感兴趣的读者可以阅读文献[87].

4.4 基于一般关系的广义粗糙集

近年来,随着粗糙集理论与应用研究的深入,文献中提出了多种广义粗糙集,其中包括本节介绍的基于一般关系的广义粗糙集,以及后续将要介绍的覆盖粗糙集、多粒度粗糙集和模糊粗糙集等[88~91]. 对于这些广义粗糙集的研究,不仅在理论上逐步成熟,而且也在多个领域有成功的应用.

我们知道,对于论域 U 而言,U 的乘积 $U\times U=\{(a,b)\mid a,b\in U\}$的子集 R 称为 U 的一个(二元)关系. 通常,我们也将$(x,y)\in R$ 记作 xRy. 如果关系 R 满足自反性($\forall x\in U$, xRx),对称性($xRy\Rightarrow yRx$)和传递性($xRy,yRz\Rightarrow xRz$),则称 R 是 U 上的一个等价关系. 我们在本章第 2 节介绍的粗糙集理论就是基于论域上的等价关系而建立的,这个理论称为经典的粗糙集理论.

由于等价关系的条件太高,在一些应用领域中,知识库中存在多种不确定性因素,以及信息缺失等原因,使得所讨论的关系往往达不到这么高的标准. 为此,人们考虑在更一般的关系基础上建立粗糙集理论.

为了引进这种广义粗糙集,我们首先给出几个相关的概念和术语.

定义 4.4.1 设 R 是论域 U 上的关系,$x,y\in U$.

(1) 如果 xRy,则称 y 是 x 的后继(successor),而称 x 是 y 的前继(predecessor). x 的所有后继构成的集合称为 x 的后继邻域,记作 $R_s(x)$,而 x 的所有前继构成的集合称为 x 的前继邻域,记作 $R_p(x)$.

(2) 如果 $\forall x\in U,R_s(x)\neq\varnothing$,则称 R 是串行的(serial);

(3) 如果 $\forall x\in U,R_p(x)\neq\varnothing$,则称 R 是逆串行的(inverse serial);

(4) 如果 $\forall x\in U,xRx$,则称 R 是自反的(reflexive);

(5) 如果 $\forall x,y\in U, xRy\Rightarrow yRx$,则称 R 是对称的(symmetric);

(6) 如果 $\forall x,y,z\in U, xRy, yRz\Rightarrow xRz$,则称 R 是传递的(transitive);

(7) 如果 $\forall x,y,z\in U, xRy, xRz\Rightarrow yRz$,则称 R 是欧几里得的(Euclidean).

注意:(1) 在以上的定义中,关系的自反性也可以通过后继邻域来刻画:即关系 R 是自反的当且仅当 $\forall x\in U, x\in R_s(x)$. 类似地,我们可以给出对称性,传递性,以及欧几里得性的邻域刻画.

(2) 如果关系 R 是自反的,则它必定是串行的,也必定是逆串行的. 又,如果关系 R 是自反的和欧几里得的,则它必定是对称的. 另外,如果关系 R 是对称的和传递的,则它必定是欧几里得的.

(3) 在有关文献中,具有自反性和对称性的关系称为相似关系(similarity relation,也被称为容差关系 tolerance relation),具有自反性和传递性的关系称为预序关系(preorder relation). 这两种关系在广义粗糙集的理论和应用研究中均占有重要的地位.

例 4.4.1 设论域为 $U=\{x_1,x_2,x_3,x_4,x_5\}$,给出论域 U 上以下几个关系:

$$R_1=\{(x_i,x_i)\mid 1\leqslant i\leqslant 5\}\cup\{(x_1,x_3),(x_2,x_4)\},$$

$$R_2=\{(x_1,x_3),(x_3,x_1),(x_2,x_4),(x_4,x_2),(x_5,x_5)\},$$

$$R_3=\{(x_1,x_3),(x_3,x_4),(x_1,x_4)\},$$

$$R_4=\{(x_1,x_3),(x_1,x_4),(x_3,x_4),(x_4,x_3)\}.$$

可以验证:关系 R_1 是自反的,R_2 是对称的,R_3 是传递的,而 R_4 是欧几里得的.

有了以上的后继邻域的概念,我们可以引入本节的主要概念.

定义 4.4.2 设 R 是论域 U 上的关系,则称有序对(U,R)为一个广义近似空间. 对于 U 的子集 X,它的下近似和上近似分别定义为

$$\underline{apr}_R(X)=\{x\in U\mid R_s(x)\subseteq X\};\quad \overline{apr}_R(X)=\{x\in U\mid R_s(x)\cap X\neq\varnothing\}.$$

如果 $\underline{apr}_R(X)=\overline{apr}_R(X)$,则称 X 关于近似空间(U,R)是可定义的(或者精确的),否则称 X 为粗糙的(或称 X 为广义粗糙集).

论域 U 的幂集上的算子 $\underline{apr}$ 和 $\overline{apr}$ 分别成为下近似算子和上近似算子.

为方便计,在不致引起混淆时,通常省略近似算子的下标“R”和不必要的括号,也将广义粗糙集简称为粗糙集.

例 4.4.2 设 $S=(U,A)$是信息系统,其中 U 是由对象组成的论域,而 A 是由属性组成的属性集合. 如果信息系统中,每个对象的所有属性值对于 $a\in A$ 和 $x\in U$,记作 $a(x)$,都是已知的,则称这个系统为完全的信息系统. 我们前面已经介绍过,在这类信息系统中,每个属性对应一个等价关系,从而决定了论域的一个划分. 但是,在应用中给出的信息系统,由于专家知识水平的限制,以及数据资料采集与传输的困难等原因,经常遇到部分对象的某些属性值未知(通常用符号 * 表示)的情况,这样的信息系统称为不完全信息系统. 这时,按照以下定义的关系 R 是论域上的自反的和对称的关系,即 R 是相似关系,一般不再是等价关系:

$$R=\{(x,y)\in U\times U\mid \forall a\in A, a(x)=a(y),\text{或 } a(x)=*,\text{或 } a(y)=*\}.$$

这样,利用上述关系 R 可以构成广义近似空间(U,R).

以下定理给出广义近似空间中近似算子(即定义 4.4.2 中的近似算子)的基本性质.

定理 4.4.1 设(U,R)是广义近似空间,$X\subseteq U$,$Y\subseteq U$,则:

(1)(对偶性) $\underline{apr}(X^c)=(\overline{apr}X)^c$,$\overline{apr}(X^c)=(\underline{apr}X)^c$;

(2)(两极性) $\underline{apr}U=U$,$\overline{apr}\varnothing=\varnothing$;

(3)(下保交,上保并) $\underline{apr}(X\cap Y)=\underline{apr}X\cap\underline{apr}Y$,$\overline{apr}(X\cup Y)=\overline{apr}X\cup\overline{apr}Y$;

(4)(单调性) $X\subseteq Y\Rightarrow\underline{apr}X\subseteq\underline{apr}Y$,$\overline{apr}X\subseteq\overline{apr}Y$;

(5) $\underline{apr}(X\cup Y)\supseteq\underline{apr}X\cup\underline{apr}Y$,$\overline{apr}(X\cap Y)\subseteq\overline{apr}X\cap\overline{apr}Y$.

证明 我们只证明与下近似算子相关的性质. (2)和(4)显然成立.

对于(1),由于

$$x\in\underline{apr}(X^c)\Leftrightarrow R_s(x)\subseteq X^c\Leftrightarrow R_s(x)\cap X=\varnothing\Leftrightarrow x\in(\overline{apr}X)^c.$$

因此,$\underline{apr}(X^c)=(\overline{apr}X)^c$.

(3)可由以下推理证得

$$x\in\underline{apr}(X\cap Y)\Leftrightarrow R_s(x)\subseteq X\cap Y\Leftrightarrow R_s(x)\subseteq X,$$
$$R_s(x)\subseteq Y\Leftrightarrow x\in\underline{apr}X,x\in\underline{apr}Y\Leftrightarrow x\in\underline{apr}X\cap\underline{apr}Y.$$

(5) 是(4)的直接推论. □

读者在将这个定理与定理 4.2.1 做比较后,不难看出,这里的结论是很弱的. 在广义近似空间中,近似算子不再具有那些熟知的性质. 自然地,如果关系还具有某些以上列举的特殊性质,那么可以期待相应的近似算子具有较好的性质. 以下几个定理反映了这样的情况,随着关系 R 具有更多的性质,近似算子 $\underline{apr}$ 和 $\overline{apr}$ 的性质也更好.

定理 4.4.2 设(U,R)是广义近似空间,则以下条件等价:

(1) R 是自反的;

(2) $\forall X\subseteq U$,$\underline{apr}X\subseteq X$;

(3) $\forall X\subseteq U$,$X\subseteq\overline{apr}X$.

证明 根据两个近似算子的对偶性,条件(2)和(3)的等价性是显然成立的.

(1)⇒(2). 设 $x\in\underline{apr}X$,则有 $R_s(x)\subseteq X$. 由于 R 是自反的,故 $x\in R_s(x)$,从而 $x\in X$. 这就证明了 $\underline{apr}X\subseteq X$.

(3)⇒(1). 对于 $x\in U$,有 $x\in\overline{apr}\{x\}$. 不难证明,$\overline{apr}\{x\}$具有以下形式:

$$\overline{apr}\{x\}=R_p(x)=\{y\in U\mid yRx\}.$$

从而有 $x\in R_p(x)$,即 $x\in R_s(x)$. 这就证明了 R 具有自反性. □

定理 4.4.3 设(U,R)是广义近似空间,则以下条件等价:

(1) R 是对称的;

(2) $\forall X\subseteq U$,$X\subseteq\underline{apr}(\overline{apr}X)$;

(3) $\forall X\subseteq U$,$\overline{apr}(\underline{apr}X)\subseteq X$.

证明 只需证条件(1)和条件(2)的等价性.

(1)⇒(2). 设 $x\in X$,且 $y\in R_s(x)$. 则由 R 的对称性可知,$x\in R_s(y)$. 于是,$x\in R_s(y)\cap X$. 这表明 $R_s(y)\cap X\neq\varnothing$. 从而 $y\in\overline{apr}X$. 由 $y\in R_s(x)$的任意性可知,$R_s(y)\subseteq\overline{apr}X$. 这表明 $x\in\underline{apr}(\overline{apr}X)$,从而 $X\subseteq\underline{apr}(\overline{apr}X)$.

(2)⇒(1). 设 $x,y\in U$,且 $y\in R_s(x)$. 由(2)可知,$x\in\underline{apr}(\overline{apr}\{x\})$. 于是有 $y\in R_s(x)\subseteq\overline{apr}\{x\}$. 因此,$R_s(y)\cap\{x\}\neq\varnothing$. 这表明 $x\in R_s(y)$,即 R 是对称的. □

定理 4.4.4 设(U,R)是广义近似空间,则以下条件等价:

(1) R 是传递的；

(2) $\forall X\subseteq U,\underline{apr}X\subseteq\underline{apr}(\underline{apr}X)$；

(3) $\forall X\subseteq U,\overline{apr}(\overline{apr}X)\subseteq\overline{apr}X$.

证明 由近似算子的对偶性，只需证(1)⇒(2)和(3)⇒(1).

(1)⇒(2). 设 $x\in\underline{apr}X$，则有 $R_s(x)\subseteq X$. 如果 $y\in R_s(x)$，则由 R 的传递性可知，$R_s(y)\subseteq R_s(x)\subseteq X$. 这表明 $y\in\underline{apr}X$. 由 $y\in R_s(x)$的任意性可知，$R_s(x)\subseteq\underline{apr}X$. 因此有 $x\in\underline{apr}(\underline{apr}X)$，从而 $\underline{apr}X\subseteq\underline{apr}(\underline{apr}X)$.

(3)⇒(1). 设 $y\in R_s(x)$，且 $z\in R_s(y)$. 则 $y\in\overline{apr}\{z\}$. 从而 $y\in R_s(x)\cap\overline{apr}\{z\}$. 因此，$R_s(x)\cap\overline{apr}\{z\}\neq\varnothing$. 这表明 $x\in\overline{apr}(\overline{apr}\{z\})\subseteq\overline{apr}\{z\}$. 于是，$z\in R_s(x)$. 这就证明了$R$ 具有传递性. □

定理 4.4.5 设(U,R)是广义近似空间，则以下条件等价：

(1) R 是欧几里得的；

(2) $\forall X\subseteq U,\overline{apr}X\subseteq\underline{apr}(\overline{apr}X)$；

(3) $\forall X\subseteq U,\overline{apr}(\underline{apr}X)\subseteq\underline{apr}X$.

证明 只需证条件(1)和(2)的等价性.

(1)⇒(2). 设 $x\in\overline{apr}X$，则有 $R_s(x)\cap X\neq\varnothing$. 若 $y\in R_s(x)$，则由欧几里得性质知 $R_s(x)\subseteq R_s(y)$. 于是 $R_s(y)\cap X\neq\varnothing$，从而 $y\in\overline{apr}X$. 因此 $R_s(x)\subseteq\overline{apr}X$. 这样，$x\in\underline{apr}(\overline{apr}X)$. 于是 $\overline{apr}X\subseteq\underline{apr}(\overline{apr}X)$.

(2)⇒(1). 设 $y\in R_s(x)$，且 $z\in R_s(x)$，则有 $x\in\overline{apr}\{z\}\subseteq\underline{apr}(\overline{apr}\{z\})$，从而 $R_s(x)\subseteq\overline{apr}\{z\}$. 这样，$y\in\overline{apr}\{z\}$，从而 $z\in R_s(y)$. 这表明 R 是欧几里得的. □

注意：(1) 可以证明，关系是串行的，当且仅当以下两个条件之一成立：

① $\forall X\subseteq U,\underline{apr}X\subseteq\overline{apr}X$；

② $\overline{apr}U=U$.

类似地，可以证明，关系是逆串行的，当且仅当以下两个条件之一成立：

③ $\forall x\in U,\overline{apr}\{x\}\neq\varnothing$；

④ $R_s(U)=U$.

(2) 关于粗糙集理论研究的一个有趣的问题是，能否由论域的幂集上两个对偶算子的性质来构造相应的关系或近似空间？这种研究方法称为粗糙集理论中的公理化方法. 限于篇幅和本书的适用读者对象，这里就不展开讨论了，有兴趣的读者可以查阅相关论文(比如文献[92,93]).

(3) 本节的广义粗糙集，是将原来近似空间中的等价关系拓宽为一般二元关系得到的. 关于粗糙集的推广，还有另一种途径：经典粗糙集基于近似空间(U,R)，下、上近似算子 $\underline{apr}$，$\overline{apr}$ 是 U 的幂集 $P(U)$上的一元运算，而$(P(U),\cup,\cap,\varnothing,U)$是一个特殊的布尔代数. 因此，将下、上近似算子 $\underline{apr},\overline{apr}$ 推广到一般的布尔代数上，就得到基于布尔代数的广义粗糙集，这正是文献[94]中的工作. 沿着这一思路，各种广义粗糙集模型相继提出，读者可参阅文献[95,96].

4.5 基于覆盖的广义粗糙集

通过将经典粗糙集理论中的等价关系推广到一般二元关系，4.4 节提出了基于一般二元关系的广义粗糙集. 本节将经典粗糙集理论中的划分推广到覆盖，给出基于覆盖的广义粗糙集. 首先介绍一些有关覆盖粗糙集的基本概念[97~99]，如覆盖、最小描述、邻域等. 在实际应用中，覆盖是一种常见的数据形式，如关联规则挖掘中，每个人群购买的书籍构成书籍的一个覆盖.

定义 4.5.1 设 C 是 U 上的子集族. 如果 C 中所有元素都非空，且 $\bigcup C=U$，则称 C 是 U 的一个覆盖.

由定义 4.5.1 可知，U 的划分必为 U 的覆盖，但反之不成立. 故覆盖是划分的一般形式，而划分是一种最简单的覆盖. 覆盖中的每一个元素叫做覆盖块，在知识发现中称为基本概念. 覆盖型数据可以很好地刻画不完备信息系统.

例 4.5.1 设 (U,A) 是一个不完备信息系统，如表 4-10 所示，其中 $U=\{x_1,x_2,\cdots,x_7\}$，$A=\{a_1,a_2,a_3\}$，“$*$”代表缺失值.

表 4-10 不完备信息系统

U	a_1	a_2	a_3
x_1	1	*	1
x_2	1	1	1
x_3	1	2	2
x_4	2	1	*
x_5	2	1	3
x_6	3	2	2
x_7	2	1	3

我们定义集合$(a_i,x_j)=\{x_k\in U: a_i(x_j)=a_i(x_k)$，或 $a_i(x_j)=*$，或 $a_i(x_k)=*\}$，并称其为属性 a_i 诱导的一个原子信息粒，则

a_1 诱导的所有原子信息粒为：$\{x_1,x_2,x_3\}$，$\{x_4,x_5,x_7\}$，$\{x_6\}$；

a_2 诱导的所有原子信息粒为：$\{x_1,x_2,x_4,x_5,x_7\}$，$\{x_1,x_3,x_6\}$；

a_3 诱导的所有原子信息粒为：$\{x_1,x_2,x_4\}$，$\{x_3,x_4,x_6\}$，$\{x_4,x_5,x_7\}$.

因此，所有条件属性所诱导的原子信息粒构成了论域 $U=\{x_1,x_2,\cdots,x_7\}$上的一个覆盖 $C=\{K_1,K_2,\cdots,K_7\}$，其中 $K_1=\{x_1,x_2,x_3\}$，$K_2=\{x_4,x_5,x_7\}$，$K_3=\{x_6\}$，$K_4=\{x_1,x_2,x_4,x_5,x_7\}$，$K_5=\{x_1,x_3,x_6\}$，$K_6=\{x_1,x_2,x_4\}$，$K_7=\{x_3,x_4,x_6\}$.

定义 4.5.2 设 C 是 U 的一个覆盖. 对任意的 $x\in U$，称

$$N_C(x)=\bigcap\{K\in C: x\in K\}$$

为 x 的邻域.

例 4.5.2(续例 4.5.1) 由定义 4.5.2 可知，$N_C(x_1)=\bigcap\{K_1,K_4,K_5,K_6\}=\{x_1\}$，

$N_C(x_2)=\bigcap\{K_1,K_4,K_6\}=\{x_1,x_2\}$，$N_C(x_3)=\bigcap\{K_1,K_5,K_7\}=\{x_3\}$，$N_C(x_4)=\bigcap\{K_2,K_4,K_6,K_7\}=\{x_4\}$，$N_C(x_5)=\bigcap\{K_2,K_4\}=\{x_4,x_5,x_7\}$，$N_C(x_6)=\bigcap\{K_3,K_7\}=\{x_6\}$，$N_C(x_7)=\bigcap\{K_2,K_4\}=\{x_4,x_5,x_7\}$.

最小描述是覆盖粗糙集中一个非常重要的定义，可以用它解决覆盖粗糙集中一些常见的问题，并且通过它得到一些特殊类型的覆盖粗糙集模型. 对应最小描述的定义，最大描述的定义以及相关研究引起了很多学者的兴趣.

定义 4.5.3 设 C 是 U 的一个覆盖. 对任意的 $x\in U$，称

$$\mathrm{md}_C(x)=\{K\in C: x\in K\wedge(\forall S\in C\wedge x\in S\wedge S\subseteq K\Rightarrow S=K)\}$$

为 x 的最小描述.

例 4.5.3(续例 4.5.1) 由定义 4.5.3 可知，$\mathrm{md}_C(x_1)=\{K_1,K_4,K_5,K_6\}$，$\mathrm{md}_C(x_2)=\{K_1,K_4,K_6\}$，$\mathrm{md}_C(x_3)=\{K_1,K_5,K_7\}$，$\mathrm{md}_C(x_4)=\{K_2,K_6,K_7\}$，$\mathrm{md}_C(x_5)=\{K_2\}$，$\mathrm{md}_C(x_6)=\{K_3\}$，$\mathrm{md}_C(x_7)=\{K_2\}$.

由定义 4.5.2 和定义 4.5.3 可知，$N_C(x)=\bigcap\mathrm{md}_C(x)$. 由定义 4.5.3 可以看出，利用集合方法计算最小描述的过程是复杂的. 为了提高它的计算效率，很多学者提出了不同的计算方法，文献[100]利用 UCI 公开数据集对比了目前所有的基于矩阵的计算方法，如图 4-2 所示，其中“-o-”为定义 4.5.3 中最小描述的集合计算方法，横坐标表示分别取数据集中样本的前 10%，20%，…，100%，纵坐标为不同样本构成的覆盖中最小描述的计算时间.

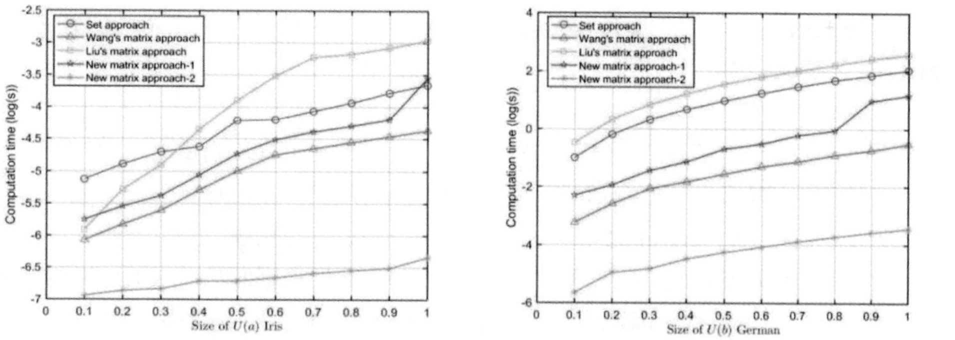

图 4-2 文献[100]中不同计算最小描述方法的比较

目前，已有近 30 类覆盖近似算子被定义，本书重点介绍前五类覆盖近似算子，以及它们之间的关系.

定义 4.5.4 设 C 是 U 的一个覆盖，则分别称 CL_C 与 FH_C、CL_C 与 SH_C、CL_C 与 TH_C、CL_C 与 RH_C、CL_C 与 IH_C 为第一、二、三、四、五类覆盖下、上近似算子，其中对任意的 $X\subseteq U$，有

$\mathrm{CL}_C(X)=\bigcup\{K\in C: K\subseteq X\}$，

$\mathrm{FH}_C(X)=\mathrm{CL}_C(X)\bigcup\{\bigcup\{K\in\mathrm{md}_C(x): x\in X-\mathrm{CL}_C(X)\}\}$，

$\mathrm{SH}_C(X)=\bigcup\{K\in C: K\bigcap X\neq\varnothing\}$，

$\mathrm{TH}_C(X)=\bigcup\{K\in\mathrm{md}_C(x): x\in X\}$，

$\mathrm{RH}_C(X)=\mathrm{CL}_C(X)\bigcup\{\bigcup\{K\in C: K\bigcap(X-\mathrm{CL}_C(X))\neq\varnothing\}\}$，

$\mathrm{IH}_C(X)=\mathrm{CL}_C(X)\bigcup\{\bigcup\{N_C(x): x\in X-\mathrm{CL}_C(x)\}\}$.

例 4.5.4(续例 4.5.1) 令 $X=\{x_1,x_3,x_5,x_6\}$,则

$\mathrm{CL}_C(X)=\bigcup\{K_5,K_3\}=K_5\cup K_3=\{x_1,x_3,x_6\}$,

$\mathrm{FH}_C(X)=\mathrm{CL}_C(X)\cup K_2=\{x_1,x_3,x_4,x_5,x_6,x_7\}$,

$\mathrm{SH}_C(X)=\bigcup\{K_1,K_2,K_3,K_4,K_5,K_6,K_7\}=U$,

$\mathrm{TH}_C(X)=\bigcup\{K_1,K_2,K_3,K_4,K_5,K_6,K_7\}=U$,

$\mathrm{RH}_C(X)=\mathrm{CL}_C(X)\cup\{\bigcup\{K_2,K_4\}\}=U$,

$\mathrm{IH}_C(X)=\mathrm{CL}_C(X)\cup N_C(x_5)=\{x_1,x_3,x_4,x_5,x_6,x_7\}$.

注意 本书只给出第二类覆盖下、上近似算子的相关性质及其证明.

命题 4.5.1 设 C 是 U 的一个覆盖,对任意的 $X,Y\subseteq U$,CL_C 与SH_C 有如下性质:

(1)(夹逼性)$\mathrm{CL}_C(X)\subseteq X\subseteq \mathrm{SH}_C(X)$.

(2)(两极性)$\mathrm{CL}_C(\varnothing)=\mathrm{SH}_C(\varnothing)=\varnothing,\mathrm{CL}_C(U)=\mathrm{SH}_C(U)=U$.

(3)(单调性)如果 $X\subseteq Y$,那么$\mathrm{CL}_C(X)\subseteq \mathrm{CL}_C(Y)$,且$\mathrm{SH}_C(X)\subseteq \mathrm{SH}_C(Y)$.

(4)(上保并)$\mathrm{SH}_C(X\cup Y)=\mathrm{SH}_C(X)\cup \mathrm{SH}_C(Y)$.

(5)(下近似幂等性)$\mathrm{CL}_C(\mathrm{CL}_C(X))=\mathrm{CL}_C(X)$.

证明 由于证明方法类似,对于(1)~(3),我们只证明与下近似相关的形式.

(1) 对任意 $x\in \mathrm{CL}_C(X)$,都存在 $K\in C$ 使得 $x\in K$ 且 $K\subseteq X$,即 $x\in X$. 因此$\mathrm{CL}_C(X)\subseteq X$.

(2) 由已证的(1)可知,$\mathrm{CL}_C(\varnothing)\subseteq\varnothing$. 因此,$\mathrm{CL}_C(\varnothing)=\varnothing$.

(3) 对任意的 $K\in C$. 如果 $K\subseteq X$,则 $K\subseteq Y$. 因此,$\{K\in C:K\subseteq X\}\subseteq\{K\in C:K\subseteq Y\}$,即$\mathrm{CL}_C(X)\subseteq \mathrm{CL}_C(Y)$.

(4) 根据定义可得

$$\begin{aligned}\mathrm{SH}_C(X\cup Y)&=\bigcup\{K\in C:K\cap(X\cup Y)\neq\varnothing\}=\bigcup\{K\in C:(K\cap X)\cup(K\cap Y)\neq\varnothing\}\\&=\bigcup\{\{K\in C:K\cap X\neq\varnothing\}\cup\{K\in C:K\cap Y\neq\varnothing\}\}\\&=\mathrm{SH}_C(X)\cup\mathrm{SH}_C(Y).\end{aligned}$$

(5) 由(1)可得不等式$\mathrm{CL}_C(\mathrm{CL}_C(X))\subseteq \mathrm{CL}_C(X)$. 反过来,如果 $x\in \mathrm{CL}_C(X)$,那么存在 $K\in C$ 使得 $x\in K$ 且 $K\subseteq X$. 因此由(3)可知,$\mathrm{CL}_C(K)\subseteq \mathrm{CL}_C(X)$. 又因为$\mathrm{CL}_C(K)=K$,所以 $K\subseteq \mathrm{CL}_C(X)$. 于是,$K\subseteq \mathrm{CL}_C(\mathrm{CL}_C(X))$. 从而有 $x\in \mathrm{CL}_C(\mathrm{CL}_C(X))$. 这表明$\mathrm{CL}_C(X)\subseteq \mathrm{CL}_C(\mathrm{CL}_C(X))$. 综合以上两个方面可得$\mathrm{CL}_C(\mathrm{CL}_C(X))=\mathrm{CL}_C(X)$. 证毕

对于定义 4.5.3 中给出的五类覆盖上近似算子,它们之间处在如下包含关系(见图 4-3):

(1) $\mathrm{IH}_C(X)\subseteq \mathrm{FH}_C(X)\subseteq \mathrm{TH}_C(X)\subseteq \mathrm{SH}_C(X)$;

(2) $\mathrm{IH}_C(X)\subseteq \mathrm{FH}_C(X)\subseteq \mathrm{RH}_C(X)\subseteq \mathrm{SH}_C(X)$.

将经典粗糙集推广到覆盖粗糙集后,近似算子不再具有某些熟悉的性质. 例如,对于第二类覆盖粗糙集而言,下列性质不成立:

(1) $\mathrm{CL}_C(X\cap Y)=\mathrm{CL}_C(X)\cap \mathrm{CL}_C(Y)$.(下保交)

(2) $\mathrm{SH}_C(X^c)=(\mathrm{CL}_C(X))^c,\mathrm{CL}_C(X^c)=(\mathrm{SH}_C(X))^c$.(对偶性)

接下来,我们将介绍使得第二类覆盖近似算子分别满足上述两条性质的充分必要条件.

引理 4.5.1 设 C 是 U 的一个覆盖,$X\subseteq U$. 则$\mathrm{CL}_C(X)=X$ 当且仅当 X 是 C 中有限元素的并.

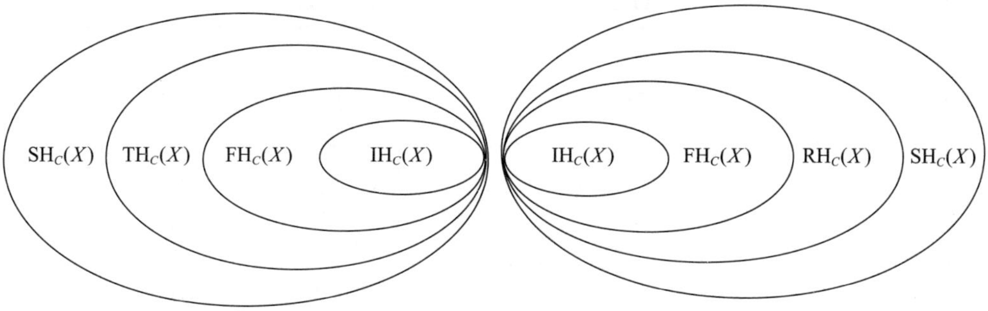

图 4-3 五类覆盖上近似算子之间的包含关系图

定理 4.5.1 设 C 是 U 的一个覆盖，$X,Y\subseteq U$. 则 $\mathrm{CL}_C(X\cap Y)=\mathrm{CL}_C(X)\cap\mathrm{CL}_C(Y)$ 当且仅当对任意 $K_1,K_2\in C$，$K_1\cap K_2$ 是 C 中有限元素的并.

证明 (⇒)因为 $K_1\cap K_2=\mathrm{CL}_C(K_1)\cap\mathrm{CL}_C(K_2)=\mathrm{CL}_C(K_1\cap K_2)$，由引理 4.5.1 可知 $K_1\cap K_2$ 是 C 中有限元素的并.

(⇐) 由命题 4.5.1 中的性质(2)可知，$\mathrm{CL}_C(X\cap Y)\subseteq\mathrm{CL}_C(X)\cap\mathrm{CL}_C(Y)$. 接下来只需证明 $\mathrm{CL}_C(X)\cap\mathrm{CL}_C(Y)\subseteq\mathrm{CL}_C(X\cap Y)$. 不妨设 $\mathrm{CL}_C(X)=K_1\cup\cdots\cup K_m$ 以及 $\mathrm{CL}_C(Y)=K'_1\cup\cdots\cup K'_n$，其中 $K_i,K'_j\in C$，$1\leqslant i\leqslant m$，$1\leqslant j\leqslant n$. 则对任意的 $1\leqslant i\leqslant m$，$1\leqslant j\leqslant n$，都有 $K_i\cap K'_j\subseteq X\cap Y$. 因为 $K_i\cap K'_j$ 是 C 中有限元素的并，所以 $K_i\cap K'_j\subseteq\mathrm{CL}_C(X\cap Y)$. 又因为 $\mathrm{CL}_C(X)\cap\mathrm{CL}_C(Y)=\bigcup\limits_{\substack{1\leqslant i\leqslant m\\1\leqslant j\leqslant n}}(K_i\cap K'_j)$，故 $\mathrm{CL}_C(X)\cap\mathrm{CL}_C(Y)\subseteq\mathrm{CL}_C(X\cap Y)$. 因此，$\mathrm{CL}_C(X\cap Y)=\mathrm{CL}_C(X)\cap\mathrm{CL}_C(Y)$.

定理 4.5.2 设 C 是 U 的一个覆盖，$X\subseteq U$. 则 $\mathrm{SH}_C(X^c)=(\mathrm{CL}_C(X))^c$ 当且仅当 C 是 U 上的一个划分.

证明 (⇒)只需证明，对任意的 $K_1,K_2\in C$，如果 $K_1\cap K_2\neq\varnothing$，则 $K_1=K_2$. 不妨令 $x\in K_1\cap K_2$. 由 $\mathrm{CL}_C(K_1)=K_1$ 以及 $\mathrm{SH}_C(K_1^c)=(\mathrm{CL}_C(K_1))^c$ 可知，$\mathrm{SH}_C(K_1^c)=K_1^c=U-K_1$. 首先证明 $K_2\subseteq K_1$，利用反证法. 假设存在 $y\in K_2$ 使得 $y\in K_1^c$. 但由 SH_C 的定义可知，$x\in\mathrm{SH}_C(K_1^c)$，这与 $\mathrm{SH}_C(K_1^c)=K_1^c$ 相矛盾. 故假设不成立，因此 $K_2\subseteq K_1$. 同理可证 $K_1\subseteq K_2$. 故 C 是 U 上的一个划分.

(⇐)显然成立.

接下来主要介绍覆盖粗糙集在汽轮发电机组常见的振动故障中的应用. 该成果取自文献[101]，此处主要介绍应用过程，细节还请参看文献[101]. 数据处理及运算所用设备为：ThinkPad X390 笔记本电脑，CPU 型号为 Intel 酷睿 i7 8565U，Win10 系统. 征兆属性为汽轮发电机组振动信号的频域特征频谱中 $<0.4f$，$0.4f\sim0.5f$，$1f$，$2f$，$\geqslant 3f$ (f 为旋转频率)等 5 个不同频段上的幅值分量能量，分别表示为 a,b,c,d,e；决策属性 D 表示汽轮机组的故障类别，D 的取值为 1,2 和 3，分别对应汽轮机组常见的 3 种故障：油膜振荡、不平衡、不对中.

步骤 1，得到不完备汽轮机故障信息表如表 4-11[102,103] 所示(表中数据已经过归一化处理).

表 4-11[102,103] 不完备汽轮机故障信息表

U	a	b	c	d	e	D
1	0.052	0.783	0.225	*	0.013	1
2	0.232	0.975	0.314	0.056	*	1
3	0.161	*	0.285	0.023	0.016	1
4	0.106	0.858	*	0.017	0.028	1
5	*	0.819	0.201	0.016	0.012	1
6	0.028	0.061	0.98	*	0.057	2
7	0.045	0.022	*	0.316	0.065	2
8	0.01	0.054	0.875	0.183	*	2
9	*	0.032	0.923	0.219	0.037	2
10	0.023	*	0.758	0.115	0.019	2
11	0.033	0.037	0.386	0.531	0.23	3
12	*	0.023	*	0.458	0.103	3
13	0.012	*	0.427	0.496	0.175	3
14	0.021	0.017	0.298	0.403	*	3
15	0.017	0.056	0.483	*	0.301	3

由于应用粗糙集理论处理决策表时，要求决策表中的值用离散数据表达. 因此，需要进行连续征兆属性的离散化. 根据工程实践以及 R 语言对数据的分析，采用下述断点来实现表 4-11 中条件属性值的离散化，如表 4-12 所示.

表 4-12 离散化断点表

M	0	1	2
a	[0, 0.0197]	(0.0197, 0.0437]	(0.0437, 1]
b	[0, 0.0353]	(0.0353, 0.302]	(0.302, 1]
c	[0, 0.309]	(0.309, 0.575]	(0.575, 1]
d	[0, 0.0953]	(0.0953, 0.345]	(0.345, 1]
e	[0, 0.025]	(0.025, 0.083]	(0.083, 1]

根据表 4-12 中的离散化方法，表 4-11 离散化后的不完备故障诊断决策 $\mathrm{DT}=\langle U, A=M\cup D, V, f\rangle$，如表 4-13 所示.

表 4-13 不完备汽轮机故障诊断决策表

U	a	b	c	d	e	D
1	2	2	0	*	0	1

续表

U	a	b	c	d	e	D
2	2	2	1	0	*	1
3	2	*	0	0	0	1
4	2	2	*	0	1	1
5	*	2	0	0	0	1
6	1	1	2	*	1	2
7	1	0	*	1	1	2
8	0	1	2	1	*	2
9	*	0	2	1	1	2
10	1	*	2	1	0	2
11	1	1	1	2	2	3
12	*	0	*	2	2	3
13	0	*	1	2	2	3
14	1	0	0	2	*	3
15	0	1	1	*	2	3

步骤 2,利用文献[101]提出的算法 1,得到关于条件属性集 M 的所有极大相容块构成的集合 $C(M)$($C(M)$为 U 的一个覆盖,其定义参见文献[101]的定义 4),如表 4-14 所示.

表 4-14 $C(M)$

X_1	{1, 3, 5}	X_6	{10}
X_2	{2, 4}	X_7	{11}
X_3	{6}	X_8	{12, 13}
X_4	{7, 9}	X_9	{12, 14}
X_5	{8}	X_{10}	{13, 15}

接着利用文献[101]提出的算法 2,构造针对极大相容块的最全描述决策表 CDT,并通过差别矩阵得到极小吸取范式为$(a \wedge c) \vee (b \wedge c) \vee (c \wedge d) \vee (c \wedge e) \vee (a \wedge d \wedge e) \vee (b \wedge d \wedge e)$. 因此,DT 的约简集 RED$=\{\{a, c\}, \{b, c\}, \{c, d\}, \{c, e\}, \{a, d, e\}, \{b, d, e\}\}$. 此处,不妨选$\{a, c\}$为最简约简.

步骤 3,只需将条件属性 a 和 c 的属性值完备化,从而构建新的数据集. 该数据集作为训练集进行智能故障分类器训练. 此处智能分类器先选择"SVM". SVM(支持向量机)网格法选择惩罚参数 γ 与核参数 g,范围均为$[-10, 10]$. 但因为后续对比研究的需要,此处将表 4-11 都完备化,完备化的方法采取文献[102]的方法补齐. 完备化后的数据集如表 4-15 所示,其中粗体数据表示为最终所选的属性值与决策值,加下划线的数据表示所补齐的数据.

表 4-15 完备化约简数据集

U	a	b	c	d	e	D
1	**0.052**	0.783	**0.225**	0.028	0.013	**1**
2	**0.232**	0.975	**0.314**	0.056	0.017	**1**
3	**0.161**	0.859	**0.285**	0.023	0.016	**1**
4	**0.106**	0.858	**0.256**	0.017	0.028	**1**
5	**0.138**	0.819	**0.201**	0.016	0.012	**1**
6	**0.028**	0.061	**0.98**	0.208	0.057	**2**
7	**0.045**	0.022	**0.884**	0.316	0.065	**2**
8	**0.010**	0.054	**0.875**	0.183	0.045	**2**
9	**0.027**	0.032	**0.923**	0.219	0.037	**2**
10	**0.023**	0.042	**0.758**	0.115	0.019	**2**
11	**0.033**	0.037	**0.386**	0.531	0.23	**3**
12	**0.021**	0.023	**0.399**	0.458	0.103	**3**
13	**0.012**	0.033	**0.427**	0.496	0.175	**3**
14	**0.021**	0.017	**0.298**	0.403	0.202	**3**
15	**0.017**	0.056	**0.483**	0.472	0.301	**3**

步骤 4，对测试集进行测试，如表 4-16 所示. 用本文提出的"极大相容块＋智能分类器"的故障诊断方法只需要对条件属性 a 和 c 以及决策属性 D 构成的测试信息进行测试. 为突出这三组数据，它们在表 4-16 中用粗体表示.

表 4-16[103,104] 测试集

U	a	b	c	d	e	D
16	**0.161**	0.753	**0.128**	0.006	0.003	**1**
17	**0.282**	0.905	**0.343**	0.046	0.028	**1**
18	**0.017**	0.053	**0.75**	0.252	0.107	**2**
19	**0.045**	0.222	**0.989**	0.386	0.015	**2**
20	**0.027**	0.127	**0.851**	0.619	0.252	**2**
21	**0.026**	0.043	**0.357**	0.517	0.098	**3**
22	**0.023**	0.137	**0.378**	0.421	0.152	**3**
23	**0.0184**	0.0055	**0.8205**	0.127	0.0031	**3**

测试结果如图 4-4 所示. 在图 4-4 中，"o"表示预测的故障结果，"*"表示实际的故障类型. 两者重合部分说明诊断结果正确. 图(a)，(c)和(e)分别为采用"极大相容块＋SVM"故障诊断方法时，核函数为不同类型的故障诊断结果. 图(b)，(d)和(f)则为直接将数据完备化后只采用 SVM 的故障诊断结果，此时的核函数也选用不同的类型.

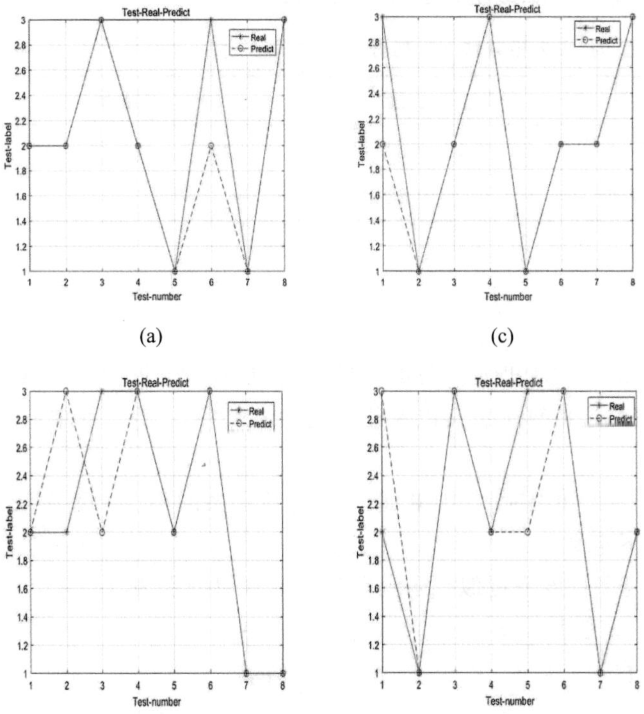

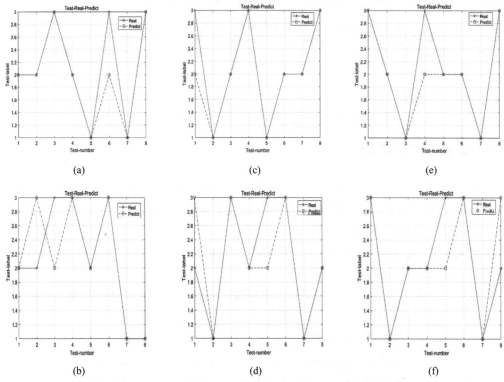

图 4-4 "极大相容块+SVM"和 SVM 对测试集的故障分类图

(a) 极大相容块+SVM (Polynomial);(b) SVM (Polynomial);(c) 极大相容块+SVM (RBF);(d) SVM (RBF);(e) 极大相容块+SVM (Sigmoid) ;(f) SVM (Sigmoid)

表 4-17 为"极大相容块+SVM"和 SVM 对测试集的故障分类情况的汇总与对比结果.

表 4-17 "极大相容块+SVM"和 SVM 对测试集的故障分类情况

	极大相容块+SVM		SVM	
	准确率/%	运行时间/s	准确率/%	运行时间/s
Polynomial	**87.5**	**10.63**	75	11.15
RBF	**87.5**	**14.33**	75	15.56
Sigmoid	**87.5**	**12.64**	75	12.89

从表 4-17 可以直观看出,对于 SVM 故障分类器的核函数中的任意一个,未经过极大相容块方法约简的 SVM,其故障诊断结果的准确率为 75%,而约简后的故障诊断结果的准确率提升到了 87.5%,并且运行时间也有所提升. 这表明经过极大相容块约简的属性对故障诊断更具有代表性和准确性,而且减小了 SVM 的运算量,从而使得 SVM 的诊断效果优于没有约简的诊断结果.

为了进一步说明前文提出的"极大相容块+智能分类器"方法的有效性,表 4-18 选用其他类型的智能分类器进行仿真实验. 结果表明,"极大相容块+随机森林"和"极大相容块+决策树"的准确率都高于不经过属性约简而直接选用相应分类器的准确率. 这些结果充分说明所提出的针对不完备信息条件下的故障诊断方法可行、有效.

表 4-18 其他类型的"极大相容块＋智能分类器"实验结果

极大相容块＋智能分类器	准确率/%	智能分类器	准确率/%
极大相容块＋随机森林	**87.5**	随机森林	75
极大相容块＋决策树	**87.5**	决策树	62.5

4.6 多粒度粗糙集

本小节通过引入基于等价关系的乐观和悲观多粒度粗糙集模型的上、下近似算子，重点介绍基于覆盖的多粒度粗糙集模型的近似算子定义以及相应的性质[105,106]. 为了简单起见，本节只考虑有两个粒度的模型.

定义 4.6.1 设 $K=(U,\mathbf{R})$是一个知识库，其中 $\mathbf{R}$ 是 U 上等价关系的集合. 设 $A,B\in\mathbf{R}$，对任意给定 $X\subseteq U$，我们给出如下定义：

(1) X 在关系 A 和 B 下的乐观多粒度下近似和乐观多粒度上近似分别为

$$\underline{A+B}^O(X)=\{x\in U\mid[x]_A\subseteq X\ \vee\ [x]_B\subseteq X\},$$

$$\overline{A+B}^O(X)=\{x\in U\mid[x]_A\cap X\neq\varnothing\ \wedge\ [x]_B\cap X\neq\varnothing\}.$$

如果 $\underline{A+B}^O(X)\neq\overline{A+B}^O(X)$，则称 X 为等价关系 A 和 B 下的乐观多粒度粗糙集.

(2)X 在关系 A 和 B 下的悲观多粒度下近似和悲观多粒度上近似分别为

$$\underline{A+B}^P(X)=\{x\in U\mid[x]_A\subseteq X\ \wedge\ [x]_B\subseteq X\}$$

$$\overline{A+B}^P(X)=\{x\in U\mid[x]_A\cap X\neq\varnothing\ \vee\ [x]_B\cap X\neq\varnothing\}$$

如果 $\underline{A+B}^P(X)\neq\overline{A+B}^P(X)$，则称 X 为等价关系 A 和 B 下的悲观多粒度粗糙集.

例 4.6.1 设 (U,A)是一个完备信息系统，如表 4-19 所示，其中$U=\{x_1,x_2,\cdots,x_6\}$，$A=\{a_1,a_2,a_3\}$.

表 4-19 完备信息系统

U	a_1	a_2	a_3
x_1	1	0	1
x_2	1	0	3
x_3	3	1	2
x_4	3	1	1
x_5	1	1	1
x_6	2	0	1

令 $A_1=\{a_1,a_2\}$，$A_2=\{a_2,a_3\}$，$X=\{x_2,x_4,x_5,x_6\}$. 则

$U/A_1=\{\{x_1,x_2\},\{x_3,x_4\},\{x_5\},\{x_6\}\}$，$U/A_2=\{\{x_1,x_6\},\{x_2\},\{x_3\},\{x_4,x_5\}\}$.

故 X 在 A_1 和 A_2 下的乐观多粒度下近似和乐观多粒度上近似分别为

$$\underline{A+B}^O(X)=\{x_2,x_4,x_5,x_6\},\overline{A+B}^O(X)=\{x_1,x_2,x_4,x_5,x_6\}.$$

X 在 A_1 和 A_2 下的悲观多粒度下近似和悲观多粒度上近似分别为

$$\underline{A+B}^P(X)=\{x_5\},\overline{A+B}^P(X)=U.$$

由定义 4.6.1 可以看到，乐观与悲观多粒度粗糙集中目标概念 X 的上、下近似是通过多个独立的等价关系导出的等价类来表示的，而传统的粗糙集上、下近似则是通过单个等价关系导出的等价类来表示. 此处不再详细介绍它们的性质，请读者对照经典粗糙集近似算子的性质(定理 4.2.1)自己证明.

在上述基于等价关系的乐观和悲观多粒度粗糙集模型的基础上，本小节着重介绍两种使用最小描述建立的基于覆盖的多粒度粗糙集模型，以及它们的基本性质.

$(U,\mathbf{C})$定义为一个覆盖近似空间，其中 U 是论域，$\mathbf{C}$ 是 U 上若干个覆盖组成的集合. 下面先给出利用元素的最小描述定义的两种覆盖近似空间下的多粒度粗糙集模型.

定义 4.6.2 设$(U,\mathbf{C})$是一个覆盖近似空间. 对任意 $C_1,C_2\in\mathbf{C}$，$X\subseteq U$，定义：

(1) X 在 C_1 和 C_2 下的第Ⅰ种多粒度覆盖下近似和第Ⅰ种多粒度覆盖上近似分别为

$$\underline{\mathrm{FR}_{C_1+C_2}}(X)=\{x\in U\mid \bigcap \mathrm{md}_{C_1}(x)\subseteq X \text{ 或 } \bigcap \mathrm{md}_{C_2}(x)\subseteq X\},$$

$$\overline{\mathrm{FR}_{C_1+C_2}}(X)=\{x\in U\mid (\bigcap \mathrm{md}_{C_1}(x))\cap X\neq\varnothing \text{ 且}(\bigcap \mathrm{md}_{C_2}(x))\cap X\neq\varnothing\}.$$

如果$\underline{\mathrm{FR}_{C_1+C_2}}(X)\neq\overline{\mathrm{FR}_{C_1+C_2}}(X)$，则称 X 是在 C_1 和 C_2 下的第Ⅰ种多粒度覆盖粗糙集.

(2) X 在 C_1 和 C_2 下的第Ⅱ种多粒度覆盖下近似和第Ⅱ种多粒度覆盖上近似分别为

$$\underline{\mathrm{SR}_{C_1+C_2}}(X)=\{x\in U\mid \bigcup \mathrm{md}_{C_1}(x)\subseteq X \text{ 或 } \bigcup \mathrm{md}_{C_2}(x)\subseteq X\},$$

$$\overline{\mathrm{SR}_{C_1+C_2}}(X)=\{x\in U\mid (\bigcup \mathrm{md}_{C_1}(x))\cap X\neq\varnothing \text{ 且}(\bigcup \mathrm{md}_{C_2}(x))\cap X\neq\varnothing\}.$$

如果$\underline{\mathrm{SR}_{C_1+C_2}}(X)\neq\overline{\mathrm{SR}_{C_1+C_2}}(X)$，则称 X 是在 C_1 和 C_2 下的第Ⅱ种多粒度覆盖粗糙集.

根据定义 4.6.2 可以看到，对 $X\subseteq U$ 和 $x\in U$，X 在 C_1 和 C_2 下的第Ⅰ种多粒度覆盖下近似和第Ⅰ种多粒度覆盖上近似是利用元素的最小描述的交定义的，也就是说，$\bigcap \mathrm{md}_{C_1}(x)$ 和$\bigcap \mathrm{md}_{C_2}(x)$只要有其中之一是目标概念的子集，则对应的 x 就属于目标概念的下近似，而只有$\bigcap \mathrm{md}_{C_1}(x)$和$\bigcap \mathrm{md}_{C_2}(x)$与目标概念的交都不为空，对应的 x 才属于目标概念的上近似. 而 X 在 C_1 和 C_2 下的第Ⅱ种多粒度覆盖下近似和第Ⅱ种多粒度覆盖上近似是利用元素的最小描述的并定义的. 例 4.6.2 展示了它们之间的区别.

例 4.6.2 设$(U,\mathbf{C})$是一个覆盖近似空间，其中 $U=\{x_1,x_2,x_3,x_4\}$，$\mathbf{C}=\{C_1,C_2\}$，$C_1=\{\{x_1,x_2\},\{x_2,x_3,x_4\},\{x_3,x_4\}\}$，$C_2=\{\{x_1,x_3\},\{x_2,x_4\},\{x_1,x_2,x_4\},\{x_4\}\}$. 则

$\mathrm{md}_{C_1}(x_1)=\{\{x_1,x_2\}\}$，$\mathrm{md}_{C_1}(x_2)=\{\{x_1,x_2\},\{x_2,x_3,x_4\}\}$，$\mathrm{md}_{C_1}(x_3)=\{\{x_3,x_4\}\}$，$\mathrm{md}_{C_1}(x_4)=\{\{x_3,x_4\}\}$，

$\mathrm{md}_{C_2}(x_1)=\{\{x_1,x_3\},\{x_1,x_2,x_4\}\}$，$\mathrm{md}_{C_2}(x_2)=\{\{x_2,x_4\}\}$，$\mathrm{md}_{C_2}(x_3)=\{\{x_1,x_3\}\}$，$\mathrm{md}_{C_2}(x_4)=\{\{x_4\}\}$.

令 $X=\{x_1,x_4\}$. 根据定义 4.6.2 可得

$$\underline{\mathrm{FR}_{C_1+C_2}}(X)=\{x_1,x_4\},\overline{\mathrm{FR}_{C_1+C_2}}(X)=\{x_1,x_3,x_4\},\underline{\mathrm{SR}_{C_1+C_2}}(X)=\{x_4\},\overline{\mathrm{SR}_{C_1+C_2}}(X)=U.$$

对于定义 4.6.2 中定义的两类基于覆盖的多粒度粗糙集模型的近似算子而言，它们除了不满足经典粗糙集近似算子的“上保并、下保交”性质(即定理 4.2.1 中的(4))以外，其余性质都满足. 因此，接下来主要讨论第Ⅰ种基于覆盖的多粒度粗糙集近似算子的性质，对于第Ⅱ种基于覆盖的多粒度粗糙集近似算子的性质可以类似地推导得到.

定理 4.6.1 设$(U,\mathbf{C})$是一覆盖近似空间，$X,Y\subseteq U$. 那么

(1) (夹逼性)$\underline{FR_{C_1+C_2}}(X)\subseteq X\subseteq\overline{FR_{C_1+C_2}}(X)$.

(2) (两极性)$\underline{FR_{C_1+C_2}}(\varnothing)=\overline{FR_{C_1+C_2}}(\varnothing)=\varnothing$,$\underline{FR_{C_1+C_2}}(U)=\overline{FR_{C_1+C_2}}(U)=U$.

(3) (单调性)如果 $X\subseteq Y$,那么$\underline{FR_{C_1+C_2}}(X)\subseteq\underline{FR_{C_1+C_2}}(Y)$,且$\overline{FR_{C_1+C_2}}(X)\subseteq\overline{FR_{C_1+C_2}}(Y)$.

(4) $\overline{FR_{C_1+C_2}}(X\cap Y)\subseteq\overline{FR_{C_1+C_2}}(X)\cap\overline{FR_{C_1+C_2}}(Y)$,$\underline{FR_{C_1+C_2}}(X\cup Y)\supseteq\underline{FR_{C_1+C_2}}(X)\cup\underline{FR_{C_1+C_2}}(Y)$.

(5) (对偶性)$\underline{FR_{C_1+C_2}}(X^c)=(\overline{FR_{C_1+C_2}}(X))^c$,$\overline{FR_{C_1+C_2}}(X^c)=(\underline{FR_{C_1+C_2}}(X))^c$.

(6) (幂等性)$\underline{FR_{C_1+C_2}}(\underline{FR_{C_1+C_2}}(X))=\underline{FR_{C_1+C_2}}(X)$,$\overline{FR_{C_1+C_2}}(\overline{FR_{C_1+C_2}}(X))=\overline{FR_{C_1+C_2}}(X)$.

证明 由于证明方法是类似的,这里仅对与下近似有关的结论给出证明,而对于与上近似有关的证明留给读者作为练习.

(1) 由定义4.6.2可知,因为对任意的 $x\in\underline{FR_{C_1+C_2}}(X)$,总有$\cap\mathrm{md}_{C_1}(x)\subseteq X$或$\cap\mathrm{md}_{C_2}(x)\subseteq X$. 又因为 $x\in\cap\mathrm{md}_{C_1}(x)$且$x\in\cap\mathrm{md}_{C_2}(x)$,则 $x\in X$. 因此,$\underline{FR_{C_1+C_2}}(X)\subseteq X$.

(2) 由已证明的(1)可知,$\underline{FR_{C_1+C_2}}(\varnothing)\subseteq\varnothing$. 因此,$\underline{FR_{C_1+C_2}}(\varnothing)=\varnothing$.

(3) 因为 $X\subseteq Y$,对任意的 $x\in U$,如果$\cap\mathrm{md}_{C_1}(x)\subseteq X$或$\cap\mathrm{md}_{C_2}(x)\subseteq X$,则$\cap\mathrm{md}_{C_1}(x)\subseteq Y$或$\cap\mathrm{md}_{C_2}(x)\subseteq Y$. 由定义4.6.2可知,$\underline{FR_{C_1+C_2}}(X)\subseteq\underline{FR_{C_1+C_2}}(Y)$.

(4) 因为$X\subseteq X\cup Y$和$Y\subseteq X\cup Y$,由已证明的(3)可知,$\underline{FR_{C_1+C_2}}(X)\subseteq\underline{FR_{C_1+C_2}}(X\cup Y)$和$\underline{FR_{C_1+C_2}}(Y)\subseteq\underline{FR_{C_1+C_2}}(X\cup Y)$. 则$\underline{FR_{C_1+C_2}}(X)\cup\underline{FR_{C_1+C_2}}(Y)\subseteq\underline{FR_{C_1+C_2}}(X\cup Y)$.

(5) 根据定义4.6.2,有

$$\begin{aligned}\underline{FR_{C_1+C_2}}(X^c)&=\{x\in U\mid\cap\mathrm{md}_{C_1}(x)\subseteq X^c\text{ 或 }\cap\mathrm{md}_{C_2}(x)\subseteq X^c\}\\&=\{x\in U\mid(\cap\mathrm{md}_{C_1}(x))\cap X^c=\varnothing\text{ 或}(\cap\mathrm{md}_{C_2}(x))\cap X^c=\varnothing\}\\&=\{x\in U\mid(\cap\mathrm{md}_{C_1}(x))\cap X\neq\varnothing\text{ 且}(\cap\mathrm{md}_{C_2}(x))\cap X\neq\varnothing\}^c\\&=(\overline{FR_{C_1+C_2}}(X))^c.\end{aligned}$$

(6) 由已证明的性质(1)和性质(3)可得,$\underline{FR_{C_1+C_2}}(\underline{FR_{C_1+C_2}}(X))\subseteq\underline{FR_{C_1+C_2}}(X)$. 只需证明$\underline{FR_{C_1+C_2}}(X)\subseteq\underline{FR_{C_1+C_2}}(\underline{FR_{C_1+C_2}}(X))$. 对任意$x\in\underline{FR_{C_1+C_2}}(X)$,则$\cap\mathrm{md}_{C_1}(x)\subseteq X$或$\cap\mathrm{md}_{C_2}(x)\subseteq X$. 再由已证明的性质(3)可得,$\underline{FR_{C_1+C_2}}(\cap\mathrm{md}_{C_1}(x))\subseteq\underline{FR_{C_1+C_2}}(X)$或$\underline{FR_{C_1+C_2}}(\cap\mathrm{md}_{C_2}(x))\subseteq\underline{FR_{C_1+C_2}}(X)$. 由定义4.6.2可知,$\underline{FR_{C_1+C_2}}(\cap\mathrm{md}_{C_1}(x))=\cap\mathrm{md}_{C_1}(x)$或$\underline{FR_{C_1+C_2}}(\cap\mathrm{md}_{C_2}(x))=\cap\mathrm{md}_{C_2}(x)$. 于是,$\cap\mathrm{md}_{C_1}(x)\subseteq\underline{FR_{C_1+C_2}}(X)$或$\cap\mathrm{md}_{C_2}(x)\subseteq\underline{FR_{C_1+C_2}}(X)$. 从而有 $x\in\underline{FR_{C_1+C_2}}(\underline{FR_{C_1+C_2}}(X))$,即$\underline{FR_{C_1+C_2}}(X)\subseteq\underline{FR_{C_1+C_2}}(\underline{FR_{C_1+C_2}}(X))$. 综合以上两个方面可得$\underline{FR_{C_1+C_2}}(\underline{FR_{C_1+C_2}}(X))=\underline{FR_{C_1+C_2}}(X)$.

下例介绍第 I 种基于覆盖的多粒度粗糙集模型在银行信用卡审批过程中的应用.

例4.6.3 设有某银行信用卡申请者10人,记为$U=\{x_1,x_2,\cdots,x_{10}\}$,假设银行组织了5名专家来评估申请者的个人信息(如教育程度、个人收入等). 本例中假设只评估申请者的个人收入情况,其个人收入分为高、中、低3种情形. 表4-20是5名专家$\{S_1,S_2,\cdots,S_5\}$给出的关于申请者的个人收入情况的评价结果,其中"1"代表高收入,"2"代表中等收入,"3"代表低收入. 决策(D)分为"同意申请(A)"和"不同意申请(R)"两种情况. 表4-20

中有“ * ”存在,这表示专家对申请者的收入拿不定主意或者弃权,也可以认为专家没有给出相关意见,假设这些缺失值可能是 1,2,3 中的任何一个.

表 4-20 评价结果表

U	S_1	S_2	S_3	S_4	S_5	D
x_1	2	1	1	2	1	A
x_2	3	1	1	2	2	A
x_3	3	3	3	3	3	R
x_4	3	3	3	3	3	R
x_5	3	3	3	3	3	R
x_6	*	2	3	2	2	A
x_7	2	2	2	2	2	R
x_8	1	2	2	1	1	A
x_9	2	1	2	1	3	A
x_{10}	3	3	*	3	2	R

根据表 4-20,由专家 S_1 的评价值对 $U=\{x_1,x_2,\cdots,x_{10}\}$ 构成如下的覆盖 C_1:

$$C_1=\{\{x_1,x_7,x_9\},\{x_2,x_3,x_4,x_5,x_{10}\},\{x_1,x_2,\cdots,x_{10}\},\{x_8\}\},$$

对专家 S_2:

$$C_2=\{\{x_1,x_2,x_9\},\{x_3,x_4,x_5,x_{10}\},\{x_6,x_7,x_8\}\},$$

对专家 S_3:

$$C_3=\{\{x_1,x_2\},\{x_3,x_4,x_5,x_6\},\{x_1,x_2,\cdots,x_{10}\},\{x_7,x_8,x_9\}\},$$

对专家 S_4:

$$C_4=\{\{x_1,x_2,x_6,x_7\},\{x_3,x_4,x_5,x_{10}\},\{x_8,x_9\}\},$$

对专家 S_5:

$$C_5=\{\{x_1,x_8\},\{x_2,x_6,x_7,x_{10}\},\{x_3,x_4,x_5,x_9\}\},$$

对决策 D:

$$U/\mathrm{IND}(D)=\{\{x_1,x_2,x_6,x_8,x_9\},\{x_3,x_4,x_5,x_7,x_{10}\}\}=\{X_1,X_2\}.$$

为了获得确定的决策规则,利用定义 4.6.1 计算关于 5 个专家决定的 5 个粒空间 C_1, $C_2,\cdots,C_5$ 的决策 D 的第Ⅰ种多粒度覆盖下近似,可以得到

$$\underline{\mathrm{FR}_{\sum_{i=1}^{5}C_i}}(X_1)=\{x_1,x_2,x_8,x_9\},\underline{\mathrm{FR}_{\sum_{i=1}^{5}C_i}}(X_2)=\{x_3,x_4,x_5,x_{10}\}.$$

因此,决策 D 的下近似:$\underline{D}_{AT}=\{\{x_1,x_2,x_8,x_9\},\{x_3,x_4,x_5,x_{10}\}\}$.

而表 4-20 的属性约简集为$\{\{S_1,S_2\},\{S_2,S_4\},\{S_2,S_5\}\}$(关于属性约简的方法将在第 5 章介绍,也可参见文献[105]),因此,可以得到如下确定的决策规则:

(1) $S_1=1\vee S_2=1\Rightarrow D=\mathrm{A}$, $S_2=3\Rightarrow D=\mathrm{R}$;

(2) $S_2=1\vee S_4=1\Rightarrow D=\mathrm{A}$, $S_2=3\Rightarrow D=\mathrm{R}$;

(3) $S_1=1\vee S_5=1\Rightarrow D=\mathrm{A}$, $S_2=3\Rightarrow D=\mathrm{R}$.

从上述规则可以得到:

(1) 若专家 S_1 或者专家 S_2 认为某申请者是高收入者,则银行可以给该申请者发信用卡.

(2) 若专家 S_2 或者专家 S_4 认为某申请者是高收入者,则银行可以给该申请者发信用卡.

(3) 若专家 S_2 或者专家 S_5 认为某申请者是高收入者,则银行可以给该申请者发信用卡.

(4) 若专家 S_2 认为某申请者是低收入者,则银行不给该申请者发信用卡.

这样银行工作人员就可以根据上述规则对个人申请信用卡进行决策.

4.7 模糊粗糙集

在实际应用中出现的信息系统中,经常包含带有模糊性的因素,为了更好地进行知识处理,有必要将模糊集理论结合到粗糙集模型中,产生新的粗糙集模型和方法,这就是本节重点介绍的模糊粗糙集,它是由 Dubois 及 Prade 首先在文献[107]中提出的.

以下通过例题介绍引入模糊粗糙集的必要性.

例 4.7.1 表 4-21 给出了一个带有模糊信息的决策表.

表 4-21 模糊决策表

U	a_1	a_2	a_3	d	U	a_1	a_2	a_3	d
x_1	3	1	8	0.2	x_4	1	1	6	0.9
x_2	4	2	2	0.5	x_5	5	1	5	1.0
x_3	2	2	7	0.7					

在这个模糊决策表中,如果将论域 U 中的对象 x_i 视为病人,而条件属性集 $A=\{a_1, a_2, a_3\}$中的元素 a_j 视为症状(比如,发烧程度,头昏状况,咳嗽强度等),则决策属性 d 给出的关于某种疾病(比如,甲型流感)的诊断结论 D 就是论域 U 上的模糊集:

$$D=\frac{0.2}{x_1}+\frac{0.5}{x_2}+\frac{0.7}{x_3}+\frac{0.9}{x_4}+\frac{1.0}{x_5}.$$

现在的问题是,我们需要根据条件属性集产生的分明近似空间对诊断结论 D 从上下两个方向做出近似估计.

在模糊粗糙集模型中,一般存在三类近似计算问题:第一类是在分明的近似空间中,对于论域的模糊子集做近似计算(称为粗糙模糊集);第二类是在模糊的近似空间中,对于论域的分明子集做近似计算(称为模糊粗糙集);第三类是最一般的情形,即在模糊的近似空间中,对于论域的模糊子集做近似计算(也叫模糊粗糙集).由于前两类问题是第三类问题的特例,为简便计,我们重点介绍第三类问题,然后作为特例,简要介绍前两类问题.为此,我们首先简要复习有关模糊关系的几个概念.

设 U 是论域,$U\times U$ 的模糊集合 R 称为 U 上的一个模糊关系.

如果 R 满足

$$\forall x\in U,\quad R(x,x)=1,$$

则称 R 是自反的；如果 R 满足

$$\forall x,y \in U,\quad R(x,y)=R(y,x),$$

则称 R 是对称的；如果 R 满足

$$\forall x,y,z \in U,\quad R(x,y) \wedge R(y,z) \leqslant R(x,z),$$

则称 R 是传递的.

论域 U 上自反、对称且传递的模糊关系 R 称为 U 上的模糊等价关系. 此时，有序对 (U,R) 称为模糊近似空间.

定义 4.7.1 设 (U,R) 为模糊近似空间，A 是论域 U 的模糊集. 通过以下方式定义的两个模糊集 $\underline{Apr}A$ 和 $\overline{Apr}A$ 分别称为 A 的模糊下近似和模糊上近似：

$$\underline{Apr}A(x)=\wedge\{A(y) \vee (1-R(x,y)) \mid y \in U\},$$

$$\overline{Apr}A(x)=\vee\{A(y) \wedge R(x,y) \mid y \in U\}.$$

$F(U)$ 上的两个算子 $\underline{Apr}$ 和 $\overline{Apr}$ 分别称为模糊下近似算子和模糊上近似算子.

类似地，如果模糊集 A 满足 $\underline{Apr}A \neq \overline{Apr}A$，则称 A 为模糊粗糙集.

使用模糊集合的运算性质，可以证明两个模糊近似算子具有以下性质.

定理 4.7.1 设 (U,R) 是模糊近似空间，$A,B \in F(U)$，则：

(1)（对偶性）$\underline{Apr}(A^c)=(\overline{Apr}A)^c$，$\overline{Apr}(A^c)=(\underline{Apr}A)^c$；

(2)（两极性）$\underline{Apr}U=U$，$\overline{Apr}\varnothing=\varnothing$；

(3)（下保交，上保并）$\underline{Apr}(A \cap B)=\underline{Apr}A \cap \underline{Apr}B$，

$\overline{Apr}(A \cup B)=\overline{Apr}A \cup \overline{Apr}B$；

(4)（单调性）$A \subseteq B \Rightarrow \underline{Apr}A \subseteq \underline{Apr}B$，$\overline{Apr}A \subseteq \overline{Apr}B$；

(5) $\underline{Apr}(A \cup B) \supseteq \underline{Apr}A \cup \underline{Apr}B$，$\overline{Apr}(A \cap B) \subseteq \overline{Apr}A \cap \overline{Apr}B$；

(6)（夹逼性）$\underline{Apr}A \subseteq A \subseteq \overline{Apr}A$. □

现在我们回到本节开头的话题，介绍定义 4.7.1 给出的模糊粗糙集模型的两个特殊情形.

第一类问题. 近似空间是分明的，需要计算模糊集的近似.

定义 4.7.2 设 (U,R) 为近似空间，A 是论域 U 的模糊集. 通过以下方式定义的两个模糊集 $\underline{Apr}A$ 和 $\overline{Apr}A$ 分别称为 A 的模糊下近似和模糊上近似：

$$\underline{Apr}A(x)=\wedge\{A(y) \mid y \in [x]\},\quad \overline{Apr}A(x)=\vee\{A(y) \mid y \in [x]\}.$$

如果模糊集 A 满足 $\underline{Apr}A \neq \overline{Apr}A$，则称 A 为粗糙模糊集.

注意：这里的 $\underline{Apr}A$ 和 $\overline{Apr}A$ 都是论域 U 上的模糊集，且 x 对于它们的隶属度分别为模糊集 A 在 x 所在的等价类 $[x]$ 上的下确界和上确界.

为了简化符号，在这个定义里，仍然使用与定义 4.7.1 相同的记号表示近似算子.

细心的读者可能已经注意到，只要在定义 4.7.1 中让模糊等价关系 R 取作分明的等价关系，则以上两种定义就完全相同了. 因此，粗糙模糊集确实是模糊粗糙集的特殊情形.

例 4.7.2 对例 4.7.1 给出的带有模糊信息的决策表做适当修改，将条件属性的值均取 0 或 1，得到以下粗糙模糊决策表 4-22，然后按照定义 4.7.2 计算诊断结论 D 的近似估计.

表 4-22 粗糙模糊决策表

U	a_1	a_2	a_3	d	U	a_1	a_2	a_3	d
x_1	1	1	1	0.2	x_4	1	1	0	0.9
x_2	0	0	1	0.5	x_5	1	1	0	1.0
x_3	0	0	1	0.7					

解 由条件属性集可以将论域分成以下3个等价类：

$$U/\{a_1,a_2,a_3\}=\{\{x_1\},\{x_2,x_3\},\{x_4,x_5\}\}.$$

根据定义4.7.2可以计算得

$$\underline{Apr}D(x)=\wedge\{D(y)\mid y\in[x]\}=\frac{0.2}{x_1}+\frac{0.5}{x_2}+\frac{0.5}{x_3}+\frac{0.9}{x_4}+\frac{0.9}{x_5},$$

$$\overline{Apr}D(x)=\vee\{D(y)\mid y\in[x]\}=\frac{0.2}{x_1}+\frac{0.7}{x_2}+\frac{0.7}{x_3}+\frac{1.0}{x_4}+\frac{1.0}{x_5}.$$

第二类问题. 近似空间是模糊的，需要计算分明集的模糊近似.

定义 4.7.3 设(U,R)为模糊近似空间，A 是论域 U 的分明子集. 通过以下方式定义的两个模糊集 $\underline{Apr}A$ 和 $\overline{Apr}A$ 分别称为 A 的模糊下近似和模糊上近似：

$$\underline{Apr}A(y)=\wedge\{1-R(x,y)\mid x\notin A\},\quad \overline{Apr}A(y)=\vee\{R(x,y)\mid x\in A\}.$$

如果集合 A 满足 $\underline{Apr}A\neq\overline{Apr}A$，则称 A 为模糊粗糙集.

为了简化术语，在这个定义里，仍然使用与定义4.7.1相同的名称表示不确定情形.

这里的模糊粗糙集也是定义4.7.1中模糊粗糙集的特殊情形. 事实上，只要在定义4.7.1中让模糊集合 A 取作分明集合，则以上两种定义就完全相同了.

注意：(1) 关于模糊集与粗糙集的不同特点，王国胤教授曾有如下精辟的论述：“模糊集用非精确的方法处理不确定问题，粗糙集用精确的方法处理不确定问题，它们在处理不确定问题方面具有很强的互补性”. 因此，模糊粗糙集作为融合两种方法的新概念，可望得到深入研究和广泛应用.

(2) 本节只是简要地介绍模糊粗糙集的基本知识，而有关模糊粗糙集的研究内容却是相当丰富的，构成了粗糙集理论与应用研究的重要领域. 例如，可以考虑双论域上的粗糙集模型，也可以利用三角范数(也叫三角模)和模糊蕴涵算子构成更一般的模糊粗糙集模型. 自然地，也可以使用公理化方法研究模糊粗糙集，等等. 关于这些研究课题，已经取得一系列研究成果，当然，也还有许多值得进一步探讨的问题，有兴趣的读者可以查阅相关文献.

作为本节的结束，我们介绍当论域为有限集合时模糊粗糙集上近似的一种新的计算方法，这种方法以模糊矩阵做工具，给出模糊粗糙集上近似的新表述(参考文献[108]).

有限论域 $U=\{u_1,u_2,\cdots,u_n\}$上的关系 R 对应一个布尔矩阵 $\boldsymbol{M}_R$，在上节里，我们使用定义4.4.1介绍的后继邻域

$$R_s(x)=\{y\in U\mid xRy\}$$

的概念，将 $A\subseteq U$ 的上近似表示为

$$\underline{R}A=\{x\mid x\in U,R_s(x)\subseteq A\}.$$

对于U 的子集A，用 n 维布尔列向量表示(即若 $u_k\in A$，则第 k 个分量为1；若 $u_k\notin A$，则第 k 个分量为0)，写作 $\boldsymbol{A}$. 则 A 的上近似具有以下的形式：

$$\overline{R}\boldsymbol{A}=\boldsymbol{M}_R\circ\boldsymbol{A}.$$

这里的运算∘是布尔矩阵与布尔列向量的合成运算(看成模糊合成的特殊情况).

类似地,可以给出模糊粗糙集上近似的新表述.

设$U=\{u_1,u_2,\cdots,u_n\}$是非空有限论域,$R\in F(U\times U)$为U上的模糊关系,相应于R的模糊矩阵记为$\boldsymbol{M}_R$. 若$A\in F(U)$,则A可以写成以下列向量的形式:

$$\boldsymbol{A}=(x_1,x_2,\cdots,x_n)^{\mathrm{T}},x_i=A(u_i),$$

这里"T"表示向量的转置. 根据定义4.7.1,可以验证$\boldsymbol{A}$的上近似具有以下矩阵表示形式:

$$\overline{R}\boldsymbol{A}=\boldsymbol{M}_R\circ\boldsymbol{A}.$$

这里的运算∘是模糊合成运算.

例如,在例4.7.2中,由条件属性集确定的U上的等价关系R可以用矩阵表示为

$$\boldsymbol{M}_R=\begin{bmatrix}1&0&0&0&0\\0&1&1&0&0\\0&1&1&0&0\\0&0&0&1&1\\0&0&0&1&1\end{bmatrix}.$$

决策属性d可看成论域$U=\{x_1,x_2,x_3,x_4,x_5\}$上的模糊集(用模糊向量表示)$\boldsymbol{D}=(0.2,0.5,0.7,0.9,1.0)^{\mathrm{T}}$. 则$\boldsymbol{D}$对于近似空间$(U,R)$的上近似为

$$\overline{R}\boldsymbol{D}=\boldsymbol{M}_R\circ\boldsymbol{D}=\begin{bmatrix}1&0&0&0&0\\0&1&1&0&0\\0&1&1&0&0\\0&0&0&1&1\\0&0&0&1&1\end{bmatrix}\circ\begin{bmatrix}0.2\\0.5\\0.7\\0.9\\1.0\end{bmatrix}=\begin{bmatrix}0.2\\0.7\\0.7\\1.0\\1.0\end{bmatrix}.$$

显然,此结果与例4.7.2的结果一致.

上述结果给我们的启示是,合理使用矩阵或模糊矩阵的方法有时能给我们带来意想不到的方便. 此外,关于上述结果的进一步拓展(比如下近似的矩阵计算方法以及在更广泛框架下的推广),请读者自行探索(可参阅文献[109,110]).

4.8 直觉模糊粗糙集

直觉模糊集是普通模糊集的推广(参见本书2.1.4节),直觉模糊粗糙集是模糊粗糙集的推广. 直觉模糊粗糙集的原始概念由比利时学者提出[111,112],文献[113]对其做了推广. 之后,本书第一作者等给出更广泛的框架[114],涉及双论域、直觉模糊t-模等概念,可以看成文献[115]中广义模糊粗糙集模型在直觉模糊集中的推广.

本节简单介绍文献[114]中直觉模糊粗糙集的一般化定义及其基本性质(本节的定理都将省略其证明过程),在此之前先罗列关于直觉模糊集的若干基本概念(这些概念主要来自文献[111~115]).

论域U上所有直觉模糊集组成的集合记为IF(U). 对于任意$A=\{\langle x,\mu_A(x),\nu_A(x)\rangle\mid x\in U\}\in \mathrm{IF}(U)$,定义其补集为

$$\sim A=\{\langle x,\nu_A(x),\mu_A(x)\rangle\mid x\in U\}\in \mathrm{IF}(U).$$

对于实数 $\alpha,\beta\in[0,1],\alpha+\beta\leqslant 1$. 定义直觉模糊常量为

$$(\widehat{\alpha,\beta})=\{\langle x,\alpha,\beta\rangle \mid x\in U\}\in \mathrm{IF}(U).$$

易见,$U=(\widehat{1,0})=\{\langle x,1,0\rangle\mid x\in U\}$,$\varnothing=(\widehat{0,1})=\{\langle x,0,1\rangle\mid x\in U\}$. 对于 $y\in U$,定义单点直觉模糊集 1_y 及其补集 $1_{U-\{y\}}$ 如下:

$$\mu_{1_y}(x)=\begin{cases}1, & x=y,\\ 0, & x\neq y,\end{cases}\quad \nu_{1_y}(x)=\begin{cases}0, & x=y,\\ 1, & x\neq y;\end{cases}$$

$$\mu_{1_{U-\{y\}}}(x)=\begin{cases}0, & x=y,\\ 1, & x\neq y,\end{cases}\quad \nu_{1_{U-\{y\}}}(x)=\begin{cases}1, & x=y,\\ 0, & x\neq y.\end{cases}$$

全集 U 也被写作 1_U.

直觉模糊集本质上可以看成如下定义的格$(L^*,\leqslant_{L^*})$上的格值模糊集:

$$L_*=\{(x_1,x_2)\in[0,1]^2 \mid x_1+x_2\leqslant 1)\},$$

$$(x_1,x_2)\leqslant_{L^*}(y_1,y_2)\Leftrightarrow x_1\leqslant y_1 \text{且} x_2\geqslant y_2.$$

其中格 L^* 的最小元、最大元分别为 $0_{L^*}=(0,1)$,$1_{L^*}=(1,0)$.

定义 4.8.1 一个映射$\mathcal{I}$: $(L^*)^2\to L^*$ 称为直觉模糊蕴涵算子,如果$\mathcal{I}$满足以下条件:

$$\mathcal{I}(0_{L^*},0_{L^*})=1_{L^*},\quad \mathcal{I}(0_{L^*},1_{L^*})=1_{L^*},$$

$$\mathcal{I}(1_{L^*},1_{L^*})=1_{L^*},\quad \mathcal{I}(1_{L^*},0_{L^*})=0_{L^*};$$

$$\forall y\in L^*,\forall x,x'\in(L^*)^2,x\leqslant_{L^*}x'\Rightarrow \mathcal{I}(x,y)\geqslant_{L^*}\mathcal{I}(x',y);$$

$$\forall x\in L^*,\forall y,y'\in(L^*)^2,y\leqslant_{L^*}y'\Rightarrow \mathcal{I}(x,y)\leqslant_{L^*}\mathcal{I}(x,y').$$

定义 4.8.2 直觉模糊 t-模是一个映射$\mathcal{T}$: $(L^*)^2\to L^*$,它满足以下条件:

(1) $\forall x\in L^*,\mathcal{T}(x,1_{L^*})=x$;(边界条件)

(2) $\forall x,y\in L^*,\mathcal{T}(x,y)=\mathcal{T}(y,x)$;(可换性)

(3) $\forall x,y,z\in L^*,\mathcal{T}(\mathcal{T}(x,y),z)=\mathcal{T}(x,\mathcal{T}(y,z))$;(结合性)

(4) $\forall x,x',y,y'\in L^*,x\leqslant_{L^*}x'$ 与 $y\leqslant_{L^*}y'\Rightarrow \mathcal{T}(x,y)\leqslant_{L^*}\mathcal{T}(x',y')$.(单调性)

相应地,直觉模糊 t-余模是一个映射$\mathcal{S}$: $(L^*)^2\to L^*$,它满足以下条件:

(1′) $\forall x\in L^*,\mathcal{S}(x,0_{L^*})=x$;

(2′) $\forall x,y\in L^*,\mathcal{S}(x,y)=\mathcal{S}(y,x)$;

(3′) $\forall x,y,z\in L^*,\mathcal{S}(\mathcal{S}(x,y),z)=\mathcal{S}(x,\mathcal{S}(y,z))$;

(4′) $\forall x,x',y,y'\in L^*,x\leqslant_{L^*}x'$ 与 $y\leqslant_{L^*}y'\Rightarrow\mathcal{S}(x,y)\leqslant_{L^*}\mathcal{S}(x',y')$.

一些直觉模糊 t-模、直觉模糊 t-余模可以通过$[0,1]$上的 t-模、t-余模构造出来. 设 T,S 分别 t-模和 t-余模,S 的对偶 S^* 是一个 t-模,其定义如下:

$$S^*(a,b)=1-S(1-a,1-b),\forall a,b\in[0,1].$$

如果 $T\leqslant S^*$,即 $T(a,b)\leqslant S^*(a,b)$,$\forall a,b\in[0,1]$. 定义映射$\mathcal{T}$: $(L^*)^2\to L^*$ 及$\mathcal{S}$: $(L^*)^2\to L^*$ 如下:

$$\mathcal{T}(x,y)=(T(x_1,y_1),S(x_2,y_2)),\forall x=(x_1,y_1),y=(x_2,y_2)\in L^*;$$

$$\mathcal{S}(x,y)=(S(x_1,y_1),T(x_2,y_2)),\forall x=(x_1,y_1),y=(x_2,y_2)\in L^*.$$

则$\mathcal{T}$是一个直觉模糊 t-模、$\mathcal{S}$是一个直觉模糊 t-余模. 此时,记$\mathcal{T}=(T,S)$,$\mathcal{S}=(S,T)$.

注意:并非每一个直觉模糊 t-模$\mathcal{T}$均能找到$[0,1]$上的 t-模 T、t-余模 S,使得 $\mathcal{T}=$

(T,S). 例如,如下定义的$\mathcal{T}_L:(L^*)^2\to L^*$,

$$\mathcal{T}_L(x,y)=(\max\{0,x_1+y_1-1\},\min\{1,x_2+1-y_1,y_2+1-x_1\}),$$
$$\forall x=(x_1,y_1),y=(x_2,y_2)\in L^*.$$

可以验证$\mathcal{T}_L$是一个直觉模糊 t-模(称为直觉模糊 Łukasiewicz t-模),但不存在[0,1]上的 t-模 T、t-余模 S 使得$\mathcal{T}_L=(T,S)$.

定义 4.8.3 一个直觉模糊 t-模$\mathcal{T}$(直觉模糊 t-余模$\mathcal{S}$)称为是 t-可表示的,如果存在 t-模 T、t-余模 S(t-余模 S'、t-模 T')满足以下条件:

$$\mathcal{T}(x,y)=(T(x_1,y_1),S(x_2,y_2)),\quad \forall x=(x_1,y_1),\quad y=(x_2,y_2)\in L^*;$$
$$(\mathcal{S}(x,y)=(S'(x_1,y_1),T'(x_2,y_2)),\quad \forall x=(x_1,y_1),\quad y=(x_2,y_2)\in L^*.)$$

定义 4.8.4 称直觉模糊 t-模$\mathcal{T}$满足剩余原则,如果成立

$$\mathcal{T}(x,z)\leqslant_{L^*}y\Leftrightarrow z\leqslant_{L^*}\mathcal{I}_{\mathcal{T}}(x,y),\quad \forall x,y,z\in L^*,$$

其中$\mathcal{I}_{\mathcal{T}}$ 表示$\mathcal{T}$生成的剩余蕴涵算子,定义为

$$\mathcal{I}_{\mathcal{T}}(x,y)=\sup\{\gamma\mid\gamma\in L^*,\quad \mathcal{T}(x,\gamma)\leqslant_{L^*}y\}.$$

定理 4.8.1 设$\mathcal{T}$是一个直觉模糊 t-模,则$\mathcal{T}$满足剩余原则的充分必要条件是

$$\sup_{z\in Z}\mathcal{T}(x,z)=\mathcal{T}(x,\sup_{z\in Z}z),\quad \forall x\in L^*,\quad \forall Z\subseteq L^*.$$

定义 4.8.5 设 U,W 是两个非空集合(称为双论域). $U\times W$ 上的一个直觉模糊集 R 称为 U 到 W 的一个直觉模糊关系,即 $R\in\mathrm{IF}(U\times W)$. 如果 $U=W$,则 R 称为 U 上的直觉模糊关系,即

$$R=\{\langle(x,y),\mu_R(x,y),\nu_R(x,y)\rangle\mid(x,y)\in U\times U\},$$

这里 $\mu_R:U\times U\to[0,1]$及 $\nu_R:U\times U\to[0,1]$满足 $0\leqslant\mu_R(x,y)+\nu_R(x,y)\leqslant1$, $\forall(x,y)\in U\times U$.

设 R 是 U 到 W 的直觉模糊关系,R 称为是串行的(serial),如果满足:

$$\bigvee_{y\in W}\mu_R(x,y)=1\quad 且\quad \bigwedge_{y\in W}\nu_R(x,y)=0,\forall x\in U.$$

设 R 为 U 上的直觉模糊关系,R 称为是自反的,如果满足:

$$\mu_R(x,x)=1\quad 且\quad \nu_R(x,x)=0,\forall x\in U.$$

R 称为是对称的,如果满足:

$$\mu_R(x,y)=\mu_R(y,x)\quad 且\quad \nu_R(x,y)=\nu_R(y,x),\forall(x,y)\in U\times U.$$

R 称为是传递的,如果满足:$\forall(x,z)\in U\times U$,

$$\mu_R(x,z)\geqslant\bigvee_{y\in U}[\mu_R(x,y)\wedge\mu_R(y,z)],\quad \nu_R(x,z)\leqslant\bigwedge_{y\in U}[\nu_R(x,y)\vee\nu_R(y,z)].$$

R 称为是$\mathcal{T}$-传递的(这里$\mathcal{T}$是一个直觉模糊 t-模),如果满足:

$$\mathcal{T}(R(x,y),R(y,z))\leqslant_{L^*}R(x,z),\forall x,y,z\in U.$$

特别地,当$\mathcal{T}$是一个可表示直觉模糊 t-模且$\mathcal{T}=(T,S)$时,R 是$\mathcal{T}$-传递的当且仅当

$$T(\mu_R(x,y),\mu_R(y,z))\leqslant\mu_R(x,z),\quad S(\nu_R(x,y),\nu_R(y,z))\geqslant\nu_R(x,z),\forall x,y,z\in U.$$

有了以上的知识准备,现在可以给出一般直觉模糊粗糙集的定义了.

定义 4.8.6 设 U,W 是两个非空论域,R 是 U 到 W 的直觉模糊二元关系,$\mathcal{T}$是直觉模糊 t-模,$\mathcal{I}$是直觉模糊蕴涵算子,称 $apr=(U,W,R,\mathcal{T},\mathcal{I})$为直觉模糊近似空间. 对于 W 上的任意直觉模糊集 A,定义 A 的下、上近似分别为 U 上如下表示的直觉模糊集 $\underline{R}_{\mathcal{I}}(A)$, $\overline{R}^{\mathcal{T}}(A)$:

$$\underline{R}_{\mathcal{I}}(A)(x)=\bigwedge_{y\in W}\mathcal{I}(R(x,y),A(y)),\forall x\in U;$$

$$\overline{R}^{\mathcal{T}}(A)(x)=\bigvee_{y\in W}\mathcal{T}(R(x,y),A(y)),\forall x\in U.$$

定理 4.8.2 设 $apr=(U,W,R,\mathcal{T},\mathcal{I})$ 是直觉模糊近似空间，则

(1) $\forall A,B\in \mathrm{IF}(W),A\subseteq B\Rightarrow \overline{R}^{\mathcal{T}}(A)\subseteq \overline{R}^{\mathcal{T}}(B)$；

(2) $\forall A,B\in \mathrm{IF}(W),A\subseteq B\Rightarrow \underline{R}_{\mathcal{I}}(A)\subseteq \underline{R}_{\mathcal{I}}(B)$；

(3) $\forall A_j\in \mathrm{IF}(W)\ (j\in J),\overline{R}^{\mathcal{T}}(\bigcap_{j\in J}A_j)\subseteq \bigcap_{j\in J}\overline{R}^{\mathcal{T}}(A_j)$；

(4) $\forall A_j\in \mathrm{IF}(W)\ (j\in J),\underline{R}_{\mathcal{I}}(\bigcup_{j\in J}A_j)\supseteq \bigcup_{j\in J}\underline{R}_{\mathcal{I}}(A_j)$. □

为了后面叙述方便，这里说明几个符号. 设 $\mathcal{T}$ 是直觉模糊 t-模，$\mathcal{S}$ 是直觉模糊 t-余模，$\mathcal{I}$ 是直觉模糊蕴涵算子，A,B 是 U 上的直觉模糊集，$u\in U$. 定义

$$(A\cap_{\mathcal{T}}B)(u)=\mathcal{T}(A(u),B(u)),\quad (A\cup_{\mathcal{S}}B)(u)=\mathcal{S}(A(u),B(u)),$$

$$(A\rightarrow_{\mathcal{I}}B)(u)=\mathcal{I}(A(u),B(u)).$$

定理 4.8.3 设 $apr=(U,W,R,\mathcal{T},\mathcal{I})$ 是直觉模糊近似空间，这里 $\mathcal{T}$ 是满足剩余原则的可表示直觉模糊 t-模且 $\mathcal{T}=(T,S)$，$\mathcal{I}$ 是直觉模糊蕴涵算子. 则对任意 $A,B\in \mathrm{IF}(W),A_j\in \mathrm{IF}(W)(\forall j\in J),M\subseteq W,(x,y)\in U\times W,\alpha,\beta\in[0,1]$，以下结论成立：

(1) $\overline{R}^{\mathcal{T}}(\widehat{(\alpha,\beta)}\cap_{\mathcal{T}}A)=\widehat{(\alpha,\beta)}\cap_{\mathcal{T}}\overline{R}^{\mathcal{T}}(A)$；

(2) $\overline{R}^{\mathcal{T}}(\bigcup_{j\in J}A_j)=\bigcup_{j\in J}\overline{R}^{\mathcal{T}}(A_j)$；

(3) $\overline{R}^{\mathcal{T}}(\widehat{(\alpha,\beta)})\subseteq\widehat{(\alpha,\beta)}$；

(4) $\overline{R}^{\mathcal{T}}(\varnothing)=\varnothing$；

(5) $\overline{R}^{\mathcal{T}}(\widehat{(\alpha,\beta)})=\widehat{(\alpha,\beta)}\Leftrightarrow\overline{R}^{\mathcal{T}}(W)=U$；

(6) $\overline{R}^{\mathcal{T}}(1_y\cap_{\mathcal{T}}\widehat{(\alpha,\beta)})(x)=\mathcal{T}(R(x,y),\widehat{(\alpha,\beta)})$；

(7) $\overline{R}^{\mathcal{T}}(1_y)(x)=R(x,y)$；

(8) $\overline{R}^{\mathcal{T}}(1_M)(x)=\bigvee_{y\in M}R(x,y)$. □

定理 4.8.4 设 $apr=(U,W,R,\mathcal{T},\mathcal{I})$ 是直觉模糊近似空间，这里 $\mathcal{T}$ 是满足剩余原则的可表示直觉模糊 t-模且 $\mathcal{T}=(T,S)$，$\mathcal{I}$ 是直觉模糊蕴涵算子. 则：

(1) R 是串行的 $\Leftrightarrow$ (IFH0) $\overline{R}^{\mathcal{T}}(\widehat{(\alpha,\beta)})=\widehat{(\alpha,\beta)},\forall\alpha,\beta\in[0,1]$.

$\Leftrightarrow$(IFH0′) $\overline{R}^{\mathcal{T}}(W)=U$.

如果 $U=W$，则：

(2) R 是自反的 $\Leftrightarrow$ (IFHR) $A\subseteq\overline{R}^{\mathcal{T}}(A),\forall A\in \mathrm{IF}(U)$.

(3) R 是对称的 $\Leftrightarrow$ (IFHS) $\overline{R}^{\mathcal{T}}(1_x)(y)=\overline{R}^{\mathcal{T}}(1_y)(x),\forall x,y\in U$.

(4) R 是 $\mathcal{T}$-传递的 $\Leftrightarrow$ (IFHT) $\overline{R}^{\mathcal{T}}(\overline{R}^{\mathcal{T}}(A))\subseteq\overline{R}^{\mathcal{T}}(A),\forall A\in \mathrm{IF}(U)$. □

定理 4.8.5 设 $apr=(U,W,R,\mathcal{T},\mathcal{I})$ 是直觉模糊近似空间，这里 $\mathcal{T}$ 是满足剩余原则的直觉模糊 t-模，$\mathcal{I}$ 是相应于 $\mathcal{T}$ 的剩余直觉模糊蕴涵算子. 则对任意 $A,B\in \mathrm{IF}(W),A_j\in \mathrm{IF}(W)\ (\forall j\in J),M\subseteq W,(x,y)\in U\times W,\alpha,\beta\in[0,1]$，以下结论成立：

(1) $\underline{R}_{\mathcal{I}}(\widehat{(\alpha,\beta)}\rightarrow_{\mathcal{I}}A)=\widehat{(\alpha,\beta)}\rightarrow_{\mathcal{I}}\underline{R}_{\mathcal{I}}(A)$；

(2) $\underline{R}_{\mathcal{I}}(\bigcap_{j\in J} A_j)=\bigcap_{j\in J}\underline{R}_{\mathcal{I}}(A_j)$;

(3) $\underline{R}_{\mathcal{I}}(\widehat{(\alpha,\beta)})\supseteq\widehat{(\alpha,\beta)}$;

(4) $\underline{R}_{\mathcal{I}}(W)=U$;

(5) $\underline{R}_{\mathcal{I}}(\widehat{(\alpha,\beta)}\rightarrow_{\mathcal{I}}\varnothing)=\widehat{(\alpha,\beta)}\rightarrow_{\mathcal{I}}\varnothing\Leftrightarrow\underline{R}_{\mathcal{I}}(\varnothing)=\varnothing$;

(6) $\underline{R}_{\mathcal{I}}(1_y\rightarrow_{\mathcal{I}}\widehat{(\alpha,\beta)})(x)=\mathcal{I}(R(x,y),\widehat{(\alpha,\beta)})$;

(7) $\underline{R}_{\mathcal{I}}(1_{W-\{y\}})(x)=\mathcal{I}(R(x,y),0_{L^*})$;

(8) $\underline{R}_{\mathcal{I}}(1_M)(x)=\bigwedge_{y\notin M}\mathcal{I}(R(x,y),0_{L^*})$. □

定理 4.8.6　设 $apr=(U,W,R,\mathcal{T},\mathcal{I})$ 是直觉模糊近似空间,这里 $\mathcal{T}$ 是满足剩余原则的直觉模糊 t-模,$\mathcal{I}$ 是相应于 $\mathcal{T}$ 的剩余直觉模糊蕴涵算子. 则:

(1) R 是串行的 $\Leftrightarrow$ (IFL0) $\underline{R}_{\mathcal{I}}(\widehat{(\alpha,\beta)})=\widehat{(\alpha,\beta)}$, $\forall\alpha,\beta\in[0,1]$.

如果 $U=W$,则:

(2) R 是自反的 $\Leftrightarrow$ (IFLR) $\underline{R}_{\mathcal{I}}(A)\subseteq A$, $\forall A\in \mathrm{IF}(U)$.

(3) R 是对称的 $\Leftrightarrow$ (IFLS) $\underline{R}_{\mathcal{I}}(1_x\rightarrow_{\mathcal{I}}\widehat{(\alpha,\beta)})(y)=\underline{R}_{\mathcal{I}}(1_y\rightarrow_{\mathcal{I}}\widehat{(\alpha,\beta)})(x)$, $\forall x,y\in U$.

(4) R 是 $\mathcal{T}$-传递的 $\Leftrightarrow$ (IFLT) $\underline{R}_{\mathcal{I}}(A)\subseteq\underline{R}_{\mathcal{I}}(\underline{R}_{\mathcal{I}}(A))$, $\forall A\in \mathrm{IF}(U)$. □

上述直觉模糊粗糙集下、上近似算子也可以公理化,详细内容请参见文献[114].

注意:本章主要介绍了粗糙集理论的初步知识,由于粗糙集理论内容丰富且发展很快,一些重要内容和研究成果不能在此逐一介绍,请读者自行阅读相关文献(文献[116～119]是一些最新成果,可供大家参考).

实验 6　决策表的属性约简与粗糙集软件 Rosetta/RSES

本实验通过解决两个实际问题(气象信息决策系统的简化、七段数码管的简易识别),体验粗糙集理论在知识约简中的应用. 同时,将介绍两个流行的粗糙集软件 Resetta 及 RSES 的基本使用方法. 作为实验的准备,先介绍常见的基于差别矩阵的决策系统属性约简方法.

1. 基于差别矩阵的属性约简方法

从第 3 节对差别矩阵的描述部分中我们可以看出决策系统是信息系统的扩展和特例,其中对决策系统的描述具有一般性,为了更加清晰地加以说明,我们这里给出了决策系统更为直观的描述. 这里介绍基于差别矩阵的决策表属性约简方法[80],这个方法最初是由波兰华沙理工大学的 Skowron 教授(他是粗糙集理论创始人 Pawlak 的学生)提出的,由于计算简单,便于操作,现在已经被广泛地使用于知识约简和知识发现中.

设 (U,A) 为决策表系统,其中 $U=\{x_1,x_2,\cdots,x_n\}$ 是论域,$A=C\cup D$ 是属性集合,$C=\{a_1,a_2,\cdots,a_m\}$ 是条件属性集合,$D=\{d\}$ 是决策属性集合,用 $a_i(x_j)$ 表示对象 x_j 关于属性 a_i 的属性值.

构造矩阵 $\boldsymbol{C}_D=(C_D(i,j))_{n\times n}$,其中对于 $i,j=1,2,\cdots,n$,有

$$C_D(i,j)=\begin{cases}\{a_k\in C\mid a_k(x_i)\neq a_k(x_j)\}, & d(x_i)\neq d(x_j),\\ \varnothing, & d(x_i)=d(x_j).\end{cases}$$

这里定义的矩阵 $\boldsymbol{C}_D$ 称为决策表的差别矩阵.

读者不难看出,差别矩阵是对称矩阵. 因此,我们只需要考虑其上三角部分就可以了.

在差别矩阵中,当两个对象具有完全相同的决策属性值时,对应的矩阵元素取值为 $\varnothing$(特殊值);而当两个对象的决策属性值不同时,可以通过某些条件属性值的不同进行区分,它们所对应的矩阵元素为使它们具有不同属性值的条件属性集合. 特别地,当两个对象的决策属性值不同,且所有的条件属性值都相同时,对应的矩阵元素为空集. 很明显,这种情形表明决策表中存在不一致(或者彼此冲突)的信息.

通过决策表的差别矩阵,可以对决策表做属性约简. 一般步骤如下:

步骤1:计算决策表的差别矩阵 $\boldsymbol{C}_D$;

步骤2:对于差别矩阵中所有非空元素,建立相应的析取表达式:

$$L_{ij}=\vee\{a_i \mid a_i \in C_{ij}\};$$

步骤3:将所有的析取表达式做合取,得到合取范式:

$$L=\wedge\{L_{ij} \mid C_{ij} \neq \varnothing\};$$

步骤4:利用集合并与交运算的性质将合取范式转化为析取范式:

$$L'=\vee\{L_i \mid i\};$$

步骤5:输出计算结果. 析取范式 L' 中的每个项 L_i 中的条件属性组成一个属性约简,而这些属性约简的交集就是属性集的核.

以下通过一个有关气象信息的例子说明上述方法的操作过程.

例 表4-23提供了某地14天的气象观察数据,其中的决策属性(d)可以是关于举办聚会的决策,包括举办(P),及不举办(N)两个属性值.

步骤1:计算决策表的差别矩阵 $\boldsymbol{C}_D$. 通过计算得到(其余元素请读者自行完成)

$$C_D(1,5)=\{a_1,a_2,a_3\},\quad C_D(1,6)=\varnothing,\quad C_D(1,7)=\{a_1,a_2,a_3,a_4\}.$$

步骤2:对于差别矩阵中所有非空元素,建立相应的析取表达式. 本例中,共有45个析取表达式,如

$$L_{15}=a_1 \vee a_2 \vee a_3,\quad L_{17}=a_1 \vee a_2 \vee a_3 \vee a_4.$$

步骤3:将所有的析取表达式做合取,得到合取范式

$$L=L_{13} \wedge L_{14} \wedge L_{15} \wedge \cdots \wedge L_{(13)(14)};$$

表4-23 气象观测数据

U	条件属性				决策属性 d
	预报(a_1)	气温(a_2)	湿度(a_3)	多风(a_4)	
1	晴	热	高	否	N
2	晴	热	高	是	N
3	多云	热	高	否	P
4	雨	温和	高	否	P
5	雨	凉	正常	否	P
6	雨	凉	正常	是	N
7	多云	凉	正常	是	P

续表

U	条件属性				决策属性 d
	预报(a_1)	气温(a_2)	湿度(a_3)	多风(a_4)	
8	晴	温和	高	否	N
9	晴	凉	正常	否	P
10	雨	温和	正常	否	P
11	晴	温和	正常	是	P
12	多云	温和	高	是	P
13	多云	热	正常	否	P
14	雨	温和	高	是	N

步骤 4：利用集合并与交运算的性质将合取范式转化为析取范式

$$L'=(a_1 \wedge a_2 \wedge a_4) \vee (a_1 \wedge a_3 \wedge a_4);$$

步骤 5：输出计算结果. 条件属性集的属性约简有两个

$$\{a_1,a_2,a_4\},\quad \{a_1,a_3,a_4\}$$

而条件属性集的核为$\{a_1,a_4\}$.

请读者完成此例的详细计算过程(稍后将借助 Rosetta 软件说明上述计算结果的正确性).

2. 粗糙集软件 Rosetta 的基本使用方法

Rosetta 是由挪威科技大学(Norwegian University of Science and Technology, NTNU)计算机与信息科学系和波兰华沙大学(Warsaw University)数学研究所合作开发的一个基于 Rough 集理论框架的数据分析软件，最新的免费下载地址是 http://www.lcb.uu.se/tools/rosetta/downloads.php.

下面通过求解例 4.9.1 简单介绍 Rosetta 软件的使用方法.

(1) 首先准备好数据文件，这里将表 4-23 中的数据存储在 Excel 文件 zxh.xls 中(见图 4-5).

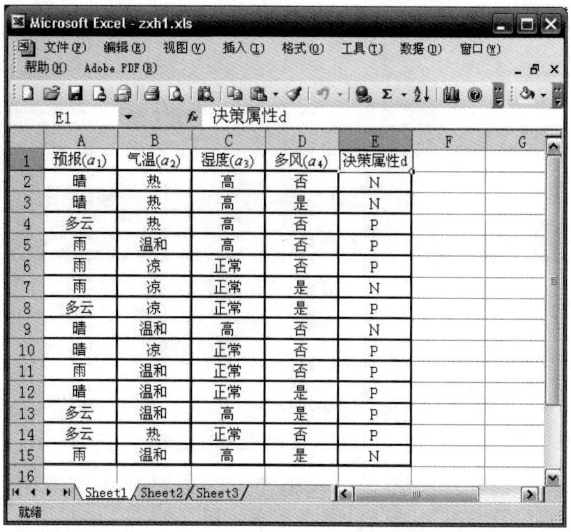

	A	B	C	D	E
1	预报(a_1)	气温(a_2)	湿度(a_3)	多风(a_4)	决策属性d
2	晴	热	高	否	N
3	晴	热	高	是	N
4	多云	热	高	否	P
5	雨	温和	高	否	P
6	雨	凉	正常	否	P
7	雨	凉	正常	是	N
8	多云	凉	正常	是	P
9	晴	温和	高	否	N
10	晴	凉	正常	否	P
11	雨	温和	正常	否	P
12	晴	温和	正常	是	P
13	多云	温和	高	是	P
14	多云	热	正常	否	P
15	雨	温和	高	是	N

图 4-5　准备 Rosetta 软件所需的数据源

(2) 启动 Rosetta 软件,在出现的程序窗口中选择 File 菜单中 New 命令以建立一个新的项目,此时出现 Project 窗口. 右击 Structures 按钮,在出现的快捷菜单中选择 ODBC 选项(见图 4-6),以打开 ODBC import 对话框;单击其中的 Open database 按钮,在出现的"选择数据源"对话框中选择"机器数据源"选项卡,可在 dBase Files、Excel Files、MS Access Database 三个选项中选择,这里选择 Excel Files;单击"确定"后指定前述 Excel 文件 zxh.xls 的位置,返回 ODBC import 对话框(见图 4-7),单击 OK 按钮.

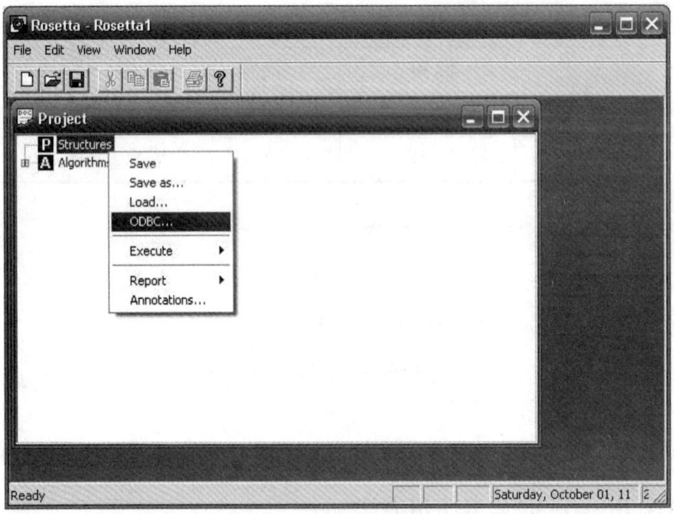

图 4-6 Rosetta 软件窗口

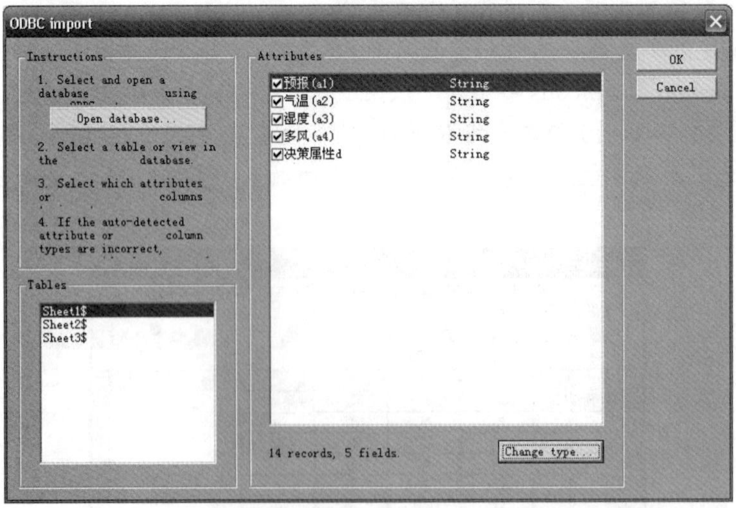

图 4-7 "ODBC import"对话框

(3) 返回 Rosetta 软件窗口后,可发现 Structures 项下多了一个 D 分支,指示数据来源. 展开窗口中 Algorithms 下的分支,从 Reduction 子分支中选择约简算法,对上述数据进行属性约简. 这里选择第一个选项(双击或从右键快捷菜单中选择 Apply,如图 4-8 所示),在随后出现的对话框中选取默认选项后单击 OK 按钮,主窗口的数据源下多了一个R 分支,双击它即可查看约简结果(见图 4-9). 此约简结果,与前述手工计算结果一致.

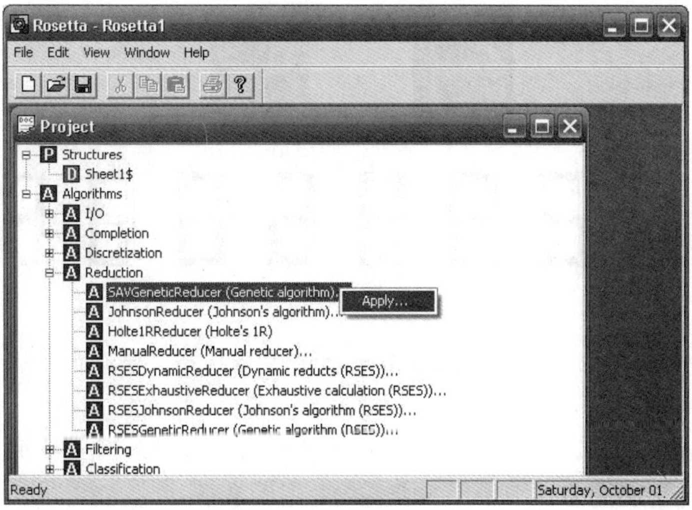

图 4-8　Rosetta 窗口的选项

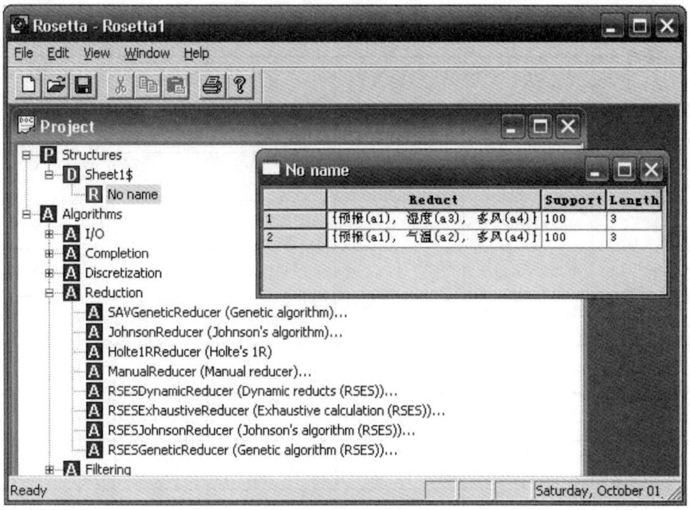

图 4-9　使用 Rosetta 进行属性约简

在退出 Rosetta 软件时，可将前述操作结果保存在文件中，下次可通过选择 File 菜单中的 Open 命令在 Rosetta 程序窗口打开它.

3. 七段数码管的简易识别

七段数码管(见图 4-10)是指由七段 LED 显示条组成的数码管，可以通过控制每一段 LED 的亮灭来显示 0—9 十个数字，其中还有一个独立的小数点(本实验中将不涉及小数点位). 七段数码管在工业控制中有着很广泛的应用，可用来显示温度、数量、重量、日期、时间，还可以用来显示比赛的比分等，具有显示醒目、直观的优点.

用英文小写字母 a—g 表示数码管的各笔画(即 LED 显示条)，阿拉伯数字 0—9 中的任意一个都可以由字母 a—g 这 7 个笔画按照一定的亮暗组合来表示. 若用 0,1 表示笔画的有无信息，则可以获得由笔画的亮暗组合来确定数码的决策信息表 4-7.

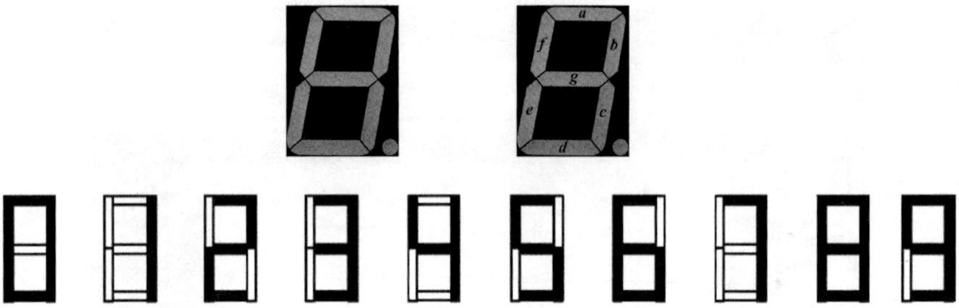

图 4-10 七段数码管示意图

上述依据笔画的亮暗组合来确定数码的决策方法是可以简化的，比如数码 2 是依据“$a=1,b=1,c=0,d=1,e=1,f=0,g=1$”进行判断的，实际上，只要“$a=1,b=1,e=1,f=0,g=1$”就足以断定必是数码 2，因为不可能有别的数码具有亮暗组合“$a=1,b=1,e=1,f=0,g=1$”. 其他数码的判定均具有类似的特点，即属性 c,d 组合是冗余的. 利用前面介绍的差别矩阵方法对决策信息表 4-24 进行属性约简，可知$\{a,b,e,f,g\}$确实是它的一个属性约简.

表 4-24 七段数码管识别决策表

U	a	b	c	d	e	f	g
0	1	1	1	1	1	1	0
1	0	1	1	0	0	0	1
2	1	1	0	1	1	0	1
3	1	1	1	1	0	0	1
4	0	1	1	0	0	1	1
5	1	0	1	1	0	1	1
6	1	0	1	1	1	1	1
7	1	1	1	0	0	0	0
8	1	1	1	1	1	1	1
9	1	1	1	1	1	0	1

上述事实表明，对七段数码管的识别可以有简捷的方法，即仅用$\{a,b,e,f,g\}$五段即可进行识别. 这种简捷方法有实际的应用价值，比如可简化七段数码管的软硬件设计，同时当数码管某些 LED 显示条(比如 c 或 d)出现故障不能正常显示时，仍可根据上述简化规则确定数字(见图 4-11 左图). 实际上，利用粗糙集理论中的属性值约简方法(第 5 章将进行详细介绍)，上述判断规则还可进一步简化(比如可仅依据“$e=1,f=0$”来确定数码 2，即只需要两段即可识别数码 2. 详细的约简过程可参见文献[120]. 约简结果如表 4-25 所示)，下面将借助粗糙集软件 RSES 来说明这些规则是如何得到的.

图 4-11 数码“2”的简单识别方法

表 4-25　七段数码管识别约简决策表

U:A	a	b	e	f	g	U:A	a	b	e	f	g
0	—	—	1	—	0	5	—	0	0	—	—
1	0	—	—	0	—	6	—	0	1	—	—
2	—	—	1	0	—	7	1	—	0	—	0
3	—	—	0	0	1	8	—	1	1	1	1
4	0	—	—	1	—	9	1	1	0	1	—

4. 粗糙集软件 RSES 的基本使用方法

RSES(Rough Set Exploration System)软件是基于 Rough 集理论的数据分析工具集，由波兰华沙大学(Warsaw University)及热舒夫大学(University of Rzeszów)开发，目前流行的版本是 RSES 2.2，最新的免费下载地址是 http://logic.mimuw.edu.pl/～rses/.

RSES 2.2 接受的数据文件主要是.tab 文件(RSES 2.2 还支持.arff 文件，它是 Weka 使用的数据文件. Weka 是新西兰研究者开发的一个公开的数据挖掘工作平台，集合了大量能承担数据挖掘任务的机器学习算法，包括对数据进行预处理、分类、聚类、关联规则以及在新的交互式界面上的可视化等. 可以将 Excel 文件转换为.arff 文件，详细方法请读者自行在网上学习)，因此使用 RSES 2.2 之前，需要准备好数据文件.

如果有如下数据信息表：

temperature	headache	cough	catarrh	disease	temperature	headache	cough	catarrh	disease
38.7	7	no	no	angina	MISSING	3	no	no	cold
38.3	MISSING	yes	yes	influenza	36.7	1	no	no	healthy

则可以用 Windows 中的“记事本”按下述格式编排信息内容后，保存为扩展名为.tab 的文件(可以直接把按下述格式编辑的文本内容保存为.txt 文件，然后将其扩展名改成 .tab)：

```
TABLE therapy
ATTRIBUTES 5
  temperature numeric 1
  headache numeric 0
  cough symbolic
  catarrh symbolic
  disease symbolic
OBJECTS 4
  38.7      7         no   no   angina
  38.7      MISSING   yes  yes  influenza
  MISSING   3         no   no   cold
  36.7      1         no   no   healty
```

图 4-12 所示的是依据表 4-24“七段数码管识别决策表”编辑的.tab 数据文件内容(其中

h 表示决策属性，它确定当前识别的数码)：

以下说明如何使用 RSES 2.2 对“七段数码管识别决策表”进行约简.

(1) 正确安装 RSES 2.2 后(注意，该版本软件需要 Java 的支持，安装前必须确保当前系统安装了 Java)，双单击桌面的程序快捷方式 RSES2 启动 RSES 2.2，在出现的程序窗口中选择 File 菜单中的 New Project，建立一个新的项目. 此时，项目窗口为空白，可通过单击左侧的 insert table 按钮向该项目加入数据表(也可右击项目窗口空白处，从弹出的快捷菜单中选择 insert table)，此时项目窗口出现数据表图标，如图 4-13 所示.

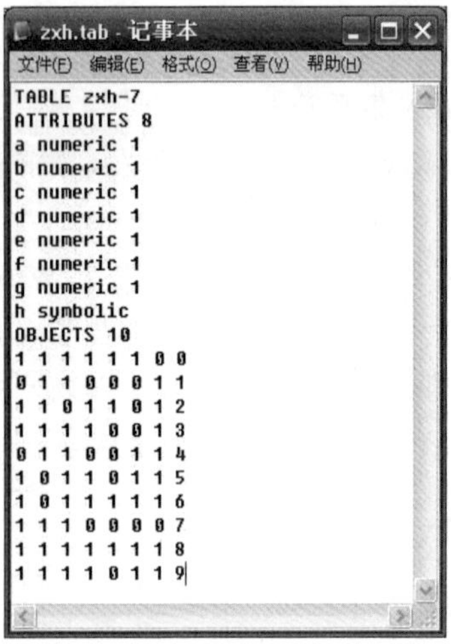


```
TABLE zxh-7
ATTRIBUTES 8
a numeric 1
b numeric 1
c numeric 1
d numeric 1
e numeric 1
f numeric 1
g numeric 1
h symbolic
OBJECTS 10
1 1 1 1 1 1 0 0
0 1 1 0 0 0 1 1
1 1 0 1 1 0 1 2
1 1 1 1 0 0 1 3
0 1 1 0 0 1 1 4
1 0 1 1 0 1 1 5
1 0 1 1 1 1 1 6
1 1 1 0 0 0 0 7
1 1 1 1 1 1 1 8
1 1 1 1 0 1 1 9
```

图 4-12 .tab 数据文件示例

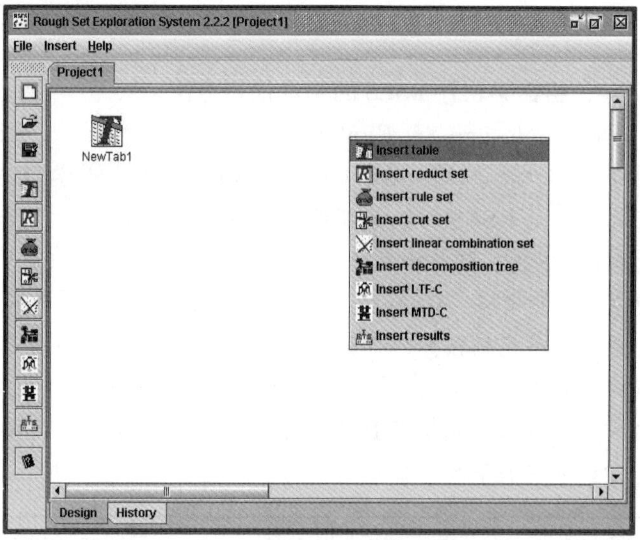

图 4-13 RSES 2.2 程序窗口及 insert 快捷菜单

(2) 右击前述新建的数据表图标，从快捷菜单中选择 Load 命令为当前数据表指定数据源文件，这里选择前述准备好的数据文件 zxh.tab. 当返回项目窗口后，可右击数据表图标，从快捷菜单中选择 View 命令浏览当前数据表的数据信息，如图 4-14 所示.

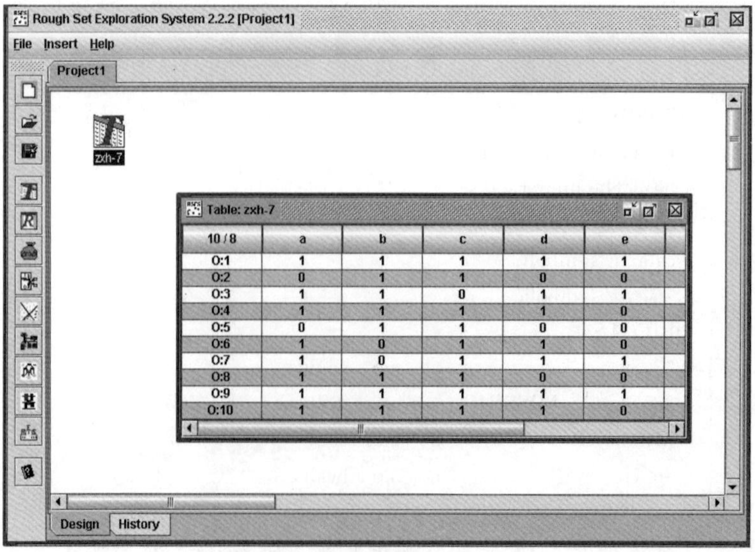

10/8	a	b	c	d	e
0:1	1	1	1	1	1
0:2	0	1	1	0	0
0:3	1	1	0	1	1
0:4	1	1	1	1	0
0:5	0	1	1	0	0
0:6	1	0	1	1	0
0:7	1	0	1	1	1
0:8	1	1	1	0	0
0:9	1	1	1	1	1
0:10	1	1	1	1	0

图 4-14 浏览数据表中的数据

(3) 右击数据表图标，从快捷菜单中选择 Reducts/Rules 下的 Calculate reducts or rules 命令，出现如图 4-15 所示的对话框. 这里指定建立属性约简，单击 OK 按钮后，项目窗口出现一个约简图标(背景是大写的 R)，右击这个约简图标，从快捷菜单中选择 View 命令浏览当前约简的内容，如图 4-16 所示(这说明有两个约简结果，$\{a,b,e,f,g\}$及$\{b,d,e,f,g\}$，即有两种仅用五段 LED 就可识别七段数码的方法).

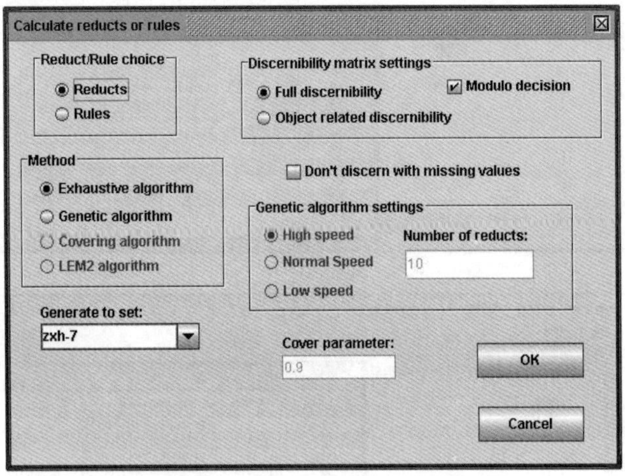

图 4-15　计算约简或规则对话框

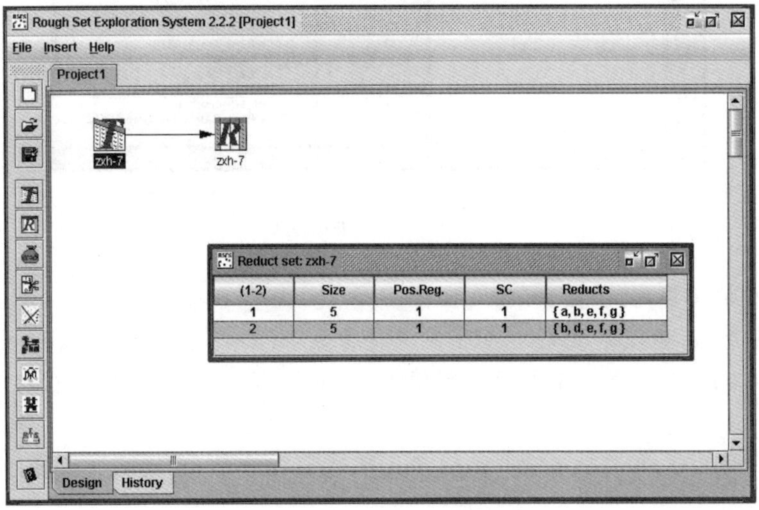

图 4-16　属性约简结果

(4) 可从“七段数码管识别决策表”的原始数据出发，生成决策规则. 方法是：右击数据表图标，从快捷菜单中选择 Reducts/Rules 下的 Calculate reducts or rules 命令，在出现如图 4-15 所示的对话框时，选择左上角的 Rules 单选按钮以建立规则约简，结果如图 4-17(a)所示.

(5) 还可从属性约简后的数据出发，生成决策规则. 方法是：右击属性约简图标，从快捷菜单中选择 Generate rules 命令，在出现的对话框中选择 All local rules，可得到如

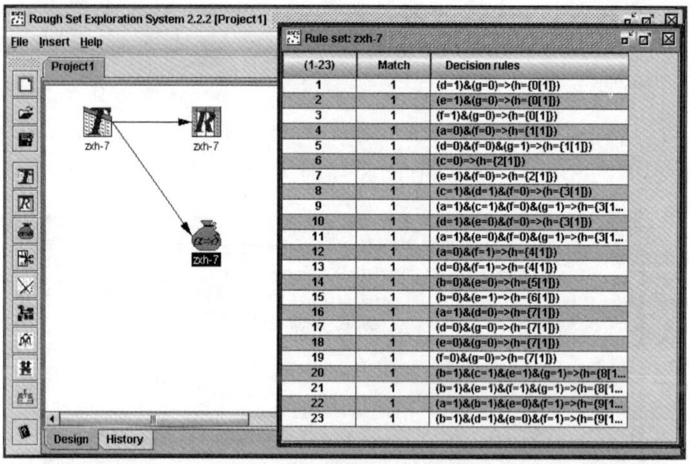

(a)

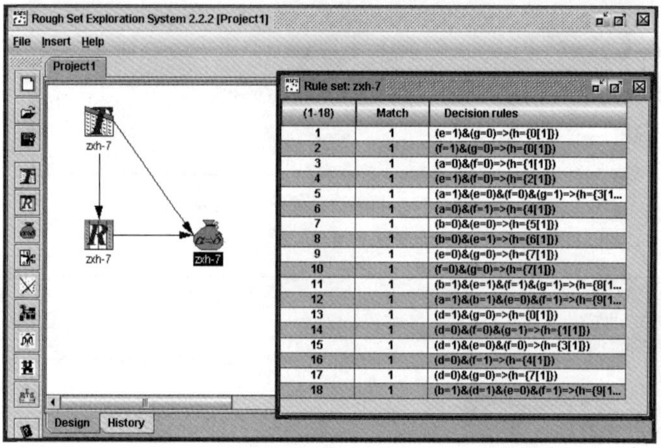

(b)

图 4-17 生成决策规则

图 4-17 所示的决策规则.

从结果中看出,要识别数码 0 有三种简便方法:($e=1$ 且 $g=0$),($f=1$ 且 $g=0$),($d=1$ 且 $g=0$);要识别数码 1 有两种简便方法:($a=0$ 且 $f=0$),($d=0$ 且 $f=0$ 且 $g=1$);等等.

在退出 RSES 时,可将项目窗口的内容保存为.rses 文件,下次可以直接打开继续操作.

第 5 章

粗糙集的应用

粗糙集理论已成为一种重要的智能信息处理技术，在机器学习与知识发现、数据挖掘、决策支持与分析等方面得到广泛应用. 基于粗糙集的应用涌现在各行各业，主要包括属性约简和规则提取等方面. 经典的粗糙集理论并不能处理不完备的信息系统以及具有连续属性值的信息系统，在使用粗糙集理论进行数据处理之前，需要对数据进行预处理. 本章第一节介绍数据预处理方法，包括决策表补齐和数据离散化；第二节和第三节分别介绍了几种属性约简方法和规则提取算法；第四节介绍了粗糙集方法在多个领域中的应用实例.

5.1 数据预处理

一般来说，从现实世界得到的数据存在着缺失等现象，在用粗糙集方法进行处理时需要对原始数据进行预处理. 预处理包括对有遗漏的数据进行补充(在粗糙集中即是对不完备决策表进行决策表补齐)，以及对决策系统中的连续属性进行离散化(因为粗糙集处理的对象只能是离散数据). 本节就粗糙集中的决策表补齐问题和决策系统连续属性离散化问题进行分析，并介绍相关处理方法.

5.1.1 决策表补齐

在很多情况下，我们获得原始数据(信息系统或决策表)是不完备的，有某些属性值是被遗漏的. 对于这种情况，可以对数据进行预处理以获取完备的数据.

一种简单的预处理方法是将具有未知属性值的样本从决策表中删除，即直接忽略有未知属性值的样本[121,122]. 在决策表数据量很大，而且具有未知属性值的样本数量远远小于总样本数时，该方法并不太影响决策表中信息的完整性，是一种可取的处理方法. 但是，当决策表中数据量较少，或者具有缺失数据的实例数量相对较多时，这种方法就会严重影响决策表的完整性和正确性，这种情况下不宜采用这种方法.

现在对缺失数据的处理大多是对决策表进行补齐，常用的补齐方法有以下几种：

方法 1 将未知属性值作为一种特殊的属性值来处理，使其不同于任何其他属性值[123]. 这种方法克服了直接删除法带来的信息损失，但没有有效利用数据间的相互关系以及数据的分布信息.

方法 2 最大概率值法，即用该属性在其他实例上出现频率最高的取值来补充该遗漏的属性值[124]. 此方法为未知属性值强行指定一个取值可能导致系统包含信息的变化，从而造成信息丢失或者引起属性重要性的变化.

例 5.1.1 使用最大概率值法对表 5-1 所示的决策表进行补齐.

表 5-1 一个不完备决策表

Car	Price	Mileage	Size	Max-Speed	d
x_1	high	low	full	high	1
x_2	low	high	full	*	0
x_3	*	low	*	*	0
x_4	low	*	*	low	0
x_5	high	*	compact	high	1
x_6	high	low	full	high	1

样本 x_3 的 Price 属性值未知，在所有样本中，Price 的取值 high 的出现频率最高，因此指定样本 x_3 的 Price 属性为 high；样本 x_4 和样本 x_5 的 Mileage 属性值指定为 low；样本 x_3 和样本 x_4 的 Size 属性值指定为 full；样本 x_2 和样本 x_3 的 Max-Speed 属性值指定为 high. 处理结果如表 5-2 所示.

表 5-2 使用最大概率值法进行决策表补齐结果

Car	Price	Mileage	Size	Max-Speed	d
x_1	high	low	full	high	1
x_2	low	high	full	high	0
x_3	high	low	full	high	0
x_4	low	low	full	low	0
x_5	high	low	compact	high	1
x_6	high	low	full	high	1

方法 3 基于类别的最大概率值法，基本思想与最大概率值法相同，所不同的是此方法中属性值出现频率计算不是针对整个样本空间，而是在与未知属性值所在的样本有相同决策属性的样本组成的子空间中进行计算[125].

例 5.1.2 使用基于类别的最大概率值法对表 5-1 中的决策表进行补齐.

与样本 3 决策属性相同的样本有$\{x_2, x_4\}$，样本 3 的 Price、Size 和 Max-Speed 属性值未知，而$\{x_2, x_4\}$在 Price 出现频率最高的属性值为 low，Size 出现频率最高的属性值为 full，Max-Speed 出现频率最高的属性值为 low，因此指定样本 3 的 Price 属性值为 low，Size 属性值为 full，Max-Speed 属性值为 low. 同样的方法处理其他未知属性值，结果如表 5-3 所示.

表 5-3 使用基于类别的最大概率值法进行决策表补齐的结果

Car	Price	Mileage	Size	Max-Speed	d
x_1	high	low	full	high	1
x_2	low	high	full	low	0

续表

Car	Price	Mileage	Size	Max-Speed	d
x_3	low	low	full	low	0
x_4	low	low	full	low	0
x_5	high	low	compact	high	1
x_6	high	low	full	high	1

方法 4 用未知属性值的所有可能属性取值来试验，并从最终的属性约简结果中选择最好的一个对缺失属性进行补齐[126]. 该方法是以约简为目的的数据补齐方法，能够得到好的约简结果；但是，当数据量很大或者未知属性值相对较多时，其计算代价很大. 以表 5-1 为例，该决策表中有 7 个未知属性，每个未知属性的可能取值有两个，如样本 3 的 Price 属性值未知，可能的取值有{high，low}两种；Size 属性值未知，可能的取值有{full，compact}两种. 对每一个未知属性值都要尝试所有可能的取值，所以采用该方法共有 $2^7=128$ 种补齐方案需要尝试，表 5-2 和表 5-3 就是其中的两个方案. 可以看出，在决策表样本数量多、属性取值多或不完整数据量大的情况下，可能的尝试方案将剧增，计算代价非常大.

方法五 根据数据不可分辨关系来估算缺失值的 ROUSTIDA 算法[71]. 下面详细介绍这种算法.

一般来说，不完备信息系统中的缺失数据值的补齐，应该尽可能反映此信息系统所体现的基本特征以及隐含的内在规律. ROUSTIDA 算法的基本目标是使具有缺失数据的对象与信息系统的其他相似对象的属性值尽可能保持一致，即属性值之间的差异尽可能保持最小.

ROUSTIDA 算法利用差别矩阵作为算法的基础，下面首先介绍扩展的差别矩阵的一些基本概念(基于信息系统的差别矩阵的原始概念请参阅本书定义 4.3.3. 需要注意的是，差别矩阵经众多学者拓展，散见于各种文献中的定义已有一些微小区别，请读者在学习与研究时，仔细从上下文的内容中明确其确切含义).

定义 5.1.1 令信息表系统为 $S=\langle U,A,V,f\rangle$，$A=\{a_i \mid i=1,2,\cdots,m\}$是属性集，$U=\{x_1,x_2,\cdots,x_n\}$是论域，$a_i(x_j)$是样本 x_j 在属性 a_i 上的取值. $M(i,j)$表示经过扩展的差别矩阵中第 i 行 j 列的元素，则经过扩展的差别矩阵 $\boldsymbol{M}$ 定义为

$$M(i,j)=\{a_k \mid a_k \in A, a_k(x_i) \neq a_k(x_j), a_k(x_i) \neq * \text{ 且 } a_k(x_j) \neq *\},$$

其中，$i,j=1,2,\cdots,n$；“$*$”表示缺失值.

定义 5.1.2 令信息表系统为 $S=\langle U,A,V,f\rangle$，$A=\{a_i \mid i=1,2,\cdots,m\}$是属性集，$x_i \in U$，则对象 x_i 的缺失属性集 MAS_i、对象 x_i 的无差别对象集 NS_i 和信息系统 S 的缺失对象集 MOS 分别定义为

$$\text{MAS}_i=\{a_k \mid a_k(x_i)=*, k=1,2,\cdots,m\};$$

$$\text{NS}_i=\{j \mid M(i,j)=\varnothing, i \neq j, j=1,2,\cdots,n\};$$

$$\text{MOS}=\{i \mid \text{MAS}_i \neq \varnothing, i=1,2,\cdots,n\}.$$

基于以上对 MAS_i、NS_i 和 MOS 的定义，对算法 ROUSTIDA 的描述如下：设初始信息系统为 S^0，对象集为$\{x_i^0\}$，相应的扩展差别矩阵为 $\boldsymbol{M}^0$，x_i 的缺失属性集为 MAS_i^0，无差别对象集为 NS_i^0；第 r 次完整化分析后的信息系统为 S^r，对象集为$\{x_i^r\}$，相应的扩展差别矩阵为 $\boldsymbol{M}^r$，x_i 的缺失属性集为 MAS_i^r，无差别对象集为 NS_i^r.

算法 ROUSTIDA

输入：不完备信息系统 S^0.

输出：完备的信息系统 S^r.

步骤1：计算初始差别矩阵 M^0，MAS_i^0 和 MOS^0，令 $r=0$；

步骤2：完整化分析

首先，对于所有的 $i\in\mathrm{MOS}^r$，计算 NS_i^r；

其次，产生 S^{r+1}：

(1) 对于 $i\notin\mathrm{MOS}^r$，有 $a_k(x_i^{r+1})=a_k(x_i^r)$，$k=1,2,\cdots,m$；

(2) 对于所有的 $i\in\mathrm{MOS}^r$，对所有 $k\in\mathrm{MAS}_i^r$ 作循环：

① 如果 $|\mathrm{NS}_i^r|=1$，设 $j\in\mathrm{NS}_i^r$，若 $a_k(x_i^r)=*$，则 $a_k(x_i^{r+1})=*$；否则 $a_k(x_i^{r+1})=a_k(x_j^r)$；

② 否则，

(i) 如果存在 j_0 和 $j_1\in\mathrm{NS}_i^r$，满足 $(a_k(x_{j_0}^r)\neq *)$，$(a_k(x_{j_1}^r)\neq *)$，且 $(a_k(x_{j_1}^r)\neq a_k(x_{j_0}^r))$，则 $a_k(x_i^{r+1})=*$；

(ii) 否则，若存在 $j_0\in\mathrm{NS}_i^r$，满足 $a_k(x_{j_0}^r)\neq *$，则 $a_k(x_i^{r+1})=a_k(x_{j_0}^r)$；

(iii) 否则 $a_k(x_i^{r+1})=*$.

然后，如果 $S^{r+1}=S^r$ 结束循环转步骤3；否则，重新计算 M^{r+1}，MAS_i^{r+1} 和 MOS^{r+1}；$r=r+1$，转步骤2；

步骤3：如果信息系统还有缺失值，可用取属性值中平均值（数字型）或最多出现值（符号型）的方法处理（当然，也可以用其他方法）；

步骤4：结束.

从算法 ROUSTIDA 的描述中可以看出，由于不完备信息系统中存在多个缺失值，对信息系统缺失数据值的补齐往往不能通过对初始扩展差别矩阵的一次运算和完整化分析就能完成；实际上要经过许多次对扩展差别矩阵的计算和完整化分析，直至终止条件成立. 这样，在完整化分析过程中，随着缺失数据值的逐步补齐，将产生许多过渡性的临时信息系统，同时为了下一步的缺失值计算，还需计算其相应的扩展差别矩阵(即步骤2中的最后一步)，计算过程较为复杂. 为了简化计算，可应用下面定理进行简化处理.

定理 5.1.1 设 $M^{r+1}=M^{r+1}(i,j)_{n\times n}$，$r=0,1,2,\cdots$，则 $M^{r+1}(i,j)$ 计算如下：

(1) 如果 $\mathrm{MAS}_i^r\cup\mathrm{MAS}_j^r=\varnothing$，则 $M^{r+1}(i,j)=M^r(i,j)$；

(2) 否则，设 $k\in\mathrm{MAS}_i^r\cup\mathrm{MAS}_j^r$，有

$$M^{r+1}(i,j)=\begin{cases}M^r(i,j)\cup\{k\}, & \text{若 } a_k(x_i^{r+1})\neq a_k(x_j^{r+1}),a_k(x_i^{r+1})\neq *,\text{且 } a_k(x_j^{r+1})\neq *;\\ M^r(i,j), & \text{否则.}\end{cases}$$

上述结论表明，计算好初始的扩展差别矩阵后，在获取新的扩展差别矩阵时，不必重新计算，而只需计算上次差别矩阵中由于缺失值的补齐而引起的局部元素值的改变，从而大大降低了计算的复杂性.

例 5.1.3 使用 ROUSTIDA 算法补齐表 5-4 所示的不完备的信息系统 S^0.

表 5-4 信息系统 S^0

U	a_1	a_2	a_3	a_4	U	a_1	a_2	a_3	a_4
x_1	4	*	1	2	x_2	3	1	*	*

续表

U	a_1	a_2	a_3	a_4	U	a_1	a_2	a_3	a_4
x_3	*	1	1	*	x_5	*	1	3	4
x_4	2	1	4	3					

首先计算初始的扩展差别矩阵

$$\boldsymbol{M}^0=\begin{bmatrix} \varnothing & \{a_1\} & \varnothing & \{a_1,a_3,a_4\} & \{a_3,a_4\} \\ \{a_1\} & \varnothing & \varnothing & \{a_1\} & \varnothing \\ \varnothing & \varnothing & \varnothing & \{a_3\} & \{a_3\} \\ \{a_1,a_3,a_4\} & \{a_1\} & \{a_3\} & \varnothing & \{a_3,a_4\} \\ \{a_3,a_4\} & \varnothing & \{a_3\} & \{a_3,a_4\} & \varnothing \end{bmatrix}.$$

那么

$$\mathrm{MAS}_1^0=\{a_2\};\quad \mathrm{MAS}_2^0=\{a_3,a_4\};\quad \mathrm{MAS}_3^0=\{a_1,a_4\};$$

$$\mathrm{MAS}_4^0=\varnothing;\quad \mathrm{MAS}_5^0=\{a_1\};$$

从而 $\mathrm{MOS}^0=\{1,2,3,5\}$.

对所有 $i\in\mathrm{MOS}^0$,计算 NS_i^0,有

$$\mathrm{NS}_1^0=\{3\};\ \mathrm{NS}_2^0=\{3,5\};\ \mathrm{NS}_3^0=\{1,2\};\ \mathrm{NS}_5^0=\{2\}.$$

按照步骤 2 产生 S^1,如表 5-5 所示.

表 5-5 信息系统 S^1

U	a_1	a_2	a_3	a_4	U	a_1	a_2	a_3	a_4
x_1	4	1	1	2	x_4	2	1	4	3
x_2	3	1	*	4	x_5	3	1	3	4
x_3	*	1	1	2					

按照定理 5.1.1,计算 $\boldsymbol{M}^1$ 为

$$\boldsymbol{M}^1=\begin{bmatrix} \varnothing & \{a_1,a_4\} & \varnothing & \{a_1,a_3,a_4\} & \{a_1,a_3,a_4\} \\ \{a_1,a_4\} & \varnothing & \{a_4\} & \{a_1,a_4\} & \varnothing \\ \varnothing & \{a_4\} & \varnothing & \{a_3\} & \{a_3\} \\ \{a_1,a_3,a_4\} & \{a_1,a_4\} & \{a_3\} & \varnothing & \{a_3,a_4\} \\ \{a_1,a_3,a_4\} & \varnothing & \{a_3\} & \{a_3,a_4\} & \varnothing \end{bmatrix}.$$

按照相同的方法得到信息系统 S^2,如表 5-6 所示. S^2 即为最终结果.

表 5-6 信息系统 S^2

U	a_1	a_2	a_3	a_4	U	a_1	a_2	a_3	a_4
x_1	4	1	1	2	x_4	2	1	4	3
x_2	3	1	3	4	x_5	3	1	3	4
x_3	4	1	1	2					

5.1.2 决策系统中连续属性的离散化

粗糙集在实际应用中还存在一些困难，比如在处理决策系统时要求决策系统中各属性值以离散数据(主要是枚举型)表达，缺乏有效的连续属性(指属性值为实数)离散化方法，而在现实中决策系统往往同时含有连续属性，这就需要对连续属性进行离散化.

关于连续数据的离散化并不是一个新课题，早在粗糙集理论出现前，由于计算机对数值计算的要求，人们就对离散化问题进行了研究，尤其在机器学习领域中，对离散化有比较广泛的研究[127~128]. 但在不同领域，离散化的要求和处理方式不同，目前国际上针对粗糙集理论中的离散化问题也取得一些成果，包括直接借用以前的方法和结合粗糙集的新方法两大类，前一类效果并不突出，这里主要介绍考虑了粗糙集特点的离散化方法.

决策系统 $S=\langle U,A\cup\{d\},V,f\rangle$，$U=\{x_1,x_2,\cdots,x_n\}$ 为对象集合，$A=\{a_1,a_2,\cdots,a_k\}$ 为条件属性集合，d 为决策属性. 对于任意的 $a\in A$，有信息映射 $U\to V_a$，V_a 是属性 a 上的值域，且假设 $V_a=[l_a,r_a]\subseteq\mathbf{R}$($\mathbf{R}$ 为实数集). 属性 a 的值域 V_a 上的一个断点可记为(a,c)，其中 $a\in A$，$c\in\mathbf{R}$. 一个断点(a,c)将 V_a 分为左右两个子区间，即它与一个新的二元属性相联系 $f_{(a,c)}:U\to\{0,1\}$，定义如下：

$$f_{(a,c)}(u)=\begin{cases}0, & a(u)<c,\\ 1, & \text{否则}.\end{cases}$$

一般而言，连续属性的离散化由断点来确定.

对于某个连续属性 $a\in A$，$V_a=[l_a,r_a]$上的任意一个断点集合：

$$D_a=\{(a,c_1^a),(a,c_2^a),\cdots,(a,c_{k_a}^a)\},$$

其中 $k_a\in\mathbf{N}$ 且 $l_a=c_0^a<c_1^a<\cdots<c_{k_a}^a<c_{k_a+1}^a=r_a$，定义了 V_a 上的一个划分(将 V_a 划分为多个子区间)，即

$$V_a=[c_0^a,c_1^a)\cup[c_1^a,c_2^a)\cup\cdots\cup[c_{k_a}^a,c_{k_a+1}^a].$$

而属性 a 上的断点集 D_a 就定义了它的一个离散化结果，即按如下方式产生一个新的离散属性 $a_{D_a}:U\to\{0,1,\cdots,k_a\}$，

$$a_{D_a}(x)=i\Leftrightarrow a(x)\in[c_i^a,c_{i+1}^a).$$

其中，$x\in U$ 且 $i\in\{0,1,\cdots,k_a\}$，见图5-1所示.

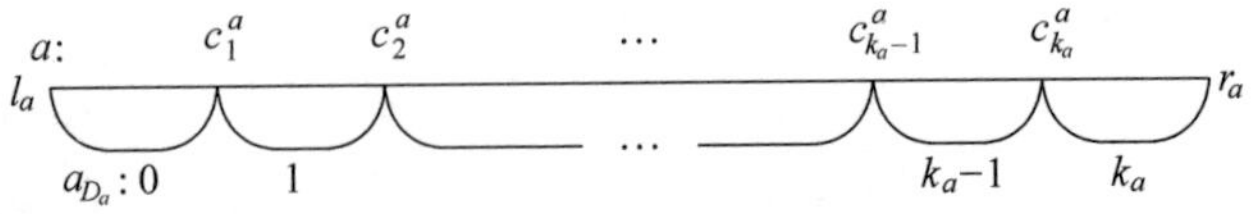

图5-1 连续属性 $a\in A$ 被断点集 $D_a=\{(a,c_1^a),(a,c_2^a),\cdots,(a,c_{k_a}^a)\}$离散化的图示

因此，条件属性上任意的断点集 $D=\bigcup_{a\in A}D_a$ 定义了一个新的决策系统

$$S^D=\langle U,A^D\cup\{d\},V^D,f^D\rangle,$$

其中 $f^D(x_a)=i\Leftrightarrow f(x_a)\in[c_i^a,c_{i+1}^a)$，$x\in U$，$i\in\{0,1,\cdots,k_a\}$.

这样，经过离散化后，原来的决策系统被新的决策系统所代替，且不同的断点集会将同一决策系统转换成不同的新决策系统.

断点选择的合理性可以用以下几个标准来衡量[129,130]：

① D 的一致性，即对于任意对象 $u,v\in U$，如果 u,v 能够被条件属性 A 区分，则也可以被断点集 D 区分；

② 不可约简性，即不存在 $D'\subseteq D$，满足上述一致性；

③ 最小离散性，即对任意满足一致性的断点集 D'，均有 $\mathrm{card}(D)\leqslant\mathrm{card}(D')$，这时称 D 是最小(最优)的断点集.

如文献[129,130]中所述，为决策系统 S 寻找最小(最优)的断点集是 NP 完全问题. 因此现有的方法大多是通过某种手段对最优的断点集进行逼近.

下面介绍几种典型的离散化算法.

方法 1 等距离划分算法. 此方法是最简单的离散化方法，它根据用户给定的区间数目 K，将数值属性的值域 $[X_{\min},X_{\max}]$ 划分成距离相等的 K 个区间，每个区间的宽度都为 $\delta=(X_{\max}-X_{\min})/K$. 这样得到此属性上的断点为 $X_{\min}+i\delta, i=0,1,\cdots,K$. 该方法的主要缺点是，当存在相对于多数样本偏差很大的样本时(尤其是噪声样本)，获得的离散化结果不理想[131].

例 5.1.4 使用等距离划分算法对表 5-7 所示的决策系统进行离散化，该决策系统包含 7 个对象，分别为 $x_1\sim x_7$，含有连续的条件属性 a_1 与 a_2，决策属性 d.

表 5-7 一个决策系统

U	a_1	a_2	d	U	a_1	a_2	d
x_1	0.8	2	1	x_5	1.4	2	0
x_2	1	0.5	0	x_6	1.6	3	1
x_3	1.3	3	0	x_7	1.3	1	1
x_4	1.5	1	1				

设 $K=4$. 对于条件属性 a_1，每个区间宽度为 $\delta=(X_{\max}-X_{\min})/K=(1.6-0.8)/4=0.2$. 所以断点为$\{0.8,1.0,1.2,1.4,1.6\}$. 同样地，对于条件属性 a_2，得到断点集为$\{0.5,1.125,1.75,2.375,3\}$. 这样，得到的决策表如表 5-8 所示.

表 5-8 使用等距离划分算法得到的离散化结果

U	a_1	a_2	d	U	a_1	a_2	d
x_1	1	3	1	x_5	4	3	0
x_2	2	1	0	x_6	4	4	1
x_3	3	4	0	x_7	3	1	1
x_4	4	1	1				

方法 2 等频率划分算法. 该方法与等距离划分算法类似，也是根据用户给定的参数 K，将数值属性的值域划分为 K 个分区，所不同的是，它不是要求所有分区的宽度相等，而是要求每个区间的对象数目相等. 如果属性的整个取值区间有 M 个点，那么使用等频率划分出的 K 个分区中，每个区域含有 K/M 个对象. 假设数值属性值域为$[X_{\min},X_{\max}]$，则需要将这个属性在所有样本上的取值从小到大进行排列，然后平均划分为 K 段即可得到断

点集.

例 5.1.5 使用等频率划分算法对表 5-9 所示的决策系统进行离散化，取 $K=4$.

表 5-9 一个决策系统

U	a_1	a_2	d	U	a_1	a_2	d
x_1	0.8	2	1	x_5	1.4	2.2	0
x_2	1	0.5	0	x_6	1.6	3.3	1
x_3	1.3	3	0	x_7	1.3	1	1
x_4	1.5	1.2	1	x_8	1.7	4	1

对于条件属性 a_1，对属性值进行排序{0.8,1,1.3,1.3,1.4,1.5,1.6,1.7}. 等频率划分为 4 个区间，每个区间两个样本，得到断点集为{0.8,1.3,1.5,1.6,1.7}. 同样地，对于条件属性 a_2，得到断点集为{0.5,1.2,2.2,3.3,4}. 这样，得到的决策表如表 5-10 所示.

表 5-10 使用等频率划分算法得到的离散化结果

U	a_1	a_2	d	U	a_1	a_2	d
x_1	1	2	1	x_5	3	3	0
x_2	1	1	0	x_6	4	4	1
x_3	2	3	0	x_7	2	1	1
x_4	3	2	1	x_8	4	4	1

上述两种方法的优点在于容易实现，其缺点是都需要人为确定划分的阶数，而且在离散化的过程中几乎不考虑具体的属性值，一次得到所有断点值，这样往往会改变信息系统原有的不可分辨关系，难以保证离散化的质量.

方法 3 改进的启发式离散化方法.

Nguyen 提出了著名的将布尔逻辑和粗糙集理论相结合的离散化方法[129,130]，这是粗糙集理论中离散化算法的重大突破，其主要思想在保持信息系统不可分辨关系的前提下，尽量以最小数目的断点去区分所有不同对象.

设决策表 $S=\langle U,A\cup\{d\},V,f\rangle$，对于条件属性 $a\in A$，根据其上取值可定义一个序列 $v_1^a<v_2^a<\cdots<v_{n_a}^a$，其中 $\{v_1^a,v_2^a,\cdots,v_{n_a}^a\}=\{a(x):x\in U\}$（即属性 a 在各对象上的取值），则定义属性 a 上初始候选断点集为

$$C_a=\left\{\left(a,\frac{v_1^a+v_2^a}{2}\right),\left(a,\frac{v_2^a+v_3^a}{2}\right),\cdots,\left(a,\frac{v_{n_a-1}^a+v_{n_a}^a}{2}\right)\right\}. \tag{5.1}$$

这实际上是按照相邻属性值之间的中点来确定断点，所有连续属性上初始断点集定义为

$$C_A=\bigcup_{a\in A}C_a. \tag{5.2}$$

考虑到该算法所确定的初始断点集较大，尤其当处理的决策表规模较大时不利于计算，这里对其进行改进，使得初始候选断点数目大幅度地降低，也能较大程度地减小算法空间复杂性和时间复杂性. 注意，这里假设决策表是一致的决策表. 为此，引入以下两个定义.

定义 5.1.3 设 U 中对象按 a 取值递增的顺序排列，(a,c) 为 a 的一个断点，当且仅当下列条件成立时，(a,c) 为分界点：

(1) 存在对象 $x_i,x_j\in U,d(x_i)\neq d(x_j)$，使得 $a(x_i)<c<a(x_j)$；

(2) 在 x_i 和 x_j 之间不存在 $x\in U$，使得 $a(x_i)<a(x)<a(x_j)$.

定义 5.1.4 一个断点 (a,c) 所能分辨的不同决策类的对象对为

$$\{(x_i,x_j)\mid \min\{a(x_i),a(x_j)\}<c<\max\{a(x_i),a(x_j)\},d(x_i)\neq d(x_j)\}.$$

即断点可将取值位于断点值两边的对象分辨开来.

定理 5.1.2 决策表 S 中属性 a 上由(5.1)式定义的初始断点集与仅含有其中分界点的断点集，分辨不同决策类的对象相同.

证明 设 D_a 含有非分界点的断点 (a,c)，则由分界点的定义知与其相邻的属性取值 v_k^a,v_{k+1}^a 对应的对象属于相同的决策类，如图 5-2 所示：

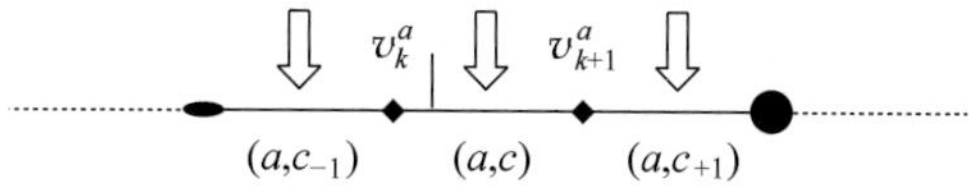

图 5-2 断点 (a,c) 不是分界点

当去掉断点 (a,c) 后，断点集增加的不能分辨的对象对为

$$\{(x_{k,i},x_{k+1,j})\mid a(x_{k,i})=v_k^a,a(x_{k+1,j})=v_{k+1}^a\},$$

即值为 v_k^a 的对象与值为 v_{k+1}^a 的对象. 但由于这些对象决策类相同，即 $d(x_i)=d(x_j)$，由定义 5.1.4 知去除断点 (a,c) 后不影响对不同决策类对象的分辨.

定理 5.1.3 对于一致决策表 S，设由(5.2)式定义的初始断点集 C_A 中分界点的集合为 BC_A，则 BC_A 能分辨所有不同决策类的对象.

证明 对于任意的 $x_i,x_j\in U,d(x_i)\neq d(x_j)$，即不同决策类对象，由于 S 为一致决策表，所以存在某属性 $a\in A$ 上取值不同，即 $a(x_i)\neq a(x_j)$，则由(5.1)式易知必存在某断点 $(a,c)\in C_a$ 满足

$$\min\{a(x_i),a(x_j)\}<c<\max\{a(x_i),a(x_j)\}.$$

由定义 5.1.4 知，(a,c) 能分辨 x_i 与 x_j，由此 C_A 能分辨所有不同决策类对象. 又由定理 5.1.2 知 BC_A 能分辨所有不同决策类对象.

根据定理 5.1.3 我们得到如下改进算法：

输入：一致的决策表 $S=\langle U,A\cup\{d\},V,f\rangle$，其中 U 为对象集合，A 为条件属性集合，d 为决策属性.

输出：与 S 一致的断点集 D.

步骤 1：计算所有条件属性上的分界点集合 BC_A.

步骤 2：根据决策表 $S=\langle U,A\cup\{d\},V,f\rangle$ 构造新的信息表 $S^*=\langle U^*,BC_A,V^*,f^*\rangle$ 如下：

$$U^*=\{(x_i,x_j)\in U\times U\mid d(x_i)\neq d(x_j)\},$$

$$BC_A=\{P_r^a\mid a\in A\},P_r^a \text{ 是属性 } a \text{ 上的第 } r \text{ 个分界点 } (a,c_r^a),$$

$$V^*=\{0,1\},$$

$$f^*(P_r^a,(x_i,x_j))=\begin{cases}1, & \text{若 } c_r^a\in(\min\{a(x_i),a(x_j)\},\max\{a(x_i),a(x_j)\}),\\ 0, & \text{否则.}\end{cases}$$

步骤 3：初始化 $D=\varnothing$.

步骤 4：选取 S^* 中所有列中 1 的个数最多的断点加入到断点集 D，去掉此断点所在的列以及在此断

点上取值为1的所有的行.

步骤5：若 $S^* \neq \varnothing$，则转步骤4；否则算法终止，D 即为输出.

例5.1.6 分别使用Nguyen方法和以上改进的启发式算法对于表5-11所示的决策系统进行离散化，该决策系统包含7个对象，分别为 $x_1 \sim x_7$，含有连续的条件属性 a_1 与 a_2，d 为决策属性.

(1) 对于表5-11的决策系统，首先计算出初始断点集：

表5-11 一个决策系统

U	a_1	a_2	d	U	a_1	a_2	d
x_1	0.8	2	1	x_5	1.4	2	0
x_2	1	0.5	0	x_6	1.6	3	1
x_3	1.3	3	0	x_7	1.3	1	1
x_4	1.5	1	1				

a) 用Nguyen的方法确定的属性 a_1 和 a_2 的初始断点分别为

$$C_{a_1}=\{(a_1,0.9),(a_1,1.15),(a_1,1.35),(a_1,1.45),(a_1,1.55)\},$$

$$C_{a_2}=\{(a_2,0.75),(a_2,1.5),(a_2,2.5)\}.$$

总的初始断点集为 $C_A=C_{a_1}\cup C_{a_2}$.

b) 用改进的方法确定的属性 a_1 和 a_2 的初始断点分别为

$$C_{a_1}'=\{(a_1,0.9),(a_1,1.15),(a_1,1.35),(a_1,1.45)\},$$

$$C_{a_2}'=\{(a_2,0.75),(a_2,1.5),(a_2,2.5)\}.$$

总的初始断点集为 $C_A'=C_{a_1}'\cup C_{a_2}'$.

(2) 这样，根据初始断点可以由原决策系统得到新的决策系统：

a) 由断点集 C_A 得到的新的决策系统如表5-12(a)所示.

表5-12(a) 表5-11所示决策系统在 C_A 下构造的新决策系统

U^*	$P_1^{a_1}$	$P_2^{a_1}$	$P_3^{a_1}$	$P_4^{a_1}$	$P_5^{a_1}$	$P_1^{a_2}$	$P_2^{a_2}$	$P_3^{a_2}$
(x_1, x_2)	1	0	0	0	0	1	1	0
(x_1, x_3)	1	1	0	0	0	0	0	1
(x_1, x_5)	1	1	1	0	0	0	0	0
(x_2, x_4)	0	1	1	1	0	1	0	0
(x_2, x_6)	0	1	1	1	1	1	1	1
(x_2, x_7)	0	1	0	0	0	1	0	0
(x_3, x_4)	0	0	1	1	0	0	1	1
(x_3, x_6)	0	0	1	1	1	0	0	0
(x_3, x_7)	0	0	0	0	0	0	1	1
(x_4, x_5)	0	0	0	1	0	0	1	0

续表

U^*	$P_1^{a_1}$	$P_2^{a_1}$	$P_3^{a_1}$	$P_4^{a_1}$	$P_5^{a_1}$	$P_1^{a_2}$	$P_2^{a_2}$	$P_3^{a_2}$
(x_5, x_6)	0	0	0	1	1	0	0	1
(x_5, x_7)	0	0	1	0	0	0	1	0
各列 1 的数目	3	5	6	6	3	4	6	5

b) 由断点集 $C_A{}'$得到的新的决策系统如表 5-12(b)所示

表 5-12(b)　表 5-11 所示决策系统在 C'_A 下构造的新决策系统

U^*	$P'^{a_1}_1$	$P'^{a_1}_2$	$P'^{a_1}_3$	$P'^{a_1}_4$	$P'^{a_2}_1$	$P'^{a_2}_2$	$P'^{a_2}_3$
(x_1, x_2)	1	0	0	0	1	1	0
(x_1, x_3)	1	1	0	0	0	0	1
(x_1, x_5)	1	1	1	0	0	0	0
(x_2, x_4)	0	1	1	1	1	0	0
(x_2, x_6)	0	1	1	1	1	1	1
(x_2, x_7)	0	1	0	0	1	0	0
(x_3, x_4)	0	0	1	1	0	1	1
(x_3, x_6)	0	0	1	1	0	0	0
(x_3, x_7)	0	0	0	0	0	1	1
(x_4, x_5)	0	0	0	1	0	1	0
(x_5, x_6)	0	0	0	1	0	0	1
(x_5, x_7)	0	0	1	0	0	1	0
各列 1 的数目	3	5	6	6	4	6	5

(3) 根据所得到的新决策系统，继续进行算法的步骤(当有多列的 1 的数目同时为最大时，我们取其中第一列的断点)，最后得到的离散化结果都包含 4 个断点：

a) 由断点集 C_A 得到的结果为 $D=\{(a_1,1.15),(a_1,1.35),(a_1,1.45),(a_2,1.5)\}$，

b) 由断点集 C'_A 得到的结果为 $D'=\{(a_1,1.15),(a_1,1.35),(a_1,1.45),(a_2,1.5)\}$.

改进前后的所得到的离散化结果完全相同，但由表 5-12(a)与表 5-12(b)的比较不难发现，改进后的方法在时间复杂度和空间复杂度上都有所降低.

实验 7　不完备数据补齐与连续数据离散化的 MATLAB 实现

前文提到了一些预处理方法，包括不完备数据补齐和连续数据离散化两方面内容. 本实验考虑几种方法的 MATLAB 实现，以使读者能更直观、深入地理解相应预处理算法.

1. 不完备数据补齐

数据预处理中的不完备数据补齐方法有多种，常见的有忽略法(即忽略具有未知属性值

的样本)、最大概率值法(即用该属性在其他实例上出现频率最高的取值来补充该遗漏的属性值)、基于类别的最大概率值法(即用该属性在与其类别相同的实例上出现频率最高的取值来补充该遗漏的属性值). 本节分别给出这三种不完备数据补齐方法的MATLAB实现,并用实例计算展示对应的补齐结果.

(1) 忽略法的MATLAB实现

使用忽略法,忽略具有未知属性值的样本来补齐决策表,MATLAB实现如下:

```
function iodata=ignore_objects(data)
%使用忽略法,忽略具有未知属性值的样本来补齐决策表
[m,n]=size(data);
iodata=data;
for l=1:(n-1)
    iodata(iodata(:,l)==-10000,:)=[];
end
```

应用上述程序,对一个实际的小型数据表进行补齐. 设original_data是原始数据,一共有4个条件属性和1个决策属性(最后一列),属性值为−10 000时表示未知属性. 原数据表及补齐结果如图5-3所示.

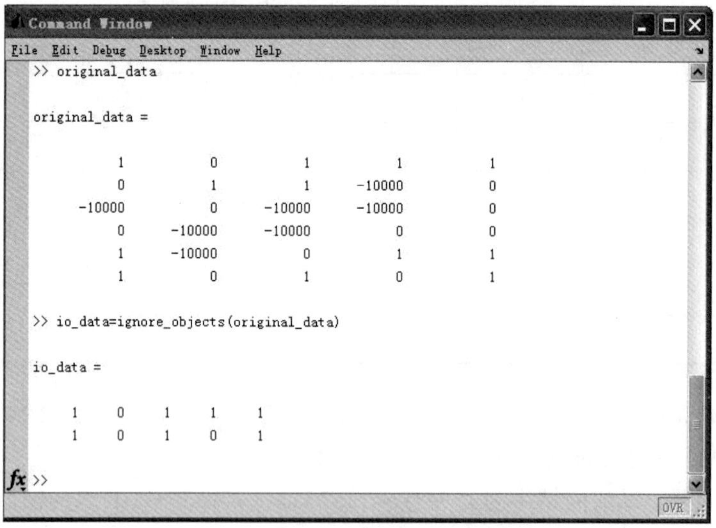

图5-3 使用忽略法进行不完备数据补齐

从代码的实现可以看出,此种补齐方法非常简单,只需要去掉含有未知属性值的样本即可;同时,从补齐结果可以看出,该方法虽然简单,但是对于数据缺失量较大的数据非常不适用,会导致很多样本的缺失.

(2) 最大概率值法的MATLAB实现

使用最大概率值法,即用该属性上在其他样本上出现频率最高的取值来补充该遗漏的属性值,其MATLAB实现代码如下:

```
function mc_data=most_common_value(data)
%使用最大概率值法
```

```
%即用该属性在其他实例上出现频率最高的取值来补充该遗漏的属性值
[m,n]=size(data);
mc_data=data;
for k=1:(n-1)
    kdata=mc_data(:,k);
    %找到属性 k 上除-10000 以外频率最高的属性取值
    comdata=kdata(kdata~=-10000);
    value=unique(comdata);
    freq=histc(comdata,value);
    [maxfreq,no]=max(freq);
    result=value(no);
    if isempty(result)
        mc_data(mc_data(:,k)==-10000,:)=[];
    else
        mc_data(mc_data(:,k)==-10000,k)=result(1);
    end
end
```

对同样的小型数据(图 5-4 中的 original_data)补齐结果如下：

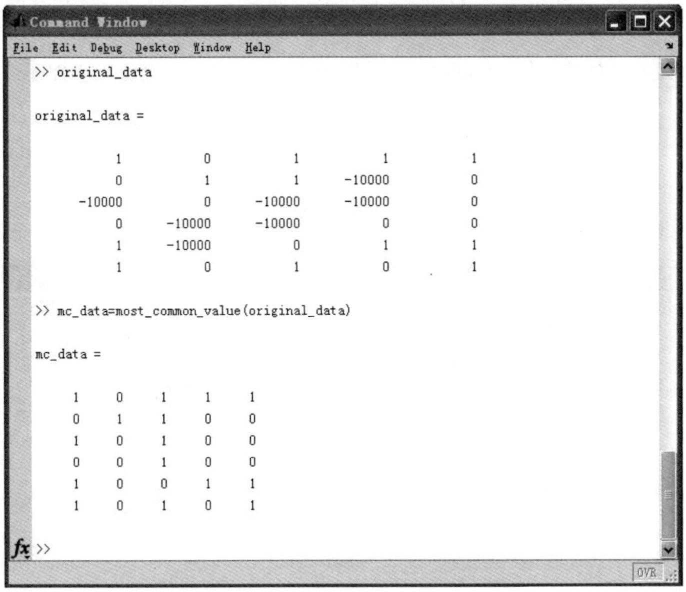

图 5-4　使用最大概率值法进行不完备数据补齐

使用最大概率值法进行不完备数据补齐是较常用的方法，其实现代码也较简单，数据大小没有改变，但是此方法为未知属性值强行指定一个取值可能导致系统包含信息的变化，从而造成信息丢失或者引起属性重要性的改变.

(3) 基于类别的最大概率值法的 MATLAB 实现

使用基于类别的最大概率值法，即用该属性在与其类别相同的实例上出现频率最高的取值来补充该遗漏的属性值，其 MATLAB 实现代码如下：

```
function cmc_data=concept_based_most_common_value(data)
%使用基于类别的最大概率值法
%用该属性在与其类别相同的实例上出现频率最高的取值来补充该遗漏的属性值
[m,n]=size(data);
cmc_data=data;
classes=unique(cmc_data(:,n));
for cla=1:size(classes)
    %不同类别的样本
    cmcdata1=data(data(:,n)==classes(cla),:);
    for k=1:(n-1)
        kdata=cmcdata1(:,k);
        %找到同一类别,属性 k 上除-10000 以外频率最高的属性取值
        comdata=kdata(kdata~=-10000);
        value=unique(comdata);
        freq=histc(comdata,value);
        [maxfreq,no]=max(freq);
        result=value(no);
        if isempty(result)
          cmc_data((cmc_data(:,k)==-10000)&(cmc_data(:,n)==classes(cla)),:)=[];
        else
          cmc_data((cmc_data(:,k)==-10000)&(cmc_data(:,n)==classes(cla)),k)=result(1);
        end
    end
end
```

对同样的数据(original_data)进行补齐,结果如图 5-5 所示.

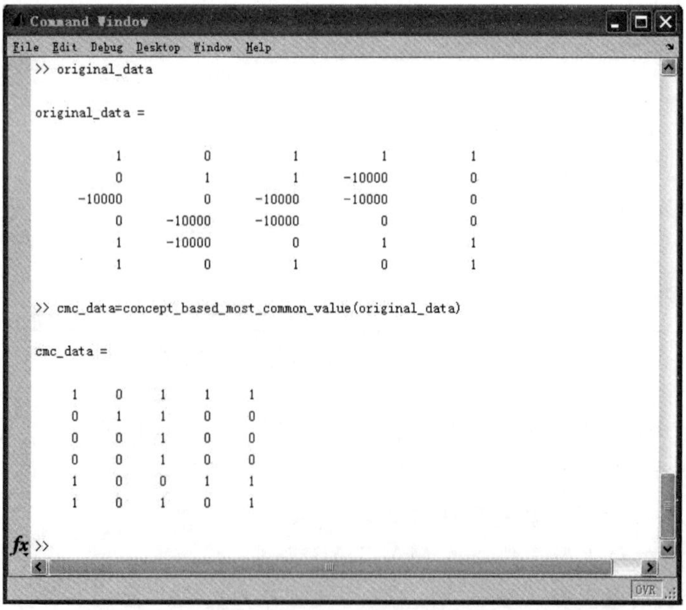

图 5-5 使用基于类别的最大概率值法进行不完备数据补齐

基于类别的最大概率值方法比最大概率值法更为合理，但是同样具有最大概率值法的缺陷．更有效的方法是前述的ROUSTIDA算法，读者可以尝试用MATLAB实现这种方法．

2. 连续数据离散化

等距离划分和等频率划分是连续数据离散化中最常用和最简单的两种，两者都需要用户指定划分的区间数目：等距离划分根据用户给定的区间数目K，将数值属性的值域$[X_{\min},X_{\max}]$划分成距离相等的K个区间，每个区间的宽度都为$\delta=(X_{\min}-X_{\max})/K$；等频率划分根据用户给定的区间数目$K$，将值域划分成为频率相等的$K$个区间，每个区间含有$K/M$个对象．

连续数据离散化的方法还有很多，本实验以等距离划分和等频率划分为例，介绍它们的MATLAB实现，并给出运行实例．

(1) 等距离划分算法的MATLAB实现

使用等距离划分算法进行连续数据离散化的MATLAB实现代码如下：

```
function equal_width_data=equal_frequency(data,K)
%等距离划分算法,K表示用户指定的区间数目
[m,n]=size(data);
equal_width_data=data;
for i=1:(n-1)
    max_value=max(data(:,i));
    min_value=min(data(:,i));
    width=(max_value -min_value)/K;
    cuts=zeros(1,K);
    %计算断点
    for j=1:(K)
        cuts(j)=min_value+width*(j-1);
    end
    for r=1:m
        isdis=false;
        for j=1:(K-1)
            if equal_width_data(r,i)>=cuts(j)&&equal_width_data(r,i)<(cuts(j+
           1)-0.000001)
                equal_width_data(r,i)=j;
                isdis=true;
                break;
            end
            if isdis==true
                break;
            end
        end
        if isdis==false
            equal_width_data(r,i)=K;
        end
```

```
    end
end
```

对一个小型数据进行等距离划分，数据(图5-6中的data)包含两个连续型数组的条件属性和一个决策属性(最后一列)，取区间值 $K=4$. 离散化结果如图5-6所示.

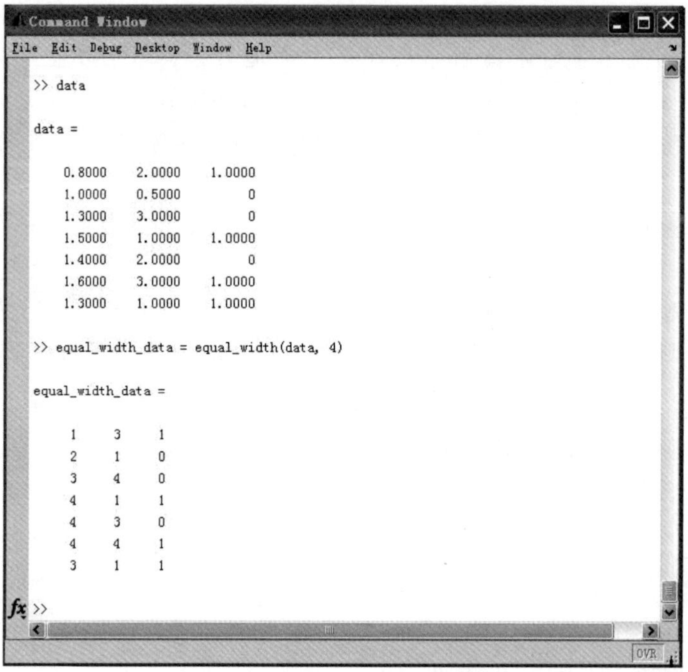

图5-6 使用等距离划分方法进行连续数据离散化

等距离划分算法实现简单，可理解性强，在很多应用中不失为简单有效的方法. 但是，当存在相对多数样本偏差很大的样本时(尤其是噪声样本)，获得的离散化结果不理想.

(2) 等频率划分算法的MATLAB实现

使用等频率划分算法进行连续数据离散化的MATLAB实现代码如下：

```
function equal_fre_data=equal_frequency(data,K)
%等距离划分算法,K表示用户指定的区间数目
[m,n]=size(data);
equal_fre_data=data;

for i=1:(n-1)
    data1=sort(equal_fre_data(:,i));
    numbers=ceil(m/K);
    cuts=zeros(1,K);
    %计算断点
    for j=1:K
        cuts(j)=data1(1+numbers*(j-1));
    end
    for r=1:m
```

```
            isdis=false;
            for j=1:(K-1)
                if equal_fre_data(r,i)>=cuts(j)&&equal_fre_data(r,i)<(cuts(j+1)-0.000001)
                    equal_fre_data(r,i)=j;
                    isdis=true;
                    break;
                end
                if isdis==true
                    break;
                end
            end
            if isdis==false
                equal_fre_data(r,i)=K;
            end
        end
    end
```

对一个小型数据(图 5-7 中的 data)进行等频率划分，数据包含两个连续型数组的条件属性和一个决策属性(最后一列)，取区间值 $K=4$，离散化结果如图 5-7 所示.

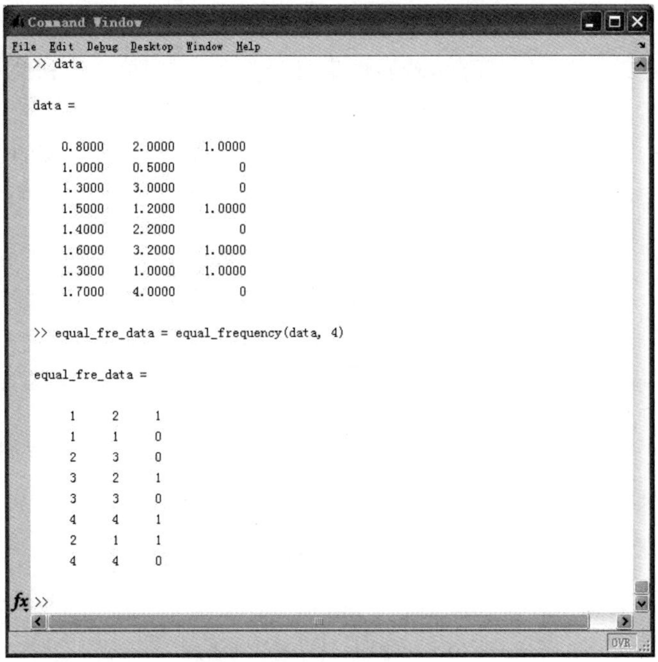

图 5-7　使用等频率划分方法进行连续数据离散化

读者可以练习将其他离散化算法在 MATLAB 中实现，比如前述的启发式算法、文献[132]中基于信息熵的离散化算法等.

5.2 决策系统属性约简

属性约简是粗集理论中的一个重要的研究课题. 一般来说,知识库(信息系统)中的知识(属性)并不是同等重要的,甚至其中某些条件属性是冗余的. 冗余的存在,一方面是对资源的浪费(需要存储空间和处理时间);另一方面,这不利于人们作出正确而简洁的决策. 属性约简要求在保持知识库的分类和决策能力不变的条件下,删除不相关或不重要的属性.

很多研究人员作了这方面的工作[69,133~136],本节首先回顾属性约简的相关概念和定义,然后介绍几种经典的属性约简算法.

5.2.1 相关概念与定义

粗糙集将分类与知识联系在一起,认为知识源于有认知能力的主体的分类能力,并用等价关系形式化表示分类.

为方便后面的叙述,先给出一些定义(部分定义前面已提到,为了完整性再次列出).

一个信息系统定义为一个四元组 $S=\langle U,A,V,f\rangle$,其中 $U=\{x_1,x_2,\cdots,x_n\}$ 是对象集(即论域),A 是属性集合,$V=\bigcup\limits_{a\in A}V_a$ 是属性值的集合(V_a 表示属性 a 的属性值范围,即属性 a 的值域),$f:U\times A\rightarrow V$ 是一个信息函数,它为 U 中各对象的属性指定唯一值.

对于信息系统 $S=\langle U,A,V,f\rangle$,若属性集可分为条件属性集 C 和决策属性集 D,即有 $A=C\cup D$ 且 $C\cap D=\varnothing$,则该信息系统称为一个决策系统或决策表.

在信息系统 $S=\langle U,A,V,f\rangle$ 中,对于一属性集 $B\subseteq A$,可构造对应的二元等价关系

$$\mathrm{IND}(B)=\{(x,y)\in U\times U\mid \forall a\in B,a(x)=a(y)\}$$

称 $\mathrm{IND}(B)$为由 B 构造的不可分辨关系.

在信息系统 $S=\langle U,A,V,f\rangle$ 中,若 R 为 U 上的等价关系,$X\subseteq U$ 为一对象集,则在 R 水平下 X 的下近似$R_(X)$定义为

$$R\_(X)=\{x_i\in U\mid [x_i]_R\subseteq X\}.$$

$R_(X)$表示在关系 R 水平下一定能归入 X 的对象集.

在信息系统 $S=\langle U,A,V,f\rangle$ 中,对于属性集 $P,Q\subseteq A$,由两者构造的不可分辨关系为 $\mathrm{IND}(P)$,$\mathrm{IND}(Q)$,则 Q 的 P 正域为

$$\mathrm{POS}_{\mathrm{IND}(P)}(\mathrm{IND}(Q))=\bigcup_{X\in U/\mathrm{IND}(Q)}\mathrm{IND}(P)_-(X).$$

有时也记为

$$\mathrm{POS}_P(Q)=\bigcup_{X\in U/Q}P_-(X).$$

在信息系统 S 中,对属性集 P,R,Q,称 R 为相对于 Q 的 P 约简,当且仅当满足:

(1) $\mathrm{POS}_{\mathrm{IND}(R)}(\mathrm{IND}(Q))=\mathrm{POS}_{\mathrm{IND}(P)}(\mathrm{IND}(Q))$;

(2) 不存在 $r\in R$,使得 $\mathrm{POS}_{\mathrm{IND}(R-\{r\})}(\mathrm{IND}(Q))=\mathrm{POS}_{\mathrm{IND}(R)}(\mathrm{IND}(Q))$成立.

P 的相对于 Q 的核 $\mathrm{CORE}_Q(P)$定义为 P 的所有相对于 Q 的约简的交集,即

$$\mathrm{CORE}_Q(P)=\bigcap \mathrm{RED}_Q(P).$$

其中,$\mathrm{RED}_Q(P)$为 P 的所有相对于 Q 的约简.

特别地，在决策系统 $L=\langle U,C\cup\{d\},V,f\rangle$ 中，若 $R\subseteq C$ 满足：

① $\mathrm{POS}_{\mathrm{IND}(R)}(\mathrm{IND}(\{d\}))=\mathrm{POS}_{\mathrm{IND}(C)}(\mathrm{IND}(\{d\}))$；

② 不存在 $r\in R$，使得 $\mathrm{POS}_{\mathrm{IND}(R-\{r\})}(\mathrm{IND}(\{d\}))=\mathrm{POS}_{\mathrm{IND}(R)}(\mathrm{IND}(\{d\}))$ 成立.

则 R 称为条件属性集 C 的相对于决策属性 d 的约简，简称为 C 的相对约简. 同时，C 的相对核 $\mathrm{CORE}(C)$ 定义为 C 的所有相对约简的交集，即

$$\mathrm{CORE}(C)=\bigcap \mathrm{RED}(C).$$

其中，$\mathrm{RED}(C)$ 为 C 的所有相对约简.

例 5.2.1 对于一个有 4 个对象、3 个条件属性的决策系统，如表 5-13 所示.

表 5-13 一个决策系统的例子

U	a_1	a_2	a_3	class	U	a_1	a_2	a_3	class
x_1	1	1	0	0	x_3	0	1	1	0
x_2	1	1	1	1	x_4	3	1	2	1

由计算容易知道

$$U/\mathrm{IND}(\{\text{class}\})=\{\{x_1,x_3\},\{x_2,x_4\}\},$$

$$\mathrm{POS}_{\mathrm{IND}(\{a_1,a_2\})}\mathrm{IND}(\{\text{class}\})=\{x_3,x_4\},$$

$$\mathrm{POS}_{\mathrm{IND}(\{a_2,a_3\})}\mathrm{IND}(\{\text{class}\})=\{x_1,x_4\},$$

$$\mathrm{POS}_{\mathrm{IND}(\{a_1,a_3\})}\mathrm{IND}(\{\text{class}\})=\{x_1,x_2,x_3,x_4\},$$

$$\mathrm{POS}_{\mathrm{IND}(\{a_1,a_2,a_3\})}\mathrm{IND}(\{\text{class}\})=\{x_1,x_2,x_3,x_4\}.$$

因此，$\{a_1,a_3\}$ 为条件属性集 $C=\{a_1,a_2,a_3\}$ 的相对约简.

定义 5.2.1 对于决策系统 $L=\langle U,C\cup\{d\},V,f\rangle$，其中 $U=\{x_1,x_2,\cdots,x_n\}$，则 L 的差别矩阵 $\boldsymbol{M}=(m_{ij})_{n\times n}$ 定义为

$$m_{ij}=\{a\in C\mid a(x_i)\neq a(x_j)\text{ 且 }d(x_i)\neq d(x_j)\},i,j=1,2,\cdots,n.$$

其中，m_{ij} 是能将 x_i 和 x_j 划分到 $U/\mathrm{IND}(\{d\})$ 中不同等价类的属性集.

例 5.2.2 对于一个有 7 个对象、4 个条件属性的决策系统，如表 5-14 所示.

表 5-14 一个示例决策系统

U	a	b	c	d	class	U	a	b	c	d	class
x_1	1	0	2	1	1	x_5	2	1	0	0	2
x_2	1	0	2	0	1	x_6	2	1	1	0	2
x_3	1	2	0	0	2	x_7	2	1	2	1	1
x_4	1	2	2	1	0						

对于由表 5-14 所示的决策系统，它的差别矩阵如表 5-15 所示.

表 5-15 决策系统(表 5-14 所示)的差别矩阵

	x_1	x_2	x_3	x_4	x_5	x_6	x_7
x_1	$\varnothing$						

续表

	x_1	x_2	x_3	x_4	x_5	x_6	x_7
x_2	$\varnothing$	$\varnothing$					
x_3	$\{b,c,d\}$	$\{b,c\}$	$\varnothing$				
x_4	$\{b\}$	$\{b,d\}$	$\{c,d\}$	$\varnothing$			
x_5	$\{a,b,c,d\}$	$\{a,b,c\}$	$\varnothing$	$\{a,b,c,d\}$	$\varnothing$		
x_6	$\{a,b,c,d\}$	$\{a,b,c\}$	$\varnothing$	$\{a,b,c,d\}$	$\varnothing$	$\varnothing$	
x_7	$\varnothing$	$\varnothing$	$\{a,b,c,d\}$	$\{a,b\}$	$\{c,d\}$	$\{c,d\}$	$\varnothing$

5.2.2 属性约简算法

在上面,我们已经介绍了决策系统属性约简的相关概念. 接下来介绍五种经典的属性约简算法,分别是基于依赖度的算法、基于分类质量的算法、基于差别矩阵中属性频率的算法、基于信息熵的算法以及基于互信息增益率的启发式算法.

一般认为约简算法是从核开始的,其中核的计算可用差别矩阵、逻辑运算和差别表等方法,其中差别表方法实现最为简单,而逻辑运算方法实现较为困难.

求核实际上就是计算一个属性子集,其中的每个属性都是某两个属于不同决策类的对象的唯一不同的条件属性. 据此,考虑到存储空间,这里给出相对核的计算方法. 设决策系统中总对象数为 N,可用如下过程计算出相对核:

```
输入:决策系统 (U,C∪D).
输出:条件属性集 C 相对于决策属性 D 的核属性 core
core=∅;
for i=1 to N-1                          //N 为决策系统中的对象个数
    for j=i+1 to N
        if D(obj_i)≠D(obj_j) then       //如果对象 obj_i 与 obj_j 的决策属性取值不同
            若 obj_i 与 obj_j 仅条件属性 a_k 上取值不同,则 core=core∪{a_k}
        endif
    endfor
endfor
```

设决策系统 L 中条件属性集为 $C=\{a_1,a_2,\cdots,a_m\}$,另外一种直接利用正域概念求相对核的方法为:

```
输入:决策系统 (U,C∪D).
输出:条件属性集 C 相对于决策属性 D 的核属性 core
core=∅;
for i=1 to m
    B=C-{a_i}                          //B 为条件属性集 C 中去除某属性 a_i 后的属性子集
    if POS_B(D)≠POS_C(D) then          //判断删除某个属性 a_i 后正域是否改变
        core=core∪{a_i}
```

```
    endif
endfor
```

以上即是相对核的求取方法，下面介绍几种经典的属性约简算法.

1. 基于依赖度的算法

设 $L=\langle U,C\cup D,V,f\rangle$ 为一个决策系统，$R\subseteq C$，定义了条件属性集 R 与决策属性集 D 之间的依赖度为

$$k(R,D)=\mathrm{card}(\mathrm{POS}_{\mathrm{IND}(R)}(\mathrm{IND}(D)))/\mathrm{card}(\mathrm{POS}_{\mathrm{IND}(C)}(\mathrm{IND}(D))).$$

显然有，$0\leqslant k\leqslant 1$. 值 $k(R,D)$ 是 D 和 R 关联性的一个度量. 如果 R 为 C 的相对于 D 的约简，则显然有 $k(R,D)=1$.

基于条件属性集 R 与决策属性集 D 之间的依赖度，定义属性的重要性如下[136]：

$$\mathrm{SGF}(a,R,D)=k(R+\{a\},D)-k(R,D),$$

其中 $\mathrm{SGF}(a,R,D)$ 表示当目前选择的属性集为 R 时，属性 a 的重要性，它反映了将属性 a 添加到 R 时依赖度的增量.

基于依赖度以及上述属性重要性的启发式算法为：

步骤 1：$R=\mathrm{CORE}_D(C)$.

步骤 2：在 $C-R$ 中选择属性 a 使得 $\mathrm{SGF}(a,R,D)$ 达到最大值，如果有多个属性 $a_i(i=1,2,\cdots,m)$ 达到最大，则选择与 R 组合数目最少的 a_j.

步骤 3：$R=R\cup\{a_j\}$.

步骤 4：如果 $k(R,D)=1$，则算法终止；否则转步骤 2.

例 5.2.3 使用基于依赖度的算法对表 5-14 所示的决策系统进行属性约简.

(1) 首先计算决策系统的核.

表 5-15 给出了它的差别矩阵，可以得到核 $R=\mathrm{CORE}_D(C)=\{b\}$.

(2) 计算得到 $U/\mathrm{IND}(D)=\{\{x_1,x_2,x_7\},\{x_3,x_5,x_6\},\{x_4\}\}$，

$U/\mathrm{IND}(\{b\})=\{\{x_1,x_2\},\{x_3,x_4\},\{x_5,x_6,x_7\}\}$. 所以，$\mathrm{POS}_{\mathrm{IND}(\{b\})}(\mathrm{IND}(D))=\{x_1,x_2\}$. 又

$$U/\mathrm{IND}(\{a,b\})=\{\{x_1,x_2\},\{x_3,x_4\},\{x_5,x_6,x_7\}\},$$
$$U/\mathrm{IND}(\{b,c\})=\{\{x_1,x_2\},\{x_3\},\{x_4\},\{x_5\},\{x_6\},\{x_7\}\},$$
$$U/\mathrm{IND}(\{b,d\})=\{\{x_1\},\{x_2\},\{x_3\},\{x_4\},\{x_5,x_6\},\{x_7\}\},$$
$$\mathrm{POS}_{\mathrm{IND}(\{a,b\})}(\mathrm{IND}(D))=\{x_1,x_2\},$$
$$\mathrm{POS}_{\mathrm{IND}(\{b,c\})}(\mathrm{IND}(D))=\{x_1,x_2,x_3,x_4,x_5,x_6,x_7\},$$
$$\mathrm{POS}_{\mathrm{IND}(\{b,d\})}(\mathrm{IND}(D))=\{x_1,x_2,x_3,x_4,x_5,x_6,x_7\}.$$

所以

$$\mathrm{SGF}(a,\{b\},D)=2/7-2/7=0,\quad \mathrm{SGF}(c,\{b\},D)=7/7-2/7=5/7,$$
$$\mathrm{SGF}(d,\{b\},D)=7/7-2/7=5/7.$$

于是有 $\mathrm{SGF}(c,\{b\},D)=\mathrm{SGF}(d,\{b\},D)$，并且与 R 的组合数目相同，两者都可以加入 R 中，此时 $k(R,D)=1$，算法结束. 从而，该决策表的相对约简为 $\{b,c\}$ 或者 $\{b,d\}$.

2. 基于分类质量的算法

设 $L=\langle U,C\cup D,V,f\rangle$ 为一个决策系统，$R\subseteq C$ 为条件属性子集，R 的分类质量定义为

$$\gamma_R = \text{card}(\text{POS}_{\text{IND}(R)}(D))/\text{card}(U).$$

定义属性 a 的重要性为[71]，将该属性添加到属性集 R 时分类质量 γ 的增量：

$$\text{SGF}(a, R, D) = \gamma_{R \cup \{a\}} - \gamma_R.$$

基于分类质量以及上述属性，可得到求解决策系统相对约简的如下算法：

步骤 1：计算初始的分类质量 $\gamma_0 = \text{card}(\text{POS}_{\text{IND}(C)}(\text{IND}(D)))/\text{card}(U)$.

步骤 2：$R = \text{CORE}_D(C)$.

步骤 3：在 $C-R$ 中选择属性 a 使得 $\text{SGF}(a,R,D)$ 达到最大值，如果有多个属性 $a_i(i=1,2,\cdots,m)$ 达到最大，则选择与 R 组合数目最少的 a_j.

步骤 4：$R = R \cup \{a_j\}$.

步骤 5：如果 $\gamma_R = \gamma_0$，则算法终止；否则转步骤 3.

3. 基于差别矩阵中属性频率的算法

为了计算信息系统的约简，王珏等[137]根据差别矩阵中属性出现的频率来定义属性的重要性. 利用这一定义及修改的差别矩阵，我们可以得到求相对约简的新算法[138,139].

设 $L = \langle U, C \cup D, V, f \rangle$ 为一个决策系统，改进的差别矩阵 $\boldsymbol{M} = (m_{ij})$ 定义为

$$m_{ij} = \begin{cases} \{a \in C : a(x_i) \neq a(x_j)\}, & D(x_i) \neq D(x_j), \\ \varnothing, & \text{其他}. \end{cases}$$

$R \subseteq C$ 为条件属性子集，属性 a 为不属于 R 的条件属性，则 a 的重要性定义为

$$\text{SGF}(a, R, D) = p(a).$$

其中 $p(a)$ 为在差别矩阵中删除与 R 中属性有交的属性组合后剩余部分中 a 所出现的频率. 于是可以得到如下求相对约简的算法[139]：

步骤 1：计算决策系统改进的差别矩阵 $\boldsymbol{M}$.

步骤 2：$R = \text{CORE}_D(C)$.

步骤 3：$\boldsymbol{Q} = \{m_{ij} \mid m_{ij} \cap R \neq \varnothing, i \neq j \wedge i, j = 1, 2, \cdots, n\}$，$\boldsymbol{M} := \boldsymbol{M} - \boldsymbol{Q}$.

步骤 4：在 $C-R$ 中选择属性 a 使得 $\text{SGF}(a,R,D)$ 达到最大值，如果有多个属性 $a_i(i=1,2,\cdots,m)$ 达到最大，则选择与 R 组合数目最少的 a_j.

步骤 5：$R = R \cup \{a_j\}$.

步骤 6：如果 $\boldsymbol{M} = \varnothing$，则终止；否则转步骤 3.

例 5.2.4 使用基于差别矩阵中属性频率的算法对表 5-16 的汽车数据进行属性约简，其中属性 a,b,c,d,e,f,g,h,i 分别表示类型，汽缸数，涡轮式，燃料，排气量，压缩率，功率，换挡，重量，而 class 表示决策属性里程.

表 5-16 汽车数据

序号	a	b	c	d	e	f	g	h	i	class
1	小型	4	Y	1 型	中	高	高	自动	中	中
2	小型	4	N	1 型	中	中	高	手动	中	中
3	小型	4	N	1 型	中	高	高	手动	中	中
4	小型	4	Y	1 型	中	高	高	手动	轻	高
5	小型	4	N	1 型	中	中	中	手动	中	中

续表

序号	a	b	c	d	e	f	g	h	i	class
6	小型	4	N	2 型	中	中	中	自动	重	高
7	小型	4	N	1 型	中	中	高	手动	重	高
8	微型	4	N	2 型	小	高	低	手动	轻	高
9	小型	4	N	2 型	小	高	低	手动	中	中
10	小型	4	N	2 型	小	高	中	自动	中	中
11	微型	4	N	1 型	小	高	低	手动	轻	高
12	微型	4	N	1 型	小	中	中	手动	中	高
13	小型	4	N	2 型	中	中	中	手动	中	中
14	微型	4	Y	1 型	小	高	高	手动	中	高
15	微型	4	N	2 型	小	中	低	手动	中	高
16	小型	4	Y	1 型	中	中	高	手动	中	中
17	小型	4	N	1 型	中	中	高	自动	中	中
18	小型	4	N	1 型	中	中	高	自动	中	中
19	微型	4	N	1 型	小	高	中	手动	中	高
20	小型	4	N	1 型	小	高	中	手动	中	高
21	小型	4	N	2 型	小	高	中	手动	中	中

首先计算改进的差别矩阵 $\boldsymbol{M}$,得到核为$\{d,i\}$,经过步骤 3 得到 $\boldsymbol{M}$ 为$\{d,i,ae,af,ef,eg,ach\}$. 所以,出现在不含核的属性组合中的属性为 a,c,e,g,f,h,对应的频率分别是 3,1,3,1,2,1. 根据步骤 4,先将 e 加入,得到 $R=\{d,i,e\}$,并从 $\boldsymbol{M}$ 中删除 ae,ef,eg(因为它们包含了 e),从而 $M=\{af,ach\}$. 同样的步骤,将 a 加入属性集 $R=\{a,d,e,i\}$,此时 $\boldsymbol{M}=\varnothing$. 故约简后的属性为{类型,排气量,压缩率,里程}[139].

4. 基于信息熵的算法

设 $L=\langle U,C\cup D,V,f\rangle$ 为一个决策系统,$R\subseteq C$ 为条件属性子集,假设 IND(R)和 IND(D) 所产生的划分分别为

$$X=\{X_1,X_2,\cdots,X_n\},Y=\{Y_1,Y_2,\cdots,Y_k\}.$$

苗夺谦等[134]定义 R 的熵为

$$\mathrm{H}(R)=-\sum_{i=1}^{n}p(X_i)\log p(X_i),$$

其中,$p(X_i)=\mathrm{card}(X_i)/\mathrm{card}(U)$. 定义 D 相对于 R 的熵为

$$\mathrm{H}(D\mid R)=-\sum_{i=1}^{n}p(X_i)\sum_{j=1}^{k}p(Y_j\mid X_i)\log p(Y_j\mid X_i),$$

其中 $p(Y_j\mid X_i)=\mathrm{card}(Y_j\cap X_i)/\mathrm{card}(X_i)$.

R 和 D 之间的互信息定义为

$$I(R;D)=\mathrm{H}(D)-\mathrm{H}(D\mid R).$$

基于信息熵与互信息，属性 a 的重要性定义为将 a 添加到 R 时互信息的增量：

$$\mathrm{SGF}(a,R,D)=I(R\cup\{a\};D)-I(R;D)=\mathrm{H}(D\mid R)-H(D\mid R\cup\{a\}).$$

基于信息熵的属性约简启发式算法步骤如下：

输入：决策系统 $(U,C\cup D)$.

输出：属性约简结果 R.

步骤1：计算条件属性集 C 与决策属性集 D 的互信息 $I(C;D)$.

步骤2：$R=\mathrm{CORE}_D C$，并计算 $I(R;D)$.

步骤3：在 $C-R$ 中选择属性 a_j 使得 $\mathrm{SGF}(a_j,R,D)$ 达到最大值，如果有多个属性 $a_i(i=1,2,\cdots,m)$ 达到最大，则选择与 R 组合数目最少的 a_j.

步骤4：$R=R\cup\{a_j\}$.

步骤5：若 $I(R;D)=I(C;D)$，则终止，否则转步骤3.

5. 基于互信息增益率的启发式算法

文献[134]中的算法以互信息作为属性的重要度，这倾向于选择值域中含有较多值的属性，这种倾向并不一定合理. 为此，文献[140]提出一种属性重要性的新度量方法：

$$\mathrm{SGF}(a,R,D)=(I(R\cup\{a\};D)-I(R;D))/\mathrm{H}(a). \tag{5.3}$$

其中，$H(a)=-\sum_{i=1}^{m}p_i\log p_i$，$p_i$ 是属性 a 取值为 a_i 的对象的个数占总对象数 N 的比例(设属性 a 有 m 种取值 $a_1,a_2,\cdots,a_m$，N 为总对象数).

这种度量方法不仅考虑了属性值域的大小，而且还考虑了取值的分布，它有如下特点：

(1) 在值域大小相同时，取值分布越均匀，则 $\mathrm{H}(a)$ 越大，即当 $p_1=p_2=\cdots=p_m$ 时 $\mathrm{H}(a)$ 达到最大值，相应地属性重要性最小.

(2) 当属性在自己值域内各种取值全为均匀分布时，值域越大则 $\mathrm{H}(a)$ 越大，相应地属性重要性越小.

以上两个特点符合人们对重要属性的直观要求.

基于互增益率的启发式约简算法如下：

输入：相容决策系统 $L=\langle U,C\cup D,V,F\rangle$，其中 C 为条件属性集，D 为决策属性集.

输出：该决策系统的一个相对约简 R.

步骤1：计算条件属性集 C 与决策属性集 D 的互信息 $I(C;D)$.

步骤2：计算核 $R=\mathrm{CORE}_D(C)$，并计算 $I(R;D)$.

步骤3：令 $C_{\text{candidate}}=C-R$，按(5.3)式计算 $C_{\text{candidate}}$ 中各属性的重要性，并选择 $\mathrm{SGF}(a,R,D)$ 达到最大的属性 a_i.

步骤4：$R=R\cup\{a_i\}$.

步骤5：若 $I(R;D)=I(C;D)$，则终止，否则转步骤3.

相对约简由核开始，逐步选择重要的属性加入，直到所选择的属性子集分类能力与整个条件属性集 C 的分类能力相同时结束.

例 5.2.5 使用基于互增益率的启发式约简算法，对表5-17所示的打高尔夫球决策数据集进行属性约简.

表 5-17 打高尔夫球数据集

U	天气(a_1)	温度(a_2)	湿度(a_3)	刮风(a_4)	决策(class)
1	晴	热	高	否	否
2	晴	热	高	是	否
3	多云	热	高	否	是
4	雨	温和	高	否	是
5	雨	凉	正常	否	是
6	雨	凉	正常	是	否
7	多云	凉	正常	是	是
8	晴	温和	高	否	否
9	晴	凉	正常	否	是
10	雨	温和	正常	否	是
11	晴	温和	正常	是	是
12	多云	温和	高	是	是
13	多云	热	正常	否	是
14	雨	温和	高	是	否

先计算整个条件属性与决策属性的互信息 $I(C;D)=0.2831$，以及相对核属性 $\mathrm{CORE}_D(C)=\{a_1,a_4\}$. 此时 a_2 和 a_3 重要性分别为

$$\mathrm{SGF}(a_2,R,D)=(I(R\cup\{a_2\};D)-I(R;D))/\mathrm{H}(a_2)=0.1022/0.4686=0.2182,$$

$$\mathrm{SGF}(a_3,R,D)=(I(R\cup\{a_3\};D)-I(R;D))/\mathrm{H}(a_3)=0.1022/0.3010=0.3396.$$

所以选择属性 a_3 加入到 R，此时 $R=\{a_1,a_3,a_4\}$，而 $I(R;D)=0.2831=I(C;D)$，所求的约简后的结果为$\{a_1,a_3,a_4\}$，从表中直观地看，a_2 取值更为混乱，其分类价值较 a_3 要小，而如果仅仅以互信息的增量作为重要性度量方法，a_2 和 a_3 均为 0.1022，因而结果可能为$\{a_1,a_2,a_4\}$.

经过值约简后，以$\{a_1,a_3,a_4\}$为条件属性所得到的决策规则有：

(1) $(a_1=$晴$)\wedge(a_3=$高$)\rightarrow($class$=$否$)$；

(2) $(a_1=$雨$)\wedge(a_4=$是$)\rightarrow($class$=$否$)$；

(3) $(a_1=$多云$)\rightarrow($class$=$是$)$；

(4) $(a_1=$雨$)\wedge(a_4=$否$)\rightarrow($class$=$是$)$；

(5) $(a_1=$晴$)\wedge(a_3=$正常$)\rightarrow($class$=$是$)$；

而以$\{a_1,a_2,a_4\}$为条件属性，则得到的决策规则有：

(1) $(a_1=$晴$)\wedge(a_2=$热$)\rightarrow($class$=$否$)$；

(2) $(a_1=$雨$)\wedge(a_4=$是$)\rightarrow($class$=$否$)$；

(3) $(a_1=$晴$)\wedge(a_2=$温和$)\wedge(a_4=$否$)\rightarrow($class$=$否$)$；

(4) (a_1=多云)→(class=是);

(5) (a_1=雨)∧(a_4=否)→(class=是);

(6) (a_2=凉)∧(a_4=否)→(class=是);

(7) (a_2=温和)∧(a_4=是)→(class=是).

就一般意义上而言,人们期望获得小的规则集,因此约简$\{a_1,a_3,a_4\}$要优于$\{a_1,a_2,a_4\}$,这也说明该算法的有效性.

另外需要说明的是,人们往往从降低数据规模、降低后续数据处理的时间复杂度和空间复杂度的角度来看待属性约简,此时并不要求所得到的属性子集严格满足属性约简的两个条件,实际应用中也往往不需计算核属性,而是从空集开始搜索.

5.3 粗糙集决策规则获取

对于属性约简后的决策系统,我们可以用其中的每个对象形成一条规则,所以此时的决策系统也就是规则集,但这些规则范化能力不强,还可能包含冗余信息,因此还需要进一步约简,粗糙集中也称值约简.

5.3.1 相关基本概念

对于决策系统$L=\langle U,C\cup\{d\},V,f\rangle$,其中$V=\cup\{V_a|a\in A\}\cup V_d$为决策系统$L$的值域,则决策规则的一些相关概念定义如下

定义 5.3.1 $a=v$是属性集$B\subseteq A\cup\{d\}$与决策系统的值域V上的描述子,表示属性a取值v,也称为B和V上的原子公式.

定义 5.3.2 公式定义为

(1) 原子公式是公式;

(2) 如果F和G是原子公式,则$\neg F$,(F),$F\wedge G$,$F\vee G$和$F\to G$都是公式;

(3) 只有按上述(1)和(2)所组成的式子是公式.

定义 5.3.3 公式$F\to G$的逻辑含义称为决策规则,F称为规则前件,G称为规则后件,它们表达一种因果关系. 其中,公式F中所包含的原子公式中只有决策系统的条件属性,G中所包含的原子公式中只有决策系统的决策属性.

定义 5.3.4 公式$(a_1=v_1)\wedge(a_2=v_2)\wedge\cdots\wedge(a_n=v_n)$称为$P$基本公式,其中$v_i\in V_{a_i}$,$\{a_1,a_2,\cdots,a_n\}\in P$,$P\subseteq C$.

定义 5.3.5 对于任一公式F,$\|F\|$是该公式在决策系统L中的解释(含义),即论域U中具有特性F的所有对象的集合,归纳定义如下:

(1) 若F为原子公式,即形若$[a=v]$,则$\|F\|=\{u\in U|a_u=v\}$是集合;

(2) 如果F和G是原子公式,则有

$$\|\neg F\|=U-\|F\|;\ \|F\wedge G\|=\|F\|\cap\|G\|;\ \|F\vee G\|=\|F\|\cup\|G\|.$$

定义 5.3.6 $F\to G$为决策规则,如果F是P基本公式且G为$d=d_i$,则$F\to G$称为基本决策规则.

目前基于粗糙集的决策规则获取(值约简)的主要方法有:

原始的基于核值的方法,原始的方法是先计算出核值表,然后考查每条规则(此时规则仅含该规则的核),添加其他属性值,实现对原规则的约简;

基于布尔推理的所谓最小决策算法,将决策类相同的规则的前件表达成一个析取式,然后通过逻辑式转换来得到对应于该决策类的小的决策规则;

原始的等价类匹配方法,即先计算出条件属性集(子集)的等价类划分 E 和决策属性上的等价类划分 Y,逐个将两边的等价类 E_i 和 F_j 进行比较,若 $E_i \subseteq F_j$,则有规则 r_{ij}: $\mathrm{Des}(E_i) \to \mathrm{Des}(F_j)$,这里 $\mathrm{Des}(E_i)$与 $\mathrm{Des}(F_j)$分别表示覆盖对象集 E_i 与 F_j 的描述子组成的规则前件和后件;

缺省规则获取,即并不需要严格要求 $E_i \subseteq F_j$,而是要求 $\mu = \mathrm{card}(E_i \cap F_j)/\mathrm{card}(E_i)$,即规则的置信度大于某一给定的值即可得到规则 r_{ij}: $\mathrm{Des}(E_i) \to \mathrm{Des}(F_j)$,该规则的置信度为 μ,而关于等价类划分 E 则采用投影的方式;

LEM2 算法,在规则获取中逐步选择覆盖最多对象的描述子加入到规则前件,生成规则后在对前件中的描述子进行考查,看能否删除该描述子以期望得到尽量短的规则.

5.3.2 规则获取算法

为了使得获得的知识更简洁,更容易理解,这里介绍一种基于分类一致性的规则获取方法[141](注意,规则提取算法还有许多,请读者自行阅读相关文献,比如文献[71]). 它从空集开始,逐步选择重要的属性加入,当能够正确分类时,导出规则并将规则所覆盖的对象集删除,直到所有的对象都被覆盖.

规则获取算法描述如下:

```
输入:一致的决策系统 L=〈U,C∪{d},V,f〉;
输出:规则集 Rules;
Procedure RICCR(Rule Induction based on Classification Consistency Rate)
Begin
```

(1) 初始化阶段

```
G:=L;
Rules=∅;
SelecAttr=∅;
unSelecAttr=C;
```

(2) 规则获取阶段

```
While G≠∅ do
    Begin
        rule=∅;
            for i=1 to card(unSelecAttr) do
                计算 POS_IND(SelecAttr∪{a_i})(IND({d}));
            end
        选择使得 card(POS_IND(SelecAttr∪{a_i})(IND({d})))达到最大的属性 a;
        若有多个属性使其同时达到最大,则选择属性 a 使得 H({d}|{a})最小;
        SelecAttr=SelecAttr∪{a};
        unSelecAttr=unSelecAttr-{a};
```

```
        if POS_IND(SelecAttrU{a})(IND({d}))≠∅ then
            begin
                用属性 SelecAttr 从对象集 POS_IND(SelecAttrU{a})(IND({d}))导出规则;
                将化简后的规则并入到 Rules;
                G=G-POS_IND(SelecAttrU{a})(IND({d}));
            end
end
```

(3) 规则化简阶段

```
for 规则集 Rules 中的每条规则 rule
    for 规则 rule 中的每个描述子
        if 删除该描述子 b=v 后规则与其他规则不产生冲突 then
            删除该描述子;
        end
    end
end
```

在算法的循环规则获取阶段,挑选属性加入时,按照

$$SGF(a)=POS_{IND(SelecAttr\cup\{a\})}(IND(\{d\}))-POS_{IND(SelecAttr)}(IND(\{d\}))$$

作为属性的重要性度量,其中 SelecAttr 为当前已经选择的属性. 当有多个属性同时达到最大时,考虑它们的条件熵 $H(\{d\}|\{a\})$,选择其中条件熵最小的属性. 在规则化简阶段,考查规则中的描述子,看它是否可以约去. 事实上,属性的考查顺序也是很重要的,一种方法是按照属性本来的排列顺序,另外还可以考虑按照属性的重要性,从最不重要的属性开始考查.

例 5.3.1 对表 5-18 所示的打高尔夫的数据集进行规则提取.

表 5-18 打高尔夫球数据集

U	天气(a_1)	气温(a_2)	湿度(a_3)	刮风(a_4)	决策(class)
1	晴	热	高	否	否
2	晴	热	高	是	否
3	多云	热	高	否	是
4	雨	温和	高	否	是
5	雨	凉	正常	否	是
6	雨	凉	正常	是	否
7	多云	凉	正常	是	是
8	晴	温和	高	否	否
9	晴	凉	正常	否	是
10	雨	温和	正常	否	是
11	晴	温和	正常	是	是

续表

U	天气(a_1)	气温(a_2)	湿度(a_3)	刮风(a_4)	决策(class)
12	多云	温和	高	是	是
13	多云	热	正常	否	是
14	雨	温和	高	是	否

解 依据表 5-18 的数据，经计算得

$$U/\mathrm{IND}(\{\mathrm{class}\})=\{\{1,2,6,8,14\},\{3,4,5,7,9,10,11,12,13\}\},$$
$$U/\mathrm{IND}(\{a_1\})=\{\{1,2,8,9,11\},\{3,7,12,13\},\{4,5,6,10,14\}\},$$
$$U/\mathrm{IND}(\{a_2\})=\{\{1,2,3,12\},\{4,8,10,11,12,14\},\{5,6,7,9\}\},$$
$$U/\mathrm{IND}(\{a_3\})=\{\{1,2,3,4,8,12,14\},\{5,6,7,9,10,11,13\}\},$$
$$U/\mathrm{IND}(\{a_4\})=\{\{1,3,4,5,8,9,10,13\},\{2,6,7,11,12,14\}\}.$$
$$\mathrm{POS}_{\mathrm{IND}(\{a_1\})}\mathrm{IND}(\{\mathrm{class}\})=\{3,7,12,13\},\mathrm{POS}_{\mathrm{IND}(\{a_2\})}\mathrm{IND}(\{\mathrm{class}\})=\varnothing,$$
$$\mathrm{POS}_{\mathrm{IND}(\{a_3\})}\mathrm{IND}(\{\mathrm{class}\})=\varnothing,\mathrm{POS}_{\mathrm{IND}(\{a_4\})}\mathrm{IND}(\{\mathrm{class}\})=\varnothing.$$

所以，选择属性 a_1，并得到规则

$$(\text{天气}(a_1)=\text{多云})\rightarrow(\mathrm{class}=\text{是})\ \{3,7,12,13\}.$$

删除对象 3,7,12 和 13 后，得到的决策系统如表 5-19 所示.

表 5-19 选择属性 a_1 后到决策系统

U	天气(a_1)	气温(a_2)	湿度(a_3)	刮风(a_4)	决策(class)
1	晴	热	高	否	否
2	晴	热	高	是	否
4	雨	热	高	否	是
5	雨	温和	高	否	是
6	雨	凉	正常	否	否
8	晴	凉	正常	是	否
9	晴	凉	正常	是	是
10	雨	温和	高	否	是
11	晴	温和	正常	是	是
14	雨	温和	高	是	否

依据表 5-19 的数据，经计算得

$$U/\mathrm{IND}(\{\mathrm{class}\})=\{\{1,2,6,8,14\},\{4,5,9,10,11\}\},$$
$$U/\mathrm{IND}(\{a_1\})=\{\{1,2,8,9,11\},\{4,5,6,10,14\}\},$$
$$U/\mathrm{IND}(\{a_2\})=\{\{1,2\},\{4,8,10,11,14\},\{5,6,9\}\},$$
$$U/\mathrm{IND}(\{a_3\})=\{\{1,2,4,8,14\},\{5,6,9,10,11\}\},$$
$$U/\mathrm{IND}(\{a_4\})=\{\{1,4,5,8,9,10\},\{2,6,11,14\}\},$$

$U/\mathrm{IND}(\{a_1,a_2\})=\{\{1,2\},\{4,10,14\},\{5,6\},\{8,11\},\{9\}\}$,

$U/\mathrm{IND}(\{a_1,a_3\})=\{\{1,2,8\},\{4,14\},\{5,6,10\},\{9,11\}\}$,

$U/\mathrm{IND}(\{a_1,a_4\})=\{\{1,8,9\},\{2,11\},\{4,5,10\},\{6,14\}\}$.

$\mathrm{POS}_{\mathrm{IND}(\{a_1,a_2\})}\mathrm{IND}(\{\mathrm{class}\})=\{1,2,9\}$, $\mathrm{POS}_{\mathrm{IND}(\{a_1,a_3\})}\mathrm{IND}(\{\mathrm{class}\})=\{1,2,8,9,11\}$,

$\mathrm{POS}_{\mathrm{IND}(\{a_1,a_4\})}\mathrm{IND}(\{\mathrm{class}\})=\{4,5,10,6,14\}$.

此时,$\mathrm{card}(\mathrm{POS}_{\mathrm{IND}(\{a_1,a_3\})}\mathrm{IND}(\{\mathrm{class}\}))=\mathrm{card}(\mathrm{POS}_{\mathrm{IND}(\{a_1,a_4\})}\mathrm{IND}(\{\mathrm{class}\}))=5$ 同时取最大值.所以,要计算条件熵

$$\mathrm{H}(D\mid\{a_3\})=0.5004,\quad \mathrm{H}(D\mid\{a_4\})=0.6068.$$

由于 $\mathrm{H}(D|\{a_3\})<\mathrm{H}(D|\{a_4\})$,故选择属性 a_3,得到规则:

(天气(a_1)=晴) ∧ (湿度(a_3)=高) → (class=否) {1,2,8},

(天气(a_1)=晴) ∧ (湿度(a_3)=正常) → (class=是) {9,11}.

删除已经被规则覆盖的对象 1,2,8,9 和 11,得到如表 5-20 所示的决策系统.

表 5-20 选择属性 a_1,a_3 后到决策系统

U	天气(a_1)	气温(a_2)	湿度(a_3)	刮风(a_4)	决策(class)
4	雨	热	高	否	是
5	雨	温和	高	否	是
6	雨	凉	正常	否	否
10	雨	温和	高	否	是
14	雨	温和	高	是	否

依据表 5-20 的数据,经计算得

$U/\mathrm{IND}(\{\mathrm{class}\})=\{\{4,5,10\},\{6,14\}\}$,

$U/\mathrm{IND}(\{a_1,a_3,a_2\})=\{\{4,14\},\{5,6\},\{10\}\}$,

$U/\mathrm{IND}(\{a_1,a_3,a_4\})=\{\{4\},\{5,10\},\{6\},\{14\}\}$.

$\mathrm{POS}_{\mathrm{IND}(\{a_1,a_3,a_2\})}\mathrm{IND}(\{\mathrm{class}\})=\{10\}$,

$\mathrm{POS}_{\mathrm{IND}(\{a_1,a_3,a_4\})}\mathrm{IND}(\{\mathrm{class}\})=\{4,5,6,10,14\}$.

所以取属性 a_4,得到如下规则:

(天气(a_1)= 雨) ∧ (湿度(a_3)= 高) ∧ (刮风(a_4)= 否) → (class= 是) {4},

(天气(a_1)= 雨) ∧ (湿度(a_3)= 正常) ∧ (刮风(a_4)= 否) → (class= 是) {5,10},

(天气(a_1)= 雨) ∧ (湿度(a_3)= 正常) ∧ (刮风(a_4)= 是) → (class= 否) {6},

(天气(a_1)= 雨) ∧ (湿度(a_3)= 高) ∧ (刮风(a_4)= 是) → (class= 否) {14}.

到此,所有的对象已经被覆盖,得到的基本规则集为

(天气(a_1)= 多云) → (class= 是) {3,7,12,13},

(天气(a_1)= 晴) ∧ (湿度(a_3)= 高) → (class= 否) {1,2,8},

(天气(a_1)= 晴) ∧ (湿度(a_3)= 正常) → (class= Play) {9,11},

(天气(a_1)= 雨) ∧ (湿度(a_3)= 高) ∧ (刮风(a_4)= 否) → (class= Play) {4},
(天气(a_1)= 雨) ∧ (湿度(a_3)= 正常) ∧ (刮风(a_4)= 否) → (class= Play) {5,10},
(天气(a_1)= 雨) ∧ (湿度(a_3)= 正常) ∧ (刮风(a_4)= 是) → (class= Don't play) {6},
(天气(a_1)= 雨) ∧ (湿度(a_3)= 高) ∧ (刮风(a_4)= 是) → (class= Don't play) {14}.

对上面规则集进行化简(按照属性的重要性,从最不重要的属性开始考查),得到的结果规则集为

(天气(a_1)=多云) → (class=Play) {3,7,12,13},
(天气(a_1)=晴) ∧ (湿度(a_3)=高) → (class=否) {1,2,8},
(天气(a_1)=晴) ∧ (湿度(a_3)=正常) → (class=是) {9,11},
(天气(a_1)=雨) ∧ (刮风(a_4)=否) → (class=是) {4,5,10},
(大气(a_1)=雨) ∧ (刮风(a_4)=是) → (class=否){6,14}.

规则集中,有 5 条规则,规则总长为 9.

5.4 粗糙集应用实例

基于粗糙集理论的应用研究主要集中在属性约简和规则提取等方面. 经过属性约简,可以将决策系统中对决策分类不必要的属性省略,从而实现决策系统的简化. 属性约简可视为对原始数据的一个预处理过程,可以从决策系统中分析发现对决策分类起作用的属性. 于是,可以将粗糙集和其他方法结合起来,如决策树、神经网络、支持向量机等,首先利用粗糙集对属性集进行约简,去掉部分属性;然后利用其他的分类器对约简后的属性集进行处理,这往往可以大大地降低时间和空间的复杂度. 除了单纯的属性约简,粗糙集理论也可以通过规则提取直接建立分类器. 下面首先从一个小例子出发,介绍使用粗糙集进行数据预处理和属性约简及规则获取的过程,然后介绍粗糙集的方法在各领域的应用实例.

5.4.1 不完备数据约简的例子

表 5-21 为一个具有缺省数据的决策表,使用基于类别的最高频率值方法对决策表进行补齐,得到表 5-22,然后使用基于依赖度的约简算法进行属性约简.

表 5-21 一个具有缺省数据的决策表

U	a_1	a_2	a_3	a_4	d	U	a_1	a_2	a_3	a_4	d
1	1	1	1	2	0	8	1	2	1	2	0
2	1	1	*	1	0	9	1	3	2	2	1
3	2	1	1	2	1	10	*	2	2	*	1
4	3	2	1	*	1	11	1	2	*	1	1
5	3	3	2	2	1	12	2	2	1	1	1
6	3	*	2	1	0	13	2	1	2	2	1
7	2	3	2	1	1	14	3	2	1	1	0

表 5-22 补齐后的决策表

U	a_1	a_2	a_3	a_4	d	U	a_1	a_2	a_3	a_4	d
1	1	1	1	2	0	8	1	2	1	2	0
2	1	1	1	1	0	9	1	3	2	2	1
3	2	1	1	2	1	10	2	2	2	2	1
4	3	2	1	2	1	11	1	2	2	1	1
5	3	3	2	2	1	12	2	2	1	1	1
6	3	2	2	1	0	13	2	1	2	2	1
7	2	3	2	1	1	14	3	2	1	1	0

对补齐后的决策表进行属性约简：

(1) 计算相对核

core$=\varnothing$，

$U/\text{IND}(\{d\})=\{\{1,2,6,8,14\},\{3,4,5,7,9,10,11,12,13\}\}$，

$U/\text{IND}(\{a_1,a_2,a_3,a_4\})=\{\{1\},\{2\},\{3\},\{4\},\{5\},\{6\},\{7\},\{8\},\{9\},\{10\},\{11\},\{12\},\{13\},\{14\}\}$，

$U/\text{IND}\{a_2,a_3,a_4\}=\{\{1,3\},\{2,12,14\},\{4,8\},\{5,9\},\{6,11\},\{7\},\{10\},\{13\}\}$.

$\text{POS}_{\text{IND}(\{a_1,a_2,a_3,a_4\})}(\text{IND}(\{d\}))=\{1,2,3,4,5,6,7,8,9,10,11,12,13,14\}$，

$\text{POS}_{\text{IND}(\{a_2,a_3,a_4\})}(\text{IND}(\{d\}))=\{5,9,7,10,13\}$，

$\text{POS}_{\text{IND}(\{a_2,a_3,a_4\})}(\text{IND}(\{d\}))\neq\text{POS}_{\text{IND}(\{a_1,a_2,a_3,a_4\})}(\text{IND}(\{d\}))$.

所以，core$=$core$\cup\{a_1\}=\{a_1\}$.

$U/\text{IND}\{a_1,a_3,a_4\}=\{\{1,8\},\{2\},\{3\},\{4\},\{5\},\{6\},\{7\},\{9\},\{10,13\},\{11\},\{12\},\{14\}\}$.

$\text{POS}_{\text{IND}(\{a_1,a_3,a_4\})}(\text{IND}(\{d\}))=\{1,2,3,4,5,6,7,8,9,10,11,12,13,14\}$，

$\text{POS}_{\text{IND}(\{a_1,a_3,a_4\})}(\text{IND}(\{d\}))=\text{POS}_{\text{IND}(\{a_1,a_2,a_3,a_4\})}(\text{IND}(\{d\}))$.

$U/\text{IND}\{a_1,a_2,a_4\}=\{\{1\},\{2\},\{3,13\},\{4\},\{5\},\{6,14\},\{7\},\{8\},\{9\},\{10\},\{11\},\{12\}\}$.

$\text{POS}_{\text{IND}(\{a_1,a_2,a_4\})}(\text{IND}(\{d\}))=\{1,2,3,4,5,6,7,8,9,10,11,12,13,14\}$，

$\text{POS}_{\text{IND}(\{a_1,a_2,a_4\})}(\text{IND}(\{d\}))=\text{POS}_{\text{IND}(\{a_1,a_2,a_3,a_4\})}(\text{IND}(\{d\}))$.

$U/\text{IND}\{a_1,a_2,a_3\}=\{\{1\},\{2,8\},\{3\},\{4,14\},\{5\},\{6\},\{7\},\{9\},\{10\},\{12\},\{13\}\}$.

$\text{POS}_{\text{IND}(\{a_1,a_2,a_3\})}(\text{IND}(\{d\}))=\{1,2,3,5,6,7,8,9,10,11,12,13\}$，

$\text{POS}_{\text{IND}(\{a_1,a_2,a_3\})}(\text{IND}(\{d\}))\neq\text{POS}_{\text{IND}(\{a_1,a_2,a_3,a_4\})}(\text{IND}(\{d\}))$.

所以，core$=$core$\cup\{a_4\}=\{a_1,a_4\}$.

(2) 使用基于依赖度的约简算法求相对约简

$U/\text{IND}\{a_1,a_4\}=\{\{1,10,12\},\{2,4\},\{3,5\},\{6,13\},\{7,8,14\},\{9,11\}\}$.

$\text{POS}_{\text{IND}(\{a_1,a_4\})}(\text{IND}(\{d\}))=\{3,5,9,11\}$

$\neq\text{POS}_{\text{IND}(\{a_1,a_2,a_3,a_4\})}(\text{IND}(\{d\}))$.

$$\mathrm{POS}_{\mathrm{IND}(\{a_1,a_2,a_4\})}(\mathrm{IND}(\{d\}))=\{1,2,3,4,5,6,7,8,9,10,11,12,13,14\}$$
$$=\mathrm{POS}_{\mathrm{IND}(\{a_1,a_2,a_3,a_4\})}(\mathrm{IND}(\{d\})).$$
$$\mathrm{POS}_{\mathrm{IND}(\{a_1,a_3,a_4\})}(\mathrm{IND}(\{d\}))=\{1,2,3,4,5,6,7,8,9,10,11,12,13,14\}$$
$$=\mathrm{POS}_{\mathrm{IND}(\{a_1,a_2,a_3,a_4\})}(\mathrm{IND}(\{d\})).$$
$$\mathrm{SGF}(a_2)=\mathrm{SGF}(a_3).$$

所以，$\{a_1,a_2,a_4\}$和$\{a_1,a_3,a_4\}$都是该决策表的相对约简.

以上是决策表补齐并使用基于依赖度的属性约简过程，同样也可以使用其他的属性约简算法获得决策表的相对约简.

5.4.2 泥石流危险度区划指标选取

在文献[142]中，针对现有泥石流危险度区划指标选取方法的不足，基于粗糙集理论提出了一种新的区划指标选取方法.

首先，利用泥石流形成的环境背景因子来建立备选区划指标集(即属性集). 根据泥石流形成的环境背景条件，影响泥石流危险度区划的因素有地形地貌、地质条件、水文气候、植被环境以及人类活动程度等 5 个方面. 地形地貌又包括岩石风化系数、地震烈度、地震频率和断裂带密度等 4 方面；地貌指标包括河网密度、最大相对高度、大于 25°坡面积和大于 35°坡面积等 4 方面；气候指标包括年降水变差系数、洪灾发生频率和大于等于 50mm 年降水日等 3 方面；植被指标包括荒草地覆盖率、森林覆盖率和难利用土地等 3 方面；人类活动指标包括人口密度、垦殖率、道路与工矿用地和土地侵蚀率等 4 方面.

由于经典粗糙集只能对离散数据进行处理，所以对建立的备选区划指标体系要进行数据离散化处理，故把以上 18 个区划指标作 5 级等间隔离散化. 对数据进行预处理之后，使用直接由差别矩阵求取系统核的方法对备选区划指标进行筛选，分别对影响泥石流危险度区划的每一类因素的若干备选指标进行筛选，选出各影响因素中代表性最强的指标(属性)组成一个新的指标集，该属性集兼顾了全面性和代表性的问题. 如对地质指标进行筛选，首先选取各地质指标值如表 5-23 所示[143]，数据离散化按文献[144]中提供的各指标等级进行处理(如表 5-24 所示)，数据离散化后各地质指标值如表 5-25 所示.

表 5-23 昭通地区各市(县)泥石流危险度区划地质指标值

市(县)	岩石风化程度系数 c_1	平均地震烈度 c_2(度)	地震发生频率 c_3(%)	断裂带密度 c_4(km/10^3km^2)
昭通 u_1	1.86	6.57	20.00	49.76
鲁甸 u_2	1.99	6.05	7.14	74.72
巧家 u_3	2.02	7.15	22.86	120.17
盐津 u_4	1.85	6.60	7.14	72.42
大关 u_5	2.01	8.46	11.43	86.10
永善 u_6	1.96	7.30	11.43	46.58
绥江-水富 u_7	1.70	6.23	10.00	47.69

续表

市(县)	岩石风化程度系数 c_1	平均地震烈度 c_2(度)	地震发生频率 c_3(%)	断裂带密度 c_4($km/10^3km^2$)
镇雄 u_8	1.89	5.67	4.29	60.44
彝良 u_9	1.92	7.68	14.29	55.10
威信 u_{10}	1.82	5.50	1.43	87.22

表 5-24　昭通地区各市(县)泥石流危险度区划地质离散化方法

等级	岩石风化程度系数 c_1	平均地震烈度 c_2(度)	地震发生频率 c_3(%)	断裂带密度 c_4($km/10^3km^2$)
1	≥2.0	≥8	≥20.0	≥120.0
2	2.0～1.9	8～7	20.0～15.0	120.0～96.7
3	1.9～1.8	7～6	15.0～10.0	96.7～73.3
4	1.8～1.7	6～5	10.0～5.0	73.3～50.0
5	≤1.7	≤5	≤5.0	≤50.0

表 5-25　昭通地区各市(县)泥石流危险度区划地质离散化值

	c_1	c_2	c_3	c_4		c_1	c_2	c_3	c_4
u_1	3	3	1	5	u_6	2	2	3	5
u_2	2	3	4	3	u_7	5	3	4	5
u_3	1	2	1	1	u_8	3	4	5	4
u_4	3	3	4	3	u_9	2	2	3	4
u_5	1	1	3	3	u_{10}	3	4	5	3

可以求得表 5-25 的差别矩阵 $\boldsymbol{M}(C)$ 为

$$\boldsymbol{M}(C)=\begin{bmatrix}
\varnothing \\
c_1c_3c_4 & \varnothing \\
c_1c_2c_4 & c_1c_2c_3c_4 & \varnothing \\
c_3c_4 & c_1 & c_1c_2c_3c_4 & \varnothing \\
c_1c_2c_3c_4 & c_1c_2c_3 & c_2c_3c_4 & c_1c_2c_3 & \varnothing \\
c_1c_2c_3 & c_1c_2c_3c_4 & c_1c_3c_4 & c_1c_2c_3c_4 & c_1c_2c_4 & \varnothing \\
c_1c_3 & c_1c_4 & c_1c_2c_3c_4 & c_1c_4 & c_1c_2c_3c_4 & c_1c_2c_3 & \varnothing \\
c_2c_3c_4 & c_1c_2c_3c_4 & c_1c_2c_3c_4 & c_2c_3c_4 & c_1c_2c_3c_4 & c_1c_2c_3c_4 & c_1c_2c_3c_4 & \varnothing \\
c_1c_2c_3c_4 & c_2c_3c_4 & c_1c_3c_4 & c_1c_2c_3c_4 & c_1c_2c_4 & c_4 & c_1c_2c_4 & c_1c_2c_3 & \varnothing \\
c_2c_3c_4 & c_1c_2c_3 & c_1c_2c_3c_4 & c_2c_3 & c_1c_2c_3 & c_1c_2c_3c_4 & c_1c_2c_3c_4 & c_4 & c_1c_2c_3c_4 & \varnothing
\end{bmatrix}$$

由以上差别矩阵 $\boldsymbol{M}(C)$ 可获得地质指标集 C 的核集为 $\{c_1, c_4\}$，从而可以把地质指标简

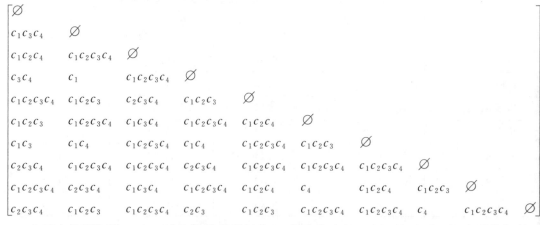

化为岩石风化程度系数和断裂带密度. 同样的方法，可以把地貌指标简化为区域最大相对高度和大于等于25°坡地面积百分比；气候指标简化为降水变差系数和洪灾发生频率；植被指标简化为森林覆盖率；人类活动指标简化为人口密度和垦殖率. 这些属性指标与文献[143]中基本一致，而利用这些指标进行的区划结果（见文献[142]）与文献[145]基本一致，说明基于粗糙集的泥石流危险度区划指标（属性）选取方法切实可行.

5.4.3 水资源调度

在水资源调度中，对用户需求的预测是对供水系统进行优化控制的必要条件. 如果能够精确地预计对水的需求信息，则可以计算出最小代价的水资源调度方案. 加拿大 Regina 大学利用粗糙集方法成功地对用水需求进行了预测[146]，他们研究的是北美一个中等规模城市的供水系统，水资源包括一个湖泊和一些地下井.

水首先被抽运到分布于不同区域的城市蓄水池中，然后从这些蓄水池抽到用水配给系统或者在需要调节水位的时候从一个蓄水池抽调到另外的蓄水池。系统中的水压和流速可以通过抽水站的水泵和水阀来控制. 人工操作员在中心抽水站控制配给系统进行操作，操作员利用一些启发式知识或者规则来最小化水泵动力的耗费，进行用水需求的预先估计，将各个蓄水池中的水保持在合理范围. 这些启发式知识是基于经济环境和社会等因素综合得到的. 配给系统有多个操作员，难以将配给系统的操作进行标准化，显然其操作策略需要优化. 将经验最丰富的操作员的启发式知识存入专家系统是降低操作代价的一个有效途径. 为此，通过与操作员的交流学习到一些启发式知识，对这些知识进行分析发现，为了制定最小代价的抽水调度方案，很重要的一点就是要对用水需求进行精确的每日预测. 然而，专家（富有经验的操作员）是根据他们的经验进行大致估计的，传授其知识. Regina 大学研究人员正是通过研究大量日用水需求数据，从中获取控制规则的.

市内对水的瞬间消耗是由分布在该区域的大量工厂、商店、公共用户和居民用户的用水情况决定的. 这种消耗受诸多因素影响，如天气情况、季节变换、星期几、节假日等. 从众多考虑因素中，可以分析得到对影响用水需求比较大的18个因素. 第一个需要考虑的因素是星期几，比如周末的用水量通常小于周日，星期一是用水的高峰，很多人在星期一洗衣服. 其他17个因素是连续3天的最高温度、当天最低温度、平均湿度、刮风、日照时间等. 从10个月时间中收集到的300多个数据进行训练，实验中决策属性值被离散化为10个区间，即具有10个决策概念.

经过处理，得到用水需求的一些预测规则，如：

"如果今天的平均湿度在47%～53%，昨天的最高气温在17.42～22.98℃，并且昨天的最低气温在3.22～8.18℃，则用水需求在94～104mL".

"如果今天的平均湿度在53%～58%，前天的最高气温在22.98～28.54℃，并且前天的日照时间在13.3～15.2h，则用水需求在124～134mL".

经过测试，该系统其预测的错误率控制在6.67%以下.

5.4.4 医疗诊断

医疗诊断是粗糙集应用的一个重要领域. 日本学者 Tsumoto[147,148] 领导的研究组，在利用粗糙集进行临床医疗诊断方面进行了很多工作，还开发了相应的专家系统.

Tsumoto等学者将粗糙集方法应用于如下两个医疗数据库中：

(1) 抗生素过敏(allergy for antibiotic)，训练集包括31 119个样例，包含137个属性，分为4个类别.

(2) 细菌测试数据库(bacterial test dataset)，包含101 343个样例、254个属性. 这一数据库中的数据是从1994—1998年5年中收集到的.

在抗生素过敏研究中，得到了医生没有预料到的下述规则：

$$[\text{Sex}=\text{F}]\wedge[\text{Food}=\text{Fish}]\rightarrow[\text{Effect}=\text{Urticaria}].$$

$$[\text{Age}\leqslant 40]\wedge[\text{Food}=\text{Fish}]\rightarrow[\text{Effect}=\text{Urticaria}].$$

值得一提的是，医生通常认为年龄和性别不是判断过敏反应的重要属性，而规则获取实验却得到与年龄和性别有关的规则. 这个发现也表明，妇女比男性更容易得风疹(urticaria)，年龄小于40岁也是产生过敏反应的重要因素. 对于这一新知识的发现，经过在医疗实践中进行进一步测试，实践证明其正确率达到了82.6%.

在细菌测试数据库研究中，也得到了一些有趣的规则，其中114条是医生没有事先预料到的，下面几条规则最能引起医生的注意，它们从每年的数据中都可以得到.

$$[\beta-\text{lactamase}=(+)]\rightarrow\text{Bacteria\_Detection}\ (+).$$

$$[\beta-\text{lactamase}=(3+)]\rightarrow\text{Bacteria\_Detection}\ (+).$$

以上两条规则表明，抗青霉素细菌成了细菌感染的重要原因.

$$[\text{Disease}=\text{Pneumonia}]\rightarrow\text{Bacteria\_Detection}\ (-).$$

$$[\text{Fever}(\text{BT}>39)]\rightarrow\text{Bacteria\_Detection}\ (-).$$

$$[\text{Disease}=\text{MalignantTumor}]\rightarrow\text{Bacteria\_Detection}\ (-).$$

以上三条规则说明这些检查对诊断细菌没有重要价值.

$$\text{Fusobacterium}\rightarrow\text{PCG (Sensitive)}.$$

$$\text{MRSA}\rightarrow\text{VCM(Sensitive)}.$$

$$\text{Tonsilitis}\rightarrow\text{AUG(S)}.$$

这三条规则显示了没有预料到的细菌和抗生素之间的关系.

粗糙集在医疗诊断方面的应用研究相当活跃，其最新研究成果请参阅文献[149,150].

5.4.5 交通事故链的探索

深入研究造成交通事故的因素链及事故模式，对于有效调整驾驶之前的行为、预防事故的发生具有积极意义. 文献[151]使用基于粗糙集理论的方法进行复杂的事故链分析，得到许多有价值的、甚至意想不到的结论.

文中将记录的事故信息分成四个方面：驾驶者特征、行程特征、行为和环境因素、事故本身的信息. 前三个选为条件属性，最后一个是决策属性. 驾驶者特征通常包括年龄、教育程度、性别等；行程特征包括时间、目的等；行为和环境因素包括驾驶者的驾驶行为、路面环境、自然环境等；事故信息就是不同的事故种类. 这样就形成了一个典型的事故过程：决定出行——确定行程特征，驾驶，最后卷入事故. 在这个过程中，驾驶者的特征影响着其余每个进程，其结构如图5-8所示：

文献[151]使用的数据是我国台湾地区2003年单个自动车(single auto-vehicle，SAV，即每起事故中只涉及一辆车)的实际事故数据. SAV事故中包括2316个样本，条件属性包

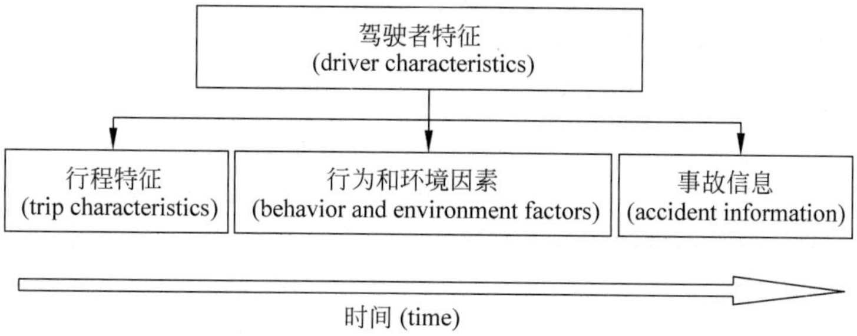

图 5-8 事故过程的因素结构

括以上三个方面的共 23 个属性，决策属性(即事故类型)取值有 7 个. 实验中使用粗糙集软件 ROSE(rough set data explorcr)进行分析计算，产生覆盖所有样本的最小规则集. 比如，其中的一条规则如下：

Driver[Occupation=working people] ∧ Behavior[Drinking condition=not drinking] ∧ Environment[(Road shape=segment) ∧ (Surface status=wet) ∧ (Direction divided facility = island) ∧ (Obstruction=no)]→Accident[Bump into facility].

该规则表明，潮湿的路面是造成事故的一个独特的环境因素，这显然与实际情况相吻合. 该文还得到了许多有价值的结果，比如：

对于很年轻而经验不足的学生司机来说，正常越野驾驶在车速限制为 51～79km/h 的道路上时，发生意外事故的可能性很高.

这项研究表明，使用粗糙集方法获取规则，为描述事故产生的原因提供了丰富的知识.

5.4.6 企业倒闭预测

企业倒闭(破产)评估一直是研究者和从业人员关注的热点问题. 对企业倒闭的预测一方面可以作为预警系统，提醒公司预防破产；另一方面可以协助金融机构的决策者对公司进行评估和选择. 在文献[152]中使用了一种融合粗糙集方法和神经网络的混合智能系统，进行企业倒闭的预测.

文献[152]使用的金融数据，来自于韩国公司 1994 年到 1997 年之间的实际数据，包括 1200 个健全的企业和 1200 个倒闭的企业. 数据集包括 8 个财务比率的属性，分别是 A_1(净收入对总资产)，A_2(净收入对销售额)，A_3(所有者权益对总资产)，A_4(借款总额和应付债券对总资产)，A_5(净营运资本对总资产)，A_6(现金流对总负债)，A_7(存货周转率)和 A_8(目前资产对目前负债). 这些属性取值都是连续的，应用粗糙集方法之前要首先对原始数据进行离散化.

图 5-9 所示为文献[152]中混合智能系统的模型图. 图(a)表示训练过程，首先使用粗糙集理论进行属性约简(横向约简，文中得到的最小属性集是 $\{A_4, A_5, A_6, A_8\}$)，再将新的信息系统用作训练数据，得到神经网络 RNN1；然后进行样本的约简(纵向约简)，去掉冗余的样本，得到的新信息系统用作训练数据，得到神经网络 RNN2；最后使用粗糙集方法进行规则获取，得到规则集. 图(b)表示测试过程，由于获取的规则集中不能覆盖所有的样本，所以在进行分类时，对新样本首先使用规则进行分类，如果没有匹配的规则，再分别使用

RNN1 和 RNN2 进行分类(分别称为混合模型Ⅰ和混合模型Ⅱ).

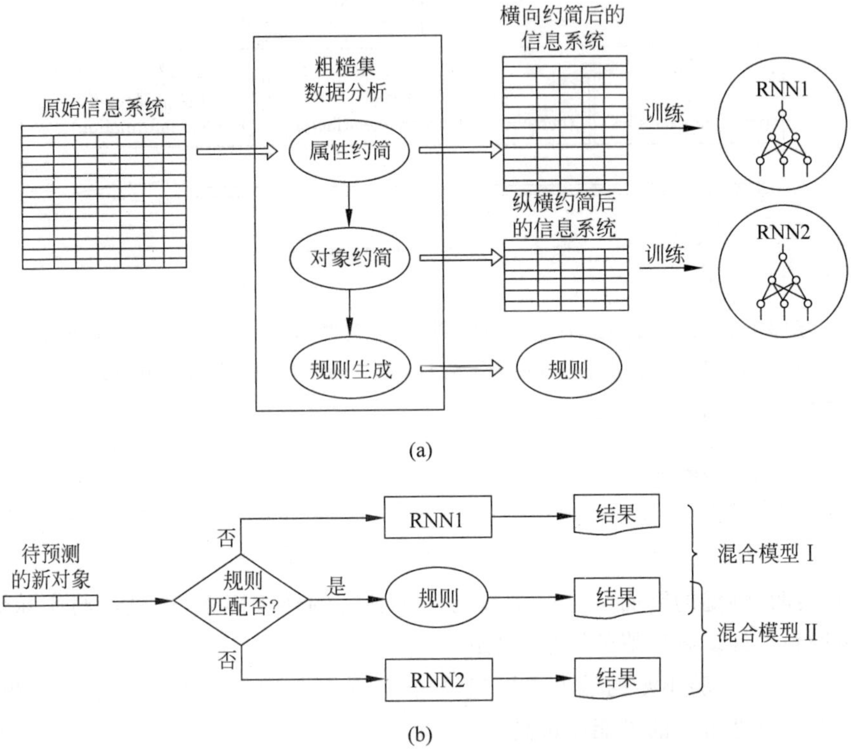

图 5-9 混合智能系统

(a) 约简,规则获取和神经网络训练;(b) 混合模型

文中最后将判别分析模型(一种统计学方法)、神经网络模型、使用横向约简后的信息系统训练的神经网络(RNN1)、使用横向约简和纵向约简后的信息系统训练的神经网络(RNN2)、使用规则集和 RNN1 的混合模型Ⅰ(Hybrid Model Ⅰ)以及使用规则集和 RNN2 的混合模型Ⅱ(Hybrid Model Ⅱ)对样本分类的结果进行比较,结果发现:RNN1 和 RNN2 的结果要明显好于判别分析模型和不进行属性约简的神经网络模型;混合模型Ⅰ和混合模型Ⅱ有很大的优势,分类正确率比其他方法高出很多,达到了 94%以上.

实验结果很好地说明:在神经网络中粗糙集理论作为一种预处理器是十分有效的.

5.5 基于模糊粗糙集理论的属性选择方法及其在肿瘤分类中的应用

在临床应用中,医生通常需要在进行实际的癌症治疗前,通过预测治疗反应、预后、转移表型等对患者的治疗做出可行的判断. 肿瘤被认为是系统性的生物学疾病,其发展机制尚不完全清楚. 由于癌症晚期患者的肿瘤治疗往往没有疗效,医学专家一致认为,肿瘤的早期诊断对肿瘤的成功治疗有很大的好处. 目前,肿瘤的诊断是通过组织学和免疫组织化学,分别根据其形态和蛋白质的表达. 然而,分化不良的肿瘤很难通过常规的组织病理学进行诊断. 此外,肿瘤的组织学外观不能揭示潜在的遗传畸变或导致恶性过程的生物过程. 近年来，基于基因表达谱的肿瘤分子诊断引起了人们的极大兴趣，它被用于实现精确和早期的肿瘤诊断的目标. 基因表达数据集的高维度和小样本量导致的维度灾难严重挑战了肿瘤分类. 基因表达数据集中有成千上万的基因，但是只有少数基因对分类有用. 因此，选择重要基因的方法是肿瘤诊断的关键问题.

正如我们所知，Pawlak 的粗糙集模型只能处理具有离散值的数据集. 然而，现实世界的应用数据通常包含实值的属性. 因此，人们提出了模糊粗糙集模型来处理这种情况[153]. 受决策树理论中增益率概念的启发，我们提出了一种在模糊粗糙集理论框架下基于模糊增益率的属性选择方法. 该方法与其他几种方法在基因表达的三个真实肿瘤数据集上进行了比较，结果表明所提出的方法是有效的. 这项工作可以为处理基因表达中的肿瘤数据或其他应用提供一种可选的策略[154].

5.5.1 粗糙集理论中的信息熵

在这一节中，我们将回顾一些有关信息度量的基础概念[69,154,155].

设 $IS=\langle U,A,V,f\rangle$ 是一个信息系统（也叫信息表），其中 U 是一个非空有限对象集（通常称为论域）；A 是一个非空有限属性集（或特征集）；V 是属性域的并集，$V=\bigcup_{a\in A}V_a$，其中 V_a 是属性 a 的值域，称为 a 的域；$f:U\times A\rightarrow V$ 是一个信息函数，它将属性域中的特定值分配给对象，如 $\forall a\in A, x\in U, f(a,x)\in V_a$，其中 $f(a,x)$ 表示对象 x 在属性 a 下的值. 对于任意 $P\subseteq A$，都有一个对应的不可分辨关系 $IND(P)$：

$$\mathrm{IND}(P)=\{(x,y)\mid \forall a\in P, f(a,x)=f(a,y)\}.$$

一个等价关系能够推导出一个论域的划分. 由 $IND(P)$ 生成的 U 的划分被表示为 $U/IND(P)$. 假设 P 是 A 的一个子集，X 是由 P 推导的一个论域的划分，其中

$$X=U/\mathrm{IND}(P)=\{X_1,X_2,\cdots,X_n\},$$

那么 X 的概率分布被定义为

$$[X;p]=\begin{bmatrix} X_1 & X_2 & \cdots & X_n \\ p(X_1) & p(X_2) & \cdots & p(X_n)\end{bmatrix},$$

其中，$p(X_i)=\dfrac{|X_i|}{|U|}$，$i=1,2,\cdots,n$，$|\cdot|$表示一个集合的基数.

定义 5.5.1 给定一个信息系统 $IS=\langle U,A,V,f\rangle$，$P\subseteq A$，$U/P=\{X_1,X_2,\cdots,X_n\}$. P 的香农(Shanon)熵 $H(P)$ 定义为（略去底数 2）

$$H(P)=-\sum_{i=1}^{n}p(X_i)\log p(X_i)=-\sum_{i=1}^{n}\frac{|X_i|}{|U|}\log\frac{|X_i|}{|U|}.$$

定义 5.5.2 给定一个信息系统 $IS=\langle U,A,V,f\rangle$，$P,Q\subseteq A$，$U/P=\{X_1,X_2,\cdots,X_n\}$ 和 $U/Q=\{Y_1,Y_2,\cdots,Y_m\}$. P 和 Q 的联合熵定义为

$$\begin{aligned}H(PQ)=H(P\cup Q)&=-\sum_{i=1}^{n}\sum_{j=1}^{m}p(X_iY_j)\log p(X_iY_j)\\&=-\sum_{i=1}^{n}\sum_{j=1}^{m}\frac{|X_i\cap Y_j|}{|U|}\log\frac{|X_i\cap Y_j|}{|U|},\end{aligned}$$

其中，$P(X_iY_j)=\dfrac{|X_i\cap Y_j|}{|U|}$.

定义 5.5.3 设 DS=$\langle U,C\cup D,V,f\rangle$是一个决策系统，其中 C 是条件属性集，D 是决策属性，$B\subseteq C$，$U/B=\{X_1,X_2,\cdots,X_n\}$和 $U/D=\{Y_1,Y_2,\cdots,Y_m\}$. 在条件 B 下 D 的条件熵定义为

$$H(D\mid B)=-\sum_{i=1}^{n}p(X_i)\sum_{j=1}^{m}p(Y_j\mid X_i)\log p(Y_j\mid X_j),$$

其中，$p(Y_j|X_i)=\dfrac{|X_i\cap Y_j|}{|X_i|}$. 那么我们也可以把条件熵写成如下形式

$$\begin{aligned}H(D\mid B)&=-\sum_{i=1}^{n}\frac{|X_i|}{|U|}\sum_{j=1}^{m}\frac{|X_i\cap Y_j|}{|X_i|}\log\frac{|X_i\cap Y_j|}{|X_i|}\\&=-\sum_{i=1}^{n}\sum_{j=1}^{m}\frac{|X_i\cap Y_j|}{|U|}\log\frac{|X_i\cap Y_j|}{|X_i|}.\end{aligned}$$

定义 5.5.4 设 DS=$\langle U,C\cup D,V,f\rangle$是一个决策系统，其中 C 是条件属性集，D 是决策属性，$B\subseteq C$，$U/B=\{X_1,X_2,\cdots,X_n\}$和 $U/D=\{Y_1,Y_2,\cdots,Y_m\}$. B 和 D 的互信息定义为

$$I(B;D)=H(D)-H(D\mid B).$$

5.5.2 粗糙集理论中的属性选择

实际上，在粗糙集理论中有很多属性选择方法[153,154]. 关于粗糙集理论中属性选择的更多信息，请参考文献[156]. 在本文中，我们只详细介绍基于信息增益的属性选择方法[134]和基于信息增益率的属性选择方法[140].

定义 5.5.5 给定一个决策系统 DS=$\langle U,C\cup D,V,f\rangle$，其中 C 是条件属性集，D 是决策属性. 对于 $B\subseteq C$，$\forall a\in C-B$，属性 a 的信息增益 Gain(a,B,d)定义为

$$\begin{aligned}\text{Gain}(a,B,D)&=I(B\cup\{a\};D)-I(B;D)\\&=H(D\mid B)-H(D\mid B\cup\{a\}).\end{aligned}$$

如果 $B=\varnothing$，则 Gain$(a,B,D)=H(D)-H(D|\{a\})=I(\{a\};D)$. 当 Gain$(a,B,D)$的值越高时，蕴含着在已知 B 的条件下，属性 a 对决策属性 D 更为重要.

实际上，Gain(a,B,D)可以用来评估属性 a 在属性子集 B 中相对于 D 的重要性. 因此，基于信息增益的属性选择算法可以被描述如下：

算法 5.5.1 增益属性约简

第 1 步：令 $B=\varnothing$；

第 2 步：对于每个属性 $a\in C-B$，计算条件属性 a 的重要性 Gain(a,B,D)；

第 3 步：选择使得 Gain(a,B,D)取到最大值的属性，将其记录为 a；

第 4 步：如果 Gain$(a,B,D)>0$ 果，则 $B\leftarrow B\cup\{a\}$，转到第 2 步，否则转到第 5 步；

第 5 步：集合 B 是选定的属性.

增益属性约简算法倾向于选择具有更多不同值的属性，从而形成更精细的划分. 然而，这有时可能并不合理. 因此，在文献[140]中，一种叫做信息增益率的重要性度量被提出，它被定义如下.

定义 5.5.6 给定一个决策系统 DS=$\langle U,C\cup D,V,f\rangle$，其中 C 是条件属性集，D 是决

策属性. 对于 $B\subseteq C$, $\forall a\in C-B$, 属性 a 的信息增益率 $\mathrm{Gain\_Ratio}(a,B,d)$ 定义为

$$\begin{aligned}\mathrm{Gain\_Ratio}(a,B,D)&=\frac{\mathrm{Gain}(a,B,D)}{H(\{a\})}\\&=\frac{I(B\cup\{a\};D)-I(B;D)}{H(\{a\})}.\end{aligned}$$

如果 $B=\varnothing$, 则 $\mathrm{Gain\_Ratio}(a,B,D)=\dfrac{I(\{a\};D)}{H(\{a\})}$.

在 GID3[157]、GID3 *[158]和 C4.5[159]等著名算法中,增益率是被用作属性选择的准则. 增益率的一个优点是:它是增益除以 $H(a)$,因此,我们可以知道增益率越小越倾向于更精细的划分. 另一方面,在增益保持不变的前提下,增益率随着 $H(a)$值的减少而增加.

基于增益率的属性选择算法可以被描述如下:

算法 5.5.2 增益率属性约简

第 1 步: 令 $B=\varnothing$;
第 2 步: 对于每个属性 $a\in C-B$,计算条件属性 a 的重要性 $\mathrm{Gain\_Ratio}(a,B,D)$;
第 3 步: 选择使得 $\mathrm{Gain_Ratio}(a,B,D)$取到最大值的属性,将其记录为 a;
第 4 步: 如果 $\mathrm{Gain\_Ratio}(a,B,D)>0$,则 $B\leftarrow B\cup\{a\}$,转到第 2 步,否则转到第 5 步;
第 5 步: 集合 B 是选定的属性.

5.5.3 模糊粗糙集模型用于信息度量

在本节中,我们首先回顾一些关于模糊粗糙集模型的信息度量的基本概念[153,154].

模糊等价关系将由实值属性产生,而不是经典等价关系. 经典粗糙等价关系是经典粗糙集的核心,而模糊等价关系是模糊粗糙集的核心. 如果 $\widetilde{R}$ 满足以下三个条件:

(1) 自反性: $\widetilde{R}(x,x)=1$, $\forall x\in X$,

(2) 对称性: $\widetilde{R}(x,y)=\widetilde{R}(y,x)$, $\forall x,y\in X$,

(3) 传递性: $\widetilde{R}(x,z)\geqslant\min\limits_{y}\{\widetilde{R}(x,y),\widetilde{R}(y,z)\}$, $\forall x,y,z\in X$,

那么 $\widetilde{R}$ 就是一个模糊等价关系.

给定一个非空的有限集合 X, $\widetilde{R}$ 是定义在 X 上的模糊等价关系,用关系矩阵 $M(\widetilde{R})$表示如下:

$$\boldsymbol{M}(\widetilde{R})=\begin{pmatrix}r_{11}&r_{12}&\cdots&r_{1n}\\r_{21}&r_{22}&\cdots&r_{2n}\\\vdots&\vdots&\ddots&\vdots\\r_{n1}&r_{n2}&\cdots&r_{nn}\end{pmatrix},$$

其中, $r_{ij}\in[0,1]$是 x_i 和 x_j 的关系值,也可以写成 $\widetilde{R}(x_i,x_j)$,且 $x_i,x_j\in X$. 对于经典粗糙集模型,如果 x_i 在经典等价关系 R 下等于 x_j, $r_{ij}=1$;否则, $r_{ij}=0$.

以下两个相似度函数可用于计算模糊等价关系:

$$r_{ij}=\begin{cases}1-4\dfrac{|x_i-x_j|}{|a_{\max}-a_{\min}|}, & \dfrac{|x_i-x_j|}{|a_{\max}-a_{\min}|}\leqslant 0.25,\\0, & \text{其他},\end{cases}$$

$$r_{ij}=\max\left\{\min\left\{\frac{x_j-x_i+\sigma_a}{\sigma_a},\frac{x_i-x_j+\sigma_a}{\sigma_a}\right\},0\right\},$$

其中,x_i,x_j 是两个对象在属性 a 上的属性值,$a_{\max}$ 和 $a_{\min}$ 是对象在属性 a 下取值的最大值和最小值,σ_a 是对象在属性 a 下取值的标准差.

给定一个任意集合 X,$\widetilde{R}$ 是定义在 X 上的模糊等价关系. 对于 $\forall x,y\in X$,模糊等价关系的一些运算法则被定义如下:

(1) $\widetilde{R_1}=\widetilde{R_2}\Leftrightarrow\widetilde{R_1}(x,y)=\widetilde{R_2}(x,y),\forall x,y\in X$;

(2) $\widetilde{R}=\widetilde{R_1}\cup\widetilde{R_2}\Leftrightarrow\widetilde{R}(x,y)=\max\{\widetilde{R_1}(x,y),\widetilde{R_2}(x,y)\}$;

(3) $\widetilde{R}=\widetilde{R_1}\cap\widetilde{R_2}\Leftrightarrow\widetilde{R}(x,y)=\min\{\widetilde{R_1}(x,y),\widetilde{R_2}(x,y)\}$;

(4) $\widetilde{R_1}\subseteq\widetilde{R_2}\Leftrightarrow\widetilde{R_1}(x,y)\leqslant\widetilde{R_2}(x,y)$.

定义 5.5.7 假设 U 是论域,$\widetilde{R}$ 是 U 上的一个模糊等价关系. 由模糊等价关系 $\widetilde{R}$ 推导的论域 U 的模糊划分被定义为

$$U/\widetilde{R}=\{[x_i]_{\widetilde{R}}\}_{i=1}^{n},$$

其中,$[x_i]_{\widetilde{R}}=\dfrac{r_{i1}}{x_1}+\dfrac{r_{i2}}{x_2}+\cdots+\dfrac{r_{in}}{x_n}$是由 x_i 和 $\widetilde{R}$ 推导的模糊等价类.

在本文,$U/\widetilde{R}$ 表示由关系 $\widetilde{R}$ 推导的 U 的划分. 由于模糊等价关系的定义和 $U/\widetilde{R}$ 是一个模糊划分,那么$[x_i]_{\widetilde{R}}$ 就是一个模糊集. 这是模糊粗糙集与 Pawlak 粗糙集的主要区别.

定义 5.5.8 $[x_i]_{\widetilde{R}}$ 的基数定义为

$$|[x_i]_{\widetilde{R}}|=\sum_{j=1}^{n}r_{ij}.$$

定义 5.5.9 模糊属性集或模糊等价关系的信息量定义为

$$H(\widetilde{R})=-\frac{1}{n}\sum_{i=1}^{n}\log\frac{|[x_i]_{\widetilde{R}}|}{n}.$$

如果这个关系是一个经典的等价关系,那么上面的信息量就与香农的信息量相同. 下文中的联合熵、条件熵、互信息和增益率的定义也有同样的性质.

定义 5.5.10 给定一个模糊信息系统 FIS=$\langle U,A,V,f\rangle$,A 是属性集. P 和 Q 是 A 的两个子集. $[x_i]_{\widetilde{P}}$ 和$[x_i]_{\widetilde{Q}}$ 分别是由 P 和 Q 生成的包含 x_i 的模糊等价类. P 和 Q 的联合熵定义为

$$\widetilde{H}(PQ)=H(\widetilde{R_R}\widetilde{R_Q})=-\frac{1}{n}\sum_{i=1}^{n}\log\frac{|[x_i]_{\widetilde{P}}\cap[x_i]_{\widetilde{Q}}|}{n}.$$

定义 5.5.11 给定一个模糊决策系统 FDS=$\langle U,A,V,f\rangle$,C 是条件属性集,D 是决策属性. B 是 C 的一个子集. $[x_i]_{\widetilde{B}}$ 和$[x_i]_{\widetilde{D}}$ 分别是由 B 和 D 产生的包含 x_i 的模糊等价类. 在条件 B 下 D 的条件熵定义为

$$\widetilde{H}(D\mid B)=-\frac{1}{n}\sum_{i=1}^{n}\log\frac{|[x_i]_{\widetilde{B}}\cap[x_i]_{\widetilde{D}}|}{[x_i]_{\widetilde{B}}}.$$

定理 5.5.1 $\widetilde{H}(D|B)=\widetilde{H}(BD)-\widetilde{H}(B)$.

定义 5.5.12 给定一个模糊信息系统$\langle U,A,V,f\rangle$，A 是属性集. B 和 D 是 A 的两个子集. B 和 D 的互信息定义为

$$\tilde{I}(B;D)=\widetilde{H}(D)-\widetilde{H}(D\mid B).$$

定理 5.5.2 $\tilde{I}(B;D)=\widetilde{H}(D)+\widetilde{H}(B)-\widetilde{H}(DB)$.

5.5.4 模糊粗糙集模型用于属性约简

定义 5.5.13 给定一个模糊决策系统 $\mathrm{FDS}=\langle U,C\cup D,V,f\rangle$，其中 C 是条件属性集，D 是决策属性. 对于 $B\subseteq C$，$\forall a\in C-B$，属性 a 的增益 $\mathrm{Gain}(a,B,D)$定义为

$$\widetilde{\mathrm{Gain}}(a,B,D)=\tilde{I}(B\cup\{a\};D)-\tilde{I}(B;D).$$

如果 $B=\varnothing$，则$\widetilde{\mathrm{Gain}}(a,B,D)=\tilde{I}(\{a\};D)$.

同样，$\widetilde{\mathrm{Gain}}(a,B,D)$也可以用来评估属性集 B 中属性 a 相对于 D 的重要性. 因此，基于模糊粗糙集(FRS)和信息增益的属性选择算法[153]可以被描述如下.

算法 5.5.3 FRS-增益属性约简

第 1 步：令 $B=\varnothing$；

第 2 步：对于每个属性 $a\in C-B$，计算条件属性 a 的重要性$\widetilde{\mathrm{Gain}}(a,B,D)$；

第 3 步：选择使得$\widetilde{\mathrm{Gain}}(a,B,D)$取到最大值的属性，将其记录为 a；

第 4 步：如果$\widetilde{\mathrm{Gain}}(a,B,D)>0$，则 $B\leftarrow B\cup\{a\}$，转到第 2 步，否则转到第 5 步；

第 5 步：集合 B 是选定的属性.

模糊粗糙集模型中的信息增益率在下面定义.

定义 5.5.14 给定一个模糊决策系统 $\mathrm{FDS}=\langle U,C\cup D,V,f\rangle$，其中 C 是条件属性集，D 是决策属性. 对于 $B\subseteq C$，$\forall a\in C-B$，属性 a 的信息增益率$\widetilde{\mathrm{Gain_Ratio}}(a,B,D)$定义为

$$\widetilde{\mathrm{Gain\_Ratio}}(a,B,D)=\frac{\widetilde{\mathrm{Gain}}(a,B,D)}{\widetilde{H}(\{a\})}=\frac{\tilde{I}(B\cup\{a\};D)-\tilde{I}(B;D)}{\widetilde{H}(\{a\})}.$$

如果 $B=\varnothing$，则$\widetilde{\mathrm{Gain_Ratio}}(a,B,D)=\dfrac{\tilde{I}(\{a\};D)}{\widetilde{H}(\{a\})}$.

那么，基于模糊粗糙集和信息增益率的属性选择算法可以被描述如下：

算法 5.5.4 FRS-增益率属性约简

第 1 步：令 $B=\varnothing$；

第 2 步：对于每个属性 $a\in C-B$，计算条件属性 a 的重要性$\widetilde{\mathrm{Gain_Ratio}}(a,B,D)$；

第 3 步：选择使得$\widetilde{\mathrm{Gain_Ratio}}(a,B,D)$取到最大值的属性，将其记录为 a；

第 4 步：如果$\widetilde{\mathrm{Gain_Ratio}}(a,B,D)>0$，则 $B\leftarrow B\cup\{a\}$，转到第 2 步，否则转到第 5 步；

第 5 步：集合 B 是选定的属性.

最后,FRS-增益率属性约简算法的 MATLAB 实现程序被展示如下:

%%% MATLAB 代码 1:

```
function[reduct_gain,reduct_con]= Attribute_Reduce(source_data)

%使用互信息增益率作为属性选择标准
%使用互信息增益(或者条件熵)作为属性选择标准用来对比

data=normalization(source_data);

n=size(source_data,2);
C=zeros((n-1),1);
for i=1:size(C)
    C(i)=i;
end
D=n;

%similarity_matrix=Fuzzy_Similarity(data);

%con_ent_all=Conditional_Entropy(similarity_matrix,C,D);

con_ent=100;
reduct=[];
reduct_gain=[];
unSelect=zeros(1,(n-1));
con_ent_prev=1000;

% while abs(con_ent-con_ent_all) >  0.001
while con_ent<con_ent_prev
    reduct_gain=reduct;
    max_sig=- 100;
    index=0;
    for i=1:(n-1)
        if unSelect(i) ==0
            % sig=Gain(similarity_matrix, reduct, D, i);
            sig=Gain(data, reduct, D, i);
            if sig>max_sig
                max_sig=sig;
                index=i;
            end
        end
    end
    unSelect(index)=1;
    reduct=[reduct;index];
    con_ent_prev=con_ent;
```

```
    % con_ent=Conditional_Entropy(similarity_matrix,reduct,D);
    con_ent=Conditional_Entropy(data,reduct,D);
end

% reduced_data=source_data(:,[reduct;n]);

con_ent=100;
reduct=[];
reduct_con=[];
unSelect=zeros(1,(n-1));
con_ent_prev=1000;

% while abs(con_ent-con_ent_all) > 0.001
while con_ent<con_ent_prev
    reduct_con=reduct;
    max_sig=-100;
    index=0;
    for i=1:(n-1)
        if unSelect(i) ==0
            % sig=Conditional_Entropy(similarity_matrix, reduct, D)-Conditional_
Entropy(similarity_matrix,[reduct;i],D);
            sig=Conditional_Entropy(data, reduct, D)-Conditional_Entropy(data,
[reduct;i],D);
            if sig >max_sig
                max_sig=sig;
                index=i;
            end
        end
    end
    unSelect(index)=1;
    reduct=[reduct;index];
    con_ent_prev=con_ent;
    % con_ent=Conditional_Entropy(similarity_matrix,reduct,D);
    con_ent=Conditional_Entropy(data,reduct,D);
end

%reduced_data_cmp=source_data(:,[reduct_cmp;n]);
```

%%% MATLAB 代码 2：

```
function[new_data]=normalization(old_data)

[m,n]=size(old_data);
new_data=old_data;

min_element=min(old_data(:,1:(n-1)));
```

```
max_element=max(old_data(:,1:(n-1)));

for i=1:(n-1)
    new_data(:,i)=(old_data(:,i)-min_element(i))/(max_element(i)-min_element(i));
end
```

%%% MATLAB 代码 3：

```
function[similarity_matrix]=Fuzzy_Similarity(data,k)

[m,n]=size(data);
similarity_matrix=zeros(m,m);

if k<n
    for i=1:m
        for j=1:m
        % for k=1:(n-1)
            diff=abs(data(i,k)-data(j,k));
            if diff< =0.25
                similarity_matrix(i,j)=1-4*diff;
%              if diff< =0.5
%                  similarity_matrix(i,j,k)=1-2*diff;
            else
                similarity_matrix(i,j)=0;
            end
        %end
        end
    end
else
    for i=1:m
        for j=1:m
            if data(i,n)==data(j,n)
                similarity_matrix(i,j)=1;
            else
                similarity_matrix(i,j)=0;
            end
        end
    end
end
```

%%% MATLAB 代码 4：

```
function[con_ent]=Conditional_Entropy(data, C, D)

%求条件熵 H(D|C),C 条件属性集,D 决策属性集
```

```
con_ent=1;

if size(C,1) ~=0
    con_ent=Shannon_Entropy(data,[C;D])-Shannon_Entropy(data,C);
end
```

%%% MATLAB 代码 5：

```
function[ent]=Shannon_Entropy(data,R)

%计算 Shannon 熵,similarity_matrix 是模糊相似矩阵,R 是属性集,n*1 列矩阵

m=size(data,1);
tmp_matrix=ones(m,m);
for i=1:size(R)
    tmp_matrix=min(tmp_matrix, Fuzzy_Similarity(data,R(i)));
end
ent=0;

for i=1:m
    sum_i=sum(tmp_matrix(i,:));
    if sum_i>0.00001
        ent=ent+log2(sum_i/m);
    end
end

ent=(-1)*ent/m;
```

%%% MATLAB 代码 6：

```
function[gain]=Gain(data,C,D,a)

gain=(Conditional_Entropy(data,C,D)-Conditional_Entropy(data,[C;a],D))/
Shannon_Entropy(data,[a]);
```

接下来,我们通过如表 5-26 所示的一个例子来验证上面提出的算法.

例 5.5.1 表 5-26 是一个具有连续属性值的决策数据集. $U=\{x_1,x_2,x_3,x_4\}$是样本集,$C=\{c_1,c_2,c_3,c_4\}$是条件属性集,其中属性值为连续的. $D=\{d\}$是决策属性且是列名的,和 $d\in\{0,1\}$.

表 5-26 一个连续的数据集

	c_1	c_2	c_3	c_4	d
x_1	2.5045	5.4072	1.4741	5.9308	0
x_2	1.9559	4.0554	7.6407	9.4846	1
x_3	4.3517	9.5647	3.4221	4.7597	1

续表

	c_1	c_2	c_3	c_4	d
x_4	2.7831	9.2830	4.8055	9.8475	1

首先，我们用相似度函数 $r_{ij}=\begin{cases}1-4\dfrac{|x_i-x_j|}{|a_{\max}-a_{\min}|}, & \dfrac{|x_i-x_j|}{|a_{\max}-a_{\min}|}\leqslant 0.25,\\ 0, & \text{其他},\end{cases}$ 计算每个属性的关系矩阵，如下所示：

$$\widetilde{\boldsymbol{R}}_1=\begin{pmatrix}1 & 0.0841 & 0 & 0.5349\\ 0.0841 & 1 & 0 & 0\\ 0 & 0 & 1 & 0\\ 0.5349 & 0 & 0 & 1\end{pmatrix},\widetilde{\boldsymbol{R}}_2=\begin{pmatrix}1 & 0.0186 & 0 & 0\\ 0.0186 & 1 & 0 & 0\\ 0 & 0 & 1 & 0.7955\\ 0 & 0 & 0.7955 & 1\end{pmatrix},$$

$$\widetilde{\boldsymbol{R}}_3=\begin{pmatrix}1 & 0 & 0 & 0\\ 0 & 1 & 0 & 0\\ 0 & 0 & 1 & 0.1026\\ 0 & 0 & 0.1026 & 1\end{pmatrix},\widetilde{\boldsymbol{R}}_4=\begin{pmatrix}1 & 0 & 0.0793 & 0\\ 0 & 1 & 0 & 0.7147\\ 0.0793 & 0 & 1 & 0\\ 0 & 0.7147 & 0 & 1\end{pmatrix}$$

决策属性 d 的关系矩阵为

$$\boldsymbol{R}_d=\begin{pmatrix}1 & 0 & 0 & 0\\ 0 & 1 & 1 & 1\\ 0 & 1 & 1 & 1\\ 0 & 1 & 1 & 1\end{pmatrix}$$

然后，我们要确定选择的第一个属性. 我们需要计算每个属性的增益 $\widetilde{\text{Gain}}(a,B,D)$ 和增益率 $\widetilde{\text{Gain\_Ratio}}(a,B,D)$. 注意，在这一步中，$B=\varnothing$. 每个属性的增益为

$\widetilde{\text{Gain}}(c_1,\varnothing,D)=\widetilde{I}(\{c_1\};D)=0.4538$,

$\widetilde{\text{Gain}}(c_2,\varnothing,D)=\widetilde{I}(\{c_2\};D)=0.7980$,

$\widetilde{\text{Gain}}(c_3,\varnothing,D)=\widetilde{I}(\{c_3\};D)=0.8113$,

$\widetilde{\text{Gain}}(c_4,\varnothing,D)=\widetilde{I}(\{c_4\};D)=0.7563$,

因此，我们使用增益为准则就需要选择 c_3. 每个属性的增益率为

$$\widetilde{\text{Gain\_Ratio}}(c_1,\varnothing,D)=\frac{\widetilde{\text{Gain}}(c_1,\varnothing;D)}{\widetilde{H}(\{c_1\})}=\frac{0.4538}{1.6426}=0.2763,$$

$$\widetilde{\text{Gain\_Ratio}}(c_2,\varnothing,D)=\frac{\widetilde{\text{Gain}}(c_2,\varnothing;D)}{\widetilde{H}(\{c_2\})}=\frac{0.7980}{1.5646}=0.5101,$$

$$\widetilde{\text{Gain\_Ratio}}(c_3,\varnothing,D)=\frac{\widetilde{\text{Gain}}(c_3,\varnothing;D)}{\widetilde{H}(\{c_3\})}=\frac{0.8113}{1.9295}=0.4205,$$

$$\widetilde{\text{Gain\_Ratio}}(c_4,\varnothing,D)=\frac{\widetilde{\text{Gain}}(c_4,\varnothing;D)}{\widetilde{H}(\{c_4\})}=\frac{0.7563}{1.5560}=0.4861,$$

那么，我们使用增益率为准则就需要选择 c_2. 因此，我们得到 $B=\{c_2\}$. 由于增益率 $\widetilde{\text{Gain\_Ratio}}(c_2,\varnothing,D)$ 不等于零，我们需要进一步选择属性.

剩余属性的增益值为

$\widetilde{\text{Gain}}(c_1,\{c_3\},D)=\tilde{I}(\{c_3,c_1\};D)-\tilde{I}(c_1)=0,$

$\widetilde{\text{Gain}}(c_2,\{c_3\},D)=\tilde{I}(\{c_3,c_2\};D)-\tilde{I}(c_2)=0.0133,$

$\widetilde{\text{Gain}}(c_4,\{c_3\},D)=\tilde{I}(\{c_3,c_4\};D)-\tilde{I}(c_4)=0.0132,$

剩余属性的增益率值为

$$\widetilde{\text{Gain\_Ratio}}(c_1,\{c_2\},D)=\frac{\widetilde{\text{Gain}}(c_1,\{c_2\},D)}{\widetilde{H}(\{c_1\})}=0,$$

$$\widetilde{\text{Gain\_Ratio}}(c_3,\{c_2\},D)=\frac{\widetilde{\text{Gain}}(c_3,\{c_2\},D)}{\widetilde{H}(\{c_3\})}=0.0069,$$

$$\widetilde{\text{Gain\_Ratio}}(c_4,\{c_2\},D)=\frac{\widetilde{\text{Gain}}(c_4,\{c_2\},D)}{\widetilde{H}(\{c_4\})}=0.0085,$$

那么，我们在使用增益率的准则时选择 c_4.

由于 $\widetilde{\text{Gain\_Ratio}}(c_4,\{c_2\},D)$ 不等于零，我们需要进一步选择属性. 剩余属性的增益率为

$$\widetilde{\text{Gain\_Ratio}}(c_1,\{c_2,c_4\},D)=\frac{\widetilde{\text{Gain}}(c_1,\{c_2,c_4\},D)}{\widetilde{H}(\{c_1\})}=0,$$

$$\widetilde{\text{Gain\_Ratio}}(c_3,\{c_2,c_4\},D)=\frac{\widetilde{\text{Gain}}(c_3,\{c_2,c_4\},D)}{\widetilde{H}(\{c_3\})}=0,$$

那么，我们选择 c_1. 由于 $\widetilde{\text{Gain\_Ratio}}(c_1,\{c_2,c_4\},D)=0$，使用增益率为准则选择的属性集是 $\{c_2,c_4\}$.

5.5.5 在肿瘤分类中的应用

基于基因表达水平的肿瘤分类对于肿瘤诊断非常重要. 在这一节中，提出的基于模糊粗糙集理论框架下的模糊增益率的属性选择算法被应用于肿瘤分类. 肿瘤数据集通常拥有成千上万个实值属性.

为了评估基于模糊粗糙集模型的属性选择算法在连续数据集中的有效性，我们将比较模糊粗糙集算法和经典粗糙集算法. 并且，FRS-增益率属性约简和 FRS-增益属性约简算法的比较也将在本节给出. 这些比较的评价指标为属性选择算法所选择的属性个数和属性选择后的数据集的分类精度.

由于经典粗糙集理论只适用于列名域，因此我们需要在约简之前对数值数据进行离散化的预处理. 数值属性通过等宽和等频技术被离散成四个区间. 并且，11 种比较的方法列举如下：

1. 原始数据. 无属性选择的所有属性.

2. 等宽-依赖性. 在经典粗糙集模型中,采用等宽离散预处理,以 Pawlak 依赖性 $\gamma_B(D)$为准则进行属性选择. ($\gamma_B(D)=\frac{|POS_B(D)|}{|U|}$)

3. 等宽-增益. 在经典粗糙集模型中,采用等宽离散预处理,以增益 Gain(a,B,D)为准则进行属性选择.

4. 等宽-增益率. 在经典粗糙集模型中,采用等宽离散预处理,以增益率 Gain_Ratio(a,B,D)为准则进行属性选择.

5. 等频-依赖性. 在经典粗糙集模型中,采用等频离散预处理,以 Pawlak 依赖性 $\gamma_B(D)$为准则进行属性选择.

6. 等频-增益. 在经典粗糙集模型中,采用等频离散预处理,以增益 Gain(a,B,D)为准则进行属性选择.

7. 等频-增益率. 在经典粗糙集模型中,采用等频离散预处理,以增益率 Gain_Ratio(a,B,D)为准则进行属性选择.

8. FRS-增益 1. 在未经预处理的模糊粗糙集模型中,使用相似度函数 $r_{ij}=\begin{cases}1-4\frac{|x_i-x_j|}{|a_{\max}-a_{\min}|}, & \frac{|x_i-x_j|}{|a_{\max}-a_{\min}|}\leqslant 0.25\\ 0, & \text{其他}\end{cases}$,以增益 Gain($a$,$B$,$D$)为准则进行属性选择.

9. FRS-增益率 1. 在未经预处理的模糊粗糙集模型中,使用相似度函数 $r_{ij}=\begin{cases}1-4\frac{|x_i-x_j|}{|a_{\max}-a_{\min}|}, & \frac{|x_i-x_j|}{|a_{\max}-a_{\min}|}\leqslant 0.25\\ 0, & \text{其他}\end{cases}$,以增益率 Gain_Ratio($a$,$B$,$D$)为准则进行属性选择.

10. FRS-增益 2. 在未经预处理的模糊粗糙集模型中,使用相似度函数 $r_{ij}=\max\left\{\min\left\{\frac{x_j-x_i+\sigma_a}{\sigma_a},\frac{x_i-x_j+\sigma_a}{\sigma_a}\right\},0\right\}$,以增益 Gain($a$,$B$,$D$)为准则进行属性选择.

11. FRS-增益率 2. 在未经预处理的模糊粗糙集模型中,使用相似度函数 $r_{ij}=\max\left\{\min\left\{\frac{x_j-x_i+\sigma_a}{\sigma_a},\frac{x_i-x_j+\sigma_a}{\sigma_a}\right\},0\right\}$,以增益率 Gain_Ratio($a$,$B$,$D$)为准则进行属性选择.

所有上述方法都是通过 MATLAB 实现的. 本文实验采用的分类器是 PNN、SVM 和 C4.5.

1. SRBCT 数据集的结果和分析

儿童时期的小而圆的蓝细胞肿瘤(SRBTs),包括尤因家族肿瘤(EWS)、伯基特淋巴瘤(BL)、神经母细胞瘤(NB)和横纹肌肉瘤(RMS),因其常规组织学上的相似外观而得名[160]. 这些肿瘤属于 4 个不同的诊断类别,而且往往会出现在临床实践中的诊断难题上. SRBCT 数据集包含 88 个样本,每个样本中有 2308 个基因,如表 5-27 所示. SRBCT 数据集可以从以下网站下载:http://research.nhgri.nih.gov/microarray/Supplement. 根据文献[161],我们可以得知,SRBCT 数据集可以划分为 63 个训练样本和 25 个测试样本,其中包含 5 个与肿瘤无关的样本. 63 个训练样本包含 23 个 EWS,20 个 RMS,12 个 NB,和 8 个 BL. 测试样本包含 6 个 EWS、5 个 RMS、6 个 NB、3 个 BL 和 5 个非肿瘤相关样本. 在我们的实验中，这 5 个非肿瘤相关的样本被移除. 我们将这 83 个样本作为一个整体数据集进行属性选择，并采用 5 折交叉验证法来评估分类性能.

表 5-27 SRBCT 数据集的描述

肿瘤数据集	基因数目	样本数目	EWS 样本数目	BL 样本数目	NB 样本数目	RMS 样本数目	非肿瘤相关样本数目
SRBCT	2308	88	29	18	25	11	5

表 5-28 展示了 SRBCT 数据集的约简和分类结果，其中粗体值表示 SRBCT 数据集在每个分类器下的最大分类精度值. 我们首先比较经典粗糙集方法和模糊粗糙集方法的结果. 我们可以看到，模糊粗糙集算法的分类精度比经典粗糙集算法的分类精度高. 另一方面，无论是离散化的经典粗糙集方法还是模糊粗糙集方法，选择的基因都不超过 10 个，但模糊粗糙集方法相对于经典粗糙集方法会选择更多的属性. 造成这种现象的原因可能是，当离散化程序将连续值离散成一些清晰的区间时，原始数据集中的一些信息会丢失.

在比较模糊粗糙集算法的过程中，我们可以发现，本文提出的 FRS-增益率属性约简算法比 FRS-增益属性约简算法在两种相似度函数下都有更好的分类精度.

表 5-28 SRBCT 数据集的约简和分类结果

	基因数目	PNN 精度/%	SVM 精度/%	C4.5 精度/%	平均精度/%
原始数据	2308	7.06	**100.00**	83.13	63.40
等宽-依赖性	6	89.41	83.53	85.54	86.16
等宽-增益	5	90.59	91.76	89.16	90.50
等宽-增益率	10	89.41	84.71	79.52	84.55
等频-依赖性	3	76.47	87.06	84.34	82.62
等频-增益	3	77.65	93.53	86.75	85.98
等频-增益率	3	78.82	81.18	86.75	82.25
FRS-增益 1	7	95.29	92.94	86.75	91.66
FRS-增益率 1	10	**98.82**	**100.00**	**92.78**	**97.20**
FRS-增益 2	6	96.47	95.29	89.16	93.64
FRS-增益率 2	10	97.65	95.29	90.36	94.43

表 5-29 和表 5-30 分别展示了利用 FRS-增益率 1 和 FRS-增益率 2 两种方法选择的基因.

为了表现我们所选择的属性的区分能力，我们在图 5-10 中展示了数据在二维特征空间中的分布. 图 5-10 的(a)和(b)分别是 FRS-增益率 1 所选择的前两个属性{770394，812105}和后两个属性{1474174，740604}的数据分布图. 图 5-10 的(c)和(d)分别是从所有属性中随机选择的两对属性的数据分布图. 从图 5-10 中，我们可以很容易地发现所提出的模糊粗糙集算法选择的属性比随机选择的属性具有更好的区分能力.

表 5-29 FRS-增益率 1 方法从 SRBCT 数据集中所选基因的描述

基因编号	基因描述
770394	Fc fragment of IgG，receptor，transporter，alpha
812105	transmembrane protein
207274	Human DNA for insulin-like growth factor Ⅱ（IGF-2）；exon 7 and additional ORF
729964	sphingomyelin phosphodiesterase 1，acid lysosomal（acid sphingomyelinase）
898219	mesoderm specific transcript（mouse）homolog
380620	presenilin 2（Alzheimer disease 4）
382564	forkhead（Drosophila）-like 8
1409509	troponin T1，skeletal，slow
1474174	matrix metalloproteinase 2（gelatinase A，72kD gelatinase，72kD type Ⅳ collagenase）
740604	interferon stimulated gene（20kD）

表 5-30 FRS-增益率 2 方法从 SRBCT 数据集中所选基因的描述

基因编号	基因描述
383188	recoverin
770394	Fc fragment of IgG，receptor，transporter，alpha
796258	sarcoglycan，alpha（50kD dystrophin-associated glycoprotein）
682555	insulin-like growth factor 1 receptor
489489	lamin B receptor
230261	v-ral simian leukemia viral oncogene homolog A（ras related）
83605	carbamoyl-phosphate synthetase 1，mitochondrial
298417	Human secretory protein（P1. B）mRNA，complete cds
789091	H2A histone family，member L
44563	growth associated protein 43

2. Colon 数据集的结果和分析

结肠肿瘤(Colon tumor)一般是很难被发现的. 它是一种极为危险的肿瘤,可以生长多年而不显示任何迹象或症状. 结肠肿瘤数据集可从以下网址下载：http://www.molbio.princeton.edu/colondata,它包含了由 2000 个基因组成的 40 个肿瘤样本和 22 个正常样本，如表 5-31 所示.

表 5-31 Colon 数据集的描述

肿瘤数据集	基因数目	样本数目	肿瘤样本数目	正常样本数目
Colon	2000	62	40	22

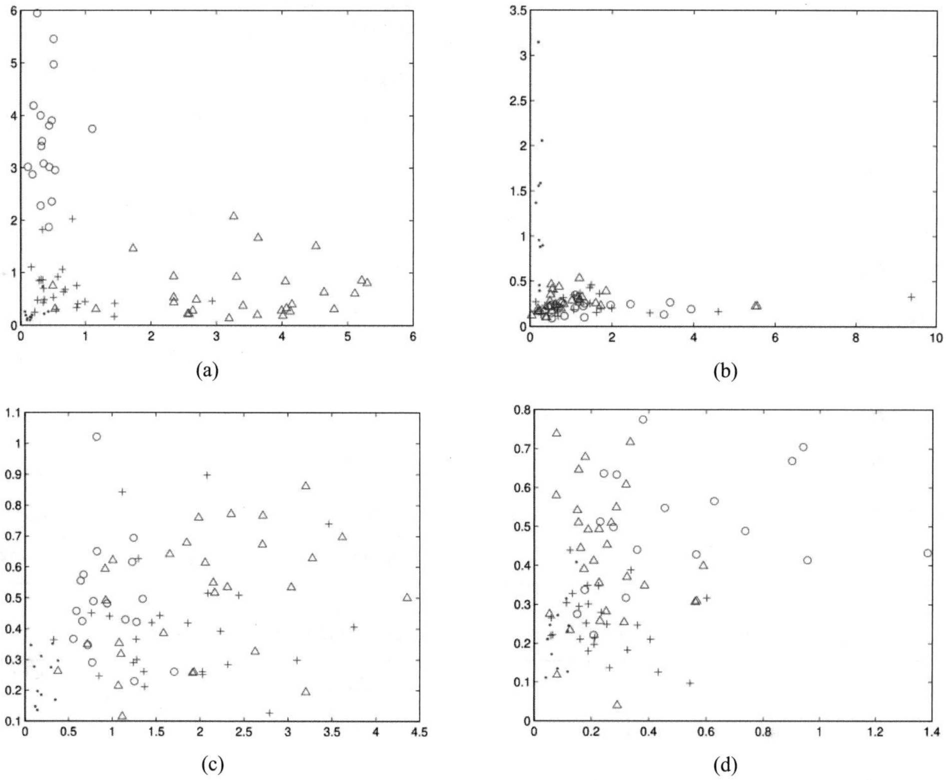

图 5-10 SRBCT 样本的二维数据分布

(a) {770394, 812105};(b) {1474174, 740604};(c) {21652, 810502};(d) {234237, 280837}

表 5-32 展示了 Colon 数据集的约简和分类结果,其中粗体值表示 Colon 数据集在每个分类器下的最大分类精度值. 当比较经典粗糙集方法和模糊粗糙集方法的结果时,我们可以发现 Colon 数据集的结果与 SRBCT 数据集的结果类似. 从表 5-32 中,我们可以看到模糊粗糙集算法的精度高于经典粗糙集算法的精度.

在比较模糊粗糙集算法时,我们可以发现 FRS-增益率算法在两个相似度函数下的平均精度都优于 FRS-增益算法,但对于相似度函数 $r_{ij}=\max\left\{\min\left\{\frac{x_j-x_i+\sigma_a}{\sigma_a},\frac{x_i-x_j+\sigma_a}{\sigma_a}\right\},0\right\}$,基于增益率的算法在 PNN 和 C4.5 分类器下的分类精度略低于基于增益的算法.

表 5-33 和表 5-34 分别展示了利用 FRS-增益率 1 和 FRS-增益率 2 两种方法选择的基因.

为了表现我们所选择的属性的区分能力,我们在图 5-11 中展示了数据在二维特征空间中的分布. 图 5-11 的(a)和(b)分别是 FRS-增益率 1 方法所选择的前两个属性{T71025, J03600}和后两个属性{K03474,J02854}的数据分布图. 图 5-11 的(c)和(d)分别是从所有属性中随机选择的两对属性的数据分布图. 从图 5-11 中,我们可以很容易地发现所提出的模糊粗糙集算法选择的属性比随机选择的属性具有更好的区分能力.

表 5-32 Colon 数据集的约简和分类结果

	基因数目	PNN 精度/%	SVM 精度/%	C4.5 精度/%	平均精度/%
原始数据	2000	40.00	**100.00**	83.87	74.62
等宽-依赖性	5	85.00	83.33	74.19	80.91
等宽-增益	5	83.33	88.24	79.03	83.53
等宽-增益率	6	85.00	74.12	75.81	78.31
等频-依赖性	3	66.67	84.71	70.97	74.12
等频-增益	3	76.67	82.35	75.81	78.28
等频-增益率	3	83.33	81.18	80.65	81.72
FRS-增益 1	8	**91.67**	90.59	80.65	87.64
FRS-增益率 1	9	90.00	**100.00**	80.65	90.22
FRS-增益 2	7	90.00	91.76	**85.48**	89.08
FRS-增益率 2	8	90.00	**100.00**	82.26	**90.75**

表 5-33 FRS-增益率 1 方法从 Colon 数据集中所选基因的描述

基因编号	基因描述
T71025	Human (HUMAN)
J03600	Human lipoxygenase mRNA, complete cds.
M76378	Human cysteine-rich protein (CRP) gene, exons 5 and 6.
D42047	Human mRNA (KIAA0089) for ORF (mouse glycerophosphate dehydrogenase-related), partial cds.
R02593	60S Acidic Ribosomal Protein P1 (Polyorchis penicillatus)
R23907	Human mRNA for PIG-F (phosphatidyl-inositol-glycan class F), complete cds.
R81170	Translationally Controlled Tumor Protein (Homo sapiens)
K03474	Human Mullerian inhibiting substance gene, complete cds.
J02854	Myosin Regulatory Light Chain 2, Smooth Muscle ISOFORM (HUMAN)

表 5-34 FRS-增益率 2 方法从 Colon 数据集中所选基因的描述

基因编号	基因描述
M63391	Human desmin gene, complete cds.
T64012	Acetylcholine Receptor Protein, Delta Chain Precursor (Xenopus laevis)
R80427	C4-Dicarboxylate Transport Sensor Protein DCTB (Rhizobium leguminosarum)
H87344	Serum Albumin Precursor (Homo sapiens)
J04813	Human cytochrome P450 PCN3 gene, complete cds.
M95549	Sodium/Glucose Cotransport-Like (HUMAN)

续表

基因编号	基因描述
R82938	Placental Calcium-Binding Protein (Homo sapiens)
X54163	Troponin I, CARDIAC MUSCLE (HUMAN); contains element MER22 repetitive element

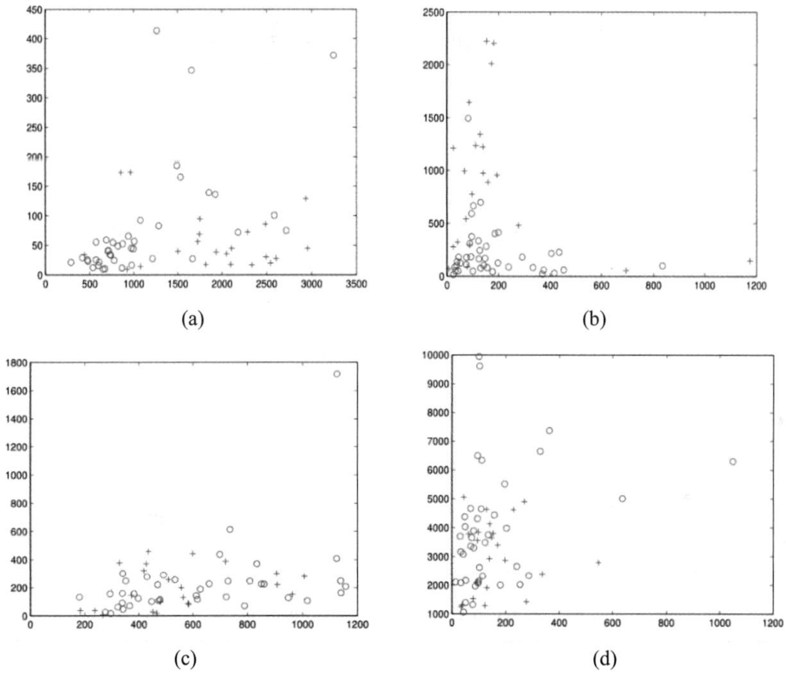

图 5-11 Colon 样本的二维数据分布

(a) {T71025, J03600};(b) {K03474, J02854};(c) {T51574, T78323};(d) {X02228, T51496}

3. Hepatocellular 数据集的结果和分析

肝细胞癌(Hepatocellular carcinoma)是世界范围内常见的致命癌症. 治疗的主要障碍是肝内复发. 肝内复发限制了手术治疗肝细胞癌的潜力[161]. 肝细胞癌数据集[161](简称肝细胞癌)包含 33 个样本和 7192 个基因,如表 5-35 所示.

表 5-36 展示了 Hepatocellular 数据集的属性选择和分类结果,其中粗体值表示 Hepatocellular 数据集在每个分类器下的最大分类精度值. 从表 5-36 中,我们可以找到与 SRBCT 和 Colon 数据集类似的结果. 模糊粗糙集方法比离散化的经典粗糙集方法具有更高的分类精度. 基于增益比的模糊粗糙集模型算法的分类精度高于两个具有不同相似度函数的基于增益的算法.

表 5-37 和表 5-38 分别展示了利用 FRS-增益率 1 和 FRS-增益率 2 两种方法选择的基因.

为了表现我们所选择的属性的区分能力,我们在图 5-12 中展示了数据在二维特征空间中的分布. 图 5-12 的(a)和(b)分别是 FRS-增益率 1 方法所选择的前两个属性{D67029,

U19147}和后两个属性{M25079,J03798}的数据分布图. 图5-12的(c)和(d)分别是从所有属性中随机选择的两对属性的数据分布图. 与SRBCT和Colon数据集相同,我们可以很容易地发现所提出的模糊粗糙集算法选择的属性比随机选择的属性具有更好的区分能力.

表5-35 Hepatocellular数据集的描述

肿瘤数据集	基因数目	样本数目	肿瘤样本数目	正常样本数目
Hepatocellular	7129	33	12	21

表5-36 Hepatocellular数据集的约简和分类结果

	基因数目	PNN精度/%	SVM精度/%	C4.5精度/%	平均精度/%
原始数据	7129	71.43	98.82	60.61	76.95
等宽-依赖性	2	80.00	76.47	72.73	76.40
等宽-增益	2	88.57	90.59	81.82	86.99
等宽-增益率	5	82.86	80.00	72.73	78.53
等频-依赖性	2	88.57	82.35	81.82	84.25
等频-增益	2	88.57	81.18	81.82	83.86
等频-增益率	2	85.71	85.88	81.82	84.47
FRS-增益1	4	88.57	95.29	**87.88**	90.58
FRS-增益率1	8	**91.43**	**100.00**	**87.88**	**93.10**
FRS-增益2	4	**91.43**	92.94	81.82	88.73
FRS-增益率2	6	**91.43**	**100.00**	81.82	91.08

表5-37 FRS-增益率1方法从Hepatocellular数据集中所选基因的描述

基因编号	基因描述
D67029	class A, 20 probes, 20 in D67029 4839-5355, Human SEC14L mRNA, complete cds
U19147	class A, 20 probes, 20 in U19147 34-66, Human GAGE-6 protein mRNA, complete cds
M10943	class C, 20 probes, 20 in all M10943 444-1929, Human metallothionein-If gene (hMT-If)
X53331	class C, 20 probes, 20 in all X53331 31-590, Human mRNA for matrix Gla protein
AB000449	class A, 20 probes, 20 in AB000449 1091-1607, Human mRNA for VRK1, complete cds
D21267	class A, 20 probes, 20 in D21267mRNA 1481-1979, Human mRNA for highly expressed protein
M25079	class A, 20 probes, 20 in M25079 163-230, Human sickle cell beta-globin mRNA, complete cds
J03798	class A, 20 probes, 20 in J03798 1026-1536, Human autoantigen small nuclear Ribonucleoprotein Sm-D mRNA, complete cds

表 5-38 FRS-增益率 2 方法从 Hepatocellular 数据集中所选基因的描述

基因编号	基因描述
M11718	class A, 20 probes, 20 in M11718 716-1274, Human alpha-2 type V collagen gene, 3 end
M97935	class A, 20 probes, 20 in M97935 3412-3886, Human transcription factor ISGF-3 mRNA sequence
U86358	class A, 20 probes, 20 in U86358 296-818, Human chemokine (TECK) mRNA, complete cds. /gb=U86358/ntype=RNA
L08895	class C, 20 probes, 20 in all L08895 3518-4059, Homo sapiens MADS/MEF2-family transcription factor (MEF2C) mRNA, complete cds
X51441	class C, 8 probes, 8 in all X51441 55-90, Human mRNA for serum amyloid A (SAA) protein partial, clone pAS3-alpha, Human mRNA for serum amyloid A (SAA) protein partial, clone pAS3-alpha
U19147	class A, 20 probes, 20 in U19147 34-66, Human GAGE-6 protein mRNA, complete cds

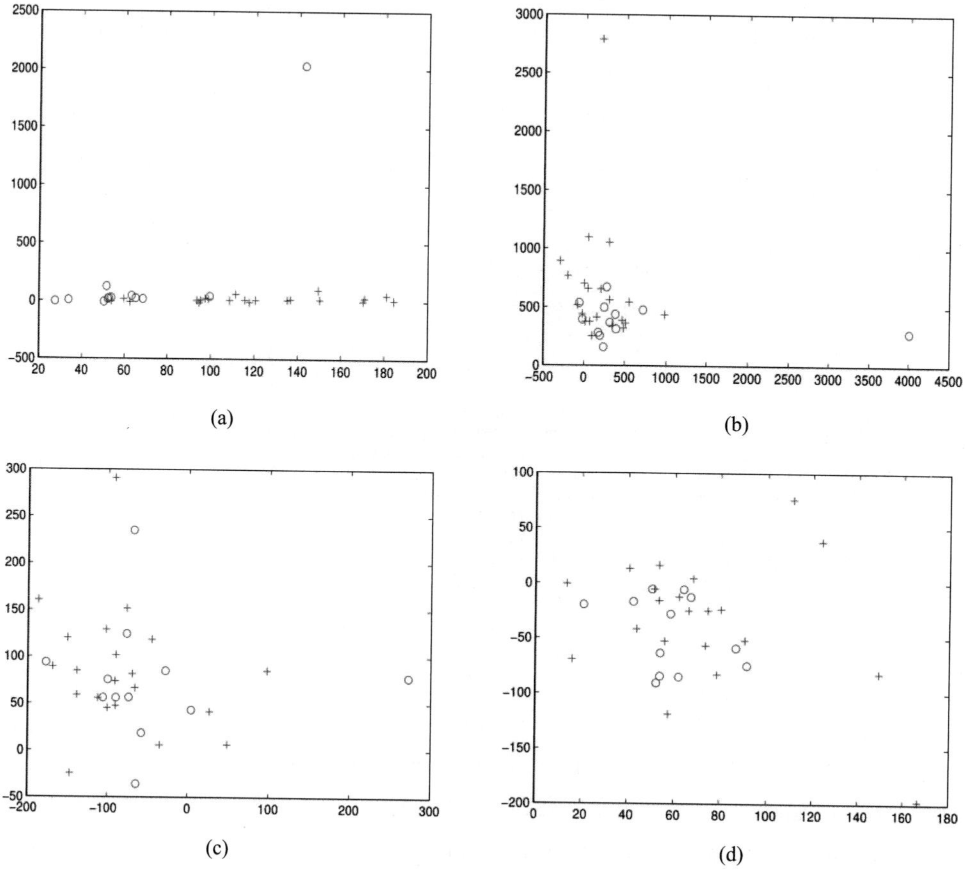

图 5-12 Hepatocellular 样本的二维数据分布

(a) {D67029, U19147}; (b) {M25079, J03798}; (c) {X16504, D31762}; (d) {M76482, HG2668-HT2764}

在基因表达中的肿瘤数据集具有成千上万个属性，因此在处理此类数据时，属性选择非常重要. 粗糙集理论一直被广泛应用于属性选择. 由于基因表达数据集总是连续的，经典的粗糙集方法不能直接处理这种情况. 为此，我们引入模糊粗糙集模型来处理基因表达中的肿瘤数据. 受决策树学习中增益率概念的启发，在模糊粗糙集理论框架下，我们提出了一种基于模糊信息增益率的属性选择方法. 依据三个真实肿瘤数据的结果，我们可以证明该属性选择方法是有效的. 这项工作可能为在基因表达或其他应用中处理肿瘤数据提供了可选策略.

实验 8 利用粗糙集软件 Rosetta 进行完整数据处理

本实验通过使用 Rosetta 软件对一个连续性数据进行完整的数据处理(包括离散化、属性约简和规则提取)，使读者能够直观了解粗糙集进行数据分析的完整处理流程，加深对粗糙集相关理论和算法的理解.

1. 数据导入

数据来自于 UCI(UCI 数据集是一个常用的标准测试数据集)，下载地址为：http://archive.ics.uci.edu/ml/datasets/Parkinsons/(若具体网址发生变化，可在 http://archive.ics.uci.edu 网址中自行查找). 该数据为 Parkinsons Disease Data Set，一共有 197 个样本，22 个浮点型条件属性和一个决策属性，部分数据如图 5-13 所示.

	N	O	P	Q	R	S	T	U	V	W
1	a14	a15	a16	a17	a18	a19	a20	a21	a22	d
2	0.06545	0.02211	21.033	0.414783	0.815285	-4.81303	0.266482	2.301442	0.284654	1
3	0.09403	0.01929	19.085	0.458359	0.819521	-4.07519	0.33559	2.486855	0.368674	1
4	0.0827	0.01309	20.651	0.429895	0.825288	-4.44318	0.311173	2.342259	0.332634	1
5	0.08771	0.01353	20.644	0.434969	0.819235	-4.1175	0.334147	2.405554	0.368975	1
6	0.1047	0.01767	19.649	0.417356	0.823484	-3.74779	0.234513	2.33218	0.410335	1
7	0.06985	0.01222	21.378	0.415564	0.825069	-4.24287	0.299111	2.18756	0.357775	1
8	0.02337	0.00607	24.886	0.59604	0.764112	-5.63432	0.257682	1.854785	0.211756	1
9	0.02487	0.00344	26.892	0.63742	0.763262	-6.1676	0.183721	2.064693	0.163755	1
10	0.03218	0.0107	21.812	0.615551	0.773587	-5.49868	0.327769	2.322511	0.231571	1
11	0.04324	0.01022	21.862	0.547037	0.798463	-5.01188	0.325996	2.432792	0.271362	1
12	0.03237	0.01166	21.118	0.611137	0.776156	-5.24977	0.391002	2.407313	0.24974	1
13	0.04272	0.01141	21.414	0.58339	0.79252	-4.96023	0.363566	2.642476	0.275931	1
14	0.01968	0.00581	25.703	0.4606	0.646846	-6.54715	0.152813	2.041277	0.138512	1
15	0.02184	0.01041	24.889	0.430166	0.665833	-5.66022	0.254989	2.519422	0.199889	1
16	0.03191	0.00609	24.922	0.474791	0.654027	-6.1051	0.203653	2.125618	0.1701	1
17	0.02316	0.00839	25.175	0.565924	0.658245	-5.34012	0.210185	2.205546	0.234589	1
18	0.02908	0.01859	22.333	0.56738	0.644692	-5.44004	0.239764	2.264501	0.218164	1
19	0.04322	0.02919	20.376	0.631099	0.605417	-2.93107	0.434326	3.007463	0.430788	1
20	0.07413	0.0316	17.28	0.665318	0.719467	-3.94908	0.35787	3.10901	0.377429	1

图 5-13 实验数据

将该数据导入到 Rosetta 中. 首先新建一个 Project，然后在 Structures 上右击，在出现的下拉菜单中单击 ODBC 按钮，系统显示 ODBC import 对话框；单击其中的 Open database 按钮，在出现的“选择数据源”对话框中选择“机器数据源”选项卡，可在 dBase Files、Excel Files、MS Access Database 三个选项中选择，这里选择 Excel Files；单击“确定”按钮后指定前述 Excel 文件 parkinsons.xls 的位置，返回 ODBC import 对话框(见图 5-14)，单击 OK 按钮.

数据导入成功，在 Structures 项下多了一个 D 分支.

2. 连续数据离散化

数据导入成功以后，接下来对连续数据进行离散化. 在 Algorithms 分支的

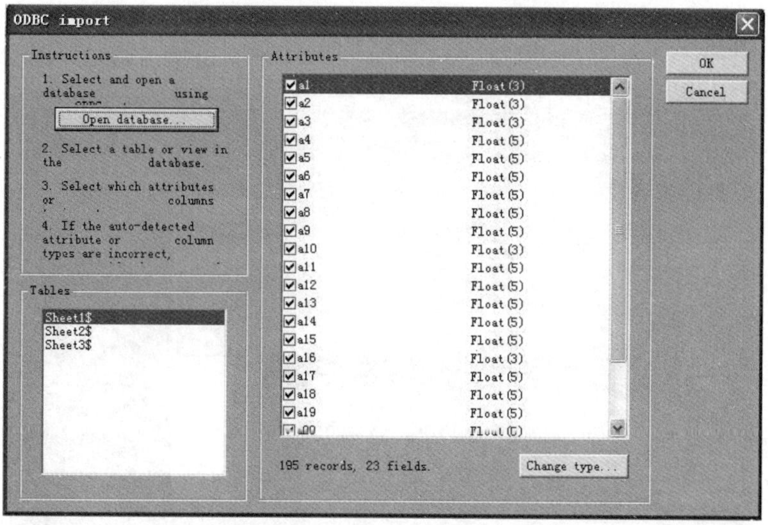

图 5-14　Rosetta 软件的“ODBC import”对话框

Discretization 子分支中有九种离散化方法，我们选择“EqualFrequencyScaler（Equal frequency binning）”等频率划分算法进行离散化. 操作如图 5-15 所示，在该选项上右击选择“Apply”.

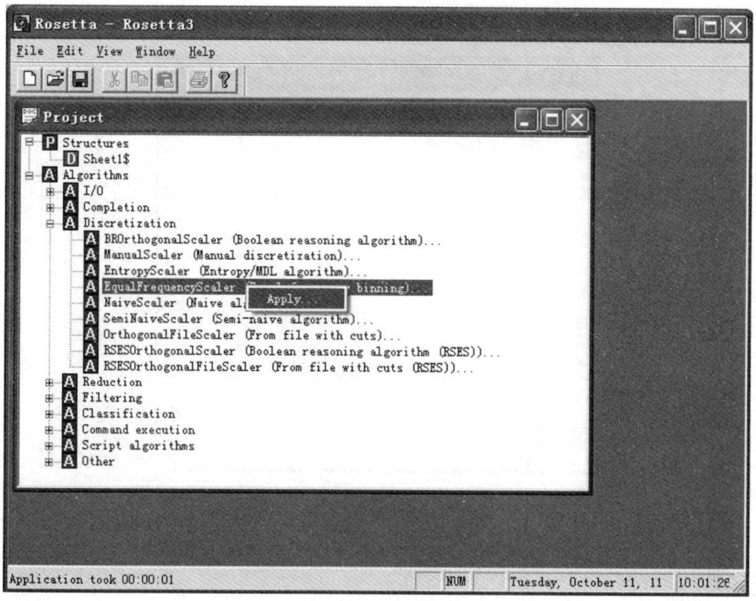

图 5-15　选择离散化方法

在弹出的选项窗口中，单击 Advanced parameters 按钮，选定区间为 4 个. 如图 5-16 所示.

离散化完成，在 DSheet1＄下多了两个分支，分别是离散化后的数据及断点.

通过等频率离散化后的断点如下：第一个属性有 3 个断点，117.572，149.240，183.788；这些断点将第一个属性的属性值划分成 4 个区间：(－∞，117.572)，[117.572，

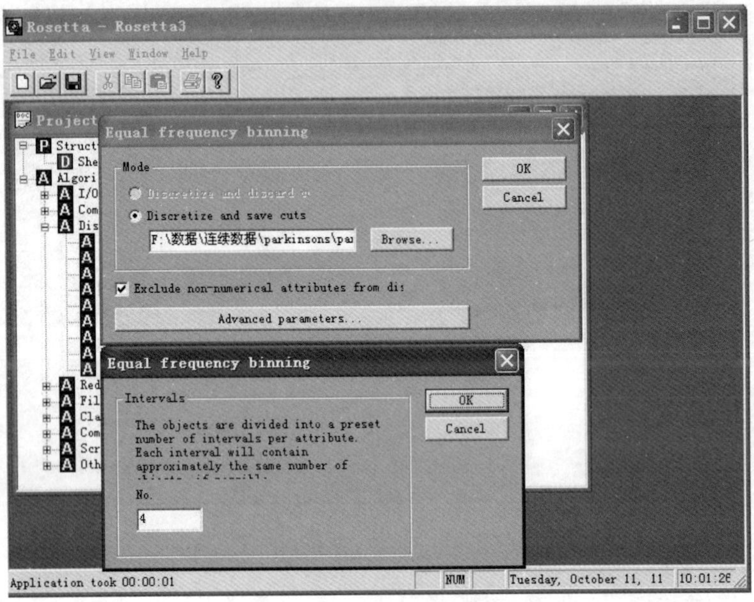

图 5-16　设置区间数

149.240),[149.240,183.788),[183.788,+∞). 其他属性断点见图 5-17. 离散化后的数据如图 5-18 所示.

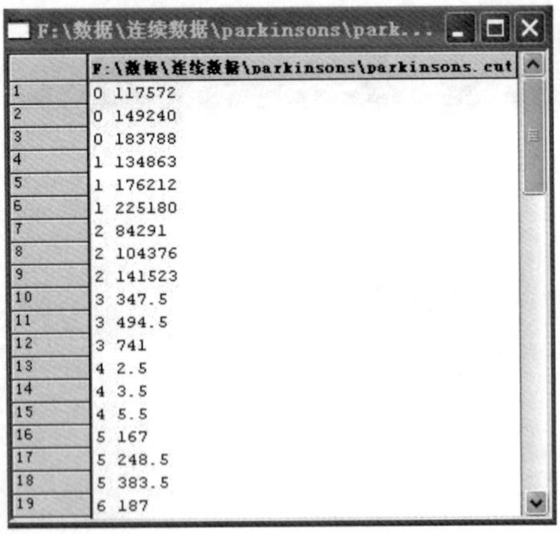

图 5-17　离散化后的断点

3. 属性约简

离散化之后,进一步对决策表进行属性约简. 在 Algorithms 分支的 Reduction 子分支中有 8 种属性约简方法,我们选择第一种方法,在该选项上右击选择"Apply". 单击之后会出现提示页面,要求选择需要约简的数据,我们选择离散化以后的数据(见图 5-19).

属性约简完成以后,在数据源下多了一个 R 分支,双击可以查看约简结果(见图 5-20). 我们知道,约简不是唯一的,这里产生了 166 个不同的约简.

4. 规则的获取

属性约简完之后,下一步进行规则的获取. 在 Algorithms 分支的 Other 子分支中,第

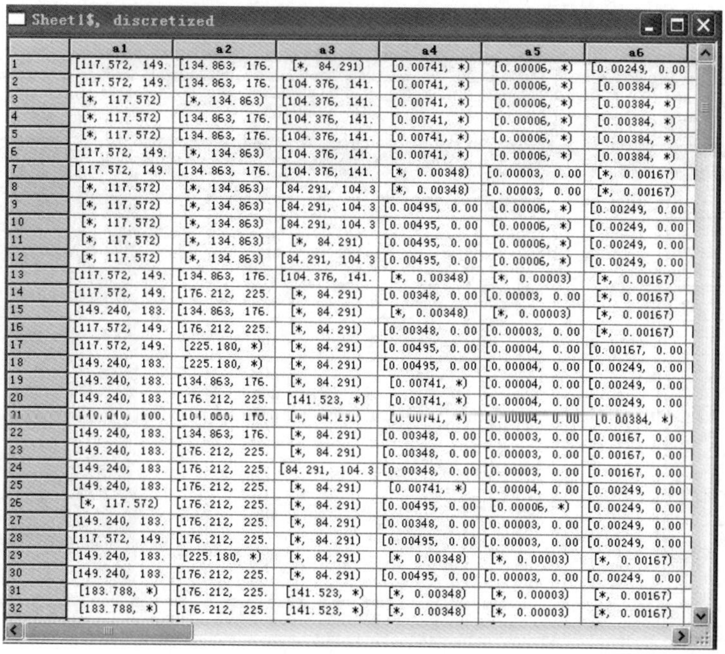
Sheet1$, discretized

	a1	a2	a3	a4	a5	a6
1	[117.572, 149.	[134.863, 176.	[*, 84.291)	[0.00741, *)	[0.00006, *)	[0.00249, 0.00
2	[117.572, 149.	[134.863, 176.	[104.376, 141.	[0.00741, *)	[0.00006, *)	[0.00384, *)
3	[*, 117.572)	[*, 134.863)	[104.376, 141.	[0.00741, *)	[0.00006, *)	[0.00384, *)
4	[*, 117.572)	[134.863, 176.	[104.376, 141.	[0.00741, *)	[0.00006, *)	[0.00384, *)
5	[*, 117.572)	[134.863, 176.	[104.376, 141.	[0.00741, *)	[0.00006, *)	[0.00384, *)
6	[117.572, 149.	[*, 134.863)	[104.376, 141.	[0.00741, *)	[0.00006, *)	[0.00384, *)
7	[117.572, 149.	[134.863, 176.	[104.376, 141.	[*, 0.00348)	[0.00003, 0.00	[*, 0.00167)
8	[*, 117.572)	[*, 134.863)	[84.291, 104.3	[*, 0.00348)	[0.00003, 0.00	[*, 0.00167)
9	[*, 117.572)	[*, 134.863)	[84.291, 104.3	[0.00495, 0.00	[0.00006, *)	[0.00249, 0.00
10	[*, 117.572)	[*, 134.863)	[84.291, 104.3	[0.00495, 0.00	[0.00006, *)	[0.00249, 0.00
11	[*, 117.572)	[*, 134.863)	[*, 84.291)	[0.00495, 0.00	[0.00006, *)	[0.00249, 0.00
12	[*, 117.572)	[*, 134.863)	[84.291, 104.3	[0.00495, 0.00	[0.00006, *)	[0.00249, 0.00
13	[117.572, 149.	[134.863, 176.	[104.376, 141.	[*, 0.00348)	[*, 0.00003)	[*, 0.00167)
14	[117.572, 149.	[176.212, 225.	[*, 84.291)	[0.00348, 0.00	[0.00003, 0.00	[*, 0.00167)
15	[149.240, 183.	[134.863, 176.	[*, 84.291)	[*, 0.00348)	[*, 0.00003)	[*, 0.00167)
16	[117.572, 149.	[176.212, 225.	[*, 84.291)	[0.00348, 0.00	[0.00003, 0.00	[*, 0.00167)
17	[117.572, 149.	[225.180, *)	[*, 84.291)	[0.00495, 0.00	[0.00004, 0.00	[0.00167, 0.00
18	[149.240, 183.	[225.180, *)	[*, 84.291)	[0.00495, 0.00	[0.00004, 0.00	[0.00249, 0.00
19	[149.240, 183.	[134.863, 176.	[*, 84.291)	[0.00741, *)	[0.00004, 0.00	[0.00249, 0.00
20	[149.240, 183.	[176.212, 225.	[141.523, *)	[0.00741, *)	[0.00004, 0.00	[0.00249, 0.00
21	[illegible]	[illegible]	[*, 84.291)	[0.00741, *)	[0.00004, 0.00	[0.00384, *)
22	[149.240, 183.	[134.863, 176.	[*, 84.291)	[0.00348, 0.00	[0.00003, 0.00	[0.00167, 0.00
23	[149.240, 183.	[176.212, 225.	[*, 84.291)	[0.00348, 0.00	[0.00003, 0.00	[0.00167, 0.00
24	[149.240, 183.	[176.212, 225.	[84.291, 104.3	[0.00348, 0.00	[0.00003, 0.00	[0.00167, 0.00
25	[149.240, 183.	[176.212, 225.	[*, 84.291)	[0.00741, *)	[0.00004, 0.00	[0.00249, 0.00
26	[*, 117.572)	[176.212, 225.	[*, 84.291)	[0.00495, 0.00	[0.00006, *)	[0.00249, 0.00
27	[149.240, 183.	[176.212, 225.	[*, 84.291)	[0.00348, 0.00	[0.00003, 0.00	[0.00249, 0.00
28	[117.572, 149.	[176.212, 225.	[*, 84.291)	[0.00495, 0.00	[0.00003, 0.00	[0.00249, 0.00
29	[149.240, 183.	[225.180, *)	[*, 84.291)	[*, 0.00348)	[*, 0.00003)	[*, 0.00167)
30	[149.240, 183.	[176.212, 225.	[*, 84.291)	[0.00495, 0.00	[0.00003, 0.00	[0.00249, 0.00
31	[183.788, *)	[176.212, 225.	[141.523, *)	[*, 0.00348)	[*, 0.00003)	[*, 0.00167)
32	[183.788, *)	[176.212, 225.	[141.523, *)	[*, 0.00348)	[*, 0.00003)	[*, 0.00167)

图 5-18　离散化后的数据

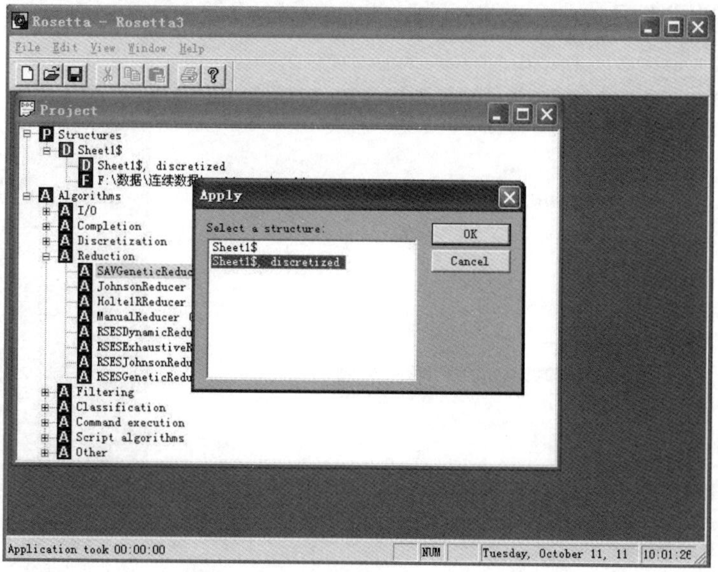

图 5-19　选择属性约简方法及数据

一个选项即为规则获取操作(见图 5-21),在该选项上右击选择“Apply”.

规则获取之后,在数据源下多了一个 R 分支,双击可查看获取规则(此处略去图示).

本实验,从数据导入、连续数据离散化、属性约简、规则获取几个方面完整地展现了一次数据处理. 在实验过程中我们发现,离散化的方法、属性约简的方法有很多种,我们只分别选择了其中一种来进行实验,读者可以使用其他的方法来进行实验,观察不同方法之间的差异. 另外,Rosetta 还提供了不完备数据补齐、过滤、分类等功能,读者可以自行操作练习以加深对该软件和粗糙集理论的认识.

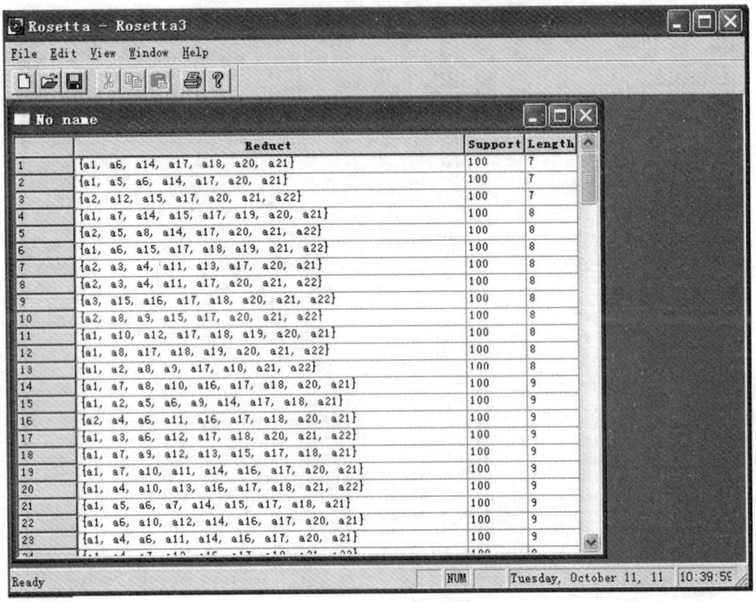

图 5-20 属性约简结果

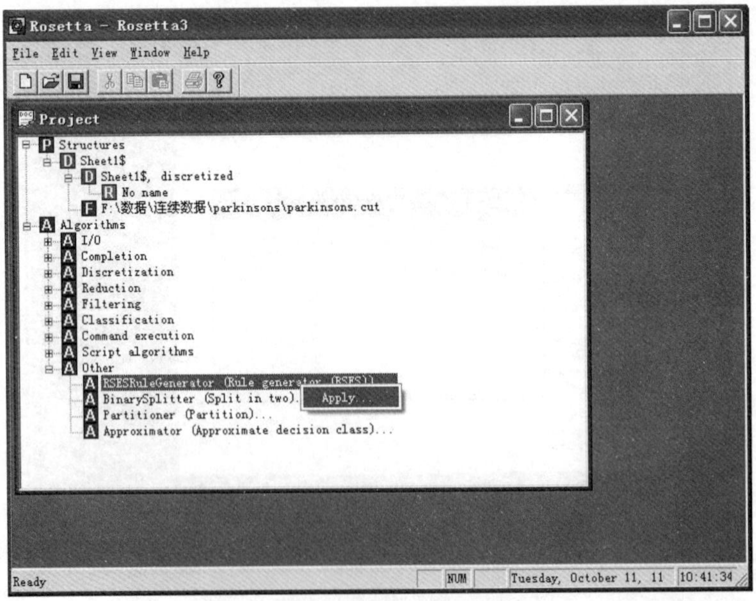

图 5-21 选择规则获取方法

参 考 文 献

[1] 波拉克 H N. 不确定的科学与不确定的世界[M]. 李萍萍，译. 上海：上海世纪出版集团，2005.

[2] ZADEH L A. Responses to Elkan: why the success of fuzzy logic is not paradoxical[J]. IEEE Expert，1994，9 (4)：43-46.

[3] MÖLLER B，BEER M. Fuzzy randomness-uncertainty in civil engineering and computational Mechanics[M]，Berlin：Springer，2004.

[4] YANG X，LIU D，YANG X B，et al. Incremental fuzzy probability decision-theoretic approaches to dynamic three-way approximations[J]. Information Sciences，2021，550：71-90.

[5] 陈卫东，朱奇光. 基于模糊算法的移动机器人路径规划[J]. 电子学报，2011，39 (4)：1-4.

[6] 王立新. 模糊数学与模糊控制教程[M]. 王迎军，译. 北京：清华大学出版社，2003.

[7] 胡宝清. 模糊理论基础[M]. 2 版. 武汉：武汉大学出版社，2010.

[8] 王国俊. 非经典逻辑与近似推理[M]. 北京：科学出版社，2000.

[9] TOMASIELLO S，PEDRYCZ W，LOIA V. Contemporary fuzzy logic：A perspective of fuzzy logic with scilab[M]. Springer Nature Switzerland AG，2022.

[10] 谢季坚，刘承平. 模糊数学方法及其应用[M]. 3 版. 武汉：华中科技大学出版社，2006.

[11] ELKAN C. The paradoxical controversy over fuzzy logic[J]. IEEE Expert，1994，9(4)：47-49.

[12] 吴望名. 关于模糊逻辑的一场争论[J]. 模糊系统与数学，1995，9 (2)：1-10.

[13] KLEMENT E P，MESIAR R，PAP E. Triangular norms[M]. Dordrecht：Kluwer Academic Publicashers，2000.

[14] ZADEH L A. The concept of a linguistic variable and its application to approximate reasoning I [J]. Information Sciences，1975，8 (3)：199-251.

[15] MENDEL J M. Uncertain rule-based fuzzy logic systems：introduction and new directions [M]. New Jersey：Prentice Hall，2001.

[16] MENDEL J M，JOHN R I. Type-2 fuzzy sets made simple[J]. IEEE Transactions on Fuzzy Systems，2002，10 (2)：117-127.

[17] ATANASSOV K T. Intuitionistic fuzzy sets[J]. Fuzzy Sets and Systems，1986，20 (1)：87-96.

[18] MOLODTSOV D. Soft set theory—first results [J]. Computers & Mathematics with Applications，1999，37：19-31.

[19] AN S，HU Q H，WANG C Z. Probability granular distance-based fuzzy rough set model[J]. Applied Soft Computing，2021，102(5)：107064.

[20] YAO Y Y. Interval-set algebra for qualitative knowledge representation[C]// Proceedings of the 5th International Conference on Computing and Information，May 27-29，1993，Ontario，Canada，IEEE Computer Society Press，1993：370-375.

[21] GOGUEN J. L-fuzzy sets[J]. Journal of mathematical analysis and applications，1967，18：145-174.

[22] 王国俊. L-Fuzzy 拓扑空间论[M]. 西安：陕西师范大学出版社，1998.

[23] GARG H，RANI D. Novel distance measures for intuitionistic fuzzy sets based on various triangle centers of isosceles triangular fuzzy numbers and their applications [J]. Expert Systems with Application，2022，191：116228.

[24] BARAZANDEH Y，GHAZANFARI B. A novel method for ranking generalized fuzzy numbers with two different heights and its application in fuzzy risk analysis[J]. Iranian Journal of Fuzzy Systems，

2021, 18(2): 81-91.

[25] 姜艳萍,樊治平. 基于判断矩阵的决策理论与方法[M]. 北京:科学出版社,2008.

[26] SUGENO M. Theory of fuzzy integrals and its applications[D]. Tokyo: Tokyo Institute of Technology,1974.

[27] LI J, ZHANG H, CHEN T. Generalized convergence in measure theorems of Sugeno integrals[J]. Information Sciences, 2021, 573: 360-369.

[28] 王熙照. 模糊测度和模糊积分及在分类技术中的应用[M]. 北京:科学出版社,2008.

[29] 哈明虎,杨兰珍,吴从炘. 广义模糊集值测度引论[M]. 北京:科学出版社,2009.

[30] ZHANG X H, WANG J Q, ZHAN J M, et al. Fuzzy Measures and Choquet Integrals based on Fuzzy Covering Rough Sets[J]. IEEE Transactions on Fuzzy Systems, 2022, 30(7): 2360-2374.

[31] 秦克云,裴峥. 模糊推理的 α-三 I 算法[J]. 模糊系统与数学,2005,19 (3): 1-5.

[32] 杨纶标,高英仪,凌卫新. 模糊数学原理及应用[M]. 5 版. 广州:华南理工大学出版社,2011.

[33] 杜栋,庞庆华,吴炎. 现代综合评价方法与案例精选[M]. 2 版. 北京:清华大学出版社,2008.

[34] 陈水利,李敬功,王向公. 模糊集理论及其应用[M]. 北京:科学出版社,2005.

[35] 张莹,叶国菊,刘尉,等. 基于可能性理论的广义模糊数排序[J]. 西华大学学报(自然科学版), 2022, 41(4): 98-103.

[36] EZZATI R, ALLAHVIRANLOO T, KHEZERLOO S, et al. An approach for ranking of fuzzy numbers[J]. Expert Systems with Applications,2012,39: 690-695.

[37] 甄纪亮,刘政平,武传宝,等. 基于模糊综合层次分析法的唐山市可再生能源开发决策评价[J]. 数学的实践与认识, 2018, 48(20): 10-16.

[38] 王月,郝金明,刘伟平. 基于灰色关联分析和模糊综合评判的 GNSS 欺骗干扰效能评估[J]. 电子学报, 2020, 48(12): 2352-2359.

[39] BUTKOVIC P. Max-linear systems: theory and algorithms[M]. London: Springer,2010.

[40] 王学平. 完备格上模糊关系方程的研究进展[J]. 四川师范大学学报(自然科学版),2009,32 (3): 365-376

[41] 杨淑莹. 模式识别与智能计算——MATLAB 技术实现[M]. 北京:电子工业出版社,2009.

[42] 盛立东. 模式识别导论[M]. 北京:北京邮电大学出版社,2010.

[43] 崔湘军,曹炳元. 三角形类型模糊模式识别新探[J]. 辽宁工程技术大学学报(自然科学版),2010, 29 (5): 978-981.

[44] SZMIDT E, KACPRZYK J. Distances between intuitionistic fuzzy sets and their applications in reasoning[J],Studies in Computational Intelligence,2005,2: 101-116.

[45] LI D F,CHENG C T. New similarity measures of intuitionistic fuzzy sets and application to pattern recognition[J]. Pattern Recognition Letters,2002,23: 221-225.

[46] MITCHELL H B. On the Dengfeng-Chuntian similarity measure and its application to pattern recognition[J]. Pattern Recognition Letters,2003,24: 3101-3104.

[47] KHATIBI V,MONTAZER G A. Intuitionistic fuzzy set vs. fuzzy set application in medical pattern recognition[J]. Artificial Intelligence in Medicine,2009,47: 43-52.

[48] TIWARI P. Generalized entropy and similarity measure for interval-valued intuitionistic fuzzy sets with application in decision making[J]. International Journal of Fuzzy System Applications, 2021, 10(1): 64-93.

[49] TAN A H, SHI S W, WU W Z, et al. Granularity and Entropy of Intuitionistic Fuzzy Information and Their Applications[J]. IEEE Transactions on Cybernetics, 2022, 52(1): 192-204.

[50] 张嘉旭,王骏,张春香,等. 基于低秩约束的熵加权多视角模糊聚类算法[J]. 自动化学报, 2022,

48(7)：1760-1770.
[51] AREERACHAKUL S,SANGUANSINTUKUL S. Clustering analysis of water quality for canals in Bangkok,Thailand [C]// Proceedings of International Conference on Computational Science and Its Applications, Fukuoka, Japan, March 23-26, 2010, Volume 6018 of Lecture Notes in Computer Science,Part Ⅲ,Springer,c2010：215-227.
[52] 刘贵龙. 模糊关系矩阵传递闭包的 Warshall 算法[J]. 模糊系统与数学,2003,17 (1)：59-61.
[53] 陈国勋,阎家杰. 求 Fuzzy 关系传递闭包的矩形法[J]. 郑州大学学报(自然科学版),1985,1：67-71.
[54] 王力,于欣宇,李颖宏,等. 基于 FCM 聚类的复杂交通网络节点重要性评估[J]. 交通运输系统工程与信息,2010,10 (6)：169-173.
[55] 苏斐,王红,祖林禄,等. 基于模糊控制的帕金森状态闭环调节[J]. 计算机工程与应用, 2021, 57(22)：273-280.
[56] 罗兵,甘俊英,张建民. 智能控制技术[M]. 北京：清华大学出版社,2011.
[57] TANINO T. Fuzzy preference orderings in group decision making[J]. Fuzzy Sets and Systems, 1984,12：117-131.
[58] 徐泽水. 不确定多属性决策方法与应用[M]. 北京：清华大学出版社,2004.
[59] 巩在武. 不确定模糊判断矩阵原理、方法与应用[M]. 北京：科学出版社,2011.
[60] 陈燕. 数据挖掘技术与应用[M]. 2 版. 北京：清华大学出版社,2016.
[61] MATHEW M, CHAKRABORTTY R K, RYAN M J. Selection of an optimal maintenance strategy under uncertain conditions：An interval type-2 fuzzy AHP-TOPSIS method[J]. IEEE Transactions on Engineering Management, 2020, 69(4)：1121-1134.
[62] XIAO Z,XIA S S,GONG K,et al. The trapezoidal fuzzy soft set and its application in MCDM[J]. Applied Mathematical Modelling,2012,36 (12)：5844-5855.
[63] 李鹏, 沈志杰. 基于广义 WOWA 算子的 Pythagorean 模糊决策方法[J]. 运筹与管理, 2020, 29(2)：58-65.
[64] 汤国林, 杨文栋, 刘培德. 基于区间二型模糊决策粗糙集的三支决策方法[J]. 控制与决策, 2022, 37(5)：1347-1356.
[65] 焦李成. 神经网络的应用与实现[M]. 西安：西安电子科技大学出版社,1996.
[66] 何正风. MATLAB R2015b 神经网络技术[M]. 北京：清华大学出版社, 2016.
[67] 张学森, 贾静平. 基于三维卷积神经网络和峰值帧光流的微表情识别算法[J]. 模式识别与人工智能, 2021, 34(5)：423-433.
[68] PAWLAK Z. Rough sets[J]. International Journal of Computer and Information Sciences,1982,11：341-356.
[69] PAWLAK Z. Rough sets：theoretical aspects of reasoning about data[M]. Dordrecht：Kluwer Academic Publishers,1991.
[70] 折延宏. 不确定性推理的计量化模型及其粗糙集语义[M]. 北京：科学出版社, 2016.
[71] 王国胤. Rough 集理论与知识获取[M]. 西安：西安交通大学出版社,2001.
[72] 安爽, 胡清华, 于达仁. 稳健粗糙集及应用[M]. 北京：清华大学出版社, 2015.
[73] 陈德刚. 模糊粗糙集理论与方法[M]. 北京：科学出版社, 2013.
[74] 苗夺谦,李德毅,姚一豫,等. 不确定性与粒计算[M]. 北京：科学出版社,2011.
[75] 徐伟华. 序信息系统与粗糙集[M]. 北京：科学出版社, 2013.
[76] CATTANEO G,CIUCCI D. Algebraic Structures for Rough Sets[C]// Peters J F et al. (eds.)：Transactions on Rough Sets Ⅱ,LNCS 3135,Berlin：Springer,2004：208-252.

[77] 张小红. 模糊逻辑及其代数分析[M]. 北京：科学出版社,2008.

[78] ZHANG X H, YAO Y Y, YU H. Rough implication operator based on strong topological rough algebras[J]. Information Sciences,2010,180 (19): 3764-3780.

[79] ZHANG X H. Topological residuated lattice: A unifying algebra representation of some rough set models[C]// RSKT 2009,Gold Coast,Australia,2009: 102-110.

[80] SKOWRON A. Boolean reasoning for decision rules generation [C]//Proceedings of the 7th International Symposium on Methodologies for Intelligent Systems,London: Springer-Verlag,1993, 295-305.

[81] MROZEK A. Rough sets and some aspects of expert systems realization[C]. Proceedings of 7th International Workshop on Expert Systems and their Applications, Avignon, France, 1987.

[82] MARCZEWSKI E. A general scheme of independence in mathematics[J]. BAPS, 1958.

[83] GLAZEK K. Some old and new problems in the independence theory [J]. Colloquium Mathematicum, 1979, 43(1): 127-189.

[84] HU X H, CERCONE N. Learning in relational databases: a rough set approach[J]. Computational Intelligence: An International Journal, 1995, 11(2): 323-337.

[85] 叶东毅，陈昭炯. 一个新的差别矩阵及其求核方法[J]. 电子学报，2002，30(7)：1086-1088.

[86] 杨明. 一种基于改进差别矩阵的核增量式更新算法[J]. 计算机学报，2006，29(3)：407-413.

[87] CHEN D G, ZHAO S Y, ZHANG L et al. Sample pair selection for attribute reduction with rough set[J]. IEEE Transactions on Knowledge & Data Engineering, 2012, 24(11): 2080-2093.

[88] 巩增泰，赵妍亮. 广义二元关系下的多支决策模型及合成策略[J]. 模糊系统与数学，2018，32(1)：28-38.

[89] 张清华，刘凯旋，高满. 基于代价敏感的粗糙集近似集与粒度寻优算法[J]. 控制与决策，2020，9：2070-2080.

[90] ZHANG X H, SHANG J Y, WANG J Q. Multi-granulation fuzzy rough sets based on overlap functions with a new approach to MAGDM[J]. Information Sciences, 2023, 622: 536-559.

[91] ZHAN J M, JIANG H B, YAO Y Y. Covering-based variable precision fuzzy rough sets with PROMETHEE-EDAS methods[J]. Information Sciences, 2020, 538: 314-336.

[92] ZHAO F F, LI L Q. Axiomatization on generalized neighborhood system-based rough sets[J]. Soft Computing, 2018, 22(18): 6099-6110.

[93] LIU G L. Special types of coverings and axiomatization of rough sets based on partial orders[J]. Knowledge-Based Systems, 2015, 85: 316-321.

[94] QI G L,LIU W R. Rough operators on Boolean algebras[J]. Information Science,2005,173 (1-3): 49-63.

[95] CHEN D G,ZHANG W X,YEUNG D, et al. Rough approximations on a complete completely distributive lattice with applications to generalized rough sets[J]. Information Sciences,2006,176: 1829-1848.

[96] 俞育才,张小红. 可换双剩余格上的广义模糊粗糙集及其公理化[J]. 计算机科学与探索,2012, 6 (2): 175-182.

[97] POMYKALA J A. Approximation operations in approximation space[J]. Bulletin of the polish academy of sciences: Mathematics, 1987: 35(1): 653-662.

[98] ZHU W, WANG F Y. Reduction and axiomization of covering generalized rough sets [J]. Information Sciences,2003,152: 217-230.

[99] WANG Z, SHU L, DING X. Minimal description and maximal description in covering-based rough

sets[J]. Fundamenta Informaticae，2013，128：503-526.

[100] WANG J Q，ZHANG X H，LIU C H. Grained matrix and complementary matrix：Novel methods for computing information descriptions in covering approximation spaces[J]. Information Sciences，2022，591：68-87.

[101] 王敬前，张小红. 基于极大相容块的不完备信息处理新方法及其应用[J]. 南京大学学报：自然科学版，2022，58(1)：82-93.

[102] 黄文涛，赵学增，王伟杰，等. 基于不完备数据的汽轮机组故障诊断的粗糙集方法. 汽轮机技术，2004，46(1)：59-61.

[103] 李化. 汽轮发电机组振动故障智能诊断模型的理论及方法研究. 博士学位论文. 重庆：重庆大学，1999.

[104] 邴汉昆. 基于小波分析和SVM的汽轮机非线性振动故障诊断研究. 硕士学位论文. 北京：华北电力大学，2013.

[105] 胡军，王丽娟，刘财辉，等. 覆盖粒计算模型与方法：基于粗糙集的视角[M]. 北京：科学出版社，2018.

[106] 张清华，王国胤，胡军. 多粒度知识获取与不确定性度量[M]. 北京：科学出版社，2013.

[107] DUBOIS D，PRADE H. Rough fuzzy sets and fuzzy rough sets[J]. International Journal of General Systems，1990，17：191-209.

[108] 刘贵龙. 模糊近似空间上的粗糙模糊集的公理系统[J]. 计算机学报，2004，27(9)：1187-1191.

[109] 王磊，李天瑞. 基于矩阵的粗糙集上下近似的计算方法[J]. 模式识别与人工智能，2011，24(6)：756-762.

[110] WANG J Q，ZHANG X H，YAO Y Y. Matrix approach for fuzzy description reduction and group decision-making with fuzzy β-covering[J]. Information Sciences，2022，597：53-85.

[111] DE COCK M. A thorough study of linguistic modifiers in fuzzy set theory[D]. Belgium：Ghent University，2002.

[112] CORNELIS C，DE COCK M，KERRE E E. Intuitionistic fuzzy rough sets：at the crossroads of imperfect knowledge[J]. Expert Systems：The International Journal of Knowledge Engineering and Neural Networks，2003，20(5)：260-269

[113] ZHOU L，WU W Z. On generalized intuitionistic fuzzy rough approximation operators[J]. Information Sciences，2008，178：2448-2465.

[114] ZHANG X H，ZHOU B，LI P. A general frame for intuitionistic fuzzy rough sets[J]. Information Sciences，2012，216：34-49.

[115] WU W Z，LEUNG Y，MI J S. On characterizations of $(\mathcal{I},\mathcal{T})$-fuzzy rough approximation operators[J]. Fuzzy Sets and Systems，2005，154：76-102.

[116] 邓志轩，郑忠龙，邓大勇. F-邻域粗糙集及其约简[J]. 自动化学报，2021，3：695-705.

[117] 周涛，陆惠玲，任海玲，等. 基于粗糙集的属性约简算法综述[J]. 电子学报，2021，49(7)：1439-1449.

[118] YAO Y Y，YANG J L. Granular rough sets and granular shadowed sets：Three-way approximations in Pawlak approximation spaces[J]. International Journal of Approximate Reasoning，2022，142：231-247.

[119] WANG J Q，ZHANG X H，HU Q Q. Three-way fuzzy sets and their applications (II)[J]. Axioms，2022，11(10)：532.

[120] LASHIN E F，MEDHAT T. Topological reduction of information systems[J]. Chaos，Solitons and Fractals，2005，25：277-286.

[121] CHMIELEWSKI M R，GRZYMALA-BUSSE J W，PETERSON N W，et al. The rule induction

system LERS - A version for personal computers[J]. Foundations of Computing and Decision Sciences,1993,18 (3-4): 181-212.

[122] QUINLAN J R. Induction of decision trees[J]. Machine Learning,1986,1: 81-106.

[123] KRYSZKIEWICZ M. Rough set approach to incomplete information system[J]. Information Sciences,1998,112: 39-49.

[124] CLARK P,NIBLETT T. The CN2 induction algorithm[J]. Machine Learning,1989,3: 261-283.

[125] KNONENKO I,BRATKO I,ROSKAR E. Experiences in automatic learning of medical diagnostic rules[R]. International School for the Synthesis of Expert's Knowledge Workshop, Bled, Slovenia,1984.

[126] GRZYMALA-BUSSE J W. On the unknown attribute values in learning from examples[C]// Proceedings of the 6th International Symposium on Methodologies for Intelligent Systems, Charlotte,North Carolina,October 16-19,1991,Springer-Verlag,c1991: 368-377.

[127] 刘云，袁浩恒. 数据挖掘中并行离散化数据准备优化[J]. 四川大学学报：自然科学版，2018，55(5): 993-999.

[128] CHING J Y,WONG A K C,CHAN K C C. Class dependence discretization for inductive learning from continuous and mixed-mode data[J]. IEEE Transactions on Pattern Analysis and Machine Intelligence,1995,17 (7): 641-651.

[129] NGUYEN S H. Discretization of real value attributes: Boolean reasoning approach[D]. Poland: Warsaw University,1997.

[130] NGUYEN S H, SKOWRON A. Quantization of real value attributes: rough set and Boolean reasoning approach[J]. Bulletin of Internation Rough Set Siciety,1997,1 (1): 5-16.

[131] CATLETT J. Megainduction: machine learning on very large data base[D]. Sydney: University of Sydney,1991.

[132] 谢宏,程浩忠,牛东晓. 基于信息熵的粗糙集连续属性离散化算法[J]. 计算机学报,2005,28 (9): 1570-1574.

[133] 张清华，李新太，赵凡，等. 基于信息粒度与交互信息的属性约简改进算法[J]. 2021，2: 68-78.

[134] 苗夺谦,胡桂荣. 知识约简的一种启发式算法[J]. 计算机研究与发展,1999,36 (6): 681-684.

[135] 唐鹏飞，张贤勇，莫智文. 基于依赖度的区间集决策信息表属性约简[J]. 计算机应用研究，2021，38(11): 3300-3303.

[136] KANG Y, DAI J H. Attribute reduction in inconsistent grey decision systems based on variable precision grey multigranulation rough set model[J]. Applied Soft Computing, 2023, 133: 109928.

[137] 王珏,王任,苗夺谦,等. 基于 Rough Set 理论的"数据浓缩"[J]. 计算机学报,1998,21 (5): 393-400.

[138] DAI J H,LI Y X. A hybrid genetic algorithm for reduct of attributes in decision system based on rough set theory[J]. Wuhan University Journal of Natural Sciences,2002,7 (3): 285-289.

[139] 代建华,李元香. 一种基于粗糙集的决策系统属性约简算法[J]. 小型微型计算机系统,2003,24 (3): 523-526.

[140] 贾平,代建华,潘云鹤,等. 一种基于互信息增益率的新属性约简算法[J]. 浙江大学学报(工学版),2006,40 (6): 1041-1045.

[141] 代建华,潘云鹤. 一种基于分类一致性的决策规则获取算法[J]. 控制与决策,2004,19 (10): 1086-1090.

[142] 匡乐红,徐林荣,刘宝琛,等,基于粗糙集原理的泥石流危险度区划指标选取方法[J]. 地质力学学报,2006,12 (2): 236-242.

[143] 刘希林,唐川. 泥石流危险性评价[M]. 北京：科学出版社,1995.

[144] 刘丽,王士革. 滑坡、泥石流区域危险度二级模糊综合评判初探[J]. 自然灾害学报,1996,5 (3)：51-59.

[145] 刘丽,王士革. 云南昭通滑坡泥石流危险度模糊综合评判[J]. 山地研究,1995,13 (4)：261-266.

[146] AN AIJUN, SHAN NING, CHAN CHRISTINE, et al. Discovering rules for water demand prediction: an enhanced rough-set approach[J]. Engineering Applications of Artificial Intelligence, 1996,9 (6)：645-653.

[147] TSUMOTO S,TANAKA H. PRIMEROSE: Probabilistic rule induction method based on rough sets and resampling methods[J]. Computational Intelligence,1995,11 (2)：389-405.

[148] TSUMOTO S. Automated extraction of medical expert system rules from clinical databases based on rough set theory[J]. Information Sciences,1998,112 (1-4)：67-84.

[149] SUN B Z, TONG S R, MA W M, et al. An approach to MCGDM based on multi-granulation Pythagorean fuzzy rough set over two universes and its application to medical decision problem[J]. Artificial Intelligence Review, 2022, 55：1887-1913.

[150] 张萌，孙秉珍，王婷，等. 融合粗糙集与GRA的异构信息多准则三支推荐及其在医疗推荐中的应用[J]. 控制与决策，2022，37(7)：1883-1893.

[151] WONG JINN-TSAI,CHUNG YI-SHIH. Rough set approach for accident chains exploration[J]. Accident Analysis & Prevention,2007,39 (3)：629-637.

[152] AHN B S,CHO S S,KIM C Y. The integrated methodology of rough set theory and artificial neural network for business failure prediction[J]. Expert Systems with Applications,2000,18 (2)：65-74.

[153] HU Q, YU D, XIE Z. Information-preserving hybrid data reduction based on fuzzy-rough techniques[J]. Pattern Recognition Letters, 2006, 27：414-423.

[154] DAI J H, XU Q. Attribute selection based on information gain ratio in fuzzy rough set theory with application to tumor classification[J]. Applied Soft Computing, 2013, 13：211-221.

[155] DAI J H, ZOU X T, QIAN Y H, et al. Multi-fuzzy β-covering approximation spaces and their information measures[J]. IEEE Transactions on Fuzzy Systems, 2023, 31(3)：955-969.

[156] THANGAVEL K, PETHALAKSHMI A. Dimensionality reduction based on rough set theory: a review[J]. Applied Soft Computing, 2009, 9：1-12.

[157] CHENG J, FAYYAD U, IRANI K, et al. Improved decision trees: a generalized version of ID3 [C]. Proceedings of the fifth International Conference on Machine Learning, 1988, pp. 100-106.

[158] FAYYAD U M. Branching on attribute values in decision tree generation[C]. Proceedings of the National Conference on Artificial Intelligence, 1994, pp. 601-606.

[159] QUINLAN J. C4.5: Programs For Machine Learning[M]. Morgan kaufmann, 1993.

[160] KHAN J, WEI J, RINGNER M, et al. Classification and diagnostic prediction of cancers using gene expression profiling and artificial neural networks[J]. Nature Medicine, 2001, 7：673-679.

[161] IIZUKA N, OKA M, YAMADA-OKABE H, et al. Oligonucleotide microarray for prediction of early intrahepatic recurrence of hepatocellular carcinoma after curative resection[J]. The Lancet, 2003, 361：923-929.